本书【课堂案例】展示

中文版 Photoshop CS5 实用教程

01

02

04

03

05

06

案例索引 CASE INDEX

01 利用边缘检测抠取美女头发
02 利用快速选择工具抠取美女
03 利用羽化制作甜蜜女孩
04 利用画笔工具制作裂痕皮肤名片
05 利用铅笔工具绘制像素图像
06 利用红眼工具修复红眼

本书【课堂案例】展示

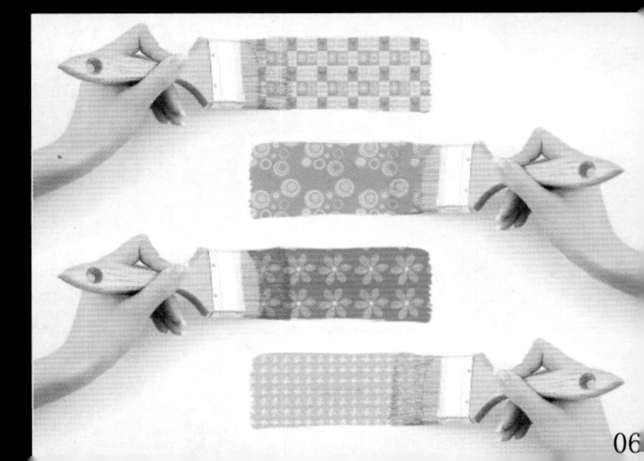

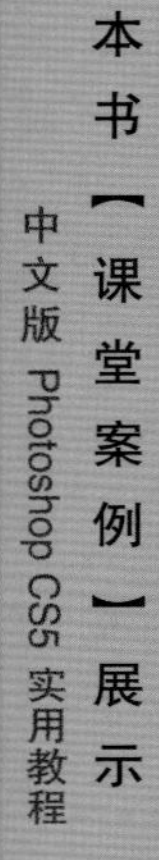

案例索引 CASE INDEX

本书【课堂案例】展示

01

02

03

04

05

The Longest Distance in the World

the longest distance in the world is not that between life and deathbut when i stand in front of you, yet you don't know that i love you the furthest distance in the world is not when i stand in font of you, yet you can't see my lovebut when undoubtedly knowing the love from both yet cannot be togehter the furthest distance in the world is not being apart while being in lovebut when plainly can not resist the yearning, yet pretending you have never been in my heart the furthest distance in the world is not pretending that you have never been in love but using one's indifferent heart to dig an uncrossable river for the one who loves you The farthest distance in the world Is not we cannot be together when we love each otherBut we pretend caring nothing even we know love is unconquerable The farthest distance in the world Is not the distance between two treesBut the branches cannot depend on each other in wind even they grow from the same root The farthest distance in the world Is not the braches cannot depend on each otherBut two stars cannot meet even they watch each other The farthest distance in the world Is not the track between two starsBut nowhere to search in a tick after two tracks join The farthest distance in the world Is not nowhere to search in a tickBut doomed not to be together before they meet The farthest distance in the world Is the distance between fish and birdOne is in the sky, another is in the sea

—Ranbindranath Tagore

09

本书【课堂案例】展示

中文版 Photoshop CS5 实用教程

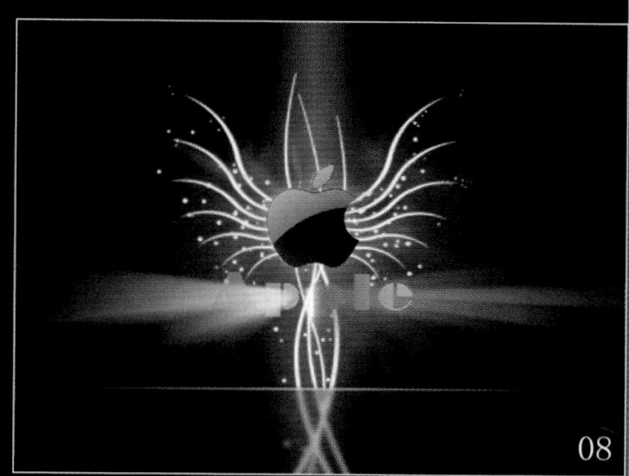

本书【课堂案例】展示

Love means never having to say you're sorry

10

案例索引 CASE INDEX

dear heart
Muse
Love you so I don't wanna go to sleep.
for reality is better than a dream.
01

02

207
SUMM
collection

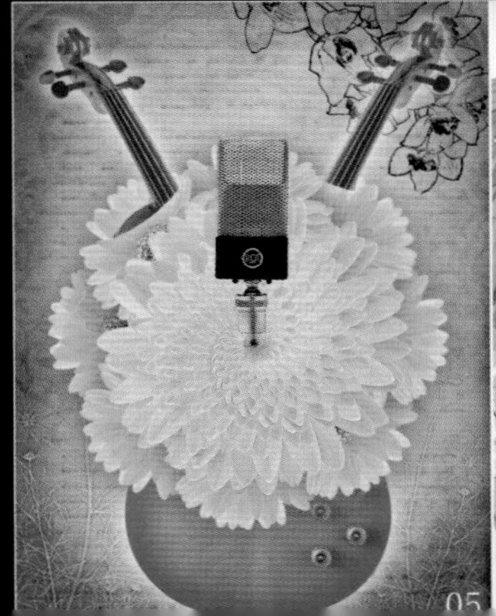

07

08

09

10

案例索引 CASE INDEX

本书【课后习题】展示

中文版 Photoshop CS5 实用教程

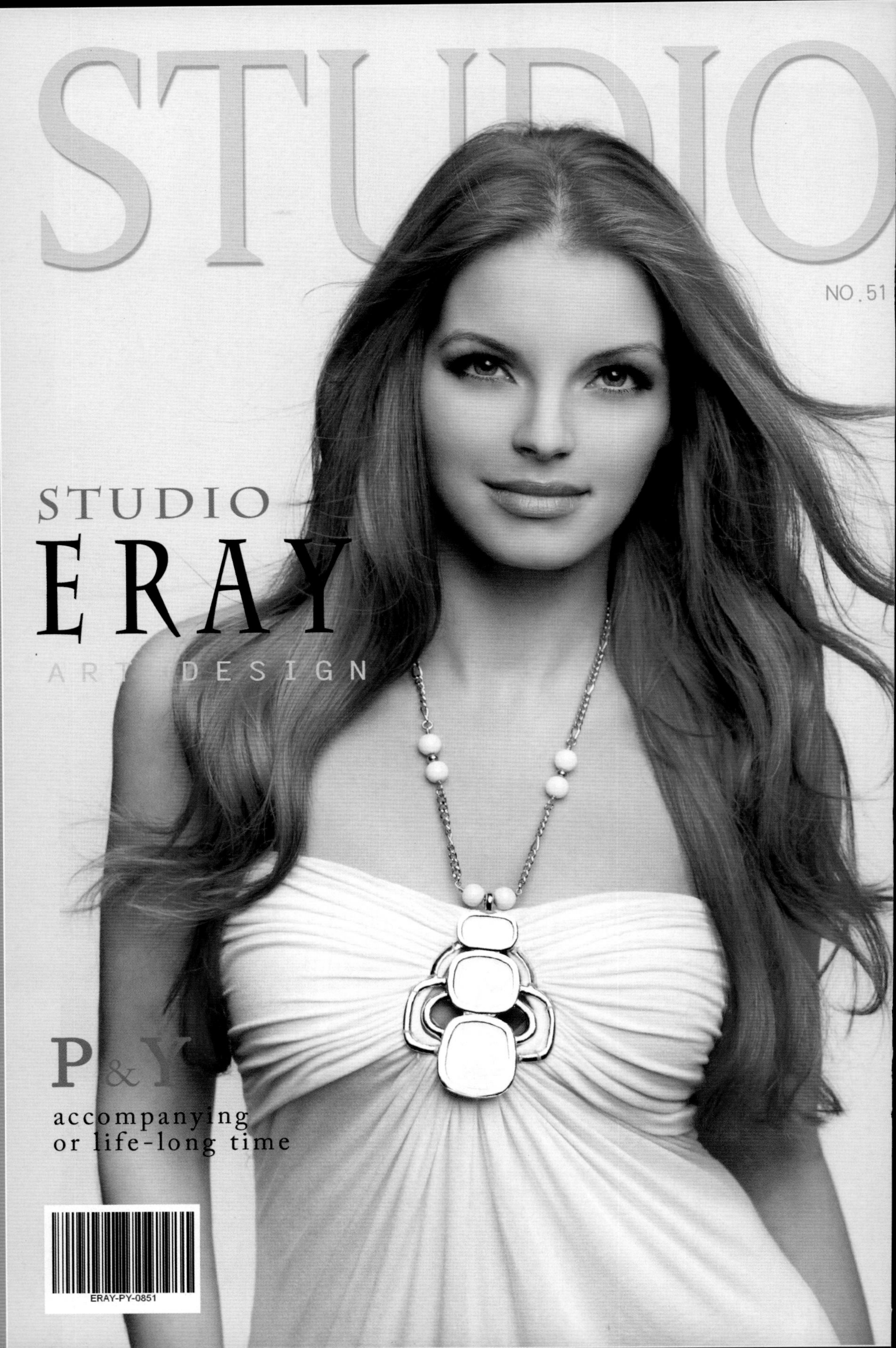

案例索引 CASE INDEX

本书【课后习题】展示

ADOBE
ADOBE FAMILY
01

PINK GIRL
02

westtown

Mar Bella
04

MY DREAM
HOW ARE YOU GETTING ON ? I HOPE THAT THE
WORD WILL BECOME
MORE BEAUTIFUL BECAUSE OF YOU

中文版 Photoshop CS5 实用教程

时代印象 TIMES IMPRESSION 景怀宇 编著

人民邮电出版社
北京

图书在版编目（CIP）数据

中文版Photoshop CS5实用教程 / 景怀宇编著. -- 北京 : 人民邮电出版社, 2012.4
ISBN 978-7-115-27273-7

Ⅰ. ①中… Ⅱ. ①景… Ⅲ. ①图象处理软件, Photoshop CS5－高等学校－教材 Ⅳ. ①TP391.41

中国版本图书馆CIP数据核字(2012)第010233号

内 容 提 要

这是一本全面介绍中文版 Photoshop CS5 基本功能及实际应用的书。本书针对零基础读者开发，是入门级读者快速全面掌握 Photoshop CS5 的必备参考书。

本书以各种重要技术为主线，然后对每个技术版本中的重点内容进行详细介绍，并安排了大量课堂案例和课堂练习，让学生可以快速地熟悉软件的功能和制作思路。另外，从第 5 章开始每章后都安排了课后习题。这些课后习题都是在图像处理中经常会遇到的案例项目。通过课后练习既达到了强化训练的目的，又可以做到让学生在不出校园的情况下就能了解更多以后在实际工作中会做些什么！该做些什么！

本书附带 1 张 DVD 教学光盘，内容包括本书所有案例的源文件、素材文件与多媒体教学录像。另外，我们还为学生精心准备了中文版 Photoshop CS5 快捷键索引和课堂案例、课堂练习、课后习题的索引，以方便学生学习。

本书可作为院校和培训机构艺术专业课程的教材，也可以作为 Photoshop CS5 自学人员的参考用书。另外，请读者注意，本书所有内容均采用中文版 Photoshop CS5 进行编写。

中文版 Photoshop CS5 实用教程

◆ 编　　著　时代印象　景怀宇
　责任编辑　孟　飞
◆ 人民邮电出版社出版发行　　北京市崇文区夕照寺街 14 号
　邮编　100061　　电子邮件　315@ptpress.com.cn
　网址　http://www.ptpress.com.cn
　大厂聚鑫印刷有限责任公司印刷
◆ 开本：787×1092　1/16
　印张：23　　　　　　　　彩插：6
　字数：642 千字　　　　　2012 年 4 月第 1 版
　印数：1 – 4 000 册　　　2012 年 4 月河北第 1 次印刷

ISBN 978-7-115-27273-7

定价：39.80 元（附光盘）

读者服务热线：(010)67132692　印装质量热线：(010)67129223
反盗版热线：(010)67171154
广告经营许可证：京崇工商广字第 0021 号

前　言

Photoshop作为Adobe公司旗下最有名的图像处理软件，也是当今世界上用户群最多的图像处理软件之一，其功能强大到了令人瞠目结舌的地步。应用领域涉及了平面设计、图片处理、照片处理、网页设计、界面设计、文字设计、插画设计、视觉创意与三维设计等。

我们对本书的编写体系做了精心的设计，按照"课堂案例→课堂练习→课后习题"这一思路进行编排，力求通过软件功能解析使学生深入学习软件功能和制作特色；力求通过课堂案例演练使学生快速熟悉软件功能和设计思路；力求通过课堂练习和课后习题拓展学生的实际操作能力。在内容编写方面，力求通俗易懂，细致全面；在文字叙述方面，注意言简意赅、突出重点；在案例选取方面，强调案例的针对性和实用性。

本书的光盘中包含了书中所有课堂案例、课堂练习和课后习题的源文件、素材文件。同时，为了方便学生学习，本书还配备所有案例的大型多媒体有声视频教学录像。这些录像均由专业人士录制，视频详细记录了案例的操作步骤，使学生一目了然。另外，为了方便教师教学，本书还配备了PPT课件等丰富的教学资源，任课教师可直接使用。

本书的参考学时为136课时，其中教师讲授环节为87课时，学生实训环节为49课时，各章的参考学时如下表所示。

章节	课程内容	学时分配	
		讲授	实训
第1章	图像处理基础知识	2	
第2章	进入Photoshop CS5的世界	2	
第3章	Photoshop CS5的工作界面	3	1
第4章	绘画与图像修饰	8	6
第5章	编辑图像	6	4
第6章	路径与矢量工具	8	4
第7章	图像颜色与色调调整	6	2
第8章	图层的应用	10	6
第9章	文字与蒙版	8	4
第10章	通道	6	2
第11章	滤镜	14	10
第12章	商业案例实训	14	10
课时总计		87	49

为了达到使读者轻松自学并深入地了解Photoshop CS5软件功能的目的，本书在版面结构设计上尽量做到清晰明了，如下图所示。

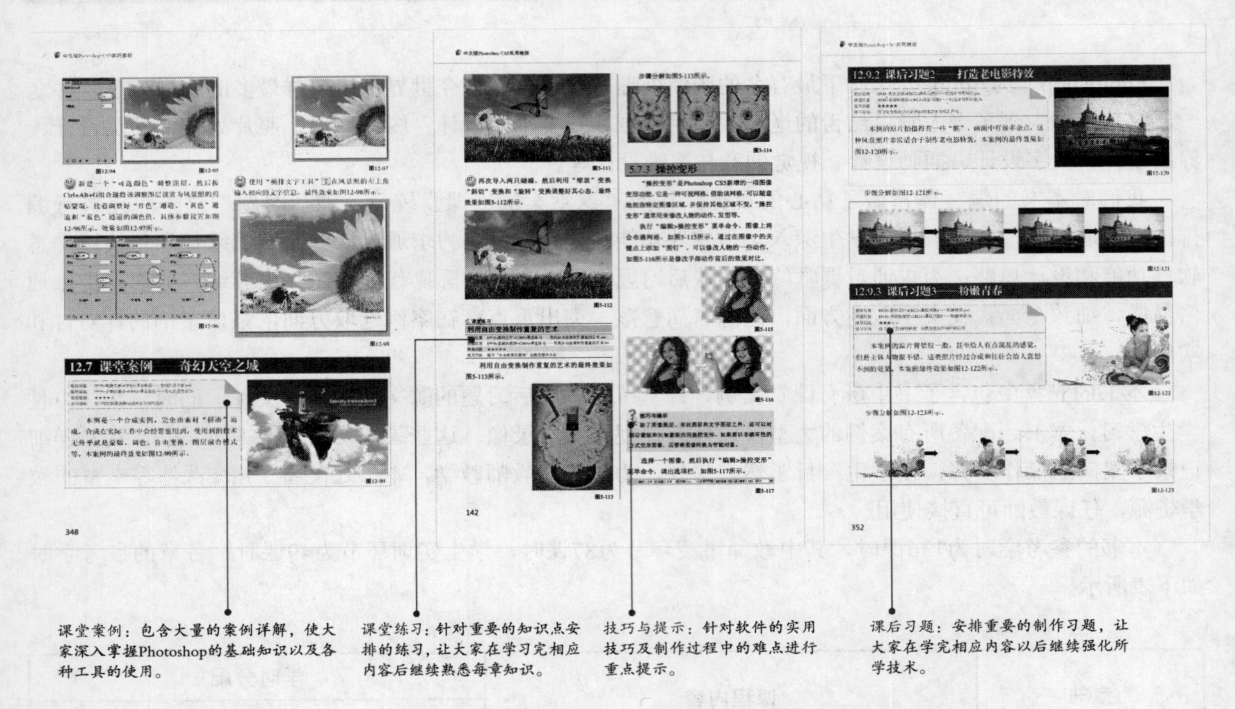

由于编写水平有限，书中难免出现疏漏和不足之处，还请广大读者包涵并指正。

衷心地希望能够为广大读者提供更多的服务，尽可能地帮大家解决一些实际问题。如果大家在学习过程中有疑难问题需要我们帮助，请致函iTimes@126.com。

时代印象
2012年01月

目录 CONTENTS

目 录 CONTENTS

目录 CONTENTS

目录 CONTENTS

目录 CONTENTS

目 录 CONTENTS

目录 CONTENTS

目录 CONTENTS

第1章

图像处理的基础知识

本章主要介绍Photoshop CS5图像处理的基础知识，包括位图与矢量图、分辨率、图像的色彩模式等。通过本章的学习，可以快速掌握这些基础知识，有助于更快、更准确地处理图像。

课堂学习目标

了解位图与矢量图像的差异
了解像素与分辨率的区别
掌握颜色模式切换的方法
了解图像的位深度
了解色域与溢色
了解图像文件常用格式

1.1 位图与矢量图像

图像文件主要分为两大类：位图与矢量图。在绘图或处理图像的过程中，这两种类型的图像可以交叉使用。

1.1.1 位图图像

位图图像在技术上被称为栅格图像，也就是通常所说的“点阵图像”或“绘制图像”。位图图像由像素组成，每个像素都会被分配一个特定的位置和颜色值。相对于矢量图像，在处理位图图像时所编辑的对象是像素而不是对象或形状。

如果将一张图像放大到原图的8倍，此时可以发现图像会发虚，而放大到32倍时，就可以清晰地观察到图像中有很多小方块，这些小方块就是构成图像的像素，如图1-1所示。

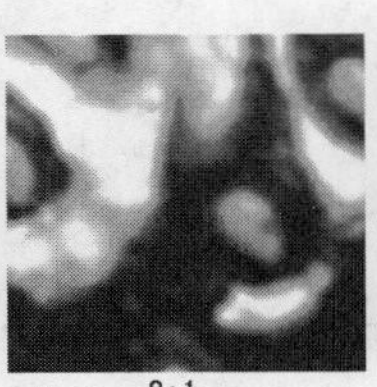

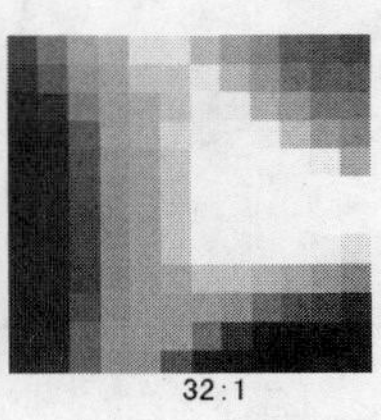

图1-1

位图图像是连续色调图像，最常见的有数码照片和数字绘画。位图图像可以更有效地表现阴影和颜色的细节层次，比如在图1-2中，左图为位图图像，右图为矢量图像，可以发现位图图像表现出的效果非常细腻真实，而矢量图像的过渡则非常生硬，接近卡通效果。

图1-2

技巧与提示

位图图像与分辨率有关，也就是说，位图包含了固定数量的像素。缩小位图尺寸会使原图变形，因为这是通过减少像素来使整个图像变小或变大的。因此，如果在屏幕上以高缩放比例对位图进行缩放或以低于创建时的分辨率来打印位图，则会丢失其中的细节，并且会出现锯齿现象。

1.1.2 矢量图像

矢量图像也称为矢量形状或矢量对象，在数学上定义为一系列由线连接的点，比如Illustrator、CorelDRAW、CAD等软件就是以矢量图形为基础进行创作的。与位图图像不同，矢量文件中的图形元素称为矢量图像的对象，每个对象都是一个自成一体的实体，它具有颜色、形状、轮廓、大小和屏幕位置等属性，如图1-3所示。

图1-3

矢量图形与分辨率无关，所以任意移动或修改矢量图形都不会丢失细节或影响其清晰度。当调整矢量图形的大小、将矢量图形打印到任何尺寸的介质上、在PDF文件中保存矢量图形或将矢量图形导入到基于矢量的图形应用程序中时，矢量图形都将保持清晰的边缘。图1-4所示的是将矢量图像放大5倍后的效果，可以发现图像仍然保持高度清晰。

图1-4

1.2 像素与分辨率

在Photoshop中，图像处理是指对图像进行修饰、合成以及校色等方面。Photoshop中的图像主要分为位图和矢量图像两种，而图像的尺寸及清晰度则是由图像的像素与分辨率来控制的。

1.2.1 像素

像素是构成位图图像的最基本单位。在通常情况下，一张普通的数码相片必然有连续的色相和明暗过渡。如果把数字图像放大数倍，则会发现这些连续色调是由许多色彩相近的小方点组成，这些小方点就是构成图像的最小单位"像素"。构成一幅图像的像素点越多，色彩信息越丰富，效果就越好，当然文件所占的空间也就更大。在位图中，像素的大小是指沿图像的宽度和高度测量出的像素数目。图1-5所示的3张图像的像素大小分别为720像素×576像素、260像素×288像素和180像素×144像素。

像素大小720×576

像素大小360×288

像素大小180×144

图1-5

1.2.2 分辨率

分辨率是指位图图像中的细节精细度，测量单位是像素/英寸（ppi），每英寸的像素越多，分辨率越高。一般来说，图像的分辨率越高，印刷出来的质量就越好。比如在图1-6中，这是两张尺寸相同，内容相同的图像，左图的分辨率为300ppi，右图的分辨率为72ppi，可以观察到这两张图像的清晰度有着明显的差异，即左图的清晰度明显要高于右图。

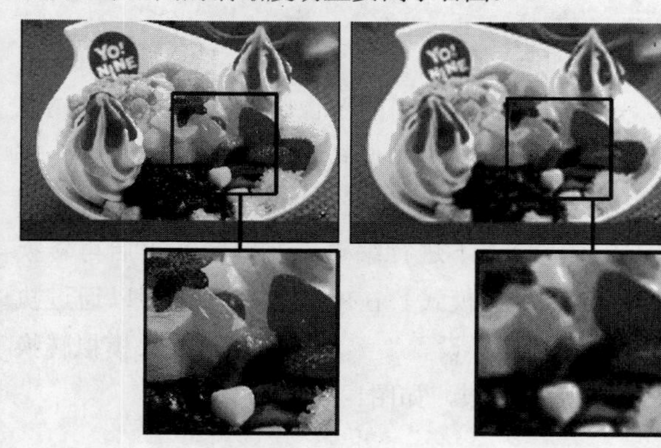

图1-6

技巧与提示

图像的分辨率和尺寸决定文件的大小及输出质量。一般情况下，分辨率和尺寸越大，图像文件占用的磁盘空间也越多。

1.3 图像的色彩模式

图像的色彩模式是指将颜色表现为数字形式的模式，或者说是一种记录图像颜色的方式。在Photoshop中，色彩模式分为位图模式、灰度模式、双色调模式、索引颜色模式、RGB模式、CMYK模式、Lab颜色模式和多通道模式，下面将介绍这几种颜色模式。

1.3.1 位图模式

位图模式是指使用两种颜色值黑色和白色中的一个来表示图像中的像素。将图像转换为位图模式会使图像减少黑白两种颜色，从而简化了图像中的颜色信息，也减小了文件的大小，如图1-7所示。

RGB颜色模式

位图颜色模式

图1-7

1.3.2 灰度模式

灰度模式是用单一色调来表现图像的，在图像中可以使用不同的灰度级，如图1-8所示。在8位图像中，最多有256级灰度，灰度图像中的每个像素都对应一个0（黑色）~ 255（白色）之间的亮度值；在16位和32位的图像中，图像的级数比8位图像要大得多。

RGB模式　　灰度模式

图1-8

1.3.3 双色调模式

在Photoshop中，双色调模式并不是指由两种颜色构成的图像颜色模式，而是通过1~4种自定油墨创建单色调、双色调、三色调和四色调的灰度图像。单色调是用非黑色的单一油墨打印的灰度图像，双色调、三色调和四色调分别是用两种、3种或4种油墨打印的灰度图像，如图1-9所示。

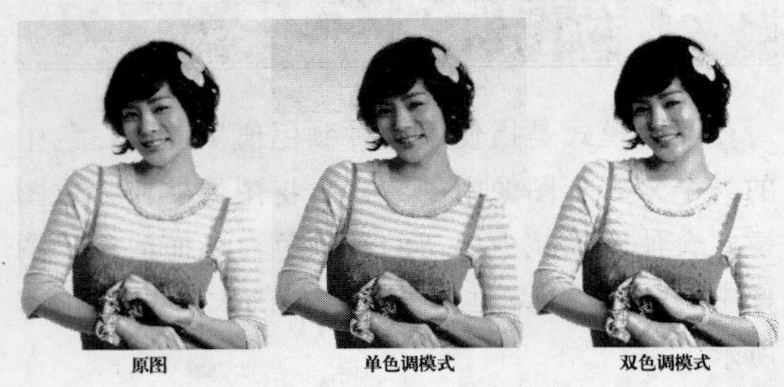

原图　　单色调模式　　双色调模式

图1-9

技巧与提示

在 Photoshop中，双色调图像属于单通道、8位深度的灰度图像。所以在双色调模式中，不能针对个别的图像通道进行调整，而是通过在“双色调选项”对话框中调节曲线来控制各个颜色通道。

1.3.4 RGB模式

RGB颜色模式是一种发光模式，也叫“加光”模式。RGB分别代表Red（红色）、Green（绿色）、Blue（蓝色），在“通道”面板中可以查看到3种颜色通道的状态信息，如图1-10所示。RGB颜色模式下的图像只有在发光体上才能显示出来，例如显示器、电视等，该模式所包括的颜色信息（色域）有1670多万种，是一种真色彩颜色模式。

图1-10

1.3.5 CMYK模式

CMYK颜色模式是一种印刷模式，也叫“减光”模式。CMYK颜色模式包含的颜色总数比RGB模式少很多，所以在显示器上观察到的图像要比印刷出来的图像亮丽一些。CMY是3种印刷油墨名称的首字母，C代表Cyan（青色）、M代表Magenta（洋红色）、Y代表Yellow（黄色），而K代表Black（黑色），这是为了避免与Blue（蓝色）混淆，因此黑色选用的是Black最后一个字母K。在“通道”面板中可以查看到4种颜色通道的状态信息，如图1-11所示。

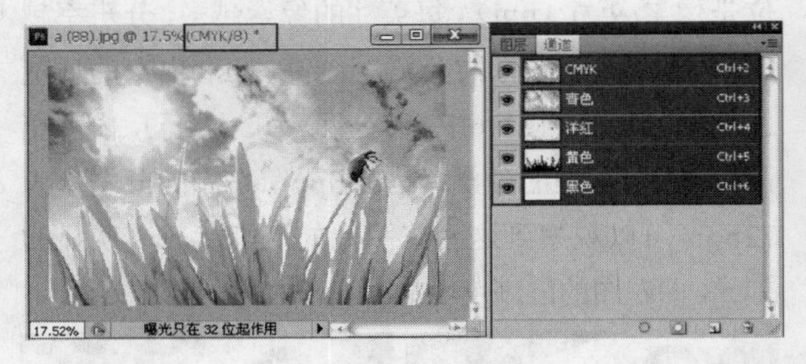

图1-11

在制作需要印刷的图像时就需要用到CMYK颜色模式。将RGB图像转换为CMYK图像时会产生分色。如果原始图像是RGB图像，那么最好先在RGB颜色模式下进行编辑，在编辑结束后再转换为CMYK颜色模式。在RGB模式下，可以通过执行“视图>校样设置”菜单下的子命令来模拟转换CMYK后的效果，如图1-12所示。

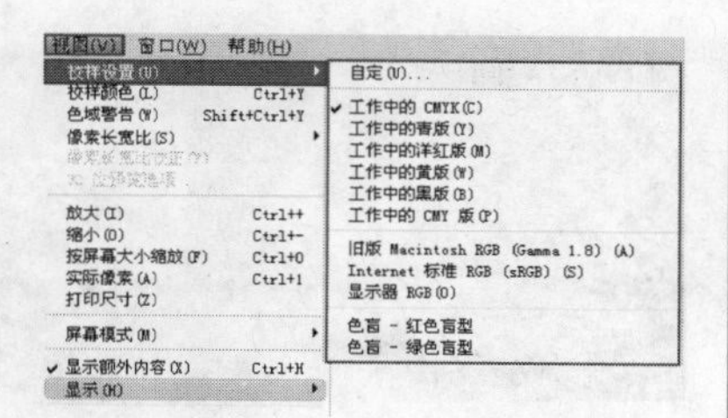

图1-12

1.3.6 Lab模式

Lab颜色模式是由照度（L）和有关色彩的a、b这3个要素组成，L表示Luminosity（照度），相当于亮度；a表示从红色到绿色的范围；b表示从黄色到蓝色的范围，如图1-13所示。Lab颜色模式的亮度分量（L）范围是从0～100，在Adobe拾色器和“颜色”面板中，a分量（绿色-红色轴）和b分量（蓝色-黄色轴）的范围是+127～-128。

图1-13

技巧与提示

Lab颜色模式是最接近真实世界颜色的一种色彩模式，它同时包括RGB颜色模式和CMYK颜色模式中的所有颜色信息，所以在将RGB颜色模式转换成CMYK颜色模式之前，要先将RGB颜色模式转换成Lab颜色模式，再将Lab颜色模式转换成CMYK颜色模式，这样就不容易丢失颜色信息。

1.3.7 索引颜色模式

索引颜色是位图图像的一种编码方法，需要基于RGB、CMYK等更基本的颜色编码方法。可以通过限制图像中的颜色总数来实现有损压缩，如图1-14所示。如果要将图像转换为索引颜色模式，那么这张图像必须是8位/通道的图像、灰度图像或RGB颜色模式的图像。

RGB颜色模式

索引颜色模式

图1-14

索引颜色模式可以生成最多256种颜色的8位图像文件。将图像转换为索引颜色模式后，Photoshop将构建一个颜色查找表（CLUT），用以存放并索引图像中的颜色。如果原始图像中的某种颜色没有出现在该表中，则程序将选取最接近的一种，或使用仿色以及现有颜色来模拟该颜色。

1.3.8 多通道模式

多通道颜色模式图像在每个通道中都包含256个灰阶，对于特殊打印时非常有用。将一张RGB颜色模式的图像转换为多通道模式的图像后，之前的红、绿、蓝3个通道将变成青色、洋红、黄色3个通道，如图1-15所示。多通道模式图像可以存储为PSD、PSB、EPS和RAW格式。

图1-15

1.4 图像的位深度

在“图像>模式”菜单下可以观察到“8位/通道”、“16位/通道”和“32位/通道”3个子命令，这3个子命令就是通常所说的“位深度”，如图1-16所示。“位深度”主要用于指定图像中的每个像素可以使用的颜色信息数量，每个像素使用的信息位数越多，可用的颜色就越多，色彩表现就越逼真。

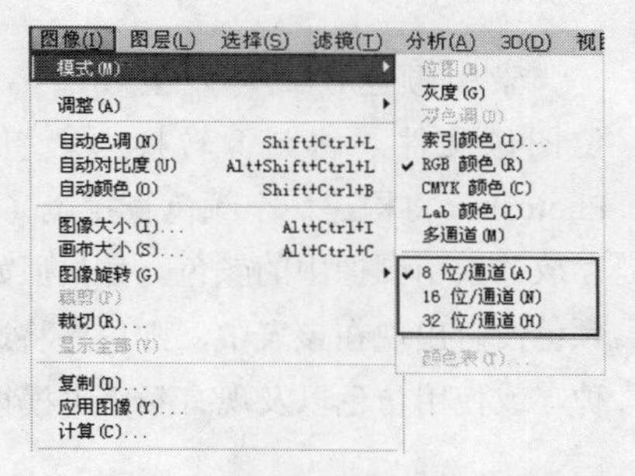

图1-16

1.4.1 8位/通道

8位/通道的RGB图像中的每个通道可以包含256种颜色，这就意味着这张图像可能拥有1600万个以上的颜色值。

1.4.2 16位/通道

16位/通道的图像的位深度为16位，每个通道包含65000多种颜色信息。所以图像中的色彩通常会更加丰富与细腻。

1.4.3 32位/通道

32位/通道的图像也称为高动态范围（HDRI）图像。它是一种亮度范围非常广的图像，与其他模式的图像相比，32位/通道的图像有着更大亮度的数据存储，而且它记录亮度的方式与传统的图片不同，不是用非线性的方式将亮度信息压缩到8bit或16bit的颜色空间内，而是用直接对应的方式记录亮度信息。它记录了图片环境中的照明信息，因此通常可以使用这种图像来“照亮”场景。有很多HDRI文件是以全景图的形式提供的，同样也可以用它作为环境背景来产生反射与折射，如图1-17所示。

图1-17

1.5 色域与溢色

1.5.1 色域

色域是另一种形式上的色彩模型，它具有特定的色彩范围。例如，RGB色彩模型就有好几个色域，即Adobe RGB、sRGB和ProPhoto RGB等。

在现实世界中，自然界中可见光谱的颜色组成了最大的色域空间，该色域空间中包含了人眼所能见到的所有颜色。

为了能够直观地表示色域这一概念，CIE国际照明协会制定了一个用于描述色域的方法，即CIE-*x*、*y*色度图，如图1-18所示。在这个坐标系中，各种显示设备能表现的色域范围用RGB三点连线组成的三角形区域来表示，三角形的面积越大，表示这种显示设备的色域范围越大。

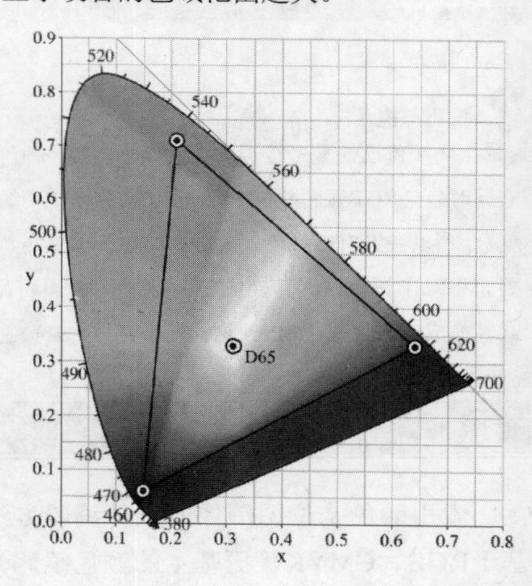

图1-18

1.5.2 溢色

在计算机中，显示的颜色超出了CMYK颜色模式的色域范围，就会出现“溢色”。

在RGB颜色模式下，在图像窗口中将鼠标指针放置溢色上，“信息”面板中的CMYK值旁会出现一个感叹号“！”，如图1-19所示。

图1-19

当用户选择了一种溢色时，“拾色器”对话框和“颜色”面板中都会出现一个“溢色警告”的黄色三角形感叹号，同时色块中会显示与当前所选颜色最接近的CMYK颜色，单击黄色三角形感叹号即可选定色块中的颜色，如图1-20所示。

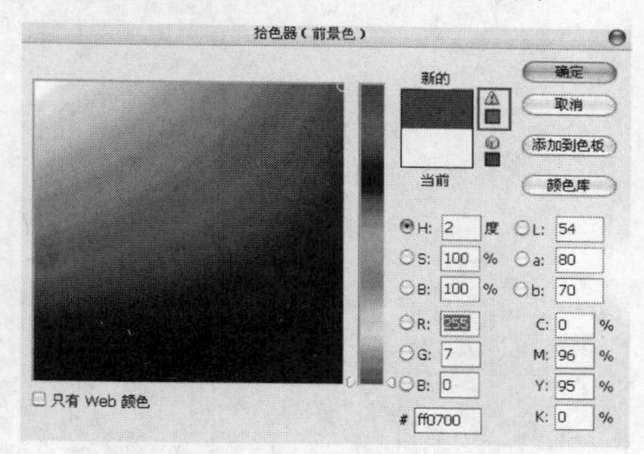

图1-20

1.6 常用的图像文件格式

当用Photoshop CS5制作或处理好一幅图像后，就要进行存储。这时，选择一种合适的文件格式就显得十分重要。Photoshop CS5有20多种文件格式可供选择。这些文件格式中，既有Photoshop CS5的专用格式，也有用于应用程序交换的文件格式，还有一些比较特殊的格式。

1.6.1 PSD格式

PSD格式和PDD格式是Photoshop CS5自身的专用文件格式，能够支持从线图到CMYK图的所有图像类型，但由于在一些图形处理软件中没有得到很好的支持，所以其通用性不强。PSD格式和PDD格式能有保存图像数据的细小部分，如图层、通道等Photoshop CS5对图像进行特殊处理的信息。在没有最终决定图像的效果前，最好先以这两种格式存储。但是这两种格式也有缺点，就是它们所存储的图像文件容量大，占用磁盘空间较多。

1.6.2 TIF格式

TIF格式是标签图像格式。TIF格式对于色彩通道图像来说是最有用的格式，具有很强的可移植性，它可以用于PC、Macintosh以及UNIX工作站三大平台，是这三大平台上使用最广泛的绘图格式。

用TIF格式存储时应考虑到文件的大小，因为TIF格式的结构要比其他格式复杂。但TIF格式支持24个通道，能存储多于4个通道的文件格式。TIF格式还允许使用Photoshop CS5中的复杂工具和滤镜特效且非常适合于印刷和输出。

1.6.3 BMP格式

BMP格式是Bitmap的简写，此格式是微软开发的固有格式，这种格式被大多数软件支持。BMP格式采用了一种叫RLE的无损压缩方式，对图像质量不会产生影响。BMP格式主要用于保存位图图像，支持RGB、位图、灰度和索引颜色模式，但不支持Alpha通道。

1.6.4 GIF格式

GIF格式是Graphics Interchange Format的缩写，GIF格式的图像文件容量较小，它形成一种压缩的8bit图像文件。正因为这样，一般用这种格式的文件来缩短图形的加载时间。如果在网络中传送图像文件，GIF格式的图像文件的传送速度要比其他格式的图像文件快得多。

1.6.5 EPS格式

EPS是为PostScript打印机上输出图像而开发的一种文件格式，是处理图像工作中最重要的格式，它被广泛应用在Mac和PC环境下的图形设计和版面设计中，几乎所有的图形、图表和页面排版程序都支持这种格式。如果仅是保存图像，建议不要使用EPS格式。如果文件要到无PostScript的打印机上打印，为避免出现打印错误，最好也不要使用EPS格式，可以用TIFF格式或JPEG格式来代替。

1.7 本章小结

通过本章的学习，我们对图像文件的相关知识有了一个初步的认识，虽然这些知识很基础，但是在图像处理中的运用却非常广泛，因此对每一个基础知识点都应该做到了如指掌，才能确保在图像处理中做到最好。细节决定成败，因此希望大家在学习中一定要认真仔细，并且不断地练习巩固。

第2章

进入Photoshop CS5的世界

本章首先介绍了Photoshop CS5的发展历史以及它的应用领域，然后介绍了Photoshop CS5的功能特色。通过本章的学习，可以对Photoshop CS5的多种功能有一个全方位的了解，有助于在处理图像的过程中快速地定位，应用相应的知识点，完成图像的处理任务。

课堂学习目标

- 了解Photoshop的发展史
- 了解Photoshop的应用领域
- 了解Photoshop的工作界面
- 了解文件的基本操作
- 了解标尺、参考线和网络线的设置
- 了解图层的含义以及掌握图层的基本操作
- 了解恢复操作的应用

2.1 了解Photoshop的发展史

在1987年的秋天，Thomes Knoll（托马斯•洛尔），美国一名攻读博士学位的研究生，一直尝试编写一个名为Display的程序，使得在黑白位图监视器上能够显示灰阶图像。这个编码正是Photoshop的开始。随后其发行权被大名鼎鼎的Adobe公司买下，1990年2月，只能在苹果机（Mac）上运行的Photoshop 1.0面世了。

1991年2月，Photoshop 2.0正式版发行，从此Photoshop便一发不可收拾，一路过关斩将，淘汰了很多图像处理软件，成为今天图像处理行业中的绝对霸主。到目前为止，Photoshop最高的版本为CS5版本。

2.2 Photoshop的应用领域

Photoshop作为Adobe公司旗下最出名的图像处理软件，也是当今世界上用户群最多的平面设计软件，其功能强大到了令人瞠目结舌的地步，那么它的主要应用领域到底有哪些呢？读了下面的内容就知道了！

2.2.1 平面设计

毫无疑问，平面设计肯定是Photoshop应用最为广泛的领域，无论是我们正在阅读的图书封面，还是在大街上看到的招帖、海报，这些具有丰富的图像信息的平面印刷品，基本上都需要使用Photoshop来对图像进行处理，如图2-1所示。

图2-1

2.2.2 照片处理

Photoshop作为照片处理的王牌软件，当然具有一套相当强大的图像修饰功能。利用这些功能，我们可以快速修复数码照片上的瑕疵，同时可以调整照片的色调或为照片添加装饰元素等，如图2-2所示。

图2-2

2.2.3 网页设计

随着互联网的普及，人们对网页的审美要求也不断提升，因此Photoshop就尤为重要，使用它可以美化网页元素，如图2-3所示。

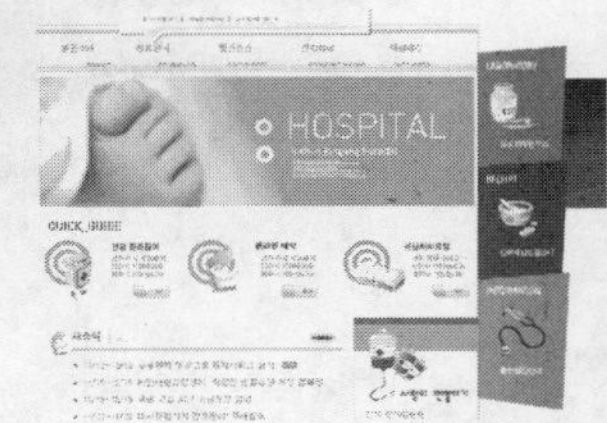

图2-3

2.2.4 界面设计

界面设计受到越来越多的软件企业及开发者的重视，但是绝大多数设计师使用的都是Photoshop，如图2-4所示。

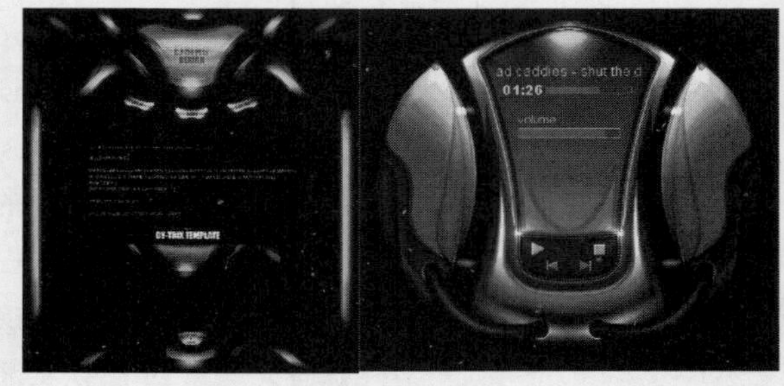

图2-4

2.2.5 文字设计

千万不要忽视Photoshop在文字设计方面的应用，它可以制作出各种质感、特效的文字，如图2-5所示。

图2-5

2.2.6 插画创作

Photoshop具有一套优秀的绘画工具，我们可以使用Photoshop来绘制出各种各样的精美插画，如图2-6所示。

图2-6

2.2.7 视觉创意

视觉创意设计是设计艺术的一个分支，此类设计通常没有非常明显的商业目的，但由于它为广大设计爱好者提供了无限的设计空间，因此越来越多的设计爱好者都开始注重视觉创意，并逐渐形成属于自己的一套创作风格，如图2-7所示。

图2-7

2.2.8 三维设计

Photoshop在三维设计中主要有两方面的应用：一是对效果图进行后期修饰，包括配景的搭配以及色调的调整等，如图2-8所示；二是用来绘制精美的贴图，因为无论再好的三维模型，如果没有逼真的贴图附在模型上，也得不到好的渲染效果，如图2-9所示。

图2-8

图2-9

2.3 Photoshop CS5的工作界面

随着版本的不断升级，Photoshop的工作界面布局也更加合理、更加人性化。启动Photoshop CS5，图2-10所示的是其工作界面。工作界面包含程序栏、菜单栏、选项栏、标题栏、工具箱、状态栏、文档窗口以及各式各样的面板组成。

图2-10

2.3.1 程序栏

在程序栏中，我们可以快速启动Adobe Bridge、Mini Bridge，也可以设置网格、参考线、标尺、图像显示比例、文档排列方法和屏幕显示模式等。

2.3.2 菜单栏

Photoshop CS5的菜单栏中包含11组主菜单，分别是文件、编辑、图像、图层、选择、滤镜、分析、3D、视图、窗口和帮助，如图2-11所示。单击相应的主菜单，即可打开该菜单下的命令，如图2-12所示。

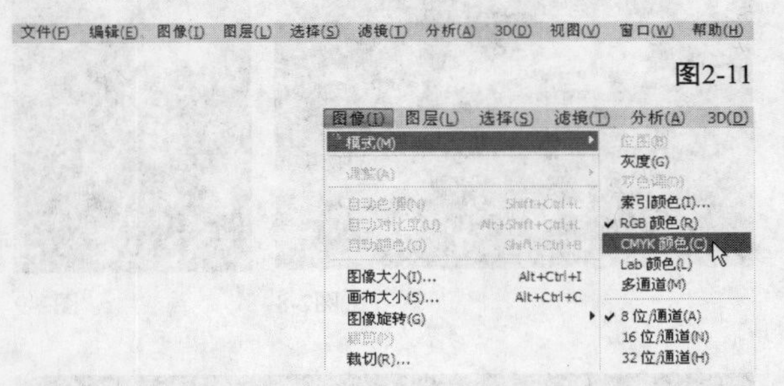

图2-11

图2-12

2.3.3 标题栏

打开一个文件以后，Photoshop会自动创建一个标题栏。在标题栏中会显示这个文件的名称、格式、窗口缩放比例以及颜色模式等信息。

2.3.4 文档窗口

文档窗口是显示打开图像的区域。如果只打开了一张图像，则只有一个文档窗口，如图2-13所示；如果打开了多张图像，则文档窗口会按选项卡的方式进行显示，如图2-14所示。单击一个文档窗口的标题栏即可将其设置为当前工作窗口。

图2-13

图2-14

按住鼠标左键拖曳文档窗口的标题栏，可以将其设置为浮动窗口，如图2-15所示；按住鼠标左键将浮动文档窗口的标题栏拖曳到选项卡中，文档窗口又会停放到选项卡中，如图2-16所示。

图2-15

图2-16

2.3.5 工具箱

“工具箱”中集合了Photoshop CS5的大部分工具，这些工具共分为9组，分别是选择工具、裁剪与切片工具、吸管与测量工具、修饰工具、路径与矢量工具、文字工具、3D工具和导航工具，外加一组设置前景色和背景色的图标与一个特殊工具“以快速蒙版模式编辑”，如图2-17所示。使用鼠标左键单击一个工具，即可选中该工具，如果工具的右下角带有三角形图标，表示这是一个工具组，在工具上单击鼠标右键即可弹出隐藏的工具，图2-18所示的是“工具箱”中的所有隐藏的工具。

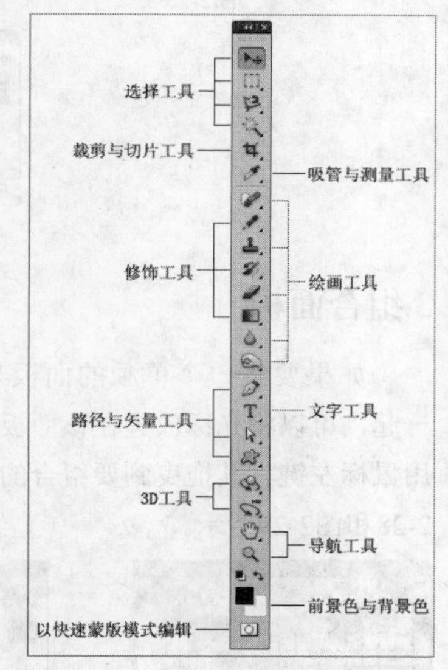

图2-17

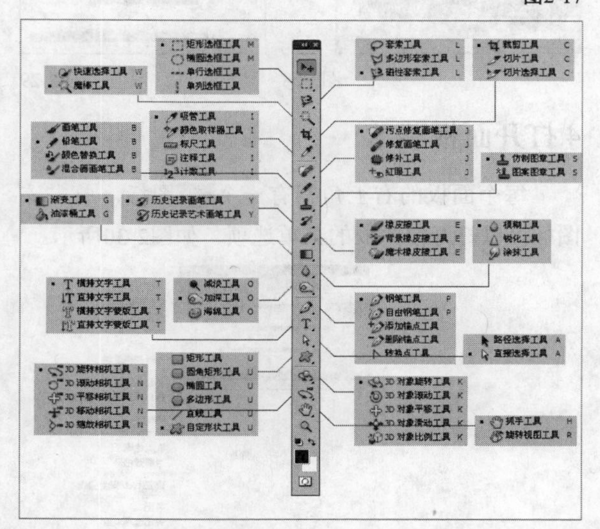

图2-18

2.3.6 选项栏

选项栏主要用来设置工具的参数选项，不同工具的选项栏也不同。比如，当我们选择“移动工具”时，其选项栏会显示如图2-19所示的内容。

图2-19

2.3.7 状态栏

状态栏位于工作界面的最底部，可以显示当前文档的大小、文档尺寸、当前工具和窗口缩放比例等信息，单击状态栏中的三角形图标，可以设置要显示的内容，如图2-20所示。

图2-20

状态栏重要选项介绍

Adobe Drive：显示当前文档的Version Cue工具组状态。

文档大小：显示当前文档中图像的数据量信息，如图2-21所示。左侧的数值表示合并图层并保存文件后的大小；右侧的数值表示不合并图层与不删除通道的近似大小。

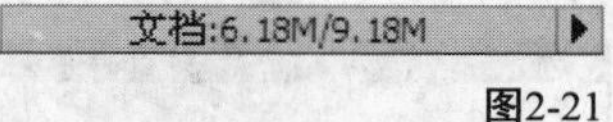

图2-21

文档配置文件：显示当前图像所使用的颜色模式。

文档尺寸：显示当前文档的尺寸。

测量比例：显示当前文档的像素比例，比如，1像素=1.0000像素。

暂存盘大小：显示图像处理的内存与

Photoshop暂存盘的内存信息。

效率：显示操作当前文档所花费时间的百分比。

计时：显示完成上一步操作所花费的时间。

当前工具：显示当前选择的工具名称。

32位曝光：这是Photoshop 提供的预览调整功能，以使显示器显示的HDR图像的高光和阴影不会太暗或出现褪色现象。该选项只有在文档窗口中显示HDR图像时才可用。

2.3.8 面板

Photoshop CS5一共有26个面板，这些面板主要用来配合图像的编辑、对操作进行控制以及设置参数等。执行“窗口”菜单下的命令可以打开面板，如图2-22所示。比如，执行“窗口>色板”菜单命令，使“色板”命令处于勾选状态，那么就可以在工作界面中显示出“色板”面板。

图2-22

1.折叠/展开与关闭面板

在默认情况下，面板都处于展开状态，如图2-23所示。单击面板右上角的折叠图标，可以将面板折叠起来，同时折叠图标会变成展开图标（单击该图标可以展开面板），如图2-24所示。另外，单击关闭图标，可以关闭面板。

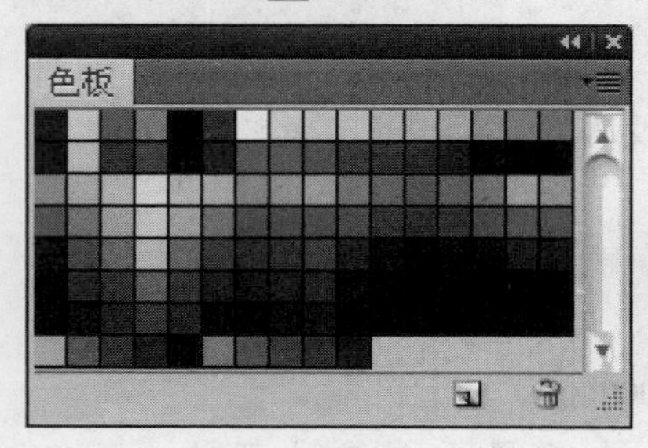

图2-23　图2-24

2.拆分面板

在默认情况，面板是以面板组的方式显示在工作界面中的，比如“颜色”面板、“样式”面板和“色板”面板就是组合在一起的，如图2-25所示。如果要将其中某个面板拖曳出来形成一个单独的面板，可以将光标放置在面板名称上，然后按住鼠标左键拖曳面板，将其拖曳出面板组，如图2-26和图2-27所示。

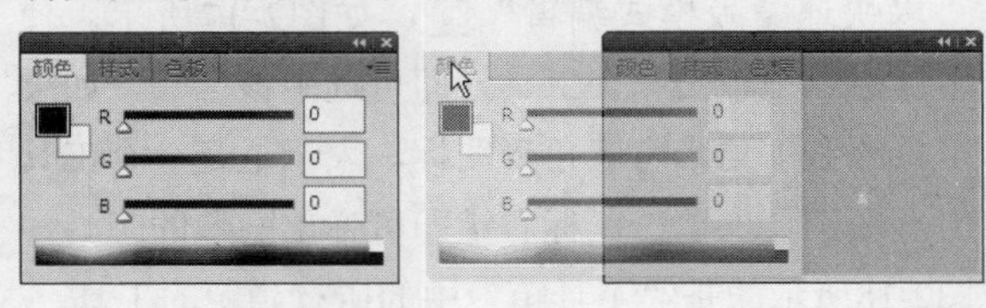

图2-25　图2-26

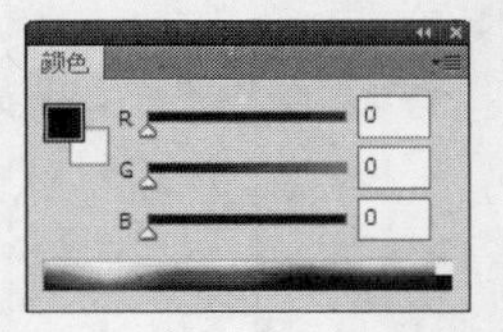

图2-27

3.组合面板

如果要将一个单独的面板与其他面板组合在一起，可以将光标放置在该面板的名称上，然后使用鼠标左键将其拖曳到要组合的面板名称上，如图2-28和图2-29所示。

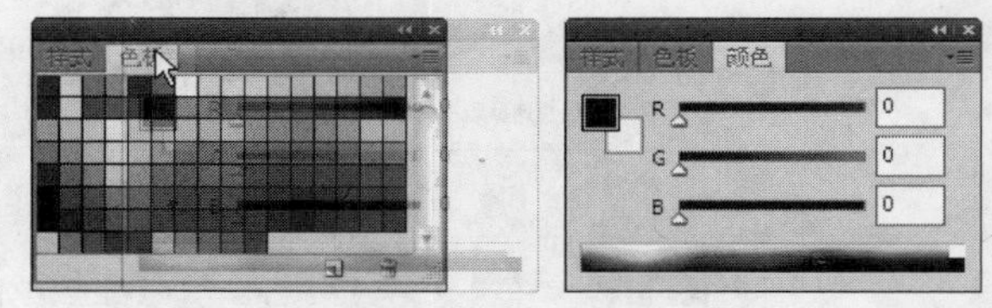

图2-28　图2-29

4.打开面板菜单

每个面板的右上角都有一个图标，单击该图标可以打开该面板的菜单选项，如图2-30所示。

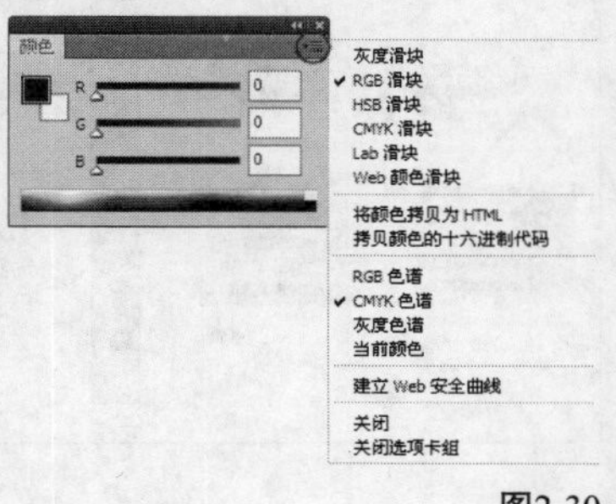

图2-30

2.4 文件操作

新建图像是Photoshop CS5进行图像处理的第一步。如果要在一个空白的图像上绘图，就要在Photoshop CS5中新建一个图像。

本节重要/命令介绍

名称	作用	重要程度
文件>新建	用于新建一个文件	中
文件>打开	用于打开一个文件	中
文件>在Bridge中浏览	用于运行Adobe Bridge并打开一个文件	低
文件>打开为	用于打开需要的文件并设置格式	中
文件>打开为智能对象	用于自动将打开的文件转化为智能对象	低
文件>最近打开文件	用于打开最近使用过的10个文件	低
文件>存储	用于保存编辑过的图像	中
文件>存储为	用于将文件保存到另一个位置或使用另一文件名进行保存	中
签入	用于Version Cue工作区管理的图像	低
文件>关闭	用于关闭当前处于激活状态的文件	中
文件>关闭全部	用于关闭所有的文件	中
文件>关闭并转到Bridge	用于关闭当前处于激活状态的文件，然后转到Bridge中	低
文件>退出	关闭所有文件并退出Photoshop	低

2.4.1 新建图像

通常情况下，要处理一张已有的图像，只需要将现有图像在Photoshop中打开即可。但是如果制作一张新图像时，就需要在Photoshop中新建一个文件。

如果要新建一个文件，可以执行“文件>新建”菜单命令或按Ctrl+N组合键，打开“新建”对话框，如图2-31所示。在“新建”对话框中可以设置文件的名称、尺寸、分辨率和颜色模式等。

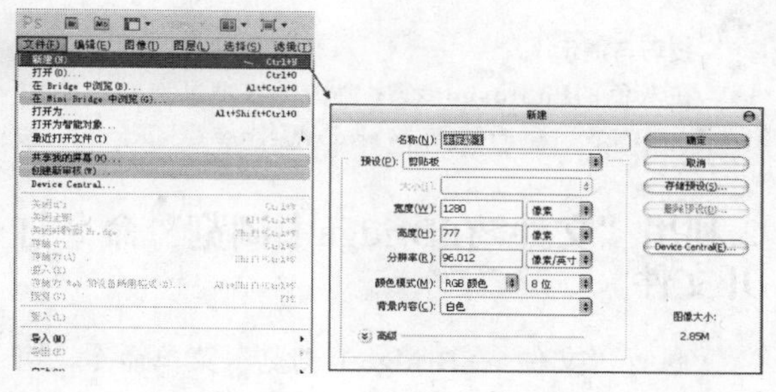

图2-31

2.4.2 打开图像

在前面的内容中介绍了新建文件的方法，如果需要对已有的图像文件进行编辑，那么就需要在Photoshop中将其打开才能进行操作。在Photoshop中打开文件的方法很多种，下面依次进行介绍。

1.利用“文件>打开”命令打开文件

执行“文件>打开”菜单命令，然后在弹出的对话框中选择需要打开的文件，接着单击“打开”按钮 打开(O) 或双击文件即可在Photoshop中打开该文件，如图2-32所示。

图2-32

> **技巧与提示**
> 在灰色的Photoshop程序窗口中双击鼠标左键或按Ctrl+O组合键，都可以弹出“打开”对话框。

2.利用“文件>在Bridge中浏览”命令打开文件

执行“文件>在Bridge中浏览”菜单命令，可以运行Adobe Bridge，在Bridge中选择一个文件，双击该文件即可在Photoshop中将其打开，如图2-33所示。

图2-33

3.利用“文件>打开为”命令打开文件

执行“文件>打开为”菜单命令，打开“打开为”对话框，在该对话框中可以选择需要打开的文件，并且可以设置所需要的文件格式，如图2-34所示。

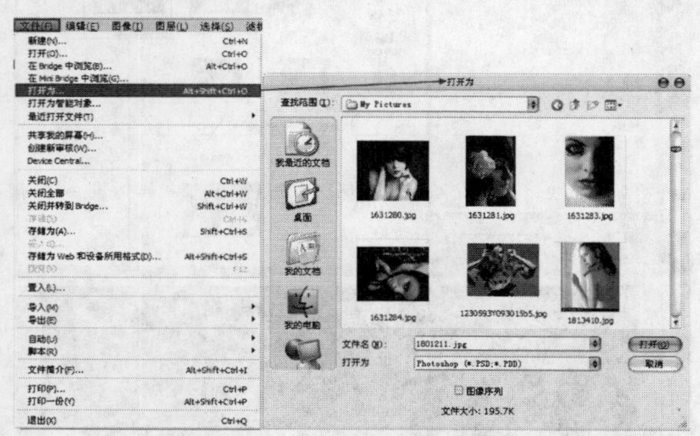

图2-34

> **技巧与提示**
> 如果使用与文件的实际格式不匹配的扩展名文件（例如用扩展名GIF的文件存储PSD文件），或者文件没有扩展名，则Photoshop可能无法打开该文件，选择正确的格式才能让Photoshop识别并打开该文件。

4.利用“文件>打开智能对象”命令打开文件

“智能对象”是包含栅格图像或矢量图像的数据的图层。智能对象将保留图像的源内容及其所有原始特性，因此对该图层无法进行破坏性编辑。

执行“文件>打开为智能对象”菜单命令，然后在弹出的对话框中选择一个文件将其打开，此时该文件就可以自动转换为智能对象，如图2-35所示。

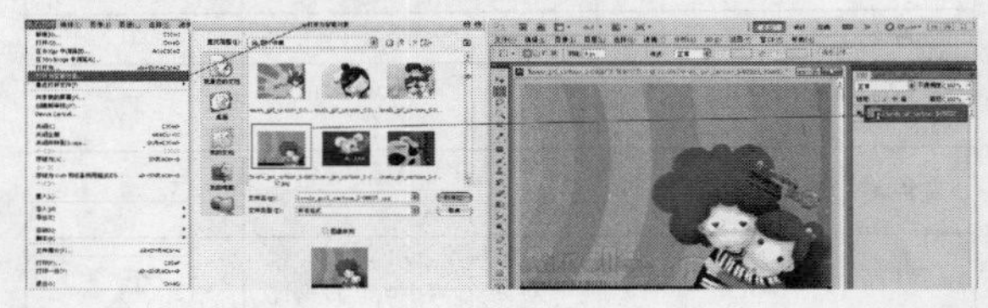

图2-35

5.利用“文件>最近打开文件”命令打开文件

执行“文件>最近打开文件”菜单命令，在其下拉菜单中可以选择最近使用过的10个文件，单击文件名即可将其在Photoshop中打开，选择底部的“清除最近”命令可以删除历史打开记录，如图2-36所示。

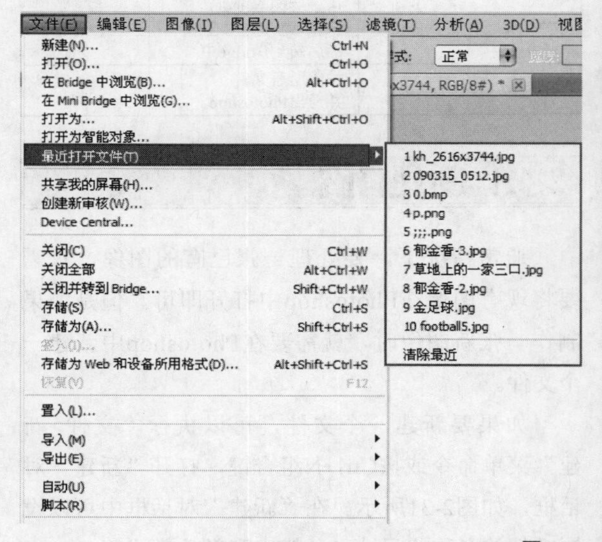

图2-36

6.利用快捷方式打开文件

利用快捷方式打开文件的方法主要有以下3种。

第1种：选择一个需要打开的文件，然后将其拖曳到Photoshop的应用程序图标上，如图2-37所示。

图2-37

第2种：选择一个需要打开的文件，然后单击鼠标右键，接着在弹出的菜单中选择“打开方式>Adobe Photoshop CS5”命令，如图2-38所示。

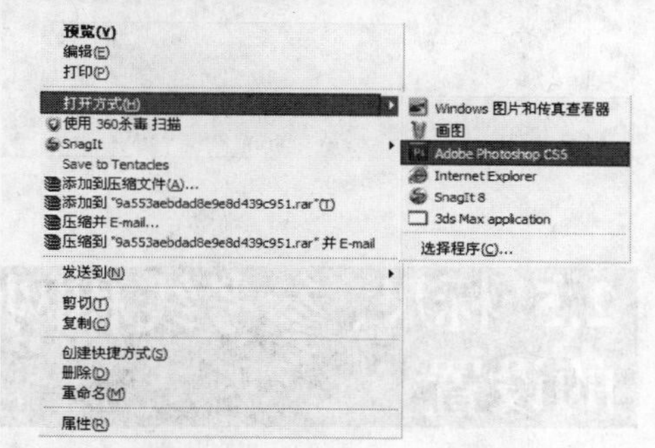

图2-38

第3种：如果已经运行了Photoshop，可以直接在Windows资源管理器中将文件拖曳到Photoshop的窗口中，如图2-39所示。

图2-39

2.4.3 保存图像

对图像进行编辑后，就需要对文件进行保存。当Photoshop出现程序错误、计算机出现程序错误或发生断电等情况时，所有的操作都将丢失，这时保存文件就变得非常重要了。这步操作看似简单，但是最容易被忽略，因此一定要养成经常保存文件的良好习惯。

1.利用“存储”命令保存文件

当对一张图像进行编辑以后，可以执行“文件>存储”菜单命令或按Ctrl+S组合键，将文件保存起来，如图2-40所示。存储时将保留所做的更改，并且会替换掉上一次保存的文件，同时会按照当前格式进行保存。

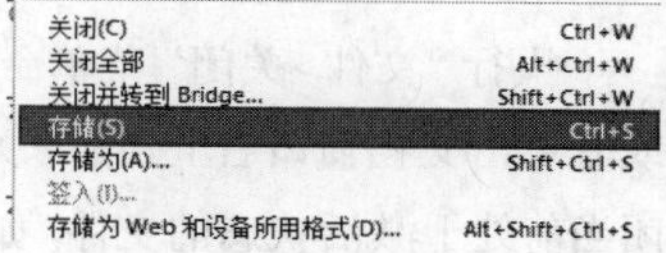

关闭(C) Ctrl+W
关闭全部 Alt+Ctrl+W
关闭并转到 Bridge... Shift+Ctrl+W
存储(S) Ctrl+S
存储为(A)... Shift+Ctrl+S
签入(I)...
存储为 Web 和设备所用格式(D)... Alt+Shift+Ctrl+S

图2-40

技巧与提示

如果是新建的一个文件，那么在执行“文件>存储”菜单命令时，系统会弹出“存储为”对话框。

2.利用“存储为”命令保存文件

如果需要将文件保存到另一个位置或使用另一文件名进行保存时，这时就可以通过执行“文件>存储为”菜单命令或按Shift+Ctrl+S组合键来完成，如图2-41所示。

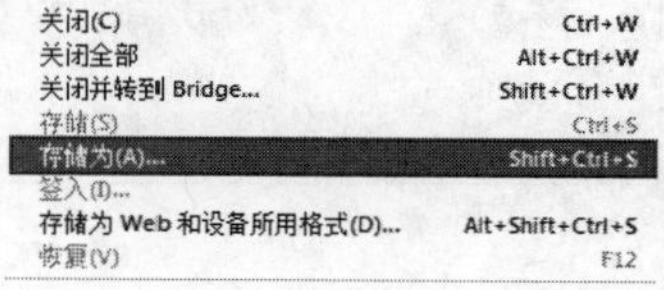

关闭(C) Ctrl+W
关闭全部 Alt+Ctrl+W
关闭并转到 Bridge... Shift+Ctrl+W
存储(S) Ctrl+S
存储为(A)... Shift+Ctrl+S
签入(I)...
存储为 Web 和设备所用格式(D)... Alt+Shift+Ctrl+S
恢复(V) F12

图2-41

3.利用“签入”命令保存文件

使用“签入”命令可以存储文件的不同版本以及各版本的注释。该命令可以用于Version Cue工作区管理的图像，如果使用的是来自Version Cue项目的文件，则文档标题栏会提供有关文件状态的其他信息。

2.4.4 关闭图像

编辑完图像，将文件进行保存后，即可关闭文件。Photoshop中提供了4种关闭文件的方法，如图2-42所示。

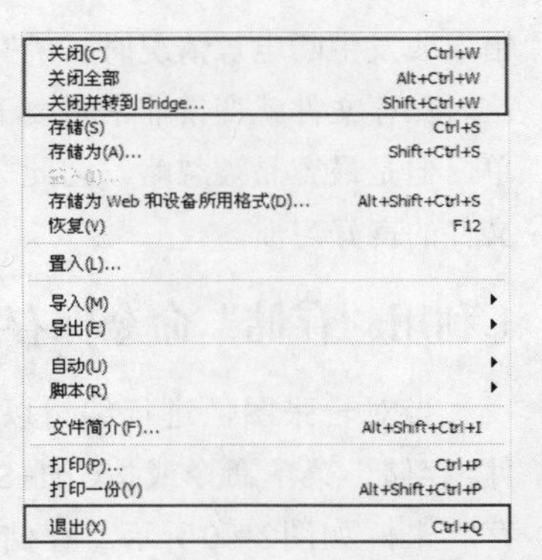

图2-42

1.关闭

执行“文件>关闭”菜单命令、按Ctrl+W组合键或者单击文档窗口右上角的“关闭”按钮，可以关闭当前处于激活状态的文件，如图2-43所示。使用这种方法关闭文件时，其他文件将不受任何影响。

图2-43

2.关闭全部

“文件>关闭全部”菜单命令或按Alt+Ctrl+W组合键，可以关闭所有的文件，如图2-44所示。

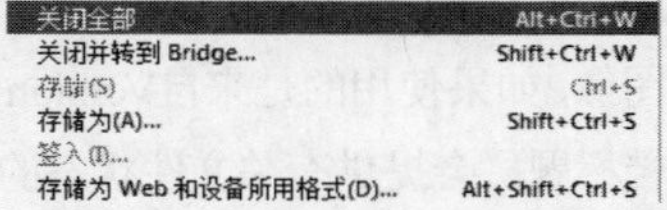

关闭(C) Ctrl+W
关闭全部 Alt+Ctrl+W
关闭并转到 Bridge... Shift+Ctrl+W
存储(S) Ctrl+S
存储为(A)... Shift+Ctrl+S
签入(I)...
存储为 Web 和设备所用格式(D)... Alt+Shift+Ctrl+S

图2-44

3.关闭并转到Bridge

执行“文件>关闭并转到Bridge”菜单命令，可以关闭当前处于激活状态的文件，然后转到Bridge中。

4.退出

执行“文件>退出”菜单命令或者单击程序窗口右上角的“关闭”按钮，可关闭所有的文件并退出Photoshop，如图2-45所示。

图2-45

2.5 标尺、参考线和网络线的设置

标尺、参考线或网络线的设置可以使图像处理更加精确，而实际设计任务中的问题有许多也需要用到标尺、参考线或网络线来解决。

2.5.1 标尺的设置

设置标尺可以精确地编辑和处理图像。选择“编辑>首选项>单位与标尺”命令，弹出相应对话框，如图2-46所示。

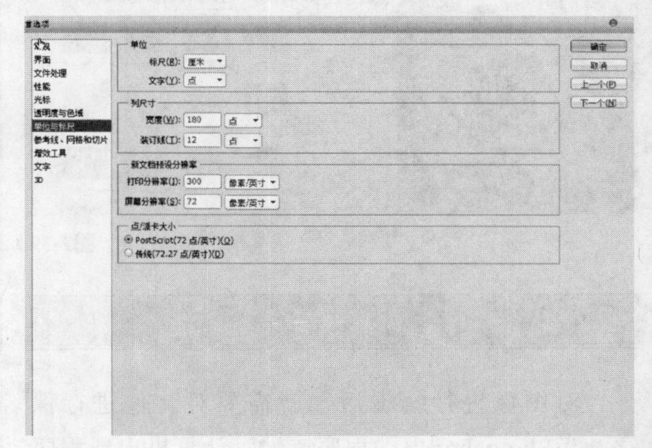

图2-46

执行“视图>标尺”菜单命令或按Ctrl+R组合键，此时看到窗口顶部和左侧会出现标尺，如图2-47所示。

图2-47

默认情况下，标尺的原点位于窗口的左上方，用户可以修改原点的位置。将光标放置在原点上，然后使用鼠标左键拖曳原点，画面中会显示出十字线，释放鼠标左键以后，释放处便成了原点的新位置，并且此时的原点数字也会发生变化，如图2-48所示。

图2-48

技巧与提示

在使用标尺时，为了得到最精确的数值，可以将画布缩放比例设置为100%。

如果要将原点复位到初始状态，即（0，0）位置，可以将光标放置在原点上，然后使用鼠标左键将原点向右下方拖曳，此时画面中会显示出十字线，接着将十字线拖曳到画布的左上角，这样就可以将原点复位到初始位置，如图2-49所示。

图2-49

技巧与提示

在定位原点的过程中，按住Shift键可以使标尺原点与标尺刻度自动对齐。

2.5.2 参考线的设置

参考线在实际工作中应用得非常广泛。使用参考线可以快速定位图像中的某个特定区域或某个元素的位置，以方便用户在这个区域或位置内进行操作。

设置参考线：可以使编辑图像的位置更精确，将鼠标的光标放在水平标尺上，按住鼠标左键不放，向下拖曳出水平参考线，效果如果2-50所示。将鼠标的光标放在垂直标尺上，按住鼠标左键不放，向右拖曳出垂直参考线，效果如果2-51所示。

图2-50

图2-51

移动参考线：在“工具箱”中单击“移动工具”按钮，将光标放置在参考线上，当光标变成分隔符形状时，按住鼠标左键并拖曳即可移动参考线。

删除参考线：使用“移动工具”将参考线拖曳出画布之外，即可删除某条参考线。

隐藏参考线：可以执行“视图>显示额外内容”菜单命令或按Ctrl+H组合键来隐藏参考线。

技巧与提示

按Ctrl+H组合键可以将参考线隐藏，再次按Ctrl+H组合键又会显示参考线。

删除画布中的所有参考线：执行“视图>清除参考线”菜单命令可以删除所有参考线。

技巧与提示

在创建、移动参考线时，按住Shift键可以使参考线与标尺刻度自动对齐。

2.5.3 智能参考线

智能参考线可以辅助对齐形状、切片和选区。启用智能参考线后，当绘制形状、创建选区或切片时，智能参考线会自动出现在画布中。执行“视图>显示>智能参考线”菜单命令，可以启用智能参考线，图2-52所示为使用智能参考线和“切片工具”进行操作时的画布状态。

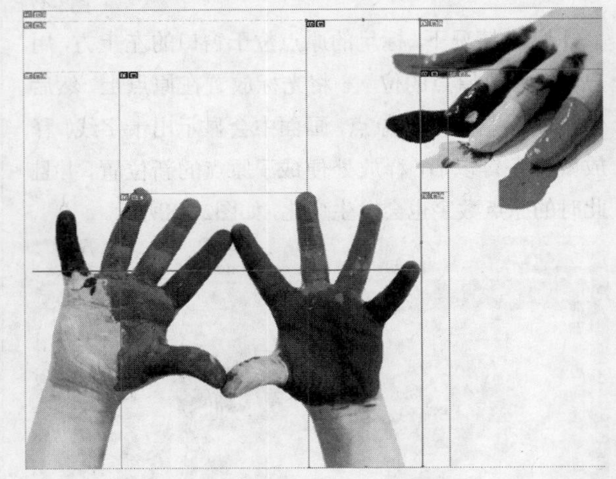

图2-52

2.5.4 网格

网格主要用来对称排列图像。网格与参考线一样是无法打印出来的。执行“视图>显示>网格”菜单命令，就可以在画布中显示出网格，如图2-53所示。

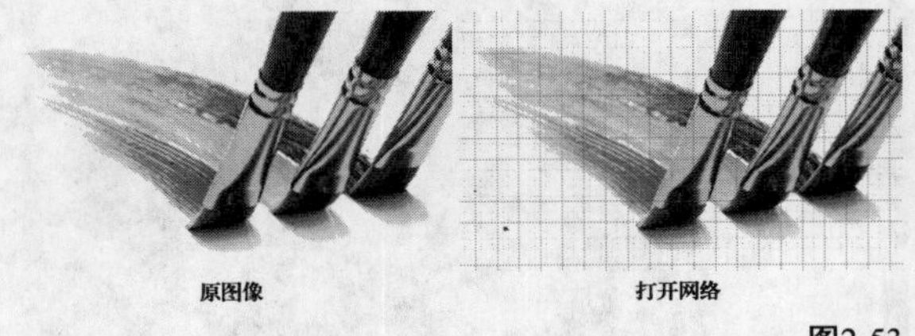

图2-53

技巧与提示

网格主要用来对齐对象。显示出网格后，可以执行

"视图>对齐>网格"菜单命令，启用对齐功能，此后在创建选区或移动图像等操作时，对象将自动对齐到网格上。

2.6 了解图层的含义

以图层为模式的编辑方法几乎是Photoshop的核心思路。在Photoshop中，图层是使用Photoshop编辑处理图像时必备的承载元素。通过图层的堆叠与混合可以制作出多种多样的效果，用图层来实现效果是一种直观而简便的方法。

本节重要工具/命令介绍

名称	作用	重要程度
创建新图层	用于在当前图层上一层新建一个图层	中
图层>新建>图层	用于设置图层的名称、颜色、混合模式和不透明度等	中
图层>新建>通过拷贝的图层	用于将当前图层复制一份	中
图层>新建>通过剪切的图层	用于将选区内的图像剪切到一个新的图层中	中
图层>复制图层	用于复制图层	中
图层>删除>图层	用于删除一个或多个图层	中
图层>删除>隐藏图层	用于隐藏所有的图层	中
图层>链接图层	用于将多个图层链接在一起	中
图层>图层属性	用于修改图层的名称及其颜色	中

2.6.1 图层的原理

图层就如同堆叠在一起的透明胶片，在不同图层上进行绘画就像是将图像中的不同元素分别绘制在不同的透明胶片上，然后按照一定的顺序进行叠放后形成完整的图像。对某一图层进行操作就相当于调整某些胶片的上下顺序或移动其中一张胶片的位置，堆叠的效果也会发生变化。因此，图层的操作就类似于对不同图像所在的胶片进行调整或改变，如图2-54所示。

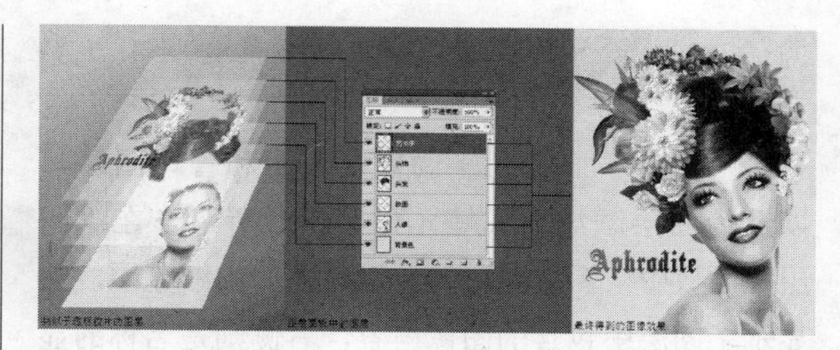

图2-54

图层的优势在于每一个图层中的对象都可以单独进行处理，既可以移动图层，也可以调整图层的堆叠顺序，而不会影响其他图层中的内容，如图2-55和图2-56所示。

图2-55

图2-56

技巧与提示

在编辑图层之前，首先需要在"图层"面板中单击该图层，将其选中，所选图层将成为当前图层。绘画以及色调调整只能在一个图层中进行，而移动、对齐或变换等可以一次性处理所选的多个图层。

2.6.2 图层面板

“图层”面板用于创建、编辑和管理图层，以及为图层添加样式等，如图2-57所示。在“图层”面板中，图层名称的左侧是图层的缩览图，它显示了图层中包含的图像内容，右侧则是名称的显示，而缩览图中的棋盘格代表图像的透明区域。

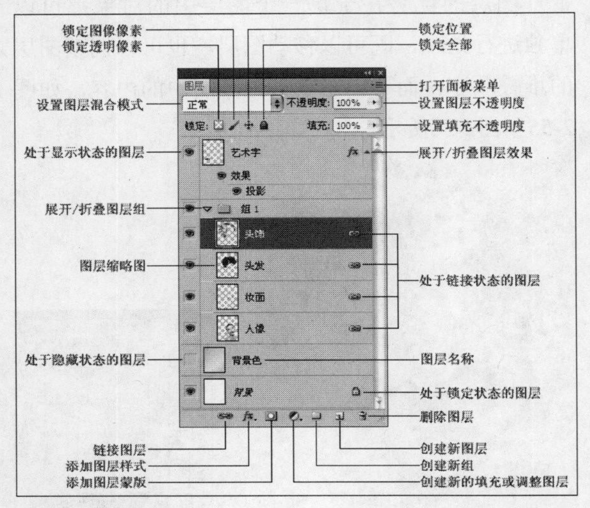

图2-57

图层面板重要按钮与选项介绍

锁定透明像素：将编辑范围限制为只针对图层的不透明部分。

锁定图像像素：防止使用绘画工具修改图层的像素。

锁定位置：防止图层的像素被移动。

锁定全部：锁定图层的透明像素、图像像素和位置，处于这种状态下的图层将不能进行任何操作。

> **技巧与提示**
> 注意，对于文字图层和形状图层，“锁定透明像素”按钮和“锁定图像像素”按钮在默认情况下处于激活状态，而且不能更改，只有将其栅格化后才能解锁透明像素和图像像素。

设置图层混合模式：用来设置当前图层的混合模式，使之与下面的图像产生混合。

设置图层不透明度：用来设置当前图层的不透明度。

设置填充不透明度：用来设置当前图层的填充不透明度。该选项与“不透明度”选项类似，但是不会影响图层样式效果。

处于显示/隐藏状态的图层 / ：当该图标显示为眼睛形状时表示当前图层处于可见状态，而处于空白状态时则处于不可见状态。单击该图标可以在显示与隐藏之间进行切换。

展开/折叠图层组：单击该图标可以展开或折叠图层组。

展开/折叠图层效果：单击该图标可以展开或折叠图层效果，以显示或隐藏当前图层添加的所有效果的名称。

图层缩略图：显示图层中所包含的图像内容。其中棋盘格区域表示图像的透明区域，非棋盘格区域表示像素区域（即有图像的区域）。

链接图层：用来链接当前选择的多个图层。

处于链接状态的图层：当链接好两个或两个以上的图层以后，图层名称的右侧就会显示出链接标志。

添加图层样式：单击该按钮，在弹出的菜单中选择一种样式，可以为当前图层添加一个图层样式。

添加图层蒙版：单击该按钮，可以为当前图层添加一个蒙版。

创建新的填充或调整图层：单击该按钮，在弹出的菜单中选择相应的命令即可创建填充图层或调整图层。

创建新组：单击该按钮可以新建一个图层组。

> **技巧与提示**
> 如果需要为所选图层创建一个图层组，可以将选中的图层拖曳到“创建新组”按钮上，或直接按Ctrl+G组合键。

创建新图层：单击该按钮可以新建一个图层。

> **技巧与提示**
> 将选中的图层拖曳到“创建新图层”按钮上，可以为当前所选图层创建出相应的副本图层。

删除图层：单击该按钮可以删除当前选择的图层或图层组。

处于锁定状态的图层 ：当图层缩略图右侧显示有该图标时，表示该图层处于锁定状态。

打开面板菜单 ：单击该图标，可以打开“图层”面板的面板菜单，如图2-58所示。

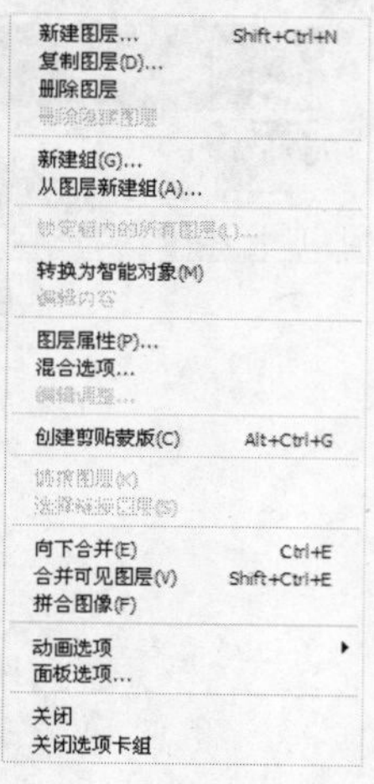

图2-58

2.6.3 图层的类型

Photoshop可以创建多种类型的图层，每种图层都有不同的功能和用途，当然他们在“图层”面板中的显示状态也不相同，如图2-59所示。

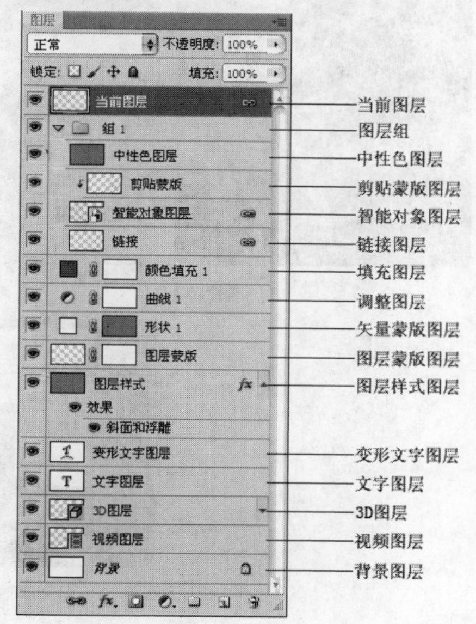

图2-59

图层面板重要按钮介绍

当前图层：当前所选择的图层。

图层组：用于管理图层，以便于随时查找和编辑图层。

中性色图层：填充了中性色的特殊图层，结合特定的混合模式可以用来承载滤镜或在上面绘画。

剪贴蒙版图层：蒙版中的一种，可以使用一个图层中的图像来控制它上面多个图层内容的显示范围。

智能对象图层：包含有智能对象的图层。

链接图层：保持链接状态的多个图层。

填充图层：通过填充纯色、渐变或图案来创建的具有特殊效果的图层。

调整图层：可以调整图像的色调，并且可以反复调整。

矢量蒙版图层：带有矢量形状的蒙版图层。

图层蒙版图层：添加了图层蒙版的图层，蒙版可以控制图层中图像的显示范围。

图层样式图层：添加了图层样式的图层，通过图层样式可以快速创建出各种特效。

变形文字图层：进行了变形处理的文字图层。

文字图层：使用文字工具输入文字时所创建的图层。

3D图层：包含有置入的3D文件的图层。

视频图层：包含有视频文件帧的图层。

背景图层：新建文档时创建的图层。“背景”图层始终位于面板的最底部，名称为“背景”两个字，且为斜体。

2.6.4 新建图层

新建图层的方法有很多种，可以在“图层”面板中创建新的普通空白图层，也可以通过复制已有的图层来创建新的图层，还可以将图像中的局部创建为新的图层，当然也可以通过相应的命令来创建不同类型的图层。

1.在图层面板中创建图层

在“图层”面板底部单击“创建新图层”按钮 ，即可在当前图层的上一层新建一个图层，如图2-60和图2-61所示。如果要在当前图层的下一层新建一个图层，可以按住Ctrl键单击“创建新图层”按钮 ，如图2-62所示。

图2-60

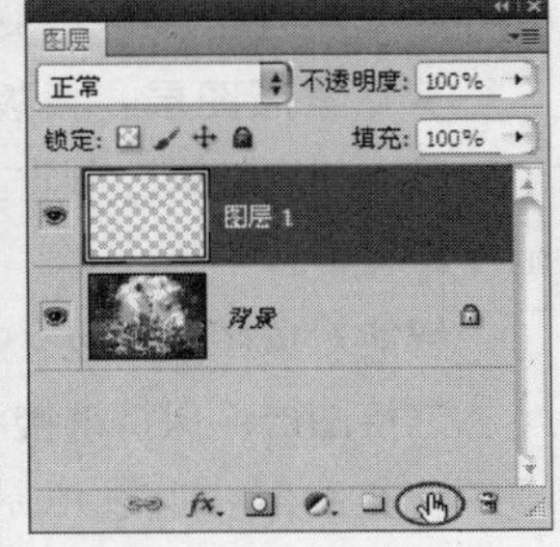

图2-61

图2-62

技巧与提示

注意，如果当前图层为“背景”图层，则即使按住Ctrl键也不能在其下方新建图层。

2.用新建命令新建图层

如果要在创建图层的同时设置图层的属性，可以执行“图层>新建>图层”菜单命令，在弹出的“新建图层”对话框中可以设置图层的名称、颜色、模式和不透明度等，如图2-63所示。按住Alt键单击“创建新图层”按钮 或直接按Shift+Ctrl+N组合键也可以打开“新建图层”对话框。

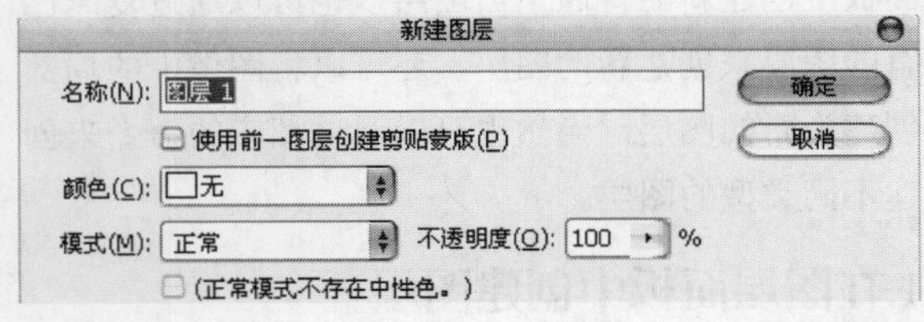

图2-63

3.用通过拷贝的图层命令创建图层

选择一个图层以后，执行“图层>新建>通过拷贝的图层”菜单命令或按Ctrl+J组合键，可以将当前图层复制一份，如图2-64所示；如果当前图像中存在选区，如图2-65所示，执行该命令可以将选区中的图像复制到一个新的图层中，如图2-66所示。

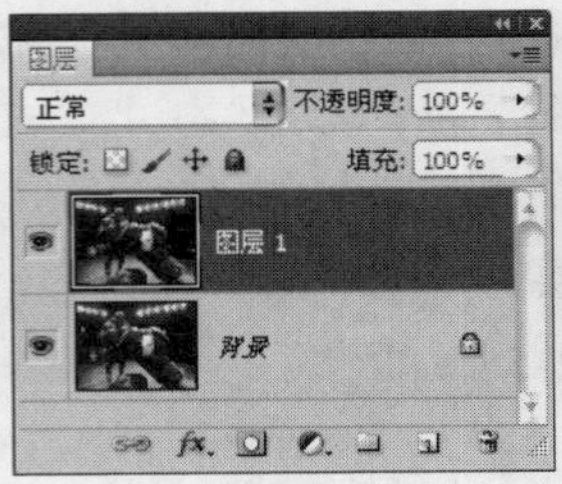

图2-64

图2-65

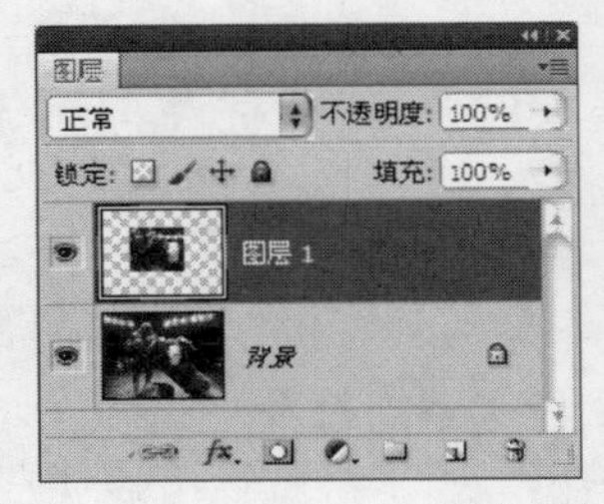

图2-66

4.用通过剪切的图层命令创建图层

如果在图像中创建了选区，如图2-67所示，然后执行“图层>新建>通过剪切的图层”菜单命令或按Shift+Ctrl+J组合键，可以将选区内的图像剪切到一个新的图层中，如图2-68和图2-69所示。

图2-67

图2-68

图2-69

2.6.5 背景与普通图层的转换

一般情况下，“背景”图层都处于锁定的无法编辑的状态。因此，如果要对“背景”图层进行操作，就需要将其转换为普通图层，同时也可以将普通图层转换为“背景”图层。

1.将背景图层转换为普通图层

如果要将“背景”图层转换为普通图层，可以采用以下4种方法。

第1种：在“背景”图层上单击鼠标右键，然后在弹出的菜单中选择“背景图层”命令，如图2-70所示，此时将打开“新建图层”对话框，如图2-71所示，然后单击“确定”按钮即可将其转换为普通图层，如图2-72所示。

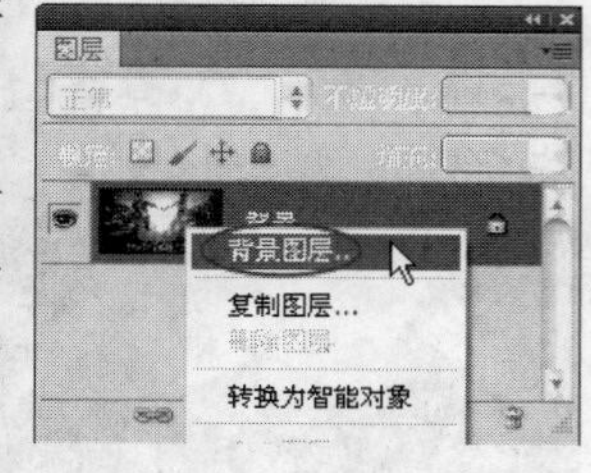

图2-70

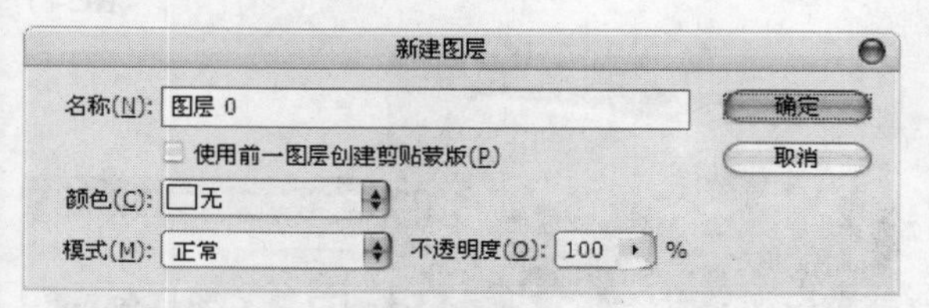

图2-71

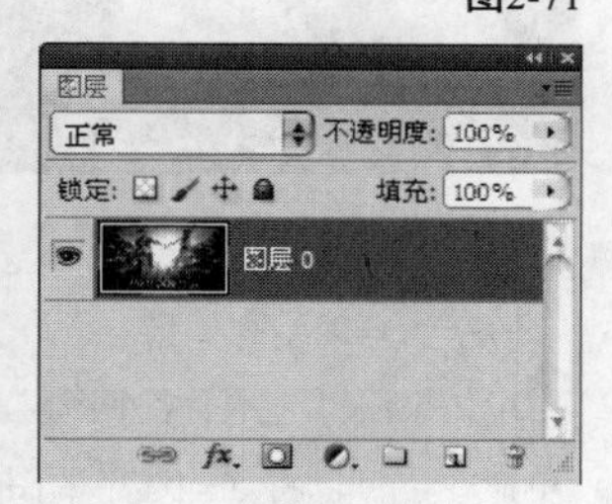

图2-72

第2种：在“背景”图层的缩略图上双击鼠标左键，也可以打开“新建图层”对话框，然后单击“确定”按钮即可。

第3种：按住Alt键的同时双击“背景”图层的缩略图，“背景”图层将直接转换为普通图层。

第4种：执行“图层>新建>背景图层”菜单命令，可以将“背景”图层转换为普通图层。

2.将普通图层转换为背景图层

如果要将普通图层转换为“背景”图层，可以采用以下两种方法。

第1种：在图层名称上单击鼠标右键，然后在弹出的菜单中选择“拼合图像”命令，如图2-73所示，此时图层将被转换为“背景”图层，如图2-74所示。

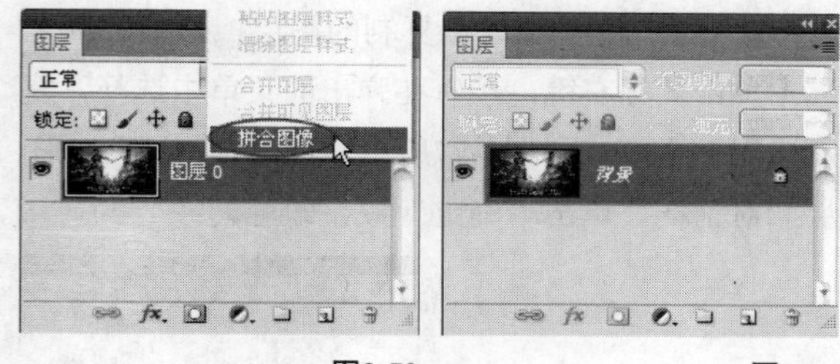

图2-73　　图2-74

技巧与提示

使用“拼合图像”命令之后当前所有图层都会被合并到背景中。

第2种：执行“图层>新建>图层背景”菜单命令，可以将普通图层转换为“背景”图层。

技巧与提示

通过将普通图层命名为“背景”是无法创建“背景”图层的。注意，在将图层转换为背景时，图层中的任何透明像素都会被转换为背景色，并且该图层会移动到图层的最底部。

2.6.6 复制图层

复制图层有多种办法，可以通过命令复制图层，也可以使用快捷键来复制。

第1种：选择一个图层，然后执行“图层>复制图层”菜单命令，打开“复制图层”对话框，如图2-75所示，接着单击“确定”按钮即可，如图2-76所示。

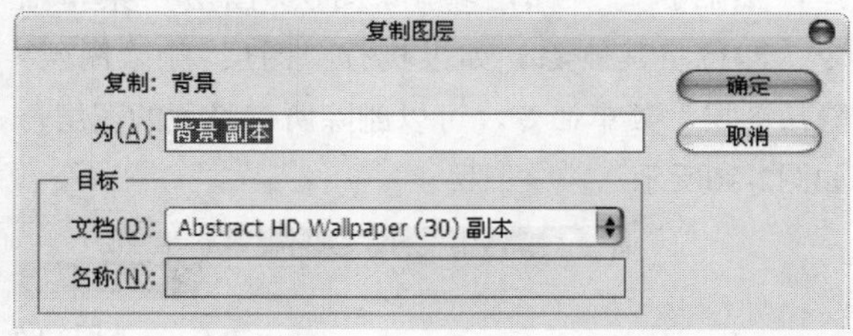

图2-75

图2-76

第2种：选择要进行复制的图层，然后在其名称上单击鼠标右键，接着在弹出的菜单中选择“复制图层”命令，如图2-77所示，此时弹出“复制图层”对话框，单击“确定”按钮即可。

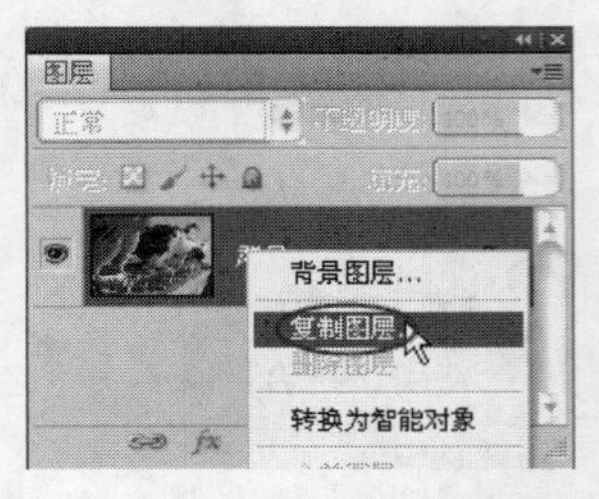

图2-77

第3种：直接将图层拖曳到“创建新图层”按钮上，如图2-78所示，即可复制出该图层的副本，如图2-79所示。

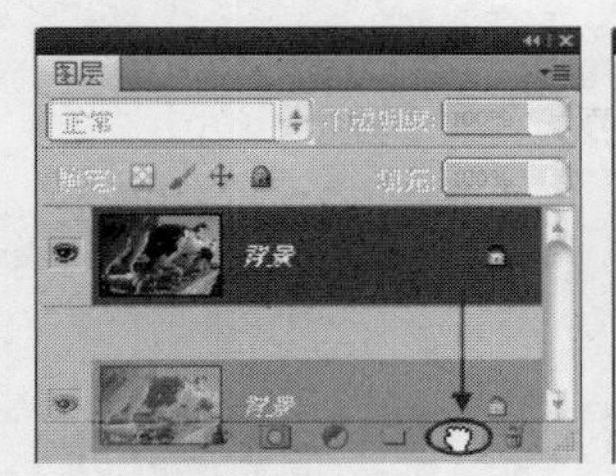

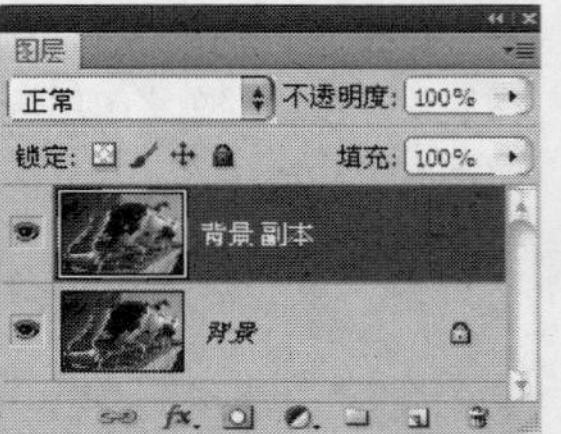

图2-78　图2-79

第4种：选择需要复制的图层，直接按Ctrl+J组合键。

2.6.7 删除图层

如果要删除一个或多个图层，可以先将其选择，然后执行“图层>删除图层>图层”菜单命令，即可将其删除。如果执行“图层>删除图层>隐藏图层”菜单命令，可以删除所有隐藏的图层，如图2-80所示。

图2-80

技巧与提示

如果要快速删除图层，可以将其拖曳到“删除图层”按钮上，也可以直接按Delete键。

2.6.8 显示与隐藏图层/图层组

图层缩略图左侧的眼睛图标用来控制图层的可见性。有该图标的图层为可见图层，如图2-81所示，没有该图标的图层为隐藏图层，如图2-82所示。单击眼睛图标可以在图层的显示与隐藏之间进行切换。

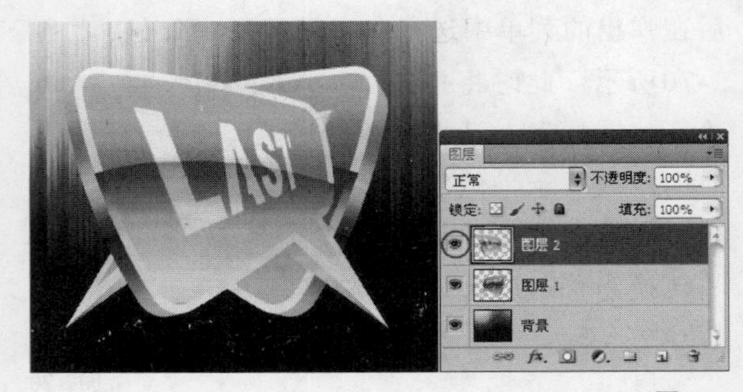

图2-81

图2-82

技巧与提示

如果同时选择了多个图层，执行“图层>隐藏图层”菜单命令，可以将这些选中的图层隐藏起来；将光标放在一个图层的眼睛图标上，然后按住鼠标左键垂直向上或垂直向下拖曳光标，可以快速隐藏多个相邻的图层，这种方法也可以快速显示隐藏的图层；如果文档中存在两个或两个以上的图层，按住Alt键单击眼睛图标，可以快速隐藏该图层以外的所有图层，按住Alt键再次单击眼睛图标，可以显示被隐藏的图层。

2.6.9 链接图层与取消链接

如果要同时处理多个图层中的内容（如移动、应用变换或创建剪贴蒙版），可以将这些图层链接在一起。选择两个或多个图层，然后执行“图层>链接图层”菜单命令或单击“链接图层”按钮，如图2-83所示，可以将这些图层链接起来，如图2-84所示。如果要取消链接，可以选择其中一个链接图层，然后单击“链接图层”按钮。

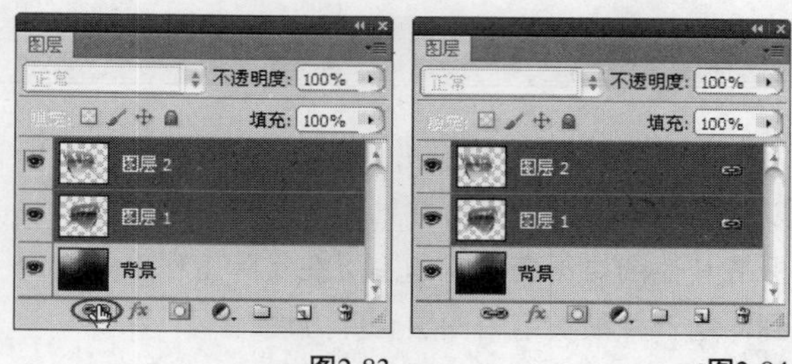

图2-83　　图2-84

2.6.10 修改图层的名称与颜色

在一个图层较多的文档中，修改图层名称及其颜色有助于快速找到相应的图层。执行“图层>图层属性”菜单命令，打开“图层属性”对话框，在该对话框中可以修改图层的名称及其颜色，如图2-85所示。

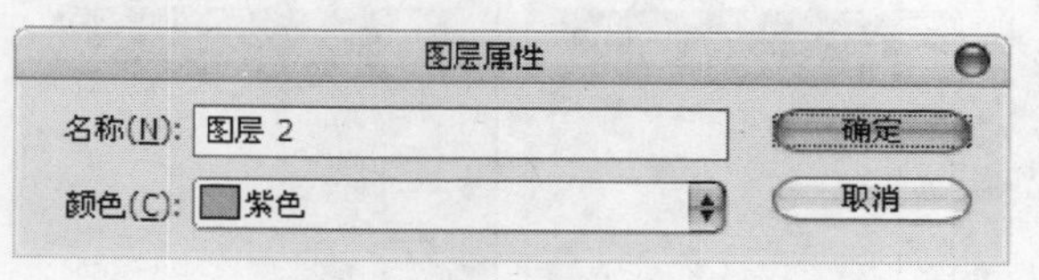

图2-85

在图层名称上双击鼠标左键，可以激活名称输入框，输入名称就可以修改图层名称。

2.6.11 锁定图层

在“图层”面板的顶部有一排锁定按钮，其中提供了用来保护图层透明区域、图像像素、位置的锁定和锁定全部功能，如图2-86所示。使用这些按钮可以根据需要完全锁定或部分锁定图层，以免因操作失误而对图层的内容造成破坏。

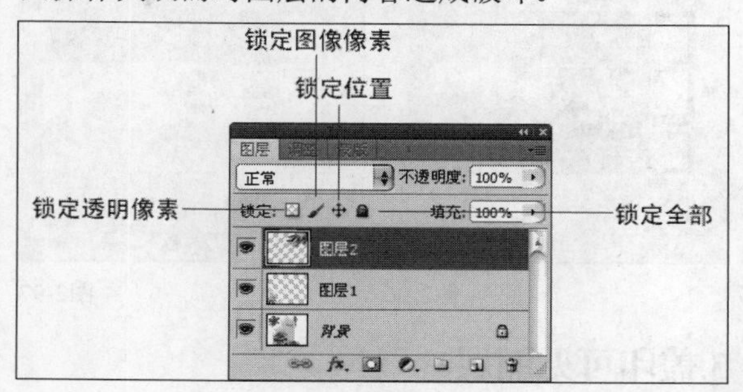

图2-86

锁定按钮介绍

锁定透明像素：激活该按钮以后，可以将编辑范围限定在图层的不透明区域，图层的透明区域会受到保护。

锁定图像像素：激活该按钮以后，只能对图层进行移动或变换操作，不能在图层上绘画、擦除或应用滤镜。

锁定位置：激活该按钮以后，图层将不能移动。这个功能对于设置了精确位置的图像非常有用。

锁定全部：激活该按钮以后，图层将不能进行任何操作。

2.7 合并与盖印图层

如果一个文档中含有过多的图层、图层组以及图层样式，会耗费非常多的内存资源，从而减慢计算机的运行速度。遇到这种情况，我们可以通过删除无用的图层、合并同一个内容的图层等，以减小文档的大小。

本节重要工具/命令介绍

名称	作用	重要程度
图层>合并图层	用于合并两个或多个图层	中
图层>向下合并	用于将一个图层与它下面的图层合并	中
图层>合并可见图层	用于合并“图层”面板中的所有可见图层	中
图层>拼合图像	用于将所有图层拼合到“背景”图层中	中

2.7.1 合并图层

如果要合并两个或多个图层，可以在“图层”面板中选择要合并的图层，然后执行“图层>合并图层”菜单命令或按Ctrl+E组合键，合并以后的图层使用上面图层的名称，如图2-87和图2-88所示。

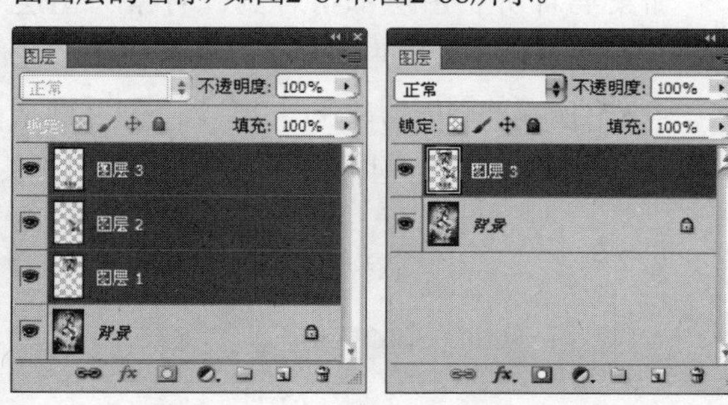

图2-87　　图2-88

2.7.2 向下合并图层

如果想要将一个图层与它下面的图层合并，可以选择该图层，然后执行“图层>向下合并”菜单命令或按Ctrl+E组合键，合并以后的图层使用下面图层的名称，如图2-89和图2-90所示。

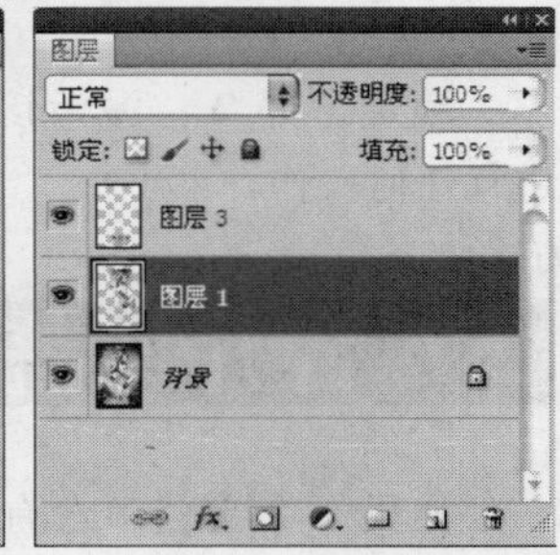

图2-89　图2-90

2.7.3 合并可见图层

如果要合并“图层”面板中的所有可见图层，可以执行“图层>合并可见图层”菜单命令或按Ctrl+Shift+E组合键，如图2-91和图2-92所示。

图2-91　图2-92

2.7.4 拼合图像

如果要将所有图层都拼合到“背景”图层中，可以执行“图层>拼合图像”菜单命令。注意，如果有隐藏的图层则会弹出一个提示对话框，提醒用户是否要扔掉隐藏的图层，如图2-93所示。

图2-93

2.7.5 盖印图层

“盖印”是一种合并图层的特殊方法，它可以将多个图层的内容合并到一个新的图层中，同时保持其他图层不变。盖印图层在实际工作中经常用到，是一种很实用的图层合并方法。

1.向下盖印

选择一个图层，如图2-94所示，然后按Ctrl+Alt+E组合键，可以将该图层中的图像盖印到下面的图层中，原始图层的内容保持不变，如图2-95所示。

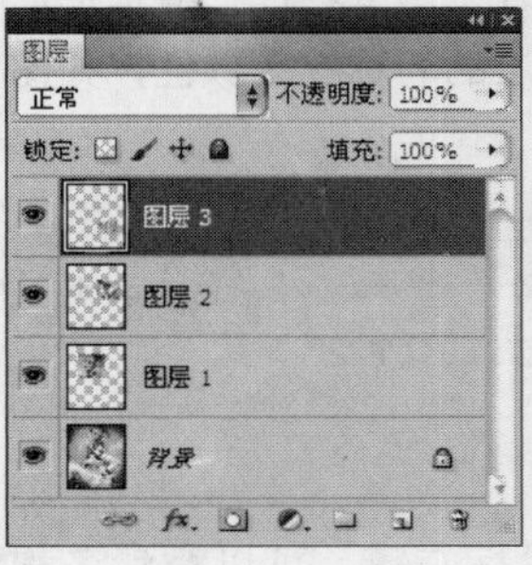

图2-94　图2-95

2.盖印多个图层

如果选择了多个图层，如图2-96所示，按Ctrl+Alt+E组合键，可以将这些图层中的图像盖印到一个新的图层中，原始图层的内容保持不变，如图2-97所示。

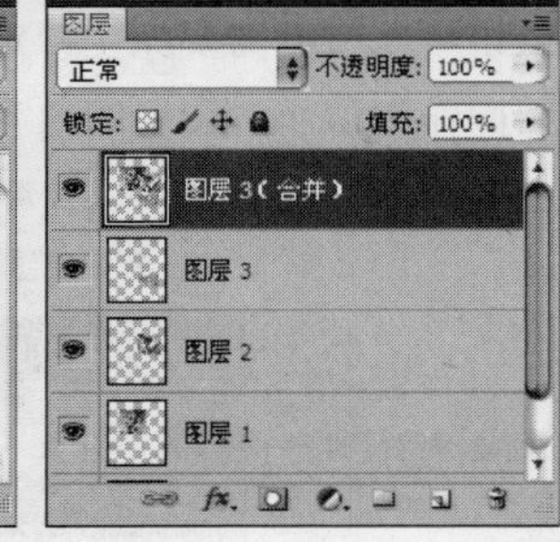

图2-96　图2-97

3.盖印可见图层

按Ctrl+Shift+Alt+E组合键，可以将所有可见图层盖印到一个新的图层中，如图2-98所示。

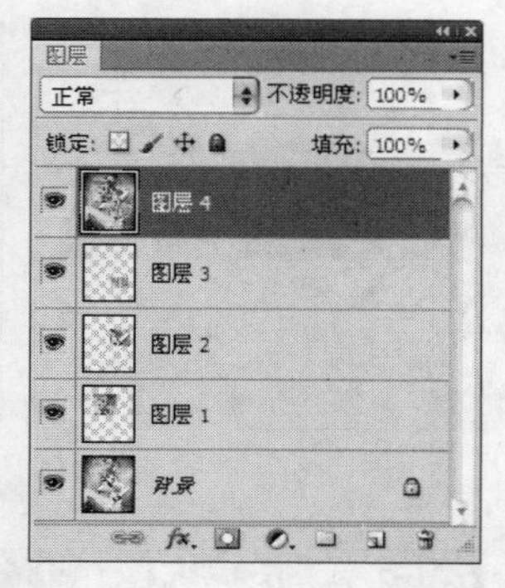

图2-98

4.盖印图层组

选择图层组，如图2-99所示，然后按Ctrl+Alt+E组合键，可以将组中所有图层内容盖印到一个新的图层中，原始图层组中的内容保持不变，如图2-100所示。

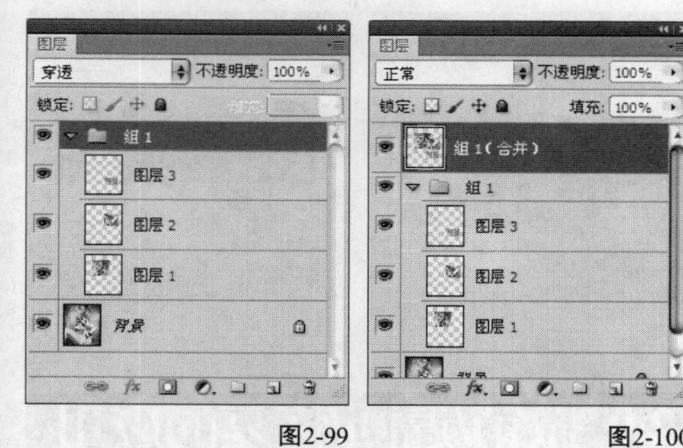

图2-99　　图2-100

2.8 图层组

随着图像的不断编辑，图层的数量往往会越来越多，少者几个，多者几十个、几百个，要在如此之多的图层中找到需要的图层，将会是一件非常麻烦的事情。如果使用图层组来管理同一类内容的图层，就可以使“图层”面板中的图层结构更加有条理，寻找起来也更加方便快捷。

本节重要工具/命令介绍

名称	作用	重要程度
创建新组	用于创建一个空白的图层组	高
图层>新建>组	用于在创建图层组时设置组的名称、颜色、混合模式和不透明度等属性	高
图层>图层编组	用于为所选图层创建一个图层组	高
图层>取消图层编组	用于取消图层编组	高

2.8.1 创建图层组

1.在图层面板中创建图层组

在“图层”面板下单击“创建新组”按钮 ，即可创建一个空白的图层组，如图2-101所示，以后新建的图层都将位于该组中，如图2-102所示。

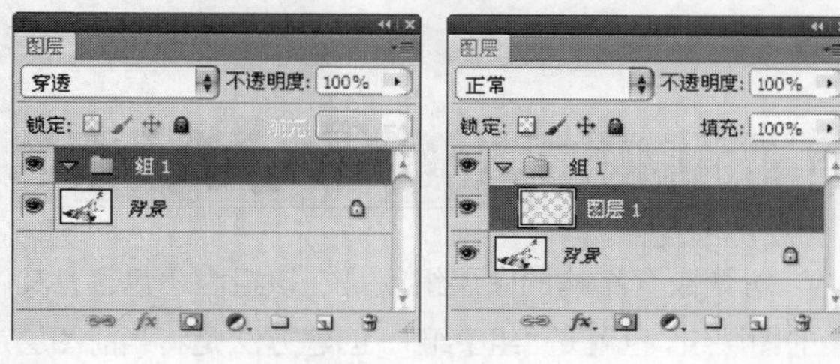

图2-101　　图2-102

2.用新建命令创建图层组

如果要在创建图层组时设置组的名称、颜色、混合模式和不透明度等属性，可以执行“图层>新建>组”菜单命令，在弹出的“新建组”对话框中就可以设置这些属性，如图2-103和图2-104所示。

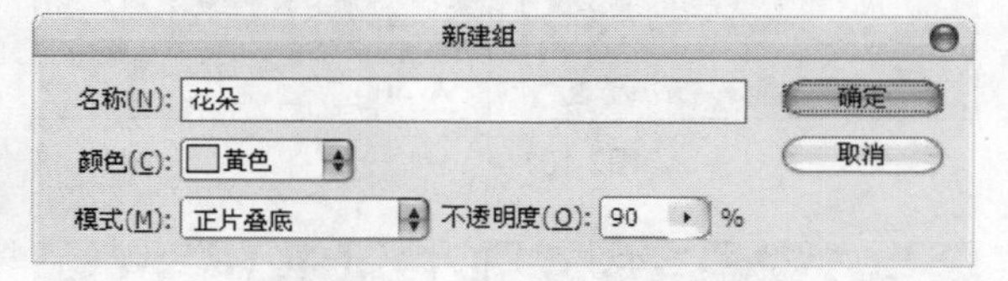

图2-103

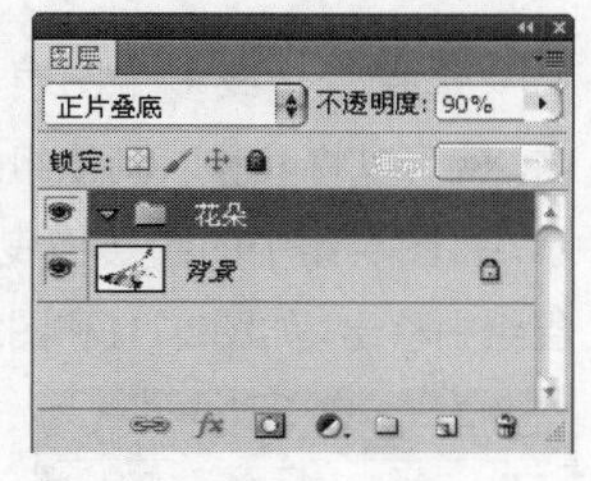

图2-104

3.从所选图层创建图层组

选择一个或多个图层，如图2-105所示，然后执行“图层>图层编组”菜单命令或按Ctrl+G组合键，可以为所选图层创建一个图层组，如图2-106所示。

图2-105

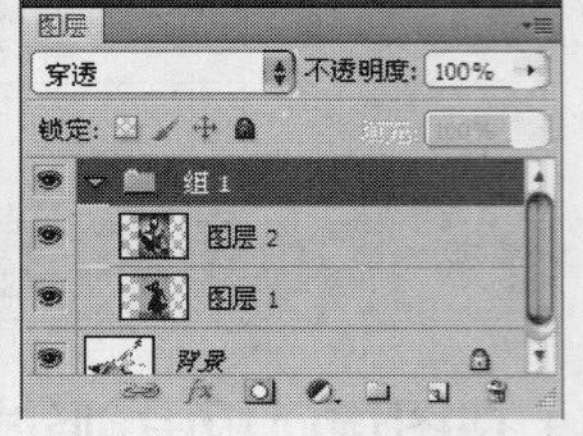

图2-106

技巧与提示

创建图层组以后，默认状态下的图层组处于折叠状态。如果要查看该图层组内的图层或图层组，可以单击图层组左侧的▶图标展开该图层组，这样该组内的所有图层或图层组都会展示出来。

2.8.2 创建嵌套结构的图层组

所谓嵌套结构的图层组就是在该组内还包含有其他的图层组，也就是“组中组”。创建方法是将当前图层组拖曳到“创建新组”按钮 上，如图2-107所示，这样原始图层组将成为新组的下级组，如图2-108所示。

图2-107

图2-108

2.8.3 图层移入或移出图层组

选择一个或多个图层，然后将其拖曳到图层组内，就可以将其移入到该组中，如图2-109和图2-110所示；将图层组中的图层拖曳到组外，就可以将其从图层组中移出，如图2-111和图2-112所示。

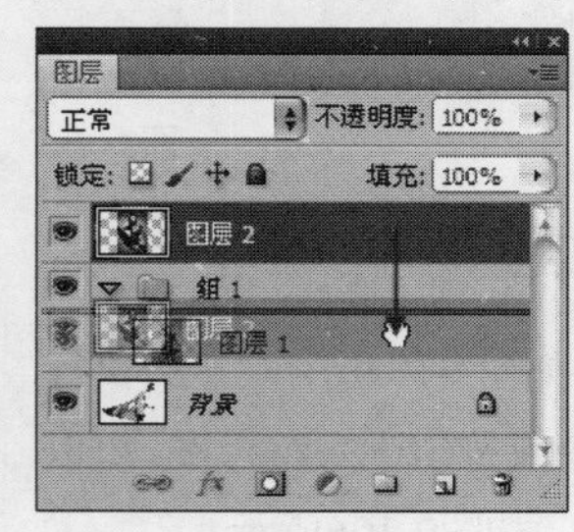

图2-109

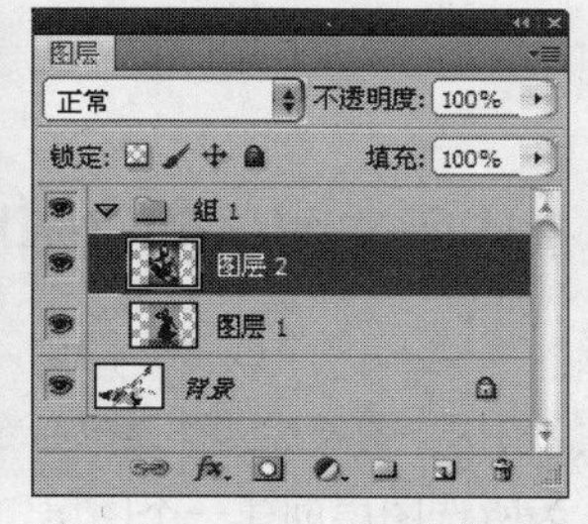

图2-110

图2-111

图2-112

2.8.4 取消图层编组

创建图层组以后，如果要取消图层编组，可以执行“图层>取消图层编组”菜单命令或按Shift+Ctrl+G组合键，也可以在图层组名称上单击鼠标右键，然后在弹出的菜单中选择“取消图层编组”命令，如图2-113和图2-114所示。

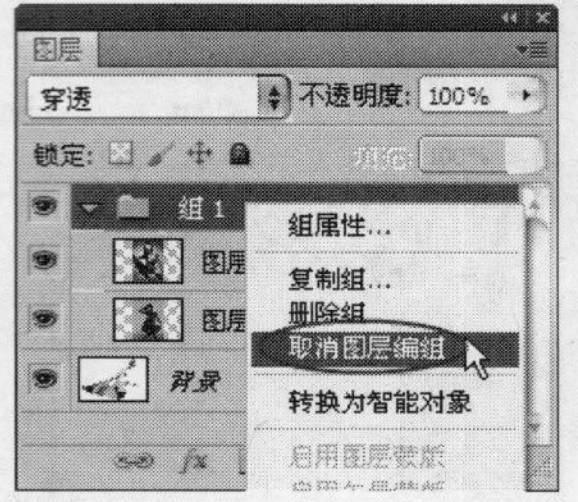

图2-113

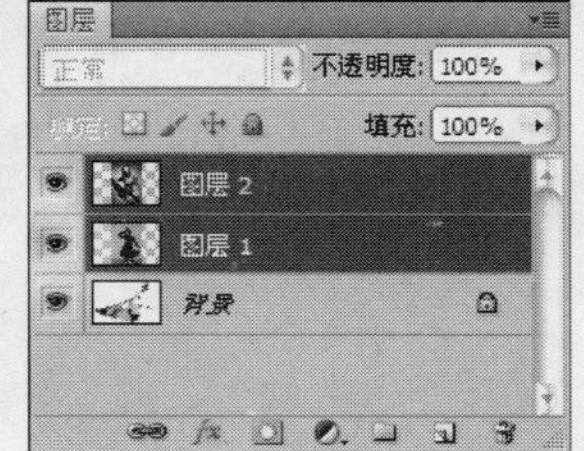

图2-114

2.9 撤销/返回/恢复的应用

在编辑图像时，常常会由于操作错误而导致对效果不满意，这时可以撤销或返回所做的步骤，然后重新编辑图像。

本节重要命令介绍

名称	作用	重要程度
编辑>还原	用于撤销最近的一次操作	中
编辑>重做	用于取消还原操作	中
编辑>后退一步	用于连续还原操作的步骤	中
编辑>前进一步	用于连续取消还原的操作	中

2.9.1 还原与重做

“还原”和“重做”两个命令是相互关联的。执行“编辑>还原”菜单命令或按Ctrl+Z组合键，可以撤销最近的一次操作，将其还原到上一步操作状态中；如果想要取消还原操作，可以执行“编辑>重做”菜单命令或按Alt+Shift+Z组合键。

2.9.2 前进一步与后退一步

由于“还原”命令只可以还原一步操作，如果要连续还原操作的步骤，就需要使用到“编辑>后退一步”菜单命令，或连续按Alt+Shift+Z组合键来逐步撤销操作；如果要取消还原的操作，可以连续执行“编辑>前进一步”菜单命令，或连续按Shift+Ctrl+Z组合键来逐步恢复被撤销的操作。

2.9.3 恢复

执行“文件>恢复”菜单命令，可以直接将文件恢复到最后一次保存时的状态，或返回到刚打开文件时的状态。

技巧与提示

“恢复”命令只能针对已有图像的操作进行恢复。如果是新建的文件，“恢复”命令将不可用。

2.10 使用历史记录面板还原操作

在编辑图像时，每进行一次操作，Photoshop都会将其记录到“历史记录”面板中。也就是说，在“历史记录”面板中可以恢复到某一步的状态，同时也可以再次返回到当前的操作状态。

2.10.1 熟悉历史记录面板

执行“窗口>历史记录”菜单命令，打开“历史记录”面板，如图2-115所示。

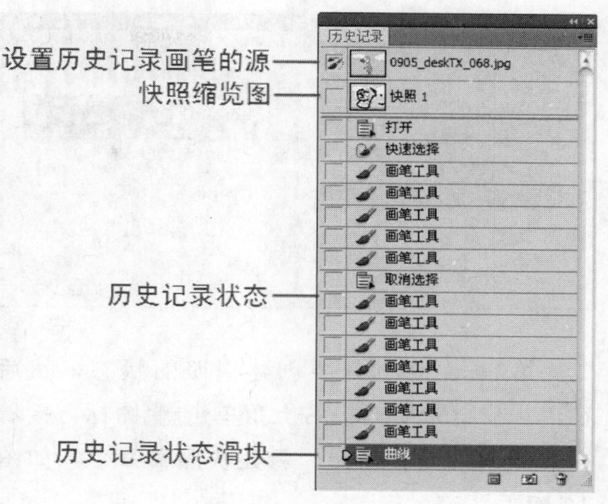

图2-115

历史记录面板重要按钮介绍

“设置历史记录画笔的源”图标：使用历史记录画笔时，该图标所在的位置代表历史记录画笔的源图像。

快照缩览图：被记录为快照的图像状态。

历史记录状态：Photoshop记录的每一步操作的状态。

“历史记录状态滑块”：拖曳该滑块可以将图像恢复到某一步的状态。

“从当前状态创建新文档”按钮：以当前操作步骤中图像的状态创建一个新文档。

“创建新快照”按钮：以当前图像的状态创建一个新快照。

“删除当前状态”按钮：选择一个历史记录后，单击该按钮可以将记录以及后面的记录删除。

2.10.2 创建与删除快照

1.创建快照

创建新快照，就是将图像保存到某一状态下。如果为某一状态创建新的快照，可以采用以下两种方法中的一种。

第1种：在“历史记录”面板中选择需要创建快照的状态，然后单击“创建新快照”按钮，此时Photoshop会自动为其命名，如图2-116所示。

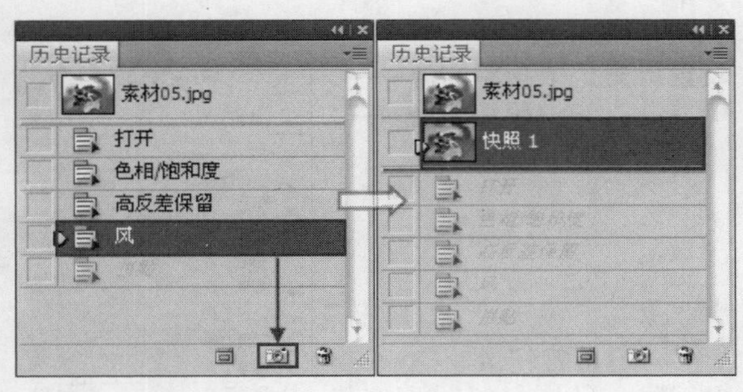

图2-116

第2种：选择需要创建快照的状态，然后在“历史记录”面板右上角单击图标，接着在弹出的菜单中选择“新建快照”命令，如图2-117所示。

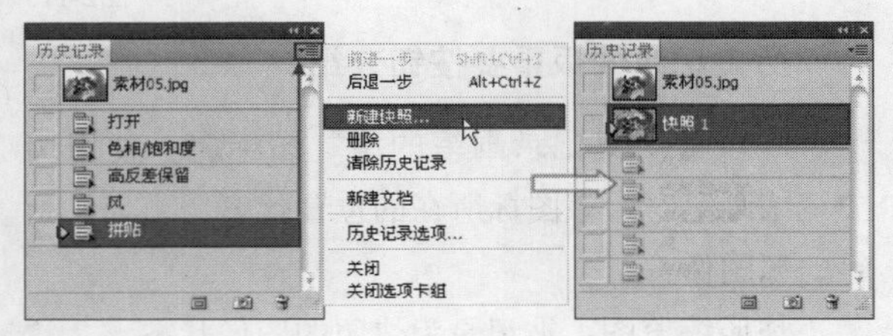

图2-117

技巧与提示

在使用第2种方法创建快照时，系统会弹出一个“新建快照”对话框，在该对话框中可以为快照命名，并且可以选择需要创建快照的对象类型。

2.删除快照

如果要删除某个快照，可以采用以下两种方法中的一种。

第1种：在“历史记录”面板中选择需要删除的快照，然后单击“删除当前状态”按钮或将快照拖曳到该按钮上，接着在弹出的对话框中单击“是”按钮，如图2-118所示。

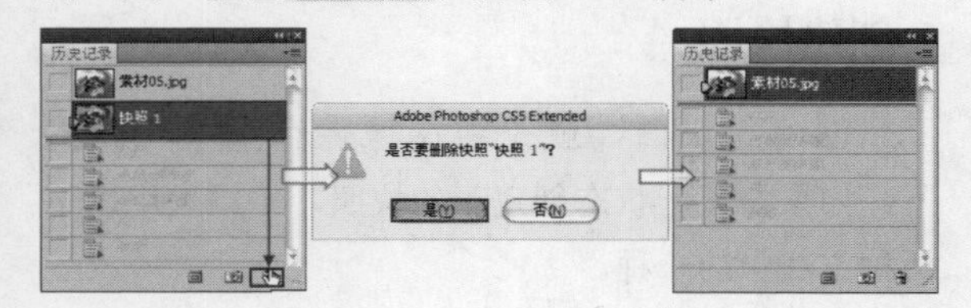

图2-118

第2种：选择要删除的快照，然后在“历史记录”面板右上角单击图标，接着在弹出的菜单中选择“删除”命令，最后在弹出的对话框中单击“是”按钮，如图2-119所示。

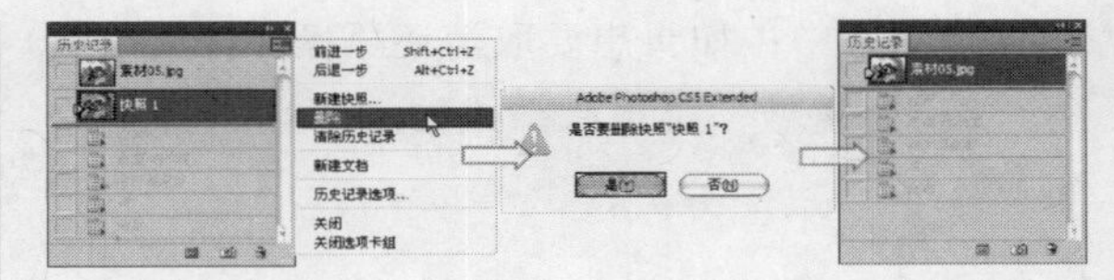

图2-119

2.10.3 历史记录选项

在“历史记录”面板右上角单击图标，接着在弹出的菜单中选择“历史记录选项”命令，打开“历史记录选项”对话框，如图2-120所示。

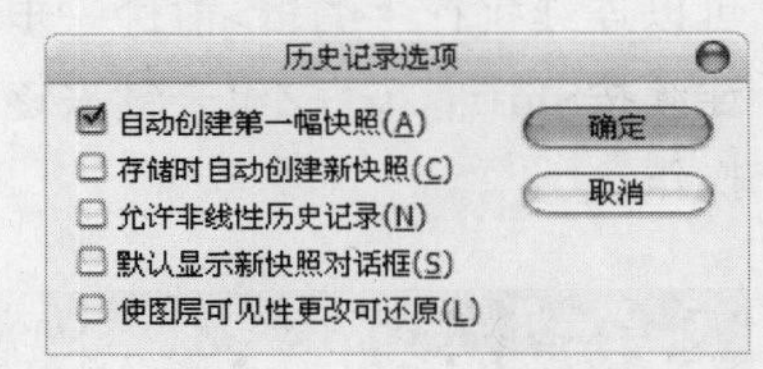

图2-120

历史记录面板重要选项介绍

自动创建第一幅快照：打开图像时，图像的初始状态自动创建为快照。

存储时自动创建新快照：在编辑的过程中，每保存一次文件，都会自动创建一个快照。

允许非线性历史记录：勾选该选项后，然后选择一个快照，当更改图像时将不会删除历史记录的所有状态。

默认显示新快照对话框：强制Photoshop提示用户输入快照名称。

使图层可见性更改可还原：保存对图层可见性的更改。

2.11 本章小结

在完成本章的学习以后，我们应该对Photoshop的发展史和应用领域有一个初步的了解，应该熟悉Photoshop CS5的工作界面以及一些简单操作，并熟练掌握图层的相关知识。为我们在以后的图像处理中找到一把属于自己的“利器”。

第3章

绘制与编辑选区

本章将主要讲解Photoshop CS5选区的概念，绘制选区的方法以及编辑选区的技巧。通过本章的学习，可以快速地绘制规则与不规则的选区，并对选区进行移动、反选、羽化等调整操作。

课堂学习目标

了解选区的基本功能
掌握选区工具的操作方法
掌握选区的编辑方法
掌握填充与描边选区的应用

3.1 选区的基本功能

如果要在Photoshop中处理图像的局部效果，就需要为图像指定一个有效的编辑区域，这个区域就是选区。

通过选择特定区域，可以对该区域进行编辑并保持未选定区域不会被改动。比如，要将图3-1中除背景以外的图像调整为其他颜色，这时就可以使用“磁性套索工具”或“钢笔工具”将需要调色的区域勾选出来，如图3-2所示，然后就可以对这些区域进行单独调色，如图3-3所示。

图3-1

图3-2

图3-3

另外，使用选区可以将对象从一张图像中分离出来。比如，要将图3-4中的前景物体分离出来，这时就可以使用“快速选择工具”或“磁性套索工具”将前景勾选出来，如图3-5所示，然后执行“选择>反选”菜单命令，接着按Delete键删除背景图像，如图3-6所示。删除背景以后，就可以为前景对象重新制定一张背景，如图3-7所示。

图3-4

图3-5

图3-6

图3-7

3.2 选择的常用方法

Photoshop提供了很多选择工具和选择命令，它们都有各自的优势和劣势。不同的情况下，需要选择不同的选择工具来选择对象。

3.2.1 选框选择法

对于形状比较规则的图案（比如圆形、椭圆形、正方形、长方形），就可以使用最简单的“矩形选框工具”或“椭圆选框工具”进行选择，如图3-8和图3-9所示。

原图像

使用“选框工具”的选区

图3-8

原图像

使用“选框工具”的选区

图3-9

技巧与提示

使用“矩形选框工具”绘制出来的选区是没有倾斜角度的，这时可以执行“选择>变换选区”菜单命令，对选区进行旋转或其他调整。

对于转折比较明显的图案，可以使用“多边形套索工具”进行选择，如图3-10所示。

图3-10

对于背景颜色比较单一的图像，可以使用“魔棒工具”进行选择，如图3-11所示。

图3-11

3.2.2 路径选择法

Photoshop中的“钢笔工具”是一个矢量工具，它可以绘制出光滑的曲线路径。如果对象的边缘比较光滑，并且形状不是很规则，就可以使用“钢笔工具”勾选出对象的轮廓，然后将轮廓转换为选区，从而选出对象，如图3-12所示。

图3-12

3.2.3 色调选择法

“魔棒工具”、“快速选择工具”、“磁性套索工具”和“色彩范围”命令都是基于色调之间的差异来创建选区的。如果需要选择的对象与背景的色调差异比较明显，就可以使用这些工具和命令来进行选择，图3-13所示的是使用“快速选择工具”将前景对象抠选出来，并更换背景后的效果。

图3-13

3.2.4 通道选择法

如果要抠取毛发、婚纱、烟雾、玻璃以及具有运动模糊的物体，使用前面介绍的工具就很难抠取，这时就需要使用通道来进行抠像，如图3-14和图3-15所示。

图3-14

图3-15

3.2.5 快速蒙版选择法

单击“工具箱”中的“以快速蒙版模式编辑”按钮，可以进入快速蒙版状态。在快速蒙版状态下，可以使用各种绘画工具和滤镜对选区进行细致的处理。比如，如果要将图3-16中的前景对象抠选出来，就可以进入快速蒙版状态，然后使用“画笔工具”在“快速蒙版”通道中的背景对象上进行绘制（绘制出的选区为半透明的红色状态），如图3-17所示，绘制完成后按Q键退出快速蒙版状态，Photoshop会自动创建选区，这时就可以删除背景，如图3-18所示，同时也可以为前景对象重新添加背景，如图3-19所示。

图3-16

图3-17

图3-18

图3-19

3.2.6 抽出滤镜选择法

“抽出”滤镜是Photoshop中非常强大的一个抠像滤镜，适合抠取细节比较丰富的对象，图3-20所示的是使用“抽出”滤镜扣选出的人物，并重新添加背景以后的效果。

图3-20

技巧与提示

“抽出”滤镜将在后面的滤镜章节进行详细讲解。

3.3 选区的基本操作

选区的基本操作包括选区的运算（新选区、添加到选区、从选区减去与选区交叉）、全选与反选、取消选择与重新选择、移动与变换选区、储存与载入选区等。通过这些简单的操作，就可以对选区进行任意进行处理。

本节重要命令介绍

名称	作用	重要程度
选择>全部	用于选择当前文档边界内的所有图像	中
选择>反向选择	用于选择图像中没有被选择的部分	中
选择>取消选择	用于取消选区状态	中
视图>显示>选区边缘	用于隐藏选区	低
选择>变换选区	用于对选区进行移动、旋转、缩放等操作	中
选择>存储选区	用于将选区存储为Alpha通道蒙版	中
选择>载入选区	用于重新载入储存起来的选区	中

3.3.1 选区的运算方法

如果当前图像中包含有选区，在使用任何“选框工具”、“套索工具”或“魔棒工具”创建选区时，选项栏中就会出现选区运算的相关工具，如图3-21所示。

羽化: 0 px

图3-21

选区运算重要工具介绍

“新选区”按钮：激活该按钮以后，可以创建一个新选区。如果已经存在选区，那么新创建的选区将替代原来的选区，如图3-22所示。

图3-22

“添加到选区”按钮：激活该按钮以后，可以将当前创建的选区添加到原来的选区中（按住Shift键也可以实现相同的操作），如图3-23所示。

图3-23

“从选区减去”按钮：激活该按钮以后，可以将当前创建的选区从原来的选区中减去（按住Alt键也可以实现相同的操作），如图3-24所示。

图3-24

"与选区交叉"按钮：激活该按钮以后，新建选区时只保留原有选区与新创建的选区相交的部分（按住Alt+Shift组合键也可以实现相同的操作），如图3-25所示。

图3-25

3.3.2 全选与反选

执行"选择>全部"菜单命令或按Ctrl+A组合键，可以选择当前文档边界内的所有图像，如图3-26所示。全选图像对复制整个文档中的图像非常有用。

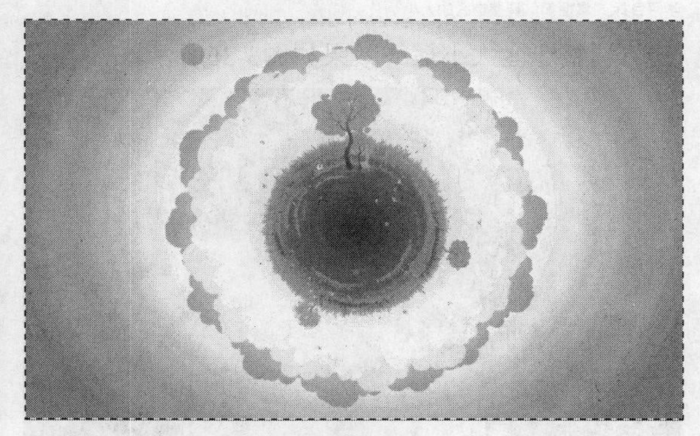

图3-26

创建选区以后，如图3-27所示，执行"选择>反向选择"菜单命令或按Shift+Ctrl+I组合键，可以反选选区，也就是选择图像中没有被选择的部分，如图3-28所示。

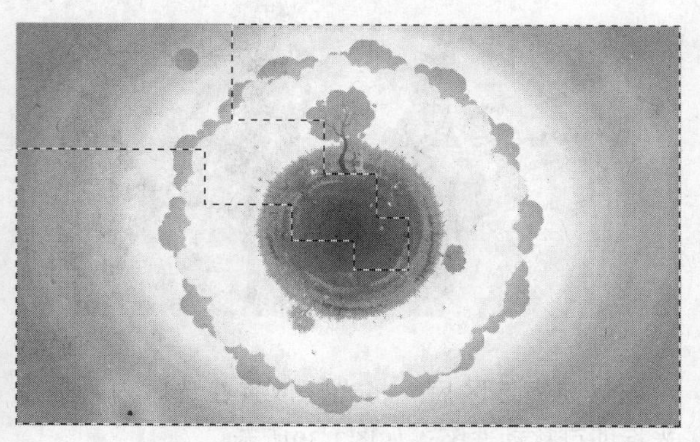

图3-27

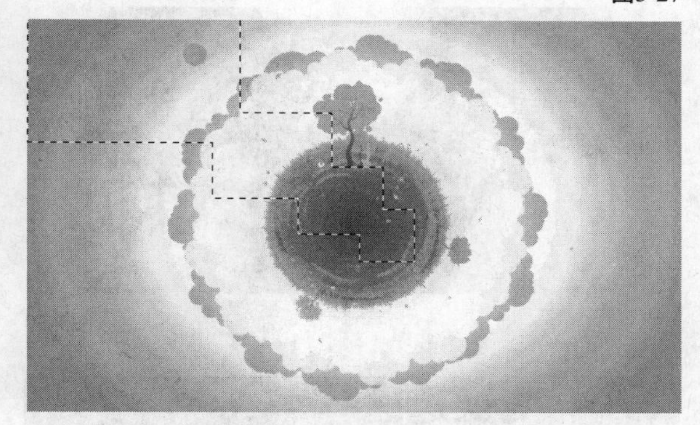

图3-28

3.3.3 取消选择与重新选择

创建选区后，执行"选择>取消选择"菜单命令或Ctrl+D组合键，可以取消选区状态。如果要恢复被取消的选区，可以执行"选择>重新选择"菜单命令。

3.3.4 隐藏与显示选区

创建选区以后，执行"视图>显示>选区边缘"菜单命令或按Ctrl+H组合键，可以隐藏选区（注意，隐藏选区后，选区仍然存在）；如果要将隐藏的选区显示出来，可以再次执行"视图>显示>选区边缘"菜单命令或按Ctrl+H组合键。

3.3.5 移动选区

使用"矩形选框工具"或"椭圆选框工具"创建选区时，在松开鼠标左键之前，按住Space键（即空格键）拖曳光标，可以移动选区，如图3-29所示。

图3-29

创建完选区后，将光标放置在选区内，拖曳光标即可移动选区，如图3-30所示。

图3-30

3.3.6 变换选区

创建好选区以后，如图3-31所示，执行“选择>变换选区”菜单命令或按Alt+S+T组合键，可以对选区进行移动、旋转、缩放等操作，如图3-32、图3-33和图3-34所示。

图3-31

图3-32

图3-33

图3-34

技巧与提示

在缩放选区时，按住Shift键可以等比例缩放选区；按住Shift+Alt组合键可以以中心点为基准等比例缩放选区。

在选区变换状态下，在画布中单击鼠标右键，还可以选择其他变换方式，如图3-35所示。

图3-35

课堂案例

调整选区大小

案例位置	DVD>案例文件>CH03>课堂案例——调整选区大小.psd
视频位置	DVD>多媒体教学>CH03>课堂案例——调整选区大小.flv
难易指数	★★☆☆☆
学习目标	掌握如何调整选区的大小

调整选区大小最终效果如图3-36所示。

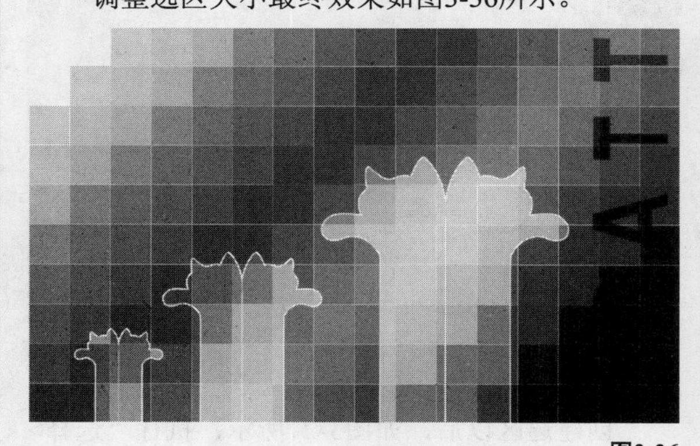

图3-36

01 打开本书配套光盘中的“素材文件>CH03>素材01.jpg”文件，如图3-37所示。

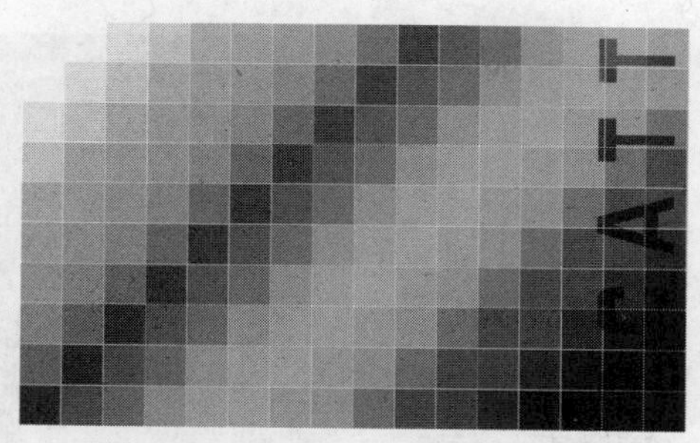
图3-37

02 再次打开本书配套光盘中的“素材文件>CH03>素材02.png”文件，然后将其拖曳到“素材01.jpg”操作界面中，如图3-38所示。

图3-38

03 按住Ctrl键的同时单击“图层1”的缩略图，载入该图层的选区，如图3-39所示，然后单击隐藏掉“图层1”，效果如图3-40所示。

图3-39

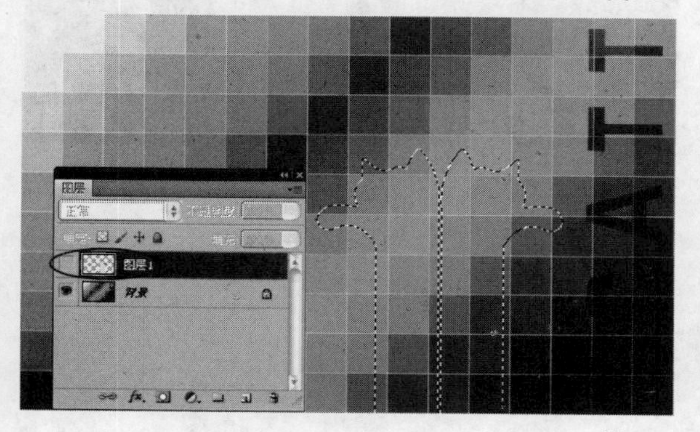
图3-40

04 选择“背景”图层，然后按Ctrl+J组合键将选区内的图像复制到一个新的图层中，如图3-41所示。

图3-41

05 按Ctrl+M组合键打开“曲线”对话框，然后将曲线调节成如图3-42所示的样式，图像效果如图3-43所示。

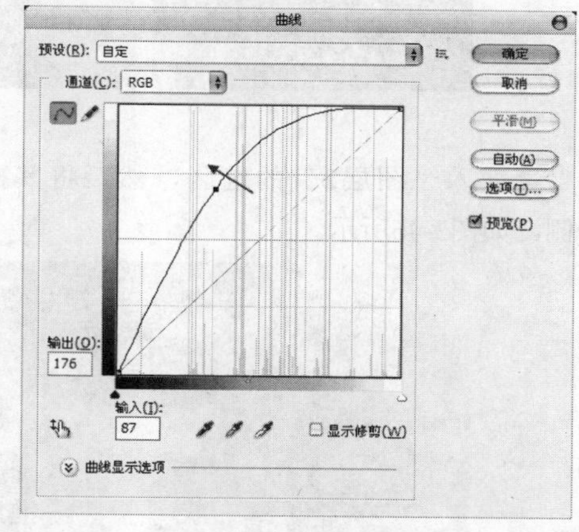

图3-42

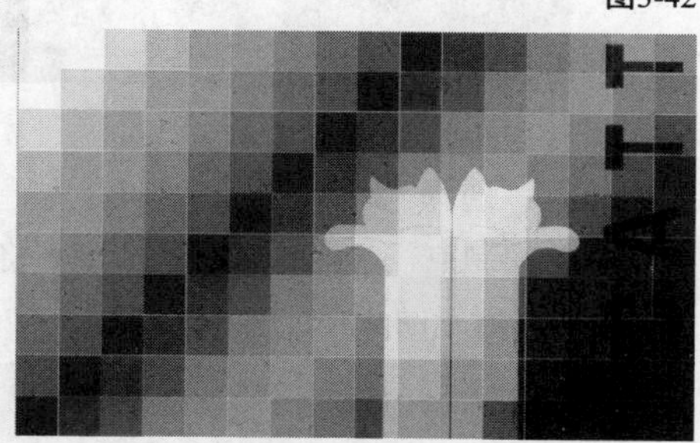
图3-43

06 按住Ctrl键的同时单击“图层2”的缩略图，载入该图层的选区，然后执行“编辑>描边”菜单命令，接着在弹出的“描边”对话框中设置“宽度”为3px、“颜色”为白色，如图3-44所示，最后按Ctrl+D组合键取消选区，图像效果如图3-45所示。

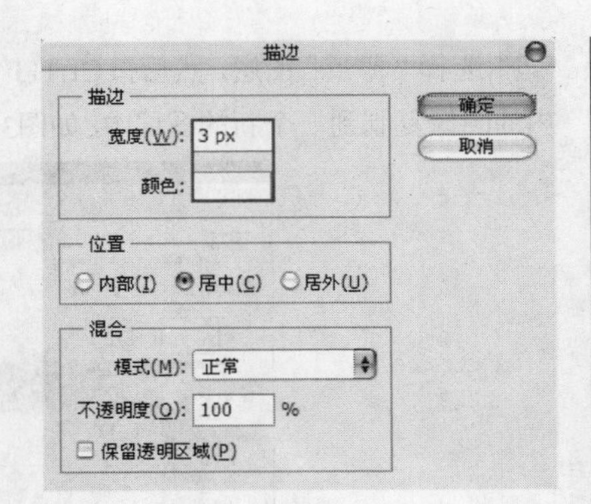

图3-44

图3-45

07 载入"图层2"的选区，然后将其拖曳到左侧，如图3-46所示。

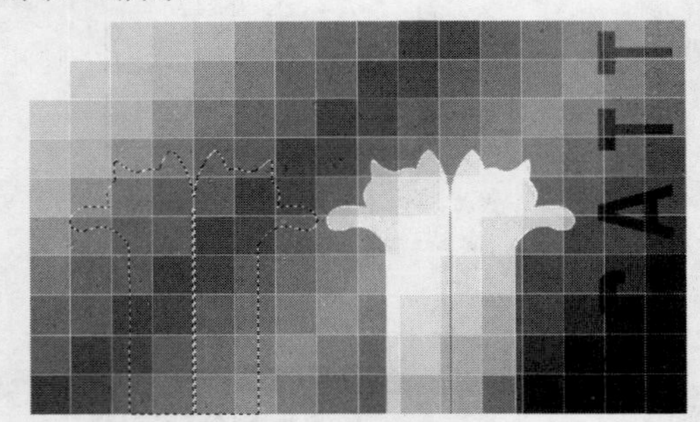

图3-46

08 执行"选择>变换选区"菜单命令，然后拖曳左上角的控制点，如图3-47所示，接着将选区缩小到如图3-48所示的大小。

图3-47

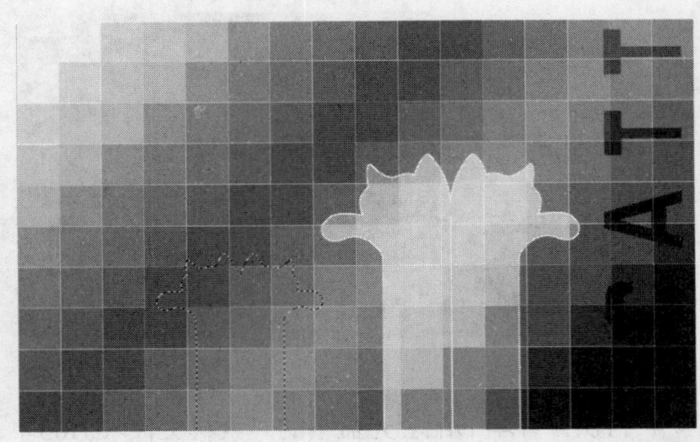

图3-48

09 选择"背景"图层，然后按Ctrl+J组合键将选区内的图像复制到一个新的图层中，接着采用前面的方法调整好其亮度，完成后的效果如图3-49所示。

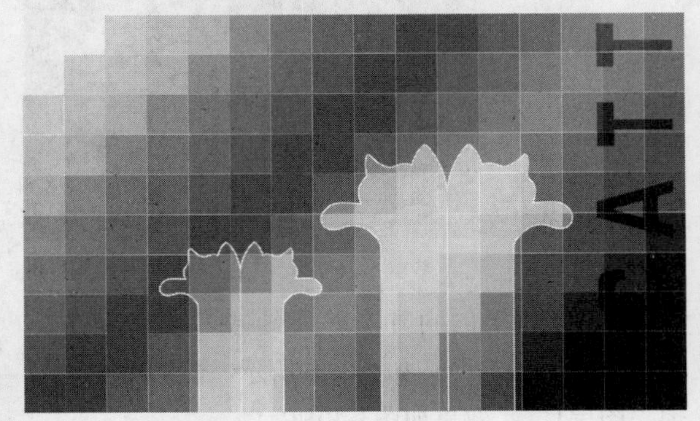

图3-49

10 采用相同的方法继续制作一个比较小的图像，最终效果如图3-50所示。

图3-50

课堂练习

移动选区并制作投影

案例位置	DVD>案例文件>CH03>课堂练习——移动选区并制作投影.psd
视频位置	DVD>多媒体教学>CH03>课堂练习——移动选区并制作投影.flv
难易指数	★★☆☆☆
练习目标	练习如何移动选区

移动选区并制作投影最终效果如图3-51所示。

图3-51

步骤分解如图3-52所示。

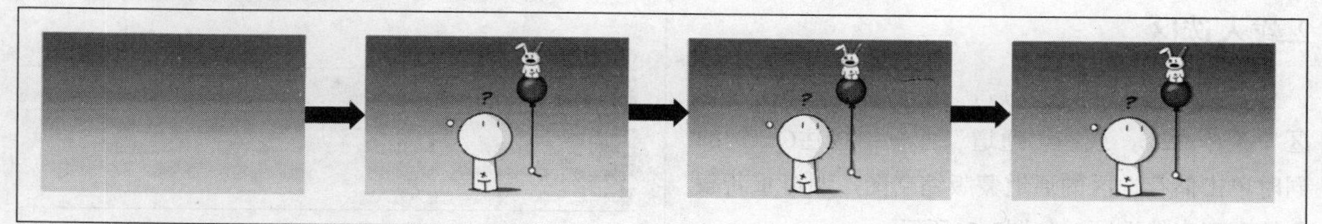

图3-52

3.3.7 存储与载入选区

1.存储选区

创建选区以后，如图3-53所示，执行“选择>存储选区”菜单命令，或在“通道”面板中单击“将选区存储为通道”按钮，可以将选区存储为Alpha通道蒙版，如图3-54所示。

图3-53

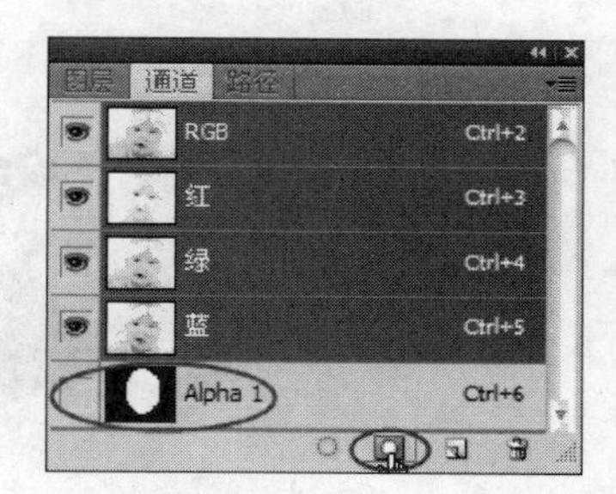

图3-54

当执行“选择>存储选区”菜单命令，Photoshop会弹出“存储选区”对话框，如图3-55所示。

存储选区

目标

文档(D): BABY_K_1018[1].jpg

通道(C): 新建

名称(N):

确定

取消

操作

新建通道(E)

添加到通道(A)

从通道中减去(S)

与通道交叉(I)

图3-55

存储选区对话框重要选项介绍

文档：选择保存选区的目标文件。默认情况下将选区保存在当前文档中，也可以将其保存在一个新建的文档中。

通道：选择将选区保存到一个新建的通道中，或保存到其他Alpha通道中。

名称：设置选区的名称。

操作：选择选区运算的操作方式，包括4种方式。“新建通道”是将当前选区存储在新通道中；“添加到通道”是将选区添加到目标通道的现有选区中；“从通道中减去”是从目标通道中的现有选区中减去当前选区；“与通道交叉”是从与当前选区和目标通道中的现有选区交叉的区域中存储一个选区。

2.载入选区

将选区存储起来以后，执行“选择>载入选区”菜单命令，或在“通道”面板中按住Ctrl键的同时单击储存选区的通道蒙版缩略图，即可重新载入储存起来的选区，如图3-56所示。

图3-56

当执行“选择>载入选区”菜单命令时，Photoshop会弹出“载入选区”对话框，如图3-57所示。

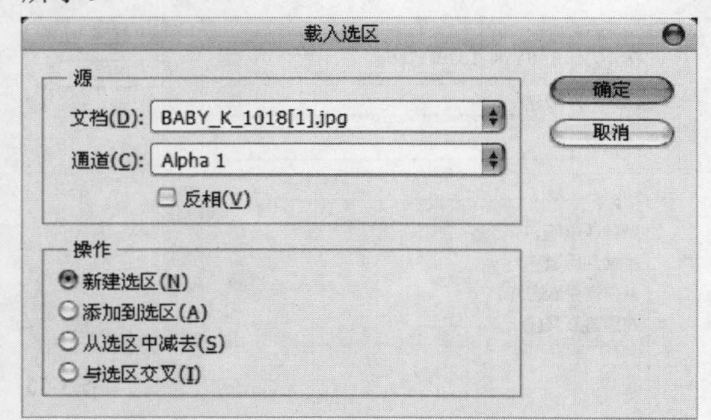

图3-57

载入选区对话框重要选项介绍

文档：选择包含选区的目标文件。

通道：选择包含选区的通道。

反相：勾选该选项以后，可以反转选区，相当于载入选区后执行“选择>反向”菜单命令。

操作：选择选区运算的操作方式，包括4种。“新建选区”是用载入的选区替换当前选区；“添加到选区”是将载入的选区添加到当前选区中；“从选区中减去”是从当选区中减去载入的选区；“与选区交叉”可以得到载入的选区与当前选区相交的区域。

技巧与提示

如果要载入单个图层的选区，可以在按住Ctrl键的同时单击该图层的缩略图。

课堂案例

储存选区与载入选区

案例位置	DVD>案例文件>CH03>课堂案例——储存选区与载入选区.psd
视频位置	DVD>多媒体教学>CH03>课堂案例——储存选区与载入选区.flv
难易指数	★★☆☆☆
学习目标	学习如何储存选区与载入选区

储存选区与载入选区最终效果如图3-58所示。

图3-58

01 打开本书配套光盘中的“素材文件>CH03>素材03jpg、素材04.png和素材05.png”文件，然后依次将“素材04.png”和“素材05.png”拖曳到“素材03.jpg”操作界面中，如图3-59所示。

图3-59

02 按住Ctrl键的同时单击“图层1”（即人物所在的图层）的缩略图，载入该图层的选区，如图3-60所示。

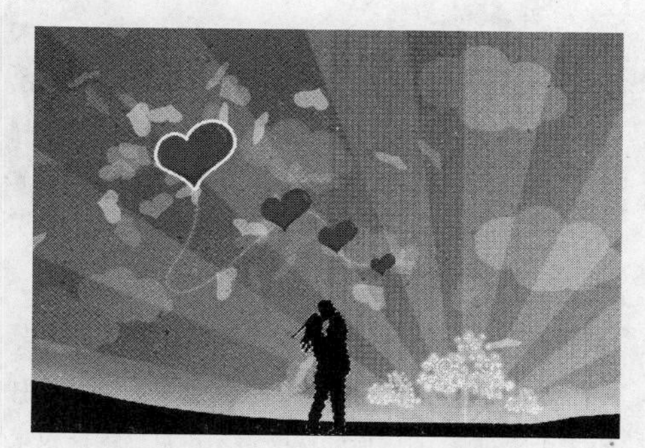

图3-60

03 执行“选择>存储选区”菜单命令，然后在弹出的“存储选区”对话框中设置“名称”为“人物选区”，如图3-61所示。

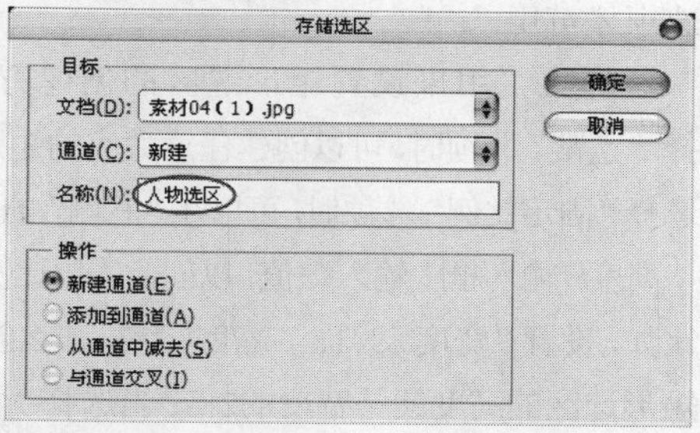

存储选区
目标
文档(D): 素材04（1）.jpg
通道(C): 新建
名称(N): 人物选区
操作
新建通道(E)
添加到通道(A)
从通道中减去(S)
与通道交叉(I)
确定
取消

图3-61

04 按住Ctrl键的同时单击“图层2”（即桃心所在的图层）的缩略图，载入该图层的选区，如图3-62所示。

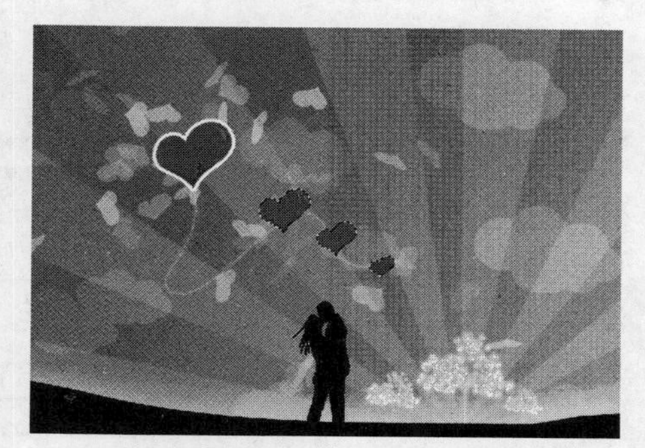

图3-62

05 执行“选择>载入选区”菜单命令，然后在弹出的“载入选区”对话框中设置“通道”为“人物选区”，接着设置“操作”为“添加到选区”，如图3-63所示，选区效果如图3-64所示。

载入选区
源
文档(D): 素材04（1）.jpg
通道(C): 人物选区
反相(V)
操作
新建选区(N)
添加到选区(A)
从选区中减去(S)
与选区交叉(I)
确定
取消

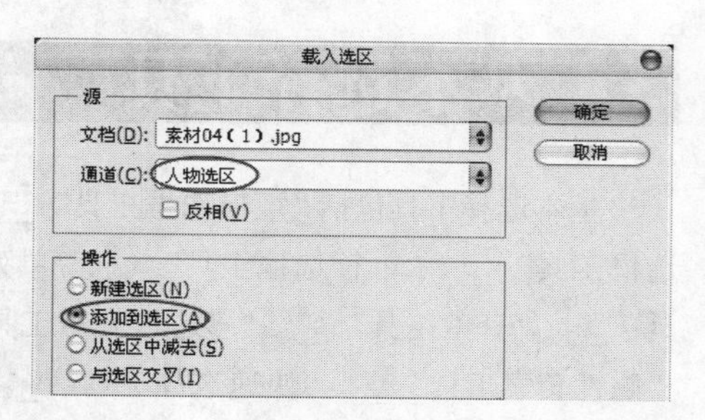

图3-63

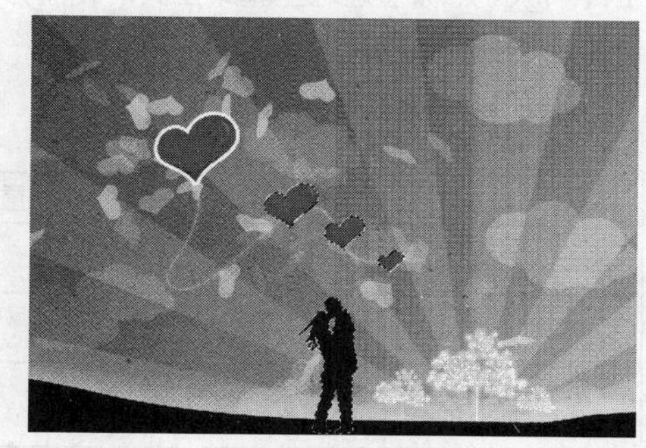

图3-64

06 在“图层”面板中单击“创建新图层”按钮 ，新建一个“图层3”，然后执行“编辑>描边”菜单命令，接着在弹出的“描边”对话框中设置“宽度”为6px、“颜色”为白色，具体参数设置如图3-65所示，最终效果如图3-66所示。

描边
描边
宽度(W): 6 px
颜色:
位置
内部(I)
居中(C)
居外(U)
混合
模式(M): 正常
不透明度(O): 100 %
保留透明区域(P)
确定
取消

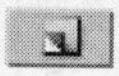

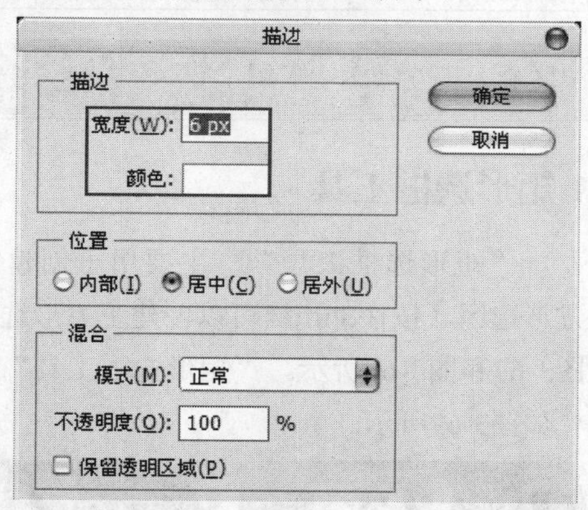

图3-65

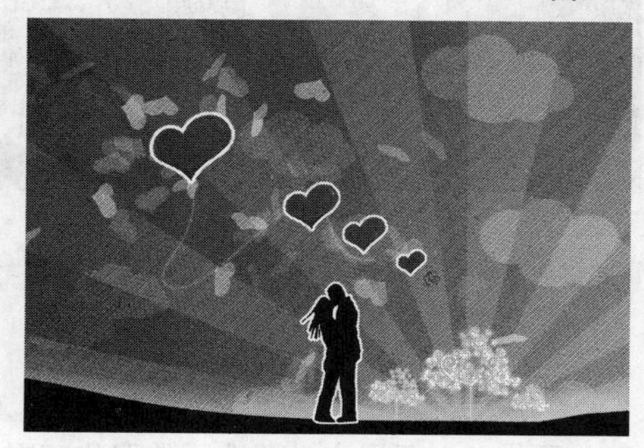

图3-66

3.4 基本选择工具

基本选择工具包括“矩形选框工具”、“椭圆选框工具”、“单行选框工具”、“单列选框工具”、“套索工具”、“多边形套索工具”、“磁性套索工具”、“快速选择工具”和“魔棒工具”。熟练掌握这些基本工具的使用方法，可以快速地选择需要的选区。

本节重要工具介绍

名称	作用	重要程度
矩形选框工具	用于创建矩形或正方形选区	中
椭圆选框工具	用于创建椭圆选区和圆形选区	中
单行选框工具/单列选框工具	用于创建高度或宽度为1像素的选区	中
套索工具	用于绘制形状不规则的选区	中
多边形套索工具	用于创建一些转折比较强烈的选区	中
磁性套索工具	用于快速选择与背景对比强烈且边缘复杂的对象	中
快速选择工具	用于利用可调整的圆形笔尖迅速地绘制出选区	中
魔棒工具	用于选取颜色一致的区域	中

3.4.1 选框工具

1.矩形选框工具

“矩形选框工具”主要用于创建矩形或正方形选区（按住Shift键可以创建正方形选区），如图3-67和图3-68所示。“矩形选框工具”的选项栏如图3-69所示。

图3-67

图3-68

图3-69

矩形选框工具重要参数介绍

羽化：主要用来设置选区的羽化范围，图3-70所示的是“羽化”值为0px时的边界效果，图3-71所示的是“羽化”值为20px时的边界效果。

图3-70

图3-71

> **技巧与提示**
> 如果所设置的“羽化”数值过大，以至于任何像素都不大于5%时，羽化后的选区将不可见（选区仍然存在）。

消除锯齿：“矩形选框工具”的“消除锯齿”选项是不可用的，因为矩形选框没有不平滑效果，只有在使用“椭圆选框工具”时“消除锯齿”选项才可用。

样式：用来设置矩形选区的创建方法。当选择“正常”选项时，可以创建任意大小的矩形选区；当选择“固定比例”选项时，可以在“右侧”的“宽度”和“高度”输入框中输入数值，以创建固定比例的选区。比如，设置“宽度”为1、“高度”为2，那么创建出来的矩形选区的高度就是宽度的2倍；当选择“固定大小”选项时，可以在右侧的“宽度”和“高度”输入框中输入数值，然后单击鼠标左键即可创建一个固定大小的选区（单击“高度和宽度互换”按钮可以切换“宽度”和“高度”的数值）。

调整边缘：单击该按钮可以打开“调整边缘”对话框，在该对话框中可以对选区进行平滑、羽化等处理，如图3-72所示。

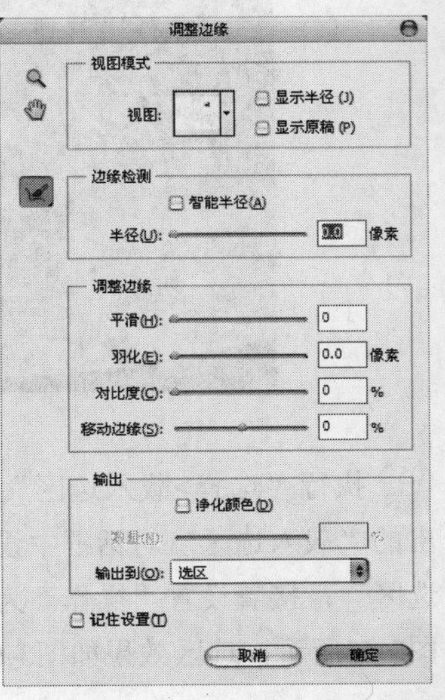

图3-72

2.椭圆选框工具

“椭圆选框工具”主要用来绘制椭圆选区和圆形选区（按住Shift键可以创建圆形选区），如图3-73和图3-74所示。“椭圆选框工具”的选项栏如图3-75所示。

图3-73

图3-74

图3-75

椭圆选框工具重要参数介绍

消除锯齿：通过柔化边缘像素与背景像素之间的颜色过渡，使选区边缘变得平滑，图3-76所示的是未勾选“消除锯齿”选项时的图像边缘效果，图3-77所示的是勾选了“消除锯齿”选项时的图像边缘效果。由于“消除锯齿”只影响边缘像素，因此不会丢失细节，在剪切、拷贝和粘贴选区图像时非常有用。

图3-76

图3-77

技巧与提示

其他选项的用法与“矩形选框工具”的相同，因此这里不再讲解。

课堂案例

利用椭圆选框工具制作光盘

案例位置	DVD>案例文件>CH03>课堂案例——利用椭圆选框工具制作光盘.psd
视频位置	DVD>多媒体教学>CH03>课堂案例——利用椭圆选框工具制作光盘.flv
难易指数	★★☆☆☆
学习目标	学习如何制作圆形选区

利用椭圆选框工具制作光盘的最终效果如图3-78所示。

图3-78

01 打开本书配套光盘中的“素材文件>CH03>素材06.jpg”文件，如图3-79所示。

图3-79

02 在“工具箱”中单击“椭圆选框工具”按钮，然后按住Shift+Alt组合键的同时以光盘的中心为基准绘制一个圆形选区，将光盘框选出来，如图3-80所示。

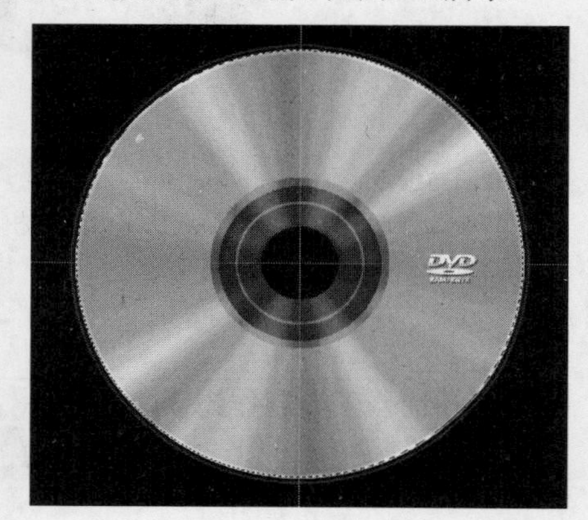

图3-80

03 在选项栏中单击“从选区减去”按钮，然后将光盘中心的黑色区域框选出来，如图3-81所示。

图3-81

04 按Ctrl+J组合键将选区中的图像复制到“图层1”中，然后隐藏“背景”图层，效果如图3-82所示。

图3-82

05 打开本书配套光盘中的“素材文件>CH03>素材07.jpg”文件，然后将其拖曳“素材06.jpg”的操作界面中，如图3-83所示。

图3-83

06 选择“图层2”，然后按Ctrl+Alt+G组合键，将“图层2”创建为“图层1”的剪贴蒙版，接着设置“图层2”的混合模式为“柔光”，如图3-84所示，图像效果如图3-85所示。

图3-84

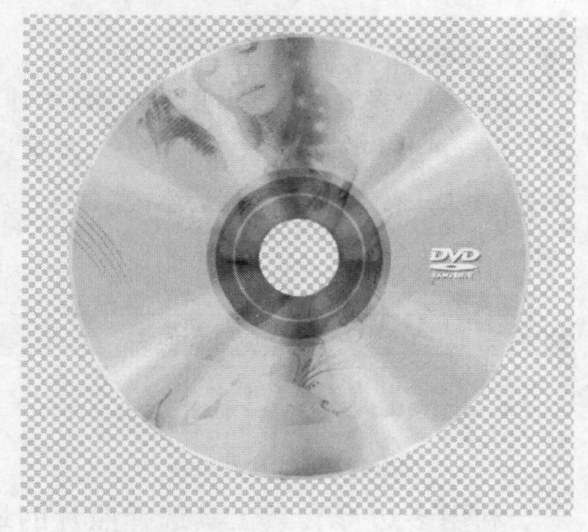

图3-85

07 打开本书配套光盘中的“素材文件>CH03>素材08.jpg”文件，然后将其拖曳到“素材06.jpg”操作界面中，接着将新生成的“图层3”放置在“背景”图层的上方，效果如图3-86所示。

图3-86

08 选择“图层1”，然后执行“图层>图层样式>投影”菜单命令，接着在弹出的“图层样式”对话框中设置“不透明度”为“38%”、“大小”为“10像素”，如图3-87所示，最终效果如图3-88所示。

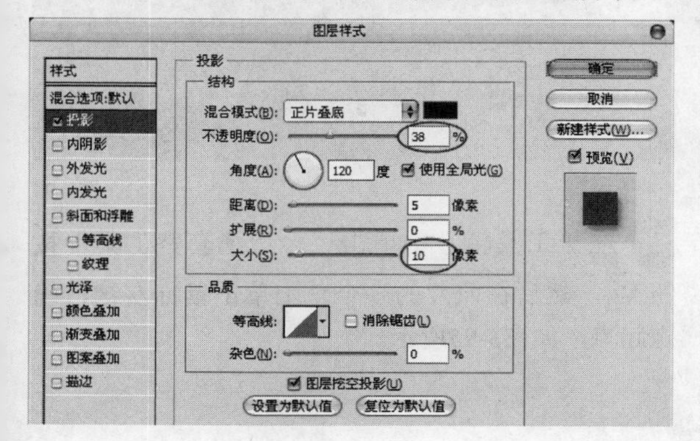

图3-87

图3-88

3.单行/单列选框工具

“单行选框工具”、“单列选框工具”主要用来创建高度或宽度为1像素的选区，常用来制作网格效果，如图3-89所示。

图3-89

3.4.2 套索工具

1.套索工具

使用“套索工具”可以非常自由地绘制出形状不规则的选区。选择使用“套索工具”后，在图像上拖曳光标绘制选区边界，当松开鼠标左键时，选区将自动闭合，如图3-90和图3-91所示。

图3-90

图3-91

知识点

当使用“套索工具”绘制选区时，如果在绘制过程中按住Alt键，松开鼠标左键以后（不松开Alt键），Photoshop会自动切换到“多边形套索工具”。

2.多边形套索工具

“多边形套索工具”与“套索工具”使用方法类似。“多边形套索工具”适合于创建一些转折比较明显的选区，如图3-92所示。

图3-92

技巧与提示

在使用“多边形套索工具”绘制选区时，按住Shift键，可以在水平方向、垂直方向或45°方向上绘制直线。另外，按Delete键可以删除最近绘制的锚点。

课堂案例

利用多边形套索工具选择照片

案例位置	无
视频位置	DVD>多媒体教学>CH03>课堂案例——利用多边形套索工具选择照片.flv
难易指数	★★☆☆☆
学习目标	学习“多边形套索工具”的使用方法

利用多边形套索工具选择照片的最终效果如图3-93所示。

图3-93

01 打开本书配套光盘中的“素材文件>CH03>素材09.jpg”文件，如图3-94所示。

图3-94

02 在“工具箱”中单击“多边形套索工具”按钮，然后在照片的一个角上单击鼠标左键，确定起点，如图3-95所示。

图3-95

03 在照片的第2个角上单击鼠标左键，确定第2个点，然后在照片的第3个角和第4个角上单击鼠标左键，确定第3个点和第4个点，如图3-96所示，接着将光标放置在起点上，当关闭变成形状时单击鼠标左键，确定选区范围，如图3-97所示，选区效果如图3-98所示。

图3-96

图3-97

图3-98

技巧与提示
确定第4个点以后，也可以直接按Enter键闭合选区。

3.磁性套索工具

“磁性套索工具”可以自动识别对象的边界，特别适合于快速选择与背景对比强烈且边缘复杂的对象。使用“磁性套索工具”时，套索边界会自动对齐图像的边缘，如图3-99所示。当勾选完比较复杂的边界时，还可以按住Alt键切换到“多边形套索工具”，以勾选转折比较明显的边缘，如图3-100所示。

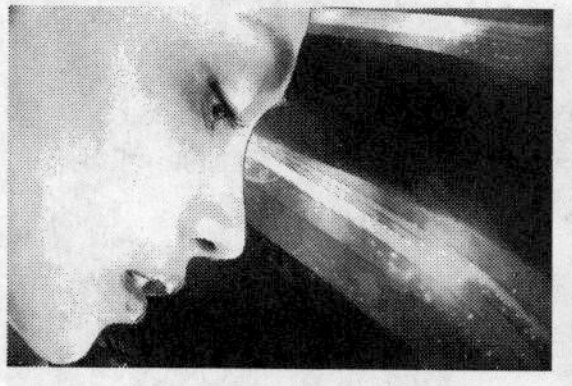

图3-99

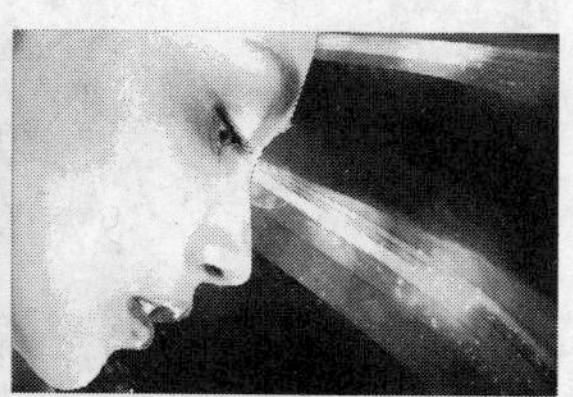

图3-100

技巧与提示
注意，“磁性套索工具”不能用于32位/通道的图像。

“磁性套索工具”的选项栏如图3-101所示。

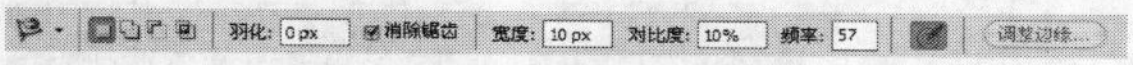

羽化: 0 px 消除锯齿 宽度: 10 px 对比度: 10% 频率: 57 调整边缘...

图3-101

磁性套索工具选项栏重要参数介绍

宽度：“宽度”值决定了以光标中心为基准，光标周围有多少个像素能够被“磁性套索工具”检测到，如果对象的边缘比较清晰，可以设置较大的值；如果对象的边缘比较模糊，可以设置较小的值。

对比度：该选项主要用来设置“磁性套索工具”感应图像边缘的灵敏度。如果对象的边缘比较清晰，可以将该值设置得高一些；如果对象的边缘比较模糊，可以将该值设置得低一些。

频率：在使用“磁性套索工具”勾画选区时，Photoshop会生成很多锚点，“频率”选项用来设置锚点的数量。数值越高，生成的锚点越多，捕捉到的边缘越准确，但是可能会造成选区不够平滑。

“钢笔压力”按钮：如果计算机配有数位板和压感笔，可以激活该按钮，Photoshop会根据压感笔的压力自动调节“磁性套索工具”的检测范围。

课堂案例

使用磁性套索工具选择彩蛋

案例位置　无

视频位置　DVD>多媒体教学>CH03>课堂案例——使用磁性套索工具选择彩蛋.flv

难易指数　★★☆☆☆

学习目标　学习“磁性套索工具”的使用方法

使用磁性套索工具选择彩蛋的最终效果如图3-102所示。

图3-102

01 打开本书配套光盘中的“素材文件>CH03>素材10.jpg”文件，如图3-103所示。

图3-103

02 在“工具箱”中单击“磁性套索工具”按钮，然后在彩蛋的边缘单击鼠标左键，确定起点，如图3-104所示，接着沿着彩蛋边缘移动光标，此时Photoshop会生成很多锚点，如图3-105所示，当勾画到起点处时按Enter键闭合选区，效果如图3-106所示。

图3-104

图3-105

图3-106

技巧与提示

如果在勾画过程中生成的锚点位置远离了彩蛋，可以按Delete键删除最近生成的一个锚点，然后继续绘制。

03 按住Shift键的同时继续使用“磁性套索工具”将其他两个彩蛋勾选出来，完成后的选区效果如图3-107所示。

图3-107

3.4.3 快速选择工具与魔棒工具

1.快速选择工具

使用“快速选择工具”可以利用可调整的圆形笔尖迅速地绘制出选区。当拖曳笔尖时，选取范围不但会向外扩张，而且还可以自动寻找并沿着图像的边缘来描绘边界。“快速选择工具”的选项栏如图3-108所示。

图3-108

快速选择工具重要按钮与选项介绍

选区运算按钮：激活“新选区”按钮，可以创建一个新的选区；激活“添加到选区”按钮，可以在原有选区的基础上添加新创建的选区；激活“从选区减去”按钮，可以在原有选区的基础上减去当前绘制的选区。

“画笔”选择器：单击倒三角按钮，可以在弹出的“画笔”选择器中设置画笔的大小、硬度、间距、角度以及圆度，如图3-109所示。在绘制选区的过程中，可以按]键或[键增大或减小画笔的大小。

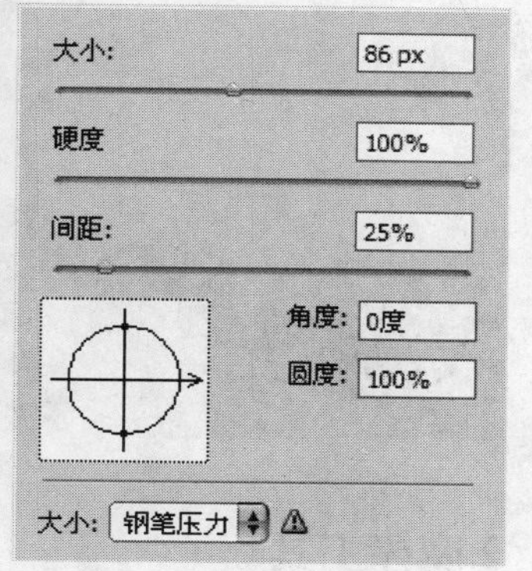

图3-109

对所有图层取样：如果勾选该选项，Photoshop会根据所有的图层建立选取范围，而不仅只针对当前图层。

自动增强：降低选取范围边界的粗糙度与区块感。

课堂案例

利用快速选择工具抠取美女

案例位置	DVD>案例文件>CH03>课堂案例——利用快速选择工具抠取美女.psd
视频位置	DVD>多媒体教学>CH03>课堂案例——利用快速选择工具抠取美女.flv
难易指数	★★☆☆☆
学习目标	学习“快速选择工具”的使用方法

利用快速选择工具抠取美女的最终效果如图3-110所示。

图3-110

01 打开本书配套光盘中的“素材文件>CH03>素材11.jpg”文件，如图3-111所示。

图3-111

02 在“工具箱”中单击“快速选择工具”按钮，然后在选项栏中设置画笔的“大小”为39px、“硬度”为76%，如图3-112所示。

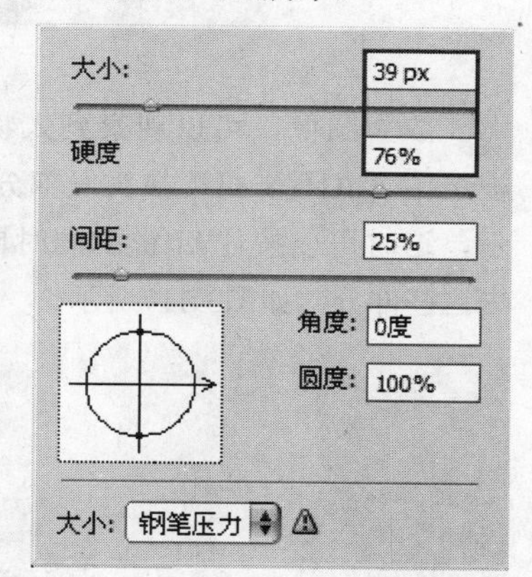

图3-112

03 在人物头部单击并拖曳光标，如图3-113所示，然后向下拖曳光标，选中整个身体部分，如图3-114所示，最后再单击化妆刷并拖曳光标，选中化妆刷，如图3-115所示。

图3-113

图3-114

图3-115

04 放大图像，可以观察到人物右侧有些背景也被选中了（不需要选择头发部分），如图3-116所示，这时可以按住Alt键的同时单击背景区域，减去这些部分，如图3-117所示。

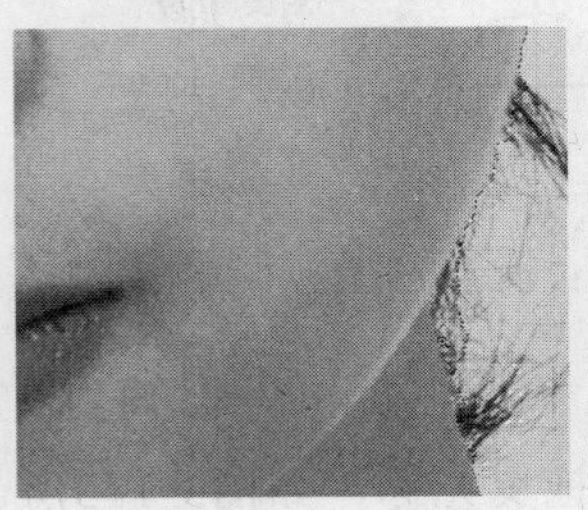

图3-116 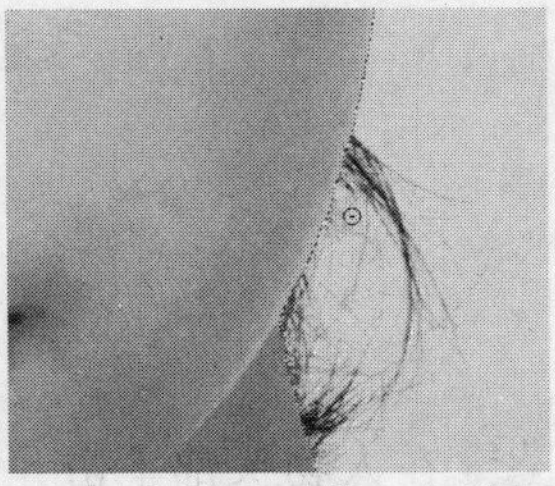　图3-117

05 按Ctrl+J组合键将选区内的图像复制到“图层1”中，然后隐藏背景图层，效果如图3-118所示。

图3-118

06 打开本书配套光盘中的“素材文件>CH03>素材12.jpg”文件，然后将其拖曳到“素材11.jpg”操作界面中，并将新生成的“图层2”放置在“图层1”的下一层，最终如图3-119所示。

图3-119

2.魔棒工具

“魔棒工具”不需要描绘出对象的边缘，就能选取颜色一致的区域，在实际工作中的使用频率相当高，其选项栏如图3-120所示。

图3-120

魔棒工具选项栏重要参数选项介绍

容差：决定所选像素之间的相似性或差异性，其取值范围为0~255。数值越低，对像素的相似程度的要求越高，所选的颜色范围就越小；数值越高，对像素的相似程度的要求越低，所选的颜色范围就越广。

连续：当勾选该选项时，只选择颜色连接的区域；当关闭该选项时，可以选择与所选像素颜色接近的所有区域，当然也包含没有连接的区域。

对所有图层取样：如果文档中包含多个图层，当勾选该选项时，可以选择所有可见图层上颜色相近的区域；当关闭该选项时，仅选择当前图层上颜色相近的区域。

课堂案例

利用魔棒工具抠像

案例位置	DVD>案例文件>CH03>课堂案例——利用魔棒工具抠像.psd
视频位置	DVD>多媒体教学>CH03>课堂案例——利用魔棒工具抠像.flv
难易指数	★★☆☆☆
学习目标	学习"魔棒工具"的使用方法

利用魔棒工具抠像的最终效果如图3-121所示。

图3-121

01 打开本书配套光盘中的"素材文件>CH03>素材13.jpg"文件，如图3-122所示。

图3-122

02 在"工具箱"中单击"魔棒工具"按钮，然后在选项栏中设置"容差"为31，并勾选"连续"选项，如图3-123所示。

图3-123

03 使用"魔棒工具"在背景的任意一个位置单击，选择容差范围内的区域，如图3-124所示，如果按住Shift键的同时单击其他的背景区域，可选中整个背景，如图3-125所示。

图3-124

图3-125

04 按Shift+Ctrl+I组合键反向选区，然后按Ctrl+J组合键将选区内的图像复制到"图层1"中，接着隐藏"背景"图层，效果如图3-126所示。

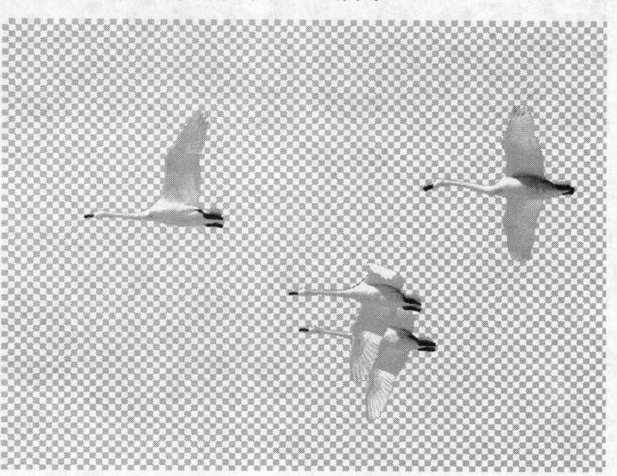

图3-126

05 打开本书配套光盘中的"素材文件>CH03>素材14.jpg"文件，然后将其拖曳到"素材13.jpg"操作界面中，并将新生成的“图层2”放置在“图层1”的下一层，最终效果如图3-127所示。

图3-127

3.5 钢笔选择工具

Photoshop提供了多种钢笔工具。标准的“钢笔工具”主要用于绘制高精度的图像，如图3-128所示；“自由钢笔工具”可以像使用铅笔在纸上绘图一样来绘制路径，如图3-129所示，如果在选项栏中勾选“磁性的”选项，“自由钢笔工具”将变成磁性钢笔，使用这种钢笔可以像使用“磁性套索工具”一样绘制路径，如图3-130所示。

图3-128

图3-129

图3-130

3.6 色彩范围命令

“色彩范围”命令可根据图像的颜色范围创建选区，与“魔棒工具”比较相似，但是该命令提供了更多的控制选项，因此该命令的选择精度也要高一些。

随意打开一张素材，如图3-131所示，然后执行“选择>色彩范围”菜单命令，打开“色彩范围”对话框，如图3-132所示。

图3-131

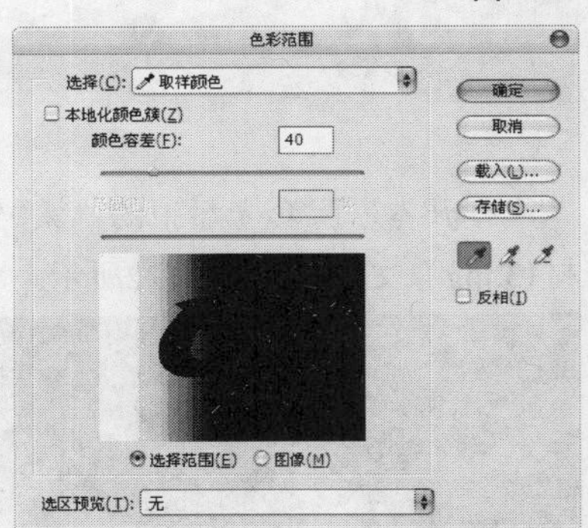

图3-132

色彩范围对话框重要选项及参数介绍

选择：用来设置选区的创建方式。选择“取样颜色”选项时，光标会变成形状，将光标放置在画布中的图像上，或在“色彩范围”对话框中的预览图像上单击，可以对颜色进行取样；选择“红色”、“黄色”、“绿色”、“青色”等选项时，可以选择图像中特定的颜色；选择“高光”、“中间调”和“阴影”选项时，可以选择图像中特定的色调；选择“溢色”选项时，可以选择图像中出现的溢色。

本地化颜色簇：勾选“本地化颜色簇”后，拖曳“范围”滑块可以控制要包含在蒙版中的颜色与取样点的最大和最小距离。

颜色容差：用来控制颜色的选择范围。数值越高，包含的颜色范围越广；数值越低，包含的颜色范围越窄。

选区预览图：选区预览图下面包含“选择范围”和“图像”两个选项。当勾选“选择范围”选项时，预览区域中的白色代表被选择的区域，黑色代表未选择的区域，灰色代表被部分选择的区域（即有羽化效果的区域）；当勾选“图像”选项时，预览区内会显示彩色图像。

选区预览：用来设置文档窗口中选区的预览方式。

存储/载入：单击“存储”按钮，可以将当前的设置状态保存为选区预设；单击“载入”按钮，可以载入存储的选区预设文件。

反相：将选区进行反转，也就是说创建选区以后，相当于执行了“选择>反向”菜单命令。

课堂案例

利用色彩范围抠除天空背景

案例位置	DVD>案例文件>CH03>课堂案例——利用色彩范围抠除天空背景.psd
视频位置	DVD>多媒体教学>CH03>课堂案例——利用色彩范围抠除天空背景.flv
难易指数	★★☆☆☆
学习目标	学习“色彩范围”命令的使用方法

利用色彩范围抠除天空背景的最终效果如图3-133所示。

图3-133

01 打开本书配套光盘中的“素材文件>CH03>素材15.jpg”文件，如图3-134所示。

图3-134

02 执行“选择>色彩范围”菜单命令，在弹出的“色彩范围”对话框中设置“选择”为“取样颜色”，接着在图像的背景上方单击，取样蓝天的颜色，再勾选“本地化颜色簇”选项，最后设置“颜色容差”为200、“范围”为100%，如图3-135所示。

图3-135

03 单击“添加到取样”按钮，在“色彩范围”对话框中的选区预览图中的其他背景区域单击，将这些区域添加到选区中，如图3-136所示，单击“确定”按钮后的选区效果如图3-137所示。

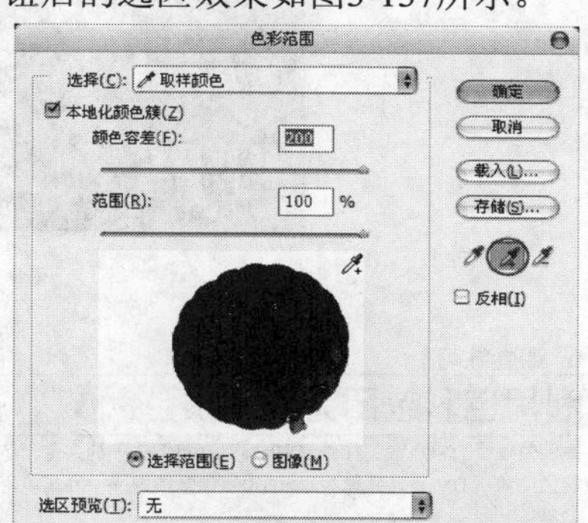

图3-136

图3-137

技巧与提示

按住Shift键可以切换到“添加到取样”工具，按住Alt键可以切换到“从取样中减去”工具。

04 按Shift+Ctrl+I组合键反向选择选区，然后按Ctrl+J组合键将选区内的图像复制到“图层1”中，接着隐藏“背景”图层，效果如图3-138所示。

图3-138

05 打开本书配套光盘中的“素材文件>CH03>素材16.jpg”文件，然后将其拖曳到“素材15.jpg”操作界面中，并将新生成的“图层2”放置在“图层1”的下一层，最终效果如图3-139所示。

图3-139

课堂练习

利用色彩范围为鲜花换色

案例位置　DVD>案例文件>CH03>课堂案例——利用色彩范围为鲜花换色.psd

视频位置　DVD>多媒体教学>CH03>课堂练习——利用色彩范围为鲜花换色.flv

难易指数　★★☆☆☆

练习目标　练习“色彩范围”命令的使用方法

利用色彩范围为鲜花换色的最终效果如图3-140所示。

图3-140

步骤分解如图3-141所示。

图3-141

3.7 选区的编辑

选区的编辑包括调整选区边缘、创建边界选区、平滑选区、扩展与收缩选区、羽化选区、扩大选取、选取相似等，熟练掌握这些操作对于快速选择需要的选区非常重要，如图3-142所示。

调整边缘(F)...　Alt+Ctrl+R
修改(M)
扩大选取(G)
选取相似(R)
变换选区(T)

边界(B)...
平滑(S)...
扩展(E)...
收缩(C)...
羽化(F)...　Shift+F6

图3-142

本节重要命令介绍

名称	作用	重要程度
调整边缘	用于对选区的半径、平滑度、羽化、对比度、边缘位置等属性进行调整	低
选择>修改>边界	用于将选区的边界向内或向外进行扩展	低
选择>修改>平滑	用于将选区进行平滑处理	低
选择>修改>扩展/收缩	用于将选区向外进行扩展或向内进行收缩	低
选择>修改>羽化	用于模糊选区与选区周围的像素	中
扩大选取/选取相似	基于“魔棒工具”选项栏中指定的“容差”范围来决定选区的扩展范围	中

3.7.1 调整边缘

“调整边缘”命令可以对选区的半径、平滑度、羽化、对比度、边缘位置等属性进行调整，从而提高选区边缘的品质，并且可以在不同的背景下查看选区。

创建选区以后，在选项栏中单击“调整边缘”按钮（调整边缘...），或执行“选择>调整边缘”菜单命令（快捷键为Alt+Ctrl+R组合键），打开“调整边缘”对话框，如图3-143所示。

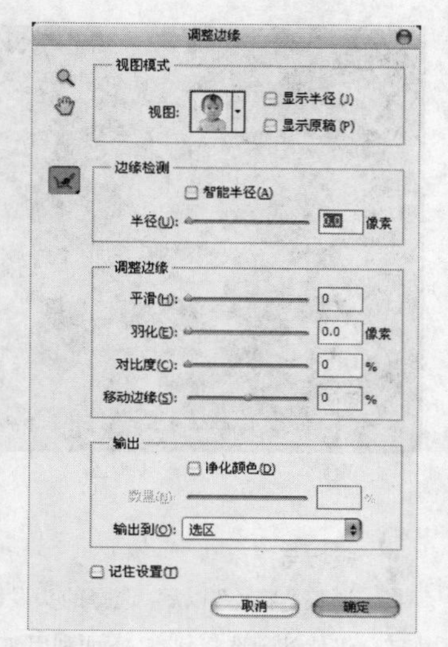

图3-143

1.视图模式

在“视图模式”选项组中选择一个合适的视图模式，可以更加方便地查看选区的调整结果，如图3-144所示。

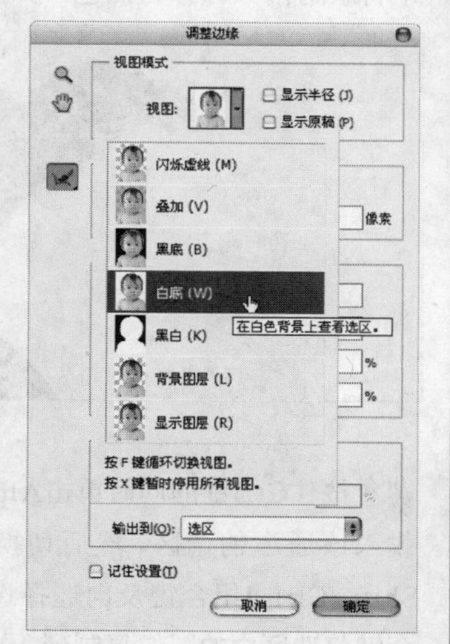

图3-144

2.边缘检测

“边缘检测”选项组相关选项与参数如图3-145所示，它可以用来抠出细密的毛发。

图3-145

边缘检测选项组重要选项及参数介绍

“调整半径工具”/“抹除调整工具”：使用这两个工具可以精确调整发生边缘调整的边界区域。

智能半径：自动调整边界区域中发现的硬边缘和柔化边缘的半径。

半径：确定发生边缘调整的选区边界的大小。对于锐边，可以使用较小的半径；对于较柔和的边缘，可以使用较大的半径。

课堂练习

利用边缘检测抠取美女头发

案例位置	DVD>案例文件>CH03>课堂案例——利用边缘检测抠取美女头发.psd
视频位置	DVD>多媒体教学>CH03>课堂案例——利用边缘检测抠取美女头发.flv
难易指数	★★★☆☆
学习目标	学习“边缘检测”功能的使用方法

用边缘检测抠取美女头发的最终效果如图3-146所示。

图3-146

01 打开本书配套光盘中的“素材文件>CH03>素材17.jpg”文件，如图3-147所示。

图3-147

02 在“工具箱”中单击“魔棒工具”按钮，然后在选项栏中设置“容差”为10，并关闭“连续”选项，接着在背景上单击，选中背景区域，如图3-148所示。

图3-148

03 执行“选择>调整边缘”菜单命令，打开“调整边缘”对话框，然后设置“视图模式”为“黑白”模式，此时在画布中可以观察到很多头发都被选中了，并且眼睛也被选中了，如图3-149所示。

图3-149

04 在“调整边缘”对话框中勾选“智能半径”选项，设置“半径”为10像素，如图3-150所示；图像效果如图3-151所示。

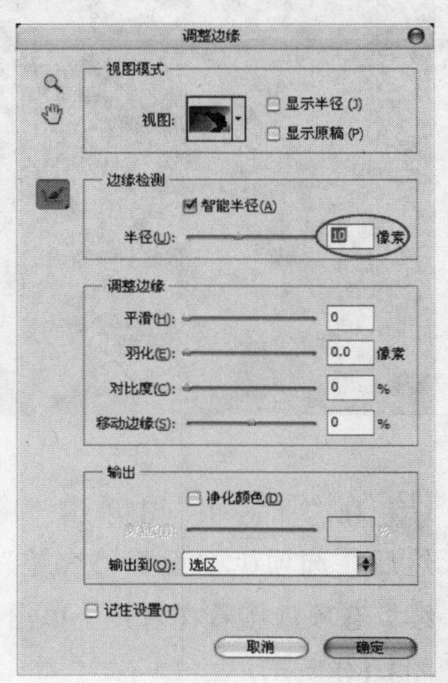

图3-150

图3-151

技巧与提示

调整“半径”以后，选择的头发已经被取消了，但是眼睛部分仍然处于选择状态。下面利用通道来解决这个问题。

05 切换到“通道”面板，然后单击“将选区储存为通道”按钮，接着按Ctrl+D组合键取消选区，最后使用黑色“画笔工具”在Alpha1通道中将眼睛部分涂抹为黑色，如图3-152所示。

图3-152

06 按住Ctrl键的同时单击Alpha1通道的缩略图，载入该通道的选区，然后切换回“图层”面板，按Shift+Ctrl+I组合键反向选择选区，最后按Ctrl+J组合键将选区内的图像复制到“图层1”中，并隐藏“背景”图层，效果如图3-153所示。

图3-153

07 打开本书配套光盘中的“素材文件>CH03>素材18.jpg”文件，然后将其拖曳到“素材17.jpg”操作界面中，如图3-154所示。

图3-154

08 选择“图层1”，然后使用“移动工具”将人物拖曳到界面的右侧，如图3-155所示。

图3-155

09 利用自由变换功能将头发变形成如图3-156所示的效果。

图3-156

10 调整人物的色调，使其与背景完美地融合（如有必要也可以适当调整背景的色调），最终效果如图3-157所示。

图3-157

3.调整边缘

“调整边缘”选项组主要用来对选区进行平滑、羽化和扩展等处理，如图3-158所示。

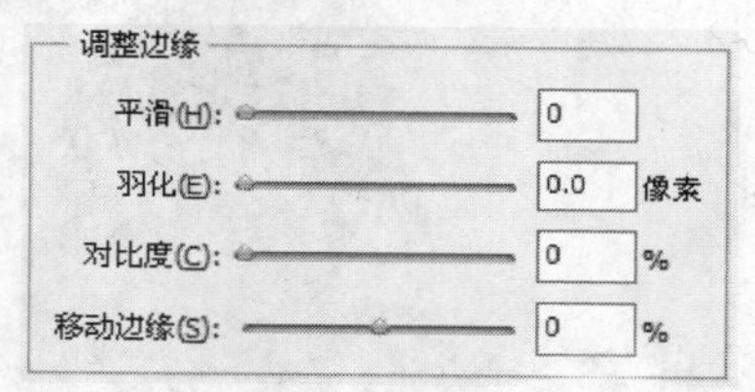

图3-158

调整边缘选项组重要参数介绍

平滑：减少选区边界中的不规则区域，以创建较平滑的轮廓。

羽化：模糊选区与其周围的像素，形成过渡的效果。

对比度：锐化选区边缘并消除模糊的不协调感。在通常情况下，配合“智能半径”选项调整出来的选区效果会更好。

移动边缘：当参数为负值时，可以向内收缩选区边界；当参数为正值时，可以向外扩展选区边界。

4.输出

“输出”选项组主要用来消除选区边缘的杂色以及设置选区的输出方式，如图3-159所示。

图3-159

输出选项组重要选项与参数介绍

净化颜色：将彩色杂边替换为附近完全选中

的像素颜色。颜色替换的强度与选区边缘的羽化程度是成正比的。

数量：更改净化彩色杂边的替换程度。

输出到：设置选区的输出方式。

3.7.2 创建边界选区

创建选区以后，执行“选择>修改>边界”菜单命令，可以将选区的边界向内或向外进行扩展，扩展后的选区边界将与原来的选区边界形成新的选区，图3-160和图3-161所示的分别是在“边界选区”对话框中设置“宽度”为20像素和50像素时的选区对比。

图3-160

图3-161

3.7.3 平滑选区

创建选区以后，执行“选择>修改>平滑”菜单命令，可以将选区进行平滑处理，图3-162所示和图3-163所示的分别是设置“取样半径”为10像素和100像素时的选区效果。

图3-162

图3-163

3.7.4 扩展与收缩选区

创建选区以后，执行“选择>修改>扩展”菜单命令，可以将选区向外进行扩展，图3-164所示为原始选区，图3-165所示的是设置“扩展量”为100像素后的选区效果。

图3-164

图3-165

如果要向内收缩选区，可以执行“选择>修改>收缩”菜单命令，图3-166所示的是设置“收缩量”为100像素后的选区效果。

图3-166

3.7.5 羽化选区

羽化选区通过模糊建立选区和选区周围像素之间的转换边界来模糊边缘，这种模糊方式将丢失选区边缘的一些细节。

可以先使用选框工具、套索工具等其他选区工具创建出选区，如图3-167所示，然后执行“选择>修改>羽化”菜单命令或按Shift+F6组合键，在弹出的“羽化选区”对话框中定义选区的“羽化半径”，图3-168所示的是设置“羽化半径”为50像素后的图像效果。

图3-167

图3-168

课堂案例

利用羽化制作甜蜜女孩

案例位置	DVD>案例文件>CH03>课堂案例——利用羽化制作甜蜜女孩.psd
视频位置	DVD>多媒体教学>CH03>课堂案例——利用羽化制作甜蜜女孩.flv
难易指数	★★★☆☆
学习目标	学习“羽化”命令的使用方法

利用羽化制作甜蜜女孩的最终效果如图3-169所示。

图3-169

01 打开本书配套光盘中的"素材文件>CH03>素材19.jpg和素材20.jpg"文件，然后将"素材20.jpg"拖曳到"素材19.jpg"操作界面中，如图3-170所示。

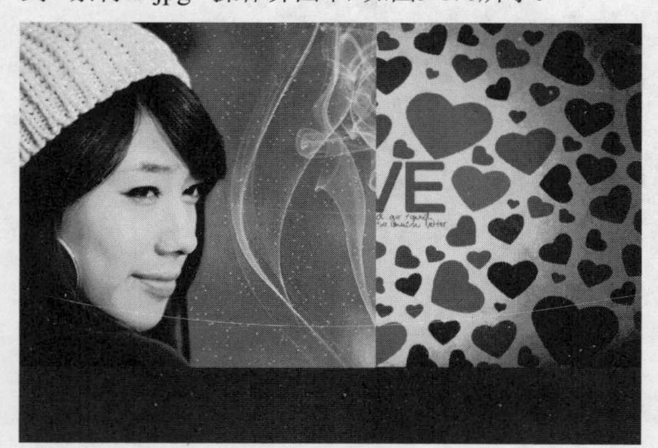

图3-170

02 选择"图层1"（即人物所在的图层），在"工具箱"中单击"磁性套索工具"按钮，将人物勾选出来，如图3-171所示。

图3-171

03 执行"选择>修改>羽化"菜单命令或按Shift+F6组合键，在弹出"羽化选区"对话框中设置"羽化半径"为5像素，如图3-172所示。

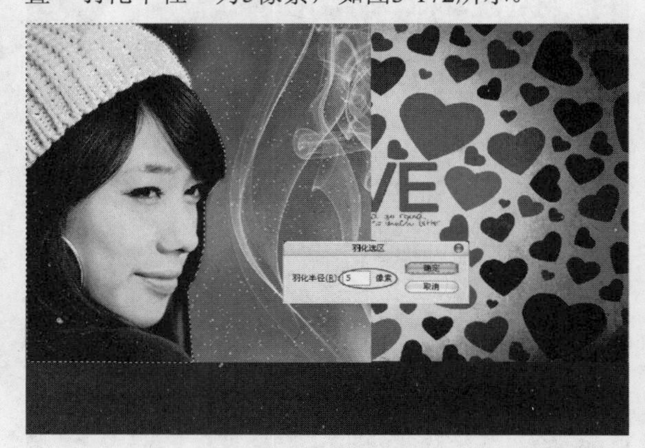

图3-172

技巧与提示

羽化后，图像并没有发生变化是因为现在的羽化操作只是针对选区，还没有对选区中的图像进行操作。如果对选区内的图像进行移动、剪切、复制或填充后，羽化效果便能显现出来。

04 按Shift+Ctrl+I组合键反向选择选区，按Delete键删除图像背景，此时可以观察到人像的边界产生了柔和的过渡效果，如图3-173所示。

图3-173

05 打开本书配套光盘中的"素材文件>CH03>素材21.jpg"文件，然后将其拖曳到"素材19.jpg"操作界面中，接着使用"魔棒工具"选择白色区域，再按Shift+F6组合键打开"羽化选区"对话框，并设置"羽化半径"为5像素，如图3-174所示，最后按Delete键删除白色背景，效果如图3-175所示。

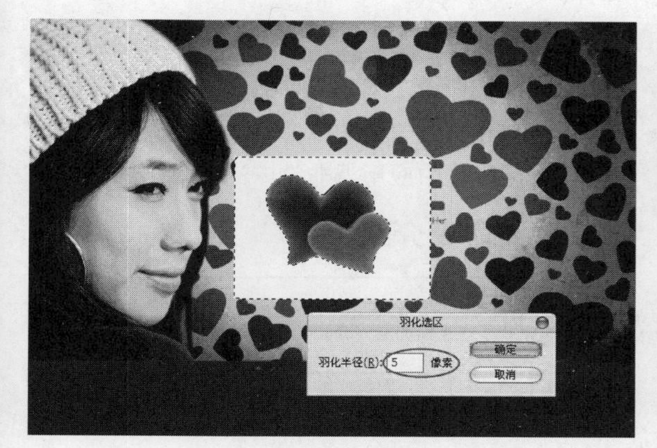

图3-174

图3-175

06 将心形放置到左下角，利用自由变换功能将其等比例缩小到如图3-176所示的大小。

图3-176

07 选择心形所在的图层，执行“图层>图层样式>投影”菜单命令，在弹出的“图层样式”对话框中单击“确定”按钮，为图像添加一个默认的“投影”样式，效果如图3-177所示。

图3-177

08 打开本书配套光盘中的“素材文件>CH03>素材22.png”文件，将其拖曳到“素材19.jpg”的操作界面中，最终效果如图3-178所示。

图3-178

3.7.6 扩大选取

“扩大选取”命令是基于“魔棒工具”选项栏中指定的“容差”范围来决定选区的扩展范围。比如，图3-179中只选择了一部分灰色背景，执行“选择>扩大选取”菜单命令后，Photoshop会查找并选择与当前选区中像素色调相近的像素，从而扩大选择区域，如图3-180所示。

图3-179

图3-180

3.7.7 选取相似

“选取相似”命令与“扩大选取”命令相似，都是基于“魔棒工具”选项栏中指定的“容差”范围来决定选区的扩展范围。比如，图3-181中只选择了一部分灰色背景，执行“选择>选取相似”菜单命令后，Photoshop同样会查找并选择与当前选区中像素色调相近的像素，从而扩大选择区域，如图3-182所示。

图3-181

图3-182

3.8 填充与描边选区

在处理图像时，经常会遇到需要将选区内的图像改变成其他颜色、图案等内容，这时就需要使用到“填充”命令；如果需要对选区描绘可见的边缘，就需要使用到“描边”命令。“填充”和“描边”在选区操作中应用得非常广泛。

本节重要命令介绍

名称	作用	重要程度
填充	用于在当前图层或选区内填充颜色或图案	中
描边	用于在选区、路径或图层周围创建边框	中

3.8.1 填充选区

利用“填充”命令可以在当前图层或选区内填充颜色或图案，同时也可以设置填充时的不透明度和混合模式。注意，文字图层和被隐藏的图层不能使用“填充”命令。

执行“编辑>填充”菜单命令或按Shift+F5组合键，打开“填充”对话框，如图3-183所示。

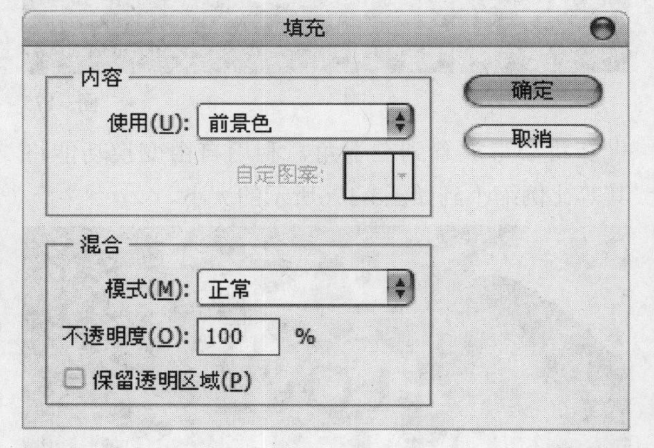

图3-183

填充对话框重要选项与参数介绍

内容：用来设置填充的内容，包含前景色、背景色、颜色、内容识别、图案、历史记录、黑色、50%灰色和白色等。

模式：用来设置填充内容的混合模式。

不透明度：用来设置填充内容的不透明度。

保留透明区域：勾选该选项以后，只填充图层中包含像素的区域，而透明区域不会被填充。

课堂案例

利用填充制作渐变卡片

案例位置 DVD>案例文件>CH03>课堂案例——利用填充制作渐变卡片.psd
视频位置 DVD>多媒体教学>CH03>课堂案例——利用填充制作渐变卡片.flv
难易指数 ★★☆☆☆
学习目标 学习颜色的填充方法

利用填充制作渐变卡片的最终效果如图3-184所示。

图3-184

01 按Ctrl+N组合键新建一个大小为1280像素×768像素的文件，然后设置前景色（R:234，G:244，B:246），如图3-185所示。

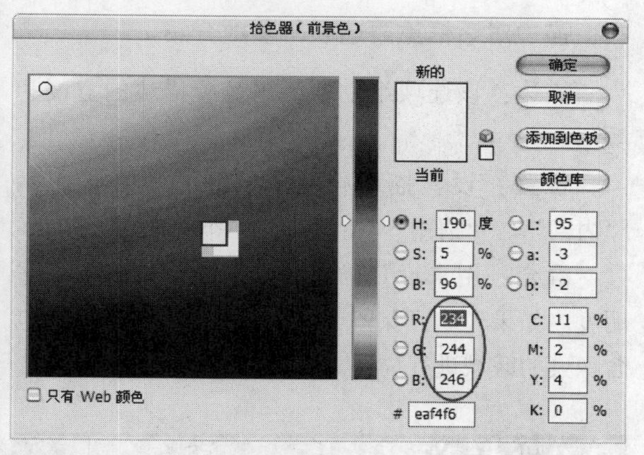

图3-185

02 新建“图层1”，执行“编辑>填充”菜单命令，在弹出的“填充”对话框中设置“使用”为“前景色”，如图3-186所示，填充效果如图3-187所示。

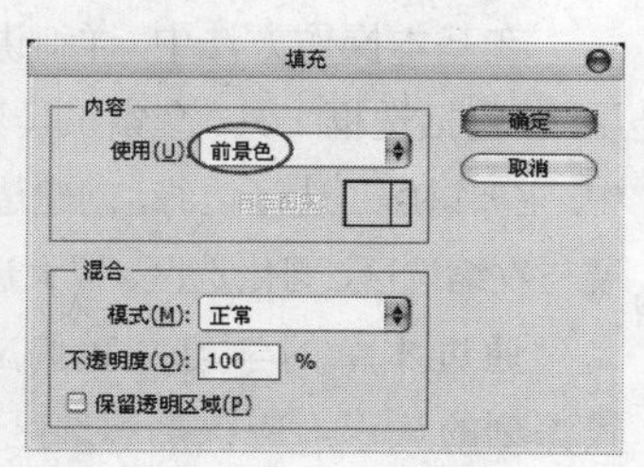

图3-186

图3-187

03 新建“图层2”，使用“钢笔工具”绘制如图3-188所示的路径。

图3-188

04 按Ctrl+Enter组合键载入路径的选区，如图3-189所示，设置前景色（R:191，G:231，B:241），设置完毕后执行“编辑>填充”菜单命令，效果如图3-190所示。

图3-189

图3-190

05 新建“图层3”，使用“钢笔工具”绘制如图3-191所示的路径。

图3-191

06 按Ctrl+Enter组合键载入路径的选区，设置前景色（R:140，G:211，B:229），设置完毕后执行“编辑>填充”菜单命令，效果如图3-192所示。

图3-192

07 采用相同的方法制作出另外几层渐变色，完成后的效果如图3-193所示。

图3-193

08 使用“横排文字工具” T 在图像上输入文字，最终效果如图3-194所示。

图3-194

3.8.2 描边选区

使用“描边”命令可以在选区、路径或图层周围创建彩色边框。打开一张素材，并创建出选区，如图3-195所示，执行“编辑>描边”菜单命令或按Alt+E+S组合键，打开“描边”对话框，如图3-196所示。

图3-195

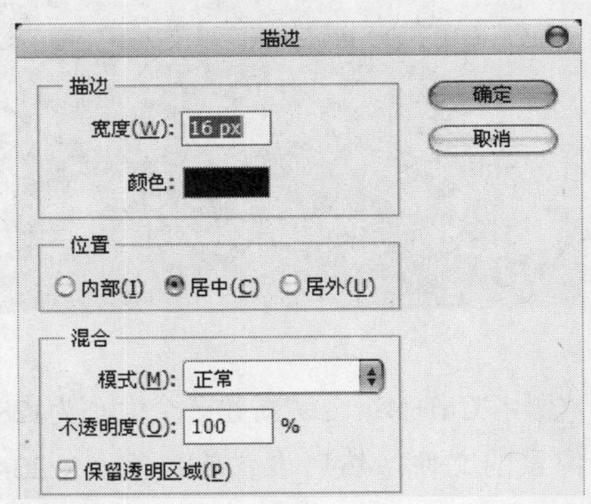

图3-196

描边对话框重要选项与参数介绍

描边：该选项组主要用来设置描边的宽度和颜色。

位置：设置描边相对于选区的位置，包括“内部”、“居中”和“居外”3个选项。

混合：用来设置描边颜色的混合模式和不透明度。如果勾选“保留透明区域”选项，则只对包含像素的区域进行描边。

3.9 本章小结

本章首先讲解了选区的基本功能与基本操作方法，然后讲解了选区的编辑，最后讲解了选区的填充与描边。

在基本操作方法中，详细讲解了每个工具的基本用法，包括选框工具、套索工具等。在讲解选区的编辑中，主要讲解了选区边缘、创建边界选区、平滑选区、扩展与收缩选区、羽化选区、扩大选取和选取相似等。

通过本章的学习，我们应该对选区有一个比较深刻的认识，应该熟悉选区的基本操作工具以及掌握选区的编辑方法。

第4章

绘画与图像修饰

在本章我们将学习绘画与图像修饰的相关知识，尤其是绘画工具的使用，在学习中一定要结合课堂案例以及课堂练习，熟悉各个绘画工具的具体使用方法，这样才能为学习后面的知识打下坚实的基础。

课堂学习目标

掌握颜色的设置方法
掌握“画笔”面板以及绘画工具的使用方法
掌握图像修复工具的使用方法
掌握图像擦除工具的使用方法
掌握图像润饰工具的使用方法

4.1 前景色与背景色

在Photoshop中，前景色通常用于绘制图像、填充和描边选区等，如图4-1所示；背景色常用于生成渐变填充和填充图像中被抹除的区域，如图4-2所示。

图4-1

图4-2

技巧与提示

一些特殊滤镜也需要使用前景色和背景色，例如“纤维”滤镜和“云彩”滤镜等。

在Photoshop“工具箱”的底部有一组前景色和背景色设置按钮，如图4-3所示。在默认情况下，前景色为黑色，背景色为白色。

前景色——切换前景色和背景色
默认前景色和背景色——背景色

图4-3

前景色和背景色重要设置按钮介绍

前景色：单击前景色图标，可以在弹出的“拾色器”对话框中选取一种颜色作为前景色。

背景色：单击背景色图标，可以在弹出的“拾色器”对话框中选取一种颜色作为背景色。

切换前景色和背景色：单击图标可以切换所设置的前景色和背景色（快捷键为X键）。

默认前景色和背景色：单击图标可以恢复默认的前景色和背景色（快捷键为D键）。

4.2 颜色设置

任何图像都离不开颜色，使用Photoshop的画笔、文字、渐变、填充、蒙版、描边等工具修饰图像时，都需要设置相应的颜色。在Photoshop中提供了很多种选取颜色的方法。

4.2.1 使用拾色器选取颜色

在Photoshop中，只要设置颜色几乎都需要使用到拾色器，如图4-4所示。在拾色器中，可以选择用HSB、RGB、Lab或CMYK颜色模式来指定颜色。

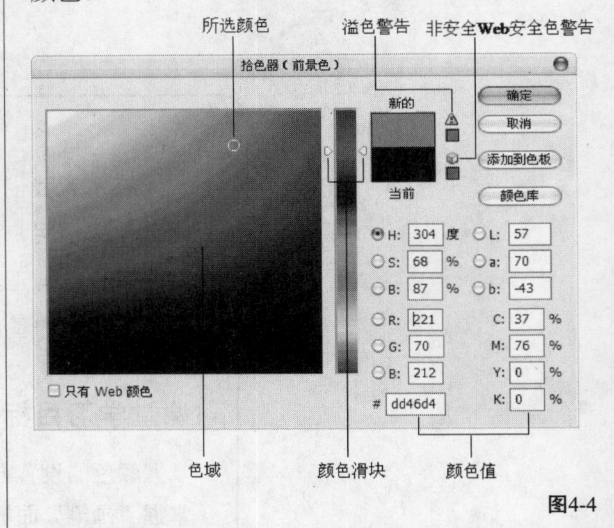

图4-4

4.2.2 使用吸管工具选取颜色

使用“吸管工具”可以在打开图像的任何位置采集色样来作为前景色或背景色，如图4-5和图4-6所示。“吸管工具”的选项栏如图4-7所示。

图4-5

图4-6

取样大小： 取样点 样本： 所有图层

图4-7

吸管工具重要参数介绍

取样大小：设置吸管取样范围的大小。

样本：可以从“当前图层”或“所有图层”中采集颜色。

显示取样环：勾选该选项后，可以在拾取颜色时显示取样环。

4.2.3 认识颜色面板

执行“窗口>颜色”菜单命令，可以打开“颜色”面板，如图4-8所示。“颜色”面板中显示了当前设置的前景色和背景色，同时也可以在该面板中设置前景色和背景色。

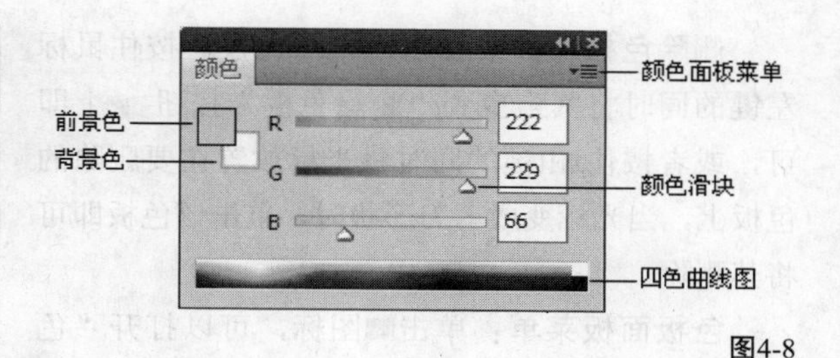

图4-8

4.2.4 认识色板面板

“色板”面板中是一些系统预设的颜色，单击相应的颜色即可将其设置为前景色。执行“窗口>色板”菜单命令，可以打开“色板”面板，如图4-9所示。

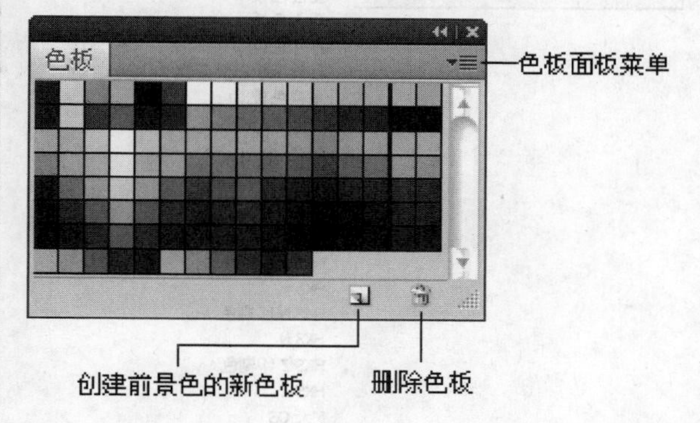

图4-9

色板面板重要按钮介绍

创建前景色的新色板：使用“吸管工具”拾取一种颜色以后，单击“创建前景色的新色板”按钮可以将其添加到“色板”面板中。如果要修改新色板的名称，可以双击添加的色板，如图4-10所示，然后在弹出的“色板名称”对话框中进行设置，如图4-11所示。

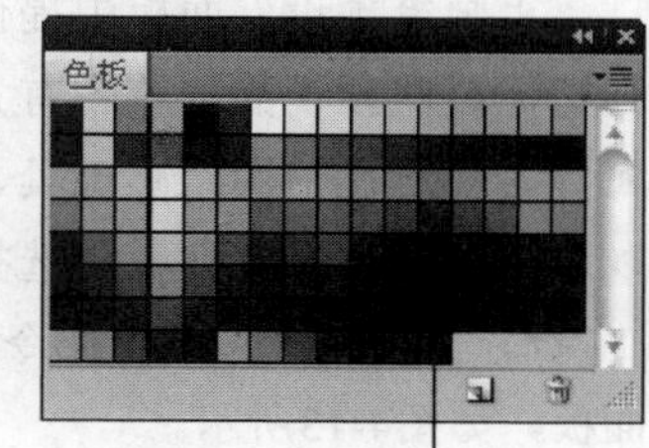

图4-10

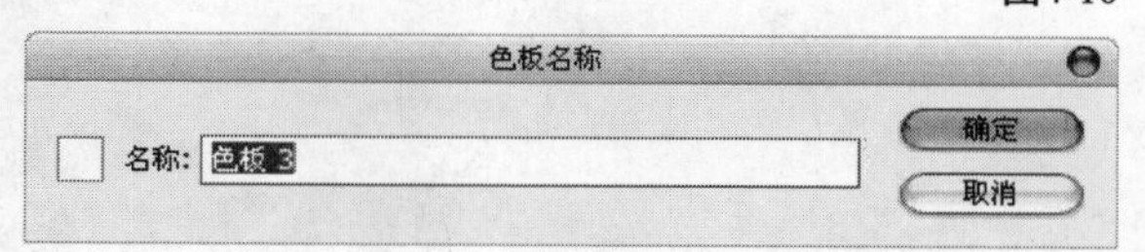

图4-11

删除色板：如果要删除一个色板，按住鼠标左键的同时将其拖曳到“删除色板”按钮上即可，或者按住Alt键的同时将光标放置在要删除的色板上，当光标变成剪刀形状时，单击该色板即可将其删除。

色板面板菜单：单击图标，可以打开“色板”面板的菜单，如图4-12所示。

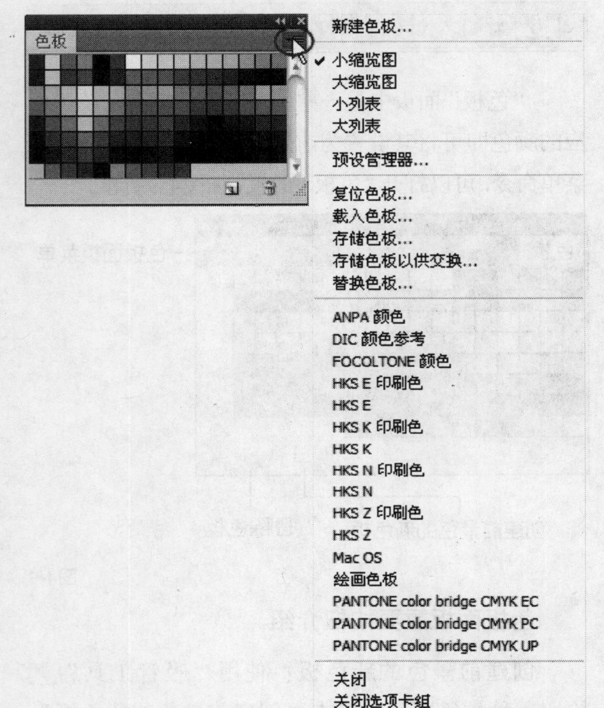

图4-12

4.3 画笔预设面板

“画笔预设”面板中提供了各种系统预设的画笔，这些预设的画笔带有大小、形状和硬度等属性。用户在使用绘画工具、修饰工具时，都可以从“画笔预设”面板中选择画笔的形状。执行“窗口>画笔预设”菜单命令，打开“画笔预设”面板，如图4-13所示。

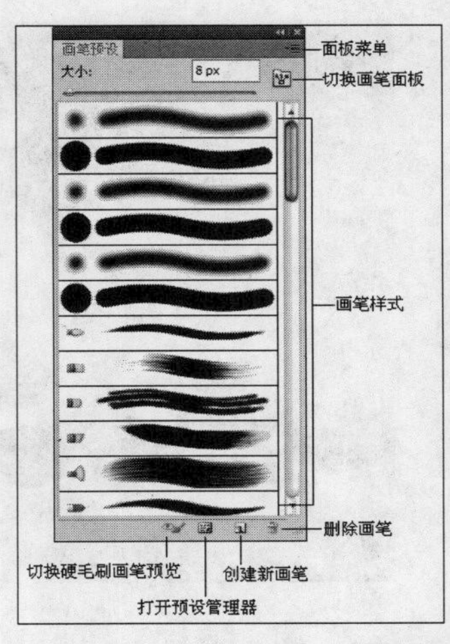

图4-13

画笔预设面板重要按钮与参数介绍

大小：通过输入数值或拖曳下面的滑块以调整画笔的大小。

切换画笔面板：单击“切换画笔面板”按钮可以打开“画笔”面板。

切换硬毛刷画笔预览：使用毛刷笔尖时，在画布中实时显示笔尖的样式。

打开预设管理器：打开“预设管理器”对话框。

创建新画笔：将当前设置的画笔保存为一个新的预设画笔。

删除画笔：选中画笔以后，单击“删除画笔”按钮，可以将该画笔删除。将画笔拖曳到“删除画笔”按钮上，也可以删除画笔。

画笔样式：拖曳滚动条可显示预设画笔的笔刷样式。

面板菜单：单击图标，可以打开“画笔预设”面板的菜单，如图4-14所示。

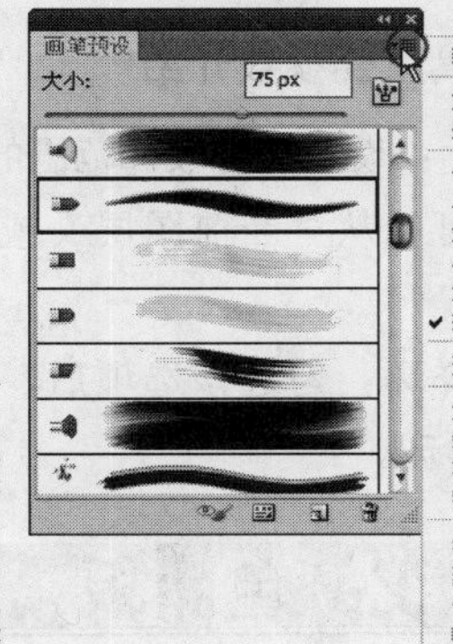

图4-14

4.4 画笔面板

在认识其他绘制及修饰工具之前首先需要掌握“画笔”面板。“画笔”面板是最重要的面板之一，它可以设置绘画工具、修饰工具的笔刷种类、画笔大小和硬度等。

打开“画笔”面板的方法主要有以下4种。

第1种：在“工具箱”中单击“画笔工具”按钮，然后在选项栏中单击“切换画笔面板”按钮。

第2种：执行“窗口>画笔”菜单命令。

第3种：直接按F5键。

第4种：在“画笔预设”面板中单击“切换画笔面板”按钮。

打开的“画笔”面板如图4-15所示。

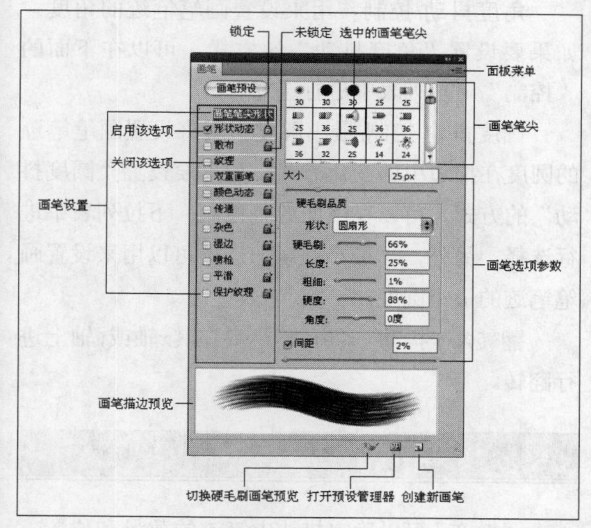

图4-15

画笔面板重要选项与参数介绍

画笔预设：单击该按钮，可以打开“画笔预设”面板。

画笔设置：单击这些画笔设置选项，可以切换到与该选项相对应的内容。

启用/关闭选项：处于勾选状态的选项代表启用状态；处于未勾选状态的选项代表关闭状态。

锁定/未锁定：图标代表该选项处于锁定状态；图标代表该选项处于未锁定状态。锁定与解锁操作可以相互切换。

选中的画笔笔尖：处于选择状态时的画笔笔尖。

画笔笔尖：显示Photoshop提供的预设画笔笔尖。

面板菜单：单击图标，可以打开“画笔”面板的菜单，如图4-16所示。

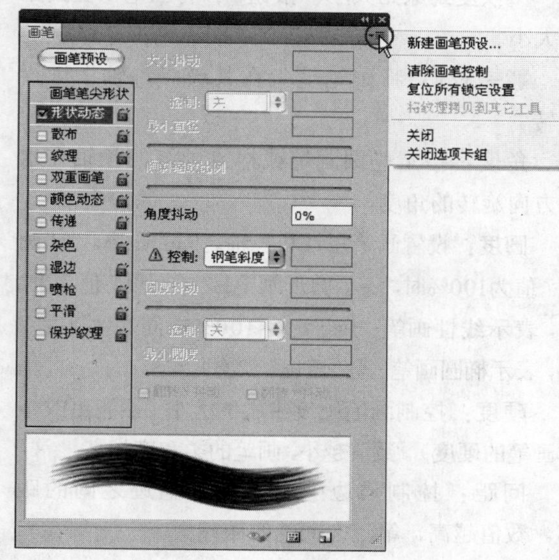

图4-16

画笔选项参数：用来设置画笔的相关参数。

画笔描边预览：选择一个画笔以后，可以在预览框中预览该画笔的外观形状。

切换硬毛刷画笔预览：使用毛刷笔尖时，在画布中实时显示笔尖的样式。

打开预设管理器：打开“预设管理器”对话框。

创建新画笔：将当前设置的画笔保存为一个新的预设画笔。

4.4.1 画笔笔尖形状

在“画笔笔尖形状”选项面板中可以设置画笔的形状、大小、硬度和间距等属性，如图4-17所示。

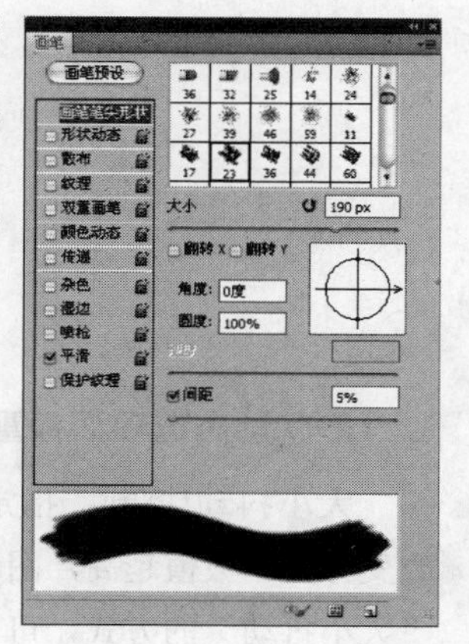

图4-17

画笔笔尖形状选项面板重要选项与参数介绍

大小：控制画笔的大小，可以直接输入像素值，也可以通过拖曳滑块来设置画笔大小。

“恢复到原始大小”按钮：将画笔恢复到原始大小。

翻转X/Y：将画笔笔尖在其x轴或y轴上进行翻转。

角度：指定椭圆画笔或样本画笔的长轴在水平方向旋转的角度。

圆度：设置画笔短轴和长轴之间的比率。当“圆度”值为100%时，表示圆形画笔；当“圆度”值为0%时，表示线性画笔；介于0%~100%之间的“圆度”值，表示椭圆画笔（呈“压扁”状态）。

硬度：控制画笔硬度中心的大小（不能更改样本画笔的硬度）。数值越小，画笔的柔和度越高。

间距：控制描边中两个画笔笔迹之间的距离。数值越高，笔迹之间的间距越大。

4.4.2 形状动态

“形状动态”可以决定描边中画笔笔迹的变化，它可以使画笔的大小、圆度等产生随机变化的效果。勾选“形状动态”选项以后，会显示相关参数，如图4-18所示。

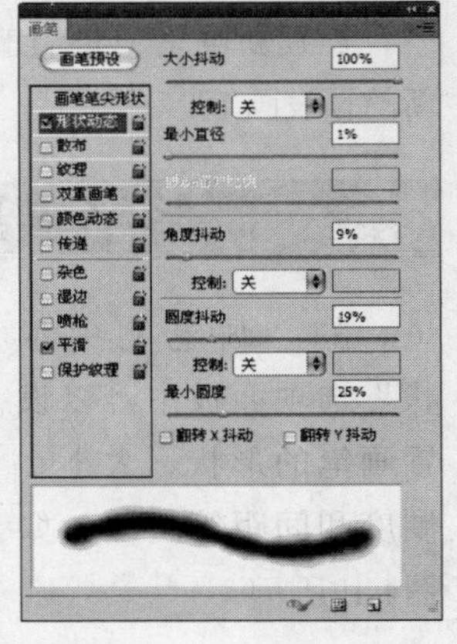

图4-18

形状动态选项面板重要参数介绍

大小抖动/控制：指定描边中画笔笔迹大小的改变方式。数值越高，图像轮廓越不规则。要设置“大小抖动”的方式，可以从“控制”下拉列表中进行选择，其中“关”选项表示不控制画笔笔迹的大小变换；“渐隐”选项是按照指定数量的长度在初始直径和最小直径之间渐隐画笔笔迹的大小，使笔迹产生逐渐淡出的效果；如果计算机配置有数位板，可以选择“钢笔压力”、“钢笔斜度”、“光笔轮”或“旋转”选项，然后根据钢笔的压力、斜度、钢笔位置或旋转角度来改变初始直径和最小直径之间的画笔笔迹大小。

最小直径：当启用“大小抖动”选项以后，通过该选项可以设置画笔笔迹缩放的最小缩放百分比。数值越高，笔尖的的直径变化越小。

倾斜缩放比例：当“大小抖动”设置为“钢笔斜度”选项时，该选项用来设置在旋转前应用于画笔高度的比例因子。

角度抖动/控制：用来设置画笔笔迹的角度。如果要设置“角度抖动”的方式，可以在下面的“控制”下拉列表中进行选择。

圆度抖动/控制/最小圆度：用来设置画笔笔迹的圆度在描边中的变化方式。如果要设置“圆度抖动”的方式，可以在下面的“控制”下拉列表中进行选择。另外，“最小圆度”选项可以用来设置画笔笔迹的最小圆度。

翻转X/Y抖动：将画笔笔尖在其x轴或y轴上进行翻转。

4.4.3 散布

“散布”可以确定描边中笔迹的数量和位置，使画笔笔迹沿着绘制的线条扩散。勾选“散布”选项后，会显示相关参数，如图4-19所示。

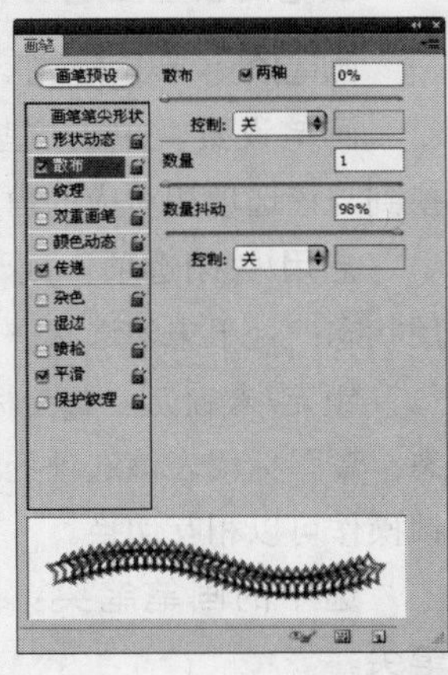

图4-19

散步选项面板重要参数介绍

散布/两轴/控制：指定画笔笔迹在描边中的分散程度，该值越高，分散的范围越广。当勾选“两轴”选项时，画笔笔迹将以中心点为基准，向两侧分散。如果要设置画笔笔迹的分散方式，可以在下面的“控制”下拉列表中进行选择。

数量：指定在每个间距间隔应用的画笔笔迹数量。数值越高，笔迹重复的数量越大。

数量抖动/控制：指定画笔笔迹的数量如何针对各种间距间隔产生变化。如果要设置“数量抖动”的方式，可以在下面的“控制”下拉列表中进行选择。

4.4.4 纹理

“纹理”画笔是利用图案使描边看起来像是在带纹理的画布上绘制出来的一样。勾选“纹理”选项后，会显示相关参数，如图4-20所示。

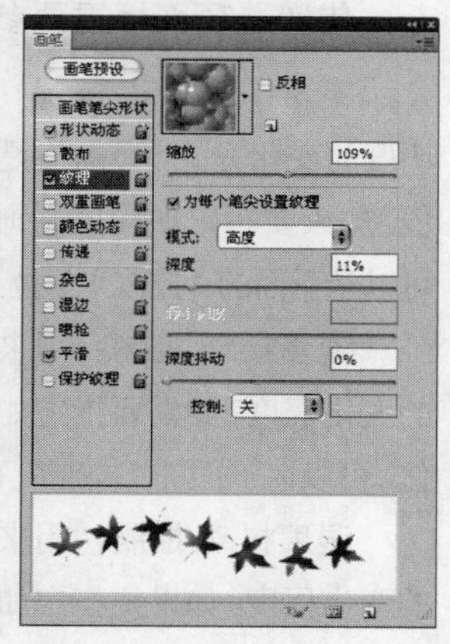

图4-20

纹理选项面板重要参数介绍

设置纹理/反相：单击图案缩览图右侧的倒三角▫图标，可以在弹出的“图案”拾色器中选择一个图案，并将其设置为纹理。如果勾选“反相”选项，可以基于图案中的色调来反转纹理中的亮点和暗点。

缩放：设置图案的缩放比例。数值越小，纹理越多。

为每个笔尖设置纹理：将选定的纹理单独应用于画笔描边中的每个画笔笔迹，而不是作为整体应用于画笔描边。如果关闭“为每个笔尖设置纹理”选项，下面的“深度抖动”选项将不可用。

模式：设置用于组合画笔和图案的混合模式。

深度：设置油彩渗入纹理的深度。数值越大，渗入的深度越大。

最小深度：当“深度抖动”下面的“控制”选项设置为“渐隐”、“钢笔压力”、“钢笔斜度”或“光笔轮”选项时，并且勾选了“为每个笔尖设置纹理”选项时，“最小深度”选项用来设置油彩可渗入纹理的最小深度。

深度抖动/控制：当勾选“为每个笔尖设置纹理”选项时，“深度抖动”选项用来设置深度的改变方式。然后要指定如何控制画笔笔迹的深度变化，可以从下面的“控制”下拉列表中进行选择。

4.4.5 双重画笔

“双重画笔”是组合两个笔尖来创建的画笔笔迹。要使用双重画笔，首先要在“画笔笔尖形状”选项中设置主画笔，如图4-21所示，然后从“双重画笔”选项中选择另外一个笔尖（即双重画笔），如图4-22所示。

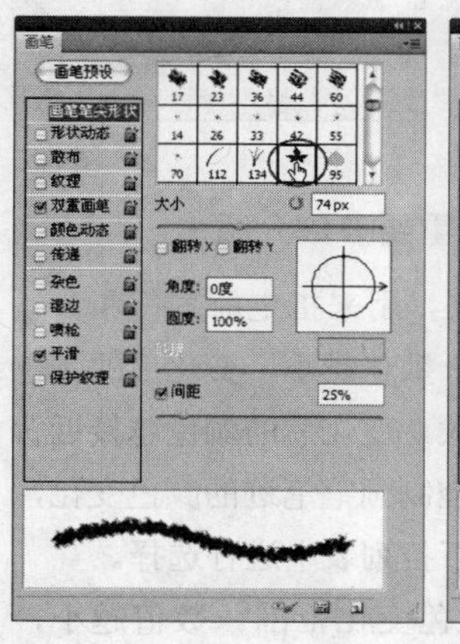

图4-21

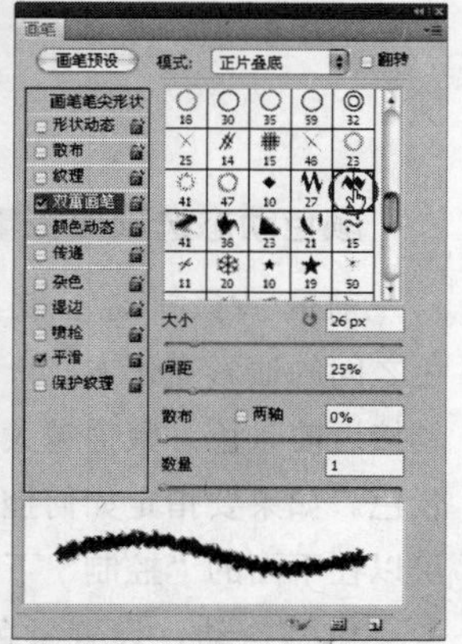

图4-22

双重画笔选项面板重要参数介绍

模式：选择从主画笔和双重画笔组合画笔笔迹时要使用的混合模式。

翻转：基于图案中的色调来反转纹理中的亮点和暗点。

大小：控制双重画笔的大小。

间距：控制描边中双笔尖画笔笔迹之间的距离。数值越大，间距越大。

散布/两轴：指定描边中双重画笔笔迹的分布方式。当勾选“两轴”选项时，双重画笔笔迹会径向分布；当关闭“两轴”选项时，双重画笔笔迹将垂直于描边路径分布。

数量：指定在每个间距间隔应用的双重画笔笔迹的数量。

4.4.6 颜色动态

如果要让绘制出的线条的颜色、饱和度和明度等产生变化，可以勾选“颜色动态”选项，通过设置选项来改变描边路线中油彩颜色的变化方式，如图4-23所示。

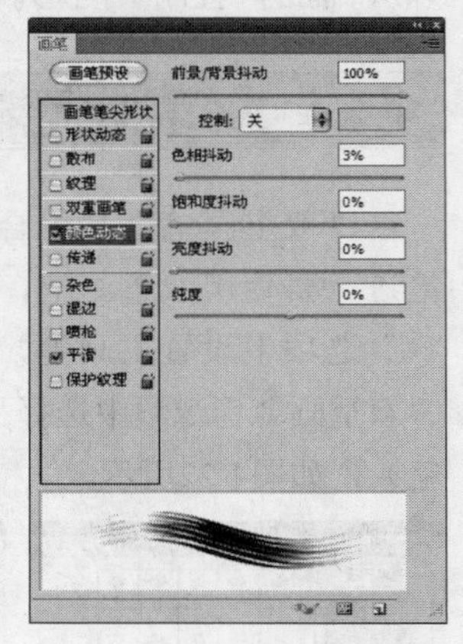

图4-23

颜色动态选项面板重要参数介绍

前景/背景抖动/控制：用来指定前景色和背景色之间的油彩变化方式。数值越小，变化后的颜色越接近前景色；数值越大，变化后的颜色越接近背景色。如果要指定如何控制画笔笔迹的颜色变化，可以在下面的“控制”下拉列表中进行选择。

色相抖动：设置颜色变化范围。数值越小，颜色越接近前景色；数值越高，色相变化越丰富

饱和度抖动：设置颜色的饱和度变化范围。数值越小，饱和度越接近前景色；数值越高，色彩的饱和度变化越明显。

亮度抖动：设置颜色的亮度变化范围。数值越小，亮度越接近前景色；数值越高，颜色的亮度值越大。

纯度：用来设置颜色的纯度。数值越小，笔迹的颜色越接近于黑白色；数值越高，颜色饱和度越高。

4.4.7 传递

“传递”用来确定油彩在描边路线中的改变方式，如图4-24所示。

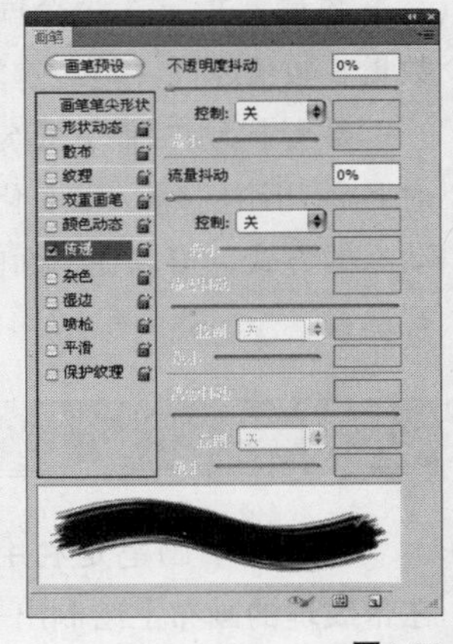

图4-24

传递选项面板重要参数介绍

不透明度抖动/控制：指定画笔描边中油彩不透明度的变化方式，最高值是选项栏中指定的不透明度值。如果要指定如何控制画笔笔迹的不透明度变化，可以从下面的“控制”下拉列表中进行选择。

流量抖动/控制：用来设置画笔笔迹中油彩流量的变化程度。如果要指定如何控制画笔笔迹的流量变化，可以在下面的“控制”下拉列表中进行选择。

湿度抖动/控制：用来控制画笔笔迹中油彩湿度的变化程度。如果要指定如何控制画笔笔迹的湿度变化，可以在下面的“控制”下拉列表中进行选择。

混合抖动/控制：用来控制画笔笔迹中油彩混合的变化程度。如果要指定如何控制画笔笔迹的混合变化，可以在下面的“控制”下拉列表中进行选择。

4.4.8 其他选项

“画笔”面板中还有“杂色”、“湿边”、“喷枪”、“平滑”和“保护纹理”5个选项，如图4-25所示。这些选项无须调整参数，如果要启用其中某个选项，将其勾选即可。

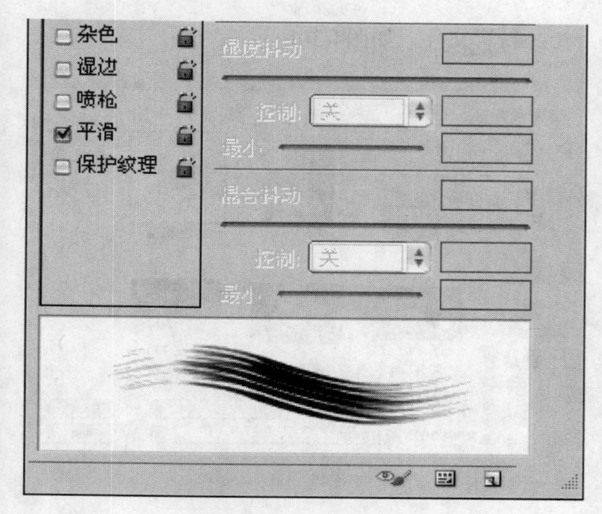

图4-25

画笔面板其他选项介绍

杂色：为个别画笔笔尖增加额外的随机性。

湿边：沿画笔描边的边缘增大油彩量，从而创建出水彩效果。

喷枪：将渐变色调应用于图像，同时模拟传统的喷枪技术。“画笔”面板中的“喷枪”选项与选项栏中的“喷枪”选项相对应。

平滑：有助于在画笔描边中生成更加平滑的曲线。当使用压感笔进行快速绘画时，该选项最有效。

保护纹理：将相同图案和缩放比例应用于具有纹理的所有画笔预设。勾选该选项后，在使用多个纹理画笔绘画时，可以模拟出一致的画布纹理。

4.5 绘画工具

使用Photoshop不仅能够绘制出传统意义上的插画，还能够美化数码相片，同时还能够将数码相片制作成各种特效，如图4-26所示。

图4-26

绘制工具有很多种，包括“画笔工具”、“铅笔工具”、“颜色替换工具”和“混合器画笔工具”。

本节重要工具介绍

名称	作用	重要程度
画笔工具	用于使用前景色绘制出各种线条，同时也可以利用它来修改通道和蒙版	高
铅笔工具	用于绘制出硬边线条	中
颜色替换工具	用于将选定的颜色替换为其他颜色	中
混合器画笔工具	用于模拟真实的绘画效果，并且可以混合画布颜色和使用不同的绘画湿度	中

4.5.1 画笔工具

“画笔工具”与毛笔比较相似，可以使用前景色绘制出各种线条，同时也可以利用它来修改通道和蒙版，是使用频率最高的工具之一，如图4-27所示是“画笔工具”的选项栏。

模式: 正常 不透明度: 100% 流量: 100%

图4-27

画笔工具重要参数介绍

“画笔预设”选取器：单击倒三角形图标，可以打开“画笔预设”选取器，在这里面可以选择笔尖，设置画笔的大小和硬度。

模式：设置绘画颜色与下面现有像素的混合方式。可用模式将根据当前选定工具的不同而变化。

不透明度：设置画笔绘制出来的颜色的不透明度。数值越大，笔迹的不透明度越高；数值越小，笔迹的不透明度越低。

流量：设置当将光标移到某个区域上方时应用颜色的速率。在某个区域上方进行绘画时，如果一直按住鼠标左键，颜色量将根据流动速率增大，直至达到“不透明度”设置。例如，如果将“不透明度”和“流量”都设置为10%，则每次移到某个区域上方时，其颜色会以10%的比例接近画笔颜色。除非释放鼠标左键并再次在该区域上方绘画，否则总量将不会超过10%的“不透明度”。

“启用喷枪模式”：激活该按钮以后，可以启用喷枪功能，Photoshop会根据鼠标左键的单击程度来确定画笔笔迹的填充数量。

“绘图板压力控制大小”按钮：使用压感笔压力可以覆盖“画笔”面板中的“不透明度”和“大小”设置。

技巧与提示

如果使用绘图板绘画，则可以在“画笔”面板和选项栏中通过设置钢笔压力、角度、旋转或光笔轮来控制应用颜色的方式。

课堂案例

利用画笔工具制作裂痕皮肤名片

案例位置　DVD>案例文件>CH04>课堂案例——利用画笔工具制作裂痕皮肤名片.psd

视频位置　DVD>多媒体教学>CH04>课堂案例——利用画笔工具制作裂痕皮肤名片.flv

难易指数　★★☆☆☆

学习目标　学习“画笔工具”的使用方法

利用画笔工具制作裂痕皮肤的最终效果如图4-28所示。

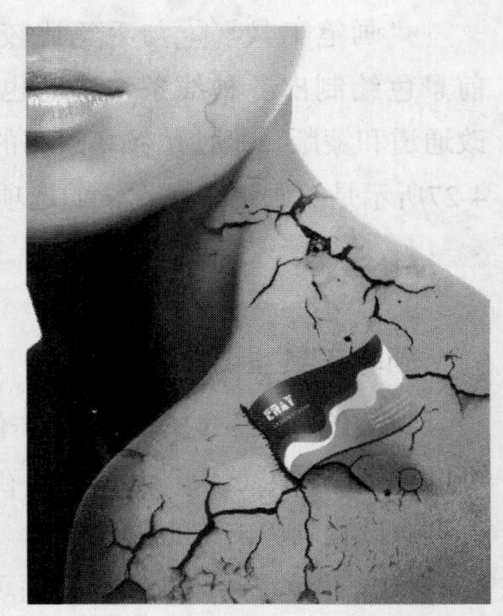

图4-28

01 打开本书配套光盘中的“素材文件>CH04>素材01.jpg”文件，如图4-29所示。

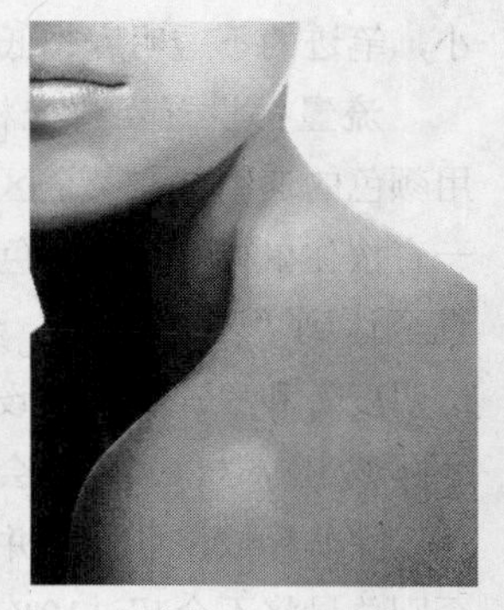

图4-29

02 在“工具箱”中单击“画笔工具”按钮，然后在画布中单击鼠标右键，并在弹出的“画笔预设”选取器中单击三角形图标，接着在弹出的菜单中选择“载入画笔”命令，最后在弹出的“载入”对话框中选择本书配套光盘中的“素材文件>CH04>素材02.abr”文件，如图4-30所示。

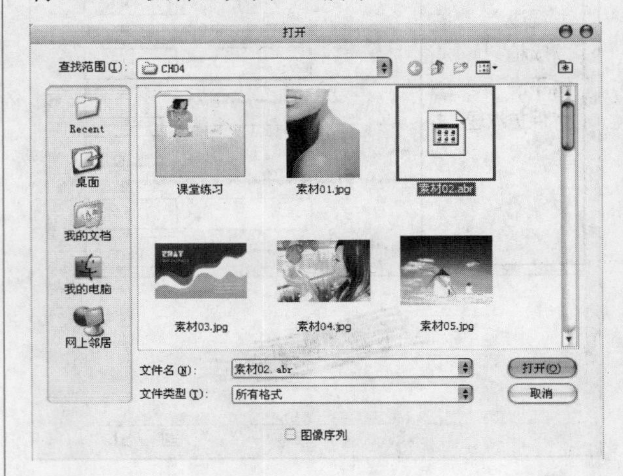

图4-30

03 新建一个名称为“裂痕”的图层，然后选择上一步载入的裂痕画笔，如图4-31所示，接着设置前景色（R:57，G:12，B:0），最后在肩膀位置绘制出裂痕效果（单击一次即可），如图4-32所示。

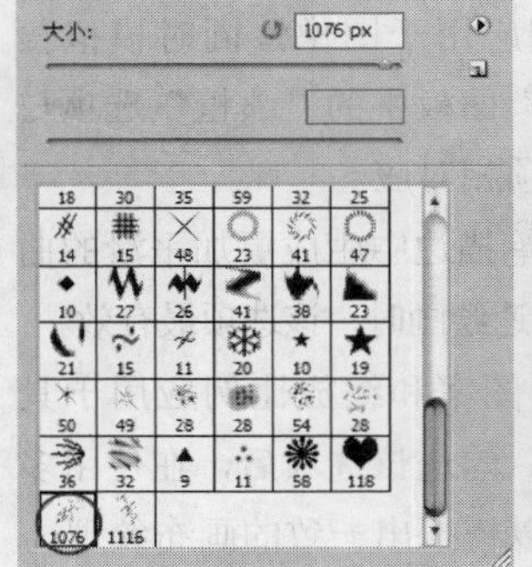

图4-31　图4-32

04 设置前景色（R:29， G:10， B:5），然后在颈部绘制裂痕，如图4-33所示。

05 在“工具箱”中单击“橡皮擦工具”按钮，擦除超出人物区域的裂痕，如图4-34所示。

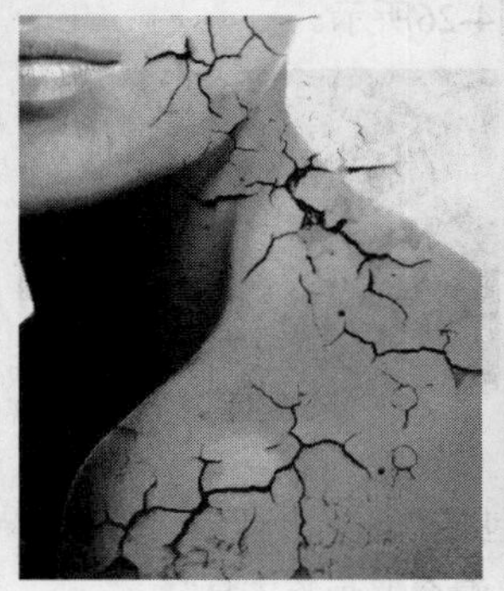

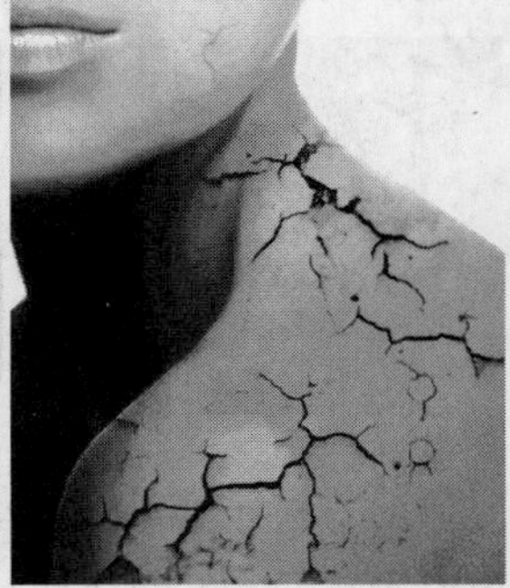

图4-33　图4-34

(06) 打开本书配套光盘中的“素材文件>CH04>素材03.jpg”文件，然后将其拖曳到“素材01.jpg”操作界面中，并将新生成的图层更名为“名片”，如图4-35所示。

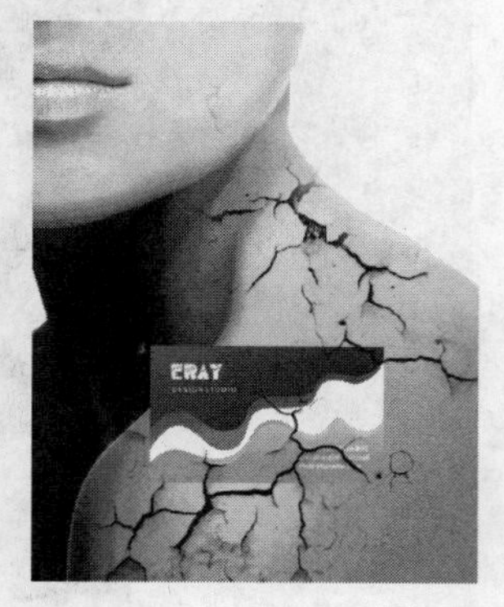

图4-35

(07) 执行“图层>图层样式>投影”菜单命令，然后在弹出的“图层样式”对话框中设置“角度”为107°，如图4-36所示，投影效果如图4-37所示。

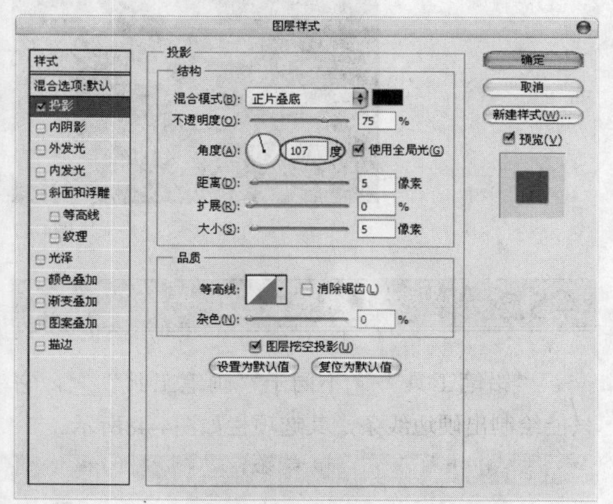

图4-36

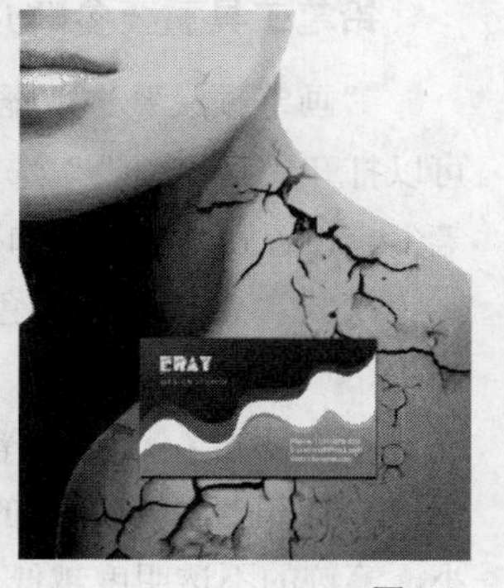

图4-37

(08) 执行“编辑>变换>变形”菜单命令，然后将名片调整成如图4-38所示的形状。

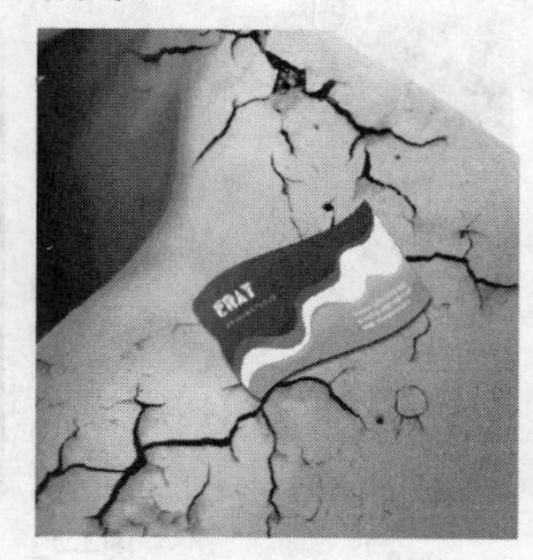

图4-38

(09) 在“名片”图层的下方新建一个名称为“投影”的图层，然后在“画笔工具”的选项栏中选择一种柔边画笔，设置“大小”为53px、“硬度”为16%，如图4-39所示；绘制出名片的投影，完成后的效果如图4-40所示。

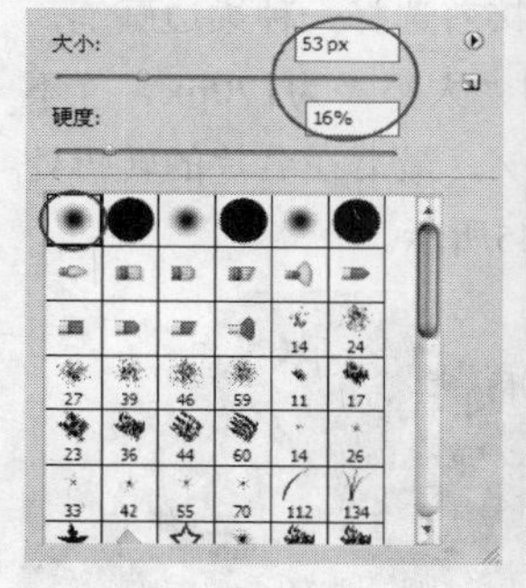

图4-39

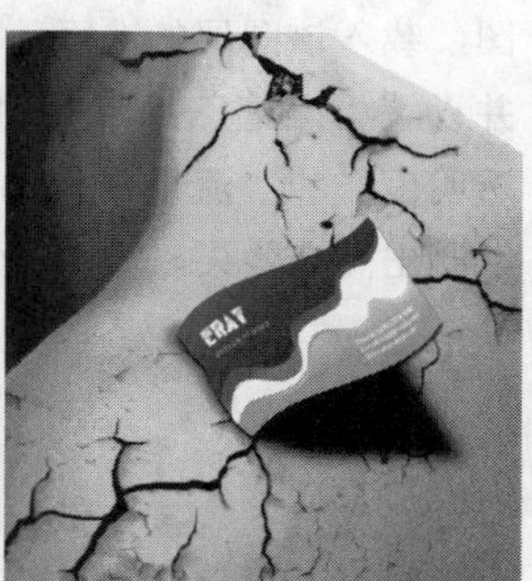

图4-40

(10) 使用“橡皮擦工具”擦除多余的投影部分，如图4-41所示。

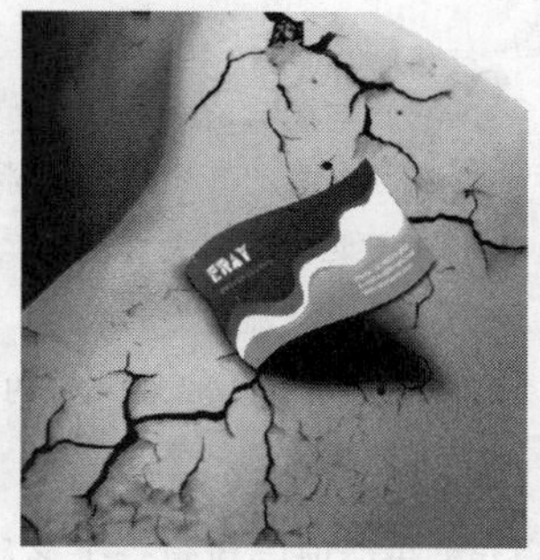

图4-41

(11) 在“图层”面板中设置“投影”图层的混合模式为“柔光”，效果如图4-42所示。

(12) 在“投影”图层的下方新建一个名称为“伤口”的图层，然后设置前景色（R:62，G:4，

B:4），接着选择一种硬边画笔，最后根据名片的边缘绘制一条蜿蜒的伤口，如图4-43所示。

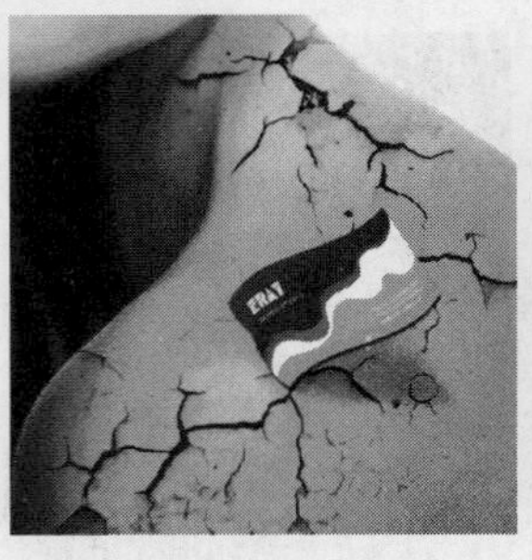

图4-42

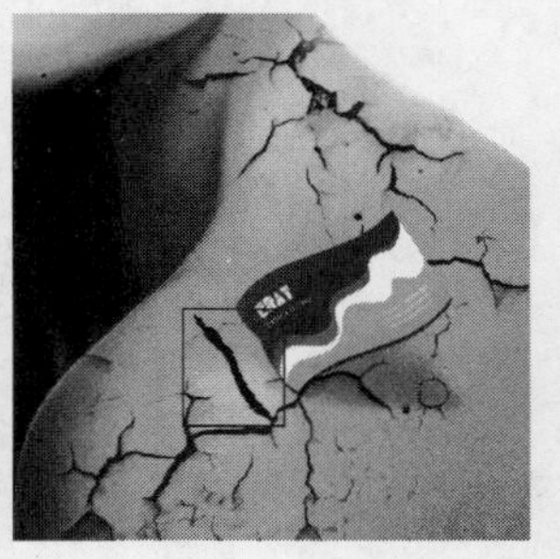

图4-43

13 将裂痕放置在“名片”的下方，然后在“图层”面板中设置“伤口”图层的混合模式为“颜色加深”、“不透明度”为81%，如图4-44所示。

14 在最顶层新建一个名称为“光泽”的图层，然后按住Ctrl键的同时单击“名片”图层的缩略图，载入该图层的选区，接着选择一种柔边画笔，并设置“画笔工具”的“大小”为170px、“不透明度”和“流量”为50%，最后在名片的转折处绘制出高光效果，如图4-45所示。

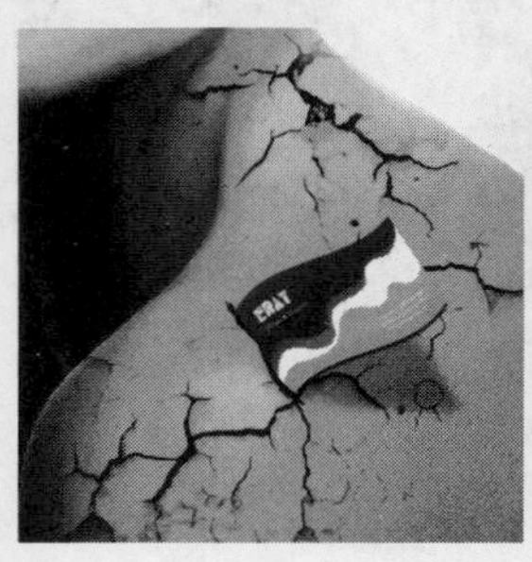

图4-44

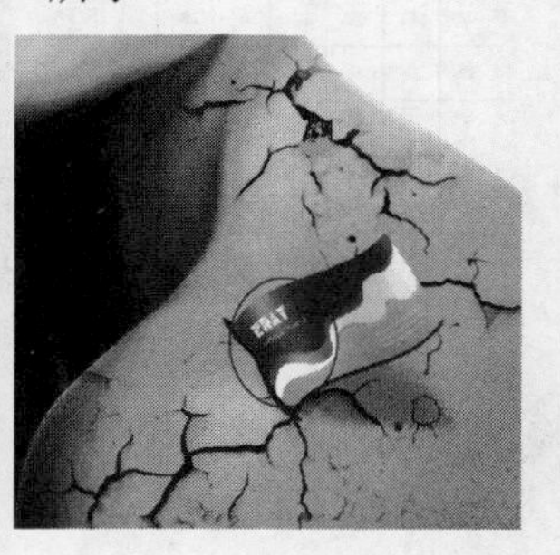

图4-45

技巧与提示

由于名片的高光相当微弱并且过渡非常柔和，所以在绘制时要尽量使用大直径的柔边画笔，并且需要降低“不透明度”和“流量”的数值。如果使用小直径、硬度较高的画笔绘制高光，绘制出来的光泽效果会非常生硬，并且高光很不均匀。

15 在最顶层新建一个名称为“线”的图层，然后设置“画笔工具”的“大小”为3px、“硬度”为100%，接着在名片和皮肤之间绘制一个连接线，如图4-46所示，最终效果如图4-47所示。

图4-46

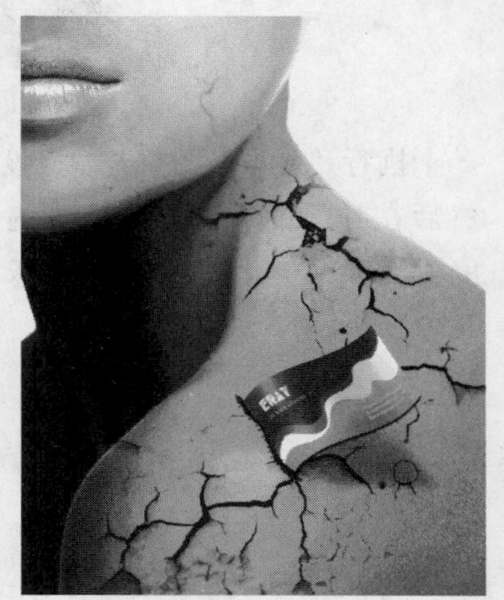

图4-47

4.5.2 铅笔工具

“铅笔工具”不同于“画笔工具”，它只能绘制出硬边线条，其选项栏如图4-48所示。

图4-48

铅笔工具重要参数介绍

“画笔预设”选取器：单击倒三角形图标，可以打开“画笔预设”选取器，在这里面可以选择笔尖，设置画笔的大小和硬度。

模式：设置绘画颜色与下面现有像素的混合方式。

不透明度：设置铅笔绘制出来的颜色的不透明度。数值越大，笔迹的不透明度越高；数值越小，笔迹的不透明度越低。

自动抹除：勾选该选项后，如果将光标中心放置在包含前景色的区域上，可以将该区域涂抹成背景色；如果将光标中心放置在不包含前景色的区域上，则可以将该区域涂抹成前景色。

技巧与提示

注意，“自动抹除”选项只适用于原始图像，也就是只能在原始图像上才能绘制出设置的前景色和背景色。如果是在新建的图层中进行涂抹，则“自动抹除”选项不起作用。

课堂案例

利用铅笔工具绘制像素图像

案例位置　DVD>案例文件>CH04>课堂案例——利用铅笔工具绘制像素图像.psd

视频位置　DVD>多媒体教学>CH04>课堂案例——利用铅笔工具绘制像素图像.flv

难易指数　★★☆☆☆

学习目标　学习“铅笔工具”的使用方法

利用铅笔工具绘制像素图像的最终效果如图4-49所示。

图4-49

01 按Ctrl+N组合键新建一个120像素×100像素、“背景内容”为白色的文件，如图4-50所示。

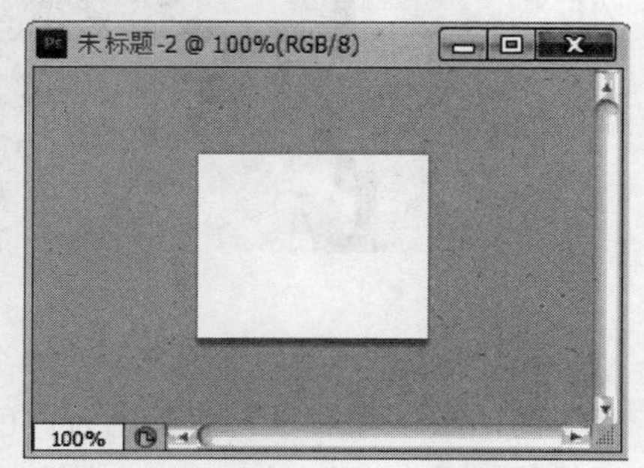

图4-50

技巧与提示

由于像素画所需要的画布相当小，所以可以使用“放大工具”将画布放大数倍，或者直接更改画布左下角的缩放数值。

放大画布的快捷键是Ctrl++组合键；缩小画布的快捷键是Ctrl+-组合键。另外，按住Alt键的同时滚动鼠标中键也可以缩放画布。

02 设置前景色（R:255，G:204，B:204），按Alt+Delete组合键用前景色填充“背景”图层，效果如图4-51所示。

03 按D键恢复默认的前景色和背景色，然后在“工具箱”中单击“铅笔工具”按钮，接着在画笔上单击鼠标右键，并在弹出的“画笔预设”选取器中选择“柔边圆”画笔，最后设置“大小”为1px，如图4-52所示。

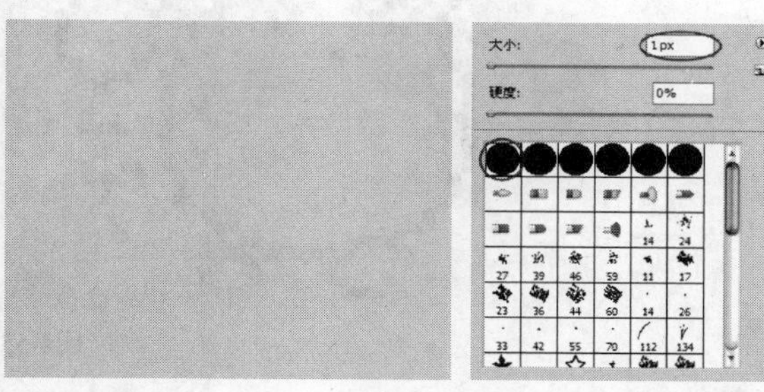

图4-51　图4-52

04 新建一个名称为“轮廓”的图层，使用设置好的“铅笔工具”绘制出卡通形象的轮廓线，如图4-53所示。

图4-53

05 在“轮廓”图层的下方新建一个名称为“暗部”的图层，然后设置前景色（R:102，G:153，B:255），接着使用“铅笔工具”绘制出图像暗部，如图4-54所示。

图4-54

06 在“暗部”图层的下方新建一个名称为“中间调”的图层，然后设置前景色（R:153，G:204，B:255），接着使用“铅笔工具”绘制出图像的中间调部分，如图4-55所示。

图4-55

07 在“中间调”图层的下方新建一个名称为“亮部”的图层，然后设置前景色（R:153，G:204，B:255），接着使用“铅笔工具”绘制出图像的亮部部分，如图4-56所示。

图4-56

08 在“亮部”图层的下方新建一个名称为“耳朵1”的图层，然后设置前景色（R:204，G:102，B:102），接着使用“铅笔工具”绘制出耳朵的前面部分，如图4-57所示。

图4-57

09 在“耳朵1”图层的下方新建一个名称为“耳朵2”的图层，然后设置前景色（R:255，G:153，B:153），接着使用“铅笔工具”绘制出耳朵的中间部分，如图4-58所示。

图4-58

10 在“耳朵2”图层的下方新建一个名称为“耳朵3”的图层，然后设置前景色（R:255，G:204，B:204），接着使用“铅笔工具”绘制出耳朵的亮部部分，如图4-59所示。

图4-59

11 在“耳朵3”图层的下方新建一个名称为“高光”的图层，然后设置前景色为白色，接着使用“铅笔工具”绘制出肚子上的高光部分，如图4-60所示。

图4-60

⑫ 在“高光”图层的下方新建一个名称为“阴影”的图层，然后设置前景色（R:51，G:102，B:153），接着使用“铅笔工具”绘制出阴影部分，如图4-61所示。

图4-61

⑬ 在“阴影”图层的下方新建一个名称为“肚子1”的图层，然后设置前景色（R:255，G:255，B:204），接着使用“铅笔工具”绘制出肚子的亮部部分，如图4-62所示。

图4-62

⑭ 在“肚子1”图层的下方新建一个名称为“肚子2”的图层，然后设置前景色（R:255，G:204，B:153），接着使用“铅笔工具”绘制出肚子的暗部部分，如图4-63所示。

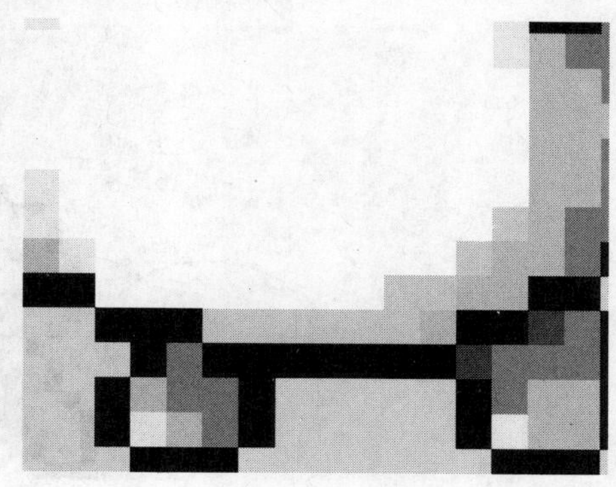

图4-63

⑮ 在最顶层新建一个名称为“心1”的图层，然后设置前景色（R:255，G:153，B:153），接着使用“铅笔工具”绘制一个心形边缘，如图4-64所示。

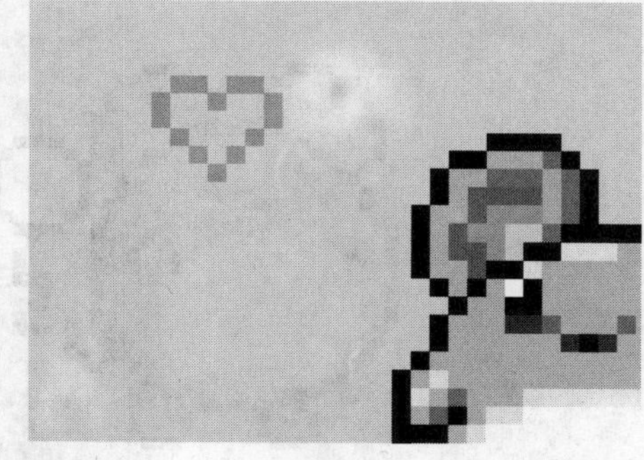

图4-64

⑯ 在“心1”图层的下方新建一个名称为“心2”的图层，然后设置前景色为白色，接着使用“铅笔工具”绘制出心形的内部，如图4-65所示。

图4-65

(17) 同时选择“心1”和“心2”图层，将其拖曳到“图层”面板下方的“创建新图层”按钮上，将这两个副本图层放置在如图4-66所示的位置。

图4-66

(18) 在“工具箱”中单击“横排文字工具”按钮，在图像的底部输入HEY！BABY，最终效果如图4-67所示。

图4-67

4.5.3 颜色替换工具

“颜色替换工具”可以将选定的颜色替换为其他颜色，其选项栏如图4-68所示。

模式: 颜色　限制: 连续　容差: 30%　消除锯齿

图4-68

颜色替换工具重要参数介绍

模式： 选择替换颜色的模式，包括“色相”、“饱和度”、“颜色”和“明度”。当选择“颜色”模式时，可以同时替换色相、饱和度和明度。

取样： 用来设置颜色的取样方式。激活“取样:连续”按钮以后，在拖曳光标时，可以对颜色进行取样；激活“取样:一次”按钮以后，只替换包含第1次单击的颜色区域中的目标颜色；激活“取样:背景色板”按钮以后，只替换包含当前背景色的区域。

限制： 当选择“不连续”选项时，可以替换出现在光标下任何位置的样本颜色；当选择“连续”选项时，只替换与光标下的颜色接近的颜色；当选择“查找边缘”选项时，可以替换包含样本颜色的连接区域，同时保留形状边缘的锐化程度。

容差： 用来设置“颜色替换工具”的容差。

消除锯齿： 勾选该项以后，可以消除颜色替换区域的锯齿效果，从而使图像变得平滑。

课堂案例

利用颜色替换工具制作艺术照

案例位置	DVD>案例文件>CH04>课堂案例——利用颜色替换工具制作艺术照.psd
视频位置	DVD>多媒体教学>CH04>课堂案例——利用颜色替换工具制作艺术照.flv
难易指数	★★☆☆☆
学习目标	学习“颜色替换工具”的使用方法

利用颜色替换工具制作艺术照的最终效果如图4-69所示。

图4-69

(01) 打开本书配套光盘中的“素材文件>CH04>素材04.jpg”文件，如图4-70所示。

图4-70

02 按Ctrl+J组合键复制一个“背景副本”图层，然后在“颜色替换工具”的选项栏中设置画笔的“大小”为400px、“硬度”为62%、“容差”为66%，如图4-71所示。

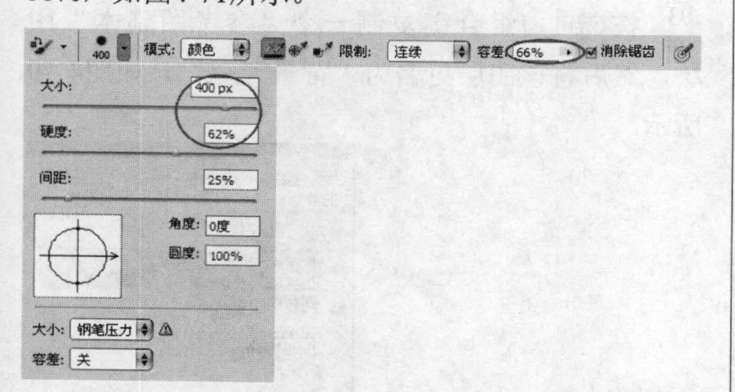

图4-71

03 在“颜色替换工具”的选项栏中单击“取样:连续”按钮，然后设置前景色（R:237，G:115，B:12），接着在图像中的绿色部分涂抹，将绿色替换为橘黄色，如图4-72所示。

图4-72

04 设置前景色（R:235，G:117，B:175），然后设置背景色（R:242，G:231，B:219），接着在选项栏中单击“取样:背景色板”按钮，最后在白色背景以及人物的手部、面部和肩部进行涂抹，将这些颜色替换为洋红色，如图4-73所示。

图4-73

技巧与提示

使用“取样:背景色板”模式，只替换容差范围以内的背景颜色，而其他颜色不会被替换掉。

05 在“图层”面板中设置“背景副本”图层的混合模式为“叠加”，最终效果如图4-74所示。

图4-74

4.5.4 混合器画笔工具

“混合器画笔工具”可以模拟真实的绘画效果，并且可以混合画布的颜色和使用不同的绘画湿度，其选项栏如图4-75所示。

图4-75

混合器画笔工具重要参数介绍

潮湿：控制画笔从画布拾取的油彩量。较高的参数设置会产生较长的绘画条痕。

载入：指定储槽中载入的油彩量。载入速率较低时，绘画描边干燥的速度会更快。

混合：控制画布油彩量同与储槽油彩量的比例。当混合比例为100%时，所有油彩将从画布中拾取；当混合比例为0%时，所有油彩都来自储槽。

流量：控制混合画笔的流量大小。

对所有图层取样：拾取所有可见图层中的画布颜色。

课堂案例

利用混合器画笔工具制作油画

案例位置	DVD>案例文件>CH04>课堂案例——利用混合器画笔工具制作油画.psd
视频位置	DVD>多媒体教学>CH04>课堂案例——利用混合器画笔工具制作油画.flv
难易指数	★★☆☆☆
学习目标	学习“混合器画笔工具”的使用方法

利用混合器画笔工具制作油画的最终效果如图4-76所示。

图4-76

01 按Ctrl+N组合键新建一个1200像素×930像素、"分辨率"为300像素/英寸、"背景内容"为"透明"的文档，打开本书配套光盘中的"素材文件>CH04>素材05.jpg"，将其拖曳到当前文档中，并将新生成的图层更名为"参考图"，如图4-77所示。

图4-77

02 按Ctrl+T组合键进入自由变换状态，然后按住Shift键的同时将参考图放大到与画布相同的大小，如图4-78所示。

图4-78

技巧与提示

在自由变换缩放图像时，按住Shift键可以等比例放大或缩小图像。

03 按Ctrl+J组合键复制一个"参考图副本"图层，然后将该图层更名为"背景天空"，如图4-79所示。

图4-79

04 在"工具箱"中单击"混合器画笔工具"按钮，然后在选项栏中选择一种毛刷画笔，并设置"大小"为146px，接着选择"潮湿，深混合"模式，如图4-80所示。

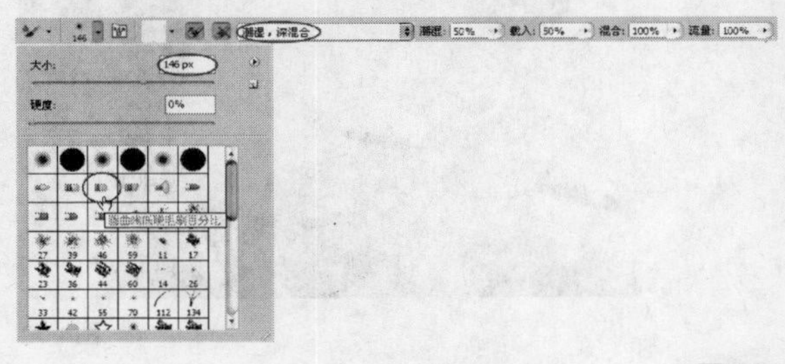

图4-80

05 设置前景色（R:85，G:170，B:215），然后使用"混合器画笔工具"绘制出天空的大体轮廓和走向，如图4-81所示。

图4-81

06 在选项栏中更改画笔的类型和大小，如图4-82所示，然后细致绘制天空的走向，如图4-83所示。

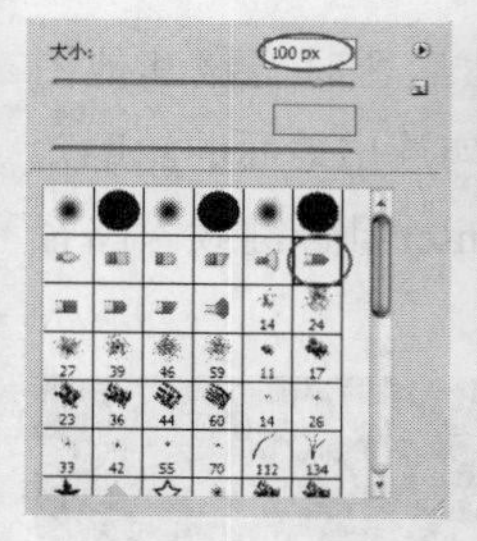

图4-82

图4-83

07 设置画笔的“大小”为50px，然后细致涂抹颜色的过渡部分，使颜色的过渡更加柔和，效果如图4-84所示。

图4-84

08 暂时隐藏“背景天空”图层，然后选择“参考图”图层，接着使用“钢笔工具”勾选出风车的外轮廓，再单击鼠标右键，并在弹出的菜单中选择“建立选区”命令，如图4-85所示，选区效果如图4-86所示。

图4-85

图4-86

09 按Ctrl+J组合键将选区内的图像复制到一个新的图层中，然后将该图层命名为“风车”图层，接着隐藏“参考图”图层，如图4-87所示。

图4-87

10 在“混合器画笔工具”的选项栏中选择一种毛刷画笔，并设置“大小”为33px，如图4-88所示，接着设置前景色为白色，最后绘制出风车的白色大体轮廓，如图4-89所示。

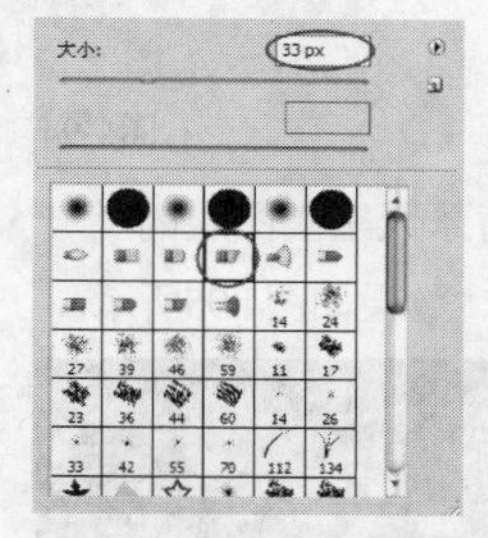

图4-88

图4-89

11 在选项栏中更改画笔的类型和大小，如图4-90所示，然后细致涂抹过渡区域，如图4-91所示。

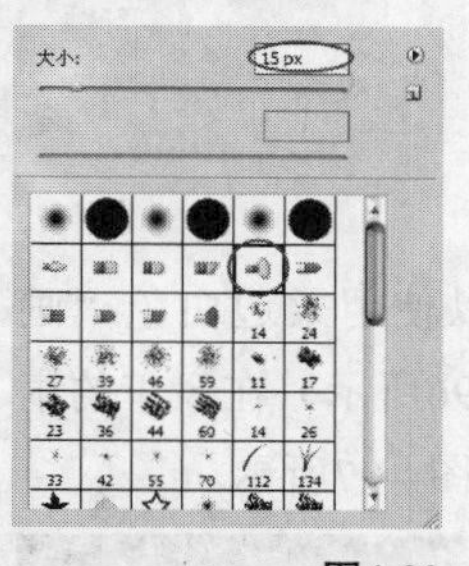

图4-90

图4-91

12 设置前景色为黑色，然后绘制出风车的扇叶部分，如图4-92所示。

图4-92

13 在选项栏中更改画笔的类型，如图4-93所示，然后细致涂抹过渡区域，效果如图4-94所示。

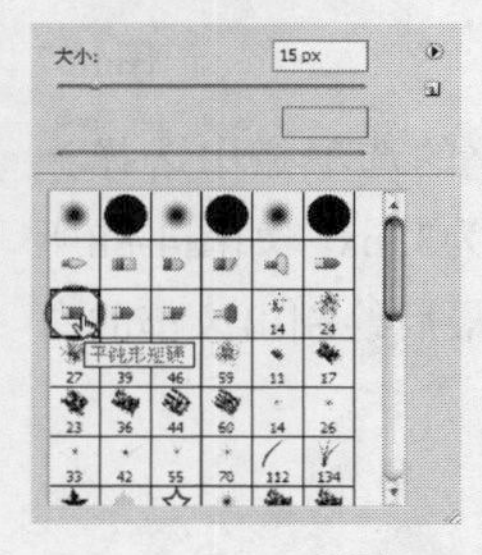

图4-93

图4-94

14 将“风车”图层放置在“背景天空”图层的上一层，然后显示“背景天空”图层，效果如图4-95所示。

图4-95

15 为了增强艺术效果，可以使用柔边白色“画笔工具”（参考设置如图4-96所示）在风车的扇叶部分绘制一些白色线条，如图4-97所示。

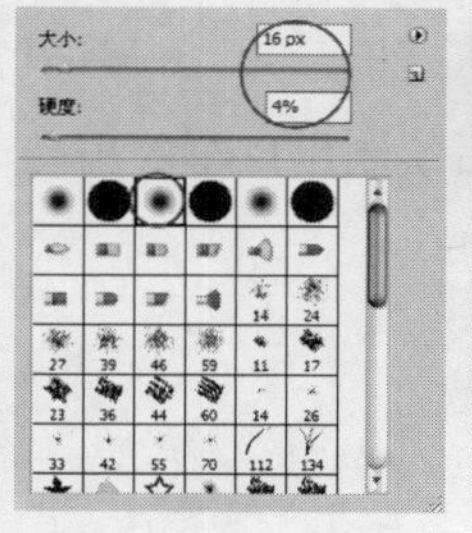

图4-96

图4-97

16 显示“参考图”图层，然后暂时隐藏其他图层，接着使用“钢笔工具”勾选出地面的轮廓，如图4-98所示，最后按Ctrl+Enter组合键载入路径的选区，如图4-99所示。

图4-98

图4-99

17 按Ctrl+J组合键将选区内的图像复制到一个新的图层中，然后将该图层命名为“前景地面”，接着将其放置到最上层，并暂时隐藏其他图层，如图4-100所示。

图4-100

18 设置前景色（R:203，G:194，B:168），然后在“混合器画笔工具”的选项栏中选择一种毛刷画笔，并设置“大小”为80px，如图4-101所示，最后绘制出地面的大体轮廓，如图4-102所示。

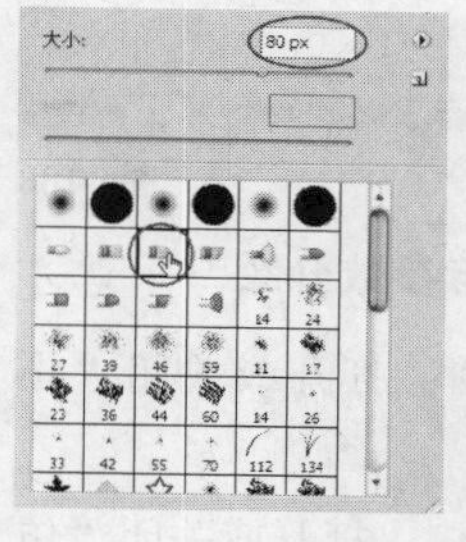
图4-101

图4-102

19 设置前景色（R:118，G:113，B:80），然后在选项栏中更改画笔的类型和大小，如图4-103所示，接着仔细绘制出地面的颜色，效果如图4-104所示。

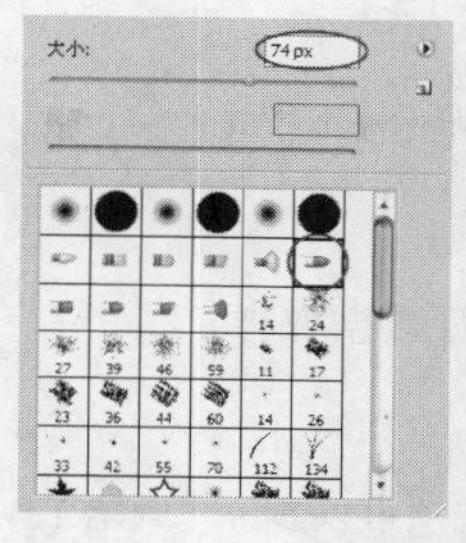
图4-103

图4-104

20 显示出“前景地面”、“风车”和“背景天空”3个图层，如图4-105所示，最终效果如图4-106所示。

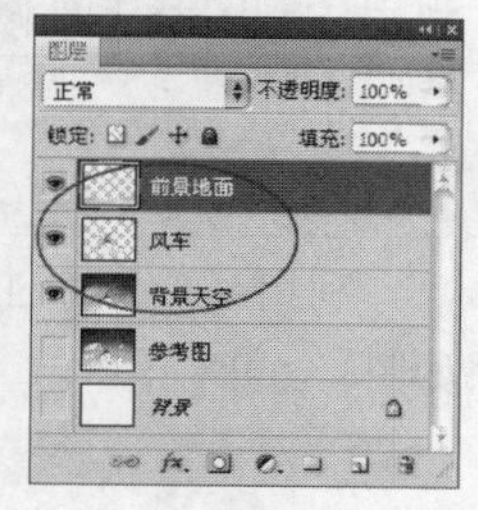
图4-105

图4-106

4.6 图像修复与修补工具

通常情况下，拍摄的数码相片会出现各种缺陷，使用Photoshop的图像修复工具可以轻松地将带有缺陷的照片修复成亮丽的照片。修复工具组包括“污点修复画笔工具”、“修复画笔工具”、“修补工具”和“红眼工具”。

本节重要工具介绍

名称	作用	重要程度
仿制图章工具	用于将图像的一部分绘制到另一个位置上	高
图案图章工具	用于使用预设图案或载入的图案进行绘画	高
污点修复画笔工具	用于消除图像中的污点和某个对象	高
修复画笔工具	用于校正图像的瑕疵	高
修补工具	用于利用样本或图案来修复所选图像区域中不理想的部分	高
红眼工具	用于去除由闪光灯导致的红色反光	高
历史记录画笔工具	用于将标记的历史记录状态或快照用作源数据对图像进行修改	中
历史记录艺术画笔工具	用于将标记的历史记录状态或快照用作源数据对图像进行修改，还可以为图像创建不同的颜色和艺术风格	中

4.6.1 仿制源面板

使用图章工具或图像修复工具时，都可以通过“仿制源”面板来设置不同的样本源（最多可以设置5个样本源），并且可以查看样本源的叠加，以便在特定位置进行仿制。另外，通过“仿制源”面板还可以缩放或旋转样本源，以便更好地匹配仿制目标的大小和方向。执行“窗口>仿制源”菜单命令，即可打开“仿制源”面板，如图4-107所示。

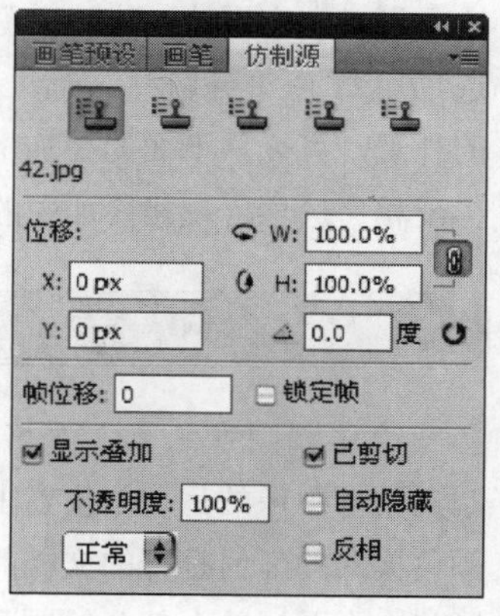

图4-107

仿制源面板重要按钮与参数介绍

仿制源：激活“仿制源”按钮以后，按住Alt键的同时使用图章工具或图像修复工具在图像中上单击（注意，“污点修复画笔工具”不需要按住Alt键，就可以进行自动取样），可以设置取样点。单击下一个“仿制源”按钮，还可以继续取样。

位移：指定x轴和y轴的像素位移，可以在相对于取样点的精确位置进行仿制。

W/H：输入W（宽度）或H（高度）值，可以缩放所仿制的源。

旋转：在文本输入框中输入旋转角度，可以旋转仿制的源。

翻转：单击“水平翻转”按钮，可以水平翻转仿制源；单击“垂直翻转”按钮，可垂直翻转仿制源。

“复位变换”按钮：将W、H、角度值和翻转方向恢复到默认的状态。

帧位移/锁定帧：在“帧位移”中输入帧数，可以使用与初始取样的帧相关的特定帧进行仿制，输入正值时，要使用的帧在初始取样的帧之后；输入负值时，要使用的帧在初始取样的帧之前。如果勾选“锁定帧”，则总是使用初始取样的相同帧进行仿制。

显示叠加：勾选“显示叠加”选项，并设置了叠加方式以后，可以在使用图章工具或修复工具时，更好地查看叠加以及下面的图像。“不透明度”用来设置叠加图像的不透明度；“自动隐藏”选项可以在应用绘画描边时隐藏叠加；“已剪切”选项可将叠加剪切到画笔大小；如果要设置叠加的外观，可以从下面的叠加下拉列表中进行选择；“反相”选项可反相叠加中的颜色。

4.6.2 仿制图章工具

“仿制图章工具”可以将图像的一部分绘制到同一图像的另一个位置上，或绘制到具有相同颜色模式的任何打开的文档的另一部分，当然也可以将一个图层的一部分绘制到另一个图层上。“仿制图章工具”对于复制对象或修复图像中的缺陷非常有用，其选项栏如图4-108所示。

图4-108

仿制图章工具重要按钮与参数介绍

“切换画笔面板”按钮：打开或关闭“画笔”面板。

“切换仿制源面板”按钮：打开或关闭“仿制源”面板。

对齐：勾选该选项以后，可以连续对像素进行取样，即使是释放鼠标以后，也不会丢失当前的取样点。

> **技巧与提示**
> 如果关闭“对齐”选项，则会在每次停止并重新开始绘制时使用初始取样点中的样本像素。

样本：从指定的图层中进行数据取样。

> **技巧与提示**
> “仿制图章工具”中的其他选项可以参考“画笔工具”选项栏中的相关选项。

课堂案例

利用仿制图章工具修补图像缺陷

案例位置	DVD>案例文件>CH04>课堂案例——利用仿制图章工具修补图像缺陷.psd
视频位置	DVD>多媒体教学>CH04>课堂案例——利用仿制图章工具修补图像缺陷.flv
难易指数	★★☆☆☆
学习目标	学习“仿制图章工具”的使用方法

利用仿制图章工具修补图像缺陷的最终效果如图4-109所示。

图4-109

01 打开本书配套光盘中的“素材文件>CH04>素材06.jpg”文件，如图4-110所示。

图4-110

02 在“仿制图章工具”的选项栏中选择一种柔边画笔，并设置设置“大小”为189px，如图4-111所示。

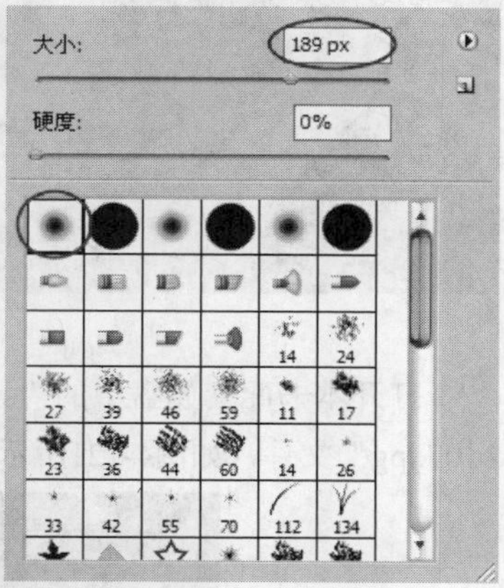

图4-111

03 将光标放置在图4-112所示的位置，然后按住Alt单击进行取样，接着在地平线上单击鼠标左键进行仿制，如图4-113所示。

图4-112

图4-113

04 将光标放置在如图4-114所示的位置，然后按住Alt单击进行取样，接着在房子和山脉处单击鼠标左键进行仿制，如图4-115所示。

图4-114

图4-115

05 继续使用“仿制图章工具”修补效果欠佳的区域，最终效果如图4-116所示。

图4-116

4.6.3 图案图章工具

“图案图章工具”可以使用预设图案或载入的图案进行绘画，其选项栏如图4-117所示。

图4-117

图案图章工具重要参数介绍

对齐：勾选该选项以后，可以保持图案与原始起点的连续性，即使多次单击鼠标也不例外；关闭选择时，则每次单击鼠标都重新应用图案。

印象派效果：勾选该项以后，可以模拟出印象派效果的图案。

4.6.4 污点修复画笔工具

使用“污点修复画笔工具”可以消除图像中的污点和某个对象，如图4-118所示。“污点修复画笔工具”不需要设置取样点，因为它可以自动从所修饰区域的周围进行取样，其选项栏如图4-119所示。

原图像　　使用“污点修复画笔工具”

图4-118

图4-119

污点修复画笔工具重要参数介绍

模式：用来设置修复图像时使用的混合模式。除“正常”、“正片叠底”等常用模式以外，还有一个“替换”模式，该模式可以保留画笔描边的边缘处的杂色、胶片颗粒和纹理。

类型：用来设置修复的方法。选择“近似匹配”选项时，可以使用选区边缘周围的像素来查找要用作选定区域修补的图像区域；选择“创建纹理”选项时，可以使用选区中的所有像素创建一个用于修复该区域的纹理；选择“内容识别”选项时，可以使用选区周围的像素进行修复。

课堂案例

利用污点修复画笔工具去除污点和鱼尾纹

案例位置	DVD>案例文件>CH04>课堂案例——利用污点修复画笔工具去除污点和鱼尾纹.psd
视频位置	DVD>多媒体教学>CH04>课堂案例——利用污点修复画笔工具去除污点和鱼尾纹.flv
难易指数	★★☆☆☆
学习目标	学习“污点修复画笔工具”的使用方法

利用污点修复画笔工具去除污点和鱼尾纹的最终效果如图4-120所示。

图4-120

01 打开本书配套光盘中的“素材文件>CH04>素材07.jpg”文件，如图4-121所示。

图4-121

技巧与提示

放大图像，可以观察到人像的面部有很多雀斑，并且有鱼尾纹，如图4-122所示。

图4-122

02 在“工具箱”中单击“污点修复画笔工具”按钮，然后在图像上单击污点，即可将污点消除，如图4-123所示，接着采用相同的方法消除其他的污点，完成后的效果如图4-124所示。

图4-123

图4-124

03 下面修复鱼尾纹。在选项栏中设置画笔的“大小”为7px，然后设置“类型”为“近似匹配”，如图4-125所示。

图4-125

04 使用设置好的“污点修复画笔工具”在从鱼尾纹的一端向另外一端进行绘制，如图4-126所示，松开鼠标左键即可修复鱼尾纹，如图4-127所示。

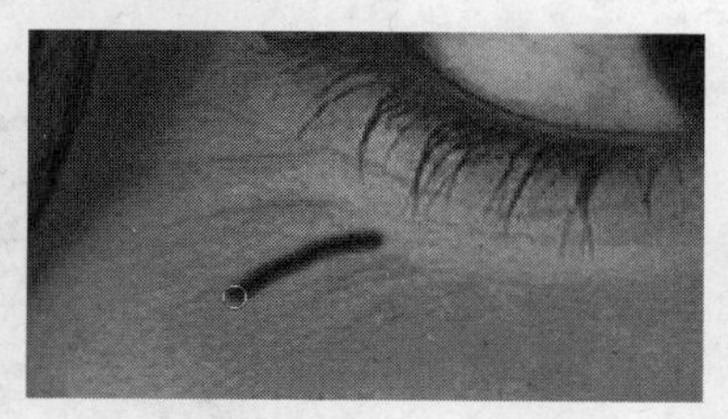

图4-126

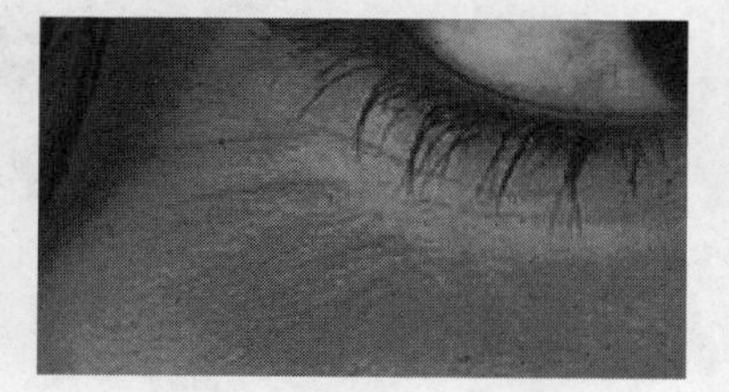

图4-127

05 采用相同的方法修复其他的鱼尾纹，完成后的效果如图4-128所示，最终效果如图4-129所示。

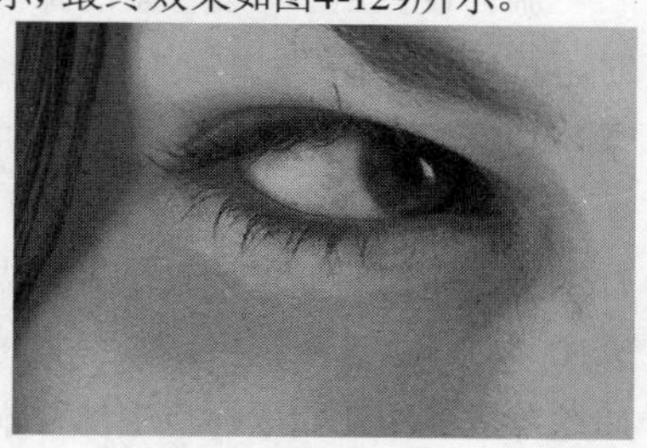

图4-128

图4-129

4.6.5 修复画笔工具

“修复画笔工具”可以校正图像的瑕疵，与“仿制图章工具”一样，“修复画笔工具”也可以用图像中的像素作为样本进行绘制。但是，“修复画笔工具”还可将样本像素的纹理、光照、透明度和阴影与所修复的像素进行匹配，从而使修复后的像素不留痕迹地融入图像的其他部分，如图4-130所示，其选项栏如图4-131所示。

原图像　　使用“修复画笔工具”

图4-130

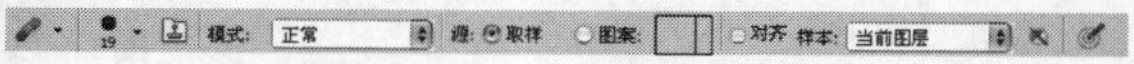

模式: 正常　源: 取样 图案:　对齐 样本: 当前图层

图4-131

修复画笔工具重要选项介绍

源：设置用于修复像素的源。选择“取样”选项时，可以使用当前图像的像素来修复图像；选择“图案”选项时，可以使用某个图案作为取样点。

对齐：勾选该选项以后，可以连续对像素进行取样，即使释放鼠标也不会丢失当前的取样点；关闭“对齐”选项以后，则会在每次停止并重新开始绘制时使用初始取样点中的样本像素。

课堂案例

利用修复画笔工具去除眼袋

案例位置	DVD>案例文件>CH04>课堂案例——利用修复画笔工具去除眼袋.psd
视频位置	DVD>多媒体教学>CH04>课堂案例——利用修复画笔工具去除眼袋.flv
难易指数	★★☆☆☆
学习目标	学习“修复画笔工具”的使用方法

利用修复画笔工具去除眼袋的最终效果如图4-132所示。

图4-132

01 打开本书配套光盘中的“素材文件>Ch04>素材04.jpg”文件，如图4-133所示。

图4-133

技巧与提示

放大图像，可以发现人像存在两个缺憾，分别是雀斑和眼袋，如图4-134所示。

图4-134

02 在“修复画笔工具”的选项栏中设置画笔的“大小”为21px、“硬度”为0%，如图4-135所示。

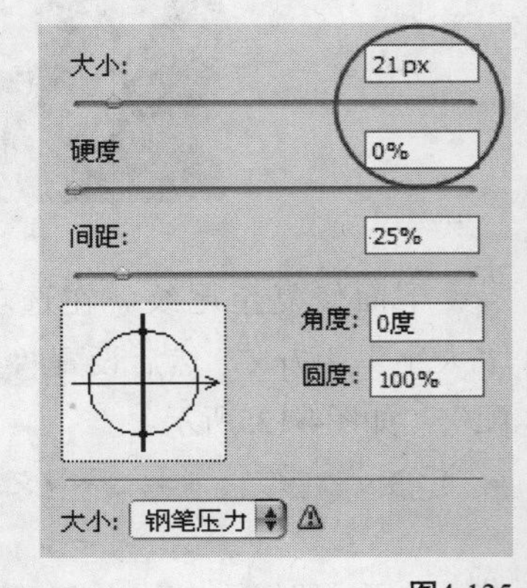

图4-135

03 按住Alt键的同时在图4-136所示的位置单击进行取样，然后在图4-137所示的雀斑上单击鼠标左键，消除雀斑后的效果如图4-138所示。

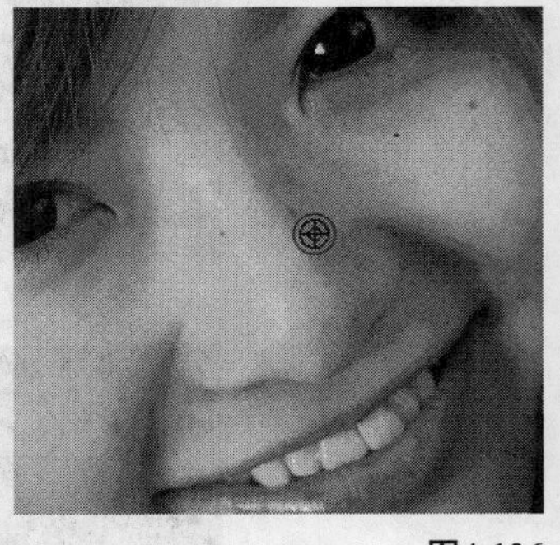

图4-136

图4-137

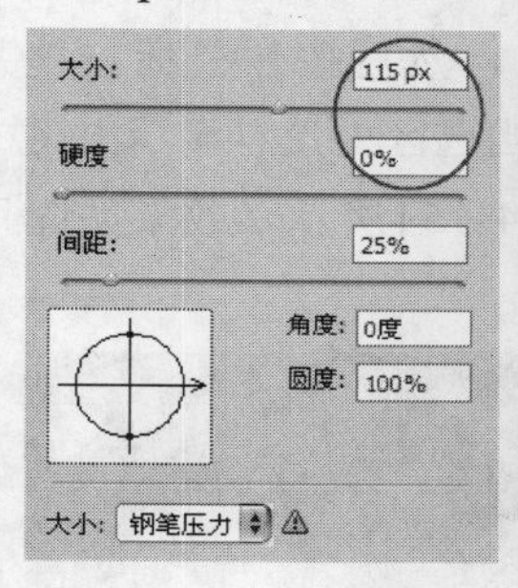

图4-138

04 采用相同的方法使用“修复画笔工具”消除其他雀斑，完成后的效果如图4-139所示。

05 下面去除眼袋。在选项栏中设置画笔的“大小”为115px、“硬度”为0%，如图4-140所示。

图4-139

图4-140

06 按住Alt键的同时在左眼的眼袋下方单击进行取样，如图4-141所示，然后在眼袋处涂抹，如图4-142所示，去除眼袋后的效果如图4-143所示。

图4-141

图4-142

图4-143

07 采用相同的方法去除右眼的眼袋，完成后的效果如图4-144所示，最终效果如图4-145所示。

图4-144

图4-145

4.6.6 修补工具

“修补工具”可以利用样本或图案来修复所选图像区域中不理想的部分，如图4-146所示，其选项栏如图4-147所示。

图4-146

图4-147

修补工具重要按钮与选项介绍

选区创建方式：激活“新选区”按钮，可以创建一个新选区（如果图像中存在选区，则原始选区将被新选区替代）；激活“添加到选区”按钮，可以在当前选区的基础上添加新的选区；激活“从选区减去”按钮，可以在原始选区中减去当前绘制的选区；激活“与选区交叉”按钮，可以得到原始选区与当前创建选区的相交部分。

技巧与提示

添加到选区的快捷键为Shift键；从选区减去的快捷键为Alt键；与选区交叉的快捷键为Alt+Shift 组合键。

修补：创建选区后，选择“源”选项时，将选区拖曳到要修补的区域后，松开鼠标左键就会用当前选区中的图像修补原来选中的内容；选择“目标”选项时，则会将选中的图像复制到目标区域。

透明：勾选该选项以后，可以使修补的图像与原始图像产生透明的叠加效果。

技巧与提示

“透明”选项适用于修补具有清晰分明的纯色背景或渐变背景。

使用图案：使用“修补工具”创建选区以后，单击“使用图案”按钮，可以使用图案修补选区内的图像。

课堂案例

利用修补工具去除飞鸟

案例位置	DVD>案例文件>CH04>课堂案例——利用修补工具去除飞鸟.psd
视频位置	DVD>多媒体教学>CH04>课堂案例——利用修补工具去除飞鸟.flv
难易指数	★★☆☆☆
学习目标	学习“修补工具”的使用方法

利用修补工具去除飞鸟的最终效果如图4-148所示。

图4-148

01 打开本书配套光盘中的“素材文件>Chapter04>素材09.jpg”文件，如图4-149所示。

图4-149

02 使用“修补工具”沿着飞鸟轮廓绘制出选区，如图4-150所示。

图4-150

03 将光标放置在选区内，然后按住鼠标左键将选区向左或向右拖曳，当选区内没有显示出飞鸟时松开鼠标左键，如图4-151所示，效果如图4-152所示。

图4-151

图4-152

技巧与提示

使用“修补工具”修复图像中的像素时，修复较小的区域可以获得更好的效果。

04 按Ctrl+D组合键取消选区，最终效果如图4-153所示。

图4-153

4.6.7 红眼工具

“红眼工具” 可以去除由闪光灯导致的红色反光，如图4-154所示，其选项栏如图4-155所示。

原图像　　使用“红眼工具”

图4-154

瞳孔大小: 50%　变暗量: 50%

图4-155

红眼工具重要参数介绍

瞳孔大小：用来设置瞳孔的大小，即眼睛暗色中心的大小。

变暗量：用来设置瞳孔的暗度。

技巧与提示

“红眼”是由于相机闪光灯在主体视网膜上反光引起的。在光线较暗的环境中照相时，由于主体的虹膜张开得很宽，经常会出现“红眼”现象。为了避免出现红眼，除了可以在Photoshop中进行矫正以外，还可以使用相机的红眼消除功能来消除红眼。

课堂案例

利用红眼工具修复红眼

案例位置	DVD>案例文件>CH04>课堂案例——利用红眼工具修复红眼.psd
视频位置	DVD>多媒体教学>CH04>课堂案例——利用红眼工具修复红眼.flv
难易指数	★★☆☆☆
学习目标	学习“红眼工具”的使用方法

利用红眼工具修复红眼的最终效果如图4-156所示。

图4-156

01 打开本书配套光盘中的“素材文件>Chapter04>素材10.jpg”文件，如图4-157所示。

图4-157

02 在“红眼工具” 的选项栏中设置“瞳孔大小”为80%、“变暗量”为90%，如图4-158所示。

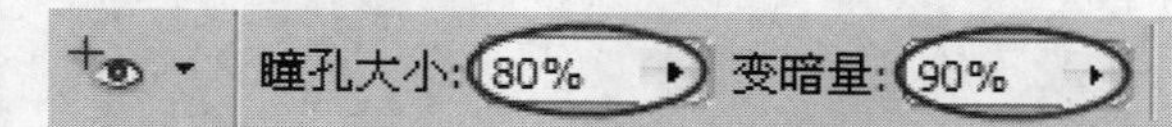

图4-158

03 将图像放大到实际像素，然后按住鼠标左键在左眼处绘制一个矩形区域，如图4-159所示，松开鼠标左键后，红眼的一部分就会变暗，如图4-160所示，接着继续使用“红眼工具” 对左眼进行多次处理，完成后的效果如图4-161所示。

图4-159

图4-160　　图4-161

(04) 采用相同的方法对右眼进行处理，完成后的效果如图4-162所示，最终效果如图4-163所示。

图4-162

图4-163

4.6.8 历史记录画笔工具

“历史记录画笔工具”可以将标记的历史记录状态或快照用作源数据对图像进行修改。“历史记录画笔工具”可以理性、真实地还原某一区域的某一步操作，图4-164为原始图像、图4-165所示的是使用“历史记录画笔工具”还原“染色玻璃”滤镜的效果。

图4-164　　图4-165

“历史记录画笔工具”的选项栏如图4-166所示。

图4-166

技巧与提示

“历史记录画笔工具”的选项与“画笔工具”的选项基本相同。

课堂案例

利用历史记录画笔工具为人像磨皮

案例位置	DVD>案例文件>CH04>课堂案例——利用历史记录画笔工具为人像磨皮.psd
视频位置	DVD>多媒体教学>CH04>课堂案例——利用历史记录画笔工具为人像磨皮.flv
难易指数	★★☆☆☆
学习目标	学习“历史记录画笔工具”的使用方法

利用历史记录画笔工具为人像磨皮的最终效果如图4-167所示。

图4-167

(01) 打开本书配套光盘中的“素材文件>CH04>素材11.jpg”文件，如图4-168所示。

图4-168

技巧与提示

放大图像，可以观察到人像面部纹理比较明显，噪点也比较突出，所以需要对其进行“磨皮”处理，使皮肤更加光滑细腻。

02 执行“滤镜>模糊>特殊模糊”菜单命令，然后在弹出的“特殊模糊”对话框中设置“半径”为7、“阈值”为27，如图4-169所示，效果如图4-170所示。

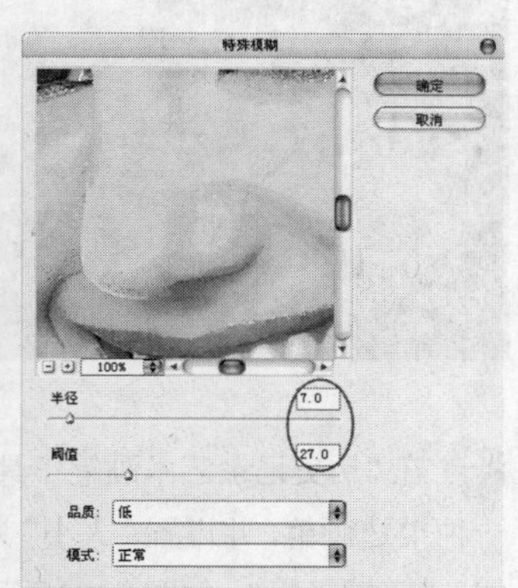

图4-169

图4-170

技巧与提示

这里的模糊参数并不是固定的，可以一边调整参数，一边观察预览窗口中的模糊效果，只要皮肤的柔化程度达到要求即可（本例不用在乎皮肤以外的部分是否被模糊）。

03 由于“特殊模糊”滤镜将头发也模糊了，因此需要在“历史记录”面板标记“特殊模糊”操作，如图4-171所示，然后并单击“打开”操作，如图4-172所示。

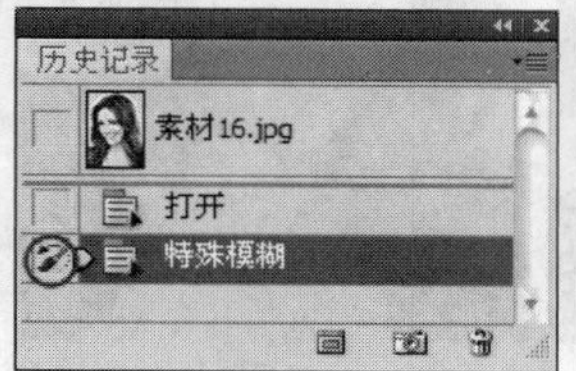

图4-171

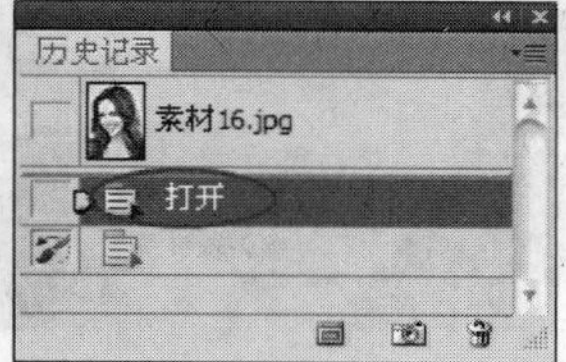

图4-172

技巧与提示

标记好“特殊模糊”操作以后，下面就可以使用“历史记录画笔工具”在原始图像上绘制出模糊效果。

04 在“历史记录画笔工具”的选项栏中选择一种柔边画笔，并设置“大小”为125px、“硬度”为0%，接着设置“不透明度”和“流量”都为50%，如图4-173所示。

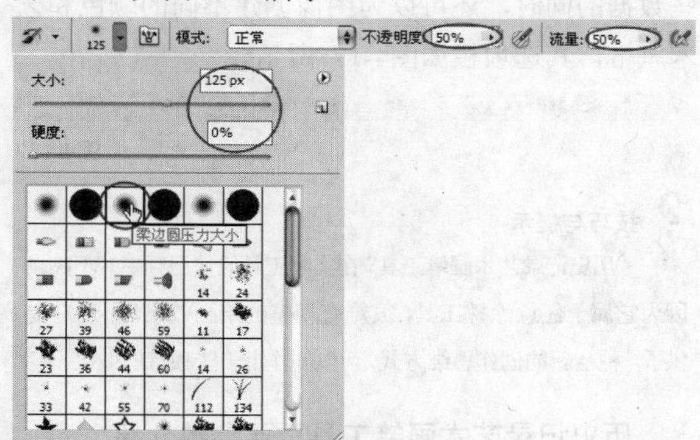

图4-173

05 使用“历史记录画笔工具”对脸部进行涂抹，如图4-174所示。

图4-174

06 在选项栏中设置画笔的“大小”为25px，然后继续在眼角、鼻翼和嘴角等细节部位进行涂抹（注意，眉毛、睫毛等部分不需要涂抹），完成后的效果如图4-175所示，最终效果如图4-176所示。

图4-175

图4-176

4.6.9 历史记录艺术画笔工具

与“历史记录画笔工具”一样，“历史记录艺术画笔工具”也可以将标记的历史记录状态或快照用作源数据对图像进行修改。但是，“历史记录画笔工具”只能通过重新创建指定的源数据来绘画，而“历史记录艺术画笔工具”在使用这些数据的同时，还可以为图像创建不同的颜色和艺术风格，其选项栏如图4-177所示。

图4-177

技巧与提示

“历史记录艺术画笔工具”在实际工具的使用频率并不高。因为它属于任意涂抹工具，很难有规整的绘画效果，不过它提供了一种全新的创作思维方式，可以创作出一些独特的效果。

历史记录艺术画笔工具重要参数介绍

样式：选择一个选项来控制绘画描边的形状，包括“绷紧短”、“绷紧中”和“绷紧长”等。

区域：用来设置绘画描边所覆盖的区域。数值越高，覆盖的区域越大，描边的数量也越多。

容差：限定可应用绘画描边的区域。低容差可以用于在图像中的任何地方绘制无数条描边；高容差会将绘画描边限定在与源状态或快照中的颜色明显不同的区域。

课堂案例

利用历史记录艺术画笔工具制作手绘效果

案例位置	DVD>案例文件>CH04>课堂案例——利用历史记录艺术画笔工具制作手绘效果.psd
视频位置	DVD>多媒体教学>CH04>课堂案例——利用历史记录艺术画笔工具制作手绘效果.flv
难易指数	★★☆☆☆
学习目标	学习“历史记录画笔工具”的使用方法

利用历史记录艺术画笔工具制作手绘的最终效果如图4-178所示。

图4-178

01 打开本书配套光盘中的“素材文件>CH04>素材12.jpg”文件，如图4-179所示。

图4-179

02 在“历史记录艺术画笔工具”的选项栏中选择一种柔边画笔，并设置“大小”为70px，然后设置“样式”为“绷紧短”，如图4-180所示。

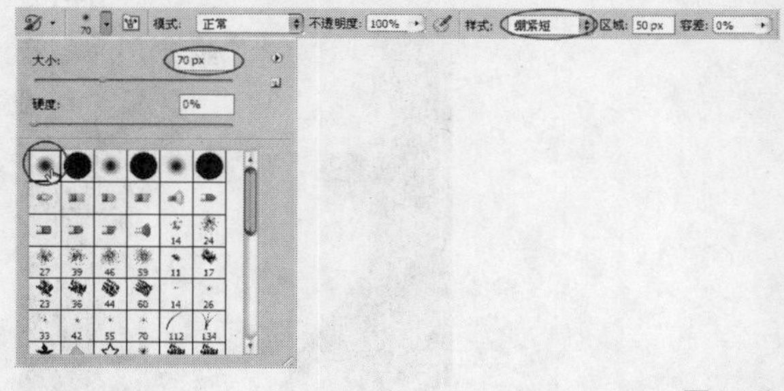

图4-180

03 使用“历史记录艺术画笔工具”在远景处绘制，完成后的效果如图4-181所示。

图4-181

04 在选项栏中设置画笔的“大小”为30px，然后在中景区域绘制（注意，不要在小猫和花朵区域绘制），完成后的效果如图4-182所示。

图4-182

05 在选项栏中设置“不透明度”为60%，然后在前景区域绘制，完成后的效果如图4-183所示。

图4-183

06 在选项栏中设置画笔的“大小”为15px，然后分别在花朵和小猫的身体上绘制（着重在小猫的面部进行绘制），如图4-184和图4-185所示。

图4-184

图4-185

07 在选项栏中设置画笔的“大小”为5px，然后细致绘制小猫的面部，如图4-186所示。

图4-186

08 为图像添加一些文字作为装饰，最终效果如图4-187所示。

图4-187

技巧与提示

在用“历史记录艺术画笔工具”绘画之前，可以尝试应用滤镜或用纯色填充图像以获得更奇异的视觉效果。

4.7 图像擦除工具

图像擦除工具主要用来擦除多余的图像。Photoshop提供了3种擦除工具，分别是“橡皮擦工具”、“背景橡皮擦工具”和“魔术橡皮擦工具”。

本节重要工具介绍

名称	作用	重要程度
橡皮擦工具	用于将像素更改为背景色或透明	中
背景橡皮擦工具	用于抹除背景的同时保留前景对象的边缘	中
魔术橡皮擦工具	用于将所有相似的像素更改为透明	中

4.7.1 橡皮擦工具

“橡皮擦工具”可以将像素更改为背景色或透明，其选项栏如图4-188所示。如果使用该工具在“背景”图层或锁定了透明像素的图层中进行擦除，则擦除的像素将变成背景色，如图4-189所示；如果在普通图层中进行擦除，则擦除的像素将变成透明，如图4-190所示。

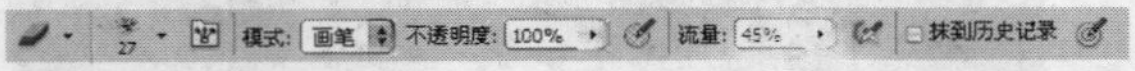

模式：画笔 不透明度：100% 流量：45% 抹到历史记录

图4-188

图4-189

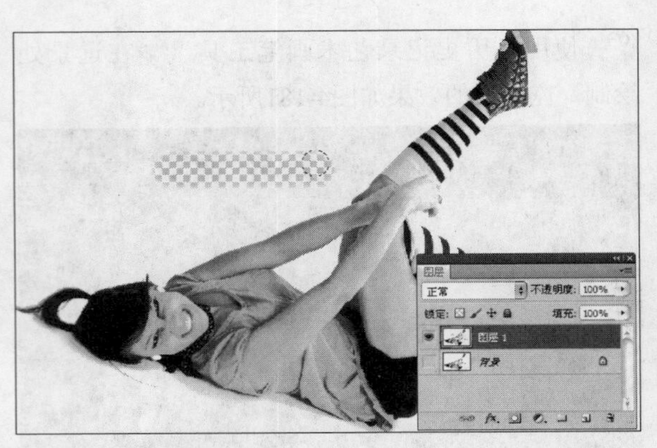

图4-190

橡皮擦工具重要选项与参数介绍

模式：选择橡皮檫的种类。选择“画笔”选项时，可以创建柔边擦除效果，如图4-191所示；选择“铅笔”选项时，可以创建硬边擦除效果，如图4-192所示；选择“块”选项时，擦除的效果为块状，如图4-193所示。

图4-191

图4-192

图4-193

不透明度：用来设置“橡皮擦工具”的擦除强度。设置为100%时，可以完全擦除像素；当设置“模式”设置为“块”时，该选项将不可用。

流量：用来设置“橡皮擦工具”的涂抹速度，图4-194和图4-195所示分别为设置“流量”为35%和100%的擦除效果。

图4-194 图4-195

抹到历史记录：勾选该选项以后，“橡皮擦工具”的作用相当于“历史记录画笔工具”。

课堂案例

利用橡皮擦工具制作纯白背景

案例位置	DVD>案例文件>CH04>课堂案例——利用橡皮擦工具制作纯白背景.psd
视频位置	DVD>多媒体教学>CH04>课堂案例——利用橡皮擦工具制作纯白背景.flv
难易指数	★★☆☆☆
学习目标	学习“橡皮擦工具”的使用方法

利用橡皮擦工具制作纯白背景的最终效果如图4-196所示。

图4-196

01 打开本书配套光盘中的“素材文件>CH04>素材13.jpg”文件，如图4-197所示。

图4-197

02 设置背景色为白色，然后在“橡皮擦工具”的选项栏中选择一种柔边画笔，接着设置画笔的“大小”为150px、“硬度”为0，如图4-198所示。

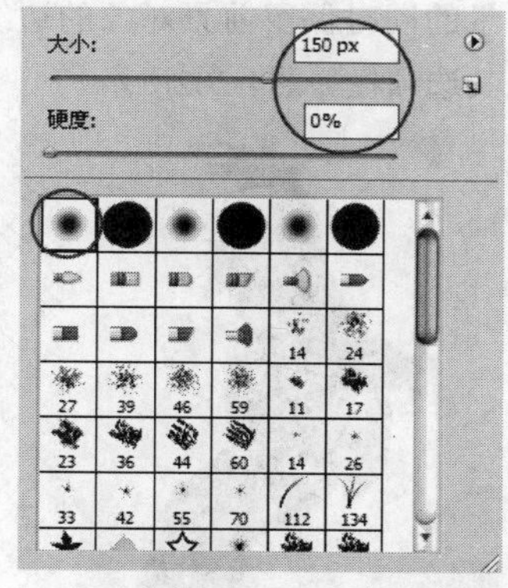

图4-198

03 使用“橡皮擦工具”在背景区域进行大致涂抹，如图4-199所示。

图4-199

技巧与提示

由于人像处于“背景”图层中，所以此时使用“橡皮擦工具”擦除的区域将变成背景色。

04 在选项栏中设置画笔的“大小”为50px，然后在人像的边缘进行细致擦除，最终效果如图4-200所示。

图4-200

4.7.2 背景橡皮擦工具

“背景橡皮擦工具”是一种智能的橡皮擦。设置好背景色以后，使用该工具可以在抹除背景的同时保留前景对象的边缘，如图4-201所示，其选项栏如图4-202所示。

原图像

使用“背景橡皮擦”

图4-201

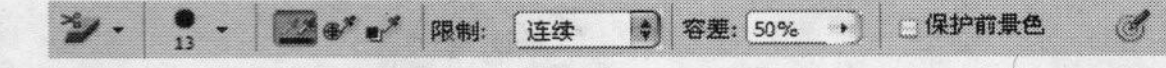

图4-202

背景橡皮擦工具重要按钮、选项与参数介绍

取样：用来设置取样的方式。激活“取样:连续”按钮，在拖曳鼠标时可以连续对颜色进行取样，凡是出现在光标中心十字线以内的图像都将被擦除，如图4-203所示；激活“取样:一次”按钮，只擦除包含第1次单击处颜色的图像（例如，第一次单击的白色，则拖曳鼠标时只擦除白色），如图4-204所示；激活“取样:背景色板”按钮，只擦除包含背景色的图像，如图4-205所示。

图4-203

图4-204

图4-205

限制：设置擦除图像时的限制模式。选择“不连续”选项时，可以擦除出现在光标下任何位置的样本颜色；选择“连续”选项时，只擦除包含样本颜色并且相互连接的区域；选择“查找边缘”选项时，可以擦除包含样本颜色的连接区域，同时更好地保留形状边缘的锐化程度。

容差：用来设置颜色的容差范围。

保护前景色：勾选该项以后，可以防止擦除与前景色匹配的区域。

技巧与提示

“背景橡皮擦工具”的功能非常强大，除了可以用它擦除图像以外，最重要的是其在抠图中的应用。

课堂案例

利用背景橡皮擦工具制作云端美女

案例位置	DVD>案例文件>CH04>课堂案例——利用背景橡皮擦工具制作云端美女.psd
视频位置	DVD>多媒体教学>CH04>课堂案例——利用背景橡皮擦工具制作云端美女.flv
难易指数	★★☆☆☆
学习目标	学习“背景橡皮擦工具”的使用方法

利用背景橡皮擦工具制作云端美女的最终效果如图4-206所示。

图4-206

01 打开本书配套光盘中的“素材文件>CH04>素材14.jpg”文件，如图4-207所示。

图4-207

02 在“背景橡皮擦工具”的选项栏中设置画笔的“大小”为47px、“硬度”为0，然后单击“取样:一次”，接着设置“限制”为“连续”、“容差”为50%，并勾选“保护前景色”选项，如图4-208所示。

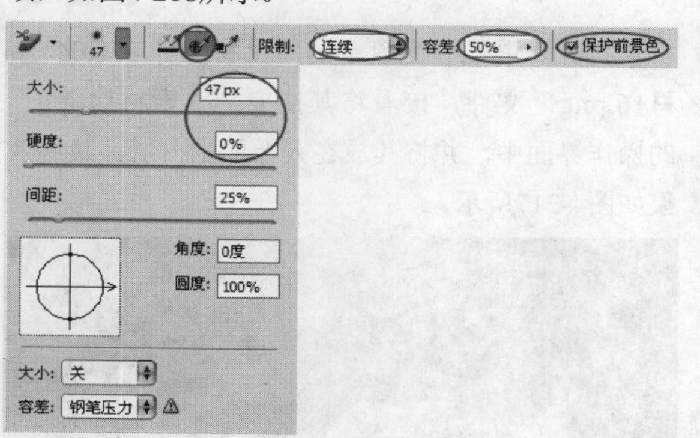

图4-208

03 使用“吸管工具”吸取胳膊部分的皮肤颜色作为前景色，如图4-209所示，然后使用“背景橡皮擦工具”沿着人物头部的边缘擦除背景，如图4-210所示。

图4-209

图4-210

技巧与提示

由于在选项栏中勾选了“保护前景色”选项，并且设置了皮肤颜色作为前景色，因此在擦除时能够有效地保证人像部分不被擦除。

04 在选项栏中设置画笔的“大小”为14px，然后使用“背景橡皮擦工具”擦除贴近皮肤的细节部分，如图4-211所示。

图4-211

05 使用“吸管工具”吸取裙子上的红色作为前景色，然后使用“背景橡皮擦工具”擦除裙子的边缘部分，如图4-212所示。

图4-212

06 使用“吸管工具”吸取大腿上的皮肤颜色作为前景色，如图4-213所示，然后使用“背景橡皮擦工具”擦除腿部附近及手臂附近的背景，如图4-214所示。

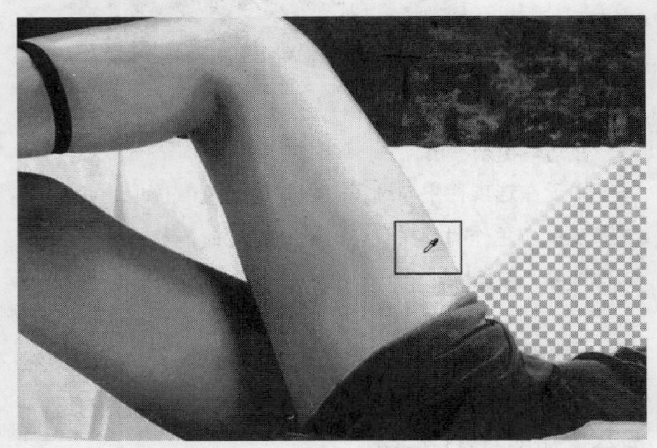

图4-213

图4-214

07 继续使用“背景橡皮擦工具”擦除所有的背景，完成后的效果如图4-215所示。

图4-215

08 按住Alt键的同时双击“背景”图层的缩略图，将其转换为普通图层，然后打开本书配套光盘中的“素材文件>CH04>素材15.jpg”文件，接着将其拖曳到“素材14.jpg”的操作界面中，并将其放置在人像的下一层，效果如图4-216所示。

图4-216

09 打开本书配套光盘中的“素材文件>CH04>素材16.png”文件，接着将其拖曳到“素材14.jpg”的操作界面中，并将其放在人像的上一层，最终效果如图4-217所示。

图4-217

4.7.3 魔术橡皮擦工具

用“魔术橡皮擦工具”在图像中单击时，可以将所有相似的像素更改为透明（如果在已锁定了透明像素的图层中工作，这些像素将更改为背景色），其选项栏如图4-218所示。

容差: 32 ☑消除锯齿 ☑连续 □对所有图层取样 不透明度: 100%

图4-218

魔术橡皮擦工具重要选项与参数介绍

容差：用来设置可擦除的颜色范围。

消除锯齿：可以使擦除区域的边缘变得平滑。

连续：勾选该选项时，只擦除与单击点像素邻近的像素；关闭该选项时，可以擦除图像中所有相似的像素。

不透明度：用来设置擦除的强度。值为100%时，将完全擦除像素；较低的值可以擦除部分像素。

课堂案例

利用魔术橡皮擦工具快速替换婚纱背景

案例位置	DVD>案例文件>CH04>课堂案例——利用魔术橡皮擦工具快速替换婚纱背景.psd
视频位置	DVD>多媒体教学>CH04>课堂案例——利用魔术橡皮擦工具快速替换婚纱背景.flv
难易指数	★★☆☆☆
学习目标	学习“魔术橡皮擦工具”的使用方法

利用魔术橡皮擦工具快速替换婚纱背景的最终效果如图4-219所示。

图4-219

01 打开本书配套光盘中的“素材>CH04>素材17.jpg”文件，如图4-220所示。

图4-220

02 在“魔术橡皮擦工具”的选项栏中设置“容差”为60，如图4-221所示。

图4-221

03 使用“魔术橡皮擦工具”在人像附近的背景上单击鼠标左键，如图4-222所示，擦除效果如图4-223所示。

图4-222 图4-223

04 继续使用“魔术橡皮擦工具”在其他背景区域上单击鼠标左键，擦除效果如图4-224所示。

图4-224

05 使用“橡皮擦工具”擦去多余的杂点，完成后的效果如图4-225所示。

图4-225

06 按住Alt键的同时双击“背景”图层的缩略图，将其转换为普通图层，然后打开本书配套光盘中的“素材文件>CH04>素材18.jpg”文件，接着将其拖曳到“素材17.jpg”操作界面中，并将其放置在“人像”图层的下一层，最终效果如图4-226所示。

图4-226

4.8 图像填充工具

图像填充工具主要用来为图像添加装饰效果。Photoshop提供了两种图像填充工具，分别是“渐变工具”和“油漆桶工具”。

本节重要工具介绍

名称	作用	重要程度
渐变工具	用于在整个文档或选区内填充渐变色	高
油漆桶工具	用于在图像中填充前景色或图案	中

4.8.1 渐变工具

“渐变工具”可以在整个文档或选区内填充渐变色，并且可以创建多种颜色的混合效果，其选项栏如图4-227所示。“渐变工具”的应用非常广泛，它不仅可以填充图像，还可以用来填充图层蒙版、快速蒙版和通道等。

图4-227

渐变工具重要参数介绍

渐变颜色条：显示了当前的渐变颜色，单击右侧的倒三角图标，可以打开“渐变”拾色器，如图4-228所示。如果直接单击渐变颜色条，则会弹出“渐变编辑器”对话框，在该对话框中可以编辑渐变颜色，或者存储渐变等，如图4-229所示。

图4-228

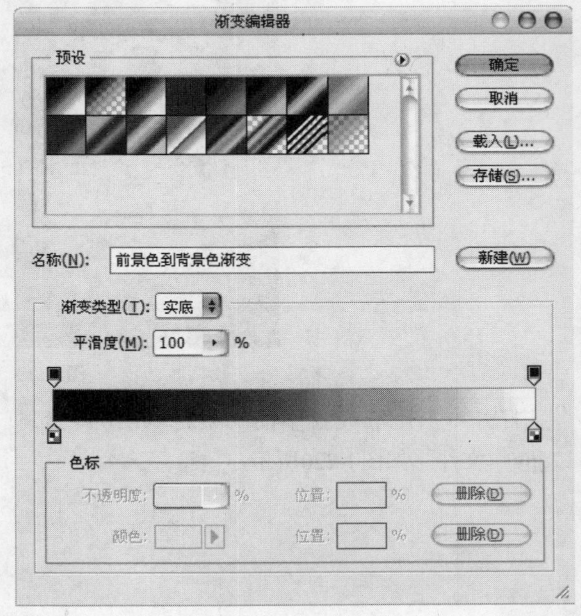

图4-229

渐变类型：激活“线性渐变”按钮，可以以直线方式创建从起点到终点的渐变，如图4-230所示；激活“径向渐变”按钮，可以以圆形方式创建从起点到终点的渐变，如图4-231所示；激活“角度渐变”按钮，可以创建围绕起点以逆时针扫描方式的渐变，如图4-232所示；激活“对称渐变”按钮，可以使用均衡的线性渐变在起点的任意一侧创建渐变，如图4-233所示；激活“菱形渐变”按钮，可以以菱形方式从起点向外产生渐变，终点定义菱形的一个角，如图4-234所示。

图4-230

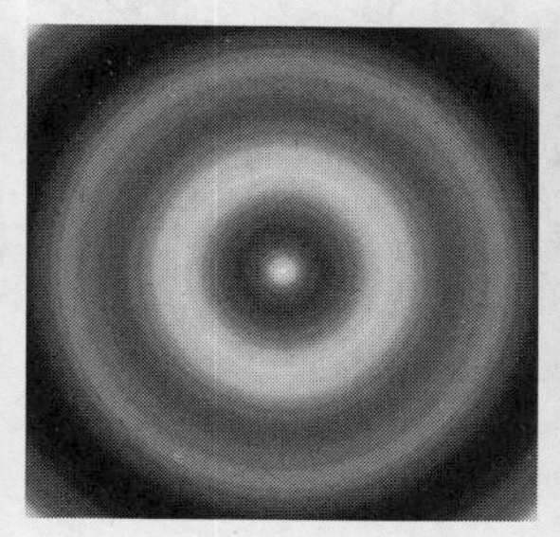
图4-231

图4-232

图4-233

图4-234

模式：用来设置应用渐变时的混合模式。

不透明度：用来设置渐变色的不透明度。

反向：转换渐变中的颜色顺序，得到反方向的渐变结果，图4-235和图4-236所示分别是正常渐变和反向渐变效果。

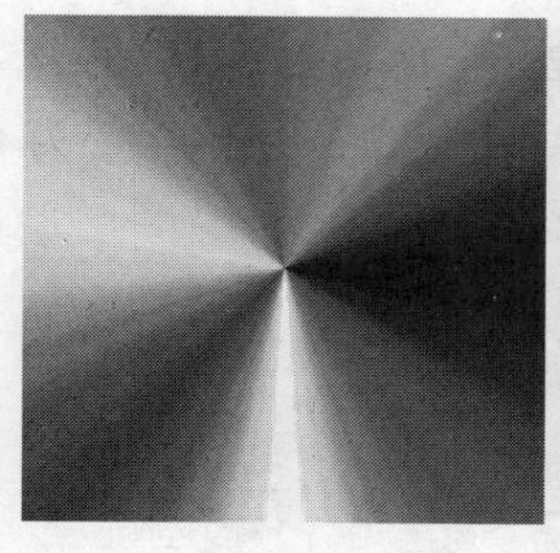
图4-235

图4-236

仿色：勾选该选项时，可以使渐变效果更加平滑。主要用于防止打印时出现条带化现象，但在计算机屏幕上并不能明显地体现出来。

透明区域：勾选该选项时，可以创建包含透明像素的渐变，如图4-237所示。

图4-237

技巧与提示

需要特别注意的是，“渐变工具”不能用于位图或索引颜色图像。在切换颜色模式时，有些方式观察不到渐变效果，此时就需要将图像再切换到可用模式下进行操作。

课堂案例

利用渐变工具制作水晶按钮

案例位置	DVD>案例文件>CH04>课堂案例——利用渐变工具制作水晶按钮.psd
视频位置	DVD>多媒体教学>CH04>课堂案例——利用渐变工具制作水晶按钮.flv
难易指数	★★☆☆☆
学习目标	学习“渐变工具”的使用方法

利用渐变工具制作水晶按钮的最终效果如图4-238所示。

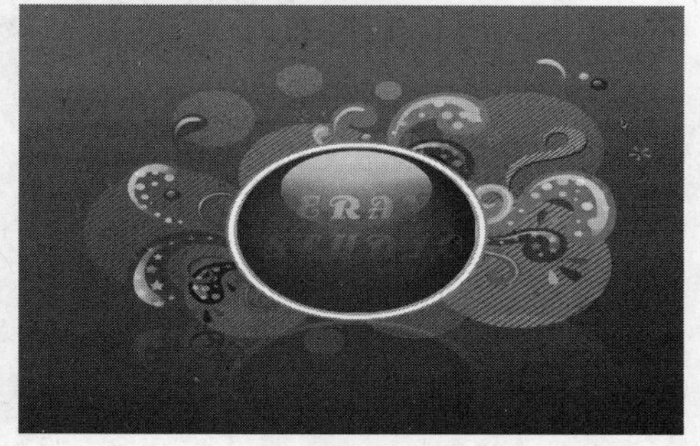
图4-238

01 按Ctrl+N组合键新建一个1640像素×1089像素、“分辨率”为72像素/英寸、“背景内容”为白色的文档，如图4-239所示。

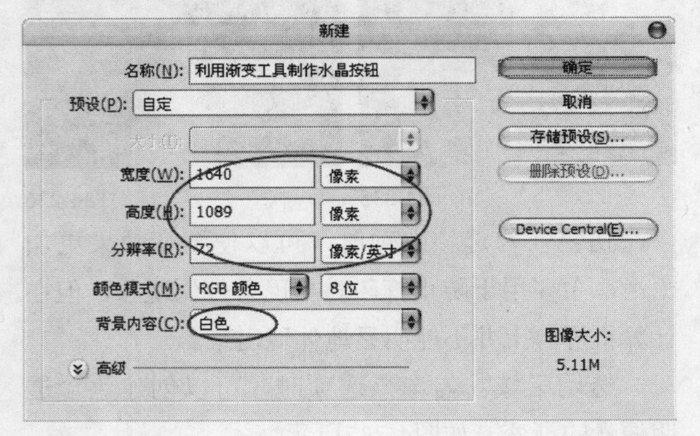

图4-239

02 在“渐变工具”的选项栏中单击“点按可编辑渐变”按钮，打开“渐变编辑器”对话框，然后设置第1个色标的颜色为（R:0，G:51，B:107），接着在渐变颜色条的底部边缘上单击，添加一个色标，如图4-240所示，最后设置该色标的颜色为（R:0，G:62，B:130），如图4-241所示。

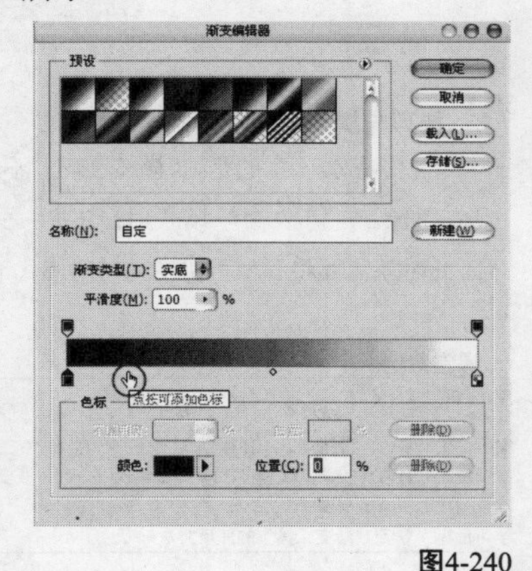

图4-240

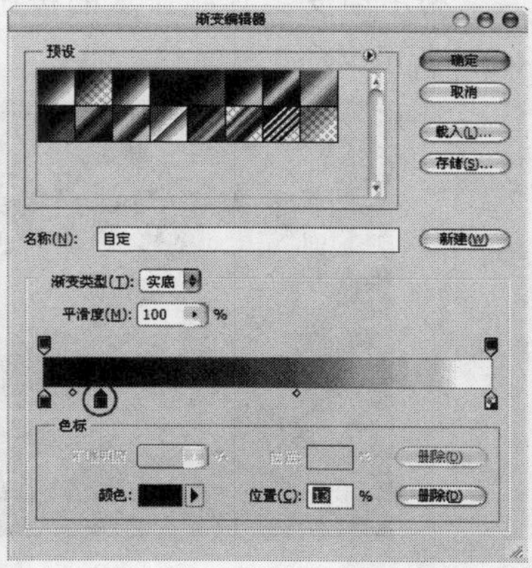

图4-241

03 采用相同的方法添加出如图4-242所示的色标（色标颜色依次减淡），然后在选项栏中单击“线性渐变”按钮，接着按住Shift键的同时从底部向下拉出渐变，如图4-243所示。

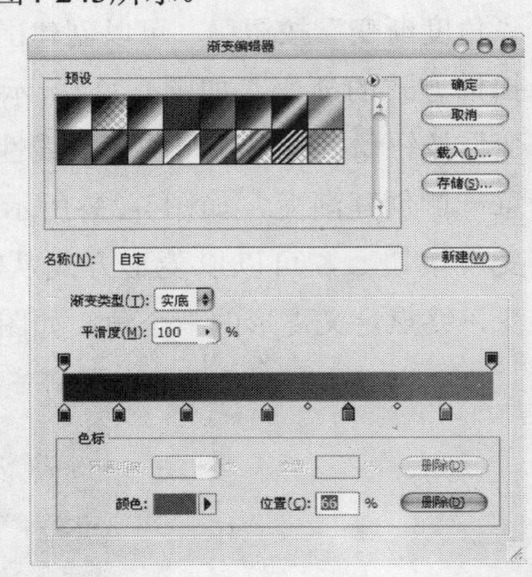

图4-242

图4-243

技巧与提示

在使用“渐变工具”时，配合Shift键可以在水平、垂直和45°方向上填充渐变。

04 打开本书配套光盘中的“素材文件>CH04>素材19.png”文件，然后将其拖曳到当前操作界面中，并将新生成的图层更名为“花纹”，如图4-244所示。

图4-244

05 使用“魔棒工具”（在选项栏中设置“容差”为20，并勾选“连续”选项）单击花纹中央的椭圆形区域，选择这部分区域，如图4-245所示。

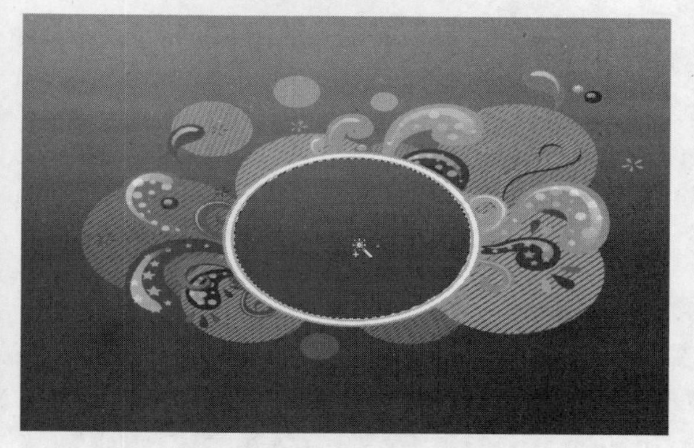

图4-245

06 在最顶层新建一个名称为“填充”的图层，然后在“渐变编辑器”对话框中编辑出如图4-246所示的渐变色。

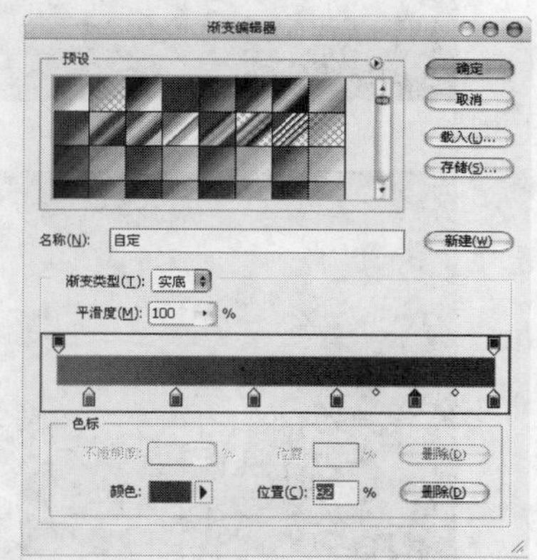

图4-246

07 在“渐变工具”的选项栏中单击“径向渐变”按钮，然后按照如图4-247所示的方向拉出渐变，效果如图4-248所示。

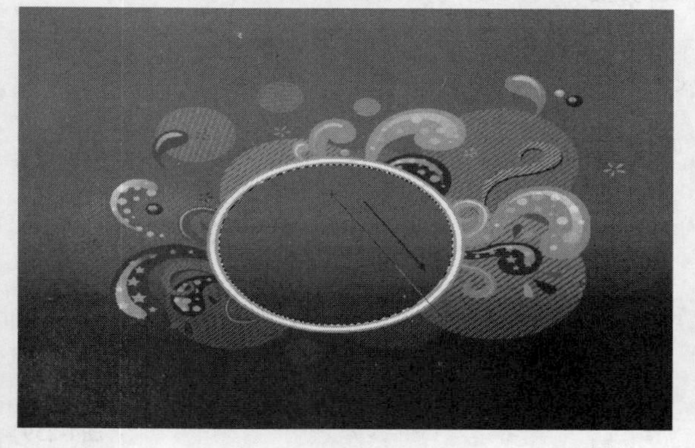

图4-247

图4-248

08 在最顶层新建一个名称为“亮部”的图层，然后按住Ctrl键的同时单击“填充”图层的缩略图，载入该图层的选区，如图4-249所示。

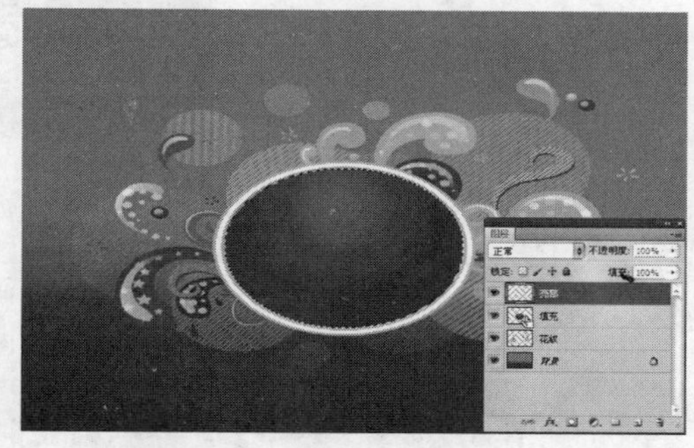

图4-249

09 在“渐变工具”的选项栏中选择“黑，白渐变”，如图4-250所示，然后单击“线性渐变”按钮，接着按照如图4-251所示的方向在选区中拉出渐变，效果如图4-252所示。

图4-250

图4-251

图4-252

⑩ 在“图层”面板中设置“亮部”图层的混合模式为“叠加”、“不透明度”为50%，如图4-253所示，效果如图4-254所示。

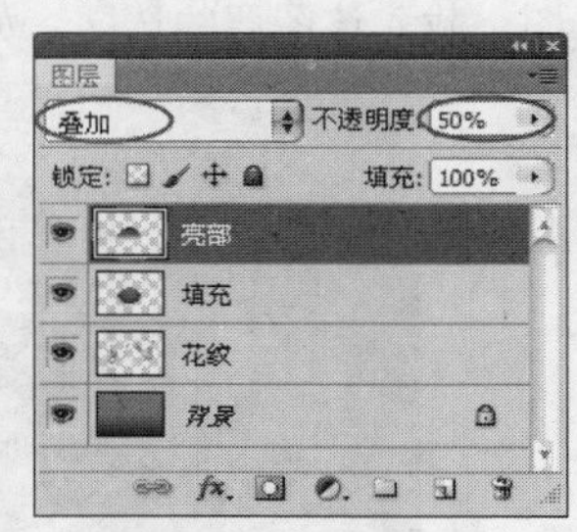

图4-253

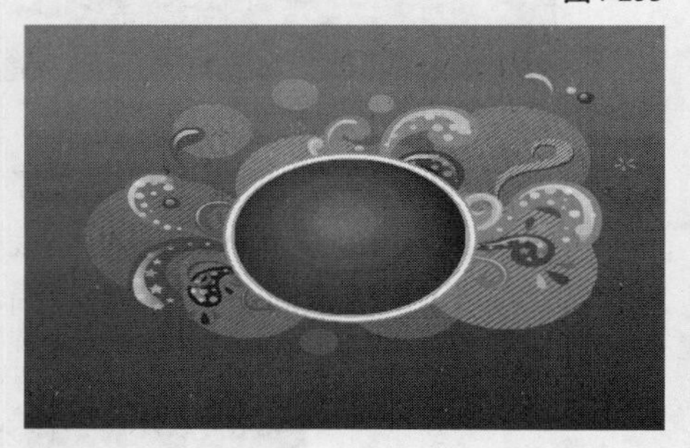
图4-254

⑪ 在最顶层新建一个名称为“高光”的图层，然后使用“椭圆选框工具”绘制一个如图4-255所示的椭圆选区。

图4-255

⑫ 设置前景色为白色，然后在“渐变工具”的选项栏中选择“前景色到透明渐变”，并勾选“透明区域”选项，接着单击“线性渐变”按钮，如图4-256所示，最后按照图4-257所示的方向拉出渐变，效果如图4-258所示。

图4-256

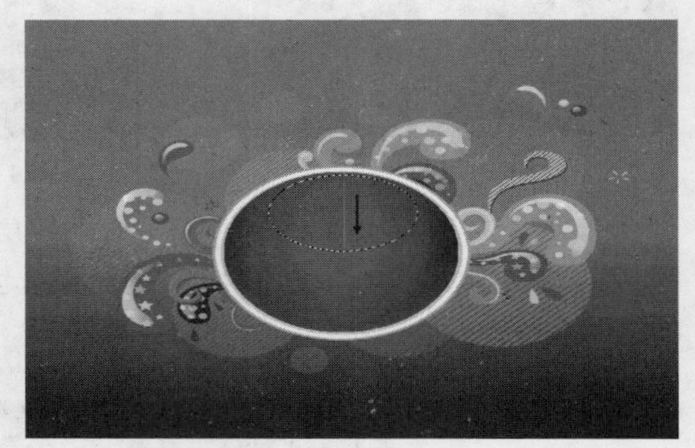
图4-257

图4-258

⑬ 在“图层”面板中设置“高光”图层的“不透明度”为90%，效果如图4-259所示。

图4-259

⑭ 使用“横排文字工具”T在水晶按钮上输入ERAY STUDIO，然后将文字图层放置在“亮部”图层的下一层，如图4-260所示，文字效果如图4-261所示。

图4-260

图4-261

⑮ 在“图层”面板中设置文字图层的混合模式为“叠加”、“不透明度”为60%，效果如图4-262所示。

图4-262

⑯ 下面制作倒影。同时选中除“背景”图层以外的所有图层，然后将其拖曳到“创建新图层”按钮上，复制出这些图层的副本图层，如图4-263所示，接着按Ctrl+E组合键合并这些图层，并将合并后的图层更名为“倒影”，最后将其放置在“背景”图层的上一层，如图4-264所示。

图4-263　图4-264

技巧与提示

如果要同时选择多个图层，最简单的方法有以下两种。

第1种：先选择一个图层，然后按住Ctrl键的同时单击其他图层的名称（不能单击缩略图，否则会载入图层选区），这样可以选择多个连续或者分隔开的图层。

第2种：先选择一个处于开始或结束位置的图层，然后按住Shift键的同时单击处于结束或开始位置的图层名称，这样可以选择多个连续的图层。

⑰ 选择“倒影”图层，然后执行“编辑>变换>垂直翻转”菜单命令，接着将其向下拖曳到如图4-265所示的位置。

图4-265

⑱ 在“图层”面板中设置“倒影”图层的“不透明度”为31%，效果如图4-266所示。

图4-266

⑲ 使用“橡皮擦工具”（画笔的“大小”需要设置得大一些，同时要使用较低的“不透明度”）擦除部分倒影，最终效果如图4-267所示。

图4-267

课堂练习

利用渐变工具制作多彩人像

案例位置	DVD>案例文件>CH04>课堂练习——利用渐变工具制作多彩人像.psd
视频位置	DVD>多媒体教学>CH04>课堂练习——利用渐变工具制作多彩人像.flv
难易指数	★★☆☆☆
练习目标	学习“渐变工具”的使用方法

利用渐变工具制作多彩人像的最终效果如图4-268所示。

图4-268

步骤分解如图4-269所示。

图4-269

4.8.2 油漆桶工具

“油漆桶工具”可以在图像中填充前景色或图案，如图4-270和图4-271所示。如果创建了选区，填充的区域为当前选区；如果没有创建选区，填充的就是与鼠标单击处颜色相近的区域。

图4-270

图4-271

“油漆桶工具”的选项栏如图4-272所示。

前景 模式: 正常 不透明度: 100% 容差: 32 ☑消除锯齿 ☑连续的 □所有图层

图4-272

油漆桶工具重要选项与参数介绍

填充模式： 用于选择填充的模式，包含“前景”和“图案”两种模式。

模式： 用来设置填充内容的混合模式。

不透明度：用来设置填充内容的不透明度。

容差：用来定义填充颜色的相似程度。设置较低的“容差”值会填充与鼠标单击处非常相似的像素颜色范围；设置较高的“容差”值会填充更大范围的像素。

消除锯齿：平滑填充选区的边缘。

连续的：勾选该选项后，只填充图像中处于连续范围内的区域；关闭该选项后，可以填充图像中的所有相似像素。

所有图层：勾选该选项后，可以对所有可见图层中的合并颜色数据填充像素；关闭该选项后，仅填充当前选择的图层。

课堂案例

利用油漆桶工具填充图案

案例位置	DVD>案例文件>CH04>课堂案例——利用油漆桶工具填充图案.psd
视频位置	DVD>多媒体教学>CH04>课堂案例——利用油漆桶工具填充图案.flv
难易指数	★★☆☆☆
学习目标	学习“油漆桶工具”的使用方法

利用油漆桶工具填充图案的最终效果如图4-273所示。

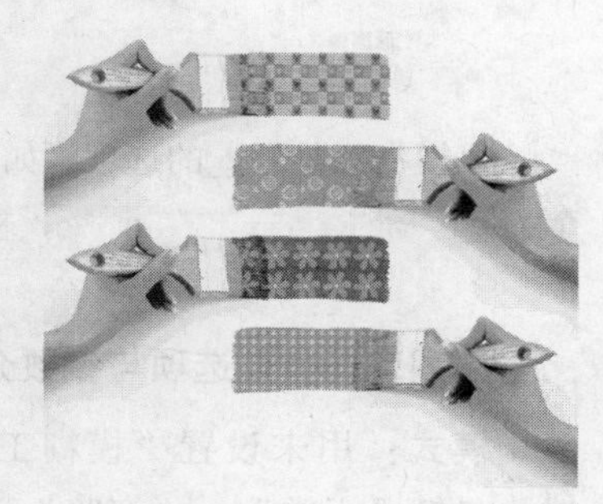

图4-273

01 打开本书配套光盘中的“素材文件>CH04>素材20.jpg”文件，如图4-274所示。

图4-274

02 在“工具箱”中单击“油漆桶工具”按钮，然后在选项栏中设置填充模式为“图案”，接着单击“图案”选项后面的倒三角图标，并在弹出的“图案”拾色器中单击图标，最后在弹出的菜单中选择“载入图案”命令，如图4-275所示。

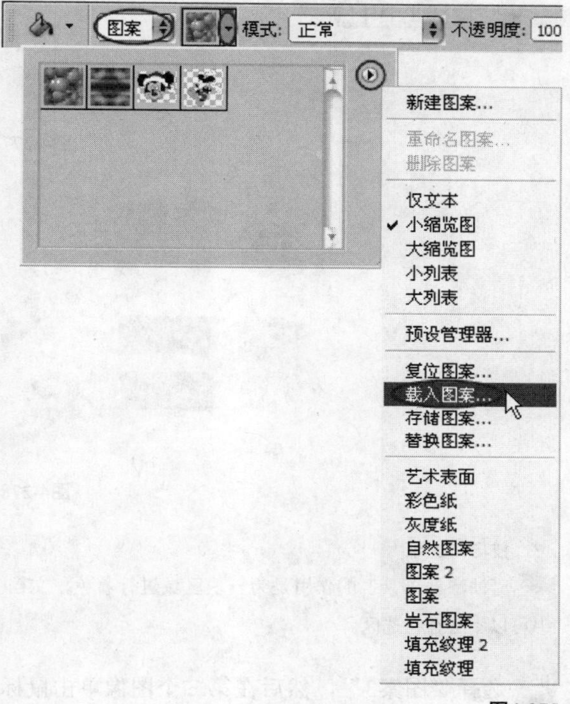

图4-275

03 执行“载入图案”命令以后，系统会弹出“载入”对话框，在该对话框中选择本书配套光盘中的“素材文件> CH04>素材21.pat”文件，如图4-276所示。

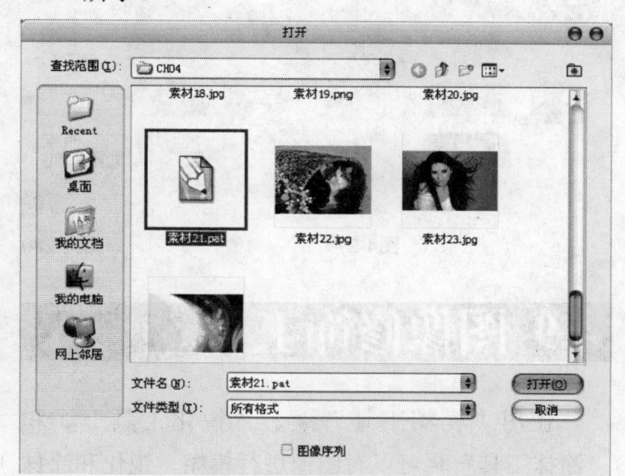

图4-276

04 在选项栏中选择“图案4”，然后设置“模式”为“变亮”、“不透明度”为80%、“容差”为50，并关闭“连续的”选项，如图4-277所示，接着在第1个图像上单击鼠标左键，效果如图4-278所示。

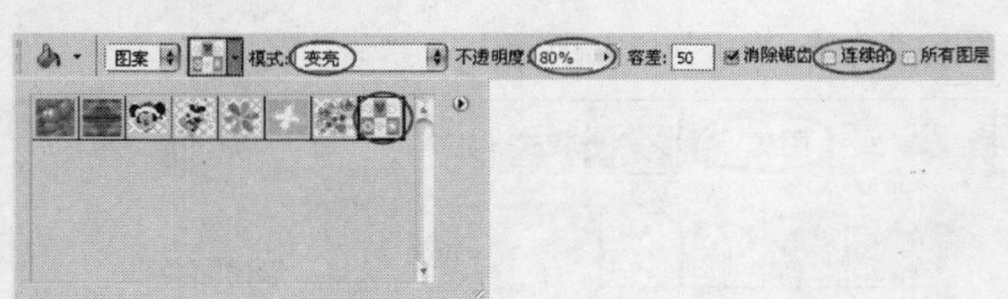

图4-277

图4-278

技巧与提示

“油漆桶工具”的作用是为一块区域进行着色，文档中可以不必存在选区。

05 选择“图案3”，然后在第二个图像单击鼠标左键，效果如图4-279所示。

06 采用相同的方法填充剩下的两个图像，最终效果如图4-280所示。

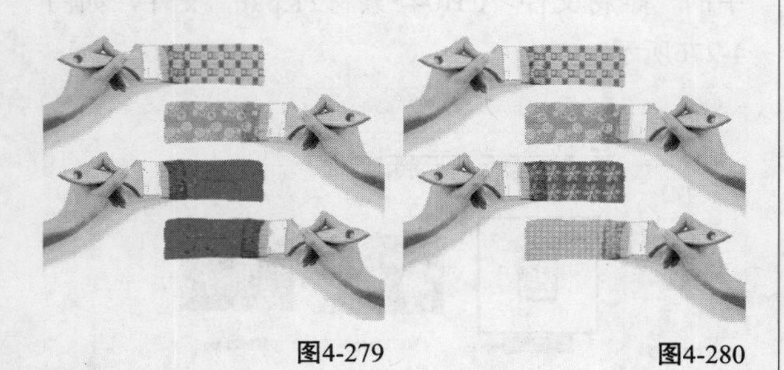

图4-279　　图4-280

4.9 图像修饰工具

使用“模糊工具”、“锐化工具”和“涂抹工具”可以对图像进行模糊、锐化和涂抹处理；使用“减淡工具”、“加深工具”和“海绵工具”可以对图像局部的明暗、饱和度等进行处理。

本节重要工具介绍

名称	作用	重要程度
模糊工具	用于柔化硬边缘或减少图像中的细节	中
锐化工具	用于增强图像中相邻像素之间的对比	中
涂抹工具	模拟手指划过湿油漆时所产生的效果	中
减淡工具/加深工具	用于对图像进行减淡或加深处理	中
海绵工具	用于精确地更改图像某个区域的色彩饱和度	中

4.9.1 模糊工具

“模糊工具”可柔化硬边缘或减少图像中的细节，如图4-281所示。使用该工具在某个区域上方绘制的次数越多，该区域就越模糊。

原图像　　使用“模糊工具”效果

图4-281

“模糊工具”的选项栏如图4-282所示。

模式: 正常　强度: 50%　对所有图层取样

图4-282

模糊工具重要选项与参数介绍

模式：用来设置“模糊工具”的混合模式，包括“正常”、“变暗”、“变亮”、“色相”、“饱和度”、“颜色”和“明度”。

强度：用来设置“模糊工具”的模糊强度。

课堂案例

利用模糊工具突出主体

案例位置	DVD>案例文件>CH04>课堂案例——利用模糊工具突出主体.psd
视频位置	DVD>多媒体教学>CH04>课堂案例——利用模糊工具突出主体.flv
难易指数	★★☆☆☆
学习目标	学习“模糊工具”的使用方法

利用模糊工具突出主体的最终效果如图4-283所示。

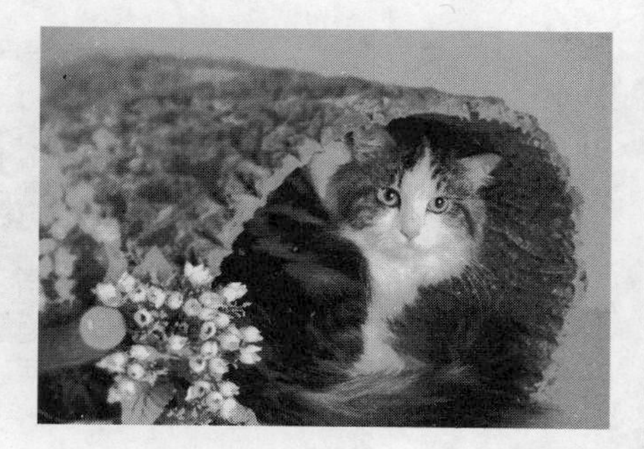

图4-283

01 打开本书配套光盘中的“素材文件>CH04>素材22.jpg”文件，如图4-284所示。

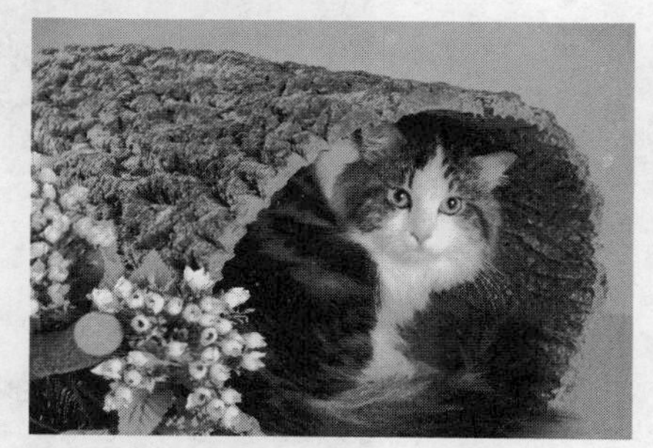

图4-284

02 在“模糊工具”的选项栏中选择一种柔边画笔，并设置画笔的“大小”为145px、“硬度”为0，“强度”为100%，如图4-285所示，在远景区域进行涂抹，如图4-286所示。

模式: 正常
强度: 100%
对所有图层取样
大小:
145 px
硬度:
0%

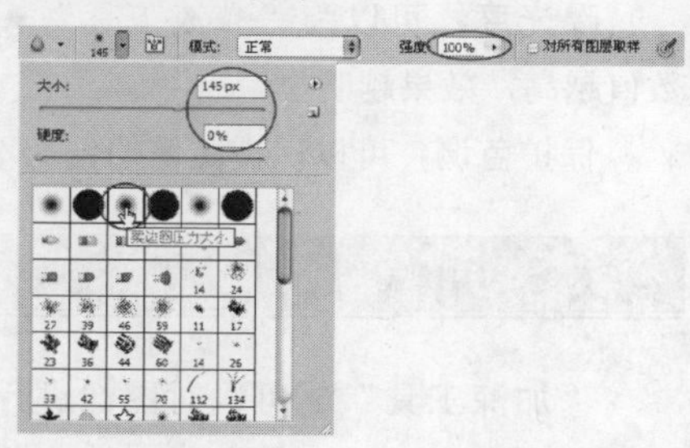

图4-285

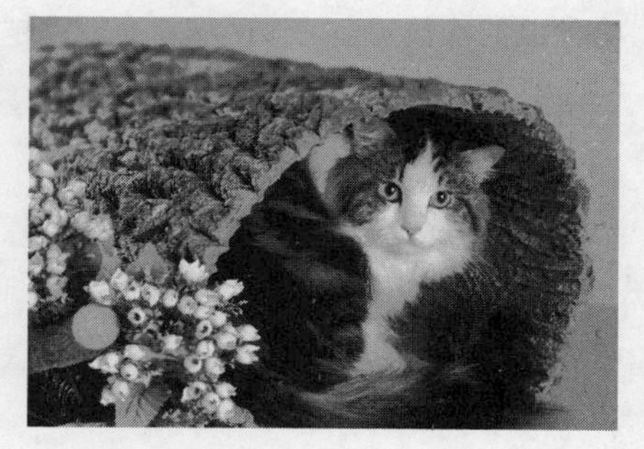

图4-286

03 在选项栏中设置“强度”为80%，在中景区域进行涂抹，拉开前景与背景的距离感，如图4-287所示。

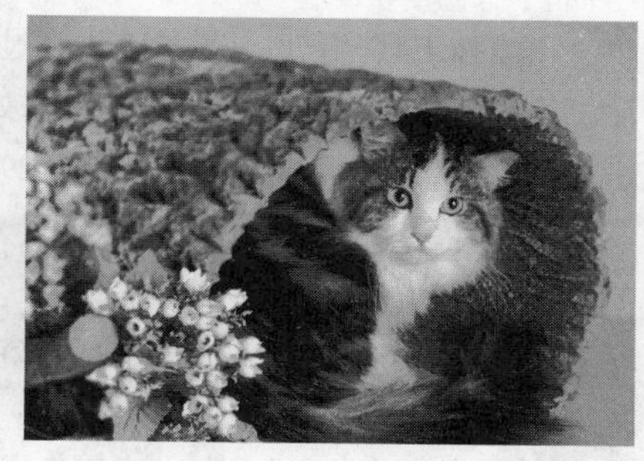

图4-287

04 适当增大画笔的大小，设置“强度”为60%，对远景和中景的其他区域进行涂抹，最终效果如图4-288所示。

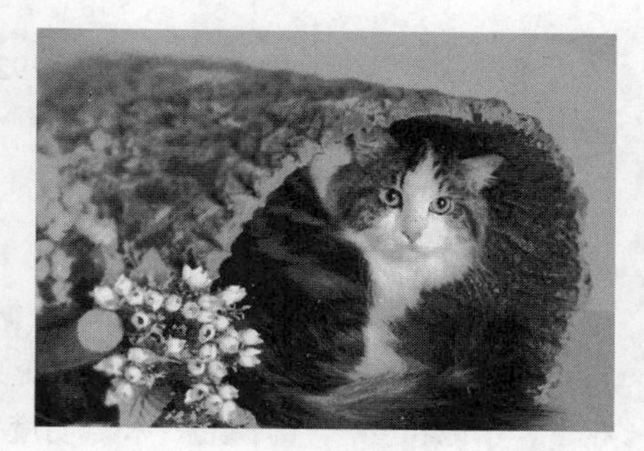

图4-288

4.9.2 锐化工具

“锐化工具”可以增强图像中相邻像素之间的对比度，以提高图像的清晰度，如图4-289所示。

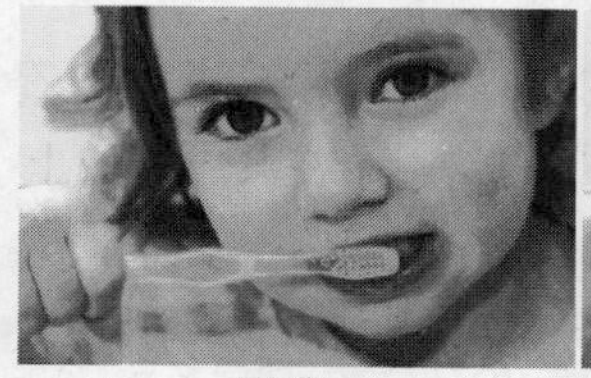

原图像　　使用“锐化工具”效果

图4-289

“锐化工具”的选项栏只比“模糊工具”多一个“保护细节选项”，如图4-290所示。勾选该选项后，在进行锐化处理时，将对图像的细节进行保护。

模式: 正常
强度: 50%
对所有图层取样
保护细节

图4-290

4.9.3 涂抹工具

“涂抹工具”可以模拟手指划过湿油漆时所产生的效果。该工具可以拾取鼠标单击处的颜色，并沿着拖曳的方向展开这种颜色，如图4-291所示。

原图像

使用“涂抹工具”效果

图4-291

“涂抹工具”的选项栏如图4-292所示。

图4-292

涂抹工具重要选项与参数介绍

模式：用来设置“涂抹工具”的混合模式，包括“正常”、“变暗”、“变亮”、“色相”、“饱和度”、“颜色”和“明度”。

强度：用来设置“涂抹工具”的涂抹强度。

手指绘画：勾选该选项后，可以使用前景颜色进行涂抹绘制。

4.9.4 减淡工具

“减淡工具”可以对图像进行减淡处理，其选项栏如图4-293所示。用该工具在某个区域上方绘制的次数越多，该区域就会变得越亮。

图4-293

减淡工具重要选项与参数介绍

范围：选择要修改的色调。选择“中间调”选项时，可以更改灰色的中间范围，如图4-294所示；选择“阴影”选项时，可以更改暗部区域，如图4-295所示；选择“高光”选项时，可以更改亮部区域，如图4-296所示。

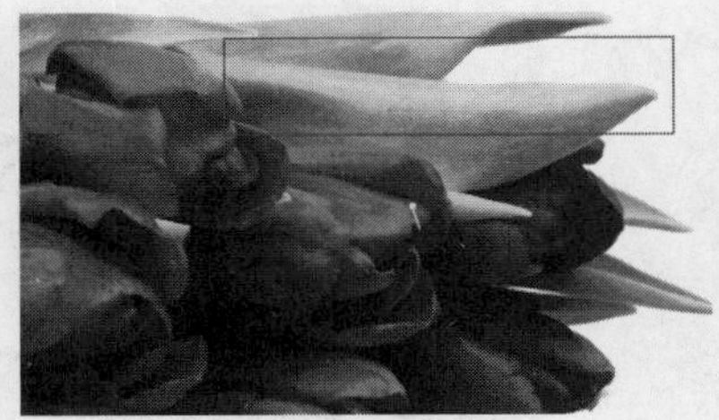

“中间调”方式

图4-294

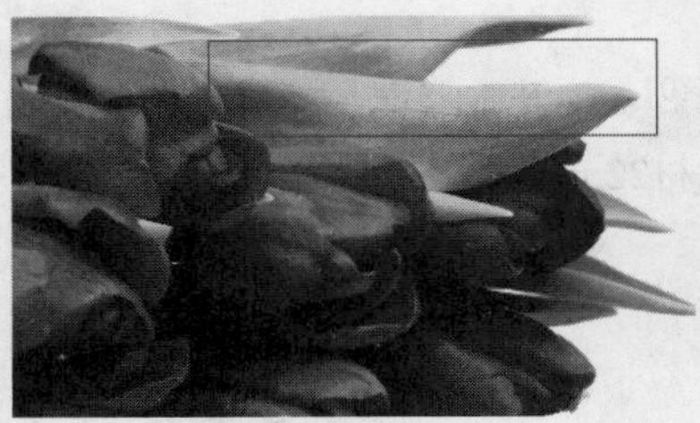

“阴影”方式

图4-295

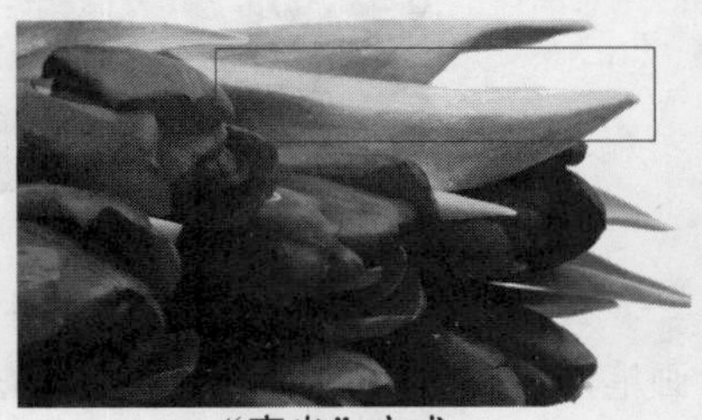

“高光”方式

图4-296

曝光度：可以为“减淡工具”指定曝光。数值越高，效果越明显。

保护色调：可以保护图像的色调不受影响。

4.9.5 加深工具

“加深工具”可以对图像进行加深处理，其选项栏如图4-297所示。用该工具在某个区域上方绘制的次数越多，该区域就会变得越暗。

图4-297

技巧与提示

“加深工具”的选项栏与“减淡工具”的选项栏完全相同，因此这里不再讲解。

课堂案例

利用加深减淡工具进行通道抠图

案例位置 DVD>案例文件>CH04>课堂案例——利用加深减淡工具进行通道抠图.psd
视频位置 DVD>多媒体教学>CH04>课堂案例——利用加深减淡工具进行通道抠图.flv
难易指数 ★★☆☆☆
学习目标 学习“加深工具”和“减淡工具”的使用方法

利用加深减淡工具进行通道抠图的最终效果如图4-298所示。

图4-298

01 打开本书配套光盘中的“素材文件>CH4>素材23.jpg”文件，如图4-299所示。

图4-299

技巧与提示

本例的难点在于抠取头发，这里使用到的是当前最主流的通道抠图法。本例所涉及的通道知识并不多，主要就是通过“加深工具”和“减淡工具”将某一个通道的前景颜色与背景颜色拉开层次。

02 按Ctrl+J组合键复制一个“背景副本”图层，并将其更名为“人像”，如图4-300所示。

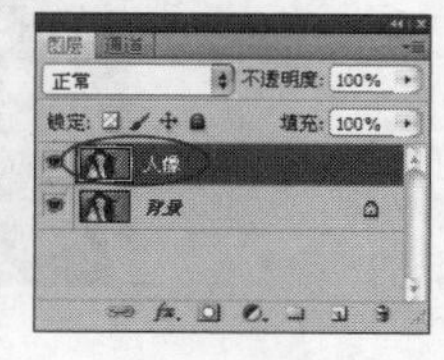

图4-300

03 切换到“通道”面板，分别观察红、绿、蓝通道，可以发现“蓝”通道的头发部分与背景的对比最强烈，如图4-301所示。

图4-301

04 将“蓝”通道拖曳到“通道”面板下面的“创建新通道”按钮上，复制出一个“蓝副本”通道，如图4-302所示。

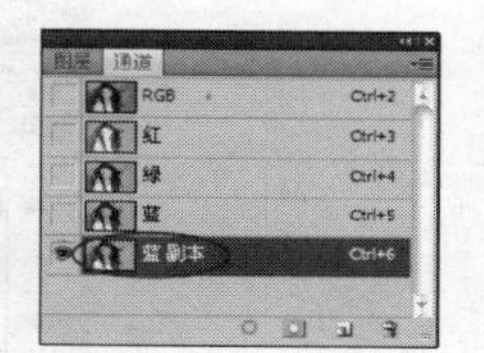

图4-302

技巧与提示

要对“蓝”通道进行操作，需要先复制通道，否则会破坏原始图像。

05 选择“蓝副本”通道，按Ctrl+M组合键打开“曲线”对话框，然后将曲线调节成图4-303所示的样式，效果如图4-304所示。

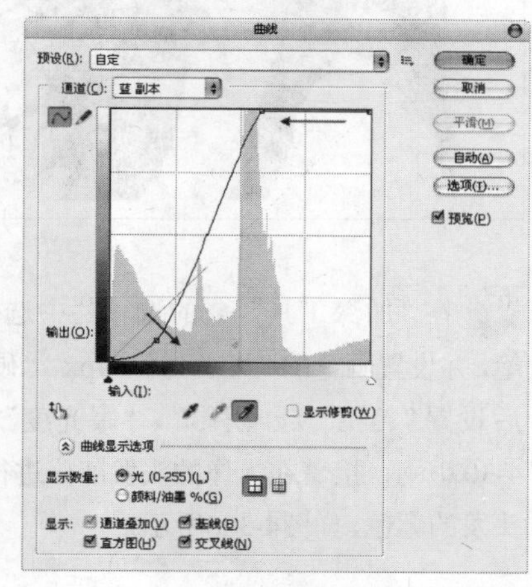

图4-303

图4-304

06 在“减淡工具”的选项栏中选择一种柔边画笔，并设置画笔的“大小”为480px、“硬度”为0，然后设置“范围”为“高光”、“曝光度”为100%，如图4-305所示，接着在图像右侧和左侧的背景边缘区域进行涂抹，如图4-306所示。

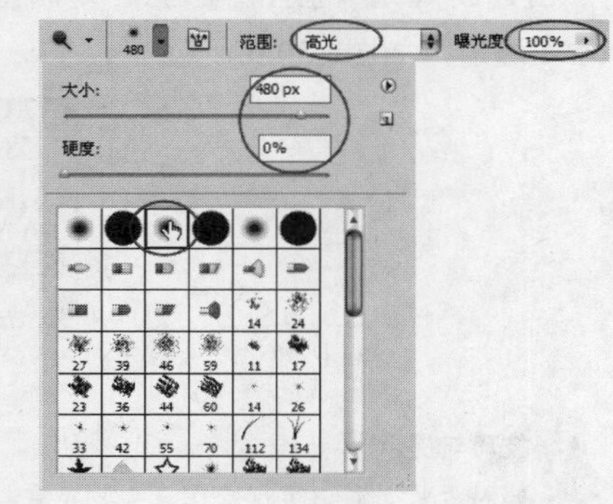

图4-305

图4-306

07 在“加深工具”的选项栏中选择一种柔边画笔，并设置画笔的“大小”为189px、“硬度”为0%，然后设置“范围”为“阴影”、“曝光度”为100%，如图4-307所示，接着在人像的头发部分进行涂抹，以加深头发的颜色，如图4-308所示。

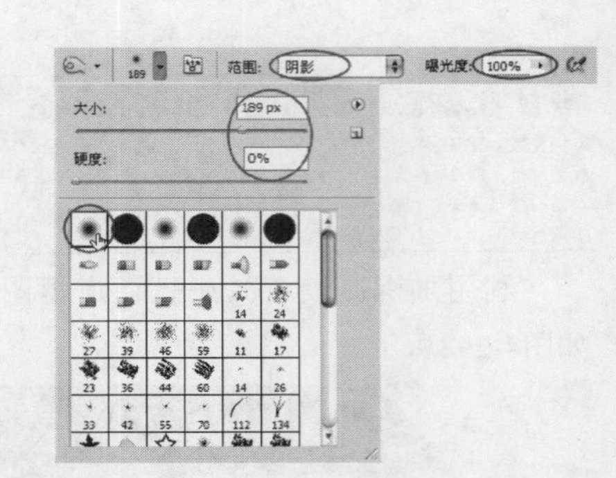

图4-307

图4-308

08 使用黑色“画笔工具”将面部和身体部分涂抹成黑色，如图4-309所示。

图4-309

09 按住Ctrl键的同时单击“蓝副本”通道的缩略图，载入该通道的选区（白色部分为所选区域），如图4-310所示；单击RGB通道，并切换回“图层”面板，选区效果如图4-311所示。

图4-310

图4-311

⑩ 按Delete键删除背景区域，效果如图4-312所示。

图4-312

⑪ 打开本书配套光盘中的“素材文件>CH04>素材24.jpg”文件，然后将其拖曳到“素材23.jpg”操作界面中，并将其放在“人像”图层的下一层，效果如图4-313所示。

图4-313

⑫ 打开本书配套光盘中的“素材文件>CH04>素材25.png”文件，然后将其拖曳到“素材24.jpg”操作界面中，并将其放在“人像”图层的上一层，最终效果如图4-314所示。

图4-314

4.9.6 海绵工具

“海绵工具”可以精确地更改图像某个区域的色彩饱和度，其选项栏如图4-315所示。如果是灰度图像，该工具将通过灰阶远离或靠近中间灰来增加或降低对比度。

模式: 降低饱和度 流量: 50% 自然饱和度

图4-315

海绵工具重要选项参数介绍

模式：选择“饱和”选项时，可以增加色彩的饱和度，如图4-316所示；选择“降低饱和度”选项时，可以降低色彩的饱和度，如图4-317所示。

图4-316

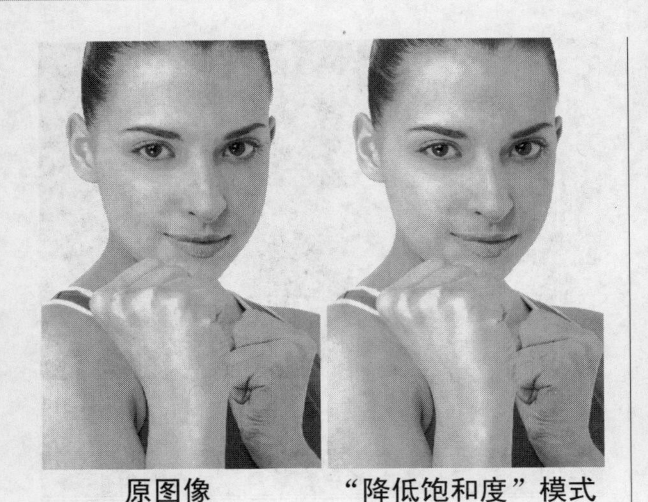

图4-317

流量：可以为“海绵工具”指定流量。数值越高，“海绵工具”的强度越大，效果越明显，如图4-318和图4-319所示分别是“流量”为30%和80%时的涂抹效果。

图4-318 图4-319

自然饱和度：勾选该选项以后，可以在增加饱和度的同时防止颜色过度饱和而产生溢色现象。

4.10 本章小结

通过本章的学习，应该对Photoshop CS5绘画工具的使用有一个全面系统的掌握，特别是每一种工具的具体作用更是要烂熟于心。当然，只是学习理论知识还是远远不够的，需要注意平时勤加练习，在实际的图像处理中强化本章所学知识。

第5章

编辑图像

本章将介绍图像的基本编辑方法，包括用到的基本工具以及基本操作方法，通过对本章的学习，更加熟悉相应的基本工具以及快速地对图像进行编辑。

课堂学习目标

了解辅助工具的运用
了解图像与画布的基础知识
掌握图像的基本编辑工具以及命令

5.1 编辑图像的辅助工具

使用图像编辑工具对图像进行编辑和整理，可以提高编辑和处理图像的效率。

本节重要工具介绍

名称	作用	重要程度
标尺工具	用于测量点到点之间的距离、位置和角度等	低
抓手工具	用于将图像移动到特定的区域内查看	中
注释工具	用于在图像中添加文字注释、内容	低

5.1.1 标尺工具

“标尺工具”主要用来测量图像中点到点之间的距离、位置和角度等。在“工具箱”中单击“标尺工具”按钮，在工具选项栏中可以观察到“标尺工具”的相关参数，如图5-1所示。

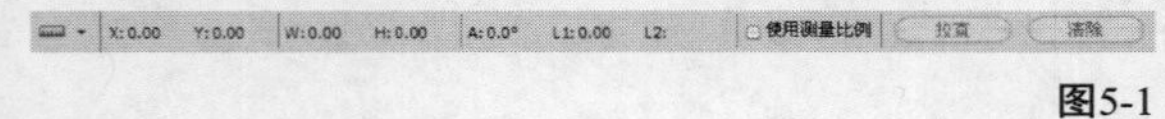

图5-1

标尺工具重要参数介绍

X/Y：测量的起始坐标位置。

W/H：在x轴和y轴上移动的水平（W）和垂直（H）距离。

A：相对于轴测量的角度。

L1/L2：使用量角器时移动的两个长度。

使用测量比例：勾选该选项后，将会使用测量比例进行测量。

拉直：单击该按钮，并绘制测量线，画面将按照测量线进行自动旋转。

清除：单击该按钮，将清除画面中的标尺。

选择“标尺工具”，当光标将变成形状时，从起始点A处按住并拖曳鼠标左键到结束点B处松开鼠标，此时在选项栏中即可观察到A到B之间距离，如图5-2所示。如果要继续测量，可以按住Alt键，当光标变成形状时，从起始点B（也可以从起始点A）拖曳鼠标左键到结束点C，此时在选项栏中将显示出两个长度之间的夹角度数和两个长度值，如图5-3所示。

图5-2

图5-3

5.1.2 抓手工具

在“工具箱”中单击“抓手工具”按钮，可以激活“抓手工具”，图5-4所示的是“抓手工具”的选项栏。

图5-4

抓手工具选项栏重要参数介绍

滚动所有窗口：勾选该选项时，可以允许滚动所有窗口。

实际像素：单击该按钮，图像以实际像素比例进行显示。

适合屏幕：单击该按钮，可以在窗口中最大化显示完整的图像。

填充屏幕：单击该按钮，可以在整个屏幕范围内最大化显示完整的图像。

打印尺寸：单击该按钮，可以按照实际的打印尺寸显示图像。

“抓手工具”与“缩放工具”一样，在实际工作中的使用频率相当高。当放大一个图像后，可以使用“抓手工具”将图像移动到特定的区域内查看图像。

在“工具箱”中单击“缩放工具”按钮或按Z键，然后在画布中按住并拖曳鼠标左键，将图5-5进行放大，放大后如图5-6所示。

图5-5

图5-6

在“工具箱”中单击“抓手工具”按钮或按H键，激活“抓手工具”，此时光标在画布中会变成抓手形状，如图5-7所示，按住并拖曳鼠标左键到其他位置即可查看该区域的图像，效果如图5-8所示。

图5-7

图5-8

知识点

在使用其他工具编辑图像时，来回切换“抓手工具”会非常麻烦，这里教大家一个简单的方法。比如在使用“画笔工具”进行绘画时，可以按住Space键（即空格键）切换到抓手状态，当松开Space键时，系统会自动切换回“画笔工具”。

5.1.3 注释工具

使用“注释工具”可以在图像中添加文字注释、内容等，可以用这种功能来辅助制作图像、备忘录等。

课堂案例

为图像添加注释

案例位置	DVD>案例文件>CH05>课堂案例——为图像添加注释.psd
视频位置	DVD>多媒体教学>CH05>课堂案例—为图像添加注释.flv
难易指数	★☆☆☆☆
学习目标	学习“注释工具”的使用方法

为图像添加注释的最终效果如图5-9所示。

图5-9

01 执行“文件>打开”菜单命令，然后在弹出的对话框中选择本书配套光盘中的“素材文件>CH05>素材01.jpg”文件，如图5-10所示。

图5-10

02 在“工具箱”中单击“注释工具”按钮，然后在图像上单击鼠标左键，此时会出现记事本图标，并且系统会自动弹出“注释”面板，如图5-11所示。

图5-11

03 下面开始注释文件。利用输入法在“注释”面板中输入文字，如图5-12所示。

图5-12

04 下面记录如何将黄色花卉调整成红色花卉，如图5-13所示。

图5-13

05 然后要想在下一个页面上继续注释文件，可以再次单击“注释工具”按钮，然后在图像上单击鼠标左键，接着在“注释”面板中单击“选择下一个注释”按钮，切换到下一个页面，如图5-14所示。

图5-14

06 在第2页中可以继续为图像进行注释，如图5-15所示。

图5-15

技巧与提示

删除“注释”面板中的注释文字，其方法主要有以下两种。

第1种：按Backspace键逐字删除文字。采用这种方法删除注释后，页面仍然存在，不会被删除。

第2种：在相应的页面下单击“删除注释”按钮。采用这种方法删除注释文字时，同时会删除页面。

5.2 图像的移动、复制、粘贴与删除

在Photoshop CS5中，可以非常便捷地移动、复制与粘贴图像。

5.2.1 移动图像

移动图像分为两种情况：一种是在同一个文档中移动，另一种是在不同的文档中移动。

1.在同一文档中移动图像

先看图5-16，有两个图层，分别是“图层1”和“图层2”，图层对应的图像效果如图5-17所示。

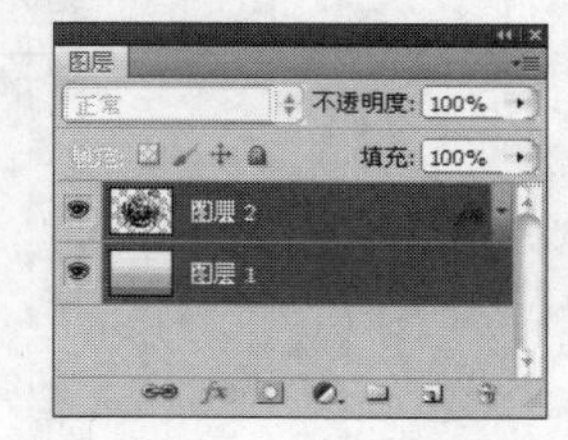

图5-16

图5-17

在“工具箱”中选择“移动工具”，然后在选项栏中勾选“自动选择”选项，并在列表中选择“图层”，如图5-18所示，将光标放在图像上单击鼠标左键即可选择相应图层所在的图像，此时拖曳鼠标就可以移动图像，如图5-19所示。

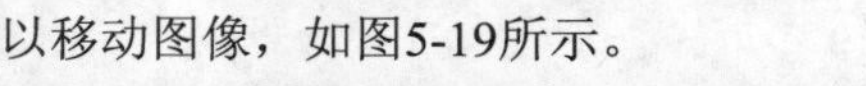

自动选择: 图层 显示变换控件

图5-18

图5-19

2.在不同文档中移动图像

打开所需图像，如图5-20和图5-21所示。

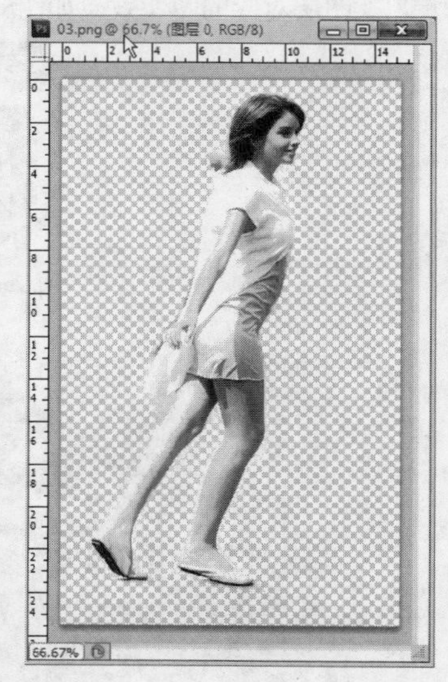

图5-20

图5-21

使用“移动工具”选中人物图像，按住鼠标左键并向风景图像中拖曳，当鼠标光标变为图标时，如图5-22所示，释放鼠标，人物图片将被移动到风景图像中，效果如图5-23所示。

图5-22

图5-23

5.2.2 复制与粘贴图像

要在操作过程中随时按照需要复制图像，就必须掌握图像的复制方法。在复制图像前，需要选择将要复制的图像区域，如果不选择图像区域，将不能复制图像。

使用移动工具复制图像：原图效果如图5-24所示使用“矩形选框工具”，选中要复制的图像区域，如图5-25所示。

图5-24

图5-25

选择“移动”工具，将鼠标放在选区中，鼠标光标变为图标，如图5-26所示，按住Alt键，鼠标光标变为图标，如图5-27所示，单击鼠标并按住不放，拖曳选区中的图像到适当的位置，释放鼠标和Alt键，图像完成复制，效果如图5-28所示。

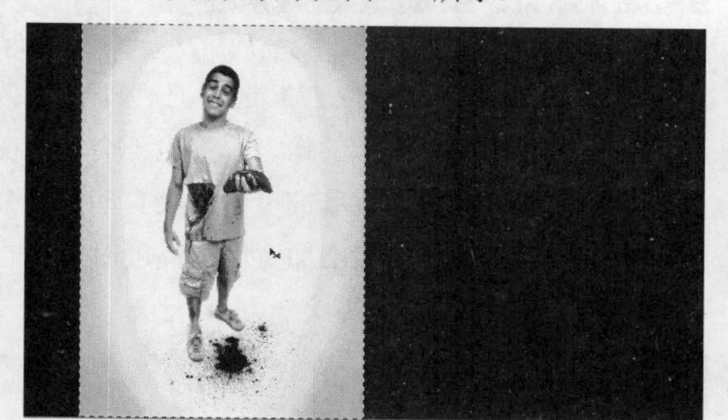

图5-26

图5-27

图5-28

5.2.3 删除图像

在删除图像前，首先选择将要删除的区域，如果不选择图像区域，将不能删除图像。

使用菜单命令删除图像：原图效果如图5-29所示，选择“椭圆选框工具”在需要删除的图像上绘制选区，选择“编辑>清除”菜单命令，将选区中的图像删除，按Ctrl+D组合键，取消选区，效果如图5-30所示。

图5-29

图5-30

5.3 图像大小

更改图像的像素大小不仅会影响图像在屏幕上的大小，还会影响图像的质量及其打印特性（图像的打印尺寸和分辨率）。执行“图像>图像大小”菜单命令或按Alt+Ctrl+I组合键，打开“图像大小”对话框，在“像素大小”选项组下即可修改图像的像素大小，如图5-31所示。

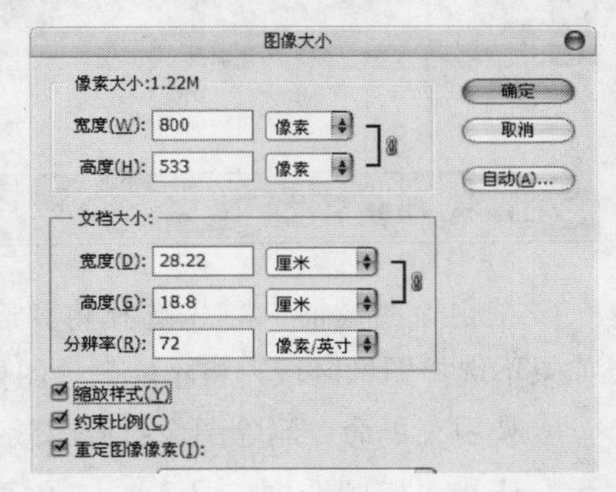

图5-31

5.3.1 像素大小

“像素大小”选项组下的参数主要用来设置图像的尺寸。修改像素大小后，新文件的大小会出现在对话框的顶部，旧文件大小在括号内显示，如图5-32所示。

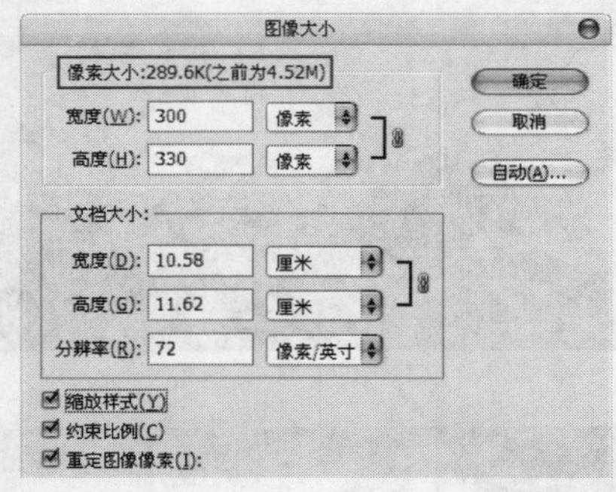

图5-32

5.3.2 文档大小

“文档大小”选项组下的参数主要用来设置图像的打印尺寸。当勾选“重定图像像素”选项时，如果减小图像的大小，就会减少像素数量，此时图像虽然变小了，但是画面质量仍然保持不变，如图5-33所示；如果增加图像大小或提高分辨率，则会增加新的像素，此时图像尺寸虽然变大了，但是画面的质量会下降，如图5-34所示。

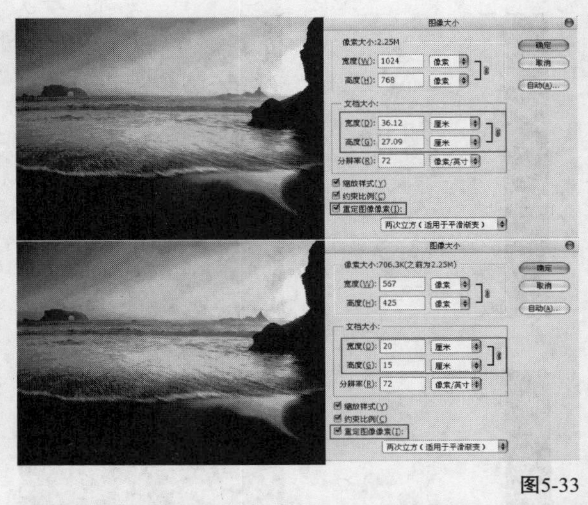

图5-33

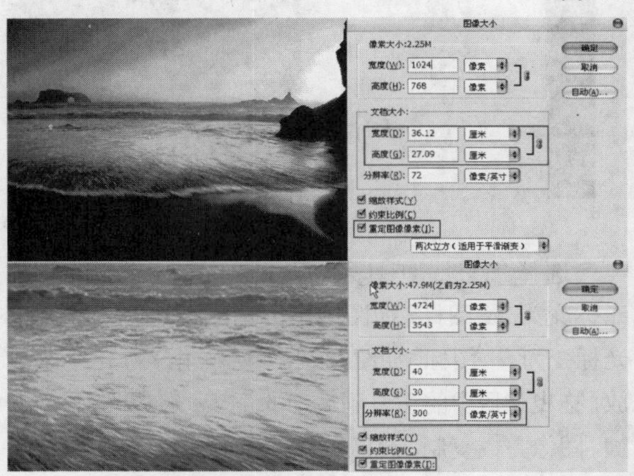

图5-34

当关闭“重定图像像素”选项时，即使修改图像的宽度和高度，图像的像素总量也不会发生变化，也就是说，减少宽度和高度时，会自动提高分辨率，如图5-35所示；当增加宽度和高度时，会自动降低分辨率，如图5-36所示。

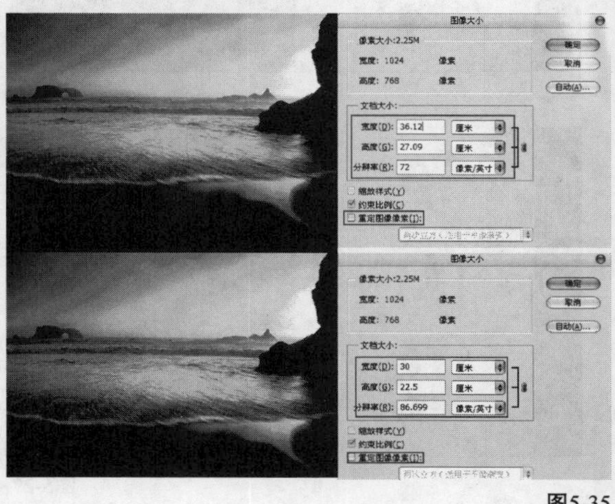

图5-35

图5-36

知识点

如果一张图像的分辨率比较低，并且图像比较模糊，即使提高图像的分辨率也不能使其变清晰。因为Photoshop只能在原始数据的基础上进行调整，无法生成新的数据。

5.3.3 约束比例

当勾选“约束比例”选项时，可以在修改图像的宽度或高度时，保持宽度和高度的比例不变。在一般情况下都应该勾选该选项。

5.3.4 缩放样式

如果为文档中的图层添加了图层样式，勾选“缩放样式”选项后，可以在调整图像的大小时自动缩放样式效果。只有在勾选了“约束比例”选项时，“缩放样式”才可用。

5.3.5 插值方法

修改图像的像素大小，在Photoshop中称为“重新取样”。当减少像素的数量时，就会从图像中删除一些信息；当增加像素的数量或增加像素取样时，则会增加一些新的像素。在“图像大小”对话框最底部的下拉列表中提供5种插值方法来确定添加或删除像素的方式，分别是“邻近（保留硬边缘）”、“两次线性”、“两次立方（适用于平滑渐变）”、“两次立方较平滑（适用于扩大）”和“两次立方较锐利（适用于缩小）”，如图5-37所示。

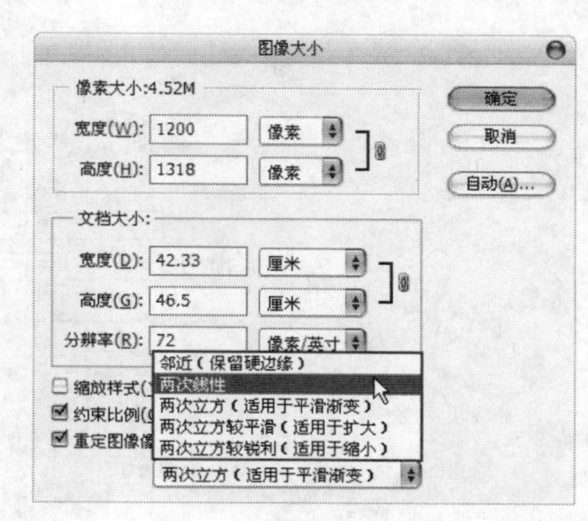

图5-37

5.3.6 自动

单击“自动”按钮 自动(A)... 可以打开“自动分辨率”对话框，如图5-38所示。在该对话框中输入“挂网”的线数以后，Photoshop可以根据输出设备的网频来确定建议使用的图像分辨率。

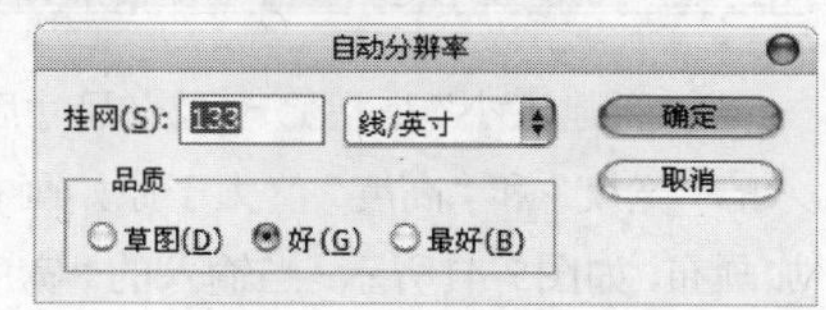

图5-38

5.4 修改画布大小

画布是指整个文档的工作区域，如图5-39所示。执行“图像>画布大小”菜单命令，打开“画布大小”对话框，如图5-40所示。在该对话框中可以对画布的宽度、高度、定位和画布扩展颜色进行调整。

图5-39

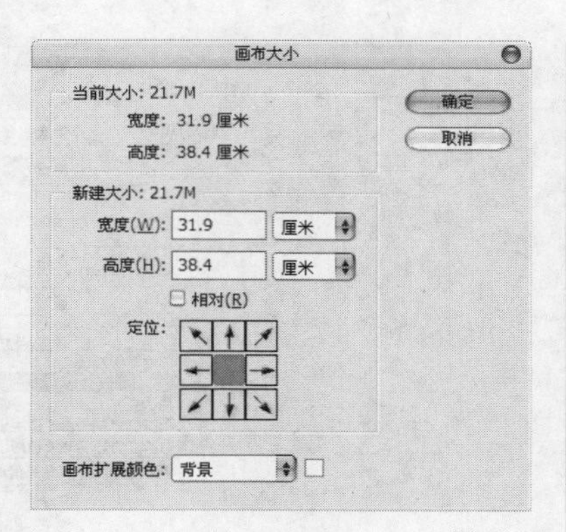

图5-40

5.4.1 当前大小

“当前大小”选项组下显示的是文档的实际大小，即图像的宽度和高度的实际尺寸。

5.4.2 新建大小

“新建大小”是指修改画布尺寸后的大小。当输入的“宽度”和“高度”值大于原始画布尺寸时，会增加画布，如图5-41所示；当输入的“宽度”和“高度”值小于原始画布尺寸时，Photoshop会裁切超出画布区域的图像，如图5-42所示。

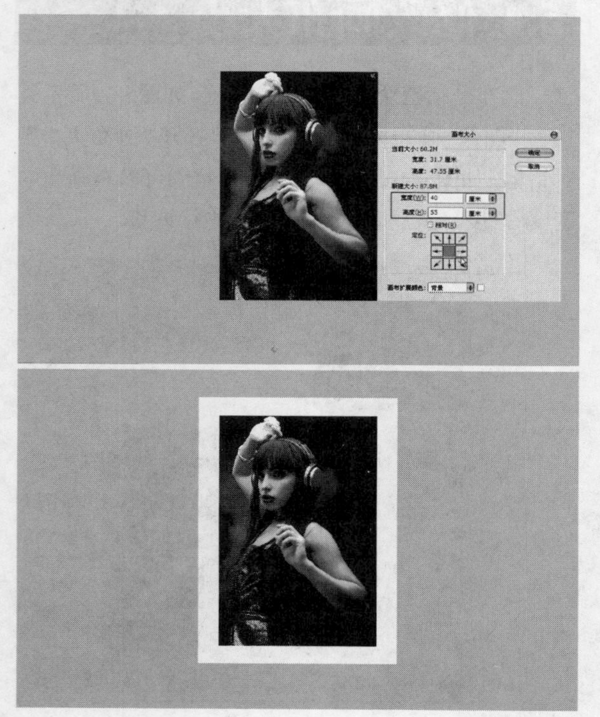

图5-41

图5-42

当勾选“相对”选项时，“宽度”和“高度”数值将代表实际增加或减少的区域的大小，而不再代表整个文档的大小。如果输入正值就表示增加画布，比如设置“宽度”为10cm，那么画布就在宽度方向上增加了10cm，如图5-43所示；如果输入负值就表示减小画布，比如设置“高度”为-10cm，那么画布就在高度方向上减小了10cm，如图5-44所示。

图5-43

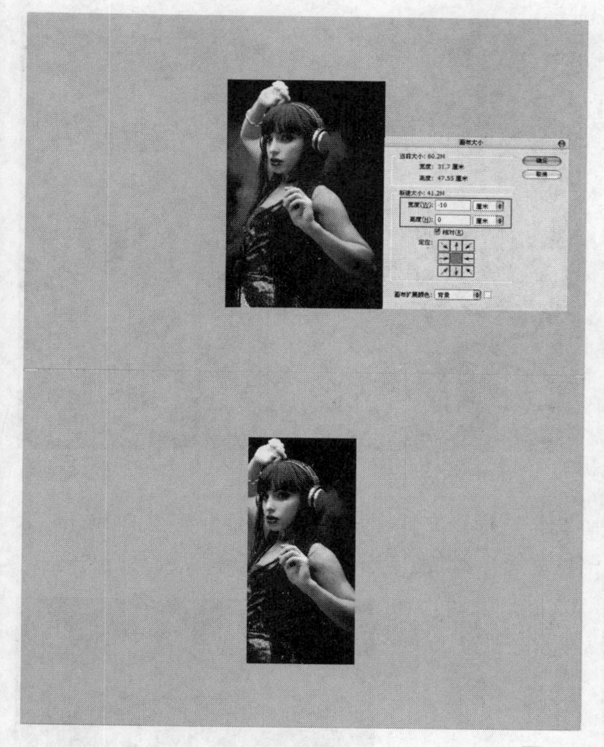

图5-44

“定位”选项主要用来设置当前图像在新画布上的位置，如图5-45所示（白色背景为画布的扩展颜色）。

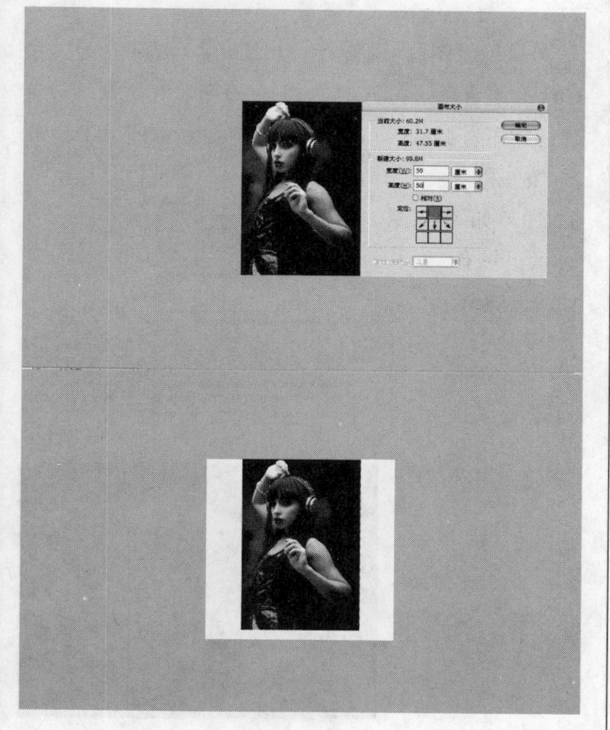

图5-45

5.4.3 画布扩展颜色

“画布扩展颜色”是指填充新画布的颜色。如果图像的背景是透明的，那么“画布扩展颜色”选项将不可用，新增加的画布也是透明的，如图5-46所示。

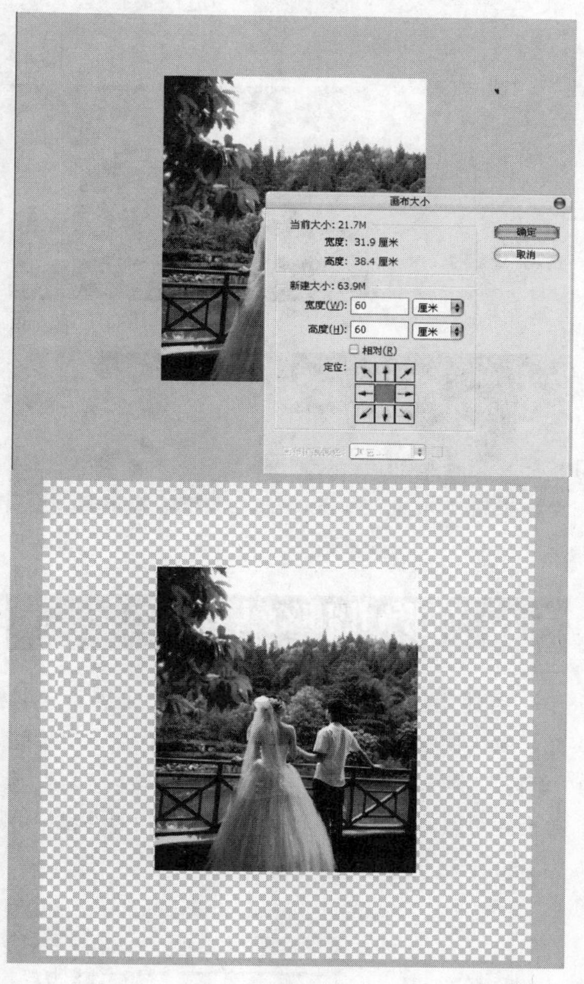

图5-46

5.5 旋转画布

在“图像>图像旋转”菜单下提供了一些旋转画布的命令，包含“180度”、“90度（顺时针）”、“90度（逆时针）”、“任意角度”、“水平翻转画布”和“垂直翻转画布”，如图5-47所示。在执行这些命令时，可以旋转或翻转整个图像，如图5-48所示为原图，图5-49所示的是执行“180度”命令和“水平翻转画布”命令后的图像效果。

图像大小(I)... Alt+Ctrl+I
画布大小(S)... Alt+Ctrl+C
图像旋转(G)
裁剪(P)
裁切(R)...
显示全部(V)
复制(D)...
应用图像(Y)...
计算(C)...
变量(B)
应用数据组(L)...
陷印(T)...
180 度(1)
90 度(顺时针)(9)
90 度(逆时针)(0)
任意角度(A)...
水平翻转画布(H)
垂直翻转画布(V)

图5-47

图5-48

图5-49

5.6 渐隐调整结果

当使用画笔、滤镜编辑图像，或进行了填充、颜色调整、添加了图层样式等操作后，“编辑>渐隐”菜单命令才可用。执行“编辑>渐隐”菜单命令可以修改操作结果的不透明度和混合模式，图5-50所示的是“渐隐”对话框。

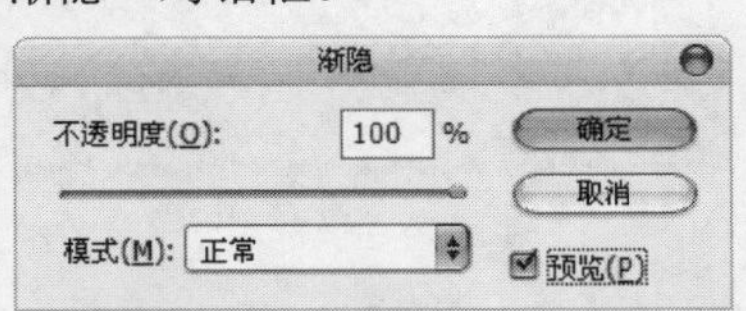

图5-50

课堂案例

利用渐隐调整图像色相

案例位置	DVD>案例文件>CH05>课堂案例——利用渐隐调整图像色相.psd
视频位置	DVD>多媒体教学>CH05>课堂案例——利用渐隐调整图像色相.flv
难易指数	★★☆☆☆
学习目标	学习如何使用“渐隐”命令调整校色效果

利用渐隐调整图像色相的最终效果如图5-51所示。

图5-51

01 执行“文件>打开”菜单命令，在弹出的对话框中选择本书配套光盘中的“素材文件>CH05>素材02.jpg”文件，如图5-52所示。

图5-52

02 执行“图像>调整>色相/饱和度”菜单命令或按Ctrl+U组合键，打开“色相/饱和度”对话框，设置“色相”为-128、“饱和度”为-10，如图5-53所示，图像效果如图5-54所示。

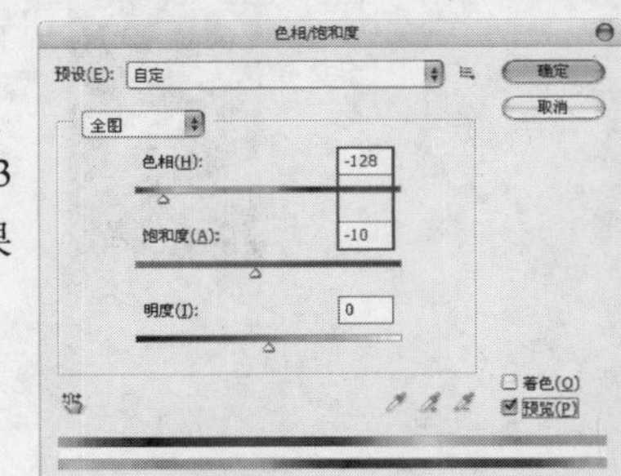

图5-53

图5-54

03 执行“编辑>渐隐色相/饱和度”菜单命令，在弹出的“渐隐”对话框中设置“不透明度”为85%、“模式”为“色相”，如图5-55所示，最终效果如图5-56所示。

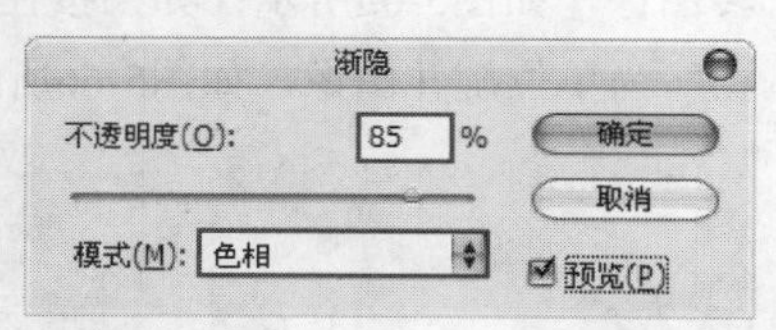

图5-55

图5-56

课堂练习

利用渐隐调整滤镜效果

案例位置	DVD>案例文件>CH05>课堂练习——利用渐隐调整滤镜效果.psd
视频位置	DVD>多媒体教学>CH05>课堂练习——利用渐隐调整滤镜效果.flv
难易指数	★★☆☆☆
练习目标	练习如何使用“渐隐”调整滤镜效果

利用渐隐调整滤镜效果的最终效果如图5-57所示。

图5-57

步骤分解如图5-58所示。

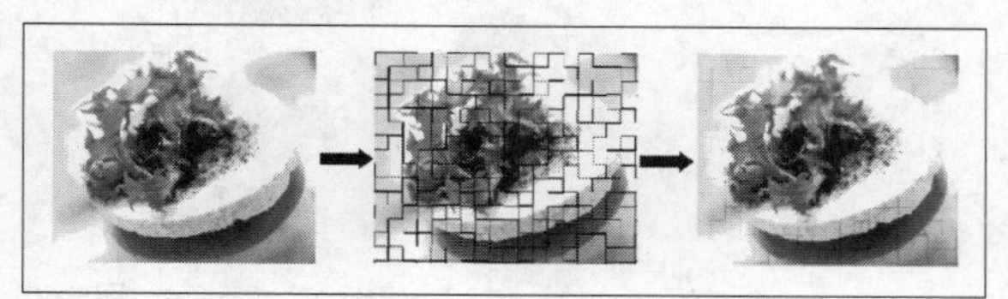

图5-58

5.7 图像的变换与变形

移动、旋转、缩放、扭曲、斜切等是处理图像的基本方法。其中移动、旋转和缩放称为变换操作，而扭曲和斜切称为变形操作。通过执行“编辑”菜单下的“自由变换”和“变换”命令，可以改变图像的形状。

本节重要命令介绍

名称	作用	重要程度
缩放	用于对图像的大小进行缩放	高
旋转	用于对图像进行转动	高
斜切	用于对图像进行倾斜	高
扭曲	用于对图像进行伸展变换	高
透视	用于对图像进行单点透视	高
变形	用于对图像的局部内容进行扭曲	高
自由变换	用于对图像进行连续性的操作	高
操控变形	用于修改人物的动作、发型	高

5.7.1 认识定界框、中心点和控制点

在执行“编辑>自由变换”菜单下的命令与执行“编辑>变换”菜单命令时，当前对象的周围会出现一个用于变换的定界框，定界框的中间有一个中心点，四周还有控制点，如图5-59所示。在默认情况下，中心点位于变换对象的中心，用于定义对象的变换中心，拖曳中心点可以移动它的位置；控制点主要用来变换图像，图5-60所示的是中心点在不同位置的缩放效果。

图5-59

图5-60

5.7.2 变换

在“编辑>变换”菜单上提供了各种变换命令，如图5-61所示。使用这些命令可以对图层、路径、矢量图形，以及选区中的图像进行变换操作。另外，还可以对矢量蒙版和Alpha应用变换。

再次(A)　Shift+Ctrl+T
缩放(S)
旋转(R)
斜切(K)
扭曲(D)
透视(P)
变形(W)
旋转 180 度(1)
旋转 90 度(顺时针)(9)
旋转 90 度(逆时针)(0)
水平翻转(H)
垂直翻转(V)

图5-61

1.缩放

使用“缩放”命令可以相对于变换对象的中心点对图像进行缩放。如果不按住任何快捷键，可以任意缩放图像，如图5-62所示；如果按住Shift键，将鼠标放在四角的控制点上可以等比例缩放缩放图像，如图5-63所示；如果按住Shift+Alt组合键，可以以中心点为基准等比例缩放图像，如图5-64所示。

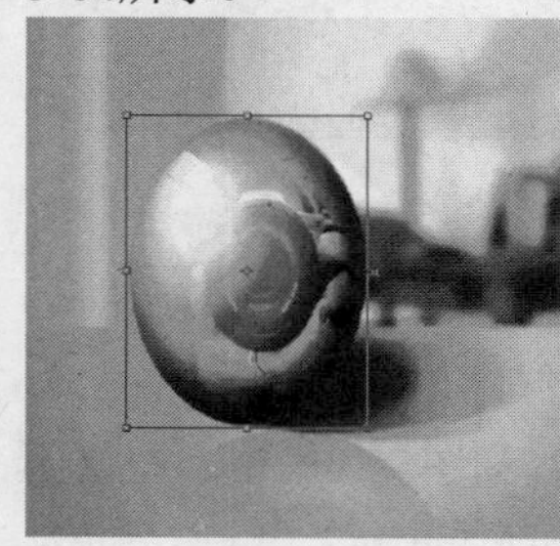

图5-62

图5-63

图5-64

2.旋转

使用“旋转”命令可以围绕中心点转动变换对象。如果不按住任何快捷键，可以以任意角度旋转图像，如图5-65所示；如果按住Shift键，可以以15°为单位旋转图像，如图5-66所示。

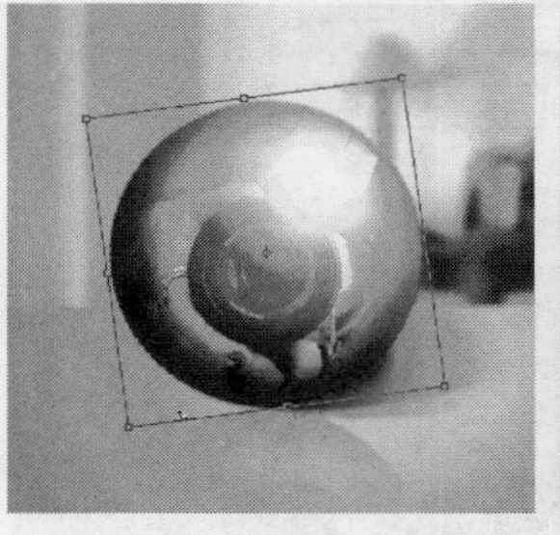

图5-65

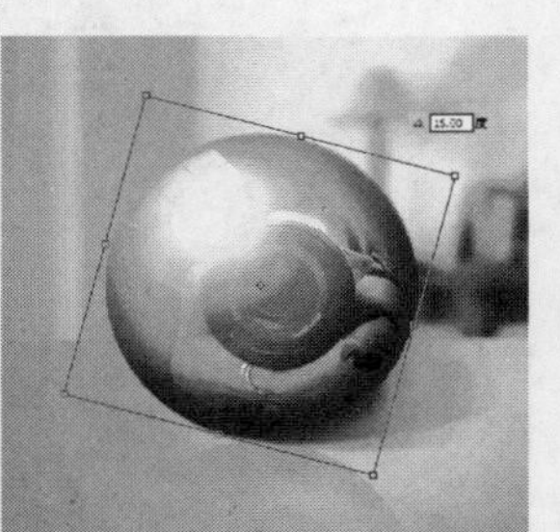

图5-66

3.斜切

使用“斜切”可以在任意方向、垂直方向或水平方向上倾斜图像。如果不按住任何快捷键，可以在任意方向上倾斜图像，如图5-67所示；如果按住Shift键，可以在垂直或水平方向上倾斜图像，如图5-68所示。

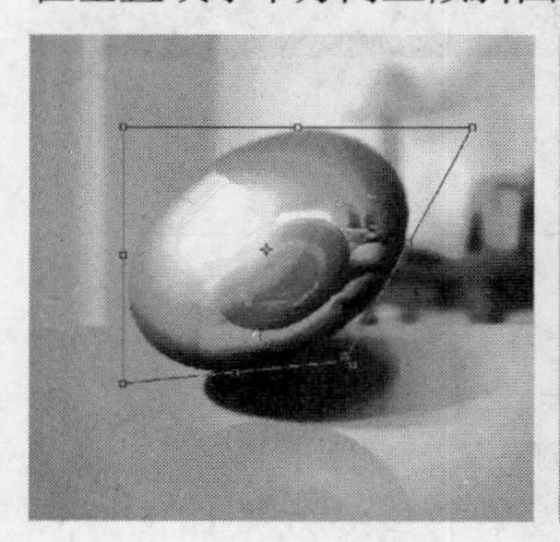

图5-67

图5-68

4.扭曲

使用“扭曲”命令可以在各个方向上伸展变换对象。如果不按住任何快捷键，可以在任意方向上扭曲图像，如图5-69所示；如果按住Shift键，可以在垂直或水平方向上扭曲图像，如图5-70所示。

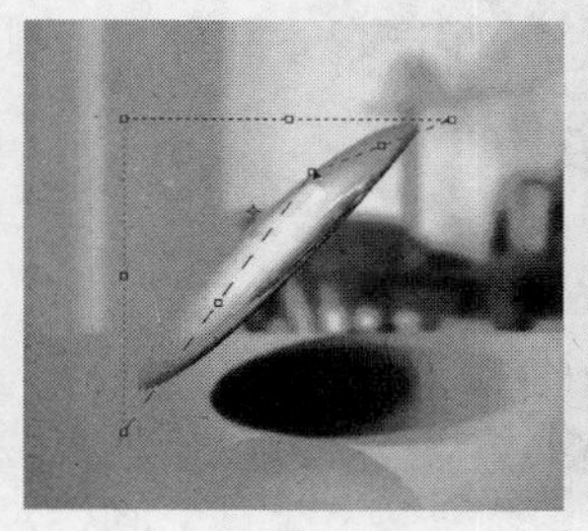

图5-69

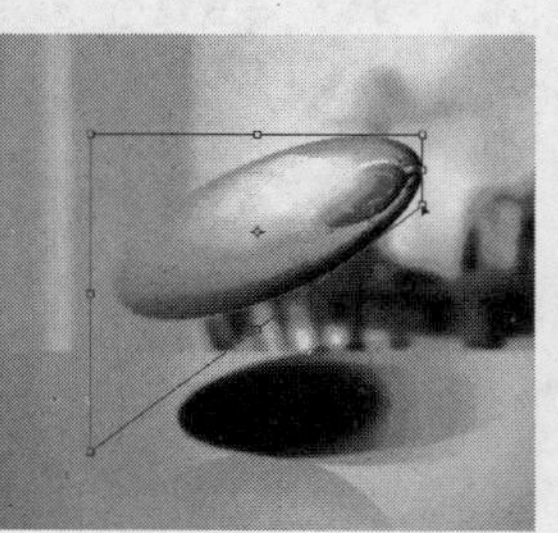

图5-70

5.透视

使用“透视”可以对变换对象应用单点透视。拖曳定界框4个角上的控制点，可以在水平或垂直方向上对图像应用透视，如图5-71和图5-72所示。

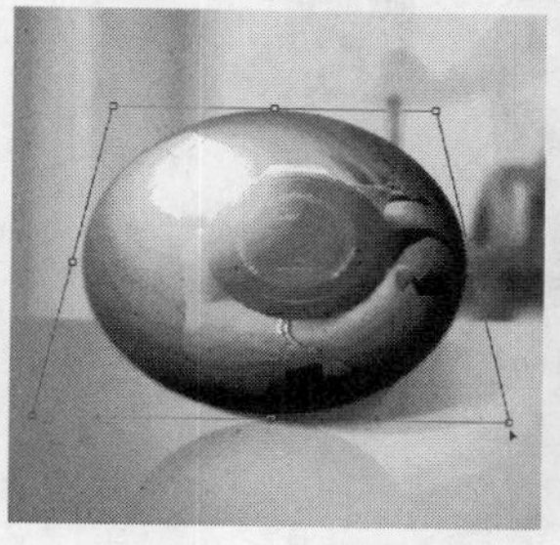

图5-71

图5-72

6.变形

如果要对图像的局部内容进行扭曲，可以使用“变形”命令来操作。执行该命令时，图像上将会出现变形网格和锚点，拖曳锚点或调整锚点的方向线可以对图像进行更加自由和灵活的变形处理，如图5-73所示。

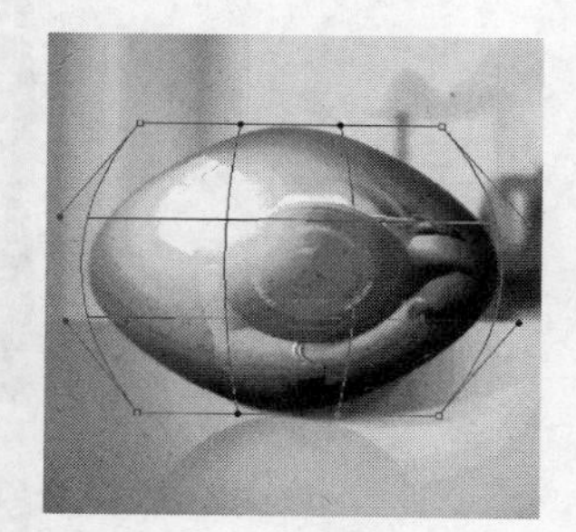

图5-73

7.水平/垂直翻转

这两个命令非常简单，执行“水平翻转”命令可以将图像在水平方向上进行翻转，如图5-74所示；执行“垂直翻转”命令可以将图像在垂直方向上进行翻转，如图5-75所示。

图5-74

图5-75

课堂案例

利用缩放和扭曲将照片放入相框

案例位置	DVD>案例文件>CH05>课堂案例——利用缩放和扭曲将照片放入相框.psd
视频位置	DVD>多媒体教学>CH05>课堂案例——利用缩放和扭曲将照片放入相框.flv
难易指数	★★☆☆☆
学习目标	学习“缩放”和“扭曲”变换的使用方法

利用缩放和扭曲将照片放入相框的最终效果如图5-76所示。

图5-76

01 执行“文件>打开”菜单命令，然后在弹出的对话框中选择本书配套光盘中的“素材文件>CH05>素材03.jpg”文件，如图5-77所示。

图5-77

02 执行“文件>置入”菜单命令，然后在弹出的对话框中选择本书配套光盘中的“素材文件>CH05>素材04.jpg”文件，如图5-78所示。

图5-78

03 执行“编辑>变换>缩放”菜单命令，然后按住

Shift键的同时将照片缩小到与线框相同的大小，如图5-79所示。缩放完成后暂时不要退出变换模式。

图5-79

技巧与提示

也可以直接按Ctrl+T组合键，进入自由变换状态。

04 在画布中单击鼠标右键，在弹出的菜单中选择“扭曲”命令，如图5-80所示，接着分别调整4个角上的控制点，使照片的4个角刚好与相框的4个角相吻合，如图5-81所示。

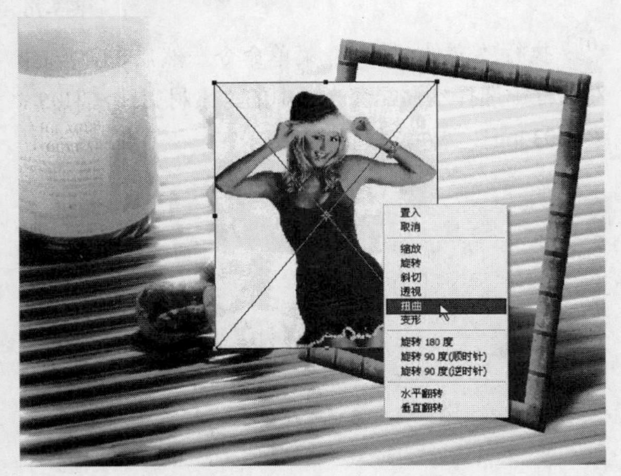

图5-80

图5-81

05 按Enter键完成变换操作，最终效果如图5-82所示。

图5-82

课堂案例

利用透视为效果图添加室外环境

案例位置	DVD>案例文件>CH05>课堂案例——利用透视为效果图添加室外环境.psd
视频位置	DVD>多媒体教学>CH05>课堂案例——利用透视为效果图添加室外环境.flv
难易指数	★★☆☆☆
学习目标	学习“透视”变换的使用方法

利用透视为效果图添加室外环境的最终效果如图5-83所示。

图5-83

01 按Ctrl+O组合键，打开本书配套光盘中的“素材文件>CH05>素材05.png”文件，如图5-84所示。

图5-84

02 执行“文件>置入”菜单命令，然后在弹出的对话框中选择本书配套光盘中的“素材文件>CH05>素材06.jpg”文件，如图5-85所示。

图5-85

03 执行“编辑>变换>透视”菜单命令，然后向下拖曳左下角的一个控制点，使图像遮挡住左侧的透明区域，如图5-86所示；接着向下拖曳右下角的一个控制点，使图像遮挡住右侧的透明区域，如图5-87所示。

图5-86 图5-87

04 在“图层”面板中选择“素材12（2）”图层，然后将其放置在“图层0”的下一层，接着设置“素材05”图层的“不透明度”为76%，如图5-88所示。

图5-88

05 在“图层”面板中单击“创建新图层”按钮，新建一个“图层1”，然后将其放置在“素材05”图层的下一层，接着设置前景色为白色，最后按Alt+Delete组合键用前景色填充“图层1”，如图5-89所示，最终效果如图5-90所示。

图5-89 图5-90

课堂案例

利用变形制作鲜嫩苹果

案例位置	DVD>案例文件>CH05>课堂案例——利用变形制作鲜嫩苹果.psd
视频位置	DVD>多媒体教学>CH05>课堂案例——利用变形制作鲜嫩苹果.flv
难易指数	★★★☆☆
学习目标	学习“变形”变换的使用方法

利用变形制作鲜嫩苹果的最终效果如图5-91所示。

图5-91

01 按Ctrl+O组合键，打开本书配套光盘中的“素材文件>CH05>素材07.psd”文件，如图5-92所示。

图5-92

技巧与提示

这个文件里面包含4个图层，如图5-93所示。将苹果图像分层后，就可以很方便地进行操作。

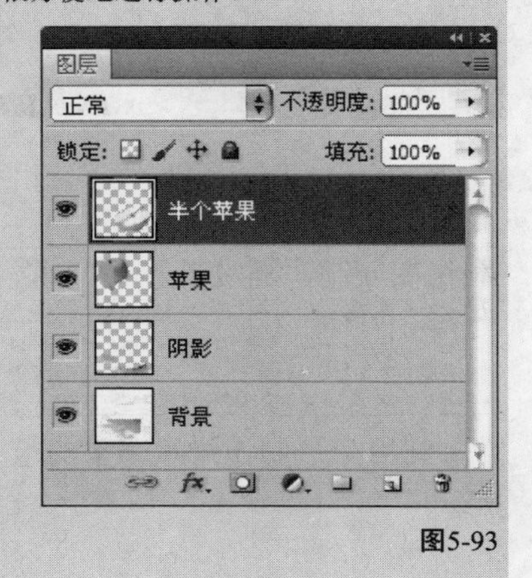

图5-93

02 执行“文件>置入”菜单命令，在弹出的对话框中选择本书配套光盘中的“素材文件>CH05>素材08.jpg”文件，如图5-94所示。

图5-94

03 执行“编辑>变换>水平翻转”菜单命令，效果如图5-95所示。

图5-95

04 执行“编辑>变换>变形”菜单命令，打开变换框，拖曳4个角上的锚点，将图像完全裹住苹果，如图5-96所示。

图5-96

05 在“图层”面板中选择“素材13（2）”图层，然后设置该图层的混合模式为“柔光”，接着将其拖曳到“苹果”图层的上一层，如图5-97所示。

图5-97

06 选择“素材13（2）”图层，然后执行“图层>创建剪贴蒙版”菜单命令或按Alt+Ctrl+G组合键，将该图层设置为“苹果”图层的剪贴蒙版，如图5-98所示，效果如图5-99所示。

图5-98

图5-99

知识点

为一个图层创建剪贴蒙版后，该图层就只作用于处于该图层的下一个图层。关于剪贴蒙版的相关知识，将在后面的章节中进行详细讲解。

07 采用相同的方法为另外一半苹果制作出水滴效果，最终效果如图5-100所示。

图5-100

课堂练习

利用斜切和扭曲更换屏幕图像

案例位置	DVD>案例文件>CH05>课堂练习——利用斜切和扭曲更换屏幕图像.psd
视频位置	DVD>多媒体教学>CH05>课堂练习——利用斜切和扭曲更换屏幕图像.flv
难易指数	★★☆☆☆
练习目标	练习“斜切”和“扭曲”变换的使用方法

利用斜切和扭曲更换屏幕图像的最终效果如图5-101所示。

图5-101

步骤分解如图5-102所示。

图5-102

8.自由变换

“自由变换”命令是“变换”命令的加强版，它可以在一个连续的操作中应用旋转、缩放、斜切、扭曲、透视和变形（如果是变换路径，“自由变换”命令将自动切换为“自由变换路径”命令；如果是变换路径上的锚点，“自由变换”命令将自动切换为“自由变换点”命令），并且可以不必选取其他变换命令，如图5-103所示。

图5-103

知识点

在Photoshop中，自由变换是一个非常实用的功能，熟练掌握自由变换可以大大提高工作效率，下面就对这项功能的快捷键配合进行详细介绍。

在“编辑>变换”菜单下包含有缩放、旋转和翻转等命令，其功能是对所选图层或选区内的图像进行缩放、旋转或翻转等操作，而自由变换其实也是变换中的一种，按Ctrl+T组合键可以使所选图层或选区内的图像进入自由变换状态。

在进入自由变换状态以后，Ctrl键、Shift键和Alt键这3个快捷键将经常一起搭配使用。

1.在没有按住任何快捷键的情况下

鼠标左键拖曳定界框4个角上的控制点，可以形成以对角不变的自由矩形方式变换，也可以反向拖动形成翻转变换。

鼠标左键拖曳定界框边上的控制点，可以形成以对边不变的等高或等宽的自由变形。

鼠标左键在定界框外拖曳可以自由旋转图像，精确至0.1°，也可以直接在选项栏中定义旋转角度。

2.按住Shift键

鼠标左键拖曳定界框4个角上的控制点，可以等比例放大或缩小图像，也可以反向拖曳形成翻转变换。

鼠标左键在定界框外拖曳，可以以15°为单位顺时针或逆时针旋转图像。

3.按住Ctrl键

鼠标左键拖曳定界框4个角上的控制点，可以形成以对角为直角的自由四边形方式变换。

鼠标左键拖曳定界框边上的控制点，可以形成以对边不变的自由平行四边形方式变换。

4.按住Alt键

鼠标左键拖曳定界框4角上的控制点，可以形成以中心对称的自由矩形方式变换。

鼠标左键拖曳定界框边上的控制点，可以形成以中心对称的等高或等宽的自由矩形方式变换。

5.按住Shift +Ctrl组合键

鼠标左键拖曳定界框4个角上的控制点，可以形成以对角为直角的直角梯形方式变换。

鼠标左键拖曳定界框边上的控制点，可以形成以对边不变的等高或等宽的自由平行四边形方式变换。

6.按住Ctrl+Alt组合键

鼠标左键拖曳定界框4个角上的控制点，可以形成以相邻两角位置不变的中心对称自由平行四边形方式变换。

鼠标左键拖曳定界框边上的控制点，可以形成以相邻两边位置不变的中心对称自由平行四边形方式变换。

7.按住Shift+Alt组合键

鼠标左键拖曳定界框4个角上的控制点，可以形成以中心对称的等比例放大或缩小的矩形方式变换。

鼠标左键拖曳定界框边上的控制点，可以形成以中心对称的对边不变的矩形方式变换。

8.按住Shift+Ctrl+ Alt组合键

鼠标左键拖曳定界框4个角上的控制点，可以形成以等腰梯形、三角形或相对等腰三角形方式变换。

鼠标左键拖曳定界框边上的控制点，可以形成以中心对称等高或等宽的自由平行四边形方式变换。

通过以上8种快捷键或组合键的介绍可以得出一个规律：Ctrl键可以使变换更加自由，Shift键主要用来控制方向、旋转角度和等比例缩放，Alt键主要用来控制中心对称。

课堂案例

利用自由变换制作飞舞的蝴蝶

案例位置	DVD案例文件>CH05>课堂案例——利用自由变换制作飞舞的蝴蝶.psd
视频位置	DVD>多媒体教学>CH05>课堂案例——利用自由变换制作飞舞的蝴蝶.flv
难易指数	★★★☆☆
学习目标	学习“自由变换”功能的使用方法

利用自由变换制作飞舞的蝴蝶的最终效果如图5-104所示。

图5-104

01 按Ctrl+O组合键，打开本书配套光盘中的“素材文件>CH05>素材09.jpg”文件，如图5-105所示。

图5-105

02 再次打开本书配套光盘中的“素材文件>CH05>素材10.png”文件，然后将其拖曳到“素材08.jpg”操作界面中，如图5-106所示。

图5-106

03 按Ctrl+T组合键进入自由变换状态，然后按住Shift键的同时将图像等比例缩放到图5-107所示的大小。

图5-107

04 在画布中单击鼠标右键，在弹出的菜单中选择“变形”命令，如图5-108所示，接着拖曳变形网格和锚点，将图像变形成如图5-109所示的效果。

图5-108

图5-109

05 在画布中单击鼠标右键，然后在弹出的菜单中选择“旋转”命令，接着将图像逆时针旋转到图5-110所示的角度。

图5-110

06 继续导入一只蝴蝶，利用“缩放”变换“透视”变换和“旋转”变换将其调整成图5-111所示的效果。

图5-111

07 再次导入两只蝴蝶，然后利用“缩放”变换“斜切”变换和“旋转”变换调整好其形态，最终效果如图5-112所示。

图5-112

课堂练习

利用自由变换制作重复的艺术

案例位置	DVD>案例文件>CH05>课堂练习——利用自由变换制作重复的艺术.psd
视频位置	DVD>多媒体教学>CH05>课堂练习——利用自由变换制作重复的艺术.flv
难易指数	★★☆☆☆
练习目标	练习“自由变换并复制”功能的使用方法

利用自由变换制作重复的艺术的最终效果如图5-113所示。

图5-113

步骤分解如图5-114所示。

图5-114

5.7.3 操控变形

“操控变形”是Photoshop CS5新增的一项图像变形功能，它是一种可视网格。借助该网格，可以随意地扭曲特定图像区域，并保持其他区域不变。“操控变形”通常用来修改人物的动作、发型等。

执行“编辑>操控变形”菜单命令，图像上会布满网格，如图5-115所示，通过在图像中的关键点上添加“图钉”，可以修改人物的一些动作，图5-116所示是修改手部动作前后的效果对比。

图5-115

图5-116

技巧与提示

除了图像图层、形状图层和文字图层之外，还可以对图层蒙版和矢量蒙版应用操控变形。如果要以非破坏性的方式变形图像，需要将图像转换为智能对象。

选择一个图像，然后执行“编辑>操控变形”菜单命令，调出选项栏，如图5-117所示。

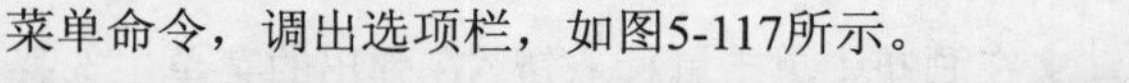

模式：正常 浓度：正常 扩展：2px 显示网格 图钉深度： 旋转：固定 0 度

图5-117

操控变形选项栏重要参数介绍

模式：共有“刚性”、“正常”和“扭曲”3种模式。选择“刚性”模式时，变形效果比较精确，但是过渡效果不是很柔和，如图5-118所示；选择“正常”模式时，变形效果比较准确，过渡也比较柔和，如图5-119所示；选择“扭曲”模式时，可以在变形的同时创建透视效果，如图5-120所示。

图5-118

图5-119

图5-120

浓度：共有“较少点”、“正常”和“较多点”3个选项。选择“较少点”选项时，网格点数量就比较少，如图5-121所示，同时可添加的图钉数量也较少，并且图钉之间需要间隔较大的距离；选择“正常”选项时，网格点数量比较适中，如图5-122所示；选择“较多点”选项时，网格点非常细密，如图5-123所示，当然可添加的图钉数量也更多。

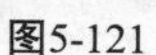

图5-121

图5-122

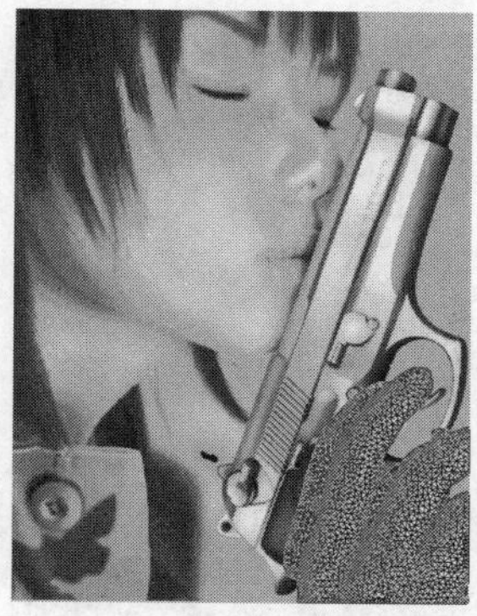

图5-123

扩展：用来设置变形效果的衰减范围。设置较大的像素值以后，变形网格的范围也会相应地向外扩展，变形之后，图像的边缘会变得更加平滑，图5-124所示是将“扩展”设置为20px时的效果；设置较小的像素值以后（可以设置为负值），图像的边缘变化效果会变得很生硬，图5-125所示是将“扩展”设置为-20px时的效果。

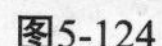

图5-124

图5-125

显示网格：控制是否在变形图像上显示出变形网格。

图钉深度：选择一个图钉以后，单击“将图

钉前移”按钮，可以将图钉向上层移动一个堆叠顺序；单击“将图钉后移”按钮，可以将图钉向下层移动一个堆叠顺序。

旋转：共有“自动”和“固定”两个选项。选择“自动”选项时，在拖曳图钉变形图像时，系统会自动对图像进行旋转处理，如图5-126所示（按住Alt键，将光标放置在图钉范围之外即可显示出旋转变形框）；如果要设定精确的旋转角度，可以选择“固定”选项，然后在后面的输入框中输入旋转度数即可，如图5-127所示。

图5-126

图5-127

课堂案例

利用操控变形修改美少女开枪动作

案例位置	DVD>案例文件>课堂案例——利用操控变形修改美少女开枪动作.psd
视频位置	DVD>多媒体教学>CH05>课堂案例——利用操控变形修改美少女开枪动作.flv
难易指数	★★☆☆☆
学习目标	学习“操控变形”功能的使用方法

利用操控变形修改美少女开枪动作的最终效果如图5-128所示。

图5-128

01 按Ctrl+O组合键，打开本书配套光盘中的“素材文件>CH05>素材11.jpg”文件，如图5-129所示。

图5-129

02 再次打开本书配套光盘中的“素材文件>CH05>素材12.png”文件，然后将其拖曳到“素材10.jpg”操作界面中，如图5-130所示。

图5-130

03 执行“编辑>操控变形”菜单命令，然后在美少女图像的重要位置添加一些图钉，如图5-131所示。

图5-131

技巧与提示

在图像上添加与删除图钉的方法：执行“编辑>操控变形”菜单命令以后，光标会变成形状，在图像上单击鼠标左键即可在单击处添加图钉；如果要删除图钉，可以选择该图钉，然后按Delete键，或者按住Alt单击要删除的图钉；如果要删除所有的图钉，可以在网格上单击鼠标右键，然后在弹出的菜单中选择“移去所有图钉”命令。

04 将光标放置在图钉上，然后使用鼠标左键仔细调节图钉的位置，此时图像也会随之发生变形，如图5-132所示。

图5-132

技巧与提示

如果在调节图钉位置时，发现图钉不够用，可以继续添加图钉来完成变形操作。

05 按Enter键关闭“操控变形”命令，最终效果如图5-133所示。

图5-133

技巧与提示

“操作变形”命令类似于三维软件中的骨骼绑定系统，使用起来非常方便，可以通过控制几个图钉来快速调节图像的变形效果。

5.8 内容识别比例

“内容识别比例”是Photoshop中一个非常实用的缩放功能，它可以在不更改重要可视内容（如人物、建筑、动物等）的情况下缩放图像大小。常规缩放在调整图像大小时会影响所有像素，而“内容识别比例”命令主要影响非重要内容区域中的像素，图5-134所示是常规缩放和“内容识别比例”缩放的对比效果。

原图像

常规缩放

内容识别缩放

图5-134

使用“内容识别比例”命令后，将会出现图5-135所示的选项栏。

X: 320.00 px Y: 200.00 px W: 100.00% H: 100.00% 数量 100% 保护: 无

图5-135

内容识别命令选项栏重要参数介绍

“参考点位置”图标：单击其他的白色方块，可以指定缩放图像时要围绕的固定点。在默认情况下，参考点位于图像的中心。

“使用参考点相对定位”按钮：单击该按钮，可以指定相对于当前参考点位置的新参考点位置。

X/Y：设置参考点的水平和垂直位置。

W/H：设置图像按原始大小的缩放百分比。

数量：设置内容识别缩放与常规缩放的比

例。在一般情况下，都应该将该值设置为100%。

保护：选择要保护的区域的Alpha通道。

"保护肤色"按钮：激活该按钮后，在缩放图像时，可以保护人物的肤色区域。

技巧与提示

如果在缩放图像时要保留特定的区域，"内容识别比例"允许在调整大小的过程中使用Alpha通道来保护内容。"内容识别比例"适用于处理图层和选区，图像可以是RGB、CMYK、Lab和灰度颜色模式以及所有位深度。注意，"内容识别比例"不适用于处理调整图层、图层蒙版、各个通道、智能对象、3D图层、视频图层、图层组，或者同时处理多个图层。

课堂案例

利用内容识别比例缩放图像

案例位置	DVD>案例文件>CH05>课堂案例——利用内容识别比例缩放图像.psd
视频位置	DVD>多媒体教学>CH05>课堂案例——利用内容识别比例缩放图像.flv
难易指数	★☆☆☆☆
学习目标	学习"内容识别比例"功能的使用方法

利用内容识别比例缩放图像的最终效果如图5-136所示。

图5-136

01 按Ctrl+O组合键，打开本书配套光盘中的"素材文件>CH05>素材13.jpg"文件，如图5-137所示。

图5-137

02 按Ctrl+J组合键，复制一个"图层1"，如图5-138所示。

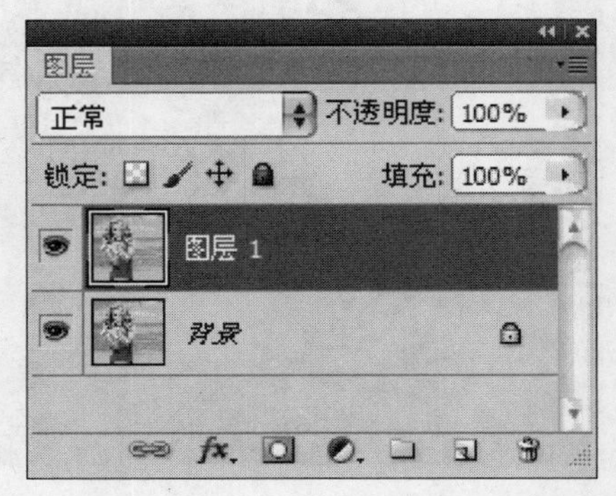

图5-138

03 执行"编辑>内容识别比例"菜单命令或按Alt+Shift+Ctrl+C组合键，进入内容识别缩放状态，然后向左拖曳定界框右侧中间的控制点，如图5-139所示，此时可以观察到人物几乎没有发生变形，最终效果如图5-140所示。

图5-139　　图5-140

技巧与提示

如果采用常规缩放方法来缩放这张图像，人物将发生很大的变形。

课堂练习

利用保护肤色功能缩放人像

案例位置	DVD>案例文件>CH05>课堂练习——利用保护肤色功能缩放人像.psd
视频位置	DVD>多媒体教学>CH05>课堂练习——利用保护肤色功能缩放人像.flv
难易指数	★★☆☆☆
学习目标	练习"保护肤色"功能的使用方法

利用保护肤色功能缩放人像的最终效果如图5-141所示。

图5-141

步骤分解如图5-142所示。

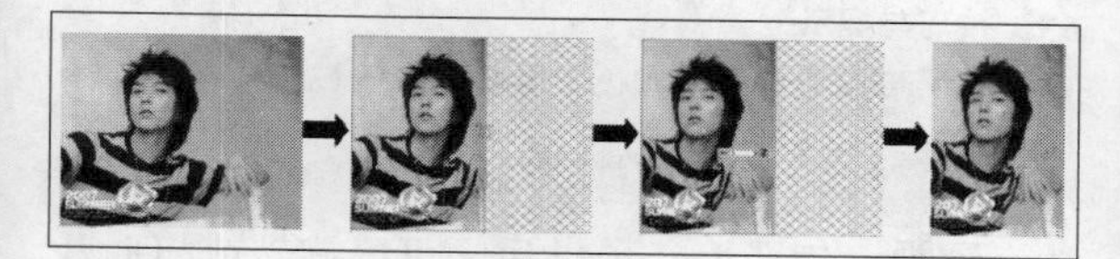

图5-142

5.9 裁剪与裁切

当使用数码相机拍摄照片或将老照片进行扫描时，经常需要裁剪掉多余的内容，使画面的构图更加完美。裁剪图像主要使用"裁剪工具"、"裁剪"命令和"裁切"来完成。

本节重要工具/命令介绍

名称	作用	重要程度
裁剪工具	用于对图像多余的部分进行裁剪	高
裁切命令	用于对图像进行基于像素的裁剪	高

5.9.1 裁剪图像

裁剪是指移去部分图像，以突出或加强构图效果的过程。使用"裁剪工具"可以裁剪掉多余的图像，并重新定义画布的大小。选择"裁剪工具"后，在画面中拖曳出一个矩形区域，选择要保留的部分，然后按Enter键或双击鼠标左键即可完成裁剪。

1.创建裁剪区域前的选项栏

在"工具箱"中单击"裁剪工具"按钮，调出其选项栏，如图5-143所示。

图5-143

裁剪工具选项栏参数介绍

宽度/高度/分辨率：通过输入裁剪图像的宽度、高度和分辨率的数值，来确定裁剪后图像的尺寸。比如，设置"宽度"和"高度"都为12cm、"分辨率"为100像素/英寸，在进行裁剪时，虽然创建的裁剪区域的大小不同，但裁剪后图像的尺寸和分辨率也会与设定的尺寸一致，如图5-144和图5-145所示。

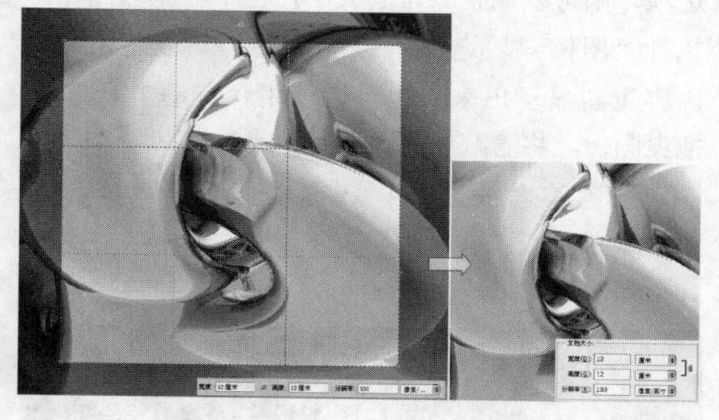

图5-144

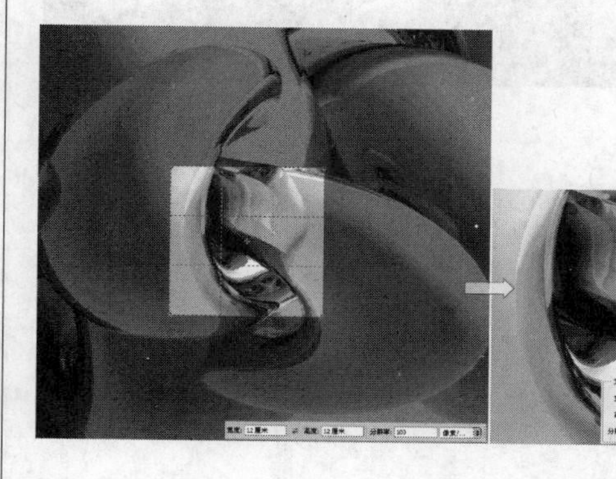

图5-145

技巧与提示

在"宽度"、"高度"和"分辨率"输入框输入数值后，系统将会保存下来。在下次使用"裁剪工具"裁剪图像时，就会显示这些数值。

前面的图像：单击该按钮，可以在"宽度"、"高度"和"分辨率"输入框中显示当前图像的尺寸和分辨率。如果同时打开了两个文件，会显示另外一个图像的尺寸和分辨率。

清除：单击该按钮，可以清除上次操作设置的“宽度”、“高度”和“分辨率”数值。

2.创建裁剪区域后的选项栏

使用“裁剪工具”在图像上拖曳出一个裁剪区域后，将会出现如图5-146所示的选项栏。

图5-146

裁剪区域选项栏重要参数介绍

裁剪区域：当文档中包含多个图层，或者没有“背景”图层时，该选项才可用。如果选择“删除”选项，代表被裁剪的图像；如果选择“隐藏”选项，则可以调整画布的大小，但不会删除图像，执行“图像>显示全部”菜单命令，可以将隐藏的内容重新显示出来（也可以使用“移动工具”拖曳图像，将隐藏的内容显示出来）。

裁剪参考线叠加：选择裁剪时显示的参考线，共有“无”、“三等分”和“网格”3个选项，如图5-147所示。

图5-147

> **技巧与提示**
> 在“裁剪参考线叠加”中有一个“三等分”选项，这个选项是基于三分原则。三分原则是摄影师拍摄时广泛使用的一种技巧，将画面按水平方向在1/3和2/3的位置建立两条水平线，按垂直方向在1/3和2/3的位置建立两条垂直线，然后尽量将画面中的重要元素放在交点位置上。

屏蔽/颜色/不透明度：勾选“屏蔽”选项时，被裁剪的区域就会被“颜色”选项中设置的颜色所屏蔽掉，如图5-148所示是默认设置（“颜色”为黑色、“不透明度”为75%）的屏蔽效果，以及将“颜色”设置为浅黄色时的屏蔽效果；如果关闭“屏蔽”选项，会显示出全部的图像，如图5-149所示。

图5-148

图5-149

> **技巧与提示**
> 除了可以通过调节颜色来屏蔽裁剪区域以外，还可以通过调节“不透明度”来屏蔽裁剪区域。

透视：勾选该选项以后，可以旋转或扭曲裁剪定界框如图5-150所示。裁剪完成后，可以对图像应用透视变换，如图5-151所示。

图5-150

图5-151

课堂案例

利用裁剪工具裁剪图像

案例位置	DVD>案例文件>课堂案例——利用裁剪工具裁剪图像.psd
视频位置	DVD>多媒体教学>CH05>课堂案例——利用裁剪工具裁剪图像.flv
难易指数	★★☆☆☆
学习目标	学习“裁剪工具”的使用方法

利用裁剪工具裁剪图像的最终效果如图5-152所示。

图5-152

01 按Ctrl+O组合键，打开本书配套光盘中的“素材文件>CH05>素材14.jpg”文件，如图5-153所示。

图5-153

02 在“工具箱”中单击“裁剪工具”按钮或按C键，然后在图像上拖曳出一个矩形定界框，如图5-154所示。

图5-154

03 为了突出画面中的人物，可以将光标放置在定界框中，然后拖曳光标，将裁剪框移动到合适的位置，如图5-155所示。

图5-155

04 如果要调整定界框的大小，可以拖曳定界框上的控制点，如图5-156所示。

图5-156

05 确定裁剪区域以后，可以按Enter键、双击鼠标左键，或在选项栏中单击“提交当前裁剪操作”按钮，完成裁剪操作，最终效果如图5-157所示。

图5-157

课堂练习

利用裁剪命令裁剪图像

案例位置	DVD>案例文件>CH05>课堂练习——利用裁剪命令裁剪图像.psd
视频位置	DVD>多媒体教学>CH05>课堂练习——利用裁剪命令裁剪图像.flv
难易指数	★★☆☆☆
练习目标	练习“裁剪”命令的使用方法

利用裁剪命令裁剪图像的最终效果如图5-158所示。

图5-158

步骤分解如图5-159所示。

图5-159

5.9.2 裁切图像

使用“裁切”命令可以基于像素的颜色来裁剪图像。执行“编辑>裁切”命令，打开“裁切”对话框，如图5-160所示。

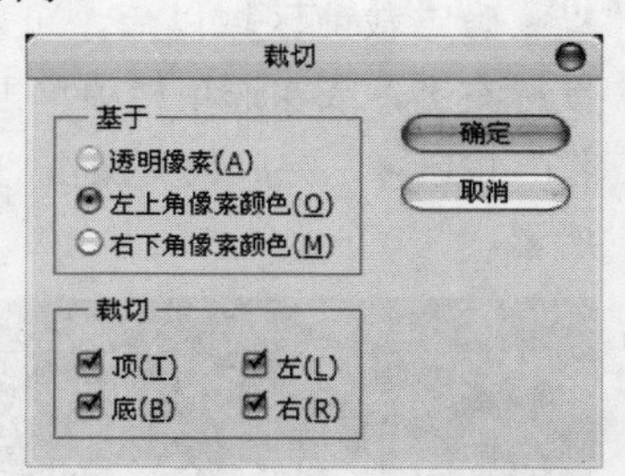

图5-160

裁切面板重要选项介绍

透明像素：可以裁剪掉图像边缘的透明区域，只将非透明像素区域的最小图像保留下来。该选项只有图像中存在透明区域时才可用。

左上角像素颜色：从图像中删除左上角像素颜色的区域。

右下角像素颜色：从图像中删除右下角像素颜色的区域。

顶/底/左/右：设置修正图像区域的方式。

课堂案例

利用裁切命令去掉留白

案例位置	DVD>案例文件>CH05>课堂案例——利用裁切命令去掉留白.psd
视频位置	DVD>多媒体教学>CH05>课堂案例——利用裁切命令去掉留白.flv
难易指数	★☆☆☆☆
学习目标	学习“裁切”命令的使用方法

利用裁切命令去掉留白的最终效果如图5-161所示。

图5-161

01 按Ctrl+O组合键，打开本书配套光盘中的“素材文件>CH05>素材15.jpg”文件，可以观察到这张图像有很多留白区域，如图5-162所示。

图5-162

02 执行“图像>裁切”命令，然后在弹出的“裁切”对话框设置“基于”为“左上角像素颜色”或“右下角像素颜色”，如图5-163所示，最终效果如图5-164所示。

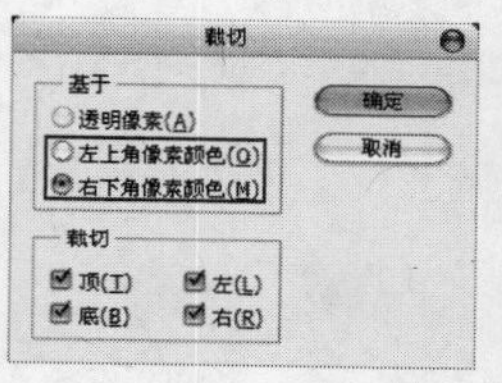

图5-163

图5-164

5.10 本章小结

本章主要讲解了编辑图像的辅助工具和对图像进行编辑的工具以及命令。在辅助工具的讲解中，详细讲解了每种工具的基本用法，包括标尺、抓手、注释工具等；在讲解编辑的工具以及命令中，首先讲解了图像、画布的基本知识以及调整方法，接着讲解了怎样利用各种工具及其命令对图像进行变换、变形以及裁剪、裁切。本章虽是对编辑图像的一个基础讲解，但却是编辑图像的基本功，读者应对这些图像编辑工具以及命令勤加练习。

5.11 课后习题

鉴于本章知识的重要性，将安排两个有针对性的课后习以供练习，第1个课后习题主要针对“裁剪工具”的使用，第2个课后习题主要针对“画笔工具”的使用。

5.11.1 课后习题1——调整图像的构图比例

习题文件	DVD>案例文件>CH05>课后习题1——调整图像的构图比例.psd
视频位置	DVD>多媒体教学>CH05>课后习题1——调整图像的构图比例.flv
难易指数	★☆☆☆☆
练习目标	练习“裁剪工具”的用法

调整图像的构图比例效果如图5-165所示。

图5-164

步骤分解如图5-166所示。

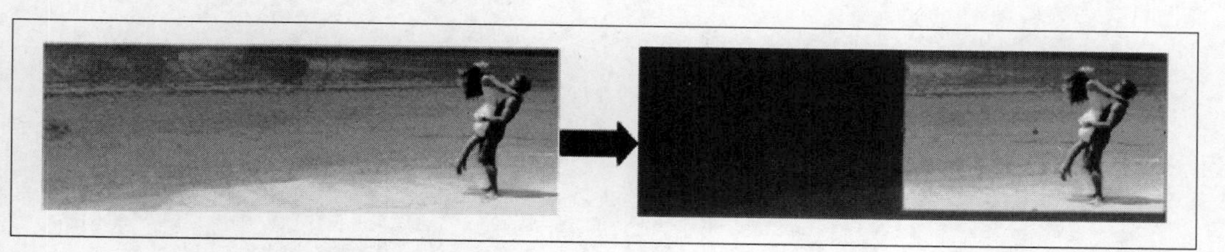

图5-166

5.11.2 课后习题2——去掉背景中的污迹

习题文件	DVD>案例文件>CH05>课后习题2——去掉背景中的污迹.psd
视频位置	DVD>多媒体教学>CH05>课后习题2——去掉背景中的污迹.flv
难易指数	★★☆☆☆
练习目标	练习"仿制图章工具"的使用方法

去掉背景中的污迹的效果如图5-167所示。

图5-167

步骤分解如图5-168所示。

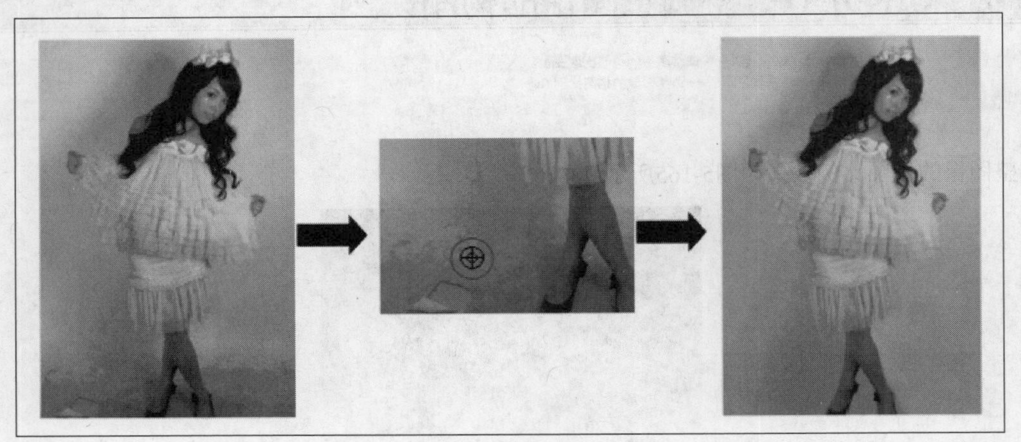

图5-168

第6章

路径与矢量工具

本章主要介绍路径的绘制、编辑方法以及图形的绘制与应用技巧，路径与矢量工具在图片处理后期与图像合成中的使用是非常频繁的，同时也是Photoshop基础知识中的重点与难点。希望大家能认真学习，加强对本章知识的掌握。

课堂学习目标

掌握“钢笔工具”的使用方法
掌握路径的基本操作方法
掌握形状工具的基本使用方法

6.1 绘图前的必备知识

在使用Photoshop中的钢笔工具和形状工具绘图前，首先要了解使用这些工具可以绘制出什么图形，也就是通常所说的绘图模式。而在了解了绘图模式之后，就需要了解路径与锚点之间的关系，因为在使用钢笔工具等矢量工具绘图时，基本上都会涉及它们。

6.1.1 认识绘图模式

使用Photoshop中的钢笔工具和形状工具可以绘制出很多图形，包含形状图层、路径和填充像素3种，如图6-1所示。在绘图前，首先要在工具选项栏中选择一种绘图模式，然后才能进行绘制。

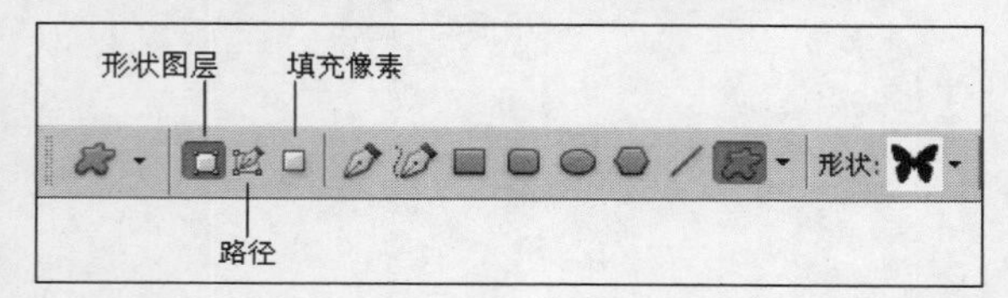

图6-1

1.形状图层

在选项栏中单击“形状图层”按钮，可以在单独的一个形状图层中创建形状图形，如图6-2所示。形状图层包含填充区域和矢量蒙版两个部分，填充区域决定了矢量蒙版的颜色和不透明度等，而矢量蒙版则决定了填充区域的显示区域和隐藏区域。矢量蒙版其实就是路径，它保留在“路径”面板中，如图6-3所示。

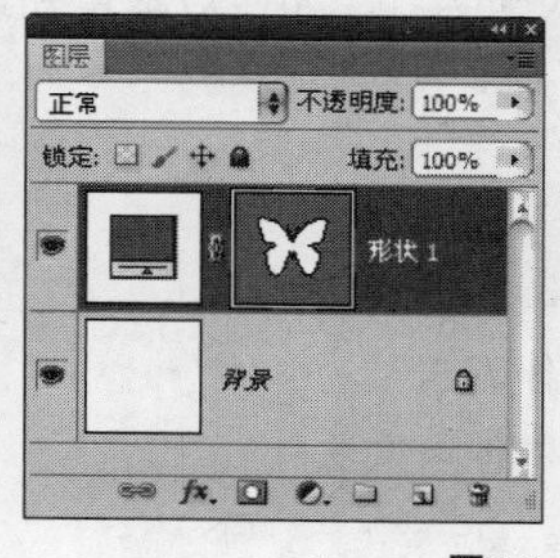

图6-2

图6-3

2.路径

在选项栏中单击“路径”按钮，可以创建工作路径。工作路径不会出现在“图层”面板中，只出现在“路径”面板中，如图6-4所示。

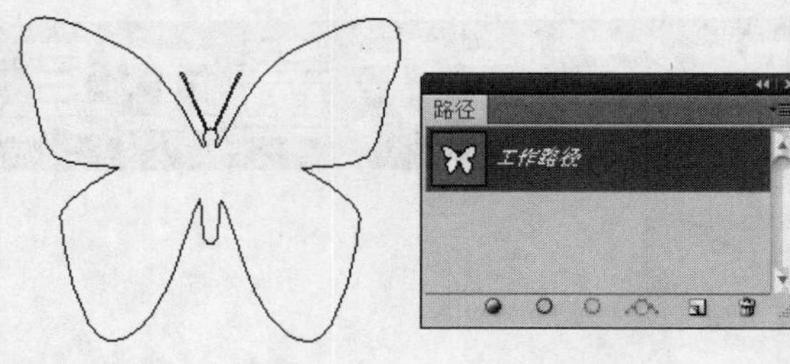

图6-4

3.填充像素

在选项栏中单击“填充像素”按钮，可以在当前图像上创建出光栅化的图像，如图6-5所示。这种绘图模式不能创建矢量图像，因此在“路径”面板中也不会出现路径。

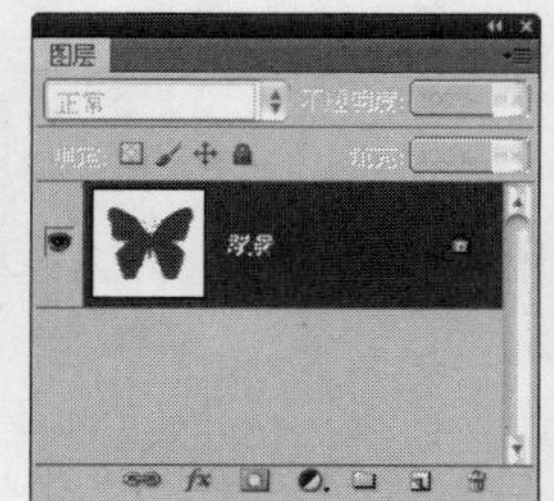

图6-5

6.1.2 认识路径与锚点

1.路径

路径是一种轮廓，它主要有以下几个用途。

可以使用路径作为矢量蒙版来隐藏图层区域。

将路径转换为选区。

可以将路径保存在“路径”面板中，以备随时调用。

可以使用颜色填充或描边路径。

将图像导出到页面排版或矢量编辑程序时，将已存储的路径指定为剪贴路径，可以使图像的一部分变得透明。

路径可以使用钢笔工具和形状工具来绘制，绘制的路径可以是开放式、闭合式和组合式，如图6-6、图6-7和图6-8所示。

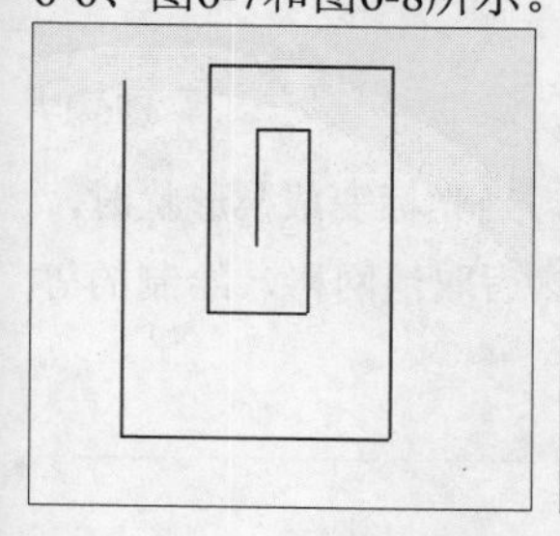

图6-6

图6-7

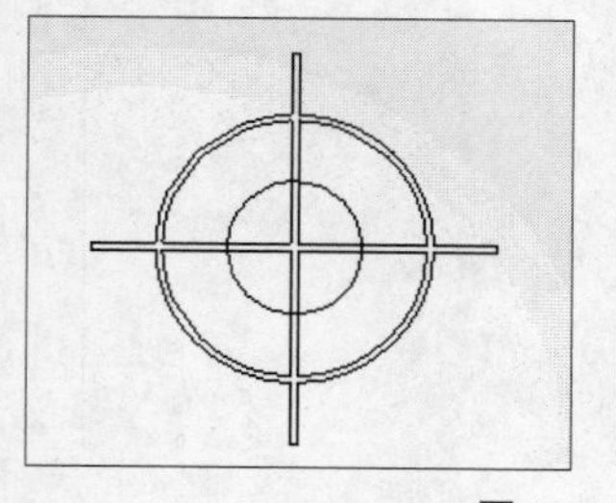

图6-8

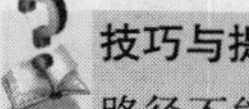

技巧与提示

路径不能被打印出来，因为它是矢量对象，不包含像素，只有在路径中填充颜色后才能打印出来。

2.锚点

路径由一个或多个直线段或曲线段组成，锚点是标记路径段的端点。在曲线段上，每个选中的锚点显示一条或两条方向线，方向线以方向点结束，方向线和方向点的位置共同决定了曲线段的大小和形状，如图6-9所示。锚点分为平滑点和角点两种类型。由平滑点连接的路径段可以形成平滑的曲线，如图6-10所示；由角点连接起来的路径段可以形成直线或转折曲线，如图6-11所示。

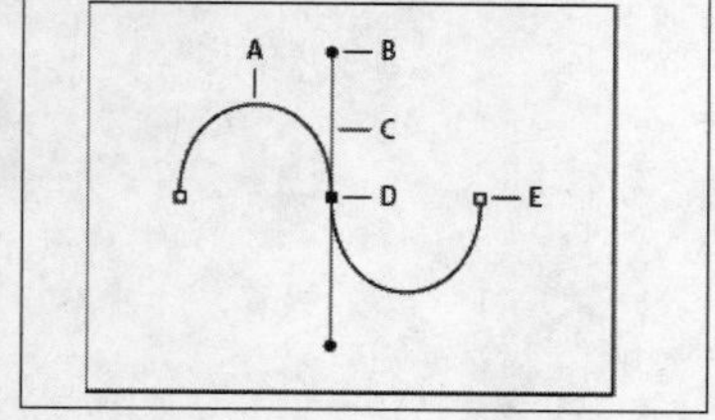

图6-9

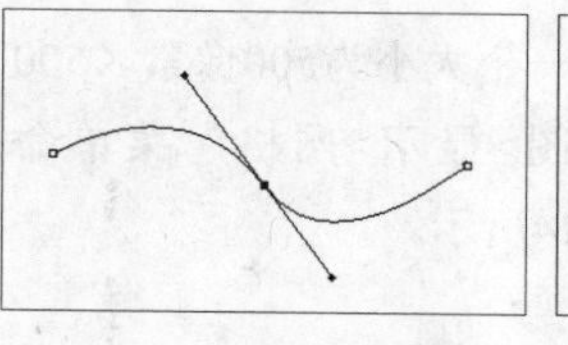

图6-10

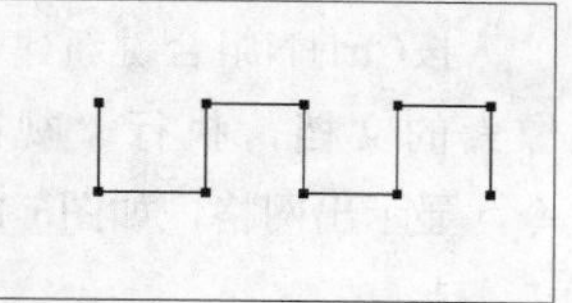

图6-11

6.2 钢笔工具组

钢笔工具是Photoshop中最常用的绘图工具，它可以用来绘制各种形状的矢量图形，选取具有复杂边缘的对象。

本节重要工具介绍

名称	作用	重要程度
钢笔工具	用于绘制任意形状的直线或曲线路径	高
自由钢笔工具	用于绘制出比较随意的图形	高
添加锚点工具	用于在路径上添加锚点	中
删除锚点工具	用于删除路径上的锚点	中
转换为点工具	用于转换锚点的类型	中

6.2.1 钢笔工具

“钢笔工具”是最基本、最常用的路径绘制工具，使用该工具可以绘制任意形状的直线或曲线路径，其选项栏如图6-12所示。“钢笔工具”的选项栏中有一个“橡皮带”选项，勾选该选项后，可以在绘制路径的同时观察到路径的走向。

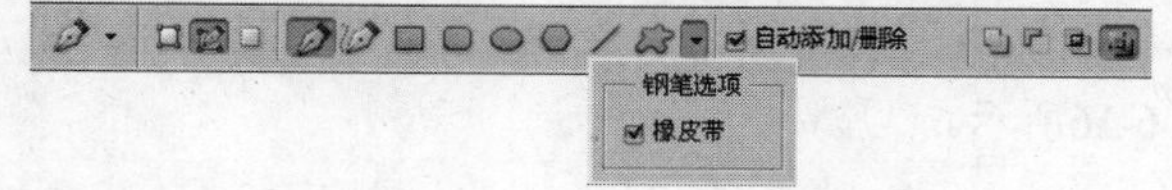

图6-12

课堂案例

使用钢笔工具绘制等腰梯形

案例位置	DVD>案例文件>CH06>课堂案例——使用钢笔工具绘制等腰梯形.psd
视频位置	DVD>多媒体教学>CH06>课堂案例——使用钢笔工具绘制等腰梯形.flv
难易指数	★★☆☆☆
学习目标	学习如何使用“钢笔工具”绘制直线

使用钢笔工具绘制等腰梯形的最终效果如图6-13所示。

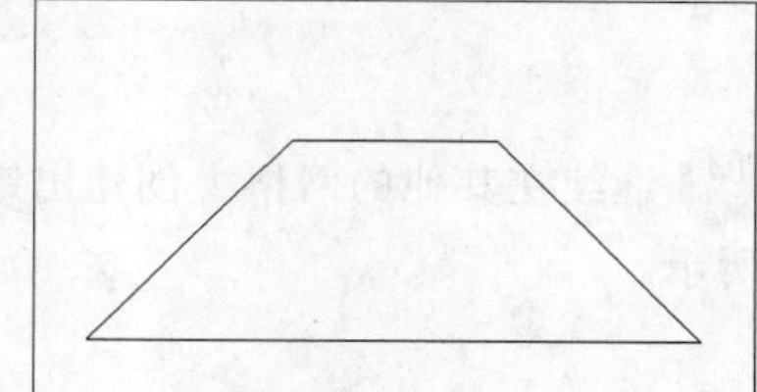

图6-13

01 按Ctrl+N组合键新建一个大小为500像素×500像素的文档，执行“视图>显示>网格”菜单命令，显示出网格，如图6-14所示。

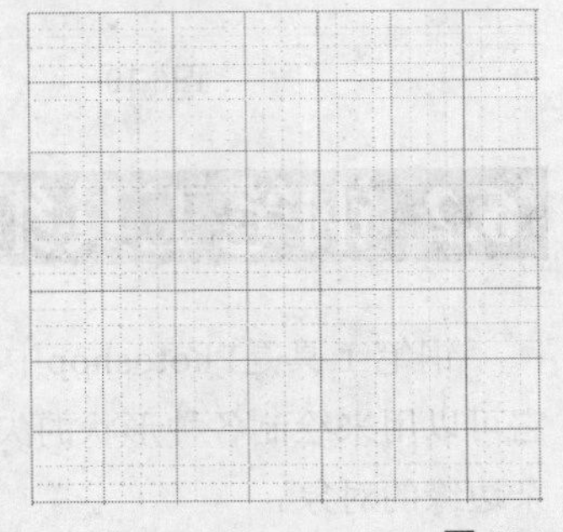

图6-14

02 选择“钢笔工具”，然后在选项栏中单击“路径”按钮，接着将光标放置在一个网格上，当光标变成形状时单击鼠标左键，确定路径的起点，如图6-15所示。

图6-15

03 将光标移动到下一个网格处，然后单击创建一个锚点，两个锚点会连成一条直线路径，如图6-16所示。

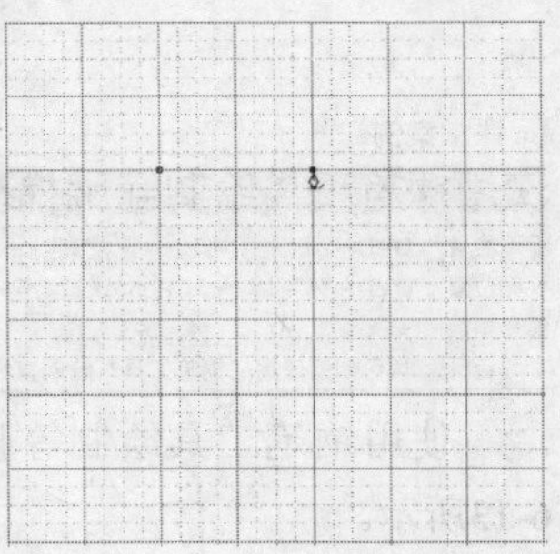

图6-16

04 继续在其他的网格上创建出锚点，如图6-17所示。

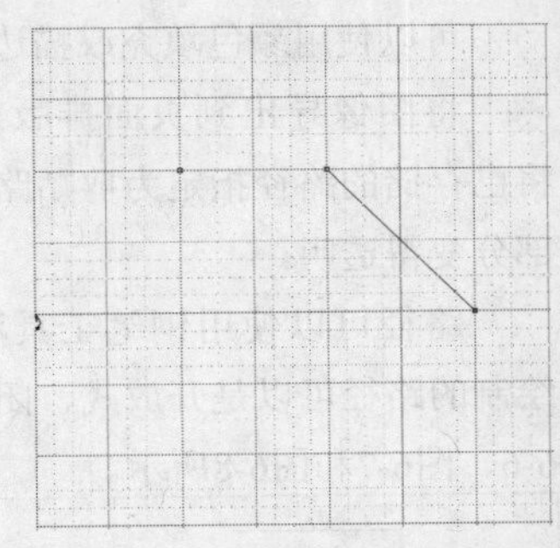

图6-17

05 将光标放置在起点上，当光标变成形状时，单击鼠标左键闭合路径，然后取消网格，绘制的等腰梯形如图6-18所示。

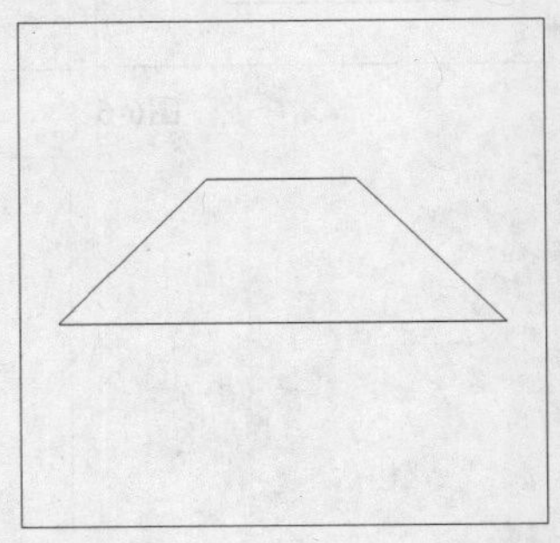

图6-18

6.2.2 自由钢笔工具

使用“自由钢笔工具”可以绘制出比较随意的图形，就像用铅笔在纸上绘图一样，如图6-19所示。在绘图时，将自动添加锚点，无需确定锚点的位置，完成路径后可进一步对其进行调整。

图6-19

6.2.3 添加锚点工具

使用“添加锚点工具”可以在路径上添加锚点。将光标放在路径上，如图6-20所示，当光标变成形状时，在路径上单击即可添加一个锚点，如图6-21所示。

图6-20

图6-21

6.2.4 删除锚点工具

使用“删除锚点工具”可以删除路径上的锚点。将光标放在锚点上，如图6-22所示，当关闭变成形状时，单击鼠标左键即可删除锚点，如图6-23所示。

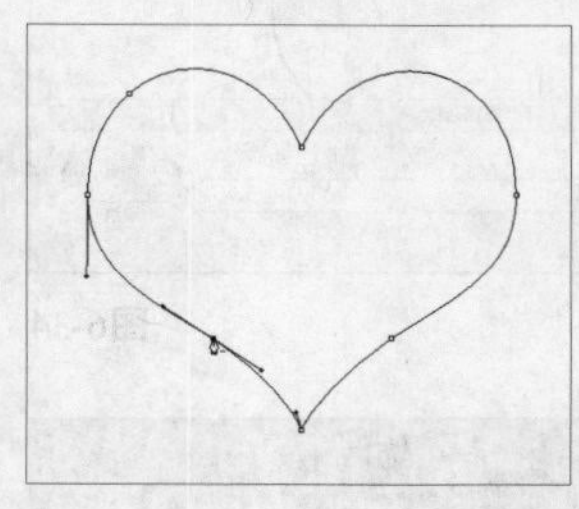
图6-22

图6-23

技巧与提示

路径上的锚点越多，这条路径就越复杂，而越复杂的路径就越难编辑，这时最好先使用“删除锚点工具”删除多余的锚点，降低路径的复杂度后再对其进行相应的调整。

6.2.5 转换点工具

“转换为点工具”主要用来转换锚点的类型。在平滑点上单击，可以将平滑点转换为角点，如图6-24和图6-25所示；在角点上单击，可以将角点转换为平滑点，如图6-26所示。

图6-24

图6-25

图6-26

6.3 路径的基本操作

使用钢笔等工具绘制出路径以后，我们还可以在原有路径的基础上继续进行绘制，同时也可以对路径进行变换、定义为形状、建立选区、描边等操作。

本节工具/命令介绍

名称	作用	重要程度
路径选择工具	用于选择路径	高
编辑>定义自定形状	用于将绘制出的路径定义为形状	中
建立选区	用于将绘制好的路径转换为选区	高
填充路径	用于填充绘制好的路径	高
描边路径	用于对绘制好的路径进行描边	高

6.3.1 路径的运算

如果要使用钢笔工具或形状工具创建多个子路径，可以在工具选项栏中单击相应的运算按钮，以确定子路径的重叠区域会产生什么样的交叉结果。下面通过一个形状图层来讲解路径的运算方法。图6-27所示是原有的桃心图形，图6-28所示是要添加到桃心图形上的箭矢图形。

图6-27

图6-28

添加到形状区域：单击该按钮，新绘制的图形将添加到原有的图形中，如图6-29所示。

从形状区域减去：单击该按钮，可以从原有的图形中减去新绘制的图形，如图6-30所示。

图6-29

图6-30

交叉形状区域：单击该按钮，可以得到新图形与原有图形的交叉区域，如图6-31所示。

重叠形状区域除外：单击该按钮，可以得到新图形与原有图形重叠部分以外的区域，如图6-32所示。

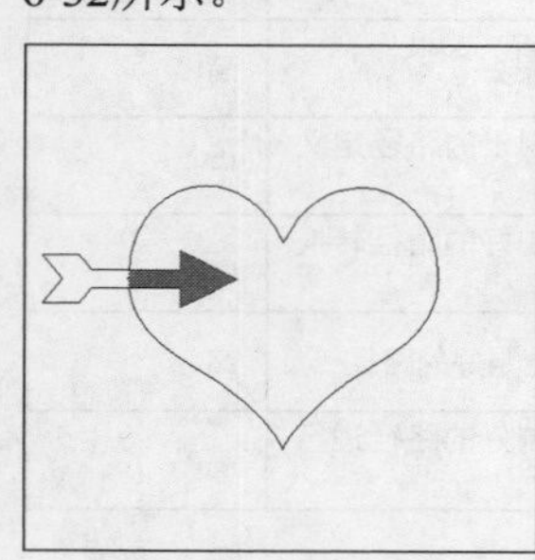

图6-31

图6-32

6.3.2 变换路径

变换路径与变换图像的方法完全相同。在“路径”面板中选择路径，然后执行“编辑>变换路径”菜单下的命令即可对其进行相应的变换。

6.3.3 对齐与分布路径

选择“路径选择工具”，在其选项栏中有一排对齐按钮和分布按钮，如图6-33所示，这些按钮的使用方法与“移动工具”的类似，因此这里不再重复讲解。

图6-33

6.3.4 定义为自定形状

使用“钢笔工具”绘制出路径以后，执行“编辑>定义自定形状”菜单命令可以将其定义为形状，如图6-34所示。

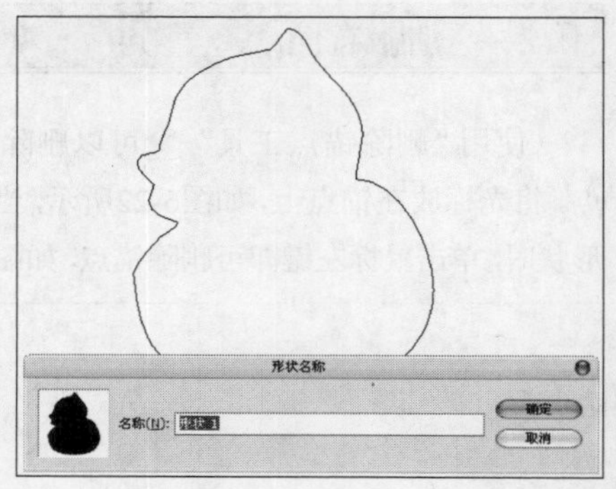

图6-34

6.3.5 将路径转换为选区

使用“钢笔工具”绘制出路径以后，如图6-35所示，可以通过以下3种方法将路径转换为选区。

图6-35

第1种：直接按Ctrl+Enter组合键载入路径的选区，如图6-36所示。

图6-36

第2种：在路径上单击鼠标右键，然后在弹出的菜单中选择“建立选区”命令，如图6-37所示。

图6-37

第3种：按住Ctrl键在“路径”面板中单击路径的缩略图，或单击“将路径作为选区载入”按钮 ，如图6-38所示。

图6-38

6.3.6 填充路径

使用“钢笔工具” 绘制出路径以后，在路径上单击鼠标右键，在弹出的菜单中选择“填充路径”命令，如图6-39所示，打开“填充路径”对话框，在该对话框中可以设置需要填充的内容，如图6-40所示，图6-41所示是用图案填充路径后的效果。

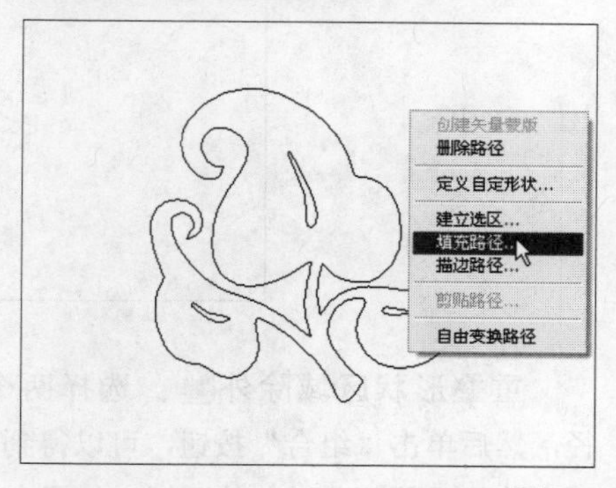

图6-39

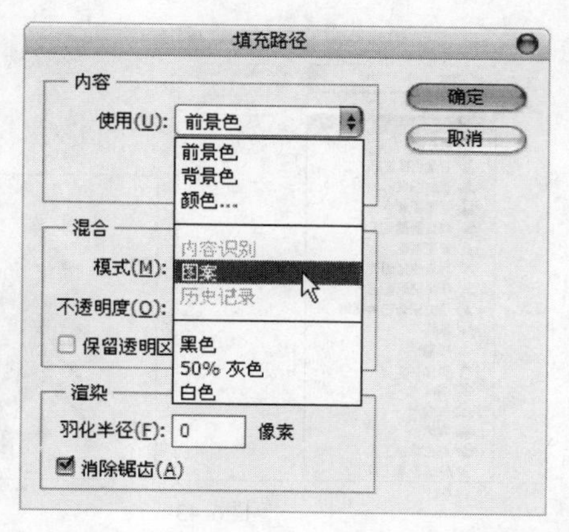

图6-40

图6-41

6.3.7 描边路径

描边路径是一个非常重要的功能，在描边之前需要先设置好描边工具的参数，比如画笔、铅笔、橡皮擦、仿制图章等。使用“钢笔工具” 绘制出路径后，如图6-42所示，在路径上单击鼠标右键，在弹出的菜单中选择“描边路径”命令，打开“描边路径”对话框，在该对话框中可以选择描边的工具，如图6-43所示；图6-44所示的是使用画笔描边路径的效果。

图6-42

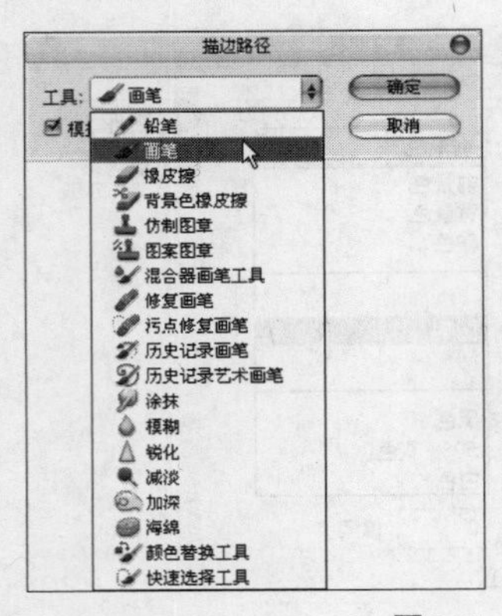

图6-43

图6-44

技巧与提示

设置好画笔的参数后，按Enter键可以直接为路径描边。另外，在"描边路径"对话框中有一个"模拟压力"选项，勾选该选项，可以使描边的线条产生比较明显的粗细变化。

6.4 路径选择工具组

路径选择工具组包括"路径选择工具"和"直接选择工具"两种，这两个工具主要用来选择和调整路径的形状。

本节命令介绍

命令名称	命令作用	重要程度
路径选择工具	用于选择路径	高
直接选择工具	用于选择路径上的单个或多个锚点	高

6.4.1 路径选择工具

使用"路径选择工具"可以选择单个的路径，也可以选择多个路径，同时它还可以用来组合、对齐和分布路径，其选项栏如图6-45所示。

图6-45

路径选择工具重要选项与按钮介绍

显示定界框：勾选该选项后，用"路径选择工具"选择路径，可以显示出路径的定界框，如图6-46所示。

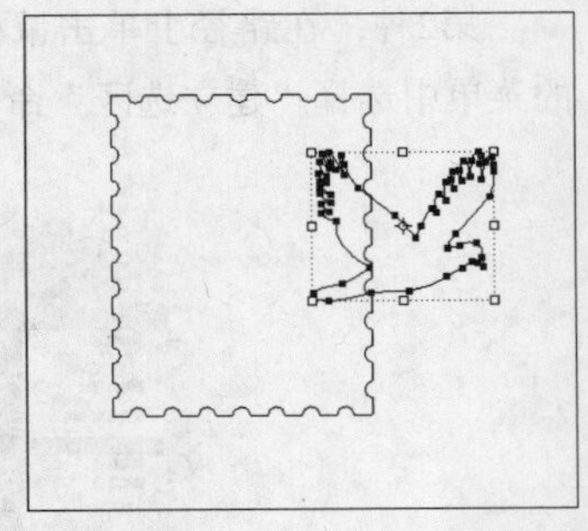

图6-46

添加到形状区域：选择两个或多个路径，然后单击"组合"按钮，可以将当前路径添加到原有的路径中，如图6-47所示。

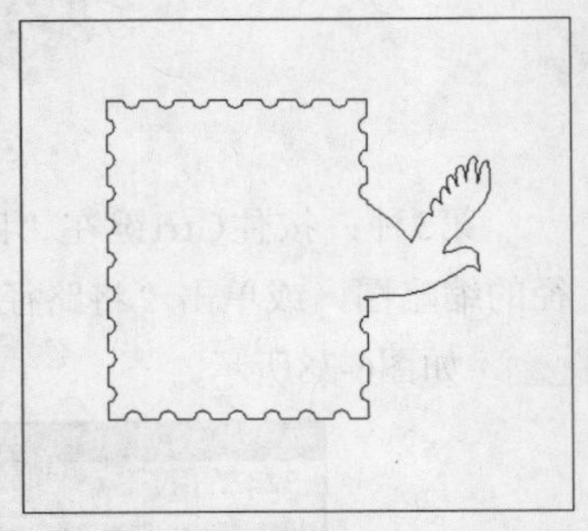

图6-47

从形状区域减去：选择两个或多个路径，然后单击"组合"按钮，可以从原有的路径中减去当前路径，如图6-48所示。

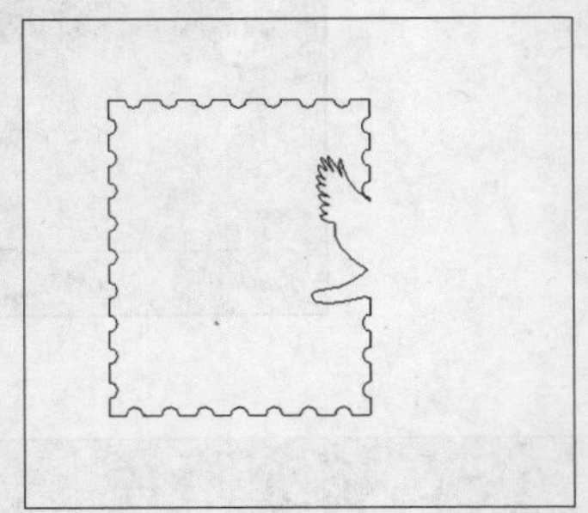

图6-48

交叉形状区域：选择两个或多个路径，然后单击"组合"按钮，可以得到当前路径与原有路径的交叉区域，如图6-49所示。

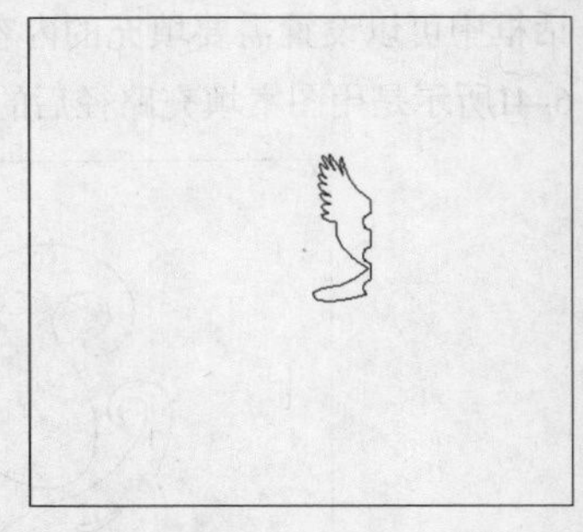

图6-49

重叠形状区域除外：选择两个或多个路径，然后单击"组合"按钮，可以得到当前路径与原有路径重叠部分以外的区域，如图6-50所示。

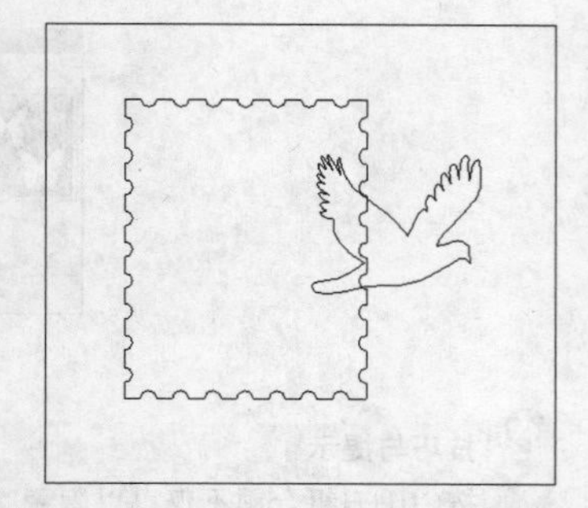

图6-50

6.4.2 直接选择工具

“直接选择工具”主要用来选择路径上的单个或多个锚点，可以移动锚点、调整方向线，如图6-51所示。

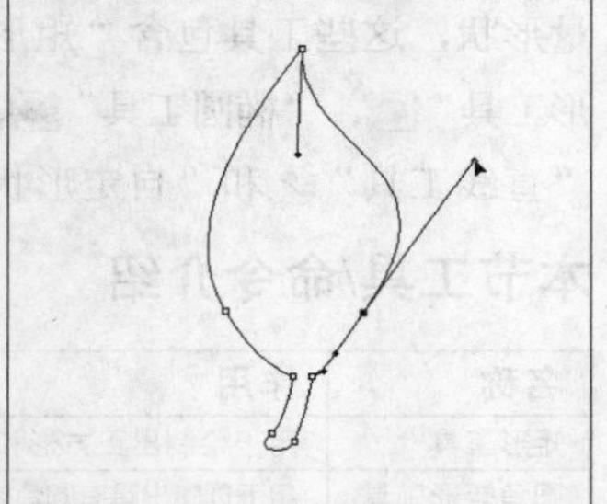

图6-51

6.5 路径面板

“路径”面板主要用来保存和管理路径，在面板中显示了存储的所有路径、工作路径和矢量蒙版的名称和缩览图。

6.5.1 路径面板

执行“窗口>路径”菜单命令，打开“路径”面板，如图6-52所示，其面板菜单如图6-53所示。

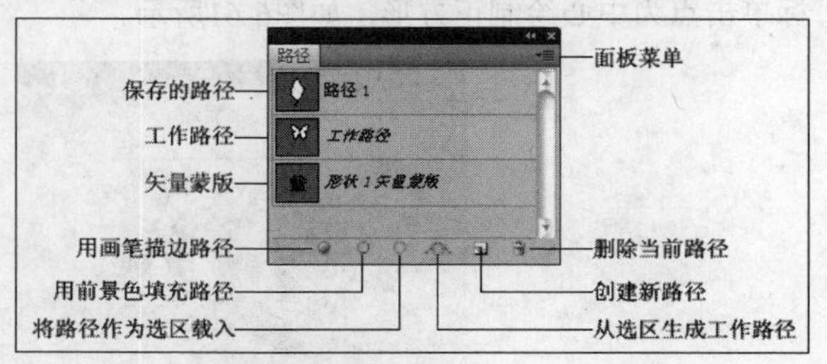

图6-52

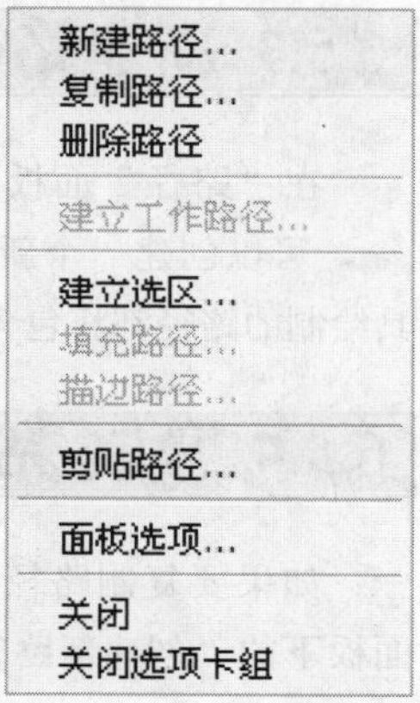

新建路径...
复制路径...
删除路径
建立工作路径...
建立选区...
填充路径...
描边路径...
剪贴路径...
面板选项...
关闭
关闭选项卡组

图6-53

路径面板重要按钮与选项介绍

用前景色填充路径：单击该按钮，可以用前景色填充路径区域。

用画笔描边路径：单击该按钮，可以用设置好的“画笔工具”对路径进行描边。

将路径作为选区载入：单击该按钮，可以将路径转换为选区。

从选区生成工作路径：如果当前文档中存在选区，单击按钮，可以将选区转换为工作路径。

创建新路径：单击该按钮，可以创建一个新的路径。

删除当前路径：将路径拖曳到该按钮上，可以将其删除。

6.5.2 认识工作路径

工作路径是临时路径，是在没有新建路径的情况下使用钢笔等工具绘制的路径，一旦重新绘制了路径，原有的路径将被当前路径所替代，如图6-54所示。如果希望存储工作路径，可以双击其缩略图，打开“存储路径”对话框，将其保存起来，如图6-55和图6-56所示。

图6-54

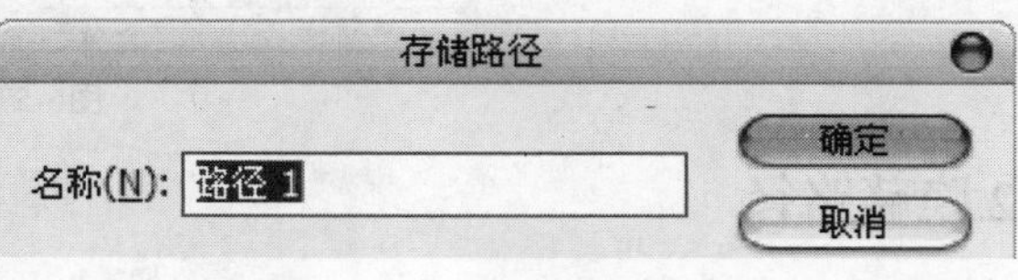

图6-55

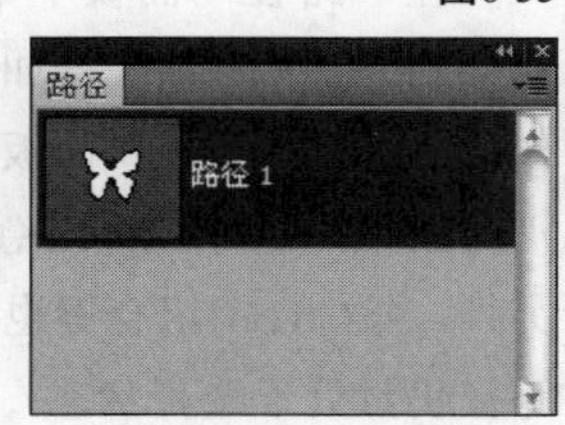

图6-56

6.5.3 新建路径

在“路径”面板下单击“创建新路径”按钮，可以创建一个新路径层，此后使用钢笔等工具绘制的路径都将包含在该路径层中。

6.5.4 复制/粘贴路径

如果要复制路径，可以将其拖曳到“路径”面板下的“创建新路径”按钮上，复制出路径的副本。如果要将当前文档中的路径复制到其他文档中，可以执行“编辑>拷贝”菜单命令，然后切换到其他文档，接着执行“编辑>粘贴”菜单命令即可。

6.5.5 删除路径

如果要删除某个不需要的路径，可以将其拖曳到“路径”面板下面的“删除当前路径”按钮上，或者直接按Delete键将其删除。

6.5.6 显示/隐藏路径

1.显示路径

如果要将路径在文档窗口中显示出来，可以在“路径”面板单击该路径，如图6-57所示。

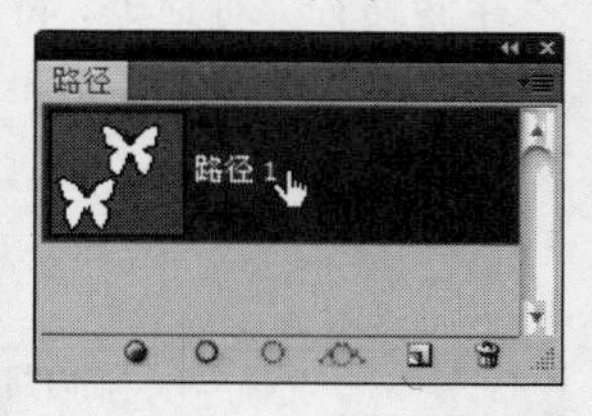

图6-57

2.隐藏路径

在“路径”面板中单击路径后，文档窗口中就会始终显示该路径，如果不希望它妨碍我们的操作，可以在“路径”面板的空白区域单击，即可取消对路径的选择，将其隐藏起来，如图6-58所示。另外，按Ctrl+H组合键也可以隐藏路径，只是此时路径仍然处于选择状态，再次按Ctrl+H组合键可以显示出路径。

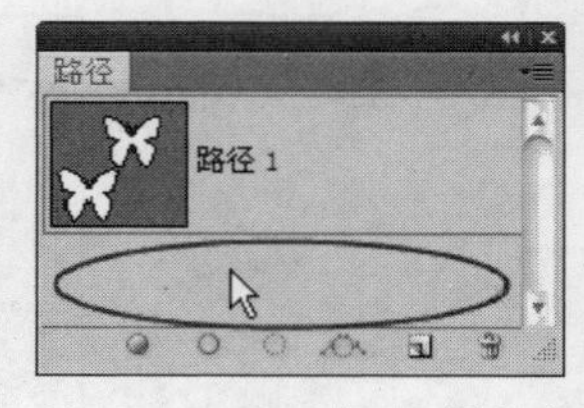

图6-58

技巧与提示

按Ctrl+H组合键不仅可以隐藏路径，还可以隐藏选区和参考线。

6.6 形状工具组

Photoshop中的形状工具可以创建出很多种矢量形状，这些工具包含“矩形工具”、“圆角矩形工具”、“椭圆工具”、“多边形工具”、“直线工具”和“自定形状工具”。

本节工具/命令介绍

名称	作用	重要程度
矩形工具	用于绘制出正方形和矩形	高
圆角矩形工具	用于创建出具有圆角效果的矩形	高
椭圆工具	用于创建出椭圆和圆形	高
多边形工具	用于创建出正多边形和星形	高
直线工具	用于创建出直线和带有箭头的路径	高
自定形状工具	用于创建出非常多的形状	高

6.6.1 矩形工具

使用“矩形工具”可以绘制出正方形和矩形，其使用方法与“矩形选框工具”类似。在绘制时，按住Shift键可以绘制出正方形，如图6-59所示；按住Alt键可以以鼠标单击点为中心绘制矩形，如图6-60所示；按住Shift+Alt组合键可以以鼠标单击点为中心绘制正方形，如图6-61所示。

图6-59

图6-60

图6-61

在选项栏中单击图标，打开“矩形工具”的设置选项，如图6-62所示。

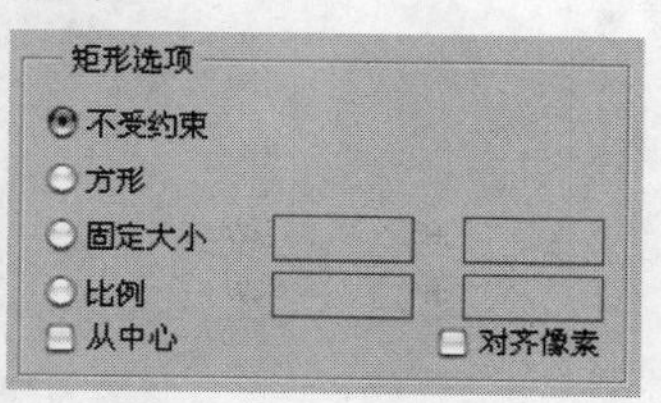

图6-62

矩形工具对话框重要选项介绍

不受约束：勾选该选项，可以绘制出任何大小的矩形。

方形：勾选该选项，可以绘制出任何大小的正方形。

固定大小：勾选该选项后，可以在其后面的数值输入框中输入宽度（W）和高度（H），然后在图像上单击即可创建出矩形，如图6-63所示。

图6-63

比例：勾选该选项后，可以在其后面的数值输入框中输入宽度（W）和高度（H）比例，此后创建的矩形始终保持这个比例，如图6-64所示。

图6-64

从中心：以任何方式创建矩形时，勾选该选项，鼠标单击点即为矩形的中心。

对齐像素：勾选该选项后，可以使矩形的边缘与像素的边缘相重合，这样图形的边缘就不会出现锯齿，反之则会出现锯齿。

6.6.2 圆角矩形工具

使用“圆角矩形工具”可以创建出具有圆角效果的矩形，如图6-65所示，其创建方法与选项与矩形完全相同，只不过多了一个“半径”选项，如图6-66所示。“半径”选项用来设置圆角的半径（以“像素”为单位），值越大，圆角越大。

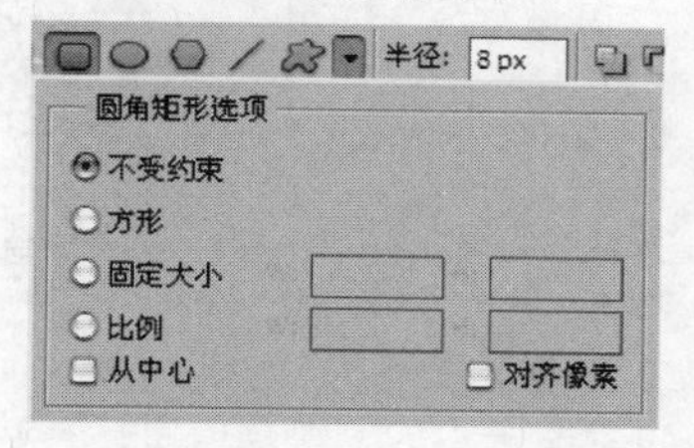

图6-65

图6-66

6.6.3 椭圆工具

使用“椭圆工具”可以创建出椭圆和圆形，如图6-67所示，其选项设置如图6-68所示。如果要创建椭圆，拖曳鼠标进行创建即可；如果要创建圆形，可以按住Shift键或Shift+Alt组合键（以鼠标单击点为中心）进行创建。

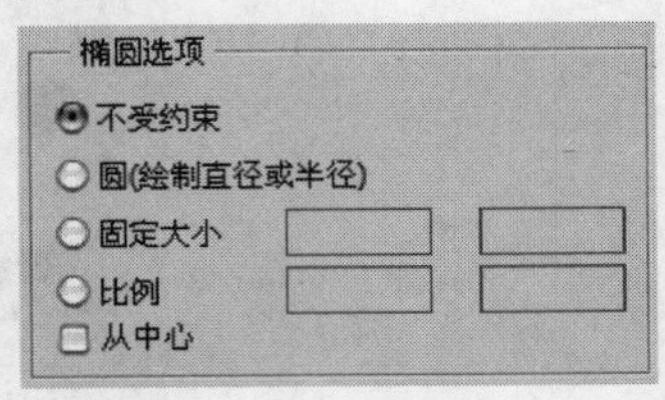

图6-67

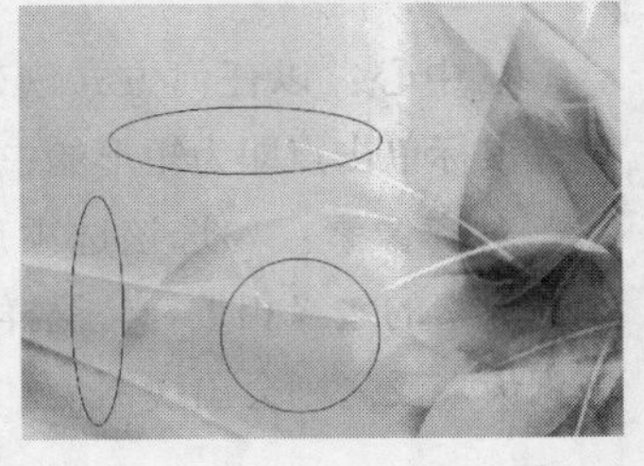

图6-68

6.6.4 多边形工具

使用“多边形工具”可以创建出正多边形（最少为3条边）和星形，其设置选项如图6-69所示。

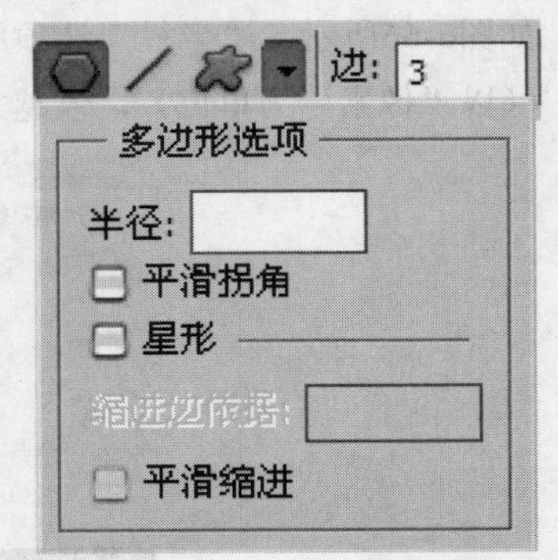

图6-69

多边形工具对话框重要选项介绍

边：设置多边形的边数，设置为3时，可以创建出正三角形；设置为5时，可以绘制出正五边形，如图6-70所示。

图6-70

半径：用于设置多边形或星形的半径长度（单位为cm），设置好半径以后，在画面中拖曳鼠标即可创建出相应半径的多边形或星形。

平滑拐角：勾选该选项以后，可以创建出具有平滑拐角效果的多边形或星形，如图6-71所示。

图6-71

星形：勾选该选项后，可以创建星形，下面的“缩进边依据”选项主要用来设置星形边缘向中心缩进的百分比，数值越高，缩进量越大，图6-72所示分别是50%、60%和90%的缩进效果。

图6-72

平滑缩进：勾选该选项后，可以使星形的每条边向中心平滑缩进，如图6-73所示。

图6-73

6.6.5 直线工具

使用“直线工具”可以创建出直线和带有箭头的路径，其设置选项如图6-74所示。

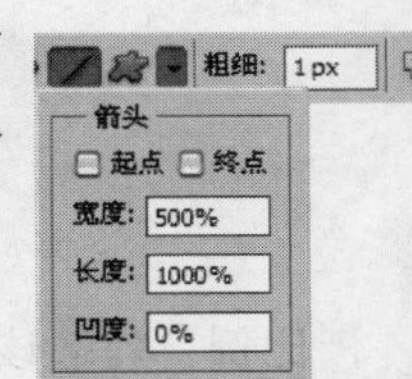

图6-74

直线工具对话框重要选项介绍

粗细：设置直线或箭头线的粗细，单位为“像素”。

起点/终点：勾选“起点”选项，可以在直线的起点处添加箭头；勾选“终点”选项，可以在直线的终点处添加箭头；勾选“起点”和“终点”选项，则可以在两头都添加箭头，如图6-75所示。

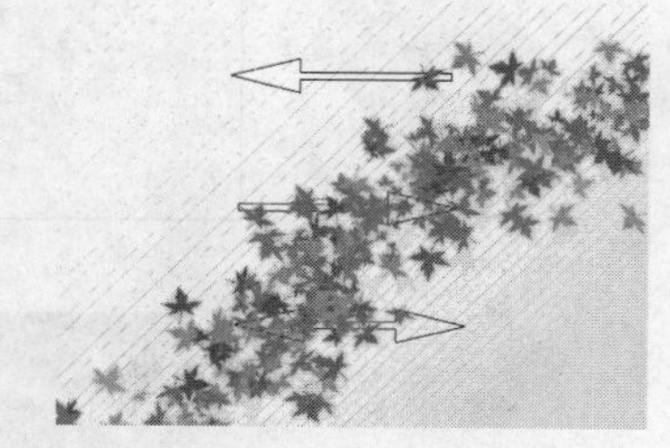

图6-75

宽度：用来设置箭头宽度与直线宽度的百分比，范围从10%~1000%，图6-76所示分别为使用500%和1000%创建的箭头。

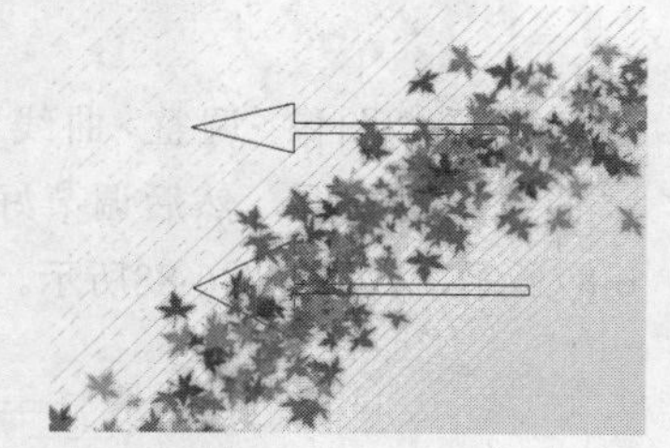

图6-76

长度：用来设置箭头长度与直线宽度的百分比，范围从10%~5000%，图6-77所示分别为使用1000%和5000%创建的箭头。

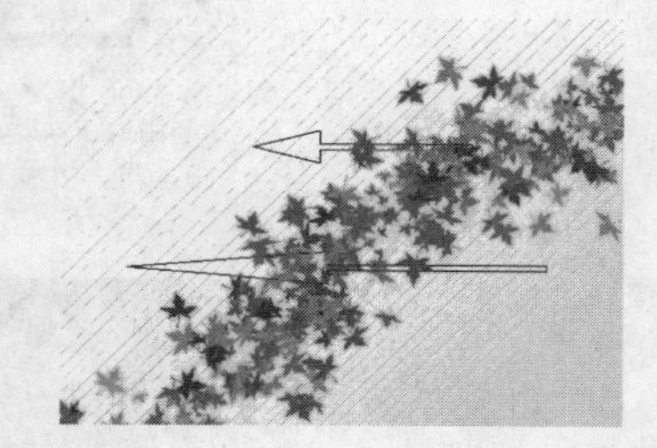

图6-77

凹度：用来设置箭头的凹陷程度，范围为-50%~50%。值为0时，箭头尾部平齐；值大于0时，箭头尾部向内凹陷；值小于0时，箭头尾部向外凸出，如图6-78所示。

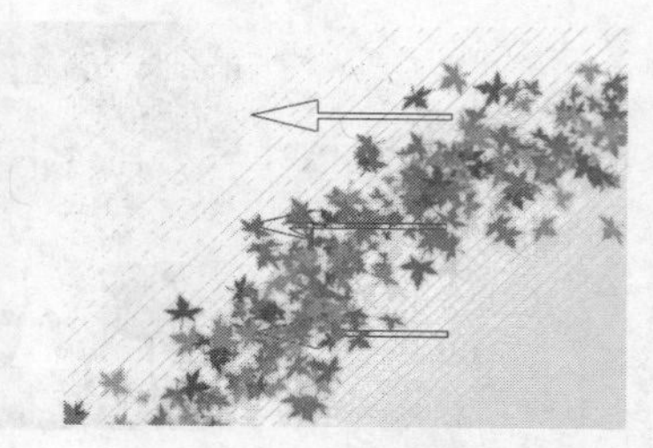

图6-78

6.6.6 自定形状工具

使用“自定形状工具”可以创建出非常多的形状，其选项设置如图6-79所示。这些形状既可以是Photoshop的预设，也可以是我们自定义或加载的外部形状。

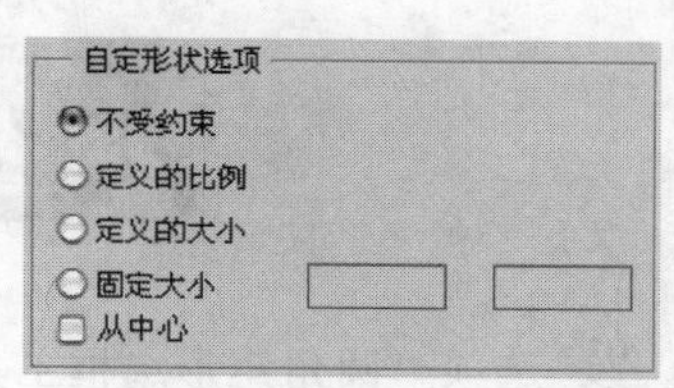

图6-79

课堂案例

使用圆角矩形工具制作LOMO风格相片

案例位置	DVD>案例文件>CH06>课堂案例——使用圆角矩形工具制作LOMO风格相片.psd
视频位置	DVD>多媒体教学>CH06>课堂案例——使用圆角矩形工具制作LOMO风格相片.flv
难易指数	★★☆☆☆
学习目标	学习“圆角矩形工具”的使用方法

使用圆角矩形工具制作LOMO风格相片的最终效果如图6-80所示。

图6-80

01 打开本书配套光盘中的“素材文件>Chapter09>素材01.jpg”文件，如图6-81所示。

图6-81

02 导入本书配套光盘中的“素材文件>Chapter09>素材02.jpg”文件，然后调整好其大小和位置，如图6-82所示。

图6-82

03 选项“圆角矩形选框工具”，然后在选项栏中设置“半径”为150px，接着在人像上创建一个如图6-83所示的圆角矩形。

图6-83

04 按Ctrl+Enter组合键载入路径的选区，然后按Shift+Ctrl+I组合键反向选择选区，接着用白色填充选区，效果如图6-84所示。

图6-84

05 使用“矩形线框工具”框选出需要的部分，如图6-85所示，然后按Shift+Ctrl+I组合键反向选择选区，接着按Delete键删除反选的区域，效果如图6-86所示。

图6-85

图6-86

06 执行“图像>调整>曲线”菜单命令，打开“曲线”对话框，然后调节好曲线的样式，如图6-87所示，效果如图6-88所示。

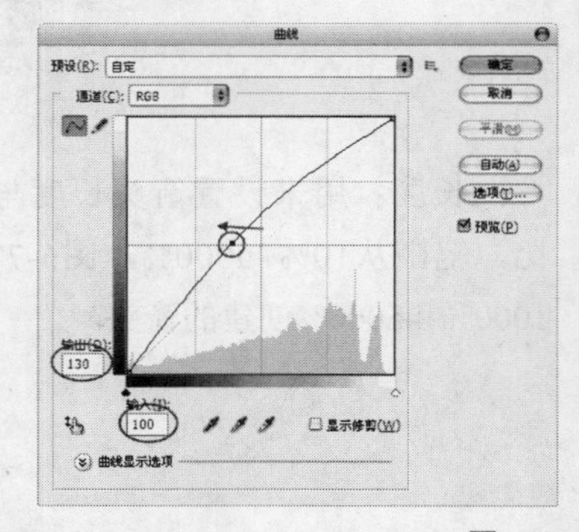

图6-87

图6-88

07 按Ctrl+T组合键进入自由变换状态，然后将人像顺时针旋转一定的角度，效果如图6-89所示。

图6-89

08 导入本书配套光盘中的“素材文件>Chapter09>素材03.jpg”文件，然后调整好其大小，如图6-90所示，接着采用相同的方法为其制作一个灰色的边框，最后将其放置在第1张人像的下面，使画面更加具有层次感，如图6-91所示。

图6-90

图6-91

09 导入本书配套光盘中的“素材文件>Chapter09>素材04.png”文件，然后将其放置在画面的左侧，如图6-92所示。

图6-92

10 将第1张人像复制一份，然后执行“编辑>变换>透视”菜单命令，将人像调整成图6-93所示的形状，使其像是刚从相机中拍摄出来一样。

图6-93

11 使用“横排文字工具” T 在第1张人像上输入一些英文，如图6-94所示，然后导入本书配套光盘中的“素材文件>Chapter09>素材05.png”文件，将其放置在相片上作为装饰，最终效果如图6-95所示。

图6-94

图6-95

6.7 本章小结

通过本章的学习，应该对“钢笔工具”的使用方法形成一个整体的概念，对路径的基本操作方法和形状工具的基本的基本使用方法有一个明确的认识。在实际的图片处理中能做到熟练、灵活、快速，是通过本章的学习后能够达到的目标。

6.8 课后习题

鉴于本章知识的重要性，在本章将安排两个课后习题供读者练习，以不断加强对知识的学习，巩固本章的知识。

6.8.1 课后习题1——用钢笔工具制作可爱相框

习题位置	DVD>案例文件>CH06>课后习题1——用钢笔工具制作可爱相框.psd
视频位置	DVD>多媒体教学>CH06>课后习题1——用钢笔工具制作可爱相框.flv
难易指数	★★★☆☆
练习目标	练习“钢笔工具”的使用方法

用钢笔工具制作可爱相框的最终效果如图6-96所示。

图6-96

步骤分解如图6-97所示。

图6-97

6.8.2 课后习题2——使用椭圆工具制作ADOBE软件图标

习题位置	DVD>案例文件>CH06>课后习题——使用椭圆工具制作ADOBE软件图标.psd
视频位置	DVD>多媒体教学>CH06>课后习题——使用椭圆工具制作ADOBE软件图标.flv
难易指数	★★★☆☆
练习目标	练习“椭圆工具”的使用方法

使用椭圆工具制作ADOBE软件图标的最终效果如图6-98所示。

图6-98

步骤分解如图6-99所示。

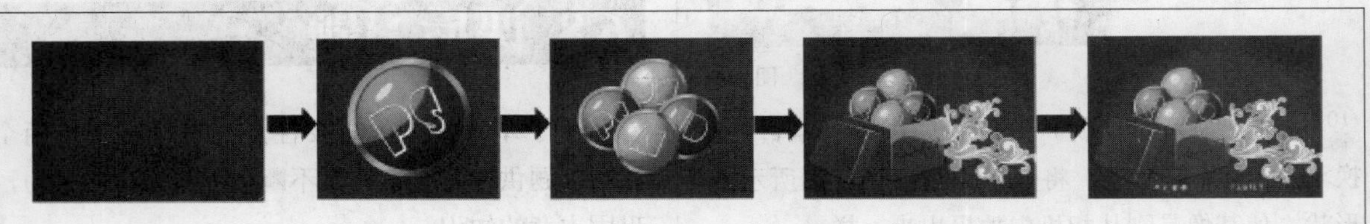

图6-99

第7章

图像颜色与色调调整

图像颜色与色调的调整是处理图片的基础知识，同时也是一张图片能否处理好的关键环节。本章将重点介绍色彩的相关知识以及各种调色的命令，希望大家结合课堂案例，认真学习，并结合课堂练习和课后习题不断巩固所学知识。

课堂学习目标

了解色彩的相关知识
掌握快速调整图像颜色与色调的命令
掌握调整图像颜色与色调的命令
掌握匹配/替换/混合颜色的命令
了解特殊色调调整的命令

7.1 快速调整颜色与色调的命令

在“图像”菜单下，有一部分命令可以快速调整图像的颜色和色调，这些命令包含“自动色调”、“自动对比度”、“自动颜色”、“亮度/对比度”、“色彩平衡”、“自然饱和度”、“照片滤镜”、“变化”、“去色”和“色彩均化”命令。

本节命令介绍

名称	作用	重要程度
自动色调/对比度/颜色	用于对图像的色调、对比度和颜色进行快速调整	高
亮度/对比度	用于对图像的色调范围进行简单的调整	高
色彩平衡	用于更改图像的总体颜色的混合程度	高
自然饱和度	用于快速调整图像的饱和度	高
照片滤镜	用于模仿在相机镜头前面添加彩色滤镜的效果	高
变化	用于调整图像的色彩、饱和度和明度，同时还可以预览调色的整个过程	高
去色	用于将图像中的颜色去掉	高
色调均化	用于重新分布图像中像素的亮度值	高

7.1.1 自动色调/对比度/颜色

“自动色调”、“自动对比度”和“自动颜色”命令没有对话框，它们可以根据图像的色调、对比度和颜色来进行快速调整，但只能进行简单的调整，并且调整效果不是很明显。

7.1.2 亮度/对比度

使用“亮度/对比度”命令可以对图像的色调范围进行简单的调整。打开一张图像，如图7-1所示，然后执行“图像>调整>亮度/对比度”菜单命令，打开“亮度/对比度”对话框，如图7-2所示。将亮度滑块向右移动，会增加色调值并扩展图像高光范围，而向左移动会减少色调值并扩展阴影范围；对比度滑块可以扩展或收缩图像中色调值的总体范围。

图7-1

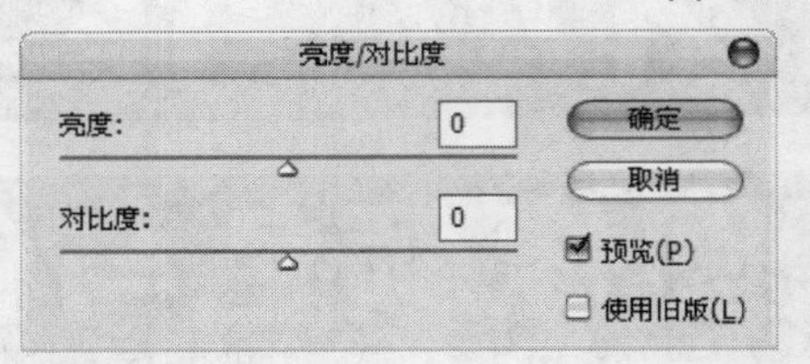

图7-2

亮度/对比度对话框重要参数及选项介绍

亮度：用来设置图像的整体亮度。数值为负值时，表示降低图像的亮度；数值为正值时，表示提高图像的亮度。

对比度：用于设置图像亮度对比的强烈程度。

预览：勾选该选项后，在“亮度/对比度”对话框中调节参数时，可以在文档窗口中观察到图像的亮度变化。

使用旧版：勾选该选项后，可以得到与Photoshop CS3以前的版本相同的调整结果。

7.1.3 色彩平衡

对于普通的色彩校正，“色彩平衡”命令可以更改图像的总体颜色的混合程度。打开一张图像，如图7-3所示；然后执行“图像>调整>色彩平衡”菜单命令或按Ctrl+B组合键，打开“色彩平衡”对话框，如图7-4所示。

图7-3

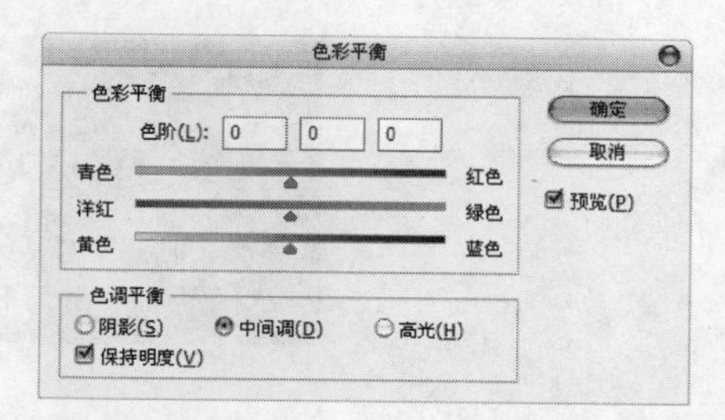

图7-4

色彩平衡对话框重要选项与参数介绍

色彩平衡：用于调整“青色-红色”、“洋红-绿色”以及“黄色-蓝色”在图像中所占的比例。

色调平衡：选择调整色彩平衡的方式，包含“阴影”、“中间调”和“高光”3个选项。如果勾选“保持明度”选项，还可以保持图像的色调不变，以防止亮度值随着颜色的改变而改变。

课堂案例

用色彩平衡调整偏色图像

案例位置	DVD>案例文件>CH07>课堂案例——用色彩平衡调整偏色图像.psd
视频位置	DVD>多媒体教学>CH07>课堂案例——用色彩平衡调整偏色图像.flv
难易指数	★★☆☆☆
学习目标	学习“色彩平衡”命令的使用方法

用色彩平衡调整偏色图像如图7-5所示。

图7-5

01 打开本书配套光盘中的“素材文件>CH07>素材01.jpg”文件，可以观察到图像的颜色很灰暗，如图7-6所示。

图7-6

02 执行“图层>新建调整图层>亮度/对比度”菜单命令，创建一个“亮度/对比度”调整图层，然后在“调整”面板中设置“亮度”为89、“对比度”为56，如图7-7所示；效果如图7-8所示。

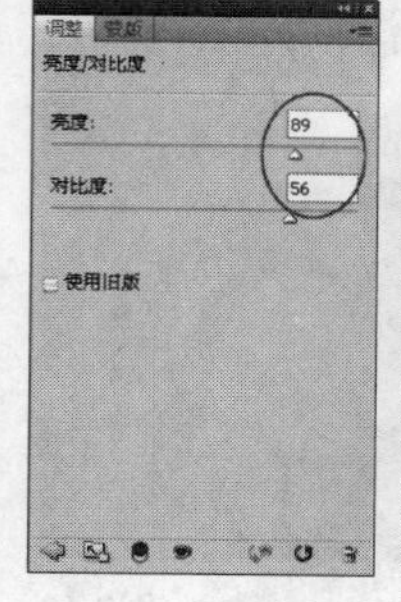

图7-7

图7-8

03 下面调整图像的色彩平衡。执行“图层>新建调整图层>色彩平衡”菜单命令，创建一个“色彩平衡”调整图层，然后在“调整”面板中设置“青色-红色”为62、“洋红-绿色”为100、“黄色-蓝色”为-100，如图7-9所示；效果如图7-10所示。

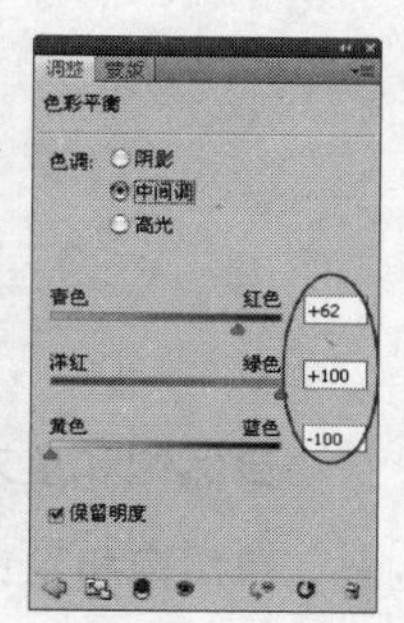

图7-9

图7-10

04 导入本书配套光盘中的“素材文件>CH07>素材02.png”文件，为图像添加一个黑色边框和一些装饰性的趣味文字，最终效果如图7-11所示。

图7-11

7.1.4 自然饱和度

使用“自然饱和度”命令可以快速调整图像的饱和度，并且可以在增加图像饱和度的同时有效地防止颜色过于饱和而出现溢色现象。打开一张图像，如图7-12所示；然后执行“图像>调整>自然饱和度”菜单命令，打开“自然饱和度”对话框，如图7-13所示。

图7-12

图7-13

自然饱和度对话框重要参数介绍

自然饱和度：向左拖曳滑块，可以降低颜色的饱和度；向右拖曳滑块，可以增加颜色的饱和度。

饱和度：向左拖曳滑块，可以增加所有颜色的饱和度；向右拖曳滑块，可以降低所有颜色的饱和度。

课堂案例

用自然饱和度调出鲜艳的图像

案例位置	DVD>案例文件>CH07>课堂案例——用自然饱和度调出鲜艳的图像.psd
视频位置	DVD>多媒体教学>CH07>课堂案例——用自然饱和度调出鲜艳的图像.flv
难易指数	★★☆☆☆
学习目标	学习“自然饱和度”命令的使用方法

用自然饱和度调出鲜艳的图像的最终效果如图7-14所示。

图7-14

01 打开本书配套光盘中的“素材文件>CH07>素材03.jpg”文件，可以观察到图像偏暗，缺失了自然的颜色，如图7-15所示。

图7-15

02 执行“图层>新建调整图层>自然饱和度”菜单命令，创建一个“自然饱和度”调整图层，然后在“调整”面板中设置“自然饱和度”为-100，如图7-16所示；效果如图7-17所示。

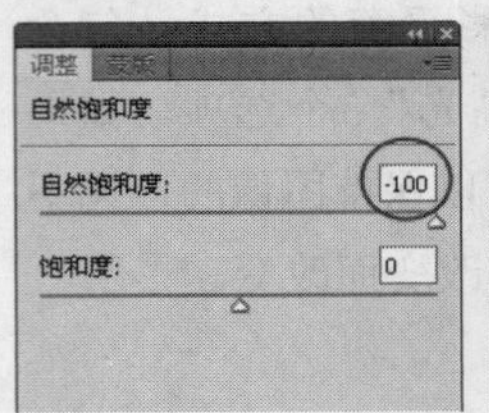

图7-16

图7-17

03 由于此时图像的饱和度还不够鲜艳，因此可以按Ctrl+J组合键复制一个“自然饱和度”调整图层，然后将“自然饱和度”数值修改为96，效果如图7-18所示。

图7-18

04 使用“横排文字工具” T 在图像的右上角输入一些装饰性的文字，最终效果如图7-19所示。

图7-19

7.1.5 照片滤镜

“照片滤镜”可以模仿在相机镜头前面添加彩色滤镜的效果，以便调整通过镜头传输的光的色彩平衡、色温和胶片曝光。“照片滤镜”允许选取一种颜色将色相调整应用到图像中。打开一张图像，如图7-20所示，然后执行“图像>调整>照片滤镜”菜单命令，打开“照片滤镜”对话框，如图7-21所示。

图7-20

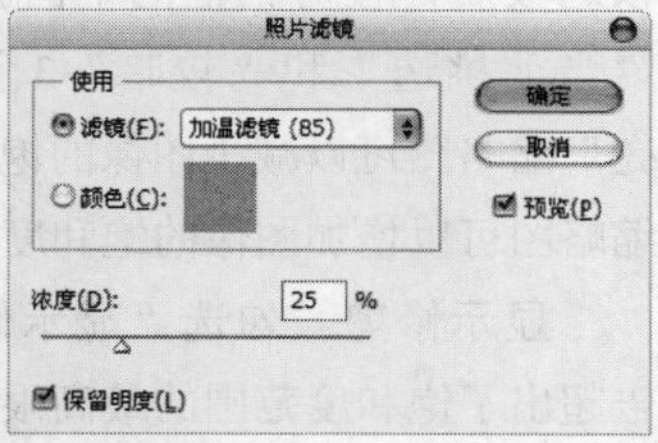

照片滤镜

使用

滤镜(F): 加温滤镜 (85)

颜色(C):

浓度(D): 25 %

保留明度(L)

确定

取消

预览(P)

图7-21

照片滤镜对话框重要选项与参数介绍

使用：在“滤镜”下拉列表中可以选择一种预设的效果应用到图像中；如果要自己设置滤镜的颜色，可以勾选“颜色”选项，然后在后面重新设置颜色。

浓度：设置滤镜颜色应用到图像中的颜色百分比。数值越高，应用到图像中的颜色浓度就越大；数值越小，应用到图像中的颜色浓度就越低。

保留明度：勾选该选项以后，可以保留图像的明度不变。

技巧与提示

在调色命令的对话框中，如果对参数的设置不满意，可以按住Alt键，此时“取消”按钮将变成“复位”按钮，单击该按钮可以将参数设置恢复到默认值。

课堂案例

用照片滤镜快速打造冷调图像

案例位置 DVD>案例文件>CH07>课堂案例——用照片滤镜快速打造冷调图像.psd

视频位置 DVD>多媒体教学>CH07>课堂案例——用照片滤镜快速打造冷调图像.flv

难易指数 ★★☆☆☆

学习目标 学习“照片滤镜”命令的使用方法

用照片滤镜快速打造冷调图像的最终效果如图7-22所示。

图7-22

01 打开本书配套光盘中的“素材文件>CH07>素材04.jpg”文件，如图7-23所示。

图7-23

02 执行“图层>新建调整图层>照片滤镜”菜单命令，创建一个“照片滤镜”调整图层，然后在“调整”面板中设置“滤镜”为“冷却滤镜（80）”，然后设置“浓度”为85%，如图7-24所示；效果如图7-25所示。

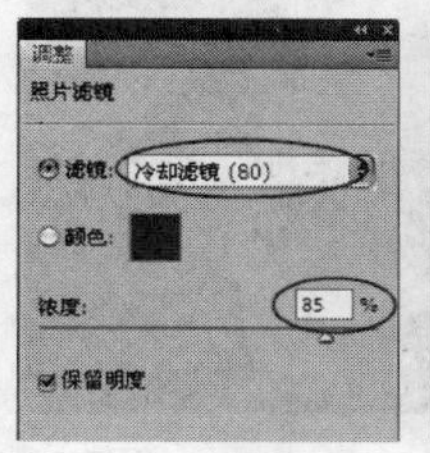

图7-24

图7-25

03 执行“图层>新建调整图层>曲线”菜单命令，创建一个“曲线”调整图层，然后在“调整”面板中调节好曲线的样式，如图7-26所示；效果如图7-27所示。

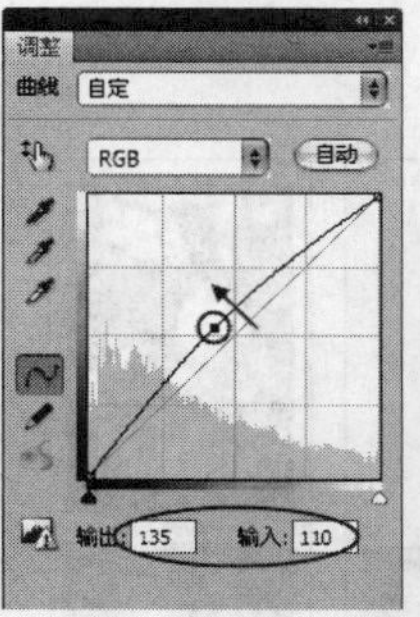

图7-26

图7-27

04 导入本书配套光盘中的“素材文件>CH07>素材05.png”文件，最终效果如图7-28所示。

图7-28

7.1.6 变化

“变化”命令是一个非常简单直观的调色命令，只需要单击它的缩略图即可调整图像的色彩、饱和度和明度，同时还可以预览调色的整个过程。打开一张图像，如图7-29所示；执行“图像>调整>变化”菜单命令，打开“变化”对话框，如图7-30所示。

图7-29

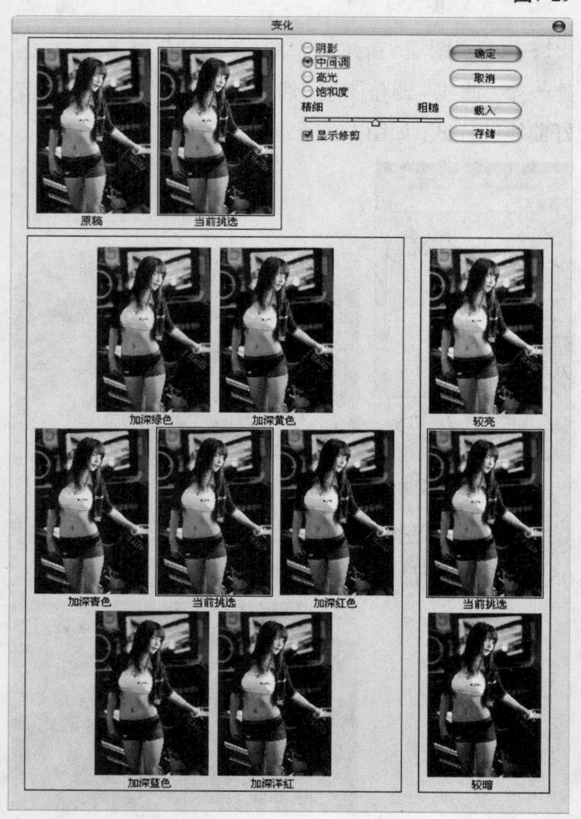

图7-30

变化对话框重要选项介绍

原稿/当前挑选：“原稿”缩略图显示的是原始图像；“当前挑选”缩略图显示的是图像调整结果。

阴影/中间调/高光：可以分别对图像的阴影、中间调和高光进行调节。

饱和度：专门用于调节图像的饱和度。点选该选项后，在对话框的下面会显示出“较亮”、“当前挑选”和“较暗”3个缩略图，单击“较亮”缩略图可以减少图像的饱和度，单击“较暗”缩略图可以增加图像的饱和度。

显示修剪：勾选“显示修剪”选项，可以警告超出了饱和度范围的最高限度。

精细-粗糙：该选项用来控制每次进行调整的量。特别注意，每移动一个滑块，调整数量会双倍增加。

各种调整缩略图：单击相应的缩略图，可以进行相应的调整，比如单击“加深蓝色”缩略图，可以应用一次加深蓝色效果。

> **技巧与提示**
> 单击调整缩览图产生的效果是累积性的。例如，单击两次“加深红色”缩略图，将应用两次调整。

课堂案例

用变化制作四色风景图像

案例位置	DVD>案例文件>CH07>课堂案例——用变化制作四色风景图像.psd
视频位置	DVD>多媒体教学>CH07>课堂案例——用变化制作四色风景图像.flv
难易指数	★★☆☆☆
学习目标	学习“变化”命令的使用方法

用变化制作四色风景图像的最终效果如图7-31所示。

图7-31

01 按Ctrl+N组合键新建一个大小为1434像素×968

像素的文档，然后用黑色填充“背景”图层，接着导入本书配套光盘中的“素材文件>CH07>素材06.jpg”文件，如图7-32所示。

图7-32

02 使用“矩形选框工具”框选风景图像的1/4，如图7-33所示；然后按Ctrl+J组合键将选区内的图像复制到“图层2”中。

图7-33

03 使用“矩形选框工具”框选风景图像的另外1/4，如图7-34所示；然后按Ctrl+J组合键将选区内的图像复制到“图层3”中。

图7-34

04 选择“图层3”，然后执行“图像>调整>变化”菜单命令，打开“变化”对话框，然后单击两次“加深黄色”缩略图，将黄色加深两个色阶，如图7-35所示；效果如图7-36所示。

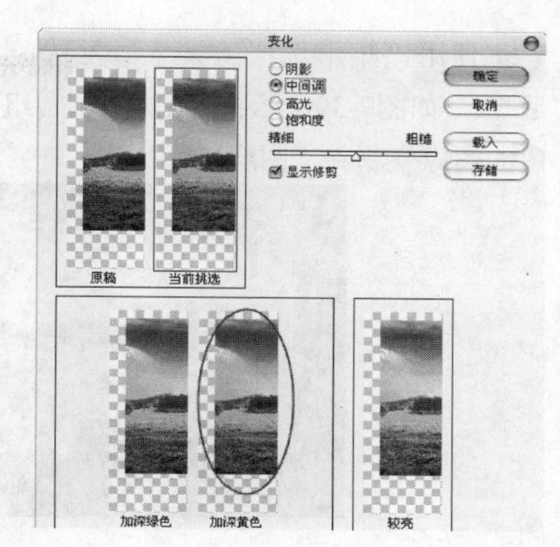

图7-35

图7-36

05 使用“矩形选框工具”框选风景图像的另外1/4，如图7-37所示；然后按Ctrl+J组合键将选区内的图像复制到“图层4”中。

图7-37

06 选择“图层4”，然后执行“图像>调整>变化”菜单命令，打开“变化”对话框；然后单击两次“加深青色”缩略图，将青色加深两个色阶，效果如图7-38所示。

图7-38

07 使用“矩形选框工具”框选风景图像的最后1/4，如图7-39所示；然后按Ctrl+J组合键将选区内的图像复制到“图层5”中。

图7-39

08 选择“图层5”，然后执行“图像>调整>变化”菜单命令，打开“变化”对话框；然后单击两次“加深红色”缩略图，将红色加深两个色阶，效果如图7-40所示。

图7-40

09 使用“横排文字工具”在图像的底部输入一些装饰性的文字，最终效果如图7-41所示。

图7-41

7.1.7 去色

“去色”命令（该命令没有对话框）可以将图像中的颜色去掉，使其成为灰度图像。打开一张图像，如图7-42所示；然后执行“图像>调整>去色”菜单命令或按Shift+Ctrl+U组合键，可以将其调整为灰度效果，如图7-43所示。

图7-42

图7-43

课堂案例

用去色制作旧照片

案例位置	DVD>案例文件>CH07>课堂案例——用去色制作旧照片.psd
视频位置	DVD>多媒体教学>CH07>课堂案例——用去色制作旧照片.flv
难易指数	★★☆☆☆
学习目标	学习“去色”命令的使用方法

用去色制作旧照片的最终效果如图7-44所示。

图7-44

01 打开本书配套光盘中的“素材文件>CH07>素材07.jpg”文件，如图7-45所示。

图7-45

02 导入本书配套光盘中的“素材文件>CH07>素材08.jpg”文件，然后将其放置在黑底上，接着按Ctrl+T组合键进入自由变换状态，按照黑底形状调整图像，如图7-46所示。

图7-46

03 执行“图像>调整>去色”菜单命令，将图像调整为灰度效果，如图7-47所示。

图7-47

04 执行“图层>新建调整图层>曲线”菜单命令，创建一个“曲线”调整图层；然后按Ctrl+Alt+G组合键将其设置为人像的剪贴蒙版，接着在“调整”面板中调节好曲线的样式，如图7-48所示，效果如图7-49所示。

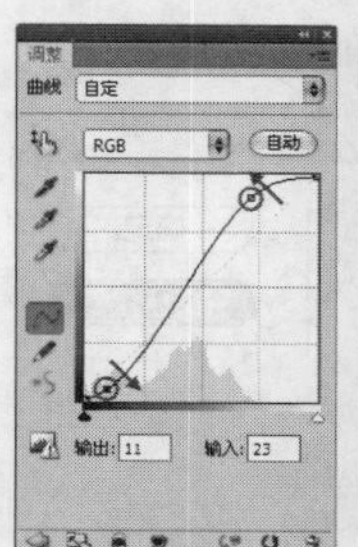

图7-48 图7-49

05 执行“图层>新建调整图层>亮度/对比度”菜单命令，创建一个“亮度/对比度”调整图层；然后按Ctrl+Alt+G组合键将其设置为人像的剪贴蒙版，接着在“调整”面板中设置“亮度”为31，效果如图7-50所示。

图7-50

06 导入本书配套光盘中的“素材文件>CH07>素材09.jpg”文件，然后将其放置在人像上，如图7-51所示。

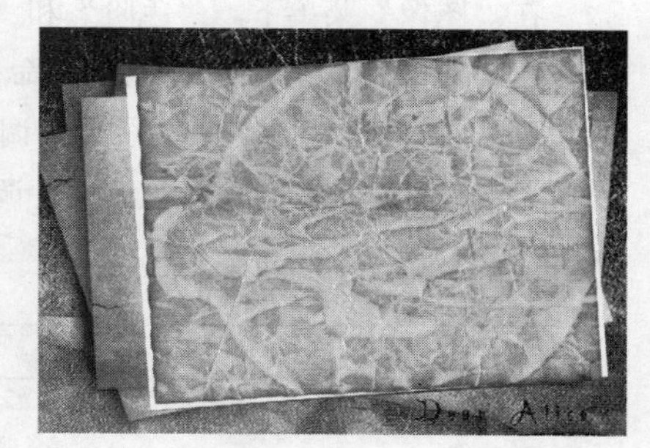

图7-51

07 按Ctrl+Alt+G组合键将纸纹设置为人像的剪贴蒙版，然后设置其“混合模式”为“线性加深”、“不透明度”为56%，最终效果如图7-52所示。

图7-52

7.1.8 色调均化

“色调均化”命令可以重新分布图像中像素的亮度值，以使它们更均匀地呈现所有范围的亮度级（即0~255）。在使用该命令时，图像中最亮的值将变成白色，最暗的值将变成黑色，中间的值将分布在整个灰度范围内。打开一张图像，如图7-53所示；然后执行“图像>调整>色调均化”菜单命令，效果如图7-54所示。

图7-53

图7-54

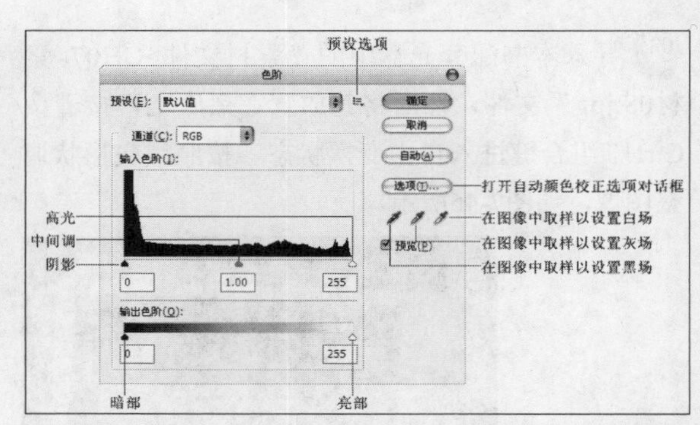

图7-56

7.2 调整颜色与色调的命令

在“图像”菜单下，“色阶”和“曲线”命令是专门针对颜色和色调进行调整的命令；“色相/饱和度”命令是专门针对色彩进行调整的命令；“曝光度”命令是专门针对色调进行调整的命令。

本节命令介绍

名称	作用	重要程度
色阶	用于对图像的阴影、中间调和高光强度级别进行调整	高
曲线	用于对图像的色调进行非常精确的调整	高
阴影/高光	用于对基于阴影/高光中的局部相邻像素来校正每个像素	高
曝光度	用于调整HDR图像的曝光效果	高

7.2.1 色阶

“色阶”命令是一个非常强大的颜色和色调调整工具，它可以对图像的阴影、中间调和高光强度级别进行调整，从而校正图像的色调范围和色彩平衡。另外，“色阶”命令还可以分别对各个通道进行调整，以校正图像的色彩。打开一张图像，如图7-55所示；然后执行“图像>调整>色阶”菜单命令或按Ctrl+L组合键，打开“色阶”对话框，如图7-56所示。

图7-55

色阶对话框重要参数与选项介绍

预设/预设选项：单击“预设”下拉列表，可以选择一种预设的色阶调整选项来对图像进行调整；单击“预设选项”按钮，可以对当前设置的参数进行保存，或载入一个外部的预设调整文件。

通道：在“通道”下拉列表中可以选择一个通道来对图像进行调整，以校正图像的颜色。

输入色阶：这里可以通过拖曳滑块来调整图像的阴影、中间调和高光，同时也可以直接在对应的输入框中输入数值。将滑块像左拖曳，可以使图像变暗；将滑块向右拖曳，可以使图像变亮。

输出色阶：这里可以设置图像的亮度范围，从而降低对比度。

自动：单击该按钮，Photoshop会自动调整图像的色阶，使图像的亮度分布更加均匀，从而达到校正图像颜色的目的。

选项：单击该按钮，可以打开“自动颜色校正选项”对话框，如图7-57所示。在该对话框中可以设置单色、每通道、深色和浅色的算法等。

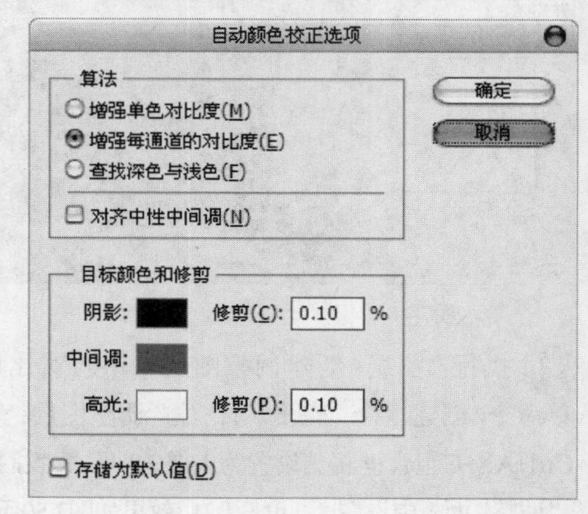

图7-57

在图像中取样以设置黑场：使用该吸管在图像中单击取样，可以将单击点处的像素调整为黑色，同时图像中比该单击点暗的像素也会变成黑色。

在图像中取样以设置灰场：使用该吸管在图像中单击取样，可以根据单击点像素的亮度来调整其他中间调的平均亮度。

在图像中取样以设置白场：使用该吸管在图像中单击取样，可以将单击点处的像素调整为白色，同时图像中比该单击点亮的像素也会变成白色。

课堂案例

用色阶调出唯美粉嫩色调

案例位置	DVD>案例文件>CH07>课堂案例——用色阶调出唯美粉嫩色调.psd
视频位置	DVD>多媒体教学>CH07>课堂案例——用色阶调出唯美粉嫩色调.flv
难易指数	★★☆☆☆
学习目标	学习“色阶”命令的使用方法

用色阶调出唯美粉嫩色调的最终效果如图7-58所示。

图7-58

01 打开本书配套光盘中的“素材文件>CH07>素材10.jpg”文件，如图7-59所示。

图7-59

02 由于整体颜色偏黄，因此要先调整一下图像的色彩平衡。按Ctrl+B组合键打开“色彩平衡”对话框，设置“色阶”（22，10，71），如图7-60所示；效果如图7-61所示。

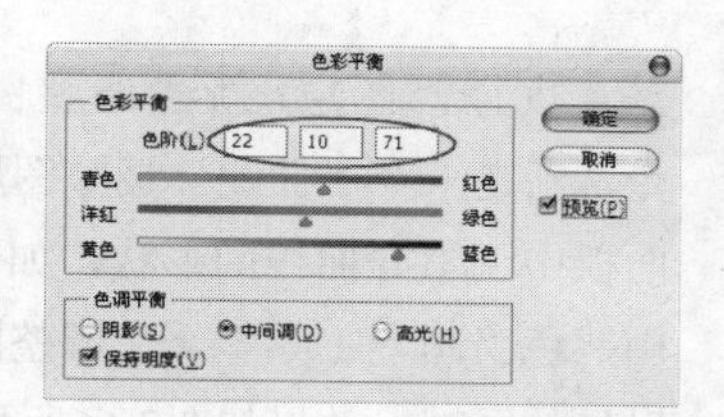

图7-60

图7-61

03 由于图像的整体色调太过灰暗，因此要提高整体色阶。按Ctrl+L组合键打开“色阶”对话框，设置“输入色阶”（0，2.9，255），如图7-62所示；效果如图7-63所示。

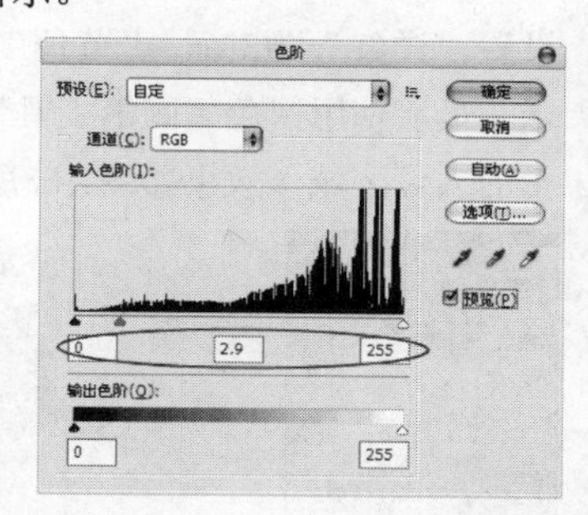

图7-62

图7-63

04 由于人像背景比较杂乱，因此可以使用“仿制图章工具”把高跟鞋和人像身后的部分静物涂抹掉，如图7-64所示。

图7-64

05 执行“图层>新建调整图层>曲线”菜单命令，新建一个“曲线”调整图层，然后在“调整”面板中调整好曲线的形状，如图7-65所示，接着使用黑色“画笔工具”在调整图层的蒙版涂去人像以外的区域，效果如图7-66所示。

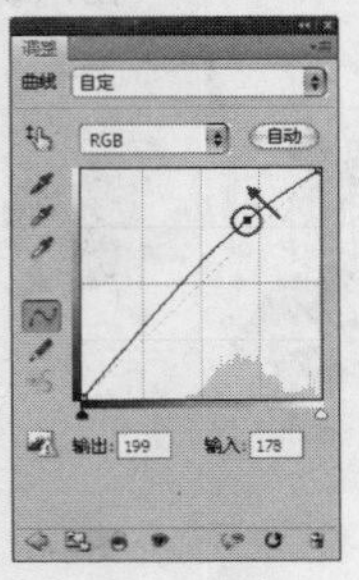

图7-65　　图7-66

06 执行“图层>新建调整图层>可选颜色”菜单命令，新建一个“可选颜色”调整图层，然后在“调整”面板中设置“颜色”为“白色”，接着设置“洋红”为3%、“黄色”为6%，如图7-67所示，最后使用黑色“画笔工具”调整图层的蒙版中的人像区域，效果如图7-68所示。

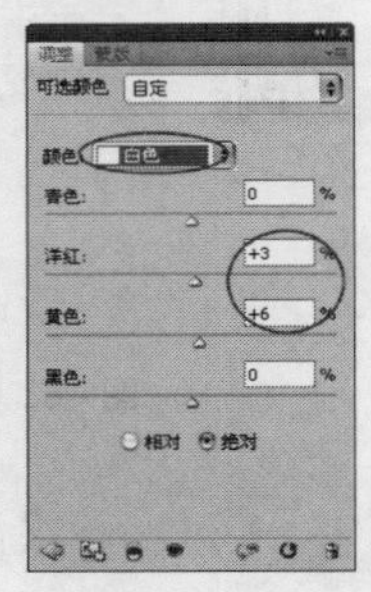

图7-67　　图7-68

07 按Ctrl+N组合键新建一个大小为1920像素×1880像素的文档，将调整人像的所有图层都拖曳到该文档中，调整好人像的大小和位置，如图7-69所示。

图7-69

08 导入本书配套光盘中的“素材文件>CH07>素材11.png”文件，然后将其放置在图像的合适位置作为装饰，最终效果如图7-70所示。

图7-70

7.2.2 曲线

“曲线”命令是最重要、最强大的调整命令，也是实际工作中使用频率最高的调整命令之一。它具备了“亮度/对比度”、“阈值”和“色阶”等命令的功能，通过调整曲线的形状，可以对图像的色调进行非常精确的调整。打开一张图像，如图7-71所示；然后执行“曲线>调整>曲线”菜单命令或按Ctrl+M组合键，打开“曲线”对话框，如图7-72所示。

图7-71

图7-72

曲线对话框重要参数介绍

预设/预设选项：在“预设”下拉列表中共有9种曲线预设效果，如图7-73所示；单击“预设选项”按钮，可以对当前设置的参数进行保存，或载入一个外部的预设调整文件。

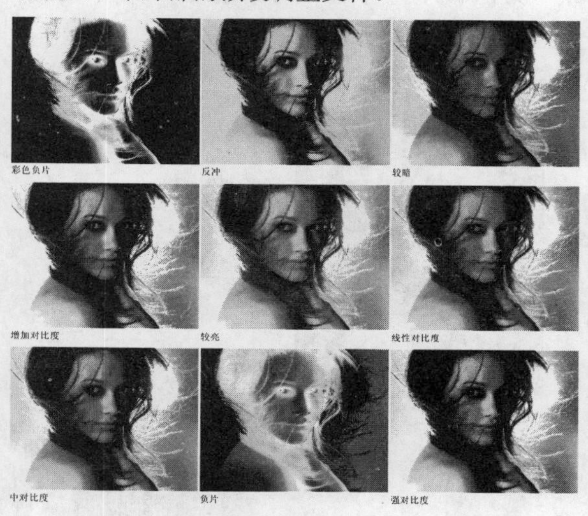

图7-73

通道：在“通道”下拉列表中可以选择一个通道来对图像进行调整，以校正图像的颜色。

编辑点以修改曲线：使用该工具在曲线上单击，可以添加新的控制点，通过拖曳控制点可以改变曲线的形状，从而达到调整图像的目的，如图7-74所示。

通过绘制来修改曲线：使用该工具可以以手绘的方式自由绘制曲线，绘制好曲线以后单击“编辑点以修改曲线”按钮，可以显示出曲线上的控制点，如图7-75所示。

图7-74

图7-75

平滑：使用“通过绘制来修改曲线”绘制出曲线以后，单击“平滑”按钮，可以对曲线进行平滑处理，如图7-76所示。

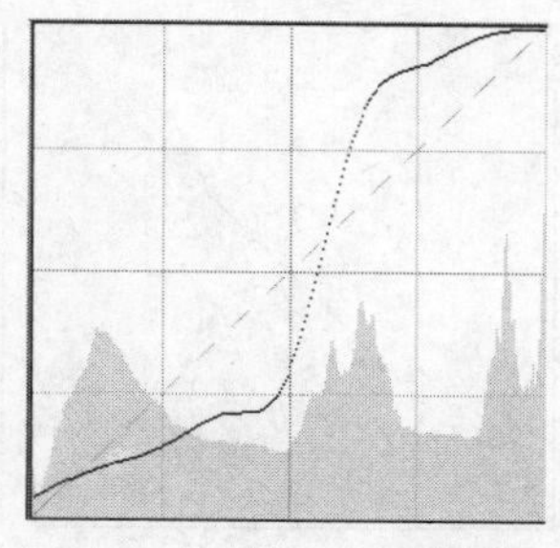

图7-76

在曲线上单击并拖动可修改曲线：选择该工具以后，将光标放置在图像上，曲线上会出现一个圆圈，表示光标处的色调在曲线上的位置，如图7-77所示，在图像上中单击并拖曳鼠标左键可以添加控制点以调整图像的色调，如图7-78所示。

图7-77

图7-78

输入/输出：“输入”即“输入色阶”，显示的是调整前的像素值；“输出”即“输出色阶”，显示的是调整以后的像素值。

自动：单击该按钮，可以对图像应用“自动色调”、“自动对比度”或“自动颜色”校正。

选项：单击该按钮，可以打开“自动颜色校正选项”对话框。在该对话框中可以设置单色、每通道、深色和浅色的算法等。

显示数量：包含“光（0-255）”和“颜料/油墨%”两种显示方式。

以四分之一色调增量显示简单网格/以10%增量显示详细网格：单击“以四分之一色调增量显示简单网格”按钮，可以以1/4（即25%）的增量来显示网格，这种网格比较简单，如图7-79所示；单击“以10%增量显示详细网格”按钮，可以以 10% 的增量来显示网格，这种更加精细，如图7-80所示。

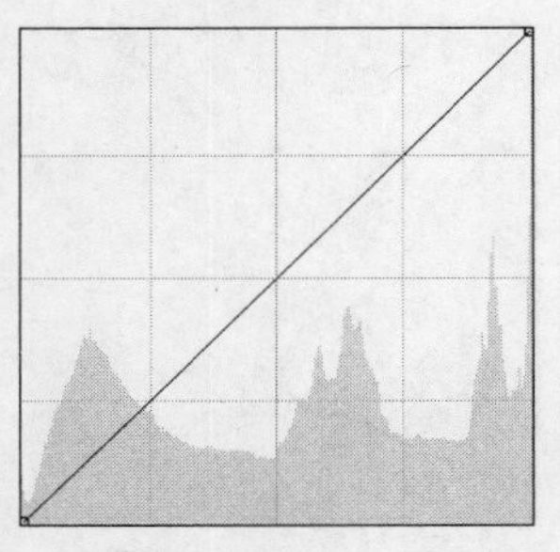

图7-79　　图7-80

通道叠加：勾选该选项，可以在复合曲线上显示颜色通道。

基线：勾选该选项，可以显示基线曲线值的对角线。

直方图：勾选该选项，可在曲线上显示直方图以作为参考。

交叉线：勾选该选项，可以显示用于确定点的精确位置的交叉线。

课堂案例

用曲线打造艺术电影色调

案例位置	DVD>案例文件>CH07>课堂案例——用曲线打造艺术电影色调.psd
视频位置	DVD>多媒体教学>CH07>课堂案例——用曲线打造艺术电影色调.flv
难易指数	★★☆☆☆
学习目标	学习"曲线"命令的使用方法

用曲线打造艺术电影色调的效果如图7-81所示。

图7-81

01 打开本书配套光盘中的"素材文件>CH07>素材12.jpg"文件，如图7-82所示。

图7-82

02 由于照片有些模糊，因此可以先将其进行锐化处理。按Crl+J组合键将"背景"图层复制一层，然后执行"滤镜>锐化>智能锐化"菜单命令，接着在弹出的"智能锐化"对话框中设置"数量"为144%、"半径"为6.8像素，如图7-83所示，效果如图7-84所示。

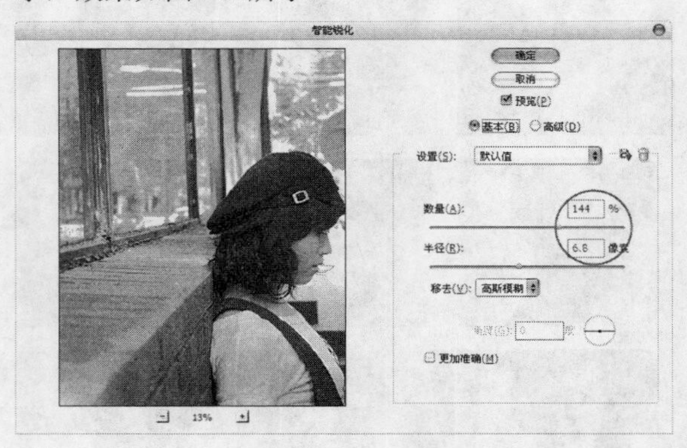

图7-83

图7-84

03 执行"图像>调整>曲线"菜单命令或按Ctrl+M组合键，打开"曲线"对话框，调节好曲线的形状，以提亮图像，如图7-85所示，效果如图7-86所示。

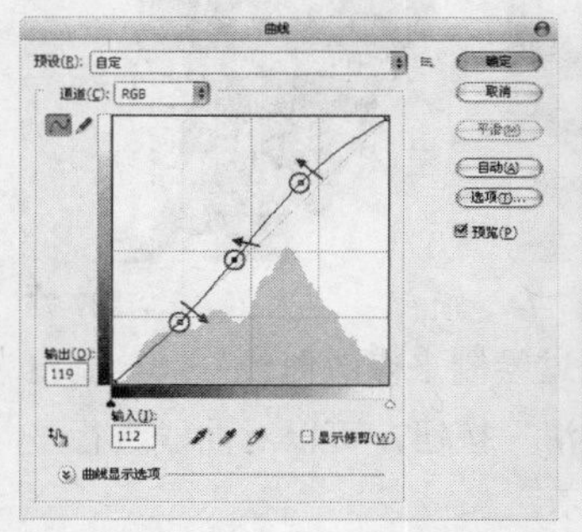

图7-85

图7-86

04 继续按Ctrl+M组合键，打开“曲线”对话框，选择“红”通道，将红色曲线调节成图7-87所示的形状；选择“绿”通道，将绿色曲线调节成图7-88所示的形状；选择“蓝”通道，将蓝色曲线调节成图7-89所示的形状，图像效果如图7-90所示。

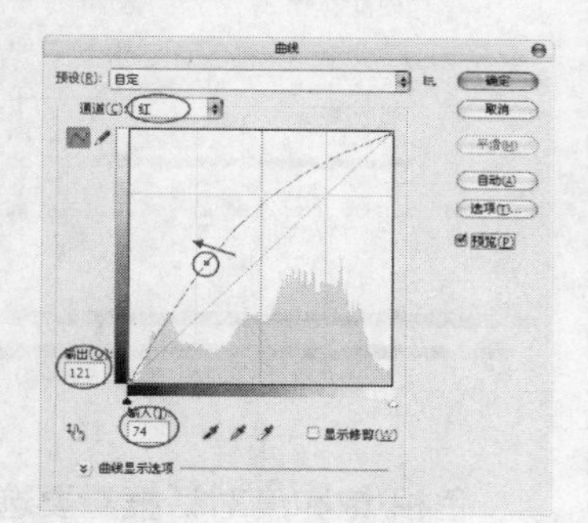

图7-87

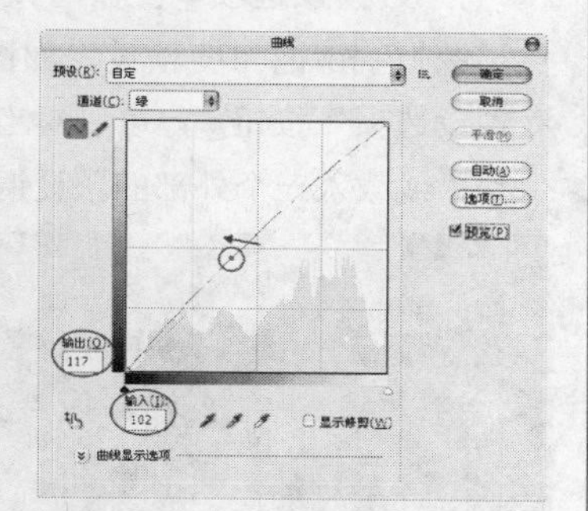

图7-88

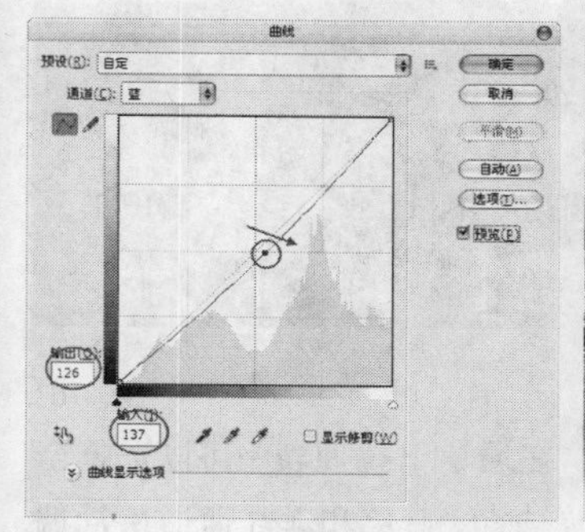

图7-89

图7-90

05 下面制作暗角效果。使用“套索工具”勾选出图7-91所示的选区，然后按Shift+Ctrl+I组合键反向选择选区，接着按Shift+F6组合键打开“羽化选区”对话框，并设置“羽化半径”为80像素，如图7-92所示。

图7-91

图7-92

06 保持选区状态，然后按Ctrl+M组合键，打开“曲线”对话框，接着将曲线调节成图7-93所示的形状，以制作出暗角效果，如图7-94所示。

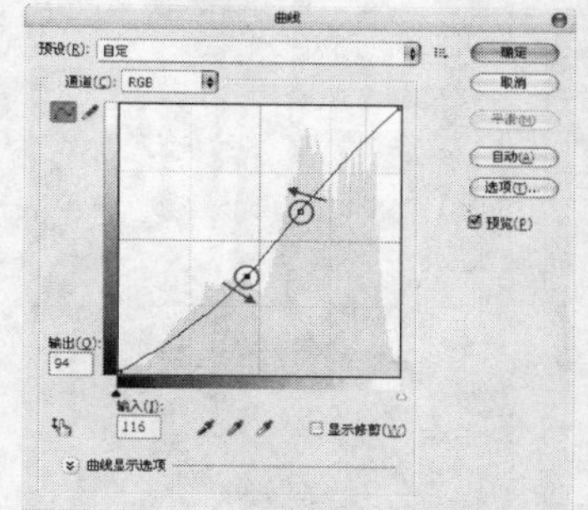

图7-93

图7-94

07 下面调整图像的整体亮度。执行“图像>调整>亮度/对比度”菜单命令，在弹出的“亮度/对比度”对话框中设置“亮度”为23、“对比度”为-3，如图7-95所示，效果如图7-96所示。

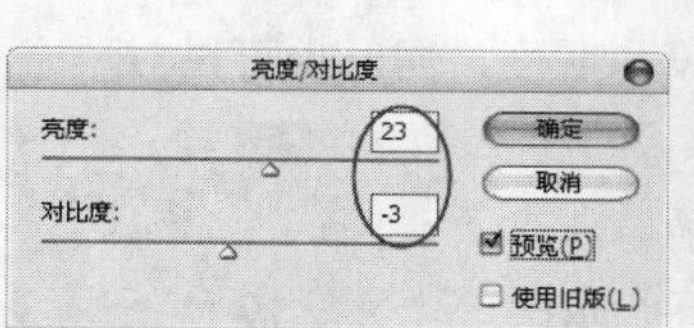

图7-95

图7-96

08 新建一个图层，选择“渐变工具”，然后在“渐变编辑器”对话框中选择预设的“红，绿渐变”，如图7-97所示，接着从图像的左下角向右上角填充线性渐变，最后设置该图层的“混合模式”为“柔光”，效果如图7-98所示。

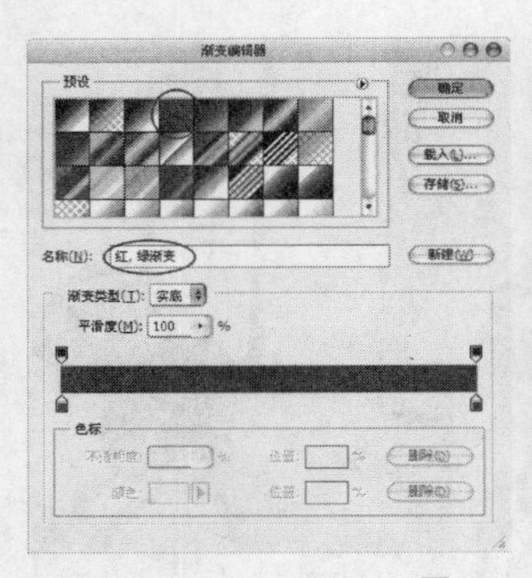

图7-97　　图7-98

09 执行“图层>新建调整图层>曲线”菜单命令，在最上层创建一个“曲线”调整图层，然后在“调整”面板中调整曲线的形状，如图7-99所示，最终效果如图7-100所示。

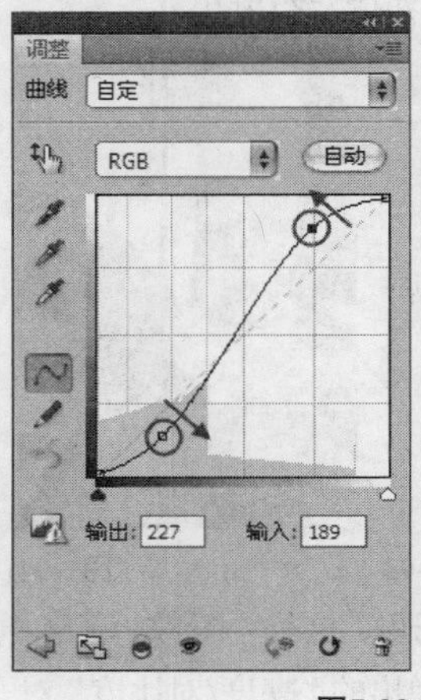

图7-99　　图7-100

7.2.3 色相/饱和度

“色相/饱和度”可以调整整个图像或选区内图像的色相、饱和度和明度，同时也可以对单个通道进行调整，该命令也是实际工作使用频率最高的调整命令之一。打开一张图像，如图7-101所示，然后执行“图像>调整>色相/饱和度”菜单命令或按Ctrl+U组合键，打开“色相/饱和度”对话框，如图7-102所示。

图7-101

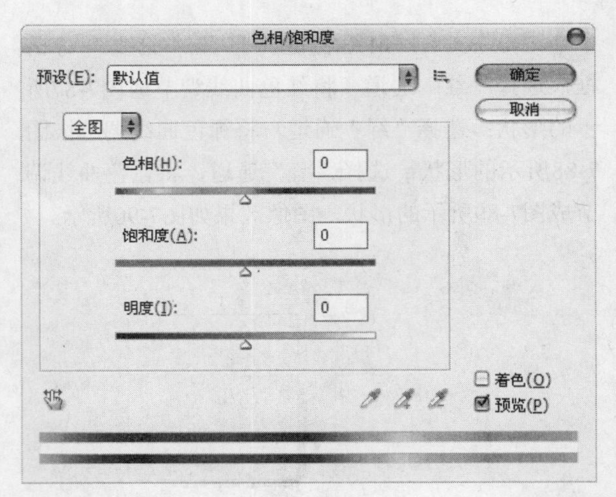

图7-102

色相/饱和度对话框重要选项与参数介绍

预设/预设选项：在“预设”下拉列表中提供了8种色相/饱和度预设，如图7-103所示；单击“预设选项”按钮，可以对当前设置的参数进行保存，或载入一个外部的预设调整文件。

图7-103

通道下拉列表：在通道下拉列表中可以选择全图、红色、黄色、绿色、青色、蓝色和洋红通道进行调整。选择好通道以后，拖曳下面的“色相”、“饱和度”和“明度”的滑块，可以对该通道的色相、饱和度和明度进行调整，如图7-104所示。

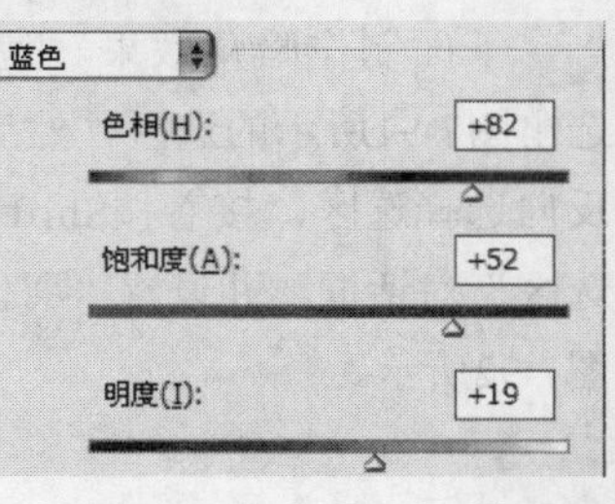

图7-104

在图像上单击并拖动可修改饱和度：使用该工具在图像上单击设置取样点后，向右拖曳鼠标可以增加图像的饱和度，向左拖曳鼠标可以降低图像的饱和度。

技巧与提示

如果要使用“在图像上单击并拖动可修改饱和度”调整图像的色相，可以先设置取样点，然后按住Ctrl键向左或向右拖曳鼠标，以调整图像的色相。

着色：勾选该项以后，图像会整体偏向于单一的红色调。另外，还可以通过拖曳3个滑块来调节图像的色调。

课堂案例

用色相/饱和度调出碧海蓝天

案例位置	DVD>案例文件>CH07>课堂案例——用色相/饱和度调出碧海蓝天.psd
视频位置	DVD>多媒体教学>CH07>课堂案例——用色相/饱和度调出碧海蓝天.flv
难易指数	★★☆☆☆
学习目标	学习“色相/饱和度”命令的使用方法

用色相/饱和度调出碧海蓝天的最终效果如图7-105所示。

图7-105

01 打开本书配套光盘中的“素材文件>CH07>素材13.jpg”文件，如图7-106所示。

图7-106

02 执行“图层>新建调整图层>色相/饱和度”菜单命令，创建一个“色相/饱和度”调整图层，然后选择“红色”通道，然后设置“饱和度”为11、“明度”为17；选择“青色”通道，然后设置“饱和度”为63；选择“蓝色”通道，然后设置“饱和度”为42，如图7-107所示，效果如图7-108所示。

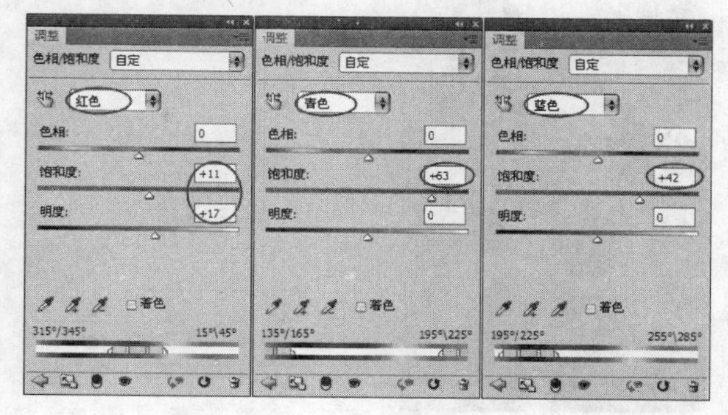

图7-107

图7-108

03 创建一个“曲线”调整图层，然后在“调整”面板中调节好曲线的形状，如图7-109所示，接着使用黑色“画笔工具”在调整图层的蒙版中涂去人像区域，只针对背景进行调整，最终效果如图7-110所示。

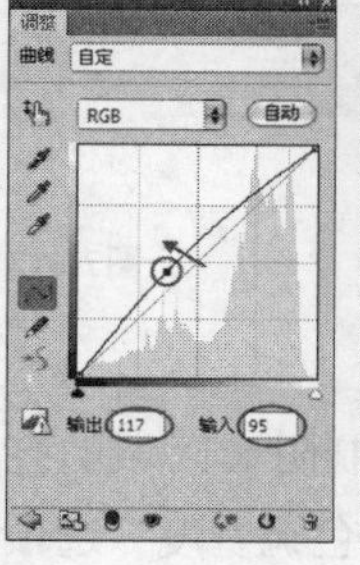

图7-109

图7-110

7.2.4 阴影/高光

“阴影/高光”命令可以基于阴影/高光中的局部相邻像素来校正每个像素，在调整阴影区域时，对高光区域的影响很小；而调整高光区域时，对阴影区域的影响又很小。打开一张图像，如图7-111所示，然后执行“图像>调整>阴影/高光”菜单命令，打开“阴影/高光”对话框，如图7-112所示。

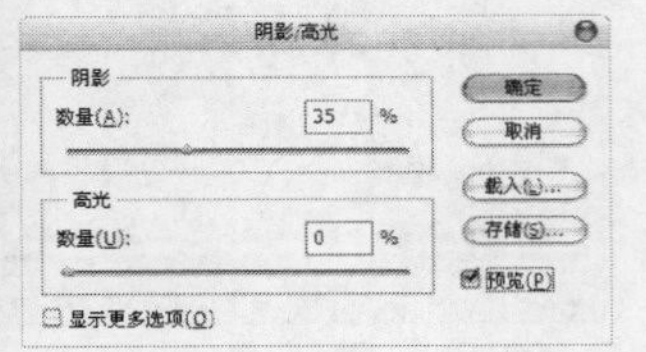

图7-111　　图7-112

阴影/高光对话框重要选项与参数介绍

显示更多选项：勾选该选项以后，可以显示"阴影/高光"的完整选项，如图7-113所示。

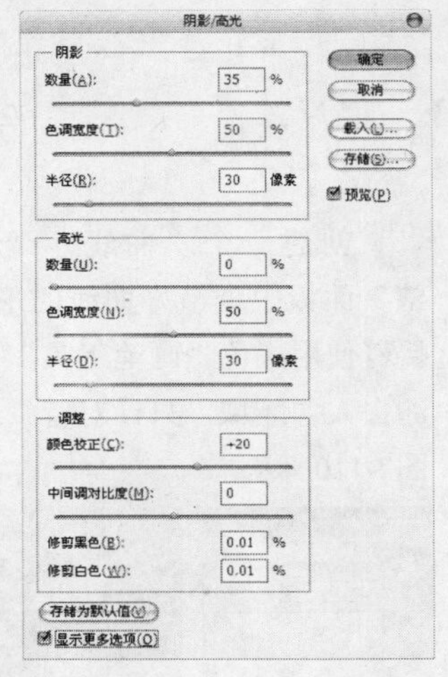

图7-113

阴影："数量"选项用来控制阴影区域的亮度，值越大，阴影区域就越亮；"色调宽度"选项用来控制色调的修改范围，值越小，修改的范围就只针对较暗的区域；"半径"选项用来控制像素是在阴影中还是在高光中。

高光："数量"用来控制高光区域的黑暗程度，值越大，高光区域越暗；"色调宽度"选项用来控制色调的修改范围，值越小，修改的范围就只针对较亮的区域；"半径"选项用来控制像素是在阴影中还是在高光中。

调整："颜色校正"选项用来调整已修改区域的颜色；"中间调对比度"选项用来调整中间调的对比度；"修剪黑色"和"修剪白色"决定了在图像中将多少阴影和高光剪到新的阴影中。

存储为默认值：如果要将对话框中的参数设置存储为默认值，可以单击该按钮。存储为默认值以后，再次打开"阴影/高光"对话框时，就会显示该参数。

技巧与提示

如果要将存储的默认值恢复为Photoshop的默认值，可以在"阴影/高光"对话框中按住Shift键，此时"存储为默认值"按钮会变成"复位默认值"按钮，单击即可复位为Photoshop的默认值。

课堂案例

用阴影/高光调整灰暗人像

案例位置	DVD>案例文件>CH07>课堂案例——用阴影/高光调整灰暗人像.psd
视频位置	DVD>多媒体教学>CH07>课堂案例——用阴影/高光调整灰暗人像.flv
难易指数	★★☆☆☆
学习目标	学习"阴影/高光"命令的使用方法

用阴影/高光调整灰暗人像的最终效果如图7-114所示。

图7-114

01 打开本书配套光盘中的"素材文件>CH07>素材14.jpg"文件，如图7-115所示。

图7-115

02 按Ctrl+J组合键将"背景"图层复制一层，然后执行"图像>调整>阴影/高光"菜单命令，打开"阴影/高光"对话框，接着在"阴影"选项组下设置“数量”为38%，以提亮阴影区域，如图7-116所示，效果如图7-117所示。

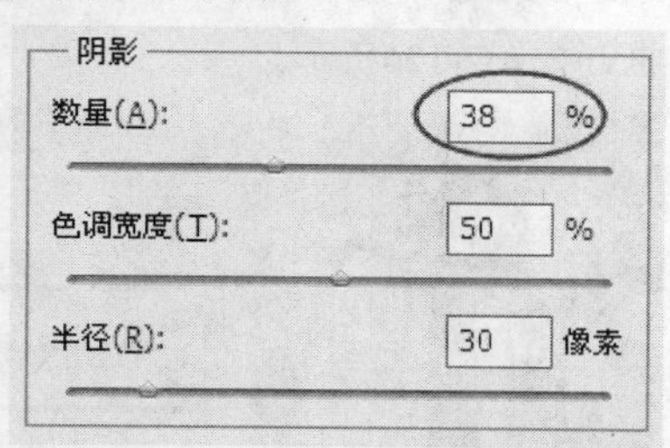

图7-116

图7-117

03 在“高光”选项组下设置“数量”为27%，以降低人像脸部的高光，如图7-118所示，效果如图7-119所示。

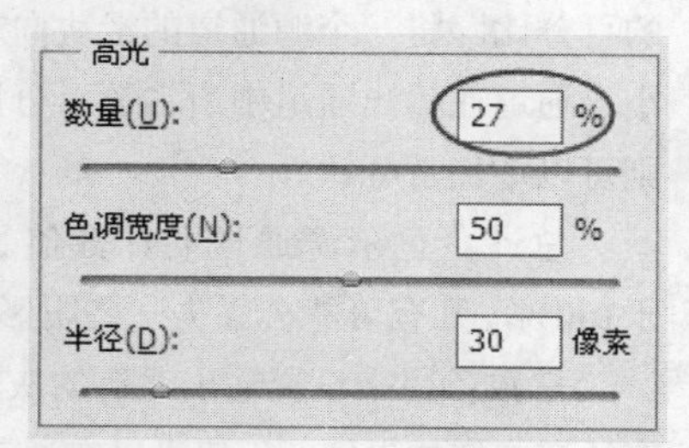

图7-118

图7-119

04 按Ctrl+J组合键将人像图层复制一层，然后执行“滤镜>模糊>高斯模糊”菜单命令，接着在弹出的“高斯模糊”对话框中设置“半径”为6像素，效果如图7-120所示。

图7-120

05 执行“窗口>历史记录”菜单命令，打开“历史记录”面板，然后标记最后一项“高斯模糊”操作，并返回到上一步操作状态下，如图7-121所示，接着使用“历史记录画笔工具”在背景上涂抹，以绘制出模糊的背景，最终效果如图7-122所示。

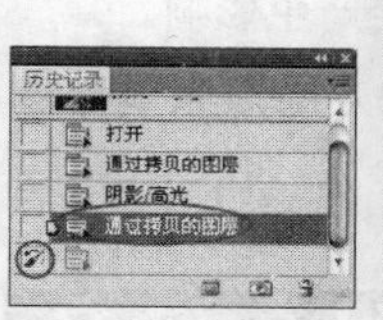

图7-121

图7-122

7.2.5 曝光度

“曝光度”命令专门用于调整HDR图像的曝光效果，它是通过在线性颜色空间（而不是当前颜色空间）执行计算而得出的曝光效果。打开一张图像，如图7-123所示，然后执行“图像>调整>曝光度”菜单命令，打开“曝光度”对话框，如图7-124所示。

图7-123

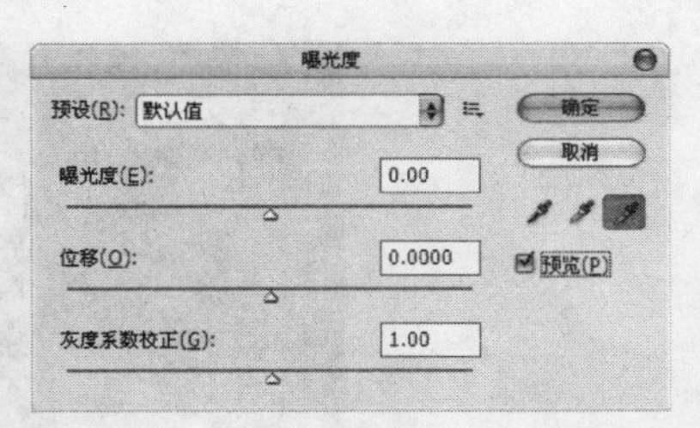

图7-124

曝光度对话框重要选项与参数介绍

预设/预设选项：Photoshop预设了4种曝光效果，分别是“减1.0”、“减2.0”、“加1.0”和“加2.0”；单击“预设选项”按钮，可以对当前设置的参数进行保存，或载入一个外部的预设调整文件。

曝光度：向左拖曳滑块，可以降低曝光效果；向右拖曳滑块，可以增强曝光效果。

位移：该选项主要对阴影和中间调起作用，可以使其变暗，但对高光基本不会产生影响。

灰度系数校正：使用一种乘方函数来调整图像灰度系数。

7.3 匹配/替换/混合颜色的命令

“图像”菜单下的“通道混合器”、“可选颜色”、“匹配颜色”和“替换颜色”命令可以对多个图像的颜色进行匹配或替换。

本节命令介绍

名称	作用	重要程度
通道混合器	用于对图像的某一个通道的颜色进行调整	高
可选颜色	用于对图像中的每个主要原色成分中更改印刷色的数量	高
匹配颜色	用于将一个图像的颜色与另一个图像的颜色匹配起来	高
替换颜色	用于将选定的颜色替换为其他颜色	高

7.3.1 通道混合器

使用“通道混合器”命令可以对图像的某一个通道的颜色进行调整，以创建出各种不同色调的图像，同时也可以用来创建高品质的灰度图像。打开一张图像，如图7-125所示，执行“图像>调整>通道混合器”菜单命令，打开“通道混合器”对话框，如图7-126所示。

图7-125

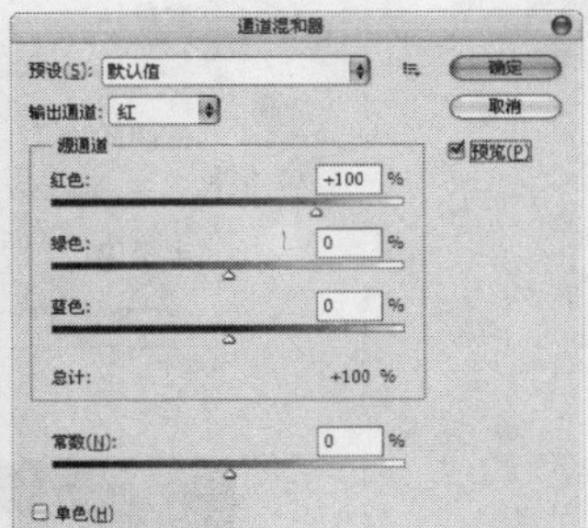

图7-126

通道混合器对话框重要选项与参数介绍

预设/预设选项：Photoshop提供了6种制作黑白图像的预设效果；单击“预设选项”按钮，可以对当前设置的参数进行保存，或载入一个外部的预设调整文件。

输出通道：在下拉列表中可以选择一种通道来对图像的色调进行调整。

源通道：用来设置源通道在输出通道中所占的百分比。将一个源通道的滑块向左拖曳，可以减小该通道在输出通道中所占的百分比；向右拖曳，则可以增加百分比。

总计：显示源通道的计数值。如果计数值大于100%，则有可能会丢失一些阴影和高光细节。

常数：用来设置输出通道的灰度值，负值可以在通道中增加黑色，正值可以在通道中增加白色。

单色：勾选该选项以后，图像将变成黑白效果。

课堂案例

用通道混合器打造复古色调

案例位置　DVD>案例文件>CH07>课堂案例——用通道混合器打造复古色调.psd
视频位置　DVD>多媒体教学>CH07>课堂案例——用通道混合器打造复古色调.flv
难易指数　★★☆☆☆
学习目标　学习“通道混合器”命令的使用方法

用通道混合器打造复古色调的最终效果如图7-127所示。

图7-127

01 打开本书配套光盘中的“素材文件>CH07>素材15.jpg”文件，如图7-128所示。

图7-128

02 按Ctrl+J组合键将“背景”图层复制一层，然后按Ctrl+U组合键打开“色相/饱和度”对话框，接着设置“饱和度”为-80，如图7-129所示，效果如图7-130所示。

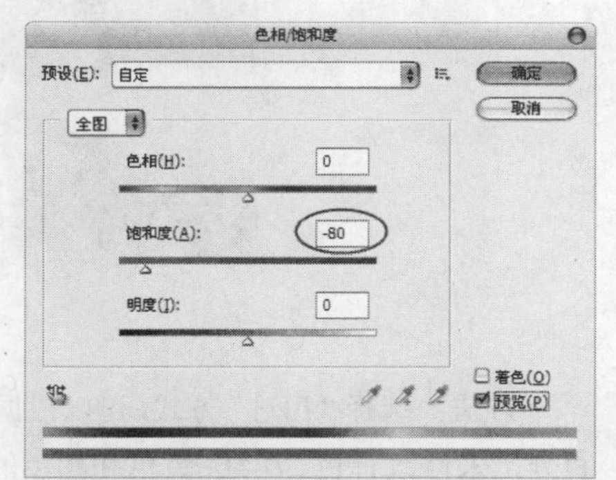

图7-129

图7-130

03 执行“图像>调整>亮度/对比度”菜单命令，在弹出的“亮度/对比度”对话框中设置“亮度”为17、“对比度”为27，如图7-131所示。

图7-131

04 执行“图像>模式>CMYK颜色”菜单命令，然后在弹出的对话框中单击“不拼合”按钮 不拼合(D) ，将图像转换为CMYK颜色模式，如图7-132所示。

图7-132

技巧与提示

要打造复古色调，就必须用到黄色通道和洋红通道，而RGB颜色模式下的图像只有红、绿、蓝3个通道，转换为CMYK颜色模式以后才有黄色通道和洋红通道。

05 执行“图层>新建调整图层>通道混合器”菜单命令，创建一个“通道混合器”调整图层，然后在“调整”面板中设置“输出通道”为“黄色”通道，接着设置“青色”为24%、“洋红”为89%、“黄色”为62%、“黑色”为-81%，如图7-133所示，效果如图7-134所示。

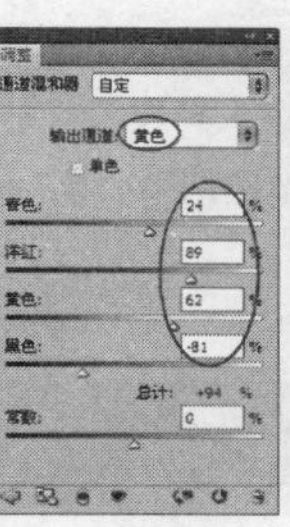

图7-133

图7-134

06 设置“输出通道”为“洋红”通道，然后设置“青色”为18%、“洋红”为100%，如图7-135所示，效果如图7-136所示。

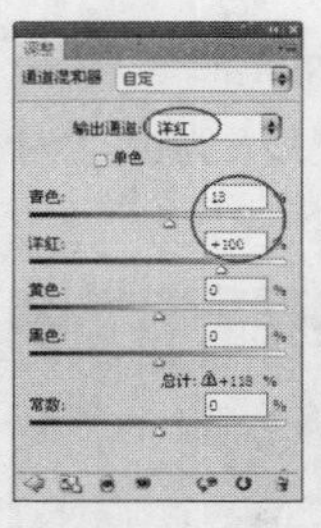

图7-135　　图7-136

07 执行“图像>模式>RGB颜色”菜单命令，然后在弹出的对话框中单击“拼合”按钮 拼合(F) ，将颜色模式切换回RGB颜色模式，同时所有图层都将被拼合到“背景”图层中，接着执行“滤镜>锐化>USM锐化”菜单命令，最后在弹出的“USM锐化”对话框中设置“数量”为55%，如图7-137所示，最终效果如图7-138所示。

图7-137

图7-138

技巧与提示

由于步骤（6）在调整“洋红”通道时，“总计”数值是118%，大于100%，因此丢失了图像的一些细节，所以这里要对人像进行锐化处理。

7.3.2 可选颜色

“可选颜色”命令是一个很重要的调色命令，它可以在图像中的每个主要原色成分中更改印刷色的数量，也可以有选择地修改任何主要颜色中的印刷色数量，并且不会影响其他主要颜色。打开一张图像，如图7-139所示，然后执行“图像>调整>可选颜色”菜单命令，打开“可选颜色”对话框，如图7-140所示。

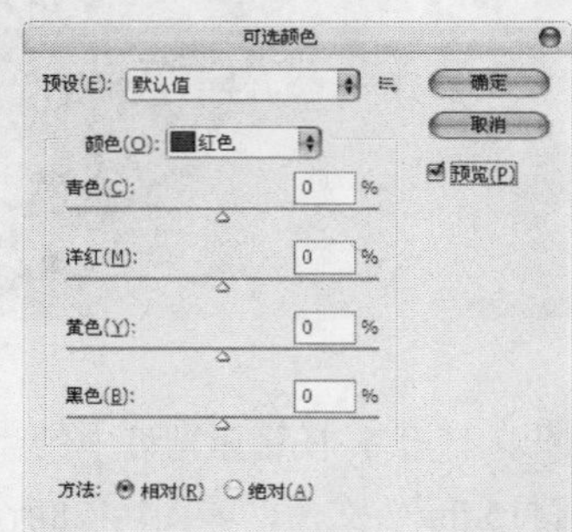

图7-139　　图7-140

可选颜色对话框重要选项与参数介绍

颜色：在下拉列表中选择要修改的颜色，然后在下面的颜色进行调整，可以调整该颜色中青色、洋红、黄色和黑色所占的百分比，如图7-141所示。

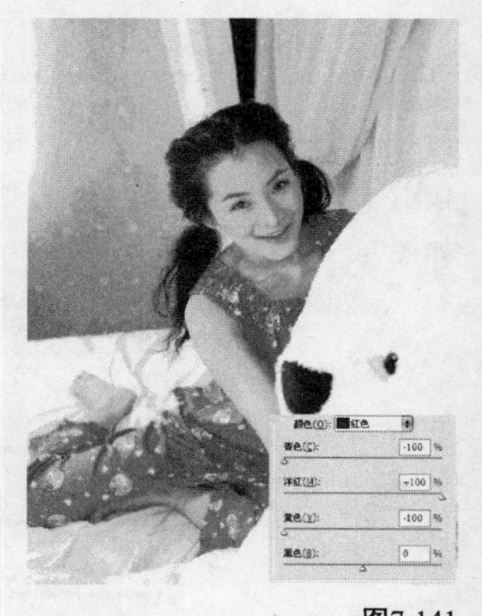

图7-141

方法：选择“相对”方式，可以根据颜色总量的百分比来修改青色、洋红、黄色和黑色的数量；选择“绝对”方式，可以采用绝对值来调整颜色。

课堂案例

用可选颜色调出潮流Lomo色调

案例位置	DVD>案例文件>CH07>课堂案例——用可选颜色调出潮流Lomo色调.psd
视频位置	DVD>多媒体教学>CH07>课堂案例——用可选颜色调出潮流Lomo色调.flv
难易指数	★★☆☆☆
学习目标	学习“可选颜色”命令的使用方法

用可选颜色调出潮流Lomo色调的最终效果如图7-142所示。

图7-142

01 打开本书配套光盘中的“素材文件>CH07>素材16.jpg”文件，如图7-143所示。

图7-143

02 执行“图像>调整>可选颜色”菜单命令，打开“可选颜色”对话框，然后设置“颜色”为“红色”，并设置“方法”为“绝对”方式，接着设置“青色”为25%、“洋红”为-20%；设置“颜色”为“中性色”，然后设置“青色”为-19%、“黑色”为-9%；设置“颜色”为“黄色”，然后设置“青色”为20%、“黑色”为-42%，如图7-144所示，效果如图7-145所示。

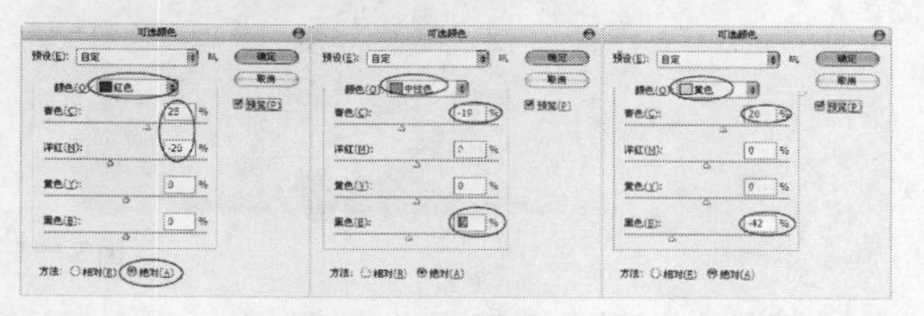

图7-144

图7-145

03 新建一个图层，然后设置前景色为紫色（R:69，G:13，B:125），接着按Alt+Delete组合键用前景色填充该图层，最后设置该图层的“混合模式”为“变亮”、“不透明度”为50%，效果如图7-146所示。

图7-146

04 再次新建一个图层，然后设置前景色为蓝色（R:10，G:37，B:103），接着按Alt+Delete组合键用前景色填充该图层，最后设置该图层的“混合模式”为“排除”、“不透明度”为30%，效果如图7-147所示。

图7-147

05 按Ctrl+Alt+Shift+E组合键将可见图层盖印到一个新的图层中，然后执行“滤镜>模糊>高斯模糊”菜单命令，接着在弹出的“高斯模糊”对话框中设置“半径”为1像素，最后设置该图层的“混合模式”为“柔光”，效果如图7-148所示。

图7-148

06 下面调整衣服的颜色。按Ctrl+Alt+Shift+E组合键将可见图层盖印到一个新的“衣服”图层中，然后执行“图像>调整>可选颜色”菜单命令，打开“可选颜色”对话框，接着设置“颜色”为“红色”，最后设置“青色”为-11%、“洋红”为-2%、“黄色”为-7%、“黑色”为-15%，如图7-149所示。

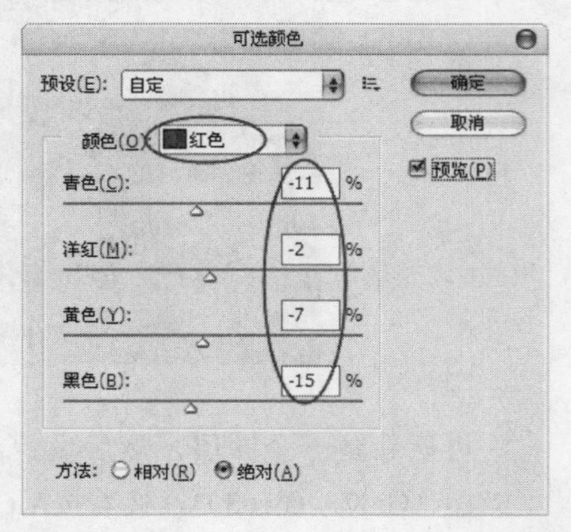

图7-149

07 在“图层”面板下单击“添加图层蒙版”按钮，为“衣服”图层添加一个图层蒙版，然后使用黑色“画笔工具”在蒙版中涂去衣服以外的区域，效果如图7-150所示。

图7-150

08 为了增加效果，可以按Ctrl+J组合键将“衣服”图层复制一层，然后设置副本图层的“不透明度”为40%，效果如图7-151所示。

图7-151

09 按Ctrl+Alt+Shift+E组合键将可见图层盖印到一个新的图层中，然后按Ctrl+M组合键打开“曲线”对话框，接着将曲线调节成图7-152所示的形状，效果如图7-153所示。

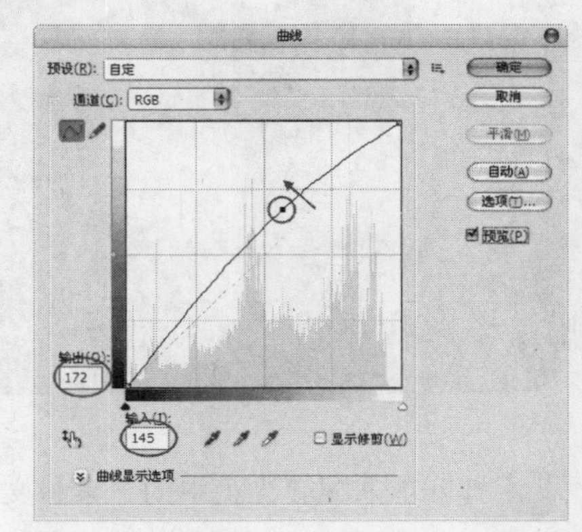

图7-152

图7-153

10 选择“减淡工具”，然后在人像的脸部和胸部适当涂抹，以提亮这部分，如图7-154所示。

图7-154

11 按Ctrl+M组合键打开“曲线”对话框，然后设置“通道”为“蓝”通道，接着将曲线调节成图7-155所示的形状；执行“图像>调整>亮度/对比度”菜单命令，打开“亮度/对比度”对话框，然后设置“对比度”为20，效果如图7-156所示。

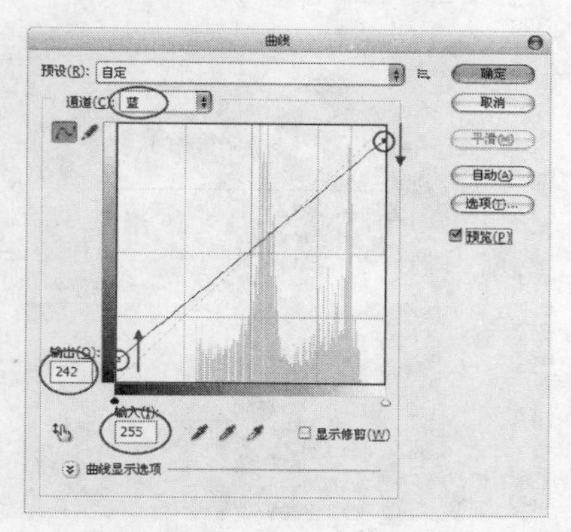

图7-155

图7-156

⑫ 切换到"通道"面板，然后按住Ctrl键的同时单击"绿"通道的缩略图，载入高光部分的选区，如图7-157所示，接着新建一个图层，并用白色填充选区，最后设置该图层的"不透明度"为10%，效果如图7-158所示。

图7-157

图7-158

⑬ 按Ctrl+Alt+Shift+E组合键将可见图层盖印到一个新的图层中，然后执行"图像>调整>亮度/对比度"菜单命令，打开"亮度/对比度"对话框，接着设置"对比度"为23，效果如图7-159所示。

图7-159

⑭ 按Ctrl+U组合键打开"色相/饱和度"对话框，然后设置"色相"为2、"饱和度"为8，如图7-160所示，效果如图7-161所示。

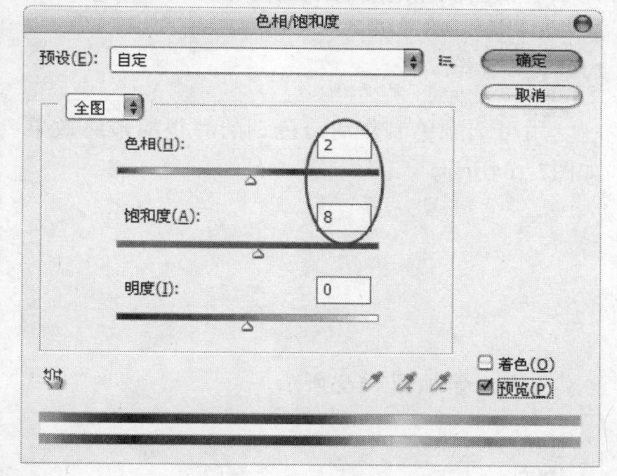

图7-160

图7-161

⑮ 下面制作暗角效果。创建一个"色相/饱和度"调整图层，然后在"调整"面板中设置"明度"为-59，接着使用黑色"画笔工具"在调整图层的蒙版的中心涂抹，只保留对4个角的调整，完成后的效果如图7-162所示。

图7-162

图7-163

⑯ 使用“横排文字工具”T在图像中输入一些文字，然后为图像制作一个白色圆角边框，最终效果如图7-163所示。

课堂练习

用可选颜色制作清冷色调的海报

案例位置　DVD>案例文件>CH07>课堂练习——用可选颜色制作清冷色调的海报.psd
视频位置　DVD>多媒体教学>CH07>课堂练习——用可选颜色制作清冷色调的海报.flv
难易指数　★★☆☆☆
练习目标　练习“可选颜色”命令的使用方法

用可选颜色制作清冷色调的海报的最终效果如图7-164所示。

图7-164

步骤分解如图7-165所示。

图7-165

7.3.3 匹配颜色

“匹配颜色”命令可以将一个图像（源图像）的颜色与另一个图像（目标图像）的颜色匹配起来，也可以匹配同一个图像中不同图层之间的颜色。打开两张图像，如图7-166和图7-167所示，然后在第1张图的文档窗口中执行“图像>调整>匹配颜色”菜单命令，打开“匹配颜色”对话框，如图7-168所示。

图7-166

图7-167

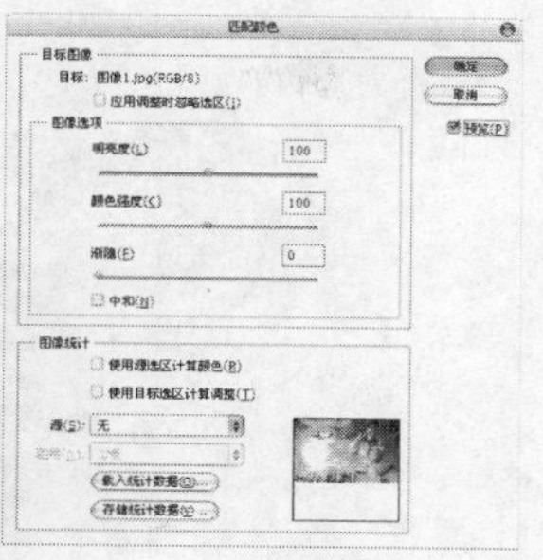

图7-168

匹配颜色对话框重要选项与参数介绍

目标图像：这里显示要修改的图像的名称以及颜色模式。

应用调整时忽略选区：如果目标图像（即被修改的图像）中存在选区，勾选该选项，Photoshop将忽视选区的存在，会将调整应用到整个图像，如图7-169所示；如果不勾选该选项，那么调整只针对选区内的图像，如图7-170所示。

图7-169

图7-170

图像选项："明亮度"选项用来调整图像匹配的明亮程度；"颜色强度"选项相当于图像的饱和度，因此它用来调整图像的饱和度，图7-171和图7-172所示的分别是设置该值为1和200时的颜色匹配效果；"渐隐"选项有点类似于图层蒙版，它决定了源图像的颜色匹配到目标图像的颜色中的数量，图7-173和图7-174所示的分别是设置该值为50和100（不应用调整）时的匹配效果；"中和"选项主要用来去除图像中的偏色现象，如图7-175所示。

图7-171

图7-172

图7-173

图7-174

图7-175

图像统计："使用源选区计算颜色"选项可以使用源图像中的选区图像的颜色来计算匹配颜色，如图7-176和图7-177所示；"使用目标选区计算调整"选项可以使用目标图像中的选区图像的颜色来计算匹配颜色（注意，这种情况必须选择源图像为目标图像），如图7-178和图7-179所示；"源"选项用来选择源图像，即将颜色匹配到目标图像的图像；"图层"选项用来选择需要用来匹配颜色的图层；"载入数据统计"和"存储数据统计"选项主要用来载入已存储的设置与存储当前的设置。

图7-176

图7-177

图7-178

图7-179

课堂案例

用匹配颜色制作奇幻色调

案例位置	DVD>案例文件>CH07>课堂案例——用匹配颜色制作奇幻色调.psd
视频位置	DVD>多媒体教学>CH07>课堂案例——用匹配颜色制作奇幻色调.flv
难易指数	★★☆☆☆
学习目标	学习"匹配颜色"命令的使用方法

用匹配颜色制作奇幻色调的最终效果如图7-180所示。

图7-180

01 打开本书配套光盘中的“素材文件>CH07>素材17.jpg”文件，如图7-181所示。

图7-181

02 导入本书配套光盘中的“素材文件>CH07>素材18.jpg”文件，得到“图层1”，如图7-182所示。

图7-182

03 选择“背景”图层，然后执行“图像>调整>匹配颜色”菜单命令，打开“匹配颜色”对话框，接着设置“源”为“素材17.jpg”图像、“图层”为“图层1”，最后设置“明亮度”为84、“颜色强度”为100、“渐隐”为27，如图7-183所示，效果如图7-184所示。

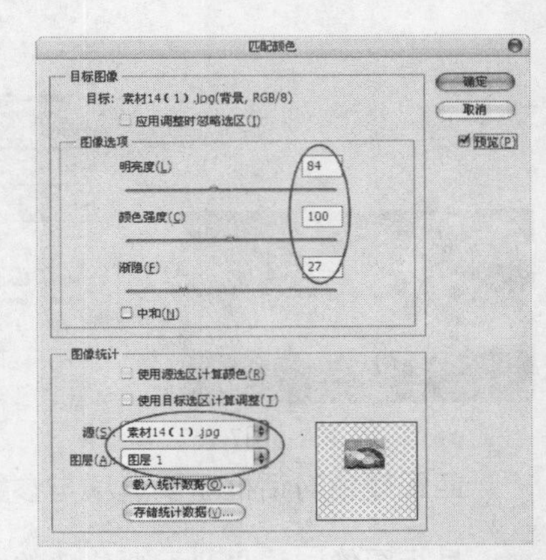

图7-183

图7-184

04 隐藏“图层1”，然后导入本书配套光盘中的“素材文件>CH07>素材19.jpg”文件，并将其放置在图7-185所示的位置作为光效，接着设置光效的“混合模式”为“线性减淡（添加）”，效果如图7-186所示。

图7-185

图7-186

05 使用“横排文字工具”T在图像中输入一些文字，然后为文字添加“内发光”、“渐变叠加”和“描边”样式，完成后的效果如图7-187所示。

图7-187

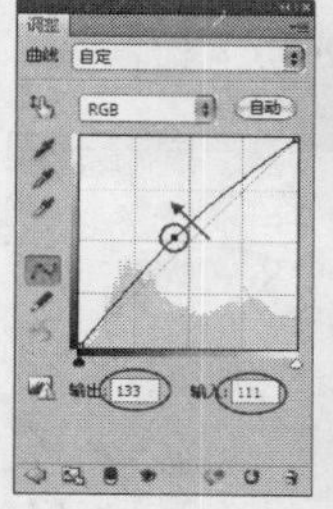 创建一个“曲线”调整图层，然后在“调整”面板中调节好曲线的形状，如图7-188所示，最终效果如图7-189所示。

图7-188 图7-189

7.3.4 替换颜色

“替换颜色”命令可以将选定的颜色替换为其他颜色，颜色的替换是通过更改选定颜色的色相、饱和度和明度来实现的。打开一张图像，如图7-190所示，然后执行“图像>调整>替换颜色”菜单命令，打开“替换颜色”对话框，如图7-191所示。

图7-190 图7-191

替换颜色对话框重要工具、选项与参数介绍

吸管：使用“吸管工具”在图像上单击，可以选中单击点处的颜色，同时在“选区”缩略图中也会显示出选中的颜色区域（白色代表选中的颜色，黑色代表未选中的颜色），如图7-192所示；使用“添加到取样”在图像上单击，可以将单击点处的颜色添加到选中的颜色中，如图7-193所示；使用“从取样中减去”在图像上单击，可以将单击点处的颜色从选定的颜色中减去，如图7-194所示。

图7-192

图7-193

图7-194

本地化颜色簇：该选项主要用来在图像上选择多种颜色。例如，如果要选中图像中的红色和黄色，可以先勾选该选项，然后使用“吸管工具”在红色上单击，再使用“添加到取样”在黄色上单击，同时选中这两种颜色（如果继续单击其他颜色，还可以选中多种颜色），如图7-195所示，这样就可以同时调整多种颜色的色相、饱和度和明度，如图7-196所示。

图7-195

图7-196

颜色：显示选中的颜色。

颜色容差：该选项用来控制选中颜色的范围。数值越大，选中的颜色范围越广。

选区/图像：选择"选区"方式，可以以蒙版的方式进行显示，其中白色表示选中的颜色，黑色表示未选中的颜色，灰色表示只选中了部分颜色，如图7-197所示；选择"图像"方式，则只显示图像，如图7-198所示。

◉选区(C) ○图像(M)　　○选区(C) ◉图像(M)

图7-197　　图7-198

色相/饱和度/明度：这3个选项与"色相/饱和度"命令的3个选项相同，可以调整选定颜色的色相、饱和度和明度。

课堂案例

用替换颜色制作漫天红叶

案例位置　DVD>案例文件>CH07>课堂案例——用替换颜色制作漫天红叶.psd

视频位置　DVD>多媒体教学>CH07>课堂案例——用替换颜色制作漫天红叶.flv

难易指数　★★☆☆☆

学习目标　学习"替换颜色"命令的使用方法

用替换颜色制作漫天红叶的最终效果如图7-199所示。

图7-199

01 打开本书配套光盘中的"素材文件>CH07>素材20.jpg"文件，如图7-200所示。

图7-200

02 下面将人物的礼服调整得更白一些。创建一个"可选颜色"调整图层，然后设置"颜色"为"白色"，接着设置"黄色"为-100%；设置"颜色"为"黄色"，然后设置"洋红"为-8%、"黄色"为-88%、"黑色"为-59%，如图7-201所示，效果如图7-202所示。

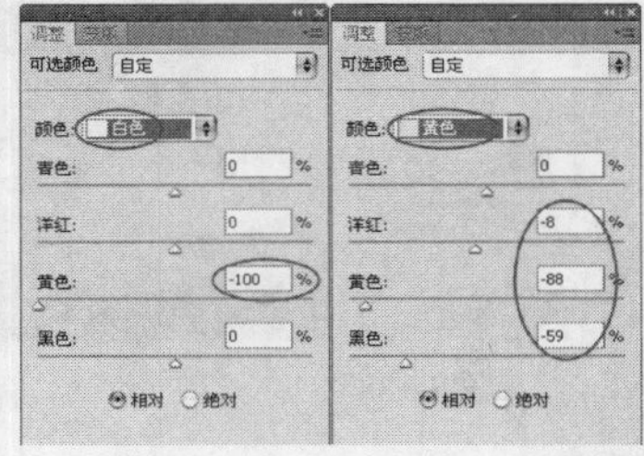

图7-201

图7-202

03 按Ctrl+Alt+Shift+E组合键将可见图层盖印到一个新的"换色"图层中，然后执行"图像>调整>替换颜色"菜单命令，打开"替换颜色"对话框，接着使用"吸管工具"在绿叶上单击，最后设置"颜色容差"为128、"色相"为-122，如图7-203所示，效果如图7-204所示。

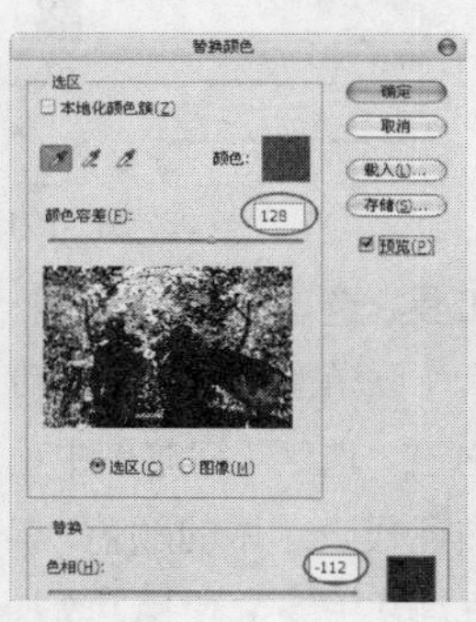

图7-203　　图7-204

技巧与提示

从图7-204中可以观察到，图像中仍有一部分绿色没有被替换掉，因此下来还需要对这部分颜色进行处理。

04 继续使用“添加到取样”在未被替换的绿色上单击，此时这些绿色将自动被替换成红色，如图7-205所示。

图7-205

技巧与提示

如果图像中仍然残留有绿色，可以先设置前景色为红色，然后使用“颜色替换工具”（在选项栏中设置“模式”为“色相”）在残留的绿色上进行涂抹，这样即可将其替换为红色。

05 创建一个“色相/饱和度”调整图层，然后在“调整”面板中选择“黄色”通道，接着设置“色相”为-16、“明度”为34，如图7-206所示，效果如图7-207所示。

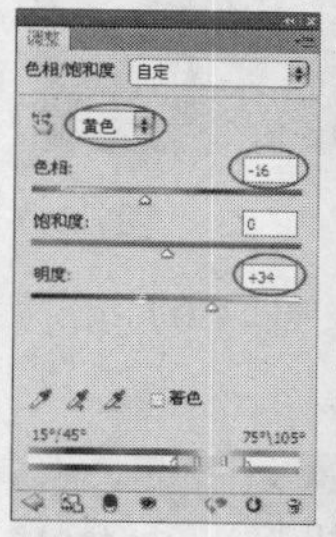

图7-206

图7-207

06 创建一个“亮度/对比度”调整图层，然后在“调整”面板中设置“对比度”为28，效果如图7-208所示。

图7-208

07 下面制作暗角效果。继续创建一个“亮度对比度”调整图层，然后在“调整”面板中设置“亮度”为-150、“对比度”为100，效果如图7-209所示；接着选择调整图层的蒙版，使用黑色“画笔工具”在蒙版的中间区域涂抹，只保留对4个角的调整，完成后的效果如图7-210所示。

图7-209

图7-210

08 使用“横排文字工具”在图像中输入一些文字，然后为文字添加“外发光”和“描边”样式，最终效果如图7-211所示。

图7-211

7.4 特殊色调调整的命令

在“图像”菜单下，有一部分命令可以调整出特殊的色调，它们是“黑白”、“反相”、“阈值”、“色调分离”、“渐变映射”和“HDR色调”命令。

本节重要工具/命令介绍

名称	作用	重要程度
黑白	用于把彩色图像转换为黑色图像	高
反相	用于将图像中的某种颜色转换为它的补色	高
阈值	用于删除图像中的色彩信息，将其转换为只有黑白两种颜色的图像	高
渐变映射	用于将渐变色映射到图像上	中
HDR色调	用于修补太亮或太暗的图像	中

7.4.1 黑白

“黑白”命令可把彩色图像转换为黑色图像，同时可以控制每一种色调的量。另外，“黑白”命令还可以为黑白图像着色，以创建单色图像。打开一张图像，如图7-212所示，执行“图像>调整>黑白”菜单命令或按Alt+Shift+Ctrl+B组合键，打开“黑白”对话框，如图7-213所示。

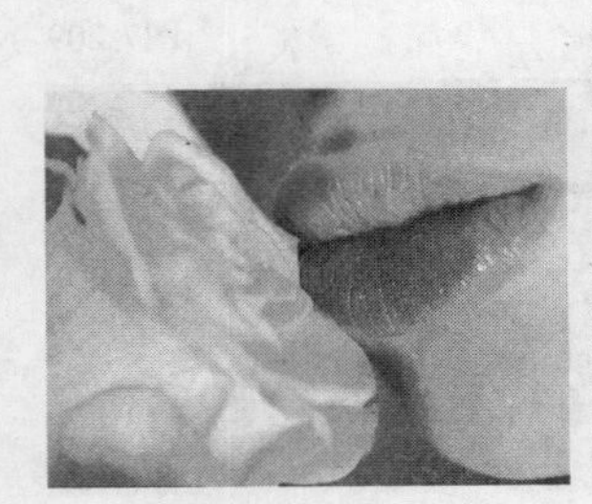

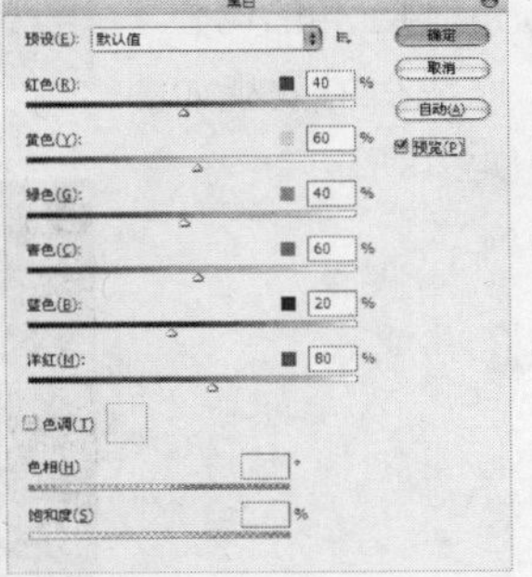

图7-212　　图7-213

黑白对话框重要选项与参数介绍

预设：在“预设”下拉列表中提供了12种黑色效果，可以直接选择相应的预设来创建黑白图像。

颜色：这6个选项用来调整图像中特定颜色的灰色调。例如，在这张图像中，向左拖曳“红色”滑块，可以使由红色转换而来的灰度色变暗，如图7-214所示；向右拖曳，则可以使灰度色变亮，如图7-215所示。

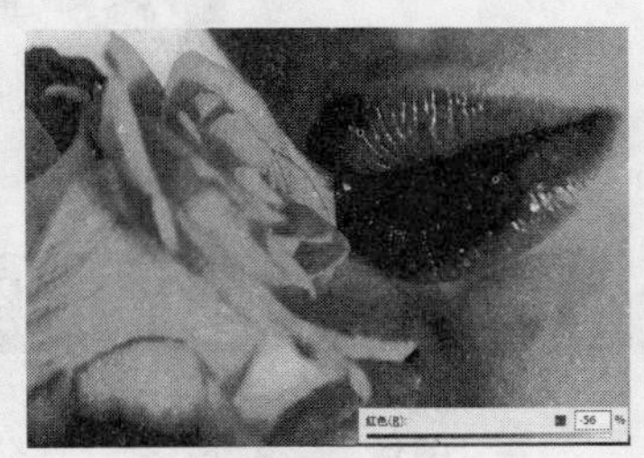

图7-214

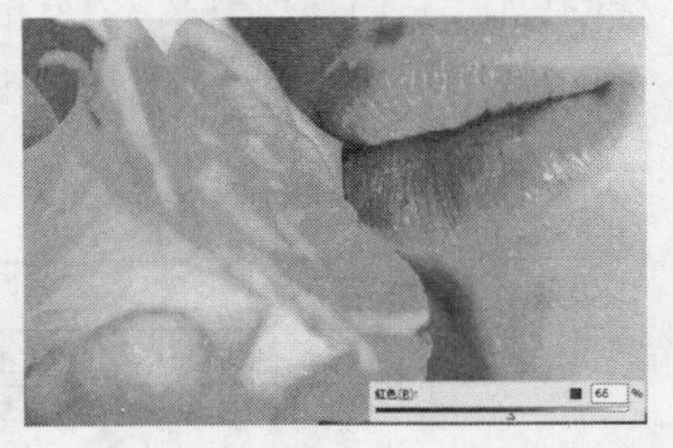

图7-215

色调/色相/饱和度：勾选“色调”选项，可以为黑色图像着色，以创建单色图像，另外还可以调整单色图像的色相和饱和度，如图7-216所示。

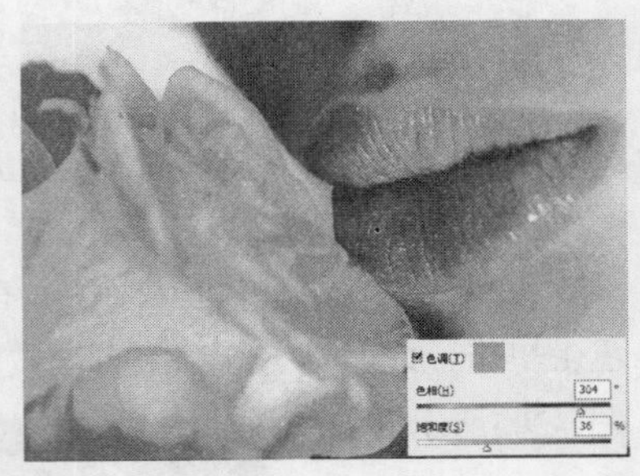

图7-216

课堂案例

用黑白调出浪漫老照片

案例位置	DVD>案例文件>CH07>课堂案例——用黑白调出浪漫老照片.psd
视频位置	DVD>多媒体教学>CH07>课堂案例——用黑白调出浪漫老照片.flv
难易指数	★★☆☆☆
学习目标	学习“黑白”命令的使用方法

用黑白调出浪漫老照片的最终效果如图7-217所示。

图7-217

01 打开本书配套光盘中的“素材文件>C07>素材21.jpg”文件，如图7-218所示。

图7-218

02 执行“图像>调整>黑白”菜单命令，打开“黑白”对话框，然后勾选“色调”选项，直接将图像转换为浅黄色的单色图像，如图7-219所示，效果如图7-220所示。

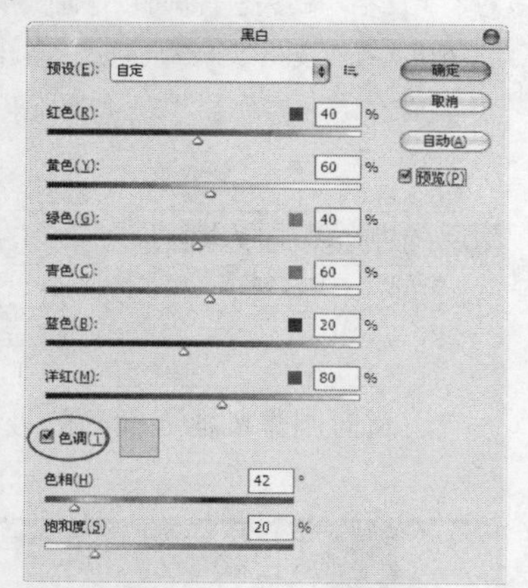

图7-219

图7-220

03 执行“滤镜>杂色>添加杂色”菜单命令，然后在弹出的“添加杂色”对话框中设置“数量”为12.5%、“分布”为“平均分布”，如图7-221所示，效果如图7-222所示。

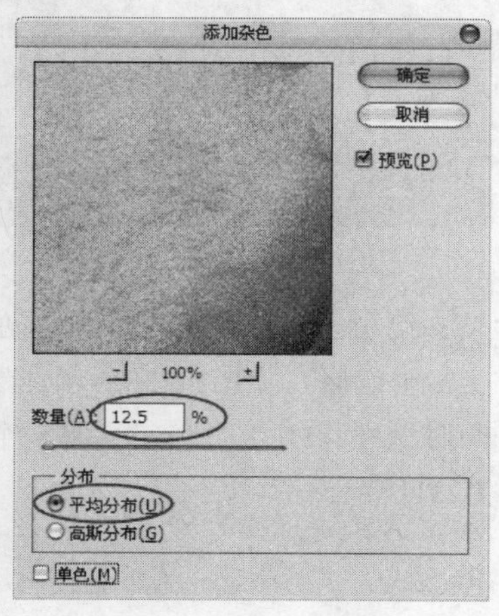

图7-221

图7-222

04 按Ctrl+J组合键将“背景”图层复制一层，然后执行“编辑>描边”菜单命令，打开“描边”对话框，接着设置“宽度”为60px、“颜色”为浅黄色（R:238，G:230，B:217）、“位置”为“内部”，如图7-223所示，效果如图7-224所示。

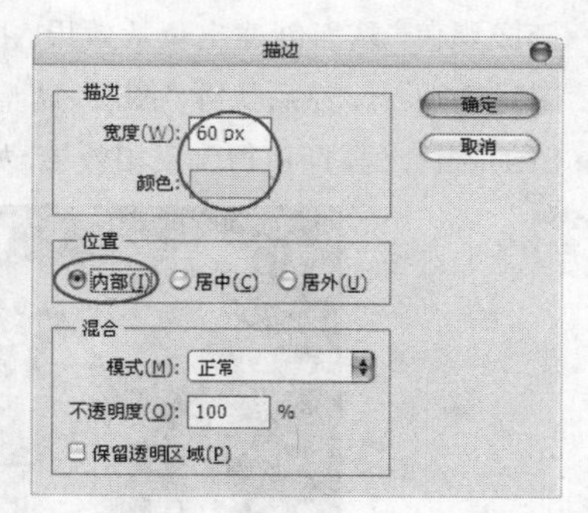

图7-223

图7-224

05 使用“横排文字工具”T在图像底部输入一排英文，最终效果如图7-225所示。

图7-225

7.4.2 反相

“反相”命令可以将图像中的某种颜色转换为它的补色，即将原来的黑色变成白色，将原来的白色变成黑色，从而创建出负片效果。打开一张图像，如图7-226所示，然后执行“图层>调整>反相”命令或按Ctrl+I组合键，即可得到反相效果，如图7-227所示。

图7-226

图7-227

技巧与提示

“反相”命令是一个可以逆向操作的命令，比如对一张图像执行“反相”命令，创建出负片效果，再次对负片图像执行“反相”命令，又会得到原来的图像。

课堂案例

用反向制作机器人插画

案例位置	DVD>案例文件>CH07>课堂案例——用反向制作机器人插画.psd
视频位置	DVD>多媒体教学>CH07>课堂案例——用反向制作机器人插画.flv
难易指数	★★☆☆☆
学习目标	学习“反相”命令的使用方法

用反向制作机器人插画的最终效果如图7-228所示。

图7-228

01 打开本书配套光盘中的“素材文件>CH07>素材22.jpg”文件，如图7-229所示。

图7-229

02 使用“矩形选框工具”在图像上部绘制一个矩形选区，如图7-230所示，然后按住Shift键的同时继续在图像的底部绘制一个矩形选区，如图7-231所示。

图7-230

图7-231

03 继续按住Shift键的同时使用"矩形选框工具"在图像的左侧绘制一个矩形选区，如图7-232所示，然后按住Shift键的同时在图像的右侧再绘制一个矩形选区，得到如图7-233所示的选区。

图7-232

图7-233

04 执行"图像>调整>反相"菜单命令或按Ctrl+I组合键，将选区内的图像制作成负片效果，如图7-234所示。

图7-234

05 使用"横排文字蒙版工具"在图像底部创建一行文字选区，如图7-235所示，然后按Ctrl+I组合键将选区中的图像反相，效果如图7-236所示。

图7-235

图7-236

技巧与提示

使用文字蒙版工具输入的文字不是矢量文字，而是文字选区。

06 执行"编辑>描边"菜单命令，打开"描边"对话框，然后设置"宽度"为30px、"颜色"为黑色、"位置"为"内部"，如图7-237所示，最终效果如图7-238所示。

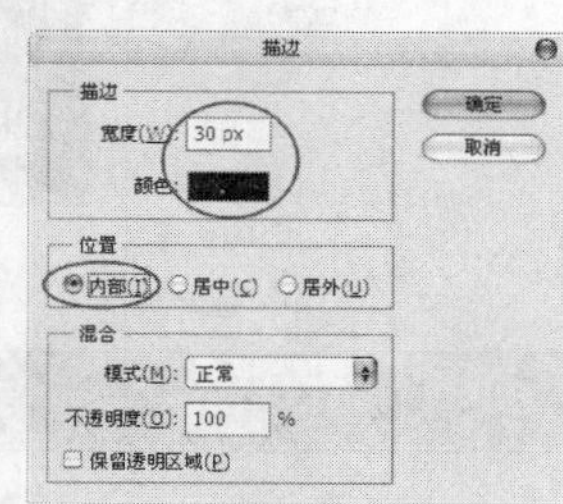

图7-237

图7-238

7.4.3 阈值

“阈值”命令可以删除图像中的色彩信息，将其转换为只有黑白两种颜色的图像。打开一张图像，如图7-239所示，然后执行“图像>调整>阈值”菜单命令，打开“阈值”对话框，如图7-240所示，输入“阈值色阶”数值或拖曳直方图下面的滑块可以指定一个色阶作为阈值，比阈值亮的像素将转换为白色，比阈值暗的像素将转换为黑色，如图7-241所示。

图7-239

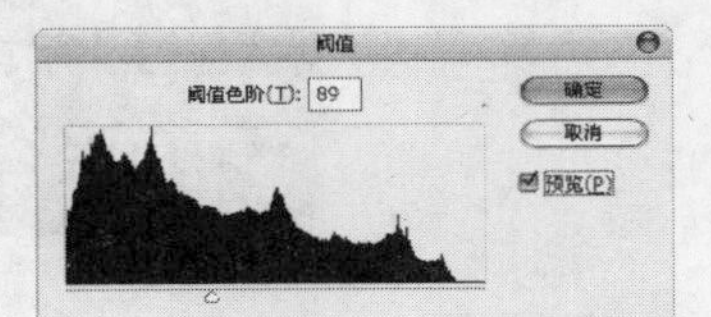

图7-240

图7-241

7.4.4 色调分离

使用“色调分离”命令可以指定图像中每个通道的色调级数目或亮度值，然后将像素映射到最接近的匹配级别。打开一张图像，如图7-242所示，然后执行“图像>调整>色调分离”菜单命令，打开“色调分离”对话框，如图7-243所示，设置的“色阶”值越小，分离的色调越多，如图7-244所示；设置的“色阶”值越大，保留的图像细节就越多，如图7-245所示。

图7-242

图7-243

图7-244

图7-245

7.4.5 渐变映射

顾名思义，“渐变映射”就是将渐变色映射到图像上。在影射过程中，先将图像转换为灰度图像，然后将相等的图像灰度范围映射到指定的渐变填充色。打开一张图像，如图7-246所示，然后执行“图像>调整>渐变映射”菜单命令，打开“渐变映射”对话框，如图7-247所示。

图7-246

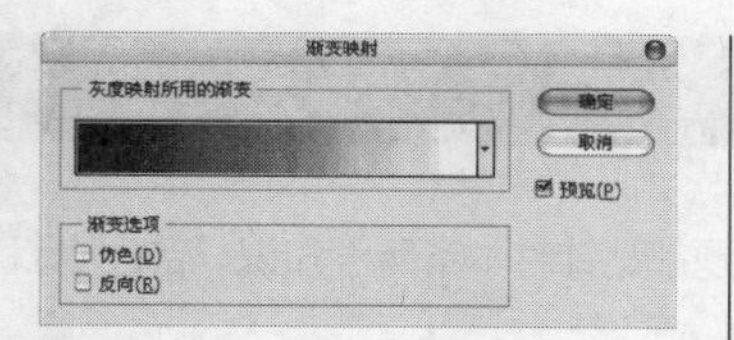

图7-247

渐变映射对话框重要选项介绍

灰度映射所用的渐变：单击下面的渐变条，打开“渐变编辑器”对话框，在该对话框中可以选择或重新编辑一种渐变应用到图像上，如图7-248和图7-249所示。

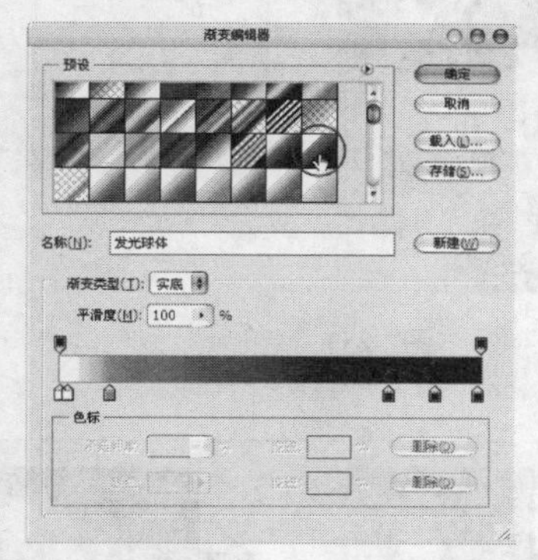

图7-248

图7-249

仿色：勾选该选项以后，Photoshop会添加一些随机的杂色来平滑渐变效果。

反向：勾选该选项以后，可以反转渐变的填充方向，如图7-250所示。

图7-250

7.4.6 HDR色调

“HDR色调”命令可以用来修补太亮或太暗的图像，制作出高动态范围的图像效果，对于处理风景图像非常有用。打开一张图像，如图7-251所示，然后执行“图像>调整>HDR色调”菜单命令，打开“HDR色调”对话框，如图7-252所示。

图7-251

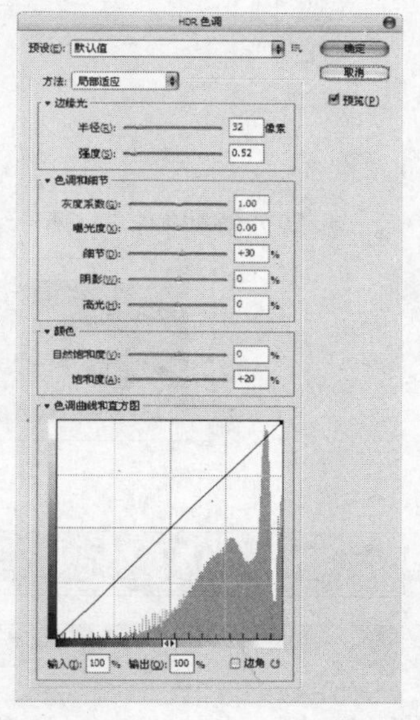

图7-252

HDR色调对话框重要选项与参数介绍

预设：在下拉列表中可以选择预设的HDR效果，既有黑白效果，也有彩色效果。

方法：选择调整图像采用何种HDR方法。

边缘光：该选项组用于调整图像边缘光的强度。

色调和细节：调节该选项组中的选项可以使图像的色调和细节更加丰富细腻。

颜色：该选项组可以用来调整图像的整体色彩。

色调曲线和直方图：该选项组的使用方法与“曲线”命令的使用方法相同。

7.5 本章小结

通过本章知识的学习，我们对图像的调色有了一个整体的了解，建立了一个整体的知识体系，对各个调色命令的具体使用方法和作用都有了完整的认识。

7.6 课后习题

在本章将安排两个课后习题供大家练习，这两个课后习题都是针对本章所学知识，希望大家认真练习，总结经验。

7.6.1 课后习题1——梦幻青色调

习题位置 DVD>案例文件>CH07>课后习题1——梦幻青色调.psd
视频位置 DVD>多媒体教学>CH07>课后习题1——梦幻青色调.flv
难易指数 ★★★☆☆
练习目标 练习用“通道混合器”调整图层调出青色调

调整梦幻青色调图片的最终效果如图7-253所示。

图7-253

步骤分解如图7-254所示。

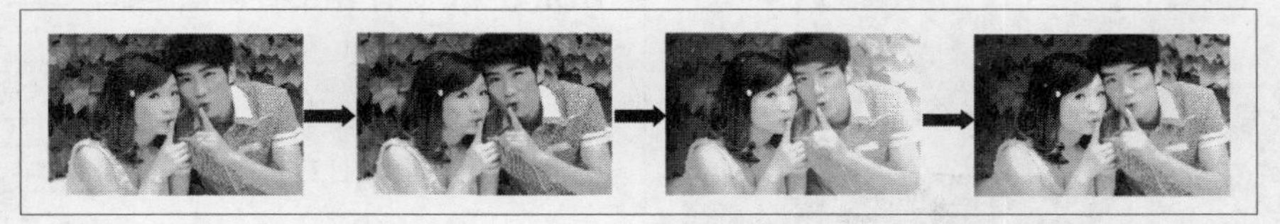

图7-254

7.6.2 课后习题2——中性色调

习题位置 DVD>案例文件>CH07>课后习题2——中性色调.psd
视频位置 DVD>多媒体教学>CH07>课后习题2——中性色调.flv
难易指数 ★★★☆☆
练习目标 练习用“色相/饱和度”、“可选颜色”和“曲线”调整图层调出中性色调

调整中性色调图片的最终效果如图7-255所示。

图7-255

步骤分解如图7-256所示。

图7-256

第8章

图层的应用

本章主要介绍图层的基本应用知识及应用技巧，讲解了图层的基本调整方法以及混合模式、智能对象等高级应用知识。通过本章的学习可以应用图层知识制作出多变的图像效果，可以对图层快速添加样式效果，还可以单独对智能对象图层进行编辑。

课堂学习目标

掌握图层样式的使用方法

掌握图层混合模式的使用方法

掌握如何新建填充和调整图层

了解智能对象的运用

8.1 图层样式

图层样式也称为图层效果，它是制作纹理、质感和特效的灵魂，可以为图层中的图像添加投影、发光、浮雕、光泽、描边等效果，以创建出诸如金属、玻璃、水晶以及具有立体感的特效。

8.1.1 添加图层样式

如果要为一个图层添加图层样式，可以采用以下3种方法来完成。

第1种：执行“图层>图层样式”菜单下的子命令，如图8-1所示，将弹出“图层样式”对话框，可以在该对话框中调整相应的参数，如图8-2所示。

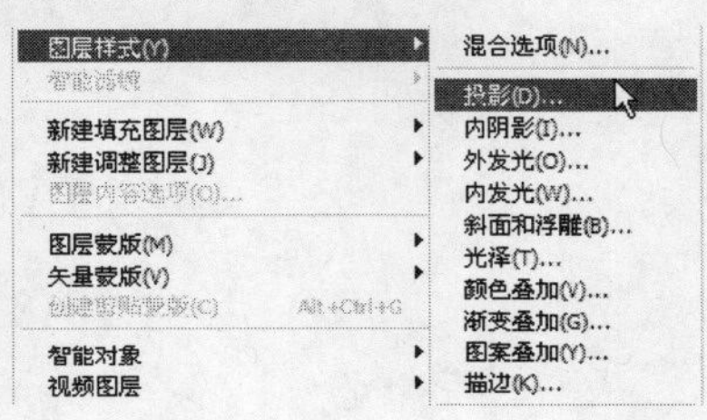

图8-1

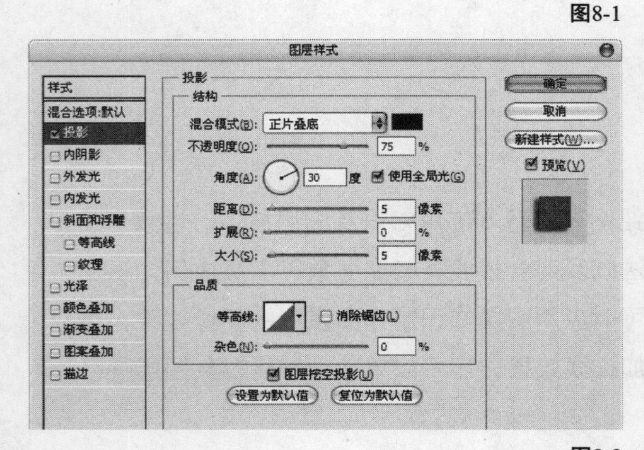

图8-2

第2种：在“图层”面板下单击“添加图层样式”按钮，在弹出的菜单中选择一种样式即可打开“图层样式”对话框，如图8-3所示。

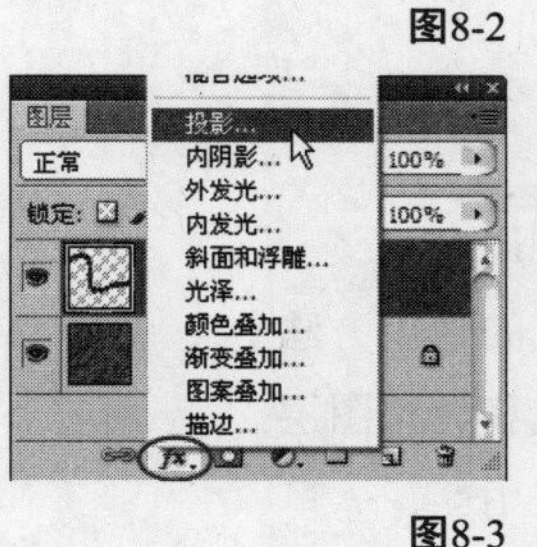

图8-3

第3种：在“图层”面板中双击需要添加样式的图层，即可打开“图层样式”对话框，然后在对话框左侧选择要添加的效果即可。

技巧与提示

注意，“背景”图层和图层组不能应用图层样式。如果要对“背景”图层应用图层样式，可以按住Alt键双击图层缩略图，将其转换为普通图层后再进行添加；如果要为图层组添加图层样式，需要先将图层组合并为一个图层。

8.1.2 图层样式对话框

“图层样式”对话框的左侧列出了10种样式，如图8-4所示。样式名称前面的复选框内有√标记，表示在图层中添加了该样式。

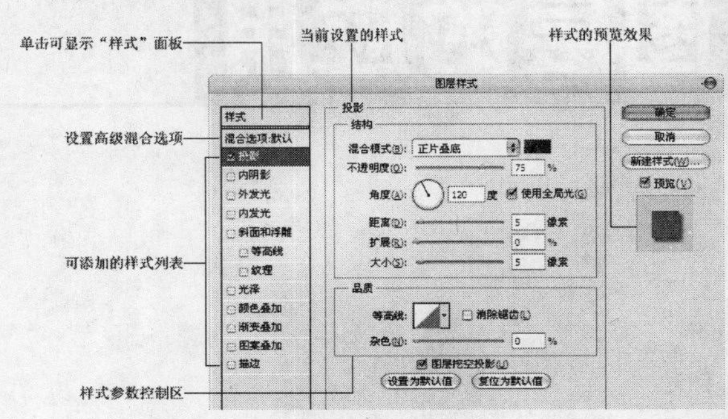

图8-4

单击一个样式名称，如图8-5所示，可以选中该样式，同时切换到该样式的设置面板，如图8-6所示。

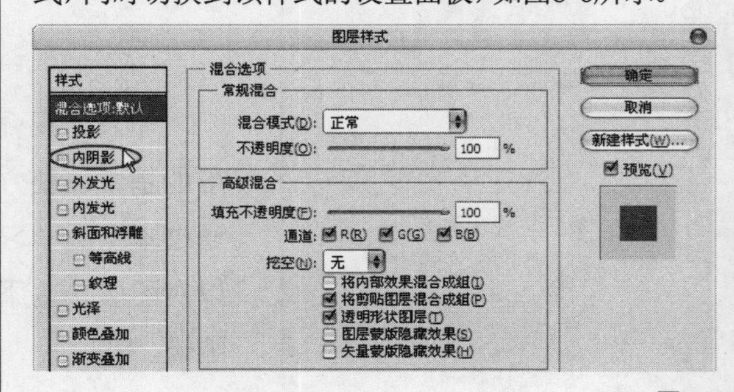

图8-5

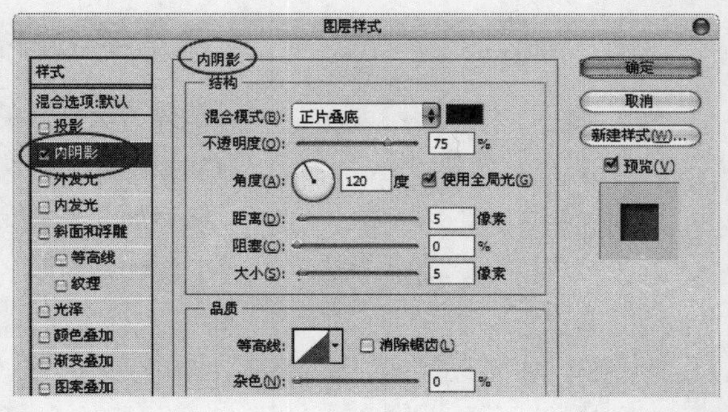

图8-6

技巧与提示

注意，如果单击样式名称前面的复选框，则可以应用该样式，但不会显示样式设置面板。

在“图层样式”对话框中设置好样式参数以后，单击“确定”按钮即可为图层添加样式，添加了样式的图层右侧会出现一个fx图标，如图8-7所示。

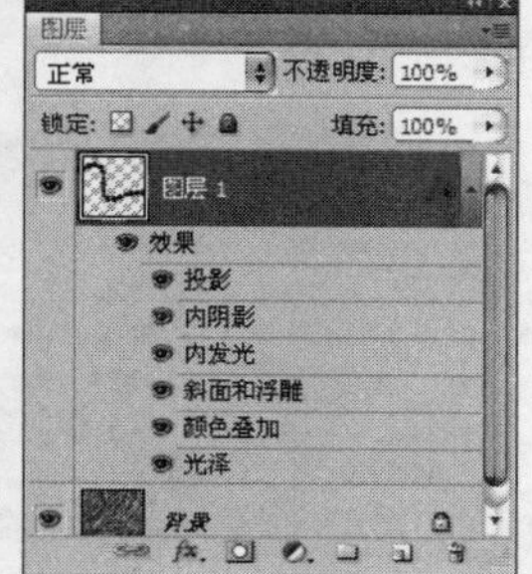

图8-7

8.1.3 投影

“投影”样式可以为图层添加投影，使其产生立体感，图8-8所示的为原始图像，图8-9所示的为设置的投影参数，图8-10所示的为添加了“投影”样式以后的图像效果。

图8-8

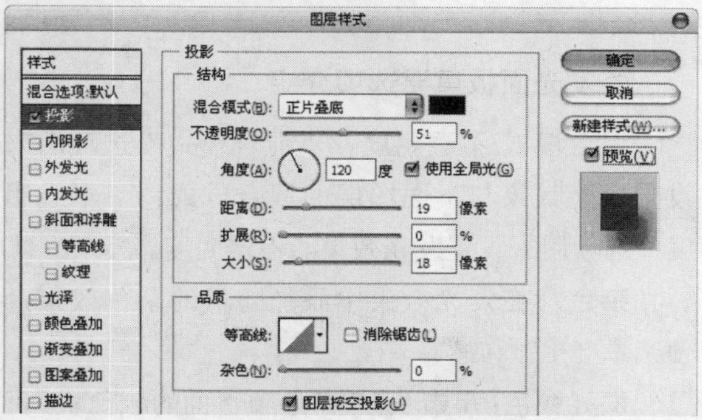

图8-9

图8-10

投影对话框重要选项介绍

混合模式：用来设置投影与下面图层的混合方式，默认设置为“正片叠底”模式。

阴影颜色：单击“混合模式”选项右侧的颜色块，可以设置阴影的颜色。

不透明度：设置投影的不透明度。数值越低，投影越淡。

角度：用来设置投影应用于图层时的光照角度，指针方向为光源方向，相反方向为投影方向。

使用全局光：当勾选该选项时，可以保持所有图层样式的光照角度一致；关闭该选项时，可以为不同的图层分别设置光照角度。

距离：用来设置投影偏移图层内容的距离。

大小/扩展：“大小”选项用来设置投影的模糊范围，该值越高，模糊范围越广；反之投影越清晰。“扩展”选项用来设置投影的扩展范围，注意，该值会受到“大小”选项的影响。

等高线：用来控制投影的形状。

消除锯齿：混合等高线边缘的像素，使投影更加平滑。该选项对于尺寸较小且具有复杂等高线的投影比较实用。

杂色：用来在投影中添加杂色。

图层挖空投影：用来控制半透明图层中投影的可见性。勾选该选项后，如果当前图层的“填充”数值小于100%，则半透明图层中的投影不可见。

8.1.4 内阴影

“内阴影”样式可以在紧靠图层内容的边缘内添加阴影，使图层内容产生凹陷效果，图8-11所示的为原始图像，图8-12所示的为设置的内阴影参数，图8-13所示为添加了“内阴影”样式以后的图像效果。

图8-11

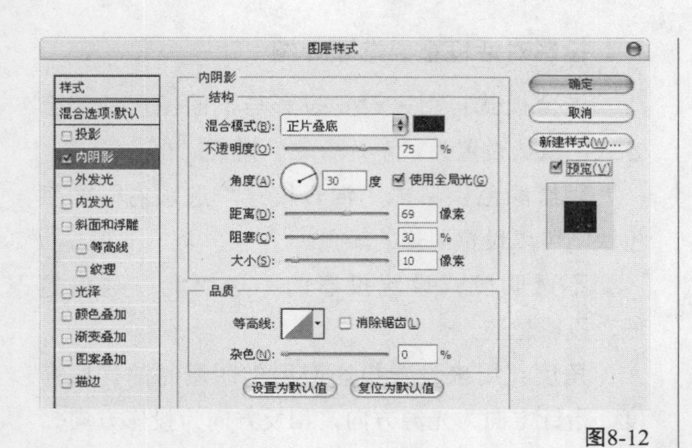

图8-12

图8-13

“内阴影”与“投影”的参数设置基本相同，只不过“投影”是用“扩展”选项来控制投影边缘的柔化程度，而“内阴影”是通过“阻塞”选项来控制的。“阻塞”选项可以在模糊之前收缩内阴影的边界，如图8-14和图8-15所示。另外，“大小”选项与“阻塞”选项是相互关联的，“大小”数值越高，可设置的“阻塞”范围就越大。

图8-14

图8-15

8.1.5 外发光

“外发光”样式可以沿图层内容的边缘向外创建发光效果，图8-16所示的为原始图像，图8-17所示为设置的外发光参数，图8-18所示的为添加了“外发光”样式以后的图像效果。

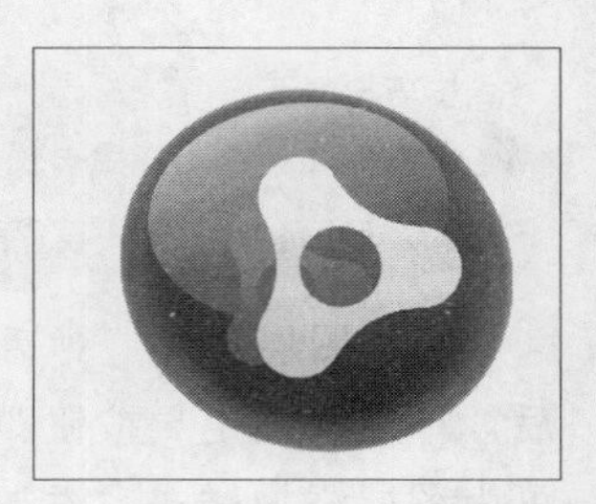

图8-16

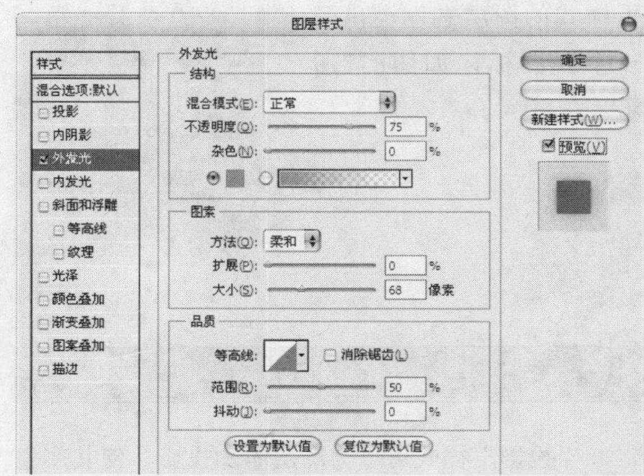

图8-17

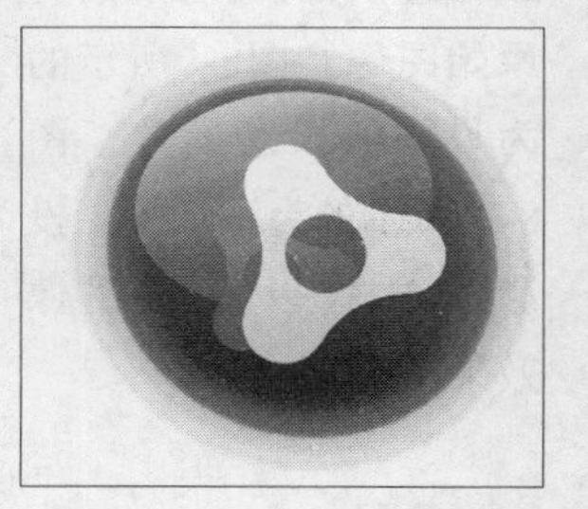

图8-18

外发光面板重要选项介绍

混合模式/不透明度：“混合模式”选项用来设置发光效果与下面图层的混合方式；“不透明度”选项用来设置发光效果的不透明度。

杂色：在发光效果中添加随机的杂色效果，使光晕产生颗粒感。

发光颜色：单击“杂色”选项下面的颜色块，可以设置发光颜色；单击颜色块后面的渐变条，可以在“渐变编辑器”对话框中选择或编辑渐变色。

方法：用来设置发光的方式。选择“柔和”方法，发光效果比较柔和；选择“精确”选项，可以得到精确的发光边缘。

扩展/大小：“扩展”选项用来设置发光范围的大小；“大小”选项用来设置光晕范围的大小。

课堂案例

利用外发光样式制作炫色文字

案例位置 DVD>案例文件>CH08>课堂案例——利用外发光样式制作炫色文字.psd
视频位置 DVD>多媒体教学>CH08>课堂案例——利用外发光样式制作炫色文字.flv
难易指数 ★☆☆☆☆
学习目标 学习“外发光”样式的使用方法

利用外发光样式制作炫色文字的最终效果如图8-19所示。

图8-19

01 打开本书配套光盘中的“素材文件>CH08>素材01.jpg”文件，如图8-20所示。

图8-20

02 使用“横排文字工具”T在图像中输入英文ART DESIGN，如图8-21所示。

图8-21

03 执行“图层>图层样式>外发光”菜单命令，打开“图层样式”对话框，然后设置“不透明度”为32%、发光颜色为黄色（R:255，G:156，B:0），接着设置“扩展”为16%、“大小”为16像素，如图8-22所示，文字效果如图8-23所示。

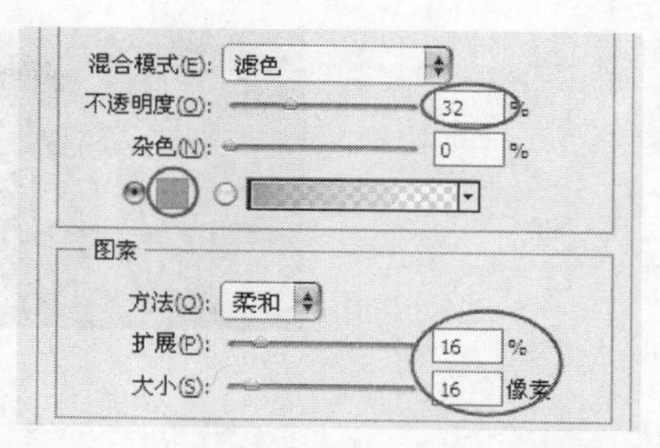

图8-22

图8-23

04 使用“横排文字工具”T在图像中输入英文STUDIO，同样为其添加一个“外发光”样式，然后设置“不透明度”为45%、发光颜色为黄色（R:255，G:156，B:0），接着设置“扩展”为16%、“大小”为16像素，如图8-24所示，效果如图8-25所示。

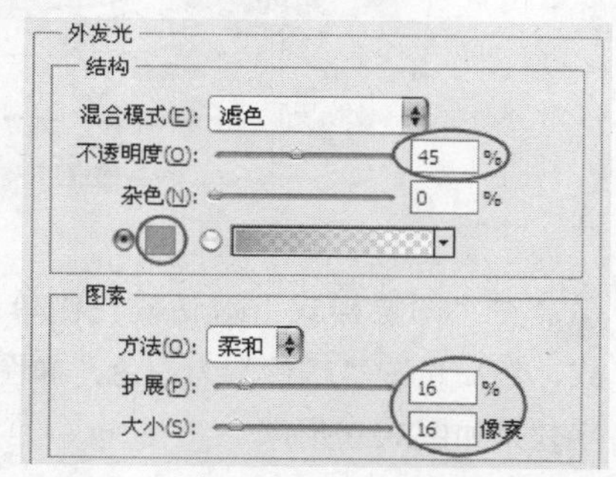

图8-24

图8-25

05 继续使用“横排文字工具”T在图像中输入英文ERAY，如图8-26所示，同样为文字添加一个“外发光”样式，然后设置发光颜色为黄色（R:255，G:174，B:0），接着设置“扩展”为16%、“大小”为24像素，如图8-27所示。

图8-26

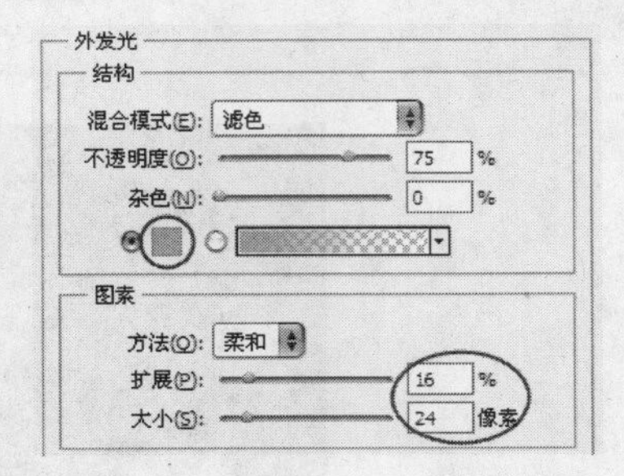

图8-27

06 在“图层样式”对话框左侧单击“渐变叠加”样式，然后设置一种金黄色的渐变色，如图8-28所示。

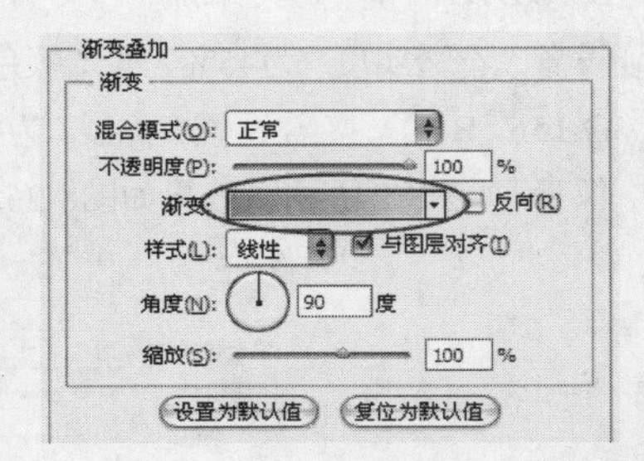

图8-28

07 在“图层样式”对话框左侧单击“描边”样式，然后设置“颜色”为白色，如图8-29所示，文字效果如图8-30所示。

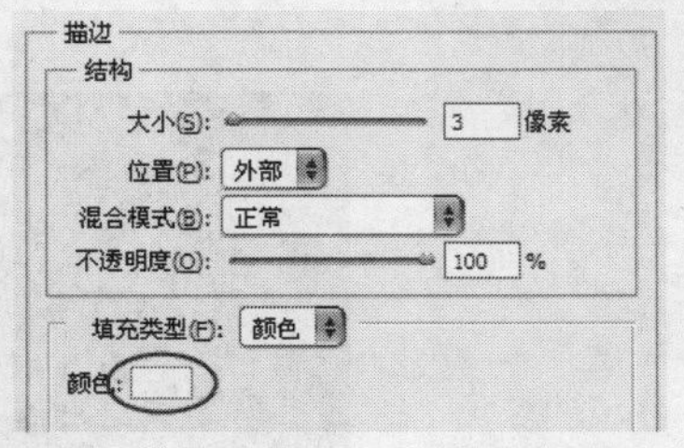

图8-29

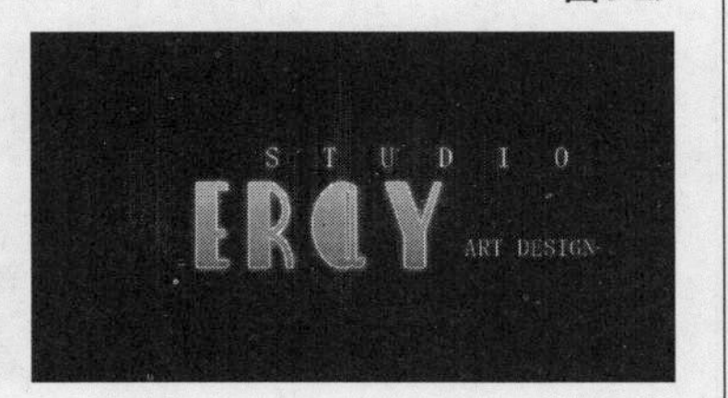

图8-30

08 再次使用“横排文字工具”T在图像中输入字母Cc，同样为其添加一个“外发光”样式，具体参数设置如图8-31所示，文字效果如图8-32所示。

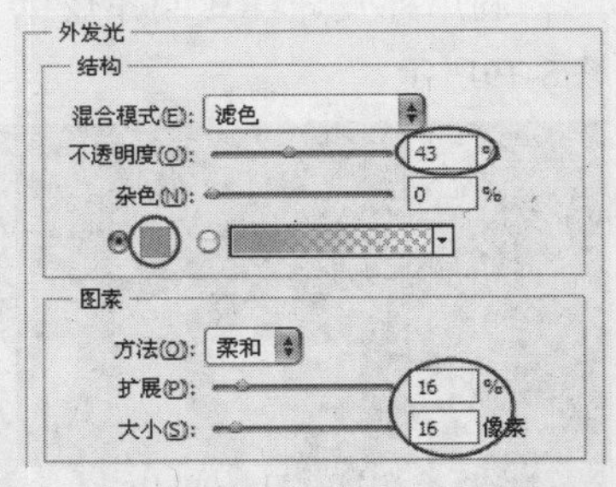

图8-31

图8-32

09 导入本书配套光盘中的“素材文件>CH08>素材02.jpg”文件，设置其“混合模式”为“滤色”，作为光效，最终效果如图8-33所示。

图8-33

8.1.6 内发光

“内发光”效果可以沿图层内容的边缘向内创建发光效果，图8-34所示的为原始图像，图8-35所示为设置的内发光参数，图8-36所示的为添加了“内发光”样式以后的图像效果。

图8-34

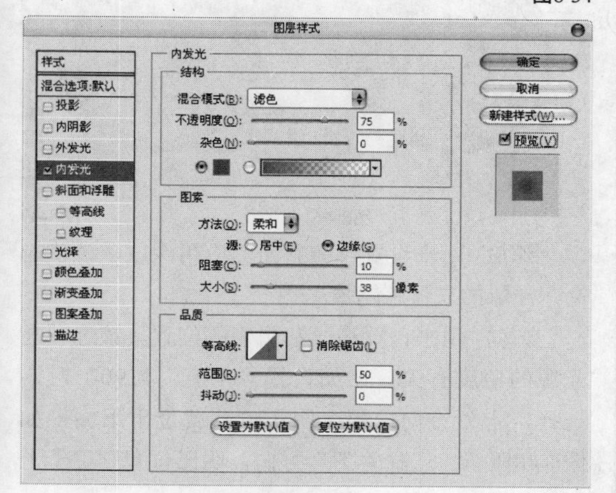

图8-35

图8-36

技巧与提示

“内发光”中除了“源”和“阻塞”外，其他选项都与“外发光”样式相同。“源”选项用来控制光源的位置；“阻塞”选项用来在模糊之前收缩内发光的杂边边界。

8.1.7 斜面和浮雕

“斜面和浮雕”样式可以为图层添加高光与阴影，使图像产生立体的浮雕效果，图8-37所示为原始图像，图8-38所示为设置的斜面和浮雕参数，图8-39所示为添加了该样式以后的图像效果。

图8-37

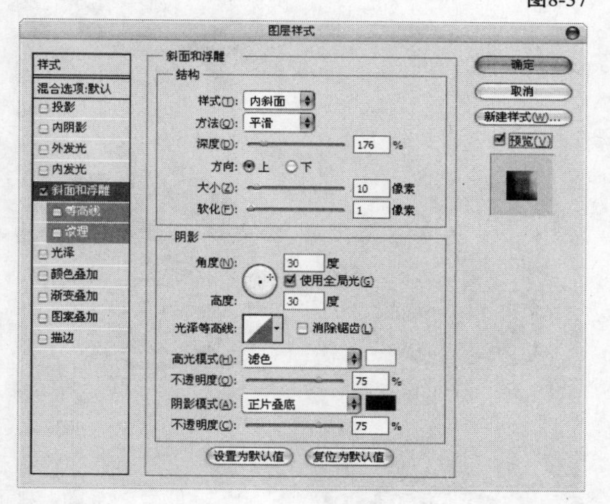

图8-38

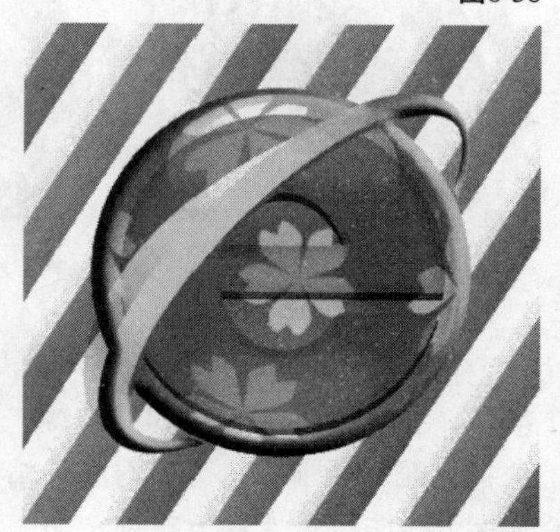

图8-39

斜面和浮雕面板重要选项介绍

样式：选择斜面和浮雕的样式。选择“外斜面”，可以在图层内容的外侧边缘创建斜面，如图8-40所示；选择“内斜面”，可以在图层内容的内侧边缘创建斜面，如图8-41所示；选择“浮雕效果”，可以使图层内容相对于下层图层产生浮雕状的效果，如图8-42所示；选择“枕状浮雕”，可以模拟图层内容的边缘嵌入到下层图层中产生的效果，如图8-43所示；选择“描边浮雕”，可以将浮雕应用于图层的“描边”样式的边界（注意，如果图层没有“描边”样式，则不会产生效果），如图8-44所示。

图8-40

图8-41　图8-42

图8-43　图8-44

方法：用来选择创建浮雕的方法。选择“平滑”，可以得到比较柔和的边缘，如图8-45所示；选择“雕刻清晰”，可以得到最精确的浮雕边缘，如图8-46所示；选择“雕刻柔和”，可以得到中等水平的浮雕效果，如图8-47所示。

图8-45

图8-46　图8-47

深度：用来设置浮雕斜面的应用深度，该值越高，浮雕的立体感越强。

方向：用来设置高光和阴影的位置。该选项与光源的角度有关，比如设置“角度”为90°时，选择“上”方向，那么阴影位置就位于下面，如图8-48所示；选择“下”方向，阴影位置则位于上面，如图8-49所示。

图8-48　图8-49

大小：该选项表示斜面和浮雕的阴影面积的大小。

软化：用来设置斜面和浮雕的平滑程度。

角度/高度：“角度”选项用来设置光源的发光角度；“高度”选项用来设置光源的高度。

使用全局光：如果勾选该选项，那么所有浮雕样式的光照角度都将保持在同一个方向。

光泽等高线：选择不同的等高线样式，可以为斜面和浮雕的表面添加不同的光泽质感，也可以自己编辑等高线样式。

消除锯齿：当设置了光泽等高线时，斜面边缘可能会产生锯齿，勾选该选项可以消除锯齿。

1.设置等高线

单击“斜面和浮雕”样式下面的“等高线”选项，切换到“等高线”设置面板，如图8-50所示。使用“等高线”可以在浮雕中创建凹凸起伏的效果，图8-51和图8-52所示的是不同等高线的浮雕效果。

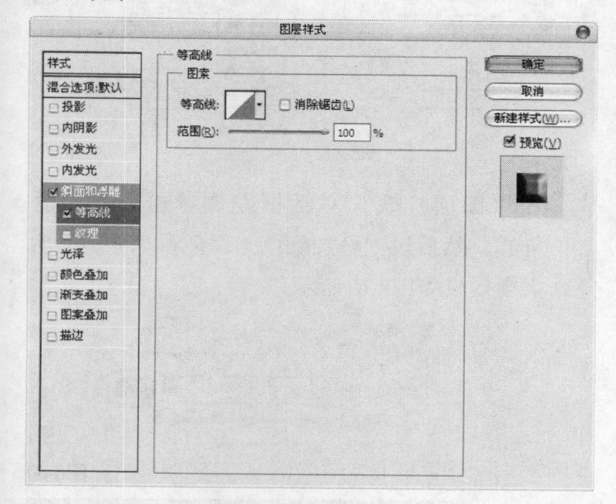

图8-50

图8-51

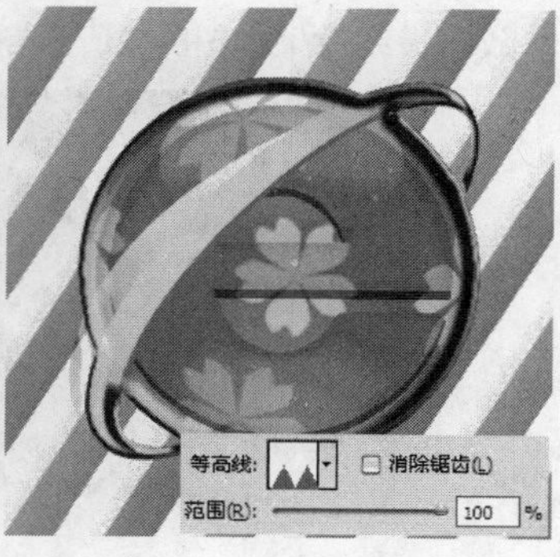

图8-52

2.设置纹理

单击“等高线”选项下面的“纹理”选项，切换到“纹理”设置面板，如图8-53所示。

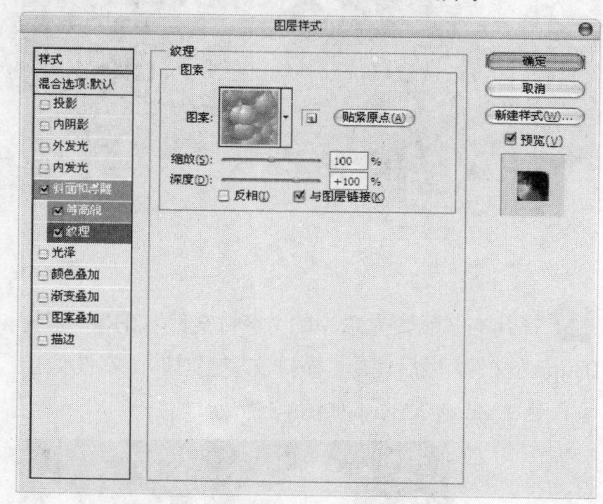

图8-53

纹理面板重要选项介绍

图案：单击“图案”选项右侧的图标，可以在弹出的“图案”拾色器中选择一个图案，并将其应用到斜面和浮雕上。

从当前图案创建新的预设：单击该按钮，可以将当前设置的图案创建为一个新的预设图案，同时新图案会保存在“图案”拾色器中。

贴紧原点：将原点对齐图层或文档的左上角。

缩放：用来设置图案的大小。

深度：用来设置图案纹理的使用程度。

反相：勾选该选项以后，可以反转图案纹理的凹凸方向。

与图层链接：勾选该项以后，可以将图案和图层链接在一起，这样在对图层进行变换等操作时，图案也会跟着一同变换。

课堂案例

利用斜面和浮雕样式制作圣诞文字

案例位置	DVD>案例文件>CH08>课堂案例——利用斜面和浮雕样式制作圣诞文字.psd
视频位置	DVD>多媒体教学>CH08>课堂案例——利用斜面和浮雕样式制作圣诞文字.flv
难易指数	★☆☆☆☆
学习目标	学习如何使用“斜面和浮雕”样式制作浮雕文字

利用斜面和浮雕样式制作圣诞文字的最终效果如图8-54所示。

图8-54

01 打开本书配套光盘中的“素材文件>CH08>素材03.jpg”文件，然后使用“横排文字工具” 在图像上输入英文Merry X'mas，如图8-55所示。

图8-55

02 执行“图层>图层样式>投影”菜单命令，打开“图层样式”对话框，然后设置“角度”为30度，如图8-56所示。

03 在“图层样式”对话框左侧单击“内阴影”样式，然后设置“混合模式”为“正常”、阴影颜色为红色、“不透明度”为100%，接着设置“角度”为30度、“距离”为13像素、“大小”为0像素，如图8-57所示。

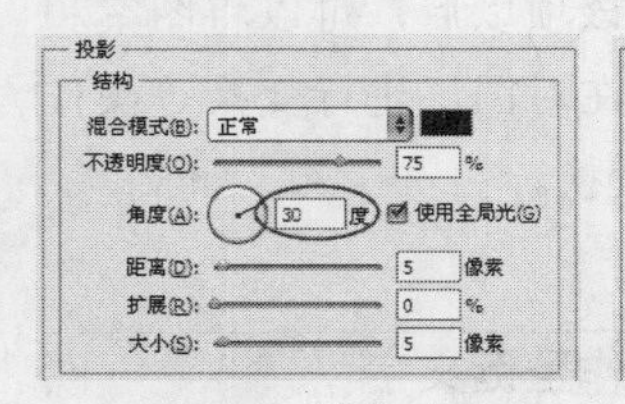

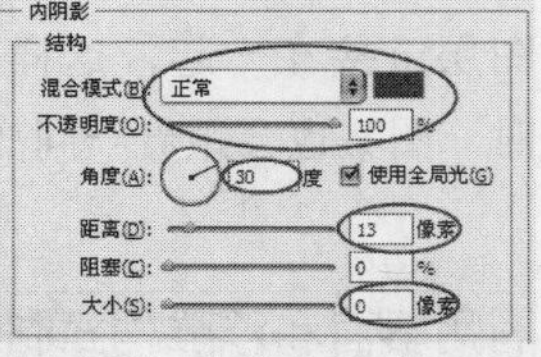

图8-56 图8-57

04 在“图层样式”对话框左侧单击“外发光”样式，然后设置发光颜色为白色，接着设置“大小”为21像素，如图8-58所示。

05 在“图层样式”对话框左侧单击“斜面和浮雕”样式，然后设置“深度”为700%，接着设置“角度”为30度、“高度”为30度，最后设置阴影的“不透明度”为20%，如图8-59所示。

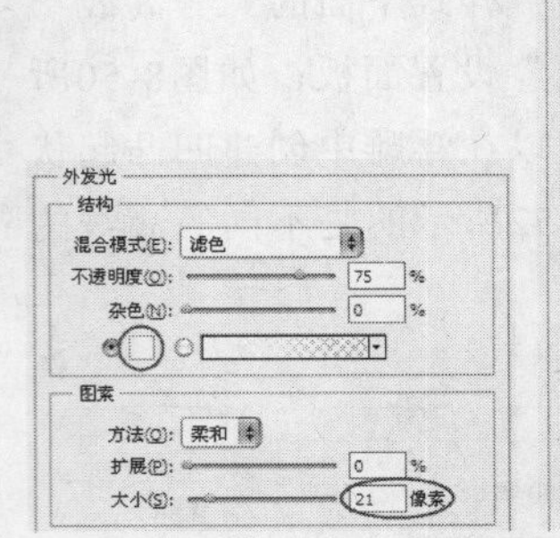

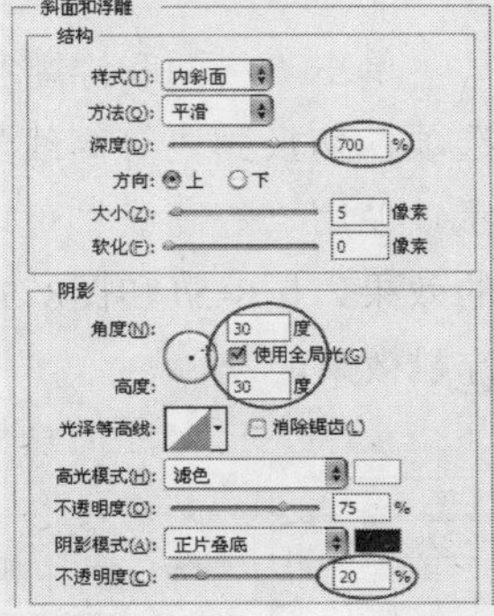

图8-58 图8-59

06 在“图层样式”对话框左侧单击“颜色叠加”样式，然后设置叠加颜色为绿色，如图8-60所示，文字效果如图8-61所示。

图8-60

图8-61

07 导入本书配套光盘中的“素材文件>CH08>素材04.png”文件，然后将其放置在文字上作为雪花特效，最终效果如图8-62所示。

图8-62

8.1.8 光泽

“光泽”样式可以为图像添加光滑的具有光泽的内部阴影，通常用来制作具有光泽质感的按钮和金属，图8-63所示为原始图像，图8-64所示为光泽参数面板，图8-65所示为添加了“光泽”样式后的图像效果。

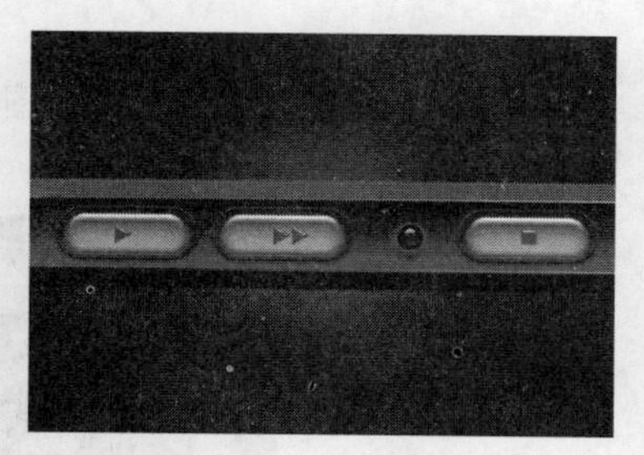

图8-63

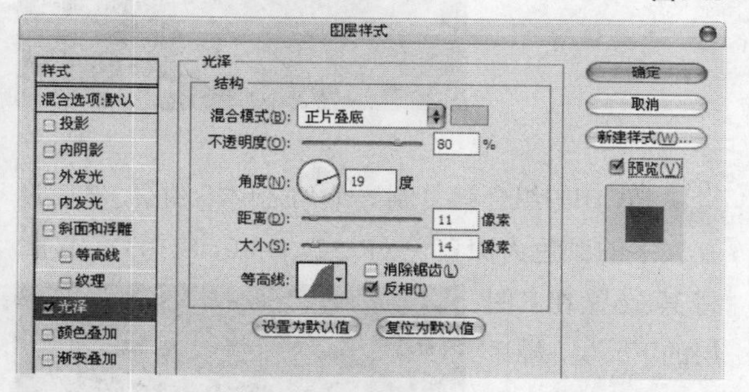

图8-64

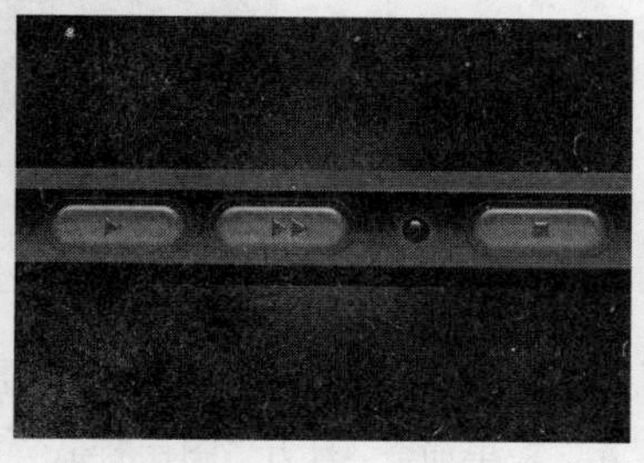

图8-65

技巧与提示

“光泽”样式的参数没有特别的选项，这里就不再重复讲解。

8.1.9 颜色叠加

“颜色叠加”样式可以在图像上叠加设置的颜色，图8-66所示为原始图像，图8-67所示为颜色叠加参数面板，图8-68所示为添加了“颜色添加”样式后的图像效果。

图8-66

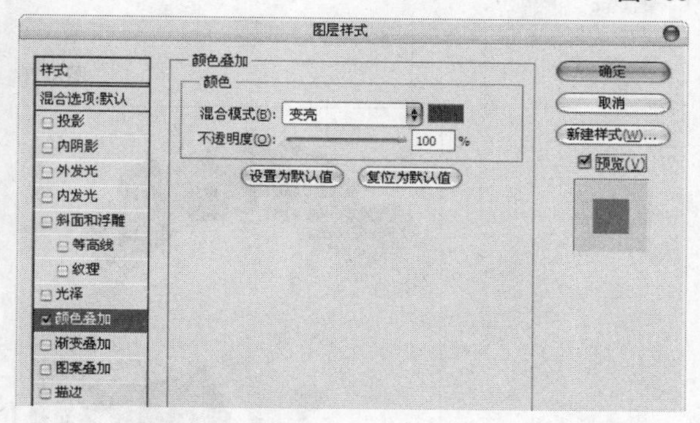

图8-67

图8-68

8.1.10 渐变叠加

“渐变叠加”样式可以在图层上叠加指定的渐变色，图8-69所示为原始图像，图8-70所示为渐变叠加参数面板，图8-71所示为添加了“渐变叠加”样式以后的图像效果。

图8-69

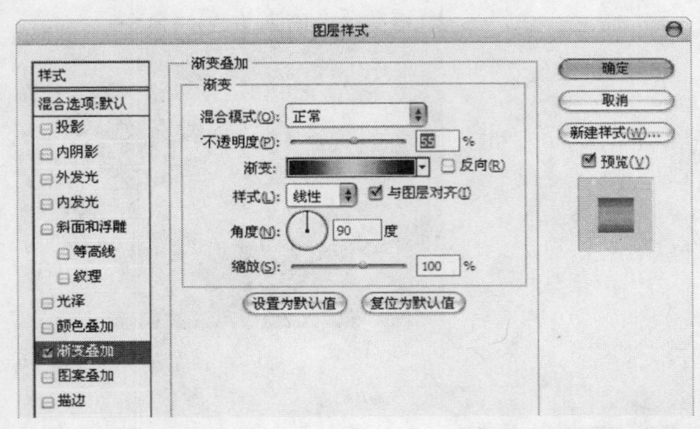

图8-70

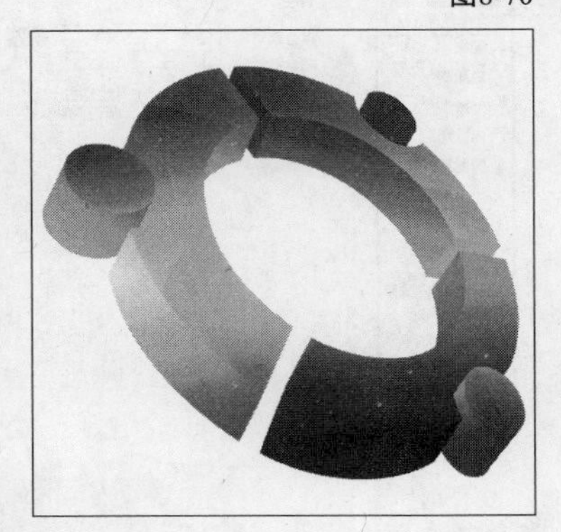

图8-71

课堂案例

利用渐变叠加样式制作晶莹文字

案例位置	DVD>案例文件>CH08>课堂案例——利用渐变叠加样式制作晶莹文字.psd
视频位置	DVD>多媒体教学>CH08>课堂案例——利用渐变叠加样式制作晶莹文字.flv
难易指数	★☆☆☆☆
学习目标	学习如何使用“渐变叠加”样式制作晶莹文字

利用渐变叠加样式制作晶莹文字的最终效果如图8-72所示。

图8-72

01 打开本书配套光盘中的“素材文件>CH08>素材05.jpg”文件，如图8-73所示。

图8-73

02 使用“横排文字工具”在图像的左下角输入青色的字母E，如图8-74所示。

图8-74

03 按Ctrl+J组合键复制一个“E副本”图层，然后设置文字的颜色为深蓝色（R:32，G:80，B:103），接着将其放置在E图层的下一层，最后将其向下移动一段距离，以制作出阴影效果，如图8-75所示。

图8-75

04 选择E图层，然后执行“图层>图层样式>外发光”菜单命令，打开“图层样式”对话框，接着设置发光颜色为蓝色（R:74，G:74，B:168），最后设置“大小”为13像素，如图8-76所示。

05 在“图层样式”对话框左侧单击“内发光”样式，然后设置“大小”为32像素，如图8-77所示。

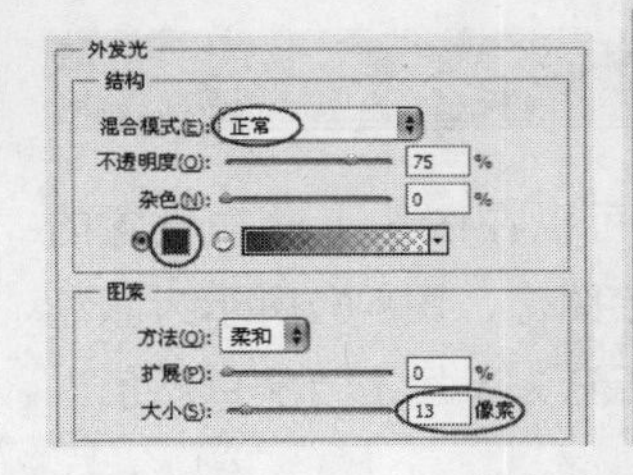

图8-76

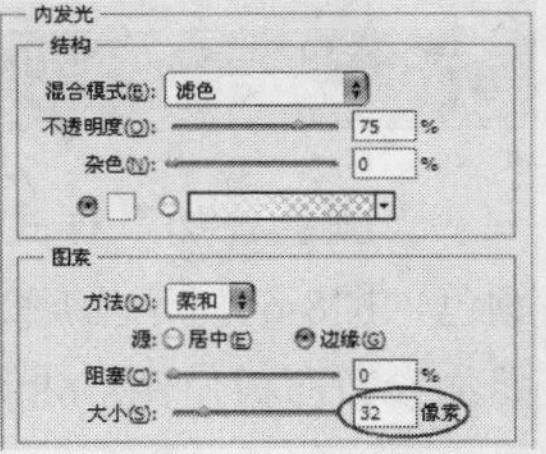

图8-77

06 在“图层样式”对话框左侧单击“渐变叠加”样式，然后设置一种浅青色到深蓝色的渐变色，如图8-78所示，文字效果如图8-79所示。

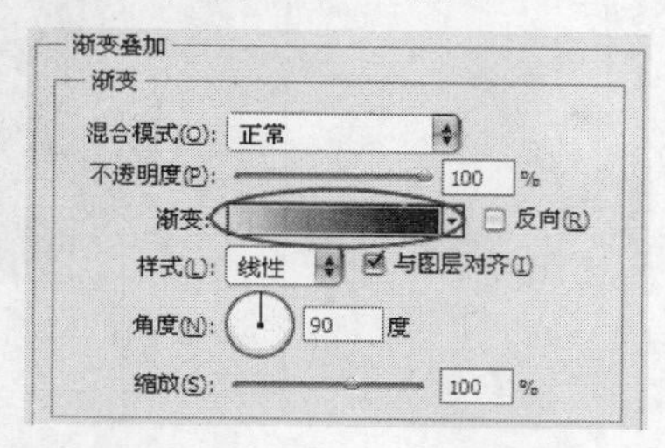

图8-78

图8-79

07 采用相同的方法制作另外3个字母，完成后的效果如图8-80所示。

图8-80

08 在字母E图层的上一层新建一个“光影”图层，然后使用“椭圆选框工具”在字母E的顶部绘制一个图8-81所示的椭圆选区。

图8-81

09 设置前景色为白色，然后使用“渐变工具”在选区中从上向下填充白色到透明的渐变色，效果如图8-82所示。

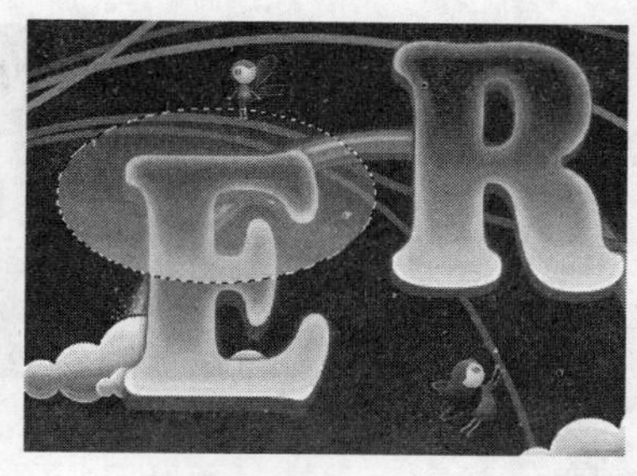

图8-82

10 载入字母E图层的选区，然后选择“光影”图层，接着在“图层”面板的下面单击“添加图层蒙版”按钮，为“光影”图层添加一个选区蒙版，效果如图8-83所示，最后采用相同的方法制作其他3个字母的光影，完成后的效果如图8-84所示。

图8-83

图8-84

11 导入本书配套光盘中的“素材文件>CH08>素材06.png”文件，然后将其放置在图像的上部作为气泡特效，最终效果如图8-85所示。

图8-85

8.1.11 图案叠加

“图案叠加”样式可以在图像上叠加设置的图案，图8-86所示为原始图像，图8-87所示为图案叠加参数面板，图8-88所示为添加了“图案叠加”样式后的图像效果。

图8-86

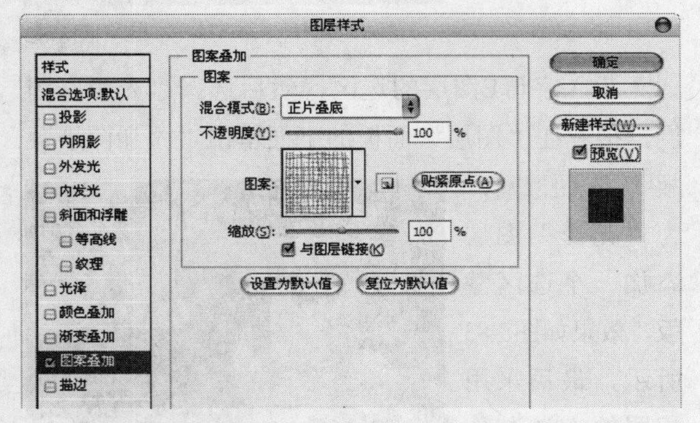

图8-87

图8-88

8.1.12 描边

“描边”样式可以使用颜色、渐变以及图案来描绘图像的轮廓边缘，图8-89所示为描边参数面板，图8-90所示为原始图像，图8-91所示为颜色描边、图8-92所示为渐变描边，图8-93所示为图案描边。

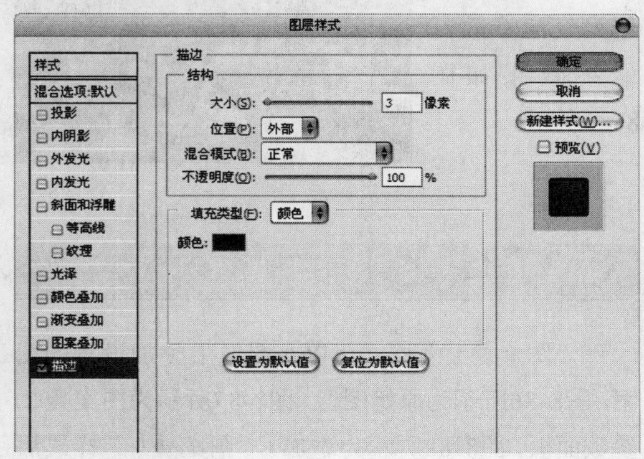

图8-89

图8-90

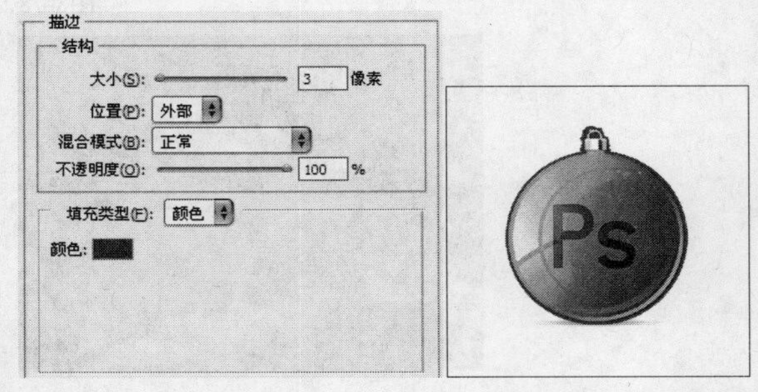

图8-91

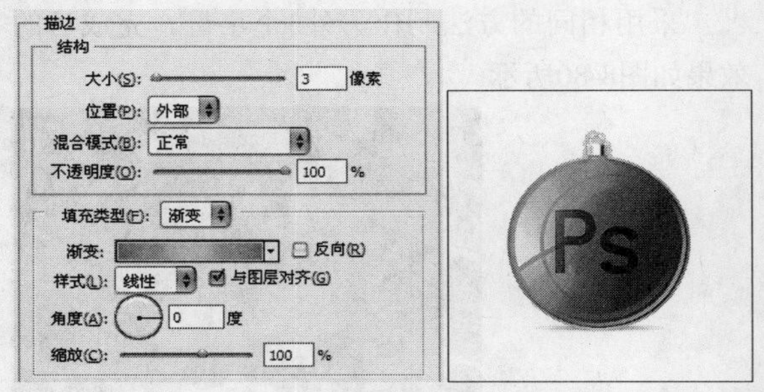

图8-92

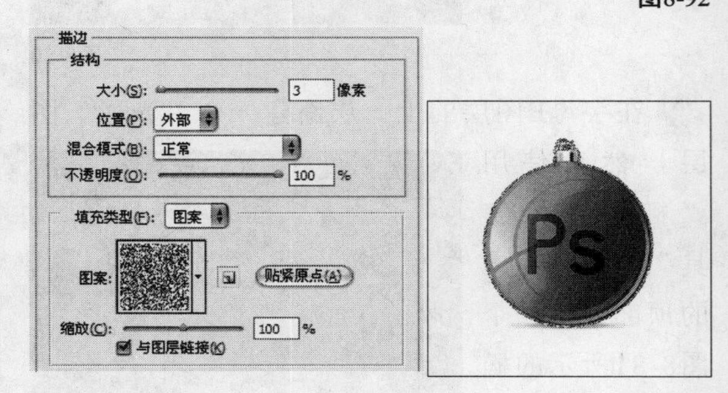

图8-93

8.2 编辑图层样式

为图像添加图层样式以后，如果对样式效果不满意，可以重新对其进行编辑，以得到最佳的样式效果。

8.2.1 显示与隐藏图层样式

如果要隐藏一个样式，可以单击该样式前面的眼睛图标，如图8-94所示；如果要隐藏某个图层中的所有样式，可以单击“效果”前面的眼睛图标，如图8-95所示。

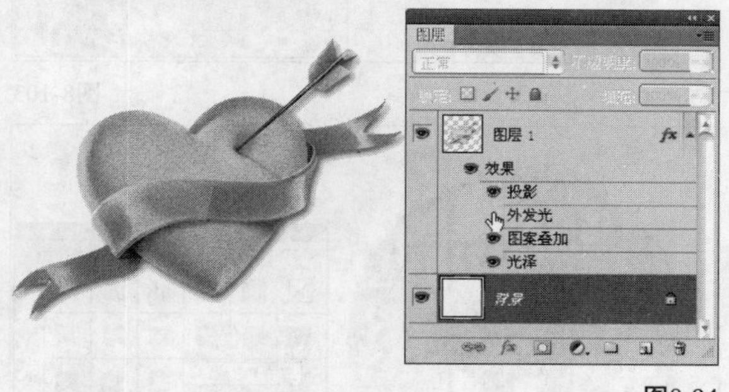

图8-94

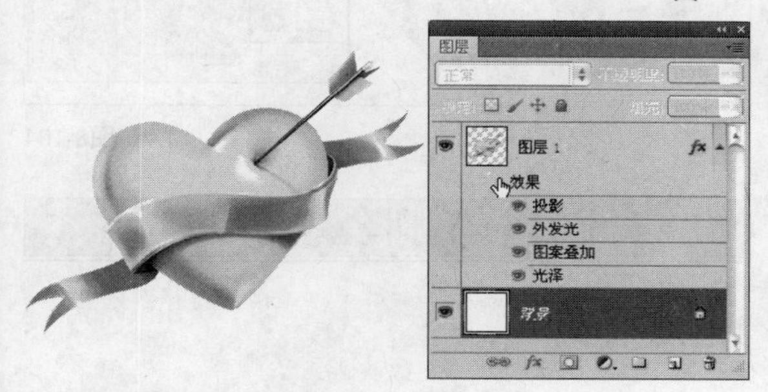

图8-95

技巧与提示

如果要隐藏整个文档中的图层的图层样式，可以执行“图层>图层样式>隐藏所有效果”菜单命令。

8.2.2 修改图层样式

如果要修改某个图层样式，可以执行该命令或在“图层”面板中双击该样式的名称，打开“图层样式”对话框进行编辑，图8-96所示的是将“光泽”样式的“混合模式”修改为“正常”以后的效果。

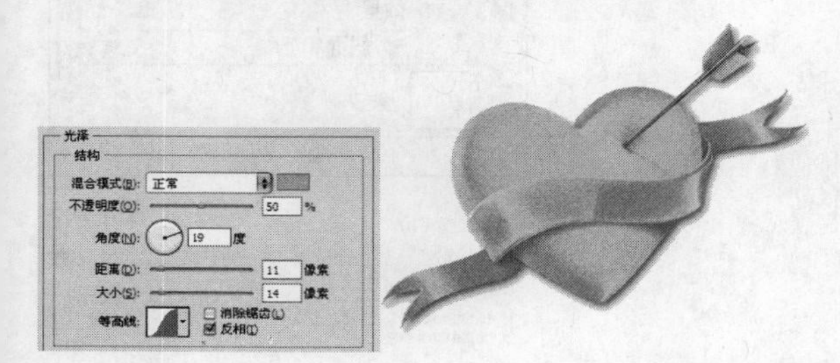

图8-96

8.2.3 复制/粘贴与清除图层样式

1.复制/粘贴图层样式

如果要将某个图层的样式复制给其他图层，可以选择该图层，然后执行“图层>图层样式>拷贝图层样式”命令，或者在图层名称上单击鼠标右键，在弹出的菜单中选择“拷贝图层样式”命令，如图8-97所示，接着选择目标图层，再执行“图层>图层样式>粘贴图层样式”菜单命令，或者在目标图层的名称上单击鼠标右键，在弹出的菜单中选择“粘贴图层样式”命令，如图8-98所示。

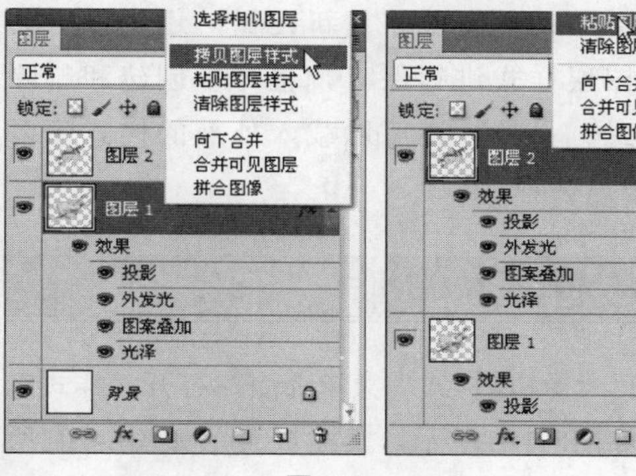

图8-97 图8-98

知识点

在这里介绍一个复制/粘贴图层样式的简便方法。按住Alt键的同时将“效果”拖曳到目标图层上，可以复制/粘贴所有样式；按住Alt键的同时将单个样式拖曳到目标图层上，可以复制/粘贴这个样式。不过要注意一点，如果没有按住Alt键，则是将样式移动到目标图层中，原始图层不再有样式。

2.消除图层样式

如果要删除某个图层样式，可以将该样式拖曳到“删除图层”按钮上，如图8-99所示；如果要删除某个图层中的所有样式，可以选择该图层，然后执行“图层>图层样式>清除图层样式”菜单命令，或在图层名称上单击鼠标右键，在弹出的菜单中选择“清除图层样式”命令，如图8-100所示。

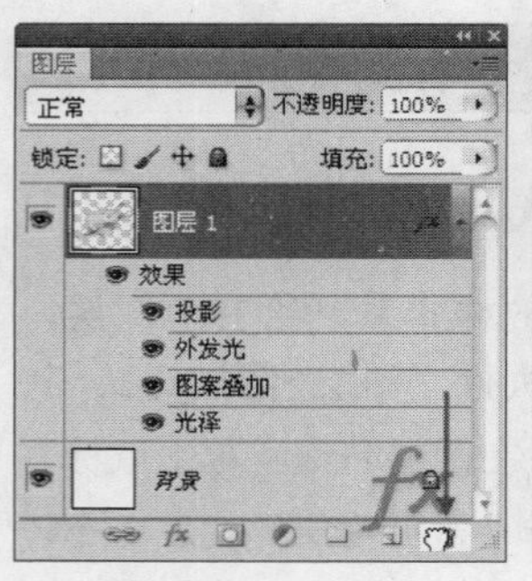

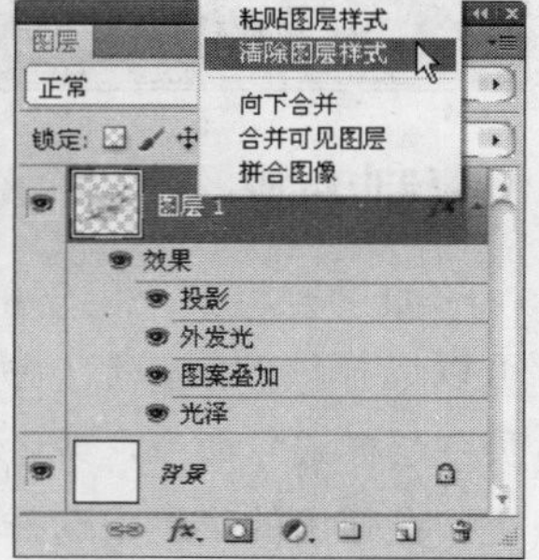

图8-99　　图8-100

8.3 管理图层样式

图层样式不仅可以重新设置，还可以对创建好的图层样式进行保存，也可以创建和删除图层样式。另外，还可以载入外部的样式库以供己用。

8.3.1 样式面板

执行“窗口>样式”菜单命令，打开“样式”面板，如图8-101所示，其面板菜单如图8-102所示。在“样式”面板中，我们可以清除为图层添加的样式，也可以新建和删除样式。

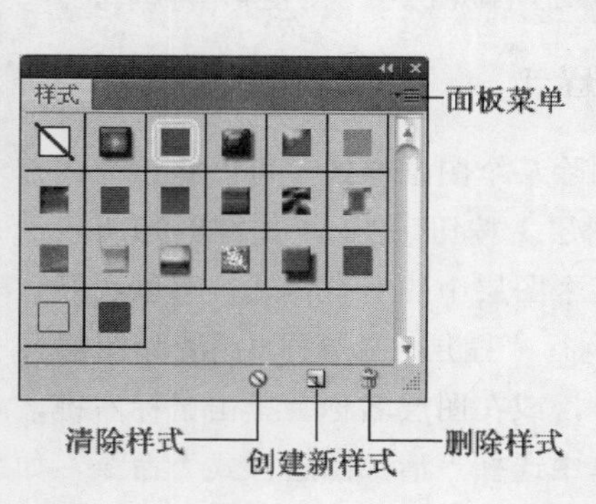

新建样式...
仅文本
✔ 小缩览图
大缩览图
小列表
大列表
预设管理器...
复位样式...
载入样式...
存储样式...
替换样式...
抽象样式
按钮
虚线笔划
DP 样式
玻璃按钮
图像效果
KS 样式
摄影效果
文字效果 2
文字效果
纹理
Web 样式
关闭
关闭选项卡组

图8-101　　图8-102

如果要将“样式”面板中的样式应用到图层中，可以先选择该图层，如图8-103所示，然后在“样式”面板中单击需要应用的样式，如图8-104所示。

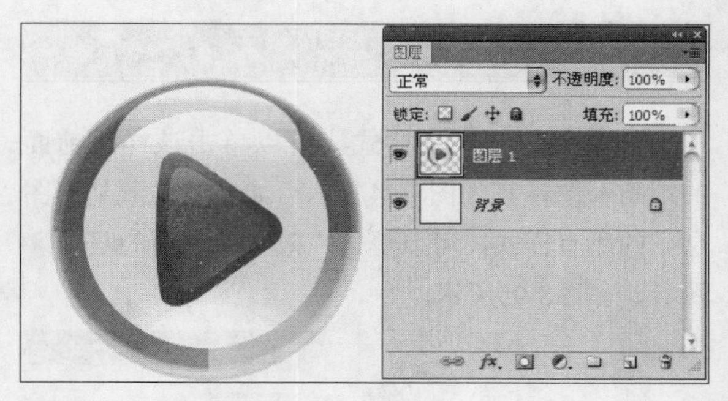

图8-103

图8-104

8.3.2 创建与删除样式

1.创建样式

如果要将当前图层的样式创建为预设，可以在“图层”面板中选择该图层，如图8-105所示，然后在“样式”面板下单击“创建新样式”按钮，接着在弹出的“新建样式”对话框中为样式设置一个名称，如图8-106所示，单击“确定”按钮后，新建的样式会保存在“样式”面板的末尾，如图8-107所示。

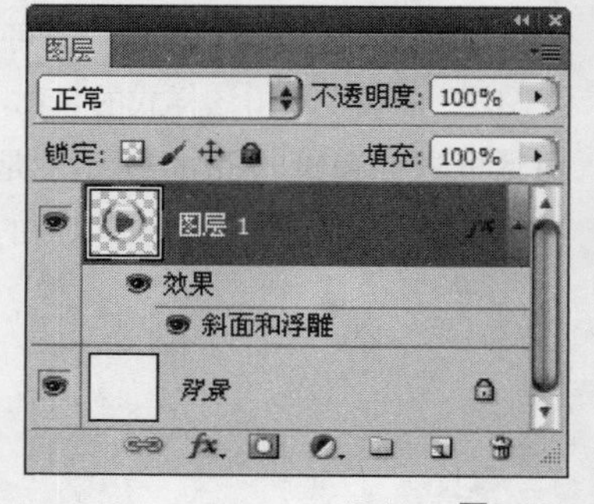

图8-105

图8-106

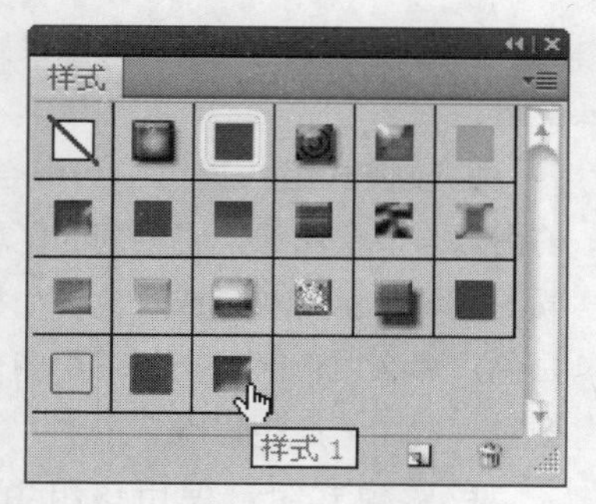

图8-107

技巧与提示

注意，在“新建样式”对话框中有一个“包含图层混合选项”，如果勾选该选项，创建的样式将具有图层中的混合模式。

2.删除样式

如果要删除创建的样式，可以将该样式拖曳到“样式”面板下面的“删除样式”按钮上，如图8-108所示。

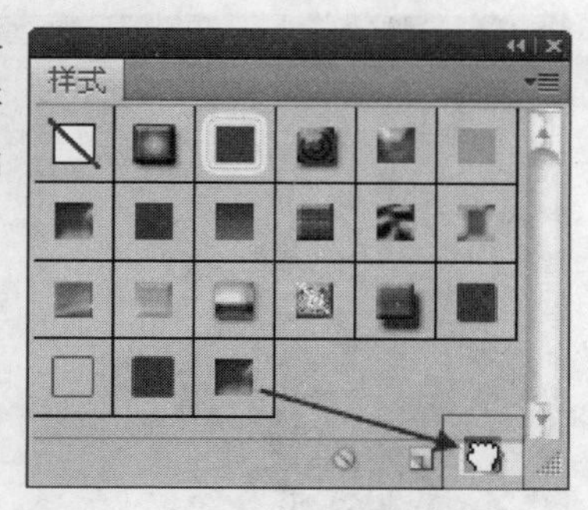

图8-108

8.3.3 存储样式库

在实际工作中，经常会用到图层样式，可以随时将设置好的样式保存到“样式”面板中，当积累到一定数量以后，可以在面板菜单中选择“存储样式”命令，打开“存储”对话框，然后为其设置一个名称，将其保存为一个单独的样式库，如图8-109所示。

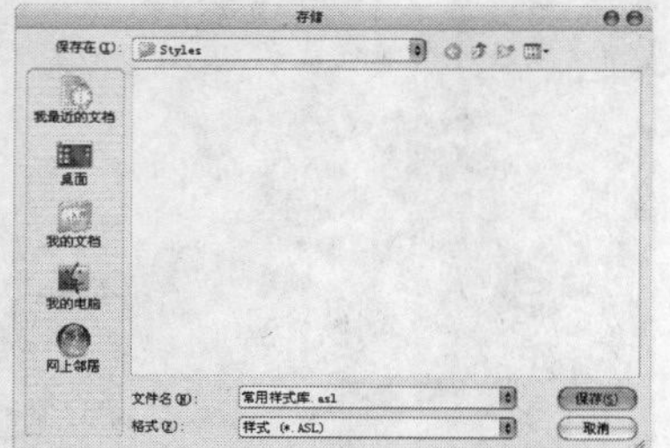

图8-109

技巧与提示

如果将样式库保存在Photoshop安装程序的Presets>Styles文件夹中，那么在重启Photoshop后，该样式库的名称会出现在“样式”面板菜单的底部。

8.3.4 载入样式库

打开“样式”面板菜单的底部是Photoshop提供的预设样式库，选择一种样式库，如图8-110所示，系统会弹出一个提示对话框，如图8-111所示。如果单击“确定”按钮，可以载入样式库并替换掉“样式”面板中的所有样式，如图8-112所示；如果单击“追加”按钮，则该样式库会添加到原有样式的后面，如图8-113所示。

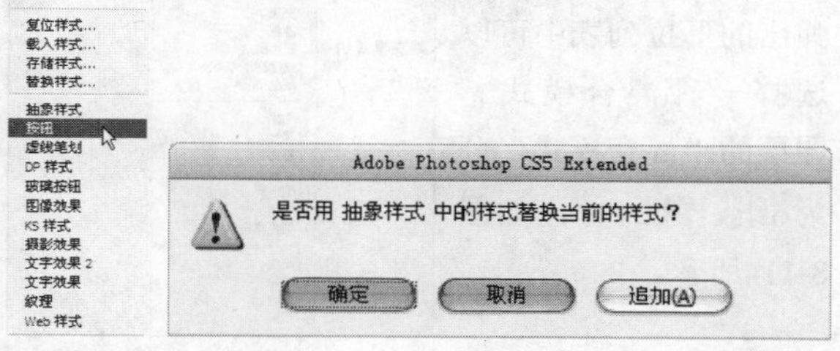

图8-110　图8-111

图8-112　图8-113

技巧与提示

如果要将样式恢复到默认状态，可以在“样式”面板菜单中执行“复位样式”命令，然后在弹出的对话框中单击“确定”按钮。另外，在这里介绍一下如何载入外部的样式。执行面板菜单中的“载入样式”命令，可以打开“载入”对话框，选择外部样式即可将其载入到“样式”面板中。

8.4 图层的混合模式

混合模式是Photoshop的一项非常重要的功能，它决定了当前图像的像素与下面图像的像素的混合方式，可以用来创建各种特效，并且不会损坏原始图像的任何内容。在绘画工具和修饰工具的选项栏，以及“渐隐”、“填充”、“描边”命令和“图层样式”对话框中都包含有混合模式。

8.4.1 混合模式的类型

在“图层”面板中选择一个图层，单击面板顶部的按钮，在弹出的下拉列表中可以选择一种混合模式。图层的“混合模式”分为6组，共27种，如图8-114所示。

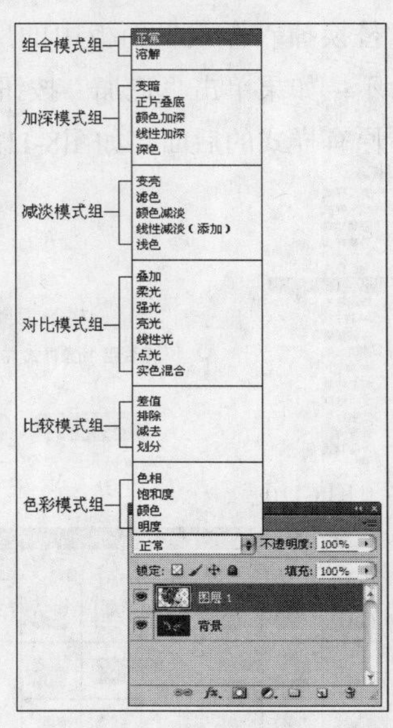

图8-114

混合模式重要选项介绍

组合模式组：该组中的混合模式需要降低图层的“不透明度”或“填充”数值才能起作用，这两个参数的数值越低，就越能看到下面的图像。

加深模式组：该组中的混合模式可以使图像变暗。在混合过程中，当前图层的白色像素会被下层较暗的像素替代。

减淡模式组：该组与加深模式组产生的混合效果完全相反，它们可以使图像变亮。在混合过程中，图像中的黑色像素会被较亮的像素替换，而任何比黑色亮的像素都可能提亮下层图像。

对比模式组：该组中的混合模式可以加强图像的差异。在混合时，50%的灰色会完全消失，任何亮度值高于50%灰色的像素都可能提亮下层的图像，亮度值低于50%灰色的像素则可能使下层图像变暗。

比较模式组：该组中的混合模式可以比较当前图像与下层图像，将相同的区域显示为黑色，不同的区域显示为灰色或彩色。如果当前图层中包含白色，那么白色区域会使下层图像反相，而黑色不会对下层图像产生影响。

色彩模式组：使用该组中的混合模式时，Photoshop会将色彩分为色相、饱和度和亮度3种成分，然后再将其中的一种或两种应用在混合后的图像中。

8.4.2 详解各种混合模式

下面以图8-115所示的文档来讲解图层的各种混合模式的特点。

图8-115

正常：这种模式是Photoshop默认的模式。在正常情况下（“不透明度”为100%），上层图像将完全遮盖住下层图像，只有降低“不透明度”数值后才能与下层图像相混合，图8-116所示的是设置“不透明度”为50%时的混合效果。

图8-116

溶解：在“不透明度”和“填充”数值为100%时，该模式不会与下层图像相混合，只有这两个数值中的任何一个低于100%时才能产生效果，使透明度区域上的像素离散，如图8-117所示。

图8-117

变暗：比较每个通道中的颜色信息，并选择基色或混合色中较暗的颜色作为结果色，同时替换比混合色亮的像素，而比混合色暗的像素保持不变，如图8-118所示。

图8-118

正片叠底：任何颜色与黑色混合产生黑色，任何颜色与白色混合保持不变，如图8-119所示。

图8-119

颜色加深：通过增加上下层图像之间的对比度来使像素变暗，与白色混合后不产生变化，如图8-120所示。

图8-120

线性加深：通过减小亮度使像素变暗，与白色混合不产生变化，如图8-121所示。

图8-121

深色：通过比较两个图像的所有通道的数值的总和，然后显示数值较小的颜色，如图8-122所示。

图8-122

变亮：比较每个通道中的颜色信息，并选择基色或混合色中较亮的颜色作为结果色，同时替换比混合色暗的像素，而比混合色亮的像素保持不变，如图8-123所示。

图8-123

滤色：与黑色混合时颜色保持不变，与白色混合时产生白色，如图8-124所示。

图8-124

颜色减淡：通过减小上下层图像之间的对比度来提亮底层图像的像素，如图8-125所示。

图8-125

线性减淡（添加）：与“线性加深”模式产生的效果相反，可以通过提高亮度来减淡颜色，如图8-126所示。

图8-126

浅色：通过比较两个图像的所有通道的数值的总和，然后显示数值较大的颜色，如图8-127所示。

图8-127

叠加：对颜色进行过滤并提亮上层图像，具体取决于底层颜色，同时保留底层图像的明暗对比，如图8-128所示。

图8-128

柔光：使颜色变暗或变亮，具体取决于当前图像的颜色。如果上层图像比50%灰色亮，则图像变亮；如果上层图像比50%灰色暗，则图像变暗，如图8-129所示。

图8-129

强光：对颜色进行过滤，具体取决于当前图像的颜色。如果上层图像比50%灰色亮，则图像变亮；如果上层图像比50%灰色暗，则图像变暗，如图8-130所示。

图8-130

亮光：通过增加或减小对比度来加深或减淡颜色，具体取决于上层图像的颜色。如果上层图像比50%灰色亮，则图像变亮；如果上层图像比50%灰色暗，则图像变暗，如图8-131所示。

图8-131

线性光：通过减小或增加亮度来加深或减淡颜色，具体取决于上层图像的颜色。如果上层图像比50%灰色亮，则图像变亮；如果上层图像比50%灰色暗，则图像变暗，如图8-132所示。

图8-132

点光：根据上层图像的颜色来替换颜色。如果上层图像比50%灰色亮，则替换比较暗的像素；如果上层图像比50%灰色暗，则替换较亮的像素，如图8-133所示。

图8-133

实色混合：将上层图像的RGB通道值添加到底层图像的RGB值。如果上层图像比50%灰色亮，则使底层图像变亮；如果上层图像比50%灰色暗，则使底层图像变暗，如图8-134所示。

图8-134

差值：上层图像与白色混合将反转底层图像的颜色，与黑色混合则不产生变化，如图8-135所示。

图8-135

排除：创建一种与“差值”模式相似，但对比度更低的混合效果，如图8-136所示。

图8-136

减去：从目标通道中相应的像素上减去源通道中的像素值，如图8-137所示。

图8-137

划分：比较每个通道中的颜色信息，然后从底层图像中划分上层图像，如图8-138所示。

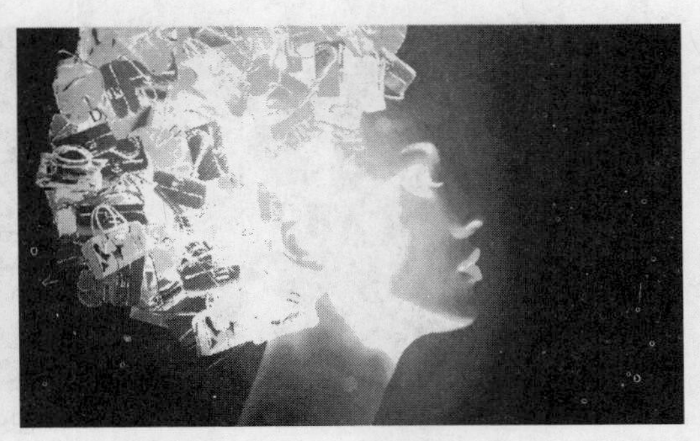

图8-138

色相：用底层图像的明亮度和饱和度以及上层图像的色相来创建结果色，如图8-139所示。

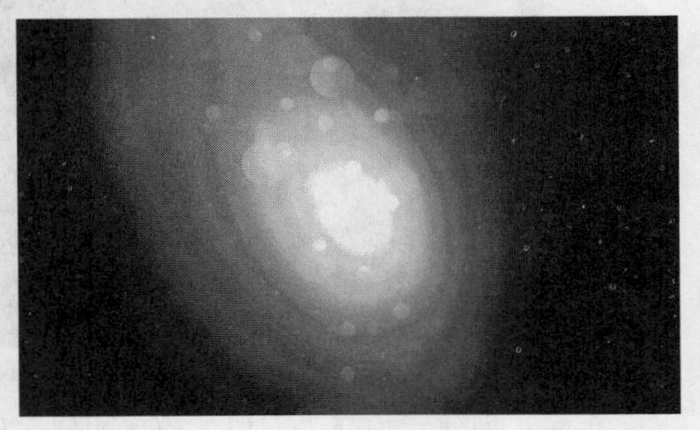

图8-139

饱和度：用底层图像的明亮度和色相以及上层图像的饱和度来创建结果色，在饱和度为0的灰度区域应用该模式不会产生任何变化，如图8-140所示。

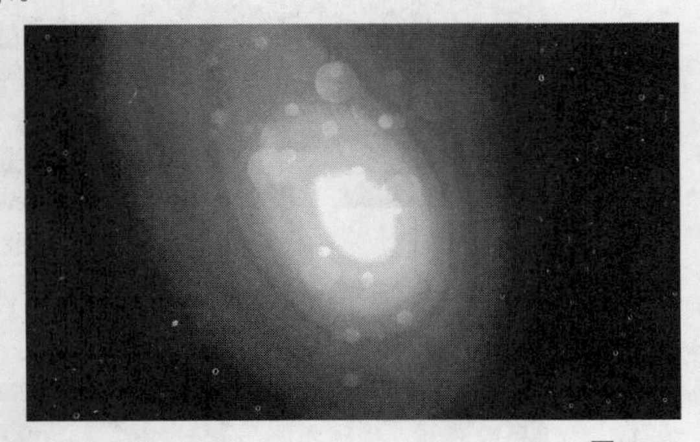

图8-140

颜色：用底层图像的明亮度以及上层图像的色相和饱和度来创建结果色，如图8-141所示。这样可以保留图像中的灰阶，对于为单色图像上色或给彩色图像着色非常有用。

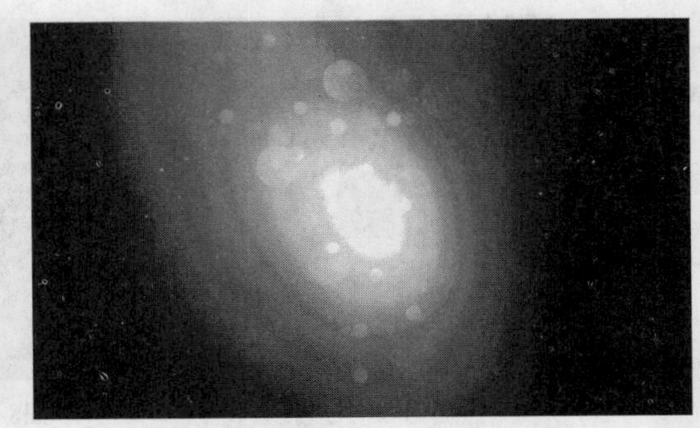

图8-141

明度：用底层图像的色相和饱和度以及上层图像的明亮度来创建结果色，如图8-142所示。

图8-142

课堂案例

用混合模式调出彩虹调艺术照

案例位置	DVD>案例文件>CH08>课堂案例——用混合模式调出彩虹调艺术照.psd
视频位置	DVD>多媒体教学>CH08>课堂案例——用混合模式调出彩虹调艺术照.flv
难易指数	★★☆☆☆
学习目标	学习如何用混合模式制作艺术照

用混合模式调出彩虹调艺术照的最终效果如图8-143所示。

图8-143

01 打开本书配套光盘中的“素材文件>CH08>素材07.jpg”文件，如图8-144所示。

图8-144

02 执行“图层>新建调整图层>曲线”菜单命令，新建一个“曲线”调整图层，然后调整好曲线的样式，如图8-145所示，效果如图8-146所示。

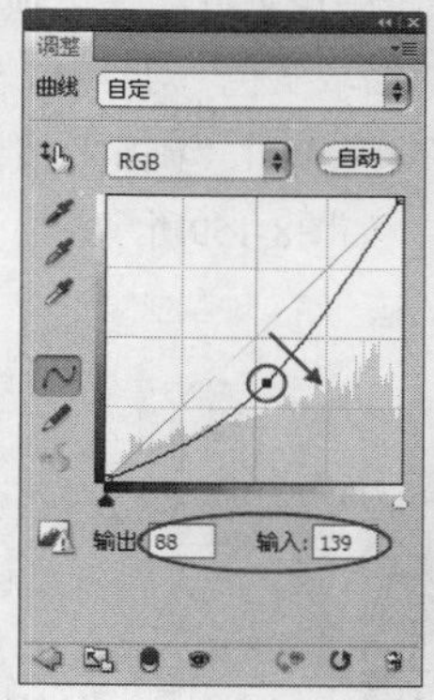

图8-145　　图8-146

03 新建一个“图层1”，选择“渐变工具”，然后在“渐变编辑器”对话框中选择“色谱”渐变，如图8-147所示，接着在选项栏中单击“径向渐变”按钮，最后在“图层1”中填充图8-148所示的渐变色。

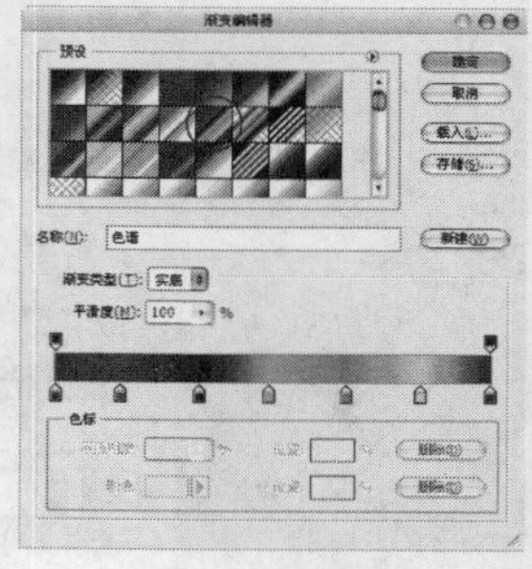

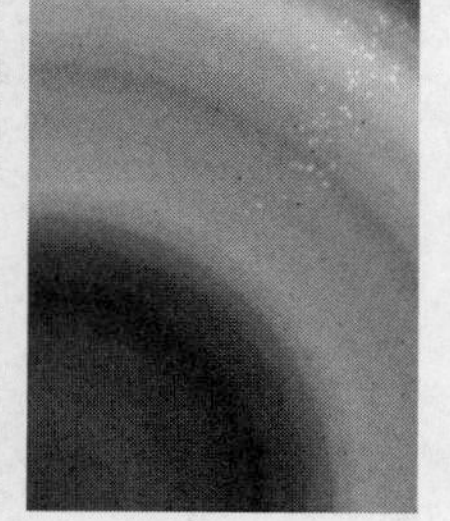

图8-147　　图8-148

04 设置“图层1”的“不透明度”75%、“混合模式”为“柔光”，如图8-149所示，效果如图8-150所示。

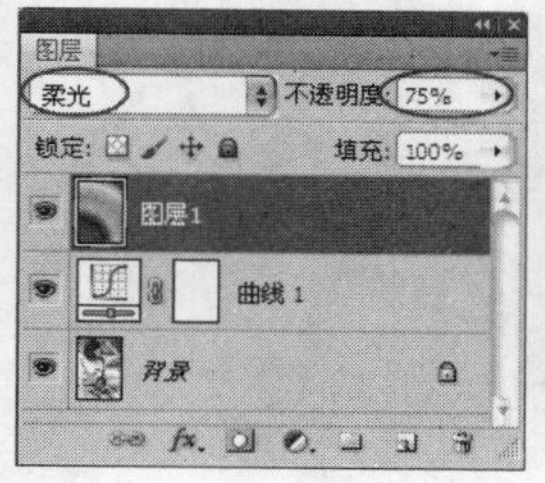

图8-149　　图8-150

05 新建一个“曲线”调整图层，然后调节好曲线的样式，使图像变亮，如图8-151所示，接着使用黑色“画笔工具”在调整图层的蒙版中涂去左下角部分，如图8-152所示，最终效果如图8-153所示。

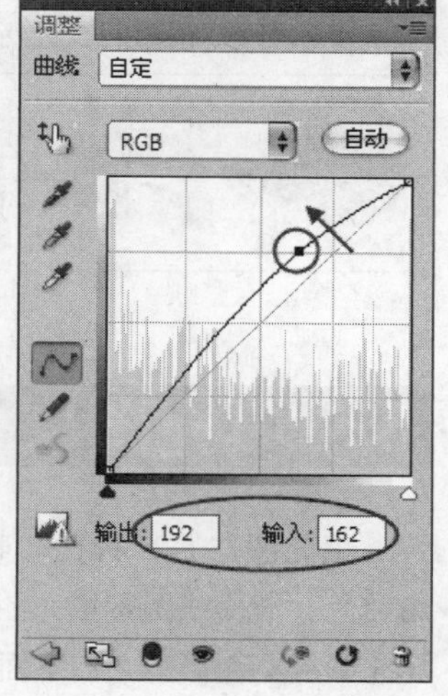

图8-151

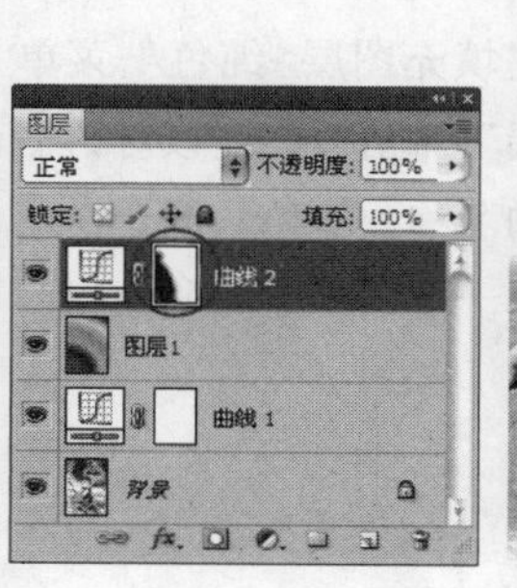

图8-152　　图8-153

课堂练习

用混合模式制作炫色唇彩

案例位置	DVD>案例文件>课堂练习——用混合模式制作炫色唇彩.psd
视频位置	DVD>多媒体教学>CH08>课堂练习——用混合模式制作炫色唇彩.flv
难易指数	★★☆☆☆
练习目标	练习如何用混合模式制作唇彩

用混合模式制作炫色唇彩的最终效果如图8-154所示。

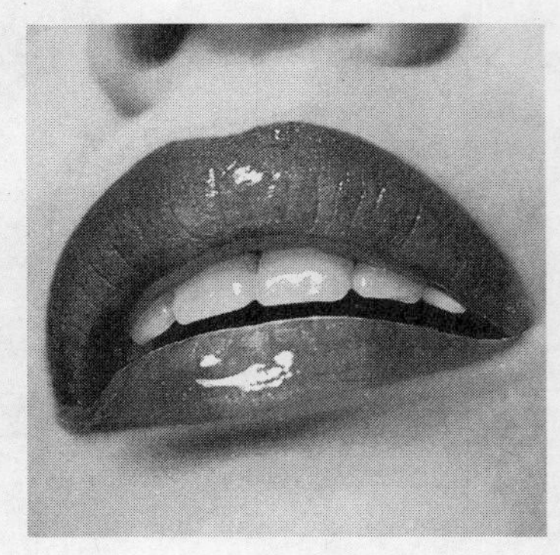

图8-154

步骤分解如图8-155所示。

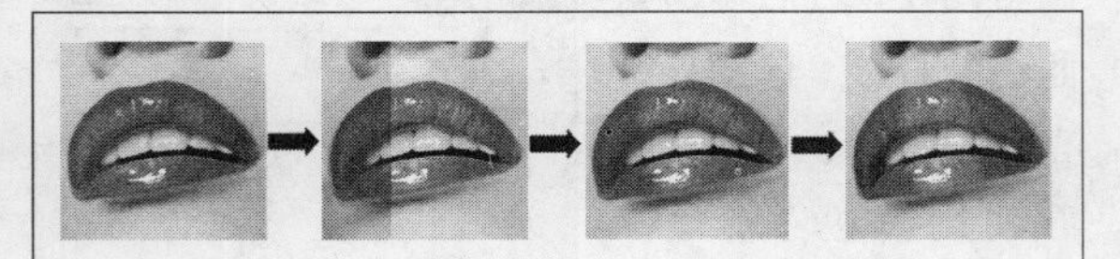

图8-155

8.5 填充图层

填充图层是一种比较特殊的图层，它可以使用纯色、渐变或图案填充图层。与调整图层不同，填充图层不会影响它们下面的图层。

8.5.1 纯色填充图层

纯色填充图层可以用一种颜色填充图层，并带有一个图层蒙版。打开一个图像，如图8-156所示，然后执行“图层>新建填充图层>纯色”菜单命令，可以打开“新建图层”对话框，在该对话框中可以设置纯色填充图层的名称、颜色、混合模式和不透明度，并且可以为下一图层创建剪贴蒙版，如图8-157所示。

图8-156

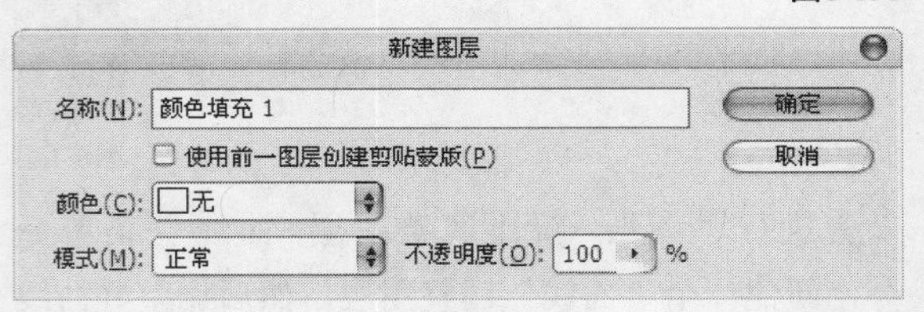

图8-157

在“新建图层”对话框中设置好相关选项以后，单击“确定”按钮，打开“拾取实色”对话框，然后拾取一种颜色，如图8-158所示，单击“确定”按钮后即可创建一个纯色填充图层，如图8-159所示。

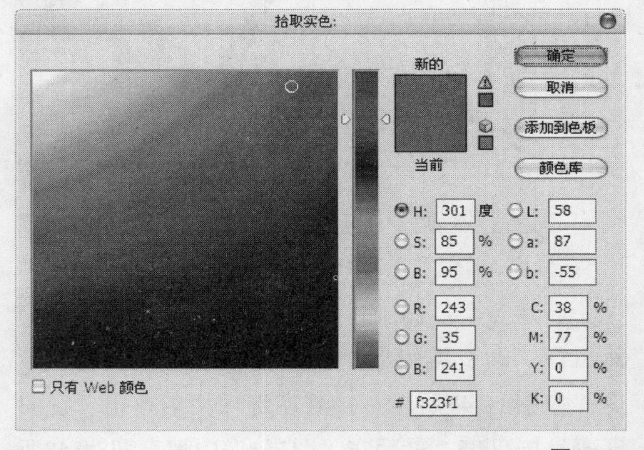

图8-158

图8-159

创建好纯色填充图层以后，我们可以调整其混合模式、不透明度或编辑其蒙版，使其与下面的图像混合在一起，如图8-160所示。

图8-160

8.5.2 渐变填充图层

渐变填充图层可以用一种渐变色填充图层，并带有一个图层蒙版。执行“图层>新建填充图层>渐变”菜单命令，可以打开“新建图层”对话框，在该对话框中可以设置渐变填充图层的名称、颜色、混合模式和不透明度，并且可以为下一图层创建剪贴蒙版。

在“新建图层”对话框中设置好相关选项以后，单击“确定”按钮，打开“渐变填充”对话框，在该对话框中可以设置渐变的颜色、样式、角度和缩放等，如图8-161所示，单击“确定”按钮后即可创建一个渐变填充图层，如图8-162所示。

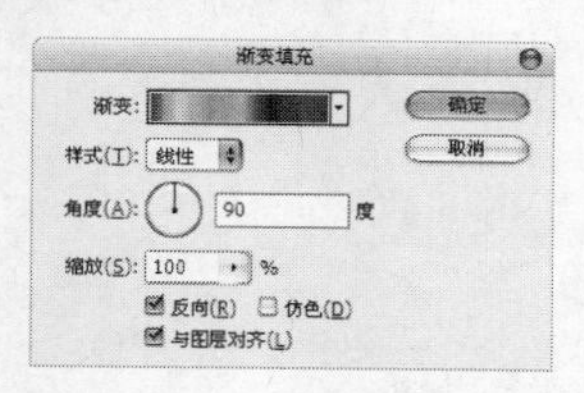

图8-161

图8-162

与纯色填充图层相同，渐变填充图层也可以设置混合模式、不透明度或编辑蒙版，使其与下面的图像混合在一起，如图8-163所示。

图8-163

8.5.3 图案填充图层

图案填充图层可以用一种图案填充图层，并带有一个图层蒙版。执行“图层>新建填充图层>图案”菜单命令，可以打开“新建图层”对话框，在该对话框中可以设置图案填充图层的名称、颜色、混合模式和不透明度，并且可以为下一图层创建剪贴蒙版。

在“新建图层”对话框中设置好相关选项以后，单击“确定”按钮，打开“图案填充”对话框，在该对话框中可以选择一种图案，并且可以设置图案的缩放比例等，如图8-164所示，单击“确定”按钮后即可创建一个图案填充图层，如图8-165所示。

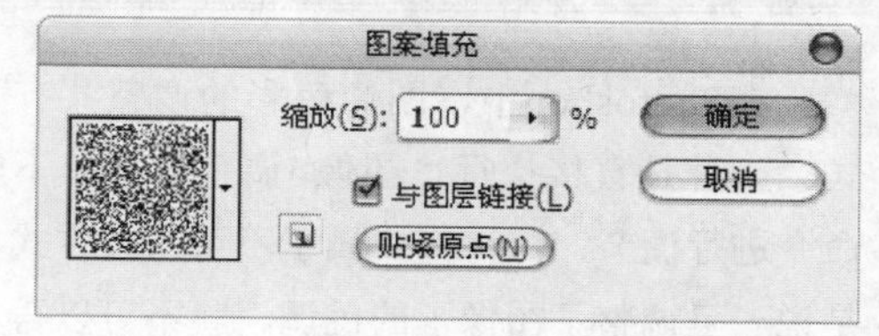

图8-164

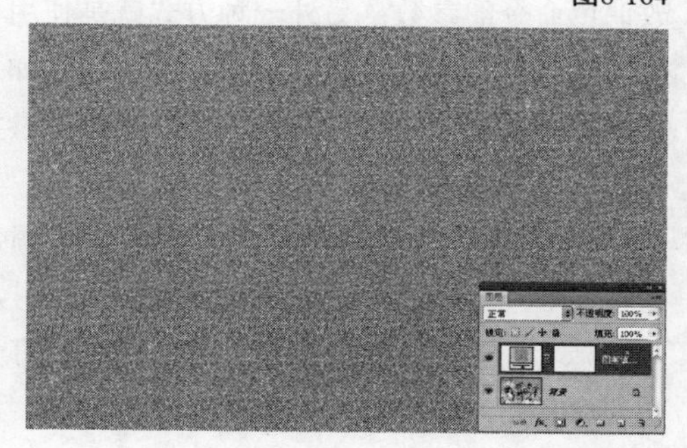

图8-165

与前面两种填充图层相同，图案填充图层也可以设置混合模式、不透明度或编辑蒙版，使其与下面的图像混合在一起，如图8-166所示。

图8-166

技巧与提示

填充也可以直接在“图层”面板中进行创建，单击“图层”面板下面的“创建新的填充或调整图层”按钮，在弹出的菜单中选择相应的命令即可。

8.6 调整图层

调整图层是一种非常重要而又特殊的图层，它不仅可以调整图像的颜色和色调，并且不会破坏图像的像素。

8.6.1 调整图层与调色命令的区别

在Photoshop中，图像色彩的调整共有两种方式。一种是直接执行“图像>调整”菜单下的调色命令进行调节，这种方式属于不可修改方式，也就是说一旦调整了图像了的色调，就不可以再重新修改调色命令的参数；另外一种方式就是使用调整图层，这种方式属于可修改方式，也就是说如果对调色效果不满意，还可以重新对调整图层的参数进行修改，直到满意为止。

这里再举例说明一下这调整图层与调色命令之间的区别，以图8-167所示的图像为例，执行“图像>调整>色相/饱和度”菜单命令，打开“色相/饱和度”对话框，设置“色相”为23，调色效果将直接作用于图层，如图8-168所示。而执行“图层>新建调整图层>色相/饱和度”菜单命令，在“背景”图层的上方创建一个“色相/饱和度”图层，此时可以在“调整”面板中设置相关参数，如图8-169所示，同时调整图层将保留下来，如图8-170所示，如果对调整效果不满意，还可以重新设置其参数。

图8-167

图8-168

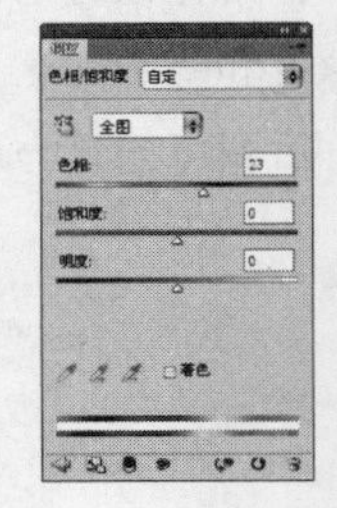

图8-169

图8-170

综上所述，现总结调整图层的优点如下。

编辑不会对图像造成破坏。可以随时修改调整图层的相关参数值，并且可以修改其“混合模式”与“不透明度”。

编辑图像时具有选择性。在调整图层的蒙版上绘画，可以将调整应用于图像的一部分。

能够将调整应用于多个图层。调整图层不仅仅可以对一个图层产生作用（创建剪贴蒙版），还可以对下面的所有图层产生作用。

8.6.2 调整面板

执行“窗口>调整”菜单命令，打开“调整”面板，如图8-171所示，其面板菜单如图8-172所示。“调整”面板中提供了调整颜色和色调的相关工具，并提供了一系列的调整预设。

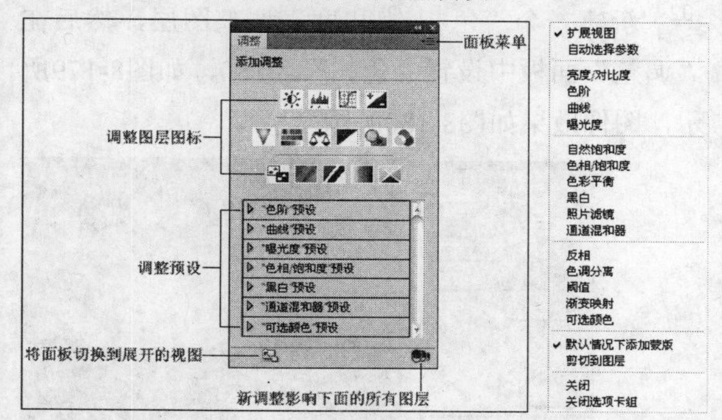

图8-171　　图8-172

调整面板重要选项介绍

调整图层图标：单击一个调整图层图标，即可创建一个相应的调整图层。

调整预设：单击预设前面的▶图标，可以展开预设列表，单击预设的调整即可创建一个相应的调整图层。

将面板切换到展开的视图：单击该按钮，可以将面板切换到展开视图。

新调整影响下面的所有图层：新建的调整图层会影响下面的所有图层。单击该按钮，将切换到“新调整剪切到此图层”按钮状态，此时新建的调整图层只影响下面的一个图层。

单击一个调整图层图标，或单击一个预设，可以切换到该调整图层的参数设置面板，并创建一个相应的调整图层，如图8-173所示。

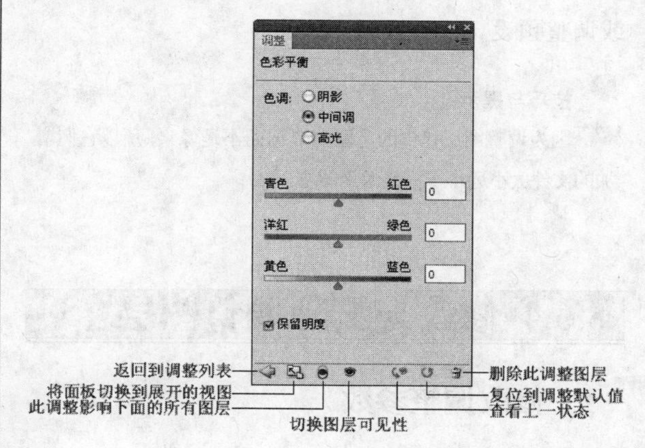

图8-173

返回到调整列表：单击该按钮，可以切换到调整图层的视图列表。

切换图层可见性：单击该按钮，可以隐藏或显示调整图层。

查看上一状态：单击该按钮，可以在文档窗口中查看图像的上一个调整效果，以比较两种不同的调整效果。

复位到调整默认值：单击该按钮，可以将调整参数恢复到默认值。

删除此调整图层：单击该按钮，可以删除当前调整图层。

8.6.3 新建调整图层

新建调整图层的方法共有以下3种。

第1种：执行“图层>新建调整图层”菜单下的调整命令。

第2种：在“图层”面板下面单击“创建新的填充或调整图层”按钮，然后在弹出的菜单中选择相应的调整命令，如图8-174所示。

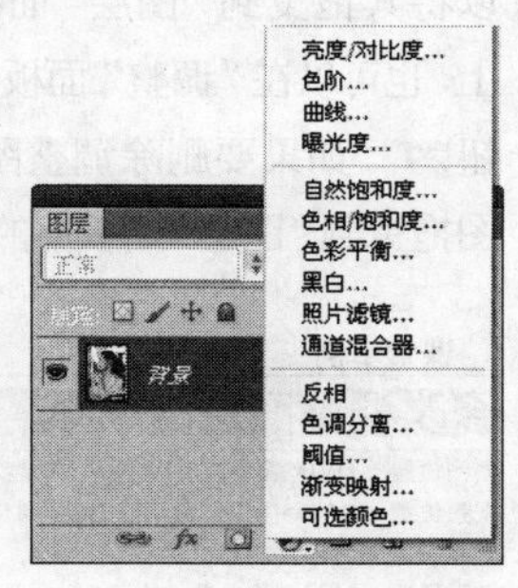

图8-174

第3种：在“调整”面板中单击调整图层图标或调整预设。

技巧与提示

因为调整图层包含的是调整数据而不是像素，所以它们增加的文件大小远小于标准像素图层。

8.6.4 修改与删除调整图层

1.修改调整参数

创建好调整图层以后，如图8-175所示，在“图层”面板中单击调整图层的缩略图，在“调整”面板中可以显示其相关参数。如果要修改调整参数，重新输入相应的数值即可，如图8-176所示。

图8-175

图8-176

2.删除调整图层

如果要删除调整图层，可以直接按Delete键，也可以将其拖曳到“图层”面板下的“删除图层”按钮上，也可以在“调整”面板中单击“删除此调整图层”按钮。如果要删除调整图层的蒙版，可以将蒙版缩略图拖曳到“图层”面板下的“删除图层”按钮上。

课堂案例

修改调整图层的参数

案例位置	DVD>案例文件>CH08>课堂案例——修改调整图层的参数.psd
视频位置	DVD>多媒体教学>CH08>课堂案例——修改调整图层的参数.flv
难易指数	★★☆☆☆
学习目标	学习调整参数的修改方法

修改调整图层的参数的最终效果如图8-177所示。

图8-177

01 打开本书配套光盘中的“素材文件>CH08>素材08.jpg”文件，如图8-178所示。

图8-178

02 新建一个“色相/饱和度”调整图层，然后在“调整”面板中设置“色相”为180，如图8-179所示，图像效果如图8-180所示。

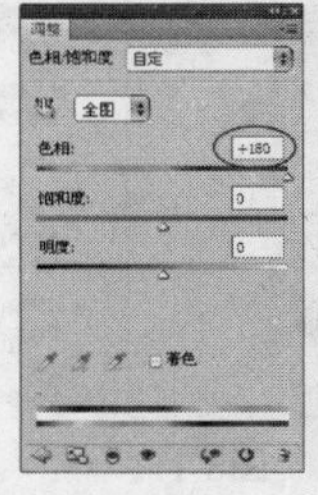

图8-179

图8-180

技巧与提示

通过步骤（2）已经调整好了图像的色调，只是效果还不满意，因此下面还要对其进行修改。

03 选择“色相/饱和度”调整图层的缩略图，如图8-181所示，然后在“调整”面板下单击“复位到调整默认值”按钮，将参数值恢复为默认值，图像效果如图8-182所示。

图8-181

图8-182

04 在“调整”面板中重新设置“色相”为-130，最终效果如图8-183所示。

图8-183

8.7 智能对象图层

智能对象是包含栅格或矢量图像中的图像数据的图层。智能对象可以保留图像的源内容及其所有原始特性，因此对智能对象图层所执行的操作都是非破坏性操作。

8.7.1 创建智能对象

创建智能对象的方法主要有以下3种。

第1种：执行“文件>打开为智能对象”菜单命令，可以选择一个图像作为智能对象打开。打开以后，在“图层”面板中的智能对象图层的缩略图右下角会出现一个智能对象图标，如图8-184所示。

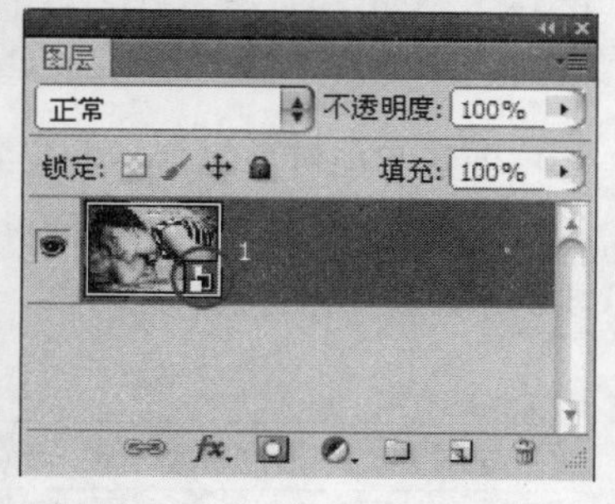

图8-184

第2种：先打开一个图像，如图8-185所示，然后执行“文件>置入”菜单命令，可以选择一个图像作为智能对象置入到当前文档中，如图8-186所示。

图8-185

图8-186

第3种：在“图层”面板中选择一个图层，然后执行“图层>智能对象>转换为智能对象”菜单命令。

技巧与提示

除了以上3种方法以外，还可以将Adobe Illustrator中的矢量图形粘贴为智能对象，或是将PDF文件创建为智能对象。

8.7.2 编辑智能对象

创建智能对象后，我们可以根据实际情况对其进行编辑。编辑智能对象不同于编辑普通图层，它需要在一个单独的文档中进行操作，下面就以一个实例来讲解智能对象的编辑方法。

课堂案例

编辑智能对象

案例位置	DVD>案例文件>CH08>课堂案例——编辑智能对象.psd
视频位置	DVD>多媒体教学>CH08>课堂案例——编辑智能对象.flv
难易指数	★★★☆☆
学习目标	学习如何编辑智能对象

编辑智能对象的最终效果如图8-187所示。

图8-187

01 打开本书配套光盘中的“素材文件>CH08>素材09.jpg”文件，如图8-188所示。

图8-188

02 执行“文件>置入”菜单命令，然后在弹出的“置入”对话框中选择本书配套光盘中的“素材文件>Chapter08>素材10.png”文件，此时该素材会作为智能对象置入到当前文档中，如图8-189所示。

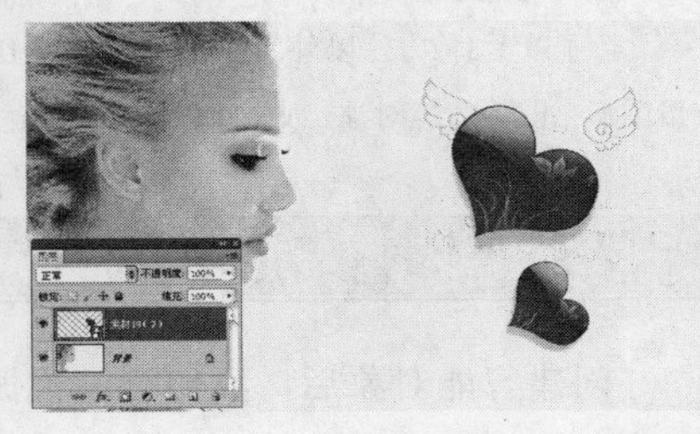

图8-189

03 执行“图层>智能对象>编辑内容”菜单命令，或双击智能对象图层的缩略图，Photoshop会弹出一个对话框，如图8-190所示，单击“确定”按钮，可以将智能对象在一个单独的文档中打开，如图8-191所示。

图8-190　图8-191

04 按Ctrl+U组合键打开“色相/饱和度”对话框，然后设置“色相”为50，如图8-192所示，效果如图8-193所示。

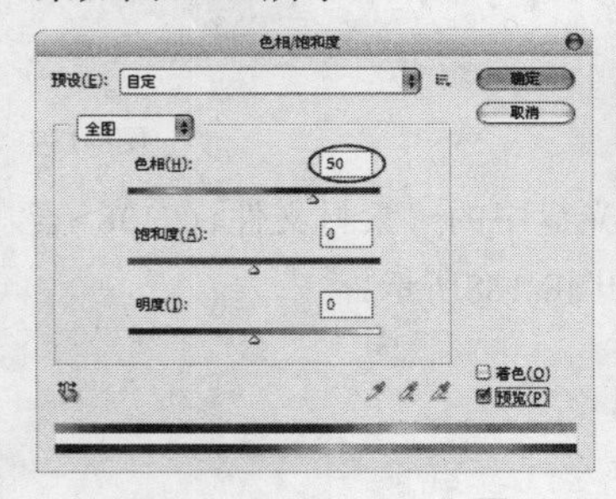

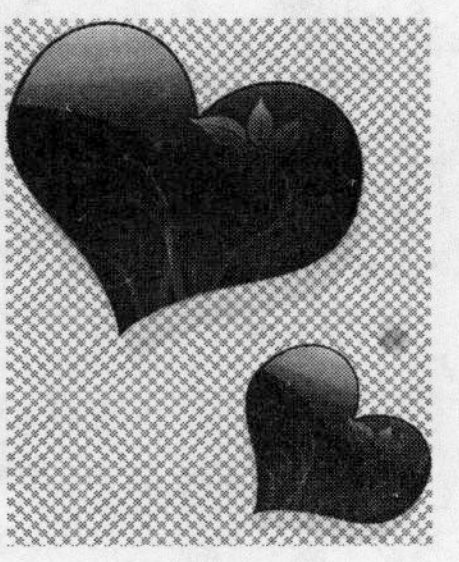

图8-192　图8-193

05 单击文档右上角的“关闭”按钮关闭文件，然后在弹出的提示对话框中单击“是”按钮保存对智能对象所进行的修改，如图8-194所示，最终效果如图8-195所示。

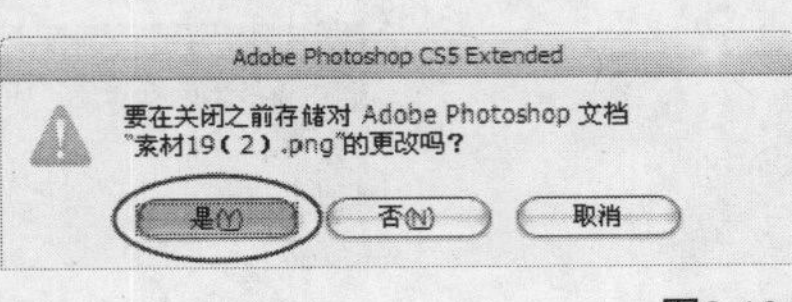

图8-194

图8-195

8.7.3 复制智能对象

在“图层”面板中选择智能对象图层，然后执行“图层>智能对象>通过拷贝新建智能对象”菜单命令，可以复制一个智能对象。当然也可以将智能对象拖曳到“图层”面板下面的“创建新图层”按钮上，或者直接按Ctrl+J组合键也行。

8.7.4 替换智能对象

创建智能对象以后，如果对其不满意，我们还可以将其替换成其他的智能对象。下面就以一个实例来讲解如何替换智能对象。

课堂案例

替换智能对象内容

案例位置	DVD>案例文件>CH08>课堂案例——替换智能对象内容.psd
视频位置	DVD>多媒体教学>CH08>课堂案例——替换智能对象内容.flv
难易指数	★★☆☆☆
学习目标	学习如何替换智能对象

替换智能对象内容的最终效果如图8-196所示。

图8-196

01 按Ctrl+N组合键新建一个大小为1605像素×951像素、“背景内容”为白色的文档，然后置入本书配套光盘中的“素材文件>CH08>素材11.jpg和素材12.png”文件，如图8-197所示。

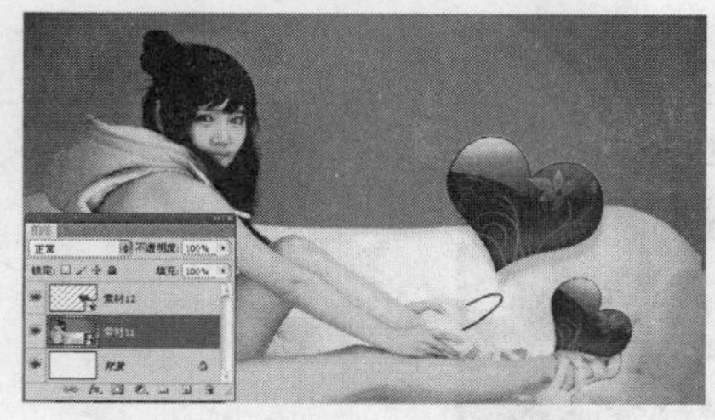

图8-197

02 选择“素材11.jpg”智能对象，然后执行“图层>智能对象>替换内容”菜单命令，打开“置入”对话框，选择本书配套光盘中的“素材文件>CH08>素材13.jpg”文件，此时“素材11”智能对象将被替换为“素材13.jpg”智能对象，但是图层名称不会改变，如图8-198所示，最终效果如图8-199所示。

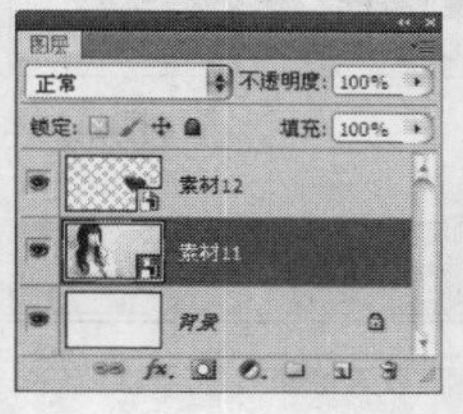

图8-198

图8-199

8.7.5 导出智能对象

在“图层”面板中选择智能对象，然后执行“图层>智能对象>导出内容”菜单命令，可以将智能对象以原始置入格式导出。如果智能对象是利用图层来创建的，那么导出时应以PSB格式导出。

8.7.6 将智能对象转换为普通图层

如果要将智能对象转换为普通图层，可以执行“图层>智能对象>栅格化”菜单命令，转换为普通图层以后，原始图层缩览图上的智能对象标志也会消失，如图8-200和图8-201所示。

图8-200

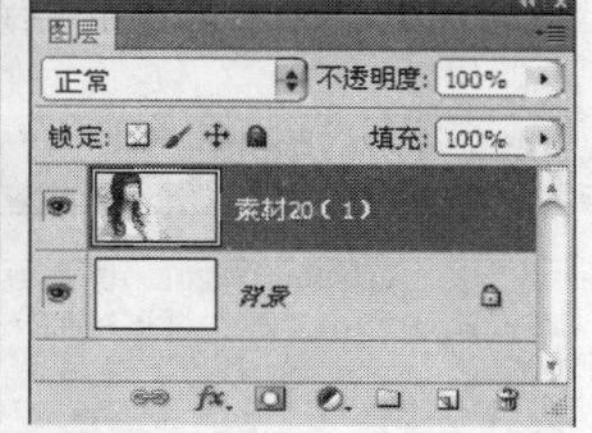

图8-201

8.7.7 为智能对象添加智能滤镜

应用于智能对象的任何滤镜都是智能滤镜，智能滤镜属于“非破坏性滤镜”。由于智能滤镜的参数是可以调整的，因此可以调整智能滤镜的作用范围，或将其进行移除、隐藏等操作，如图8-202所示。智能滤镜的更多知识将在后面的章节中进行详细讲解。

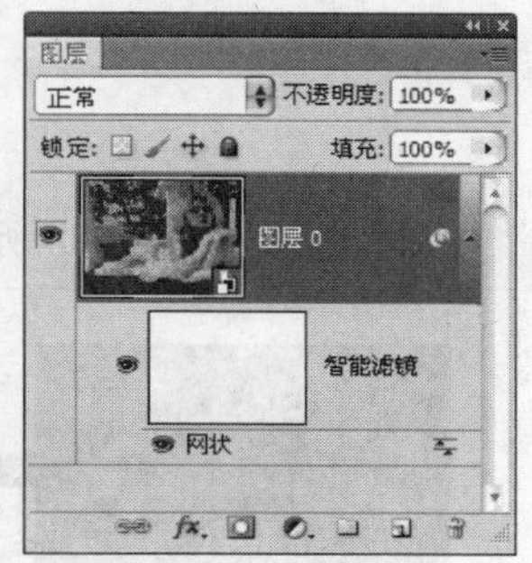

图8-202

技巧与提示

除了“抽出”滤镜、“液化”滤镜和“镜头模糊”滤镜以外，其他滤镜都可以作为智能滤镜应用，当然也包含支持智能滤镜的外挂滤镜。另外，“图像>调整”菜单下的“应用/高光”和“变化”命令也可以作为智能滤镜来使用。

8.8 本章小结

本章主要讲解了图像的应用知识，在应用中，首先讲解了图层样式的管理、图层的混合模式，然后讲解了图层的操作，包括填充图层、调整图层，最后讲解了智能对象图层的相关操作。

通过本章的学习我们要重点掌握图层的基本操作及其各种模式。图层在图像处理中是极其重要的， 希望大家认真学习，以便在工作与学习中更方便快捷地进行图像处理。

8.9 课后习题

针对本章的知识，特意安排两个课后习题供大家练习。第1个课后习题主要练习使用“斜面和浮雕”样式，第2个课后习题主要练习使用混合模式为图像上色。

8.9.1 课后习题1——利用斜面和浮雕样式制作卡通按钮

习题位置	DVD>案例文件>CH08>课后习题1——利用斜面和浮雕样式制作卡通按钮.psd
视频位置	DVD>多媒体教学>CH08>课后习题1——利用斜面和浮雕样式制作卡通按钮.flv
难易指数	★★★☆☆
练习目标	练习如何使用“斜面和浮雕”样式制作浮雕按钮

利用斜面和浮雕样式制作卡通按钮的最终效果如图8-203所示。

图8-203

步骤分解如图8-204所示。

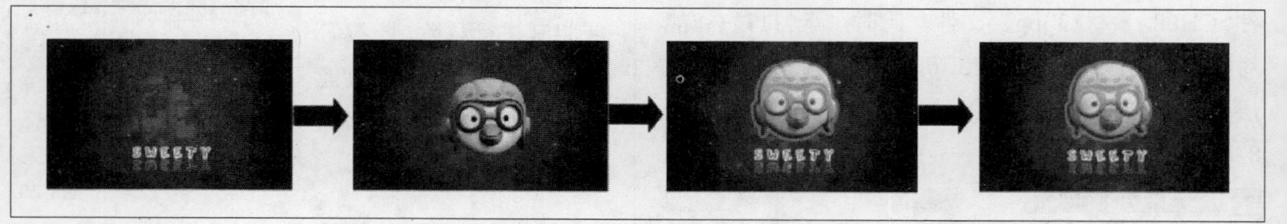

图8-204

8.9.2 课后习题2——用混合模式为人像上色

习题位置	DVD>案例文件>CH08>课后习题2——用混合模式为人像上色.psd
视频位置	DVD>多媒体教学>CH08>课后习题2——用混合模式为人像上色.flv
难易指数	★★★☆☆
练习目标	练习如何使用混合模式为图像上色

用混合模式为人像上色的最终效果如图8-205所示。

图8-205

步骤分解如图8-206所示。

图8-206

第9章

文字与蒙版

本章主要介绍了Photoshop中文字与蒙版的应用技巧。通过本章的学习要了解并掌握文字的功能与特点，快速地掌握点文字、段落文字的输入方法、变形文字的设置、路径文字的制作以及应用对图层操作制作多变图像效果的技巧。

课堂学习目标

了解文字的作用
掌握文字工具的使用方法
掌握文字特效制作方法及相关技巧
了解蒙版的特点及类型
掌握快速蒙版的使用方法
掌握剪贴蒙版的使用方法
掌握矢量蒙版的使用方法
掌握图层蒙版的工作原理
掌握如何用图层蒙版合成图像

9.1 创建文字的工具

Photoshop提供了4种创建文字的工具。“横排文字工具”T和“直排文字工具”IT主要用来创建点文字、段落文字和路径文字；“横排文字蒙版工具”和“直排文字蒙版工具”主要用来创建文字选区。

9.1.1 文字工具

Photoshop提供了两种输入文字的工具，分别是“横排文字工具”T和“直排文字工具”IT。“横排文字工具”T可以用来输入横向排列的文字；“直排文字工具”IT可以用来输入竖向排列的文字。

下面以“横排文字工具”T为例来讲解文字工具的参数选项。在“横排文字工具”T的选项栏中可以设置字体的系列、样式、大小、颜色和对齐方式等，如图9-1所示。

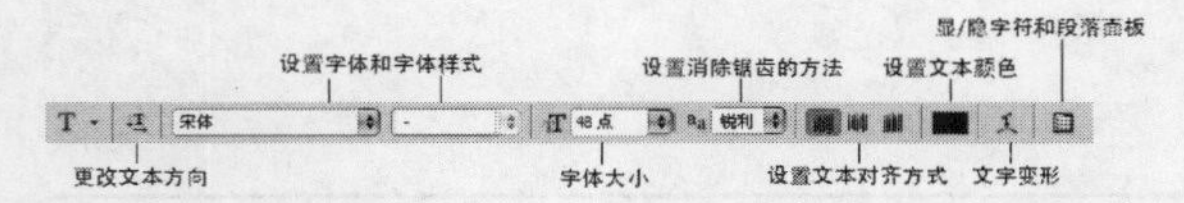

图9-1

1.更改文本方向

如果当前使用的是“横排文字工具”T输入的文字，如图9-2所示，选中文本以后，在选项栏中单击“切换文本取向”按钮，可以将横向排列的文字更改为直向排列的文字，如图9-3所示。

图9-2

图9-3

2.设置字体系列

在文档中输入文字以后，如果要更改字体的系列，可以在文档中选择文本，如图9-4所示，然后在选项栏中单击“设置字体系列”下拉列表，选择需要的字体即可，如图9-5和图9-6所示。

图9-4

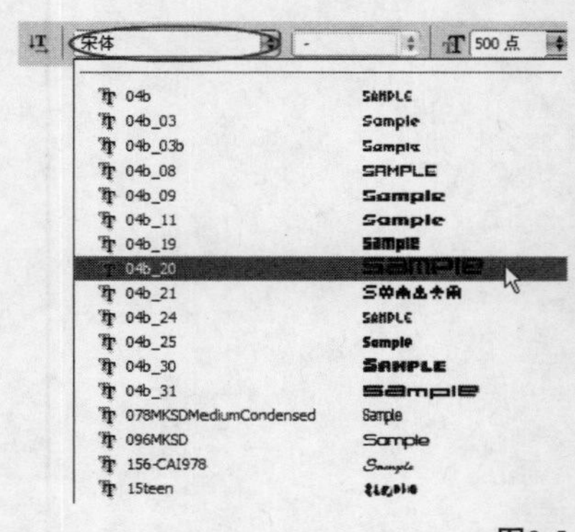

图9-5

图9-6

3.设置字体样式

输入好英文以后，可以在选项栏中设置字体的样式，包含Regular（规则）、Italic（斜体）、Bold（粗体）和Bold Italic（粗斜体），如图9-7所示。

图9-7

4.设置字体大小

输入文字以后，如果要更改字体的大小，可以直接在选项栏中输入数值，也可以在下拉列表中选择预设的字体大小，如图9-8所示。

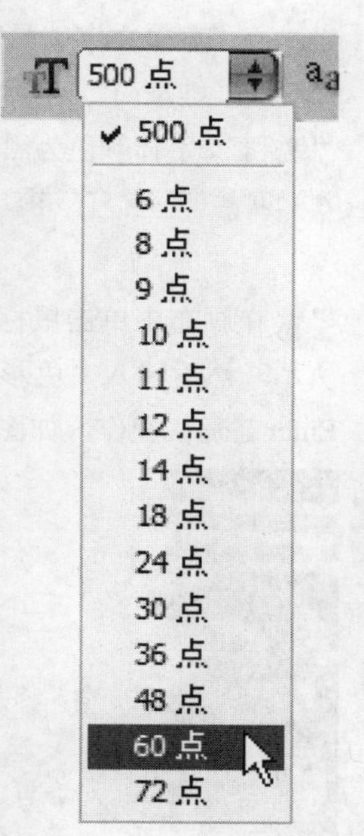

图9-8

5.消除锯齿

输入文字以后，可以在选项栏中为文字指定一种消除锯齿的方式。选择“无”方式时，Photoshop不会应用消除锯齿；选择“锐利”方式时，文字的边缘最为锐利；选择“犀利”方式时，文字的边缘就比较锐利；选择“浑厚”方式时，文字会变粗一些；选择“平滑”方式时，文字的边缘会非常平滑，如图9-9所示。

图9-9

6.文本对齐

在文字工具的选项栏中提供了3种设置文本段落对齐方式的按钮，分别为“左对齐文本”、“居中对齐文本”和“右对齐文本”。选择文本以后，单击所需要的对齐按钮，就可以使文本按指定的方式对齐。

知识点

如果当前使用的是“直排文字工具”，那么对齐按钮分别会变成“顶对齐文本”按钮、“居中对齐文本”按钮和“底对齐文本”按钮。

7.设置文本颜色

输入文本时，文本颜色默认为前景色。如果要修改文字颜色，可以先在文档中选择文本，然后在选项栏中单击颜色块，接着在弹出的“选择文本颜色”对话框中设置所需要的颜色，图9-10所示的是白色文字，图9-11所示是将白色字更改为洋红色后的效果。

图9-10

图9-11

9.1.2 文字蒙版工具

文字蒙版工具包含“横排文字蒙版工具”和“直排文字蒙版工具”两种。使用文字蒙版工具输入文字以后，文字将以选区的形式出现，如图9-12所示。在文字选区中，可以填充前景色、背景色以及渐变色等，如图9-13所示。

图9-12 图9-13

9.2 创建文字

在Photoshop中，可以创建点文字、段落文字、路径文字和变形文字等。下面我们就来学习这几种文字的创建方法。

9.2.1 点文字

点文字是一个水平或垂直的文本行，每行文字都是独立的，行的长度随着文字的输入而不断增加，但是不会换行，如图9-14所示。

图9-14

课堂案例

创建点文字

案例位置	DVD>案例文件>CH09>课堂案例——创建点文字.psd
视频位置	DVD>多媒体教学>CH09>课堂案例——创建点文字.flv
难易指数	★☆☆☆☆
学习目标	学习点文字的创建方法

创建点文字最终效果如图9-15所示。

图9-15

01 打开本书配套光盘中的“素材文件>CH09>素材01.jpg”文件，如图9-16所示。

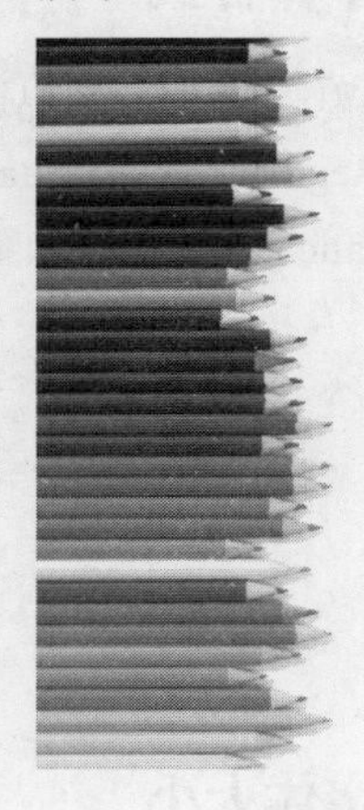

图9-16

02 在“直排文字工具” 的选项栏中设置字体为“汉仪娃娃篆简”、字体大小为32点、消除锯齿方式为“锐利”、字体颜色为黑色，如图9-17所示。

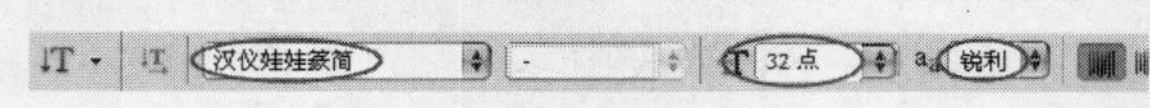

图9-17

03 在画布中单击鼠标左键设置插入点，如图9-18所示，然后输入“色彩斑斓”，接着按小键盘上的Enter键确认操作，如图9-19所示。

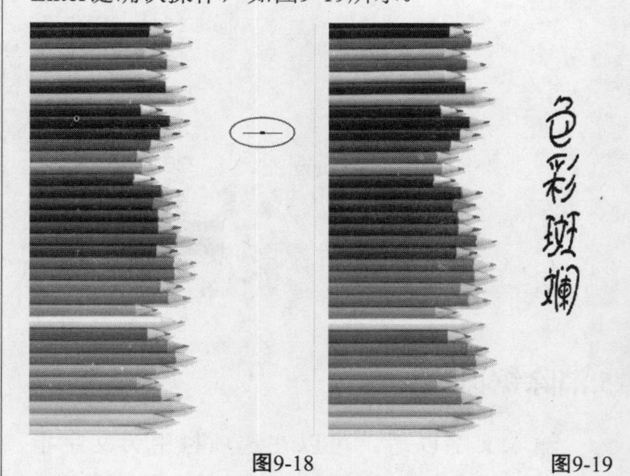

图9-18　　图9-19

知识点

如果要在输入文字时移动文字的位置，可以将光标放置在文字输入区域以外，拖曳鼠标左键即可移动文字。

04 执行“图层>图层样式>渐变叠加”菜单命令，然后在弹出的“图层样式”对话框中选择“蓝、红、黄渐变”，如图9-20所示，效果如图9-21所示。

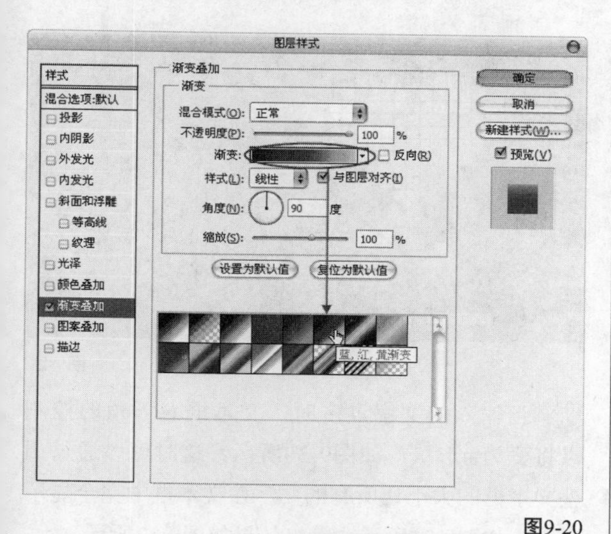

图9-20

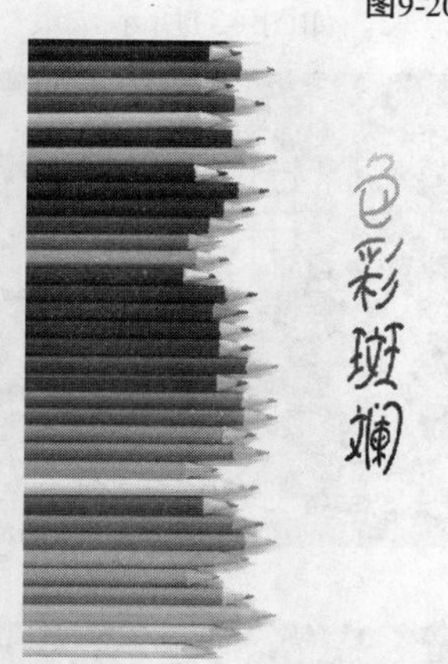

图9-21

05 在“图层样式”对话框左侧勾选“投影”样式，然后设置“不透明度”为80%、“角度”为30度、“距离”为2像素、“大小”为2像素，具体参数设置如图9-22所示，效果如图9-23所示。

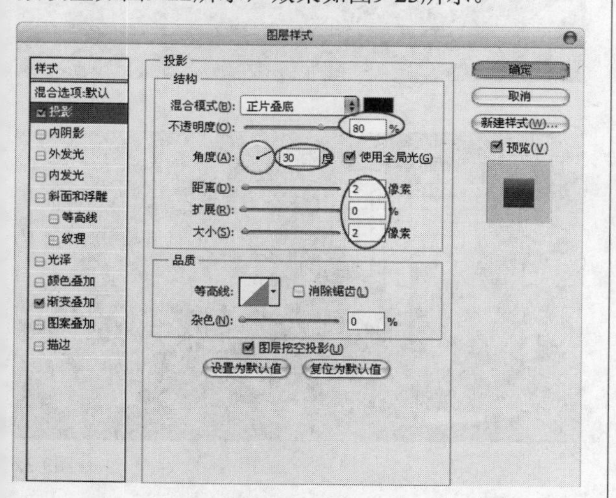

图9-22

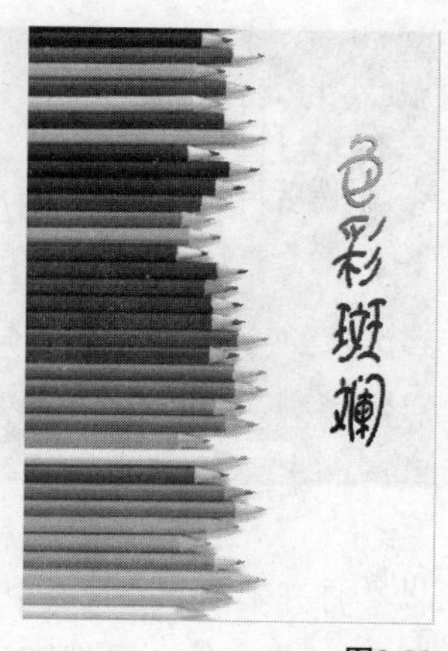

图9-23

06 使用“横排文字工具” T 在图像中输入pscs5，为其添加与步骤（5）相同的图层样式，最终效果如图9-24所示。

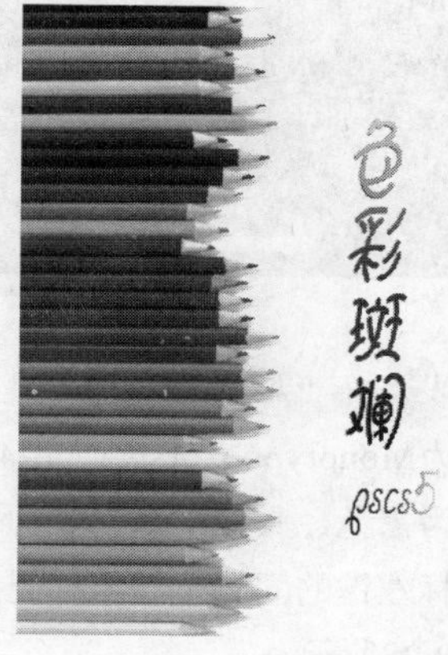

图9-24

9.2.2 段落文字

段落文字是在文本框内输入的文字，它具有自动换行、可调整文字区域大小等优势。段落文字主要用在大量的文本中，如海报、画册等。

课堂案例

创建段落文字

案例位置	DVD>案例文件>CH09>课堂案例——创建段落文字.psd
视频位置	DVD>多媒体教学>CH09>课堂案例——创建段落文字.flv
难易指数	★★☆☆☆
学习目标	学习段落文字的创建方法

创建段落文字最终效果如图9-25所示。

图9-25

01 打开本书配套光盘中的“素材文件>CH09>素材02.jpg”文件，如图9-26所示。

图9-26

02 在“横排文字工具”T的选项栏中设置字体为Monotype Corsiva、字体大小为36点、字体颜色为黑色，具体参数设置如图9-27所示，然后按住鼠标左键的同时在图像右侧拖曳出一个文本框，如图9-28所示。

图9-27

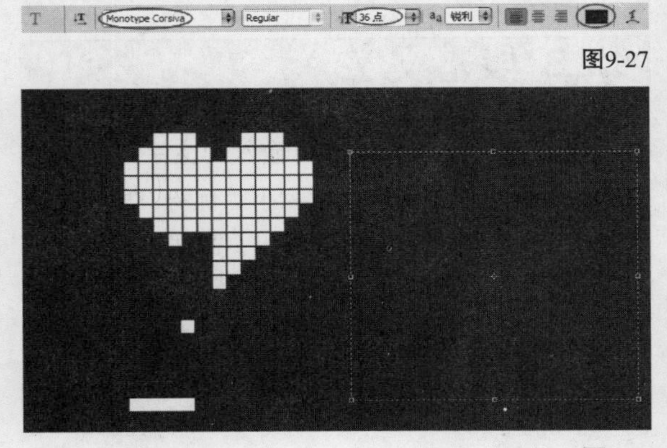

图9-28

03 在光标插入点处输入文字，当一行文字超出文本框的宽度时，文字会自动换行，输入完成以后按小键盘上的Enter键确认操作，如图9-29所示。

图9-29

04 当输入的文字过多时，文本框右下角的控制点将变为⊞形状，如图9-30所示，这时可以通过调整文本框的大小让所有的文字在文本框中完全显示出来，如图9-31所示，最终效果如图9-32所示。

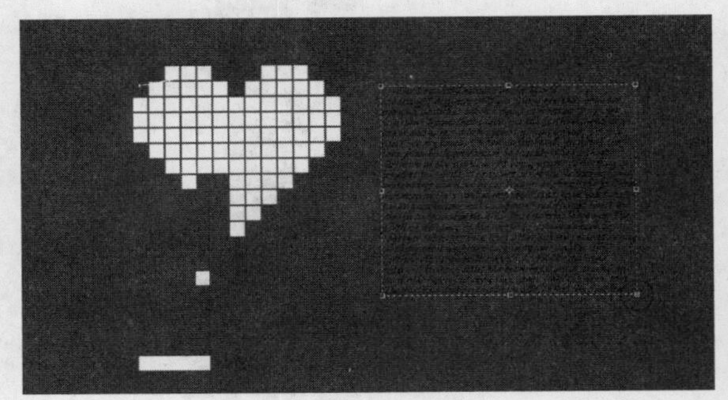

图9-30

图9-31

图9-32

9.2.3 路径文字

路径文字是指在路径上创建的文字，文字会沿着路径排列。改变路径形状时，文字的排列方式也会随之发生改变。

课堂案例

创建路径文字

案例位置	DVD>案例文件>CH09>课堂案例——创建路径文字.psd
视频位置	DVD>多媒体教学>CH09>课堂案例——创建路径文字.flv
难易指数	★★☆☆☆
学习目标	学习路径文字的创建方法

路径文字最终效果如图9-33所示。

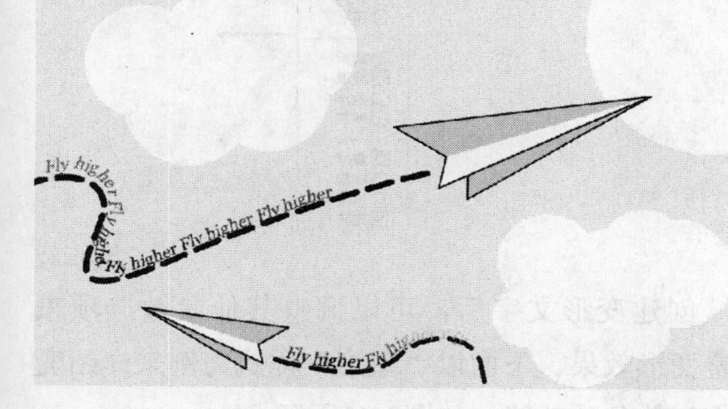

图9-33

01 打开本书配套光盘中的“素材文件>CH09>素材03.jpg”文件，如图9-34所示。

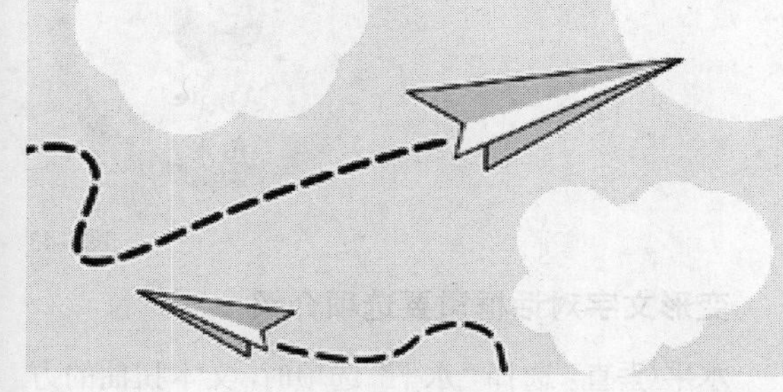

图9-34

02 使用“钢笔工具”沿着箭头的走向绘制一条如图9-35所示的路径。

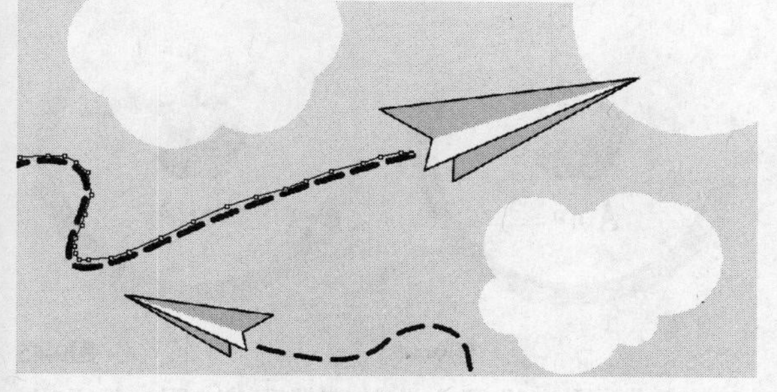

图9-35

技巧与提示

用于排列文字的路径可以是闭合式的，也可以是开放式的。

03 在“横排文字工具”的选项栏中单击“切换字符和段落面板”按钮，打开“字符”面板，然后设置字体为Georgia、字体大小为11点、行距为30点，接着设置字符样式为“仿斜体”，具体参数设置如图9-36所示。

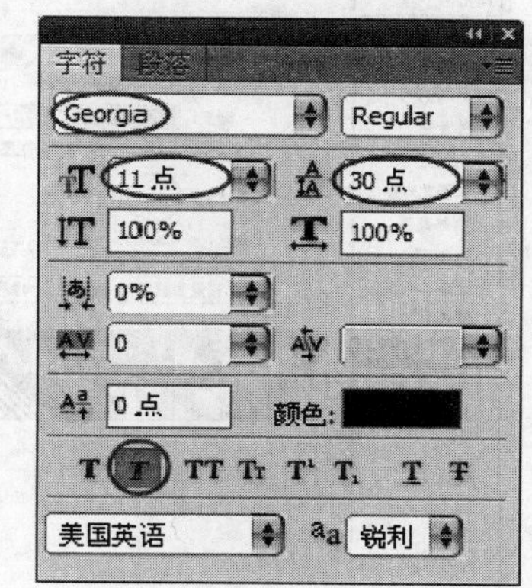

图9-36

04 将光标放置在路径的起始处，当光标变成形状时，单击设置文字插入点，如图9-37所示，接着在路径上输入Fly higher，此时可以发现文字会沿着路径排列，如图9-38所示。

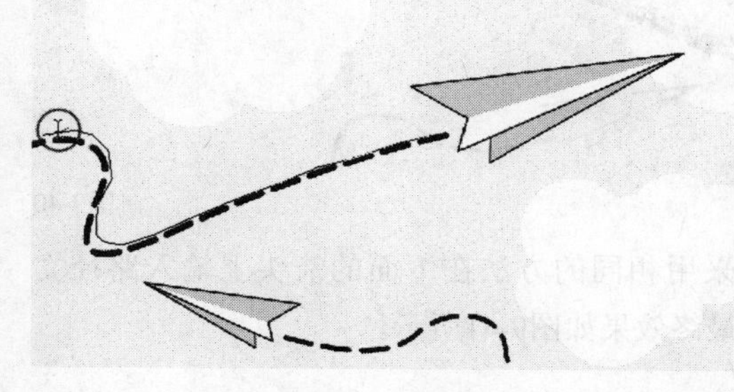

图9-37

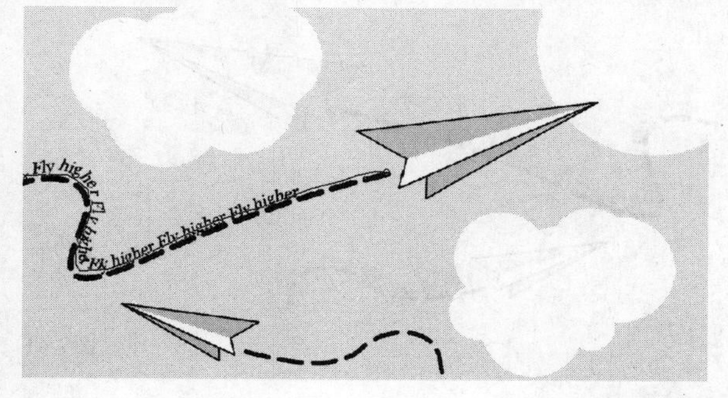

图9-38

技巧与提示

如果要取消选择的路径，可以在"路径"面板中的空白处单击鼠标左键。

05 执行"图层>图层样式>渐变叠加"菜单命令，在弹出的"图层样式"对话框中选择图9-39所示的渐变色，效果如图9-40所示。

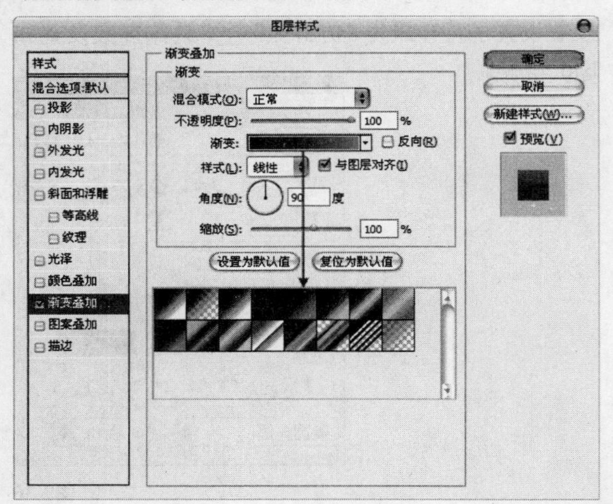

图9-39

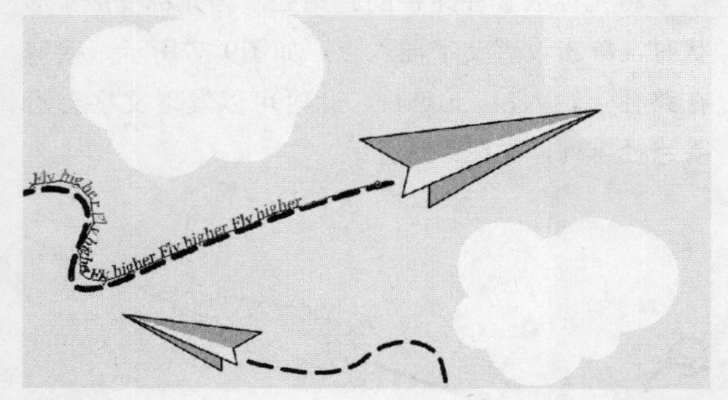

图9-40

06 采用相同的方法在下面的箭头上输入路径文字，最终效果如图9-41所示。

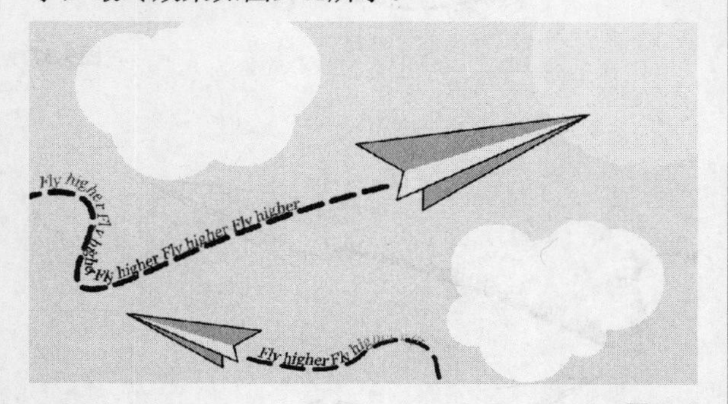

图9-41

9.2.4 变形文字

输入文字以后，在文字工具的选项栏中单击"创建文字变形"按钮，打开"变形文字"对话框，在该对话框中可以选择变形文字的方式，如图9-42所示。

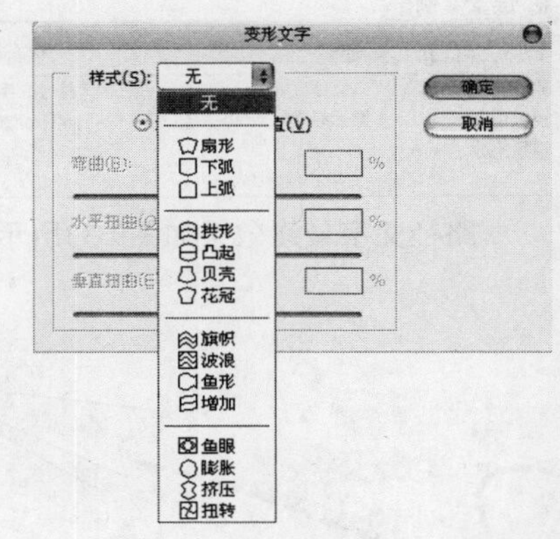

图9-42

创建变形文字后，可以调整其他参数选项来调整变形效果。下面以"鱼形"样式为例来介绍变形文字的各项功能，如图9-43所示。

图9-43

变形文字对话框重要选项介绍

水平/垂直：选择"水平"选项时，文本扭曲的方向为水平方向，如图9-44所示；选择"垂直"选项时，文本扭曲的方向为垂直方向，如图9-45所示。

图9-44　　图9-45

弯曲：用来设置文本的弯曲程度，图9-46和图

9-47所示的分别是“弯曲”为-50%和100%时的效果。

图9-46 图9-47

水平扭曲：设置水平方向的透视扭曲变形的程度，图9-48和图9-49所示的分别是“水平扭曲”为-66%和86%时的扭曲效果。

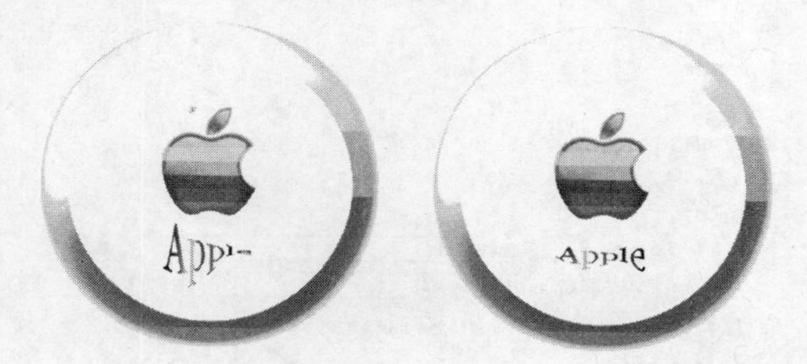

图9-48 图9-49

垂直扭曲：用来设置垂直方向的透视扭曲变形的程度，图9-50和图9-51所示的分别是“垂直扭曲”为-60%和60%时的扭曲效果。

图9-50 图9-51

课堂案例

制作扭曲文字

案例位置	DVD>案例文件>CH09>课堂案例——制作扭曲文字.psd
视频位置	DVD>多媒体教学>CH09>课堂案例——制作扭曲文字.flv
难易指数	★★★☆☆
学习目标	学习变形文字的创建方法

制作扭曲文字的最终效果如图9-52所示。

图9-52

01 打开本书配套光盘中的“素材文件>CH09>素材04.jpg”文件，如图9-53所示。

图9-53

02 在“横排文字工具”T的选项栏中单击“切换字符和段落面板”按钮，打开“字符”面板，然后设置字体为Myriad Pro、字体大小为16点、字距为300点、颜色为白色，具体参数设置如图9-54所示，接着在告示牌上输入英文HELLO SUMMER，如图9-55所示。

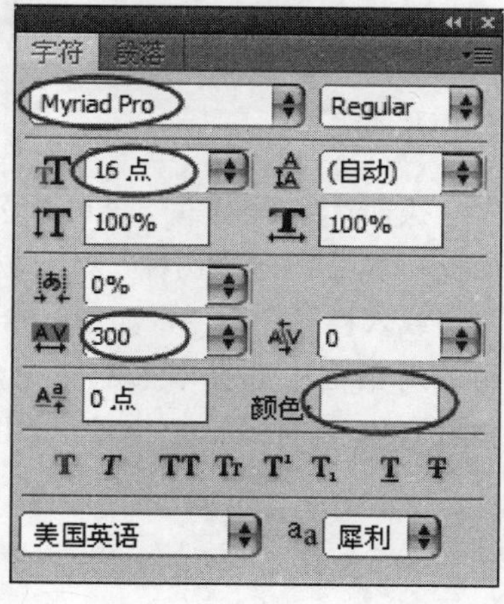

图9-54

图9-55

03 在选项栏中单击“创建文字变形”按钮，打开“变形文字”对话框，然后设置“样式”为“花冠”、“水平扭曲”为3%、“垂直扭曲”为7%，如图9-56所示，效果如图9-57所示。

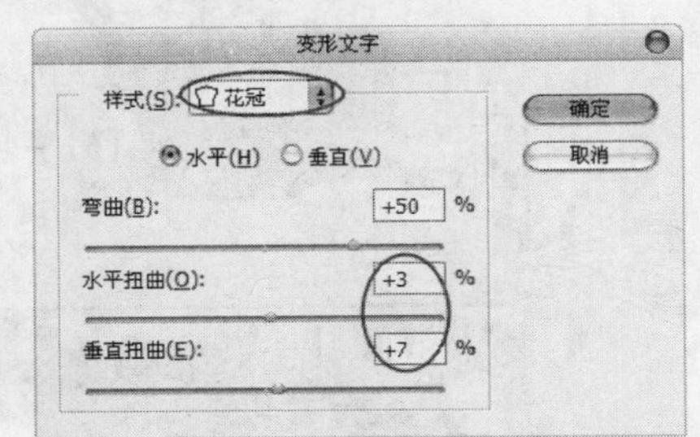

图9-56

图9-57

04 执行“窗口>样式”菜单命令，打开“样式”面板，然后单击图标，接着在弹出的菜单中选择“载入样式”命令，如图9-58所示，最后在弹出的对话框中选择本书配套光盘中的“素材文件>CH09>素材05.asl”文件，如图9-59所示。

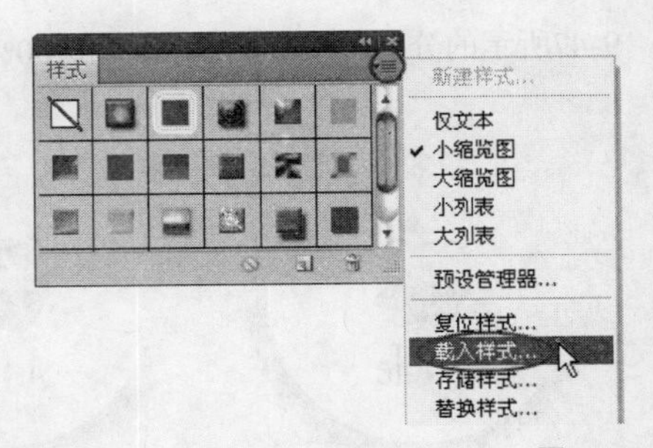

图9-58

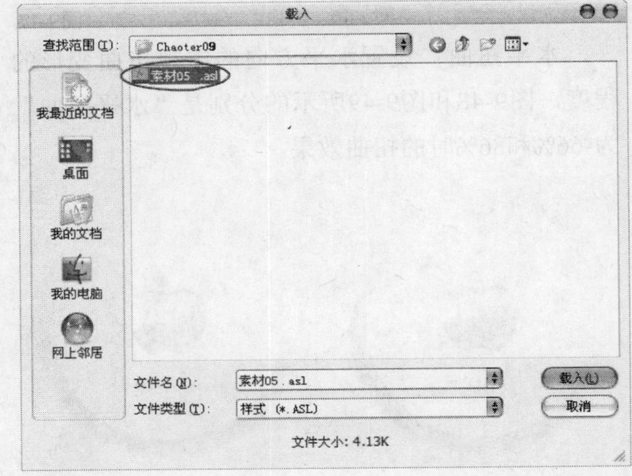

图9-59

05 选择文字图层，然后在“样式”面板中单击上一步载入的“水蓝”样式，如图9-60所示，最终效果如图9-61所示。

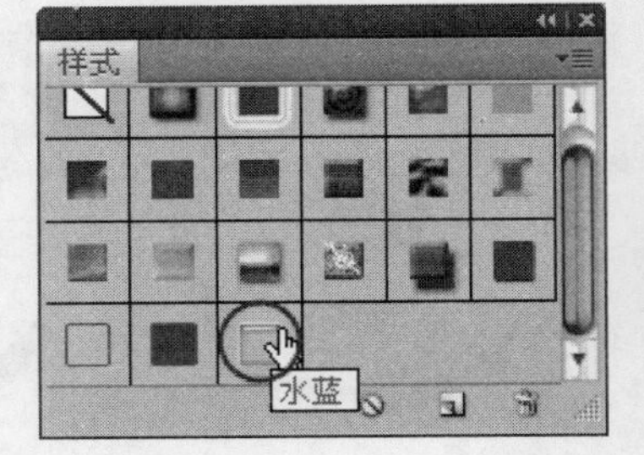

图9-60

图9-61

9.3 编辑文本

输入文字以后，我们可以对文字进行修改，比如修改文字的大小写、颜色、行距等。另外，还可以检查和更正拼写、查找和替换文本、更改文字的方向等。

9.3.1 修改文字属性

使用文字工具输入文字以后，在“图层”面板中双击文字图层，选择所有的文本，此时可以对文字的大小、大小写、行距、字距、水平/垂直缩放等进行设置。

9.3.2 查找和替换文本

执行“编辑>查找和替换文本”菜单命令，打开“查找和替换文本”对话框，在该对话框中可以查找和替换指定的文字，如图9-62所示。

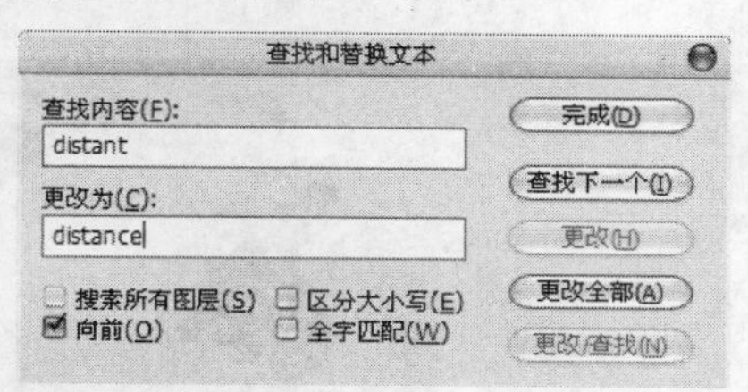

图9-62

9.3.3 更改文字方向

如果当前选择的文字是横排文字，如图9-63所示，执行“图层>文字>垂直”菜单命令，可以将其更改为直排文字，如图9-64所示。如果当前选择的文字是直排文字，执行“图层>文字>水平”菜单命令，可以将其更改为横排文字。

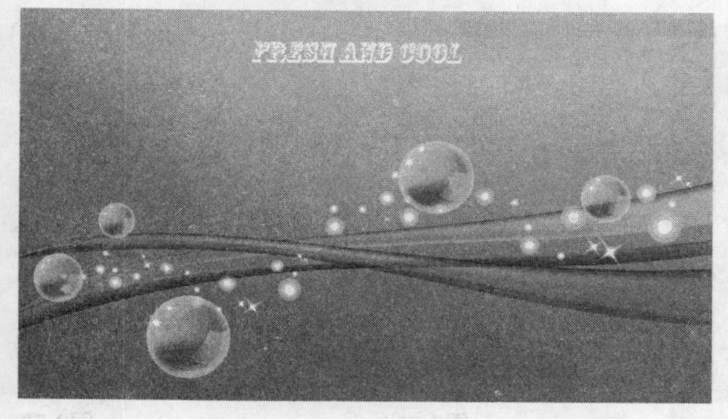

图9-63

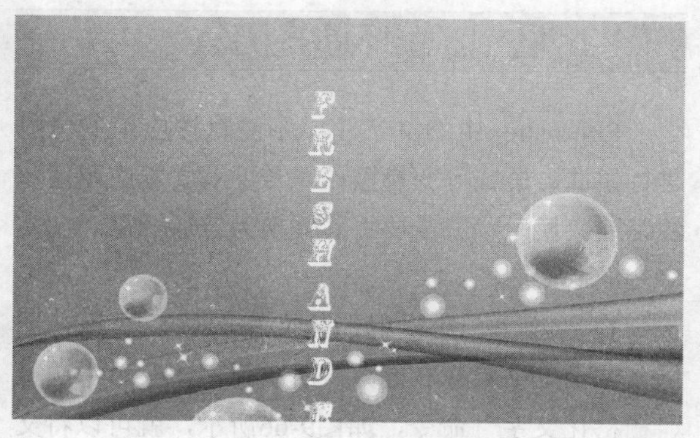

图9-64

9.3.4 换点文本和段落文本

如果当前选择的是点文本，执行“图层>文字>转换为段落文本”菜单命令，可以将点文本转换为段落文本；如果当前选择的是段落文本，执行“图层>文字>转换为点文本”菜单命令，可以将段落文本转换为点文本。

9.3.5 编辑段落文本

创建段落文本以后，可以根据实际需求来调整文本框的大小，文字会自动在调整后的文本框内重新排列。另外，通过文本框还可以旋转、缩放和斜切文字，如图9-65所示。

图9-65

9.4 转换文字图层

在Photoshop中输入文字后，Photoshop会自动生成与文字内容相同的文字图层。由于Photoshop对文字图层的编辑功能相对有限，因此在编辑和处理文字时，就需要将文字图层转换为普通图层，或将文字转换为形状、路径。

9.4.1 转化为普通图层

Photoshop中的文字图层不能直接应用滤镜或进行扭曲、透视等变换操作，若要对文本应用这些滤镜或变换时，就需要将其转换为普通图层，使文字变成像素图像。

在“图层”面板中选择文字图层，然后在图层名称上单击鼠标右键，接着在弹出的菜单中选择“栅格化文字”命令，如图9-66所示，就可以将文字图层转换为普通图层，如图9-67所示。

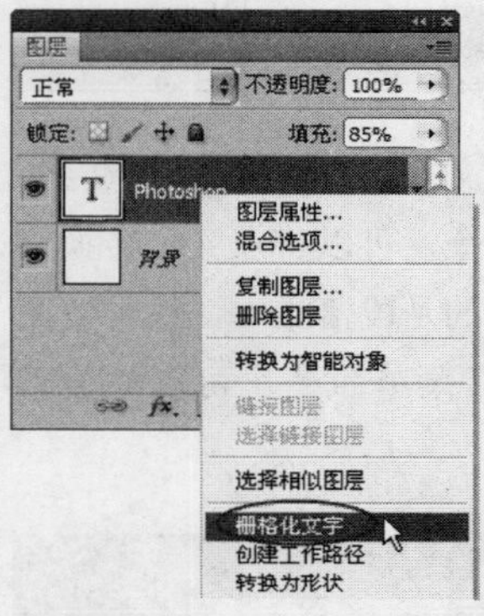

图9-66

图9-67

9.4.2 转化为形状

选择文字图层，然后在图层名称上单击鼠标右键，接着在弹出的菜单中选择“转换为形状”命令，如图9-68所示，可以将文字转换为带有矢量蒙版的形状图层，如图9-69所示。执行“转换为形状”命令以后，不会保留文字图层。

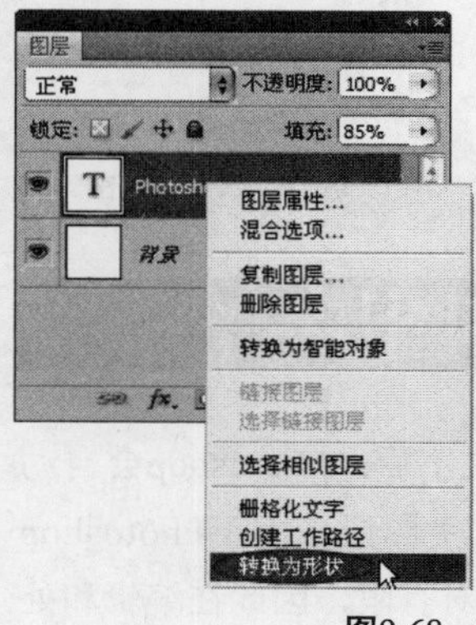

图9-68

图9-69

课堂案例

利用文字形状制作艺术字

案例位置	DVD>案例文件>CH09>课堂案例——利用文字形状制作艺术字.psd
视频位置	DVD>多媒体教学>CH09>课堂案例——利用文字形状制作艺术字.flv
难易指数	★★★☆☆
学习目标	学习如何将文字转换为形状

利用文字形状制作艺术字的最终效果如图9-70所示。

图9-70

01 打开本书配套光盘中的“素材文件>CH09>素材06.jpg”文件，如图9-71所示。

图9-71

02 在“横排文字工具”T的选项栏中单击“切换字符和段落面板”按钮，打开“字符”面板，然后设置字体为“黑体”、字体大小为300点、字距为-180点、颜色为（R:140，G:211，B:29），接着设置字符样式为“仿斜体”T，具体参数设置如图9-72所示，最后在操作界面中输入“公主”两个字，如图9-73所示。

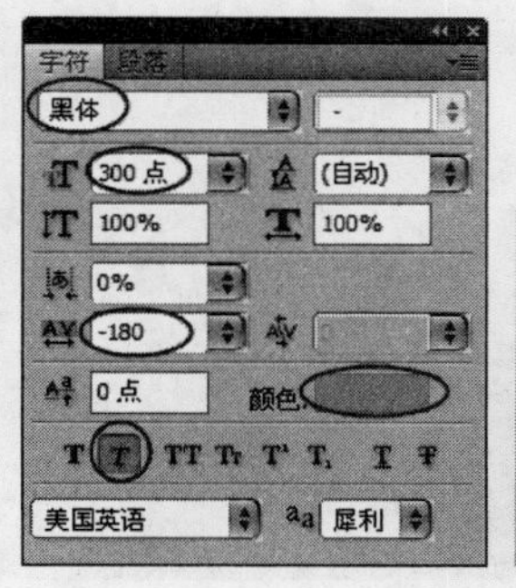

图9-72

图9-73

03 执行“图层>文字>转换为形状”菜单命令，将文字图层转换为形状，如图9-74所示。

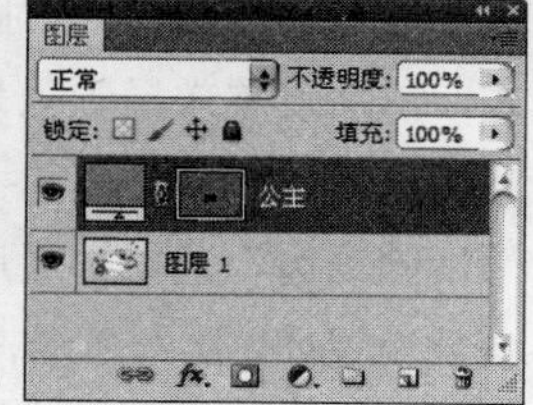

图9-74

04 在“工具箱”中单击“直接选择工具”按钮，然后选择“公”字的路径，如图9-75所示，接着调整各锚点，将“公”字调整成图9-76所示的形状。

图9-75

图9-76

05 采用相同的方法使用“直接选择工具”将“主”字调整成图9-77所示的形状。

图9-77

06 使用“钢笔工具”（需要在选项栏中单击“形状图层”按钮）绘制出文字两侧的装饰花纹，如图9-78所示。

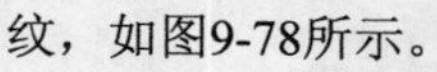

图9-78

07 执行“图层>图层样式>投影”菜单命令，打开“图层样式”对话框，然后设置阴影颜色（R:13，G:76，B:0），如图9-79所示，效果如图9-80所示。

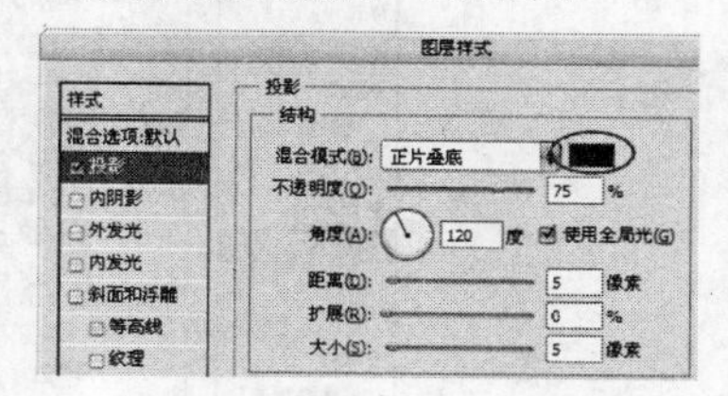

图9-79

图9-80

08 在“图层样式”对话框左侧勾选“内发光”样式，然后设置“不透明度”为100%、发光颜色为R:92、G:151、B:15，接着设置“阻塞”为14%、“大小”为16像素，具体参数设置如图9-81所示，效果如图9-82所示。

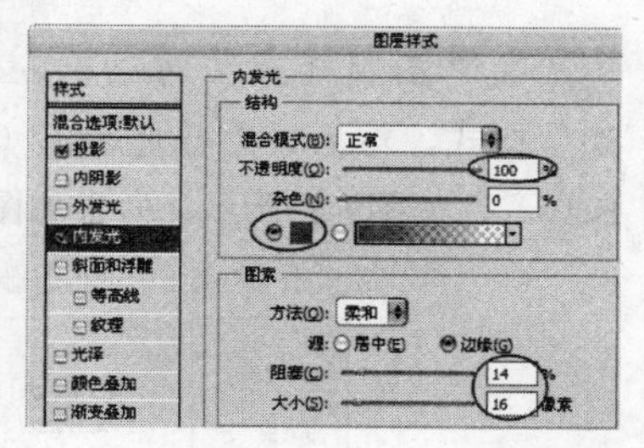

图9-81

图9-82

09 在“图层样式”对话框左侧勾选“斜面和浮雕”样式，然后设置“深度”为300%、“大小”为10像素、“软化”为2像素，接着设置高光的“不透明度”为100%，最后设置“阴影模式”为

"颜色减淡"、"不透明度"为40%，具体参数设置如图9-83所示，效果如图9-84所示。

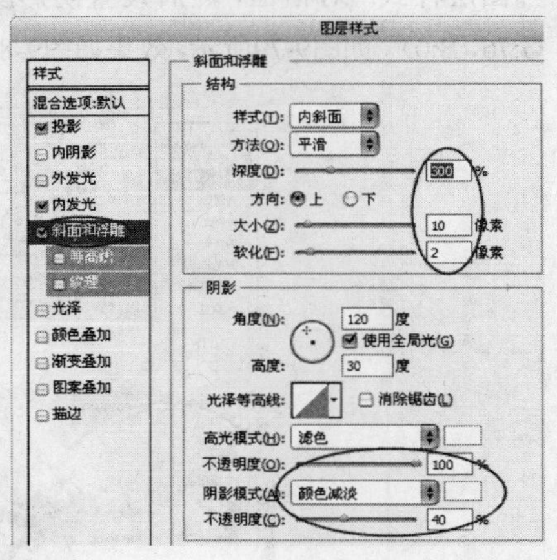

图9-83

图9-84

(10) 在"图层样式"对话框左侧勾选"颜色叠加"样式，然后设置叠加颜色（R:170，G:255，B:10），如图9-85所示，效果如图9-86所示。

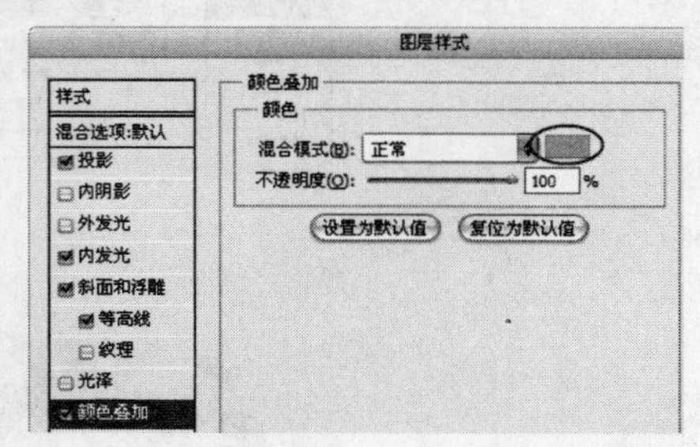

图9-85

图9-86

(11) 在"图层样式"对话框左侧勾选"光泽"样式，然后设置效果颜色为R:12，G:169，B:0，"不透明度"为45%、"距离"为19像素，接着勾选"消除锯齿"选项，最后关闭"反相"选项，具体参数设置如图9-87所示，效果如图9-88所示。

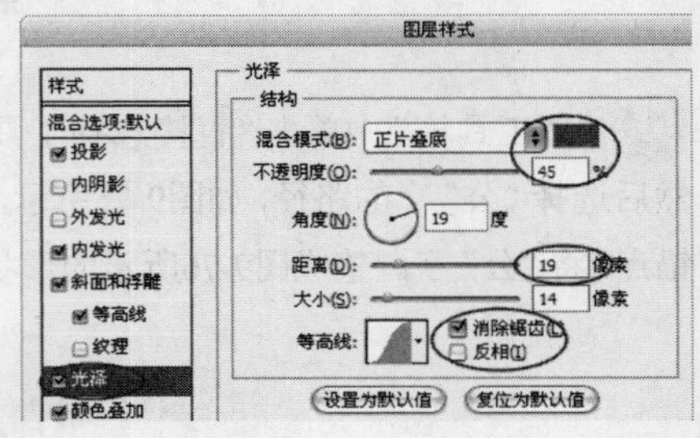

图9-87

图9-88

(12) 在"图层样式"对话框左侧勾选"描边"样式，然后设置"大小"为18像素，接着设置"颜色"为白色，如图9-89所示，最终效果如图9-90所示。

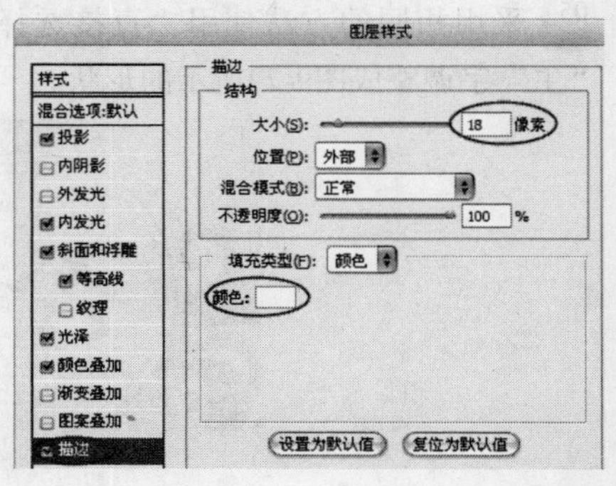

图9-89

图9-90

9.4.3 将文字创建为工作路径

在“图层”面板中选择一个文字图层，如图9-91所示，然后执行“图层>文字>创建工作路径”菜单命令，可以将文字的轮廓转换为工作路径，如图9-92所示。

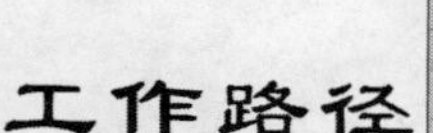

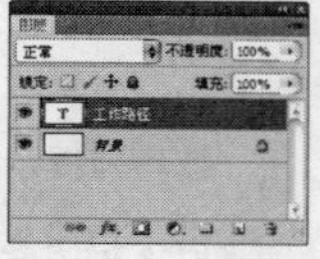

图9-91

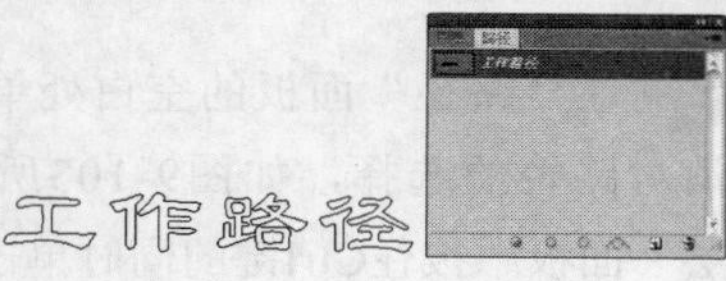

图9-92

课堂案例

利用文字路径制作斑点字

案例位置	DVD>案例文件>CH09>课堂案例——利用文字路径制作斑点字.psd
视频位置	DVD>多媒体教学>CH09>课堂案例——利用文字路径制作斑点字.flv
难易指数	★★★☆☆
学习目标	学习如何将文字转换为工作路径

利用文字路径制作斑点字的最终效果如图9-93所示。

图9-93

01 打开本书配套光盘中的“素材文件>CH09>素材07.jpg”文件，如图9-94所示。

图9-94

02 在“横排文字工具”T的选项栏中单击“切换字符和段落面板”按钮，打开“字符”面板，然后设置字体为“汉仪综艺体繁”、字体大小为58点、行距为14.4点（颜色可以随意设置），具体参数设置如图9-95所示，接着在操作区域中输入BEATLES，如图9-96所示。

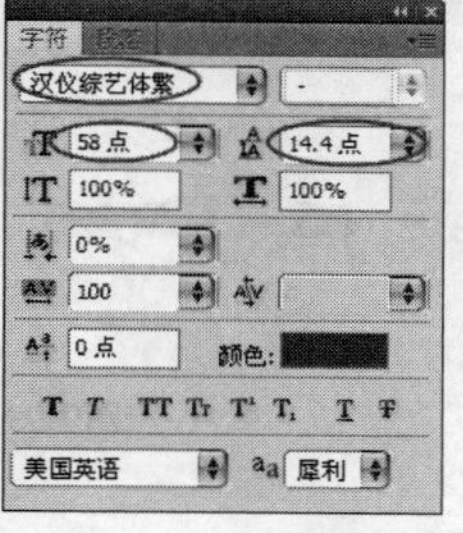

图9-95

图9-96

03 执行“图层>图层样式>渐变叠加”菜单命令，打开“图层样式”对话框，然后设置“不透明度”为100%，接着选择一种橙黄色预设渐变，如图9-97所示，效果如图9-98所示。

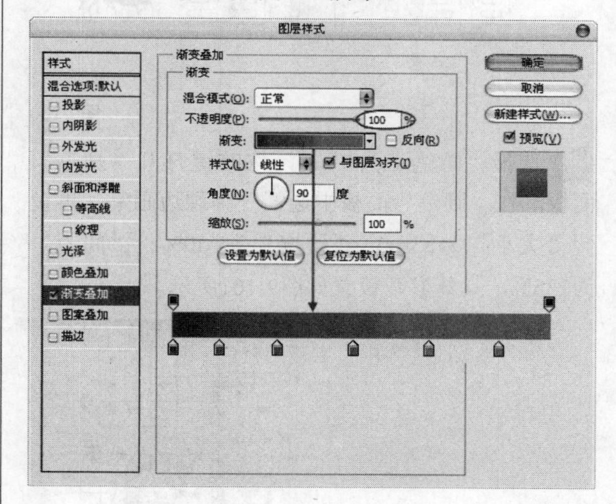

图9-97

图9-98

04 在文字图层的名称上单击鼠标右键，然后在弹出的菜单中选择“创建工作路径”命令，如图9-99所示，路径效果如图9-100所示。

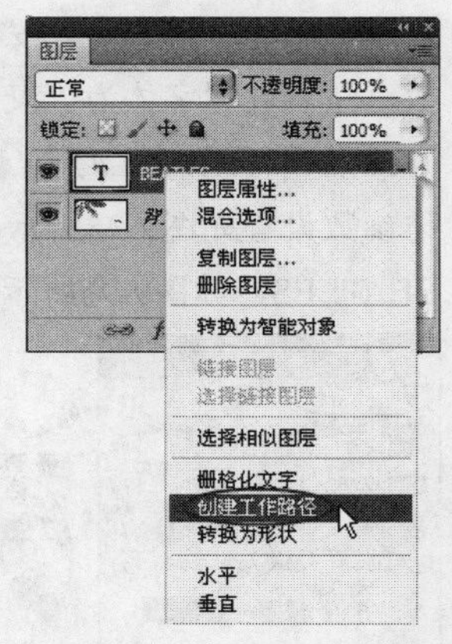

图9-99

图9-100

05 选择“画笔工具”，按F5键打开“画笔”面板，在“画笔”面板中选择一种硬边画笔，再设置“大小”为25px、“硬度”为100%、“间距”为135%，具体参数设置如图9-101所示。

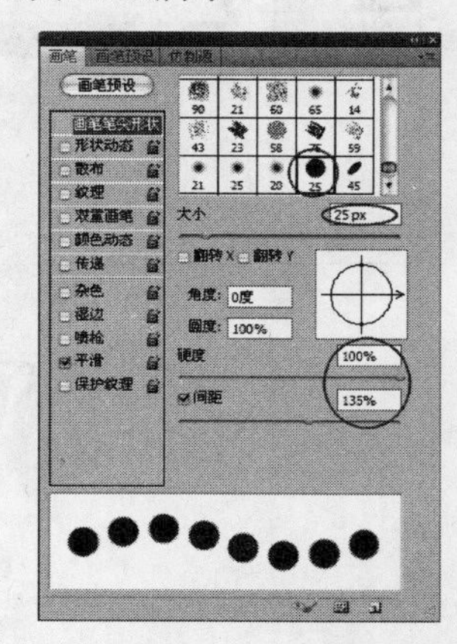

图9-101

06 设置前景色（R:66，G:46，B:33），新建一个名称为“斑点”的图层，接着按Enter键为路径进行描边，效果如图9-102所示。

图9-102

技巧与提示

由于边缘处的斑点超出了文字的范围，所以下面还需要对斑点进行处理。

07 在“路径”面板的空白处单击鼠标左键，取消对路径的选择，如图9-103所示，然后在“图层”面板中按住Ctrl键的同时单击文字图层的缩略图，载入其选区，如图9-104所示。

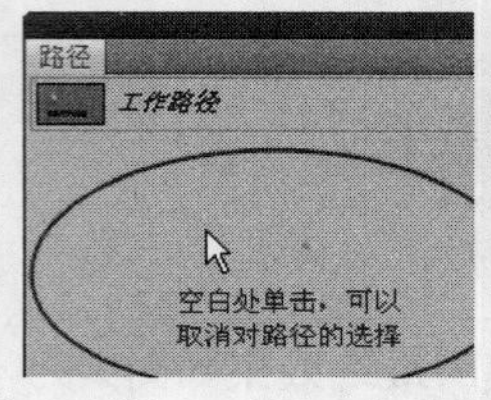

图9-103

图9-104

08 选择“斑点”图层，然后在“图层”面板下单击“添加图层蒙版”按钮，为斑点添加一个选区蒙版，如图9-105所示，效果如图9-106所示。

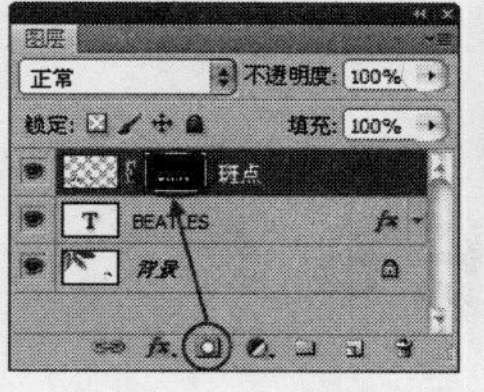

图9-105

图9-106

知识点

在保持选区的状态下直接为图层添加图层蒙版时，会自动保留选区内部的图像，而隐藏掉选区外部的图像。在图层蒙版中，白色区域代表显示出来的区域，黑色区域则代表隐藏的区域。

09 新建一个名称为“高光”的图层，然后载入文字图层的选区，接着设置前景色为白色，最后按Alt+Delete组合键用白色填充选区，效果如图9-107所示。

图9-107

⑩ 使用“矩形选框工具”框选出下半部分区域，如图9-108所示，然后按Delete键将其删掉，接着设置“高光”图层的“不透明度”为40%，如图9-109所示。

图9-108

BEATLES

图9-109

⑪ 暂时隐藏“背景”图层，然后在最上层新建一个名称为“倒影”的图层，如图9-110所示，接着按Ctrl+Alt+Shift+E组合键将可见图层盖印到“倒影”图层中，最后将其放置在“背景”图层之上，并显示出“背景”图层，如图9-111所示。

图9-110

图9-111

技巧与提示

“盖印”图层就是将“图层”面板中的可见图层复制到一个新的图层中。新图层下面必须有可见图层才能实现操作。

⑫ 按Ctrl+T组合键进入自由变换状态，然后将中心点拖曳到图9-112所示的位置，接着单击鼠标右键，并在弹出的菜单中选择“垂直翻转”命令，效果如图9-113所示。

图9-112

图9-113

⑬ 在“图层”面板下单击“添加图层蒙版”按钮，为“倒影”图层添加一个图层蒙版，然后按住Shift键的同时使用黑色“画笔工具”（选择一个柔边画笔，并适当降低“不透明度”）在蒙版中从左向右绘制蒙版，如图9-114所示，接着设置“倒影”图层的“不透明度”为40%，最终效果如图9-115所示。

图9-114

图9-115

9.5 字符/段落面板

在文字工具的选项栏中，只提供了很少的参数选项。如果要对文本进行更多的设置，就需要使用到“字符”面板和“段落”面板。

9.5.1 字符面板

"字符"面板中提供了比文字工具选项栏更多的调整选项，如图9-116所示。在"字符"面板中，字体系列、字体样式、字体大小、文字颜色和消除锯齿等都与工具选项栏中的选项相对应。

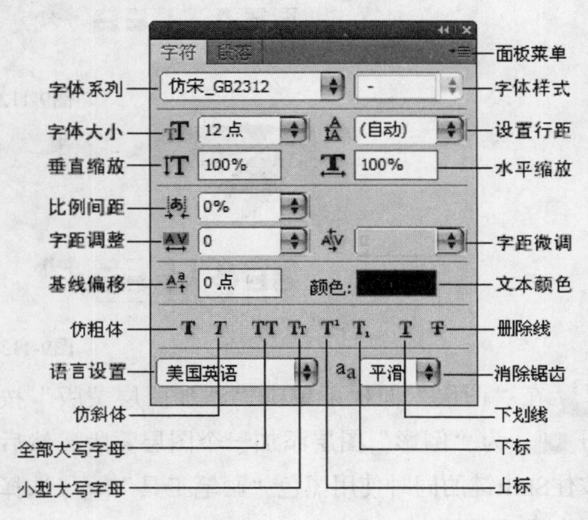

图9-116

字符面板重要选项与参数介绍

设置行距：行距就是上一行文字基线与下一行文字基线之间的距离。选择需要调整的文字图层，然后在"设置行距"数值框中输入行距数值或在其下拉列表中选择预设的行距值，接着按Enter键即可。

垂直缩放/水平缩放：用于设置文字的垂直或水平缩放比例，以调整文字的高度或宽度。

比例间距：比例间距是按指定的百分比来减少字符周围的空间。因此，字符本身并不会被伸展或挤压，而是字符之间的间距被伸展或挤压了。

字距调整：字距用于设置文字的字符间距。输入正值时，字距会扩大；输入负值时，字距会缩小。

字距微调：用于微调两个字符之间的字距。在设置时先要将光标插入到需要进行字距微调的两个字符之间，然后在数值框中输入所需的字距微调数量。输入正值时，字距会扩大；输入负值时，字距会缩小。

基线偏移：基线偏移用来设置文字与文字基线之间的距离。输入正值时，文字会上移；输入负值时，文字会下移。

字体样式：设置文字的效果，共有仿粗体、仿斜体、全部大写字母、小型大写字母、上标、下标、下划线和删除线8种。

语言设置：用于设置文本连字符和拼写的语言类型。

9.5.2 段落面板

"段落"面板提供了用于设置段落编排格式的所有选项。通过"段落"调板，可以设置段落文本的对齐方式和缩进量等参数，如图9-117所示。

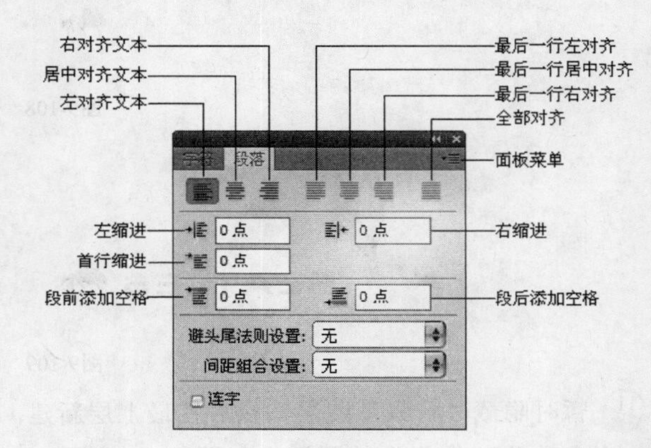

图9-117

段落面板重要工具与参数介绍

左对齐文本：文字左对齐，段落右端参差不齐。

居中对齐文本：文字居中对齐，段落两端参差不齐。

右对齐文本：文字右对齐，段落左端参差不齐。

最后一行左对齐：最后一行左对齐，其他行左右两端强制对齐。

最后一行居中对齐：最后一行居中对齐，其他行左右两端强制对齐。

最后一行右对齐：最后一行右对齐，其他行左右两端强制对齐。

全部对齐：在字符间添加额外的间距，使文本左右两端强制对齐。

左缩进：用于设置段落文本向右（横排文

字）或向下（直排文字）的缩进量。

右缩进：用于设置段落文本向右（横排文字）或向上（直排文字）的缩进量。

首行缩进：用于设置段落文本中每个段落的第1行向右（横排文字）或第1列文字向下（直排文字）的缩进量。

段前添加空格：设置光标所在段落与前一个段落之间的间隔距离。

段后添加空格：设置当前段落与另外一个段落之间的间隔距离。

避头尾法则设置：不能出现在一行的开头或结尾的字符称为避头尾字符，Photoshop提供了基于标准JIS的宽松和严格的避头尾集，宽松的避头尾设置忽略长元音字符和小平假名字符。选择"JIS宽松"或"JIS严格"选项时，可以防止在一行的开头或结尾出现不能使用的字母。

间距组合设置：间距组合是为日语字符、罗马字符、标点和特殊字符在行开头、行结尾和数字的间距指定日语文本编排。选择"间距组合1"选项，可以对标点使用半角间距；选择"间距组合2"选项，可以对行中除最后一个字符外的大多数字符使用全角间距；选择"间距组合3"选项，可以对行中的大多数字符和最后一个字符使用全角间距；选择"间距组合4"选项，可以对所有字符使用全角间距。

连字：勾选"连字"选项以后，在输入英文单词时，如果段落文本框的宽度不够，英文单词将自动换行，并在单词之间用连字符连接起来。

9.6 认识蒙版

蒙版原本是摄影术语，指的是用于控制照片不同区域曝光的传统暗房技术。而在Photoshop中处理图像时，我们常常需要隐藏一部分图像，使它们不显示出来，蒙版就是这样一种可以隐藏图像的工具。蒙版是一种灰度图像，其作用就像一张布，可以遮盖住处理区域中的一部分或全部，当我们对处理区域内进行模糊、上色等操作时，被蒙版遮盖起来的部分就不会受到影响。

在Photoshop中，蒙版分为快速蒙版、剪贴蒙版、矢量蒙版和图层蒙版，这些蒙版都具有各自的功能，在下面的内容中将对这些蒙版进行详细讲解。

技巧与提示
使用蒙版编辑图像，可以避免因为使用橡皮擦或剪切、删除等造成的失误操作。另外，还可以对蒙版应用一些滤镜，以得到一些意想不到的特效。

9.7 蒙版面板

执行"窗口/蒙版"菜单命令，打开"蒙版"面板，如图9-118所示，其面板菜单如图9-119所示。在"蒙版"面板中，可以对所选图层的图层蒙版以及矢量蒙版的不透明度和羽化进行调整。

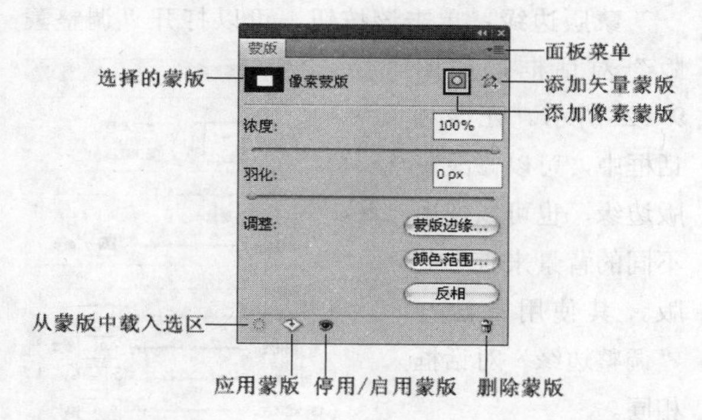

图9-118

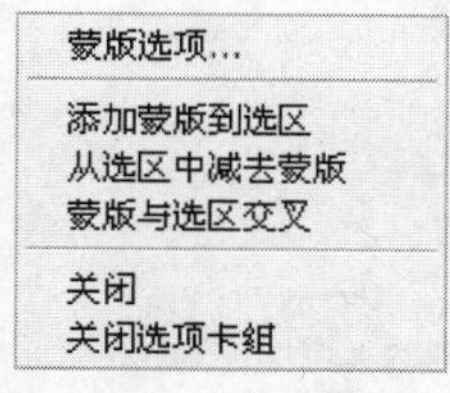

图9-119

蒙版面板重要按钮与参数介绍

选择的蒙版：显示在"图层"面板中选择的蒙版类型，如图9-120所示。

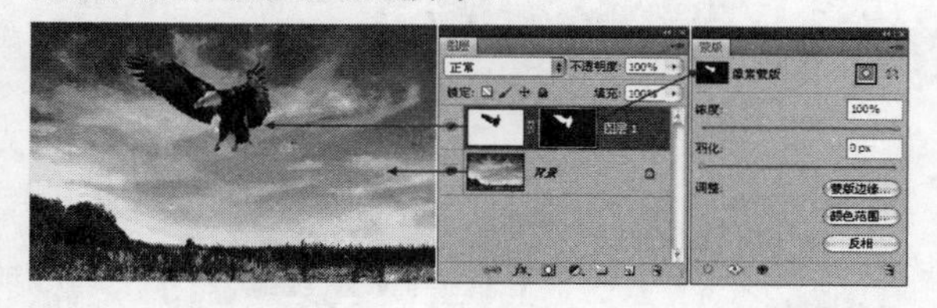

图9-120

添加像素蒙版/添加矢量蒙版：单击"添

加像素蒙版”按钮，可以为当前图层添加一个像素蒙版；单击“添加矢量蒙版”按钮，可以为当前图层添加一个矢量蒙版。

浓度：该选项类似于图层的“不透明度”，用来控制蒙版的不透明度，也就是蒙版遮盖图像的强度。

羽化：用来控制蒙版边缘的柔化程度。数值越大，蒙版边缘越柔和，如图9-121所示；数值越小，蒙版边缘越生硬，如图9-122所示。

图9-121

图9-122

蒙版边缘：单击该按钮，可以打开“调整蒙版”对话框，如图9-123所示。在该对话框中，可以修改蒙版边缘，也可以使用不同的背景来查看蒙版，其使用方法与“调整边缘”对话框相同。

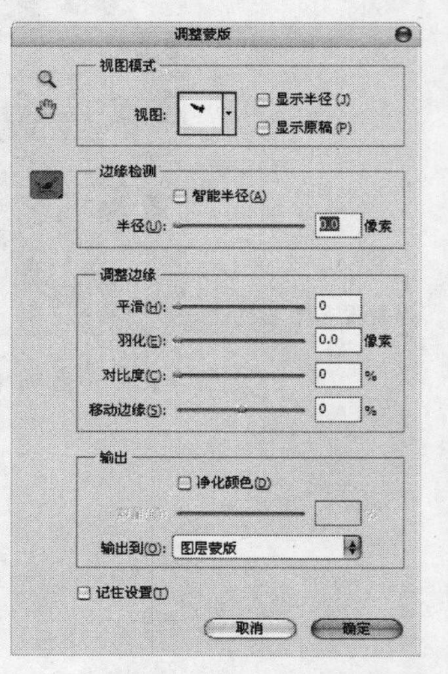

图9-123

颜色范围：单击该按钮，可以打开“色彩范围”对话框，如图9-124所示。在该对话框中可以通过修改“颜色容差”来修改蒙版的边缘范围。

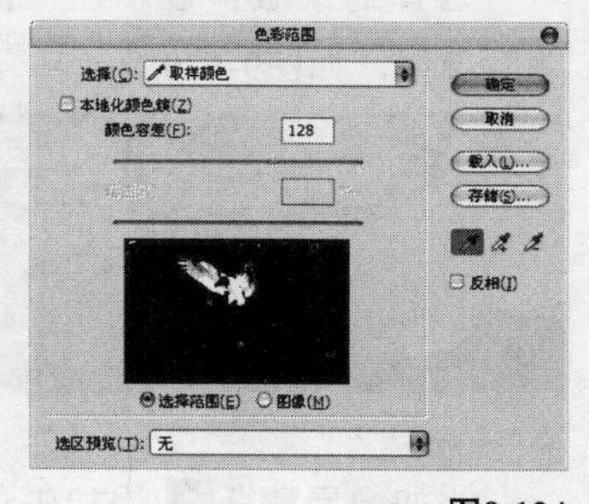

图9-124

反相：单击该按钮，可以反转蒙版的遮盖区域，即蒙版中黑色部分会变成白色，而白色部分会变成黑色，未遮盖的图像将被调整为负片，如图9-125所示。

图9-125

从蒙版中载入选区：单击该按钮，可以从蒙版中生成选区，如图9-126所示。另外，按住Ctrl键单击蒙版的缩览图，也可以载入蒙版的选区。

图9-126

应用蒙版：单击该按钮，可以将蒙版应用到图像中，同时删除被蒙版遮盖的区域，如图9-127所示。

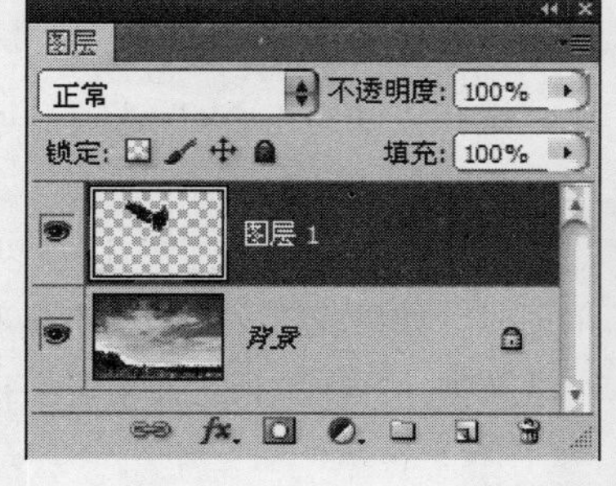

图9-127

停用/启用蒙版：单击该按钮，可以停用或重新启用蒙版。停用蒙版后，在“蒙版”面板的缩览图和“图层”面板中的蒙版缩略图中都会出现一个红色的交叉线×，如图9-128所示。

图9-128

删除蒙版 ：单击该按钮，可以删除当前选择的蒙版。

9.8 快速蒙版

在“快速蒙版”模式下，可以将任何选区作为蒙版进行编辑。可以使用Photoshop中的绘画工具或滤镜对蒙版进行编辑。当在快速蒙版模式中工作时，“通道”面板中出现一个临时的快速蒙版通道。但是，所有的蒙版编辑都是在图像窗口中完成的。

9.8.1 创建快速蒙版

打开一张图像，如图9-129所示，在“工具箱”中单击“以快速蒙版模式编辑”按钮或按Q键，可以进入快速蒙版编辑模式，此时在“通道”面板中可以观察到一个快速蒙版通道，如图9-130所示。

图9-129

图9-130

9.8.2 编辑快速蒙版

进入快速蒙版编辑模式以后，可以使用绘画工具（如“画笔工具”）在图像上进行绘制，绘制区域将以红色显示出来，如图9-131所示。红色的区域表示未选中的区域，非红色区域表示选中的区域。在“工具箱”中单击“以快速蒙版模式编辑”按钮或按Q键退出快速蒙版编辑模式，可以得到想要的选区，如图9-132所示。

图9-131

图9-132

另外，在快速蒙版模式下，还可以使用滤镜来编辑蒙版，图9-133所示的是对快速蒙版应用“拼贴”滤镜以后的效果，按Q键退出快速蒙版编辑模式以后，可以得到具有拼贴效果的选区，如图9-134所示。

图9-133

图9-134

课堂案例

用快速蒙版调整图像局部

案例位置	DVD>案例文件>CH09>课堂案例——用快速蒙版调整图像局部.psd
视频位置	DVD>多媒体教学>CH09>课堂案例——用快速蒙版调整图像局部.flv
难易指数	★★★☆☆
学习目标	学习“快速蒙版”的使用方法

用快速蒙版调整图像局部的效果如图9-135所示。

图9-135

01 打开本书配套光盘中的“素材文件>CH09>素材08.jpg”文件，如图9-136所示。

图9-136

02 按Ctrl+J组合键将“背景”图层复制一层，然后按Q键进入快速蒙版编辑模式，设置前景色为白色，接着使用“画笔工具”在天空区域进行绘制，如图9-137所示，绘制完成后按Q键退出快速蒙版编辑模式，得到图9-138所示的选区。

图9-137

图9-138

03 按Shift+Ctrl+I组合键反向选择选区，然后按Ctrl+U组合键打开“色相/饱和度”对话框，接着设置“色相”为131，如图9-139所示，效果如图9-140所示。

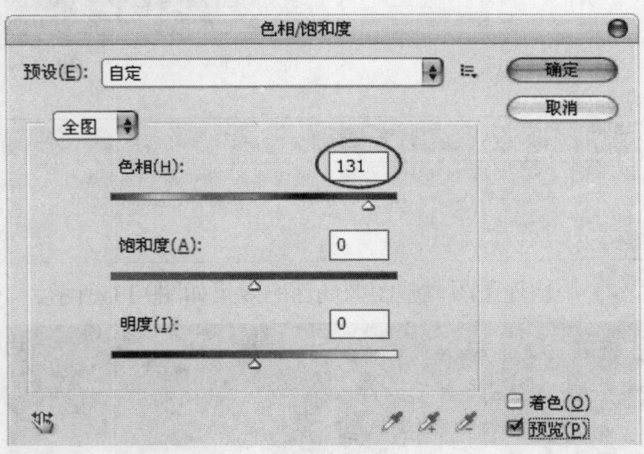

图9-139

图9-140

04 按Q键进入快速蒙版编辑模式，然后使用“画笔工具”（设置较小的笔刷大小）在衣服区域进行绘制，如图9-141所示，接着按Q键退出快速蒙版编辑模式，得到图9-142所示的选区。

图9-141

图9-142

技巧与提示

由于衣服下面的雪地上也有衣服的颜色信息所以这部分也需要选取出来。

05 按Shift+Ctrl+I组合键反向选择选区，然后按Ctrl+U组合键打开“色相/饱和度”对话框，接着设置“色相”为-138，如图9-143所示，效果如图9-144所示。

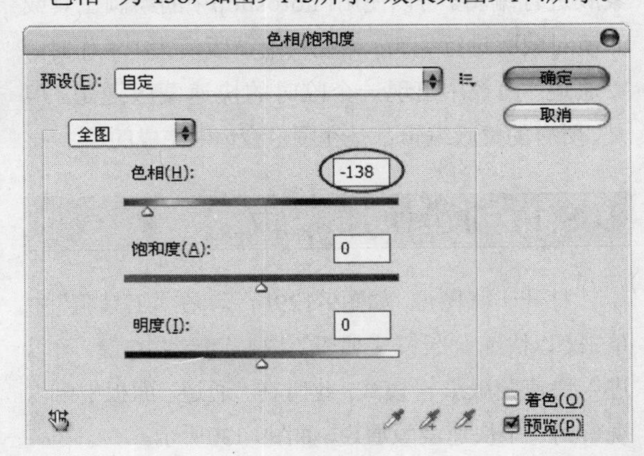

图9-143

图9-144

06 导入本书配套光盘中的“素材文件>CH09>素材09.png”文件，然后将其放置在图像上作为光斑，如图9-145所示，接着在图像的右上角制作一些文字和装饰图形，最终效果如图9-146所示。

图9-145

图9-146

9.9 剪贴蒙版

剪贴蒙版技术非常重要，它可以用一个图层中的图像来控制处于它上层的图像的显示范围，并且可以针对多个图像。另外，可以为一个或多个调整图层创建剪贴蒙版，使其只针对一个图层进行调整。

9.9.1 创建剪贴蒙版

打开一个文档，如图9-147所示，这个文档中包含3个图层，一个“背景”图层，一个“红心”图层和一个“美女”图层，如图9-148所示。下面就以这个文档来讲解如何创建剪贴蒙版。

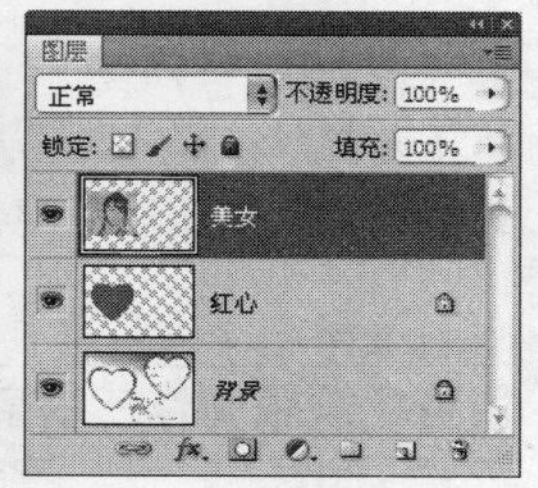

图9-147　　图9-148

方法1：选择“美女”图层，然后执行“图层>创建剪贴蒙版”菜单命令或按Alt+Ctrl+G组合键，可以将“美女”图层和“红心”图层创建为一个剪贴蒙版，如图9-149所示。创建剪贴蒙版以后，“美女”图层就只显示“红心”图层的区域，如图9-150所示。

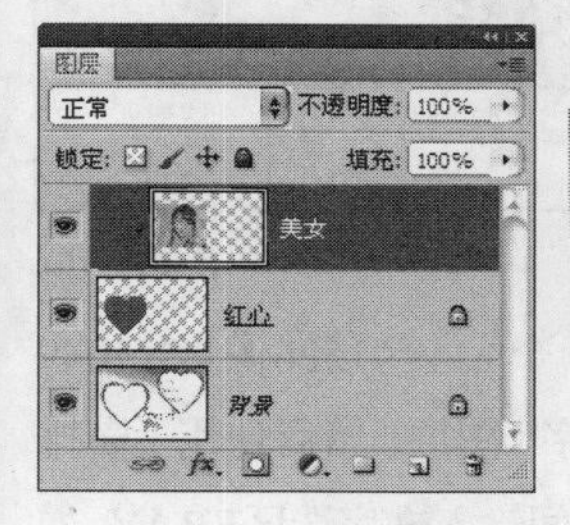

图9-149　　图9-150

技巧与提示

注意，剪贴蒙版虽然可以应用在多个图层中，但是这些图层是不能隔开的，必须是相邻的图层。

方法2：在“美女”图层的名称上单击鼠标右键，然后在弹出的菜单中选择“创建剪贴蒙版”命令，如图9-151所示，即可将“美女”图层和“红心”图层创建为一个剪贴蒙版，如图9-152所示。

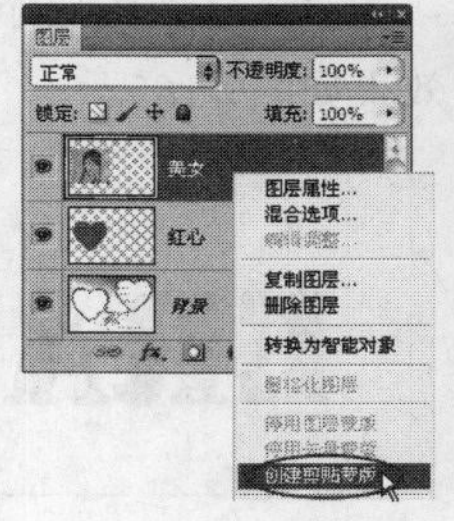

图9-151　　图9-152

方法3：先按住Alt键，然后将光标放置在“美女”图层和“红心”图层之间的分隔线上，待光标变成形状时单击鼠标左键，如图9-153所示，这样也可以将“美女”图层和“红心”图层创建为一个剪贴蒙版，如图9-154所示。

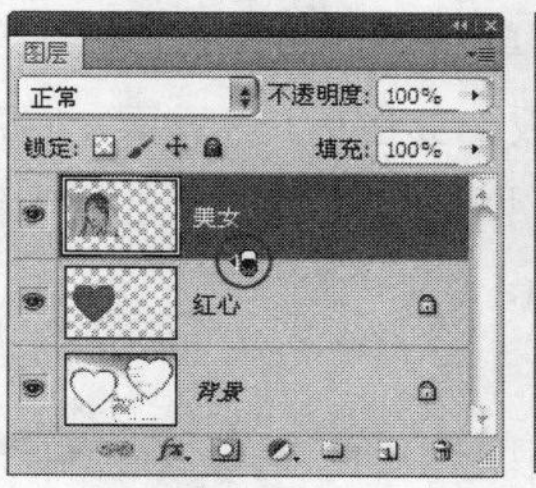

图9-153　　图9-154

知识点

在一个剪贴蒙版中，最少包含两个图层，处于最下面的图层为基底图层，位于其上面的图层统称为内容图层，如图9-155所示。

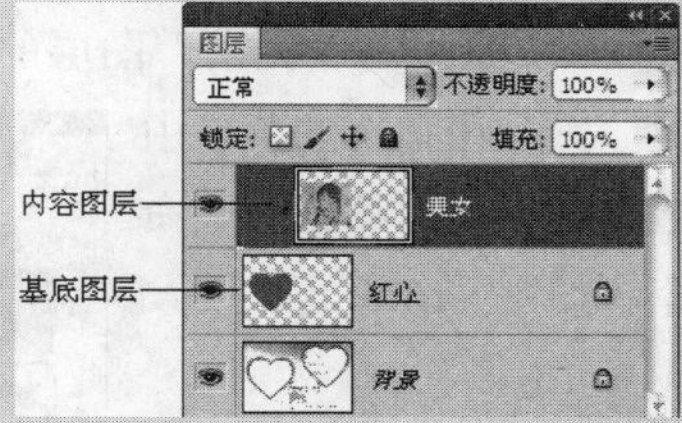

图9-155

基底图层：基底图层只有一个，它决定了位于其上面的图像的显示范围。如果对基底图层进行移动、变换等操作，那么上面的图像也会随之受到影响，如图9-156所示。

图9-156

内容图层：内容图层可以是一个或多个。对内容图层的操作不会影响基底图层，但是对其进行移动、变换等操作时，其显示范围也会随之而改变，如图9-157所示。

图9-157

9.9.2 释放剪贴蒙版

创建剪贴蒙版以后，如果要释放剪贴蒙版，可以采用以下3种方法来完成。

第1种：选择“美女”图层，然后执行“图层>释放剪贴蒙版”菜单命令或按Alt+Ctrl+G组合键，即可释放剪贴蒙版，如图9-158所示。释放剪贴蒙版以后，“美女”图层就不再受“红心”图层的控制，如图9-159所示。

图9-158

图9-159

第2种：在“美女”图层的名称上单击鼠标右键，然后在弹出的菜单中选择“释放剪贴蒙版”命令，如图9-160所示。

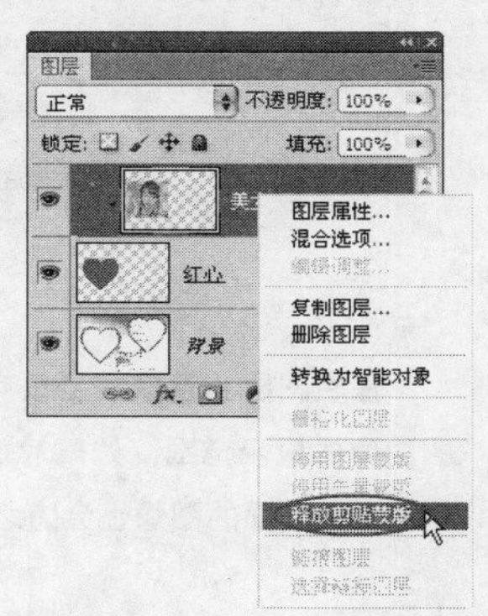

图9-160

第3种：先按住Alt键，然后将光标放置在“美女”图层和“红心”图层之间的分隔线上，待光标变成形状时单击鼠标左键，如图9-161所示。

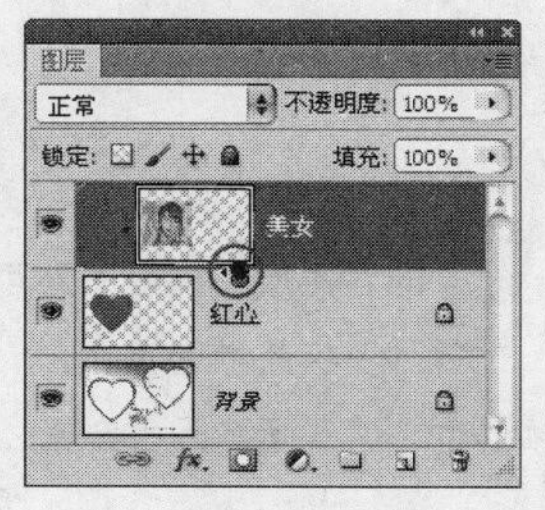

图9-161

9.9.3 编辑剪贴蒙版

剪切蒙版作为图层，也具有图层的属性，可以对“不透明度”及“混合模式”进行调整。

1.编辑内容图层

当对内容图层的“不透明度”和“混合模式”进行调整时，不会影响到剪切蒙版中的其他图层，而只与基底图层混合。

2.编辑基底图层

当对基底图层的“不透明度”和“混合模式”调整时，整个剪切蒙版中的所有图层都会以设置不透明度数值以及混合模式进行进行混合。

课堂案例

用剪切蒙版制作艺术字

案例位置	DVD>案例文件>CH09>课堂案例——用剪切蒙版制作艺术字.psd
视频位置	DVD>多媒体教学>CH09>课堂案例——用剪切蒙版制作艺术字.flv
难易指数	★★★★☆
学习目标	学习剪贴蒙版的使用方法

用剪贴蒙版制作的艺术字效果如图9-162所示。

图9-162

01 按Ctrl+N组合键新建一个大小为1526像素×1049像素的文档，新建一个“文字”图层，然后使用“横排文字蒙版工具”在图像中间输入文字选区ERAY，如图9-163所示，接着用黑色填充选区，如图9-164所示。

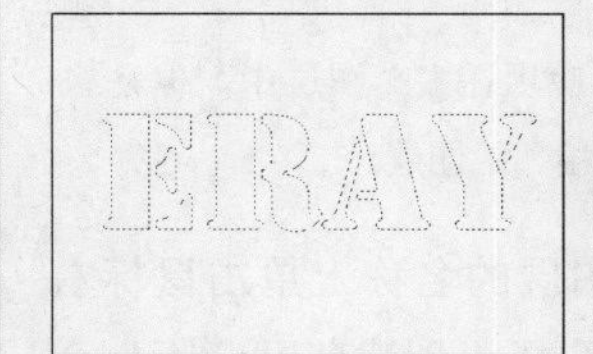

图9-163

图9-164

02 执行“图层>图层样式>投影”菜单命令，打开“图层样式”对话框，为“文字”图层添加一个默认的“投影”样式，效果如图9-165示。

图9-165

03 导入本书配套光盘中的“素材文件>CH09>素材10.jpg”文件，并将新生成的图层命名为“花纹”，然后将其放置在文字上，遮盖住文字区域，如图9-166所示，接着执行“图层>创建剪贴蒙版”菜单命令，将“花纹”图层与“文字”图层创建为一个剪贴蒙版，效果如图9-167所示。

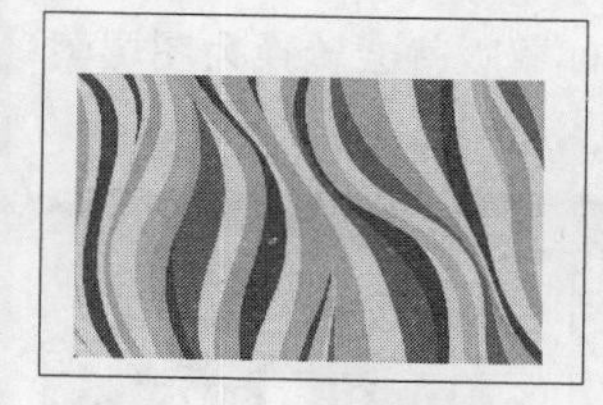
图9-166

图9-167

04 新建一个“圆环”图层，选择“画笔工具”，然后选择一种圆环笔刷，并设置“大小”为67px，如图9-168所示，接着在文字的上方绘制一排圆环，如图9-169所示。

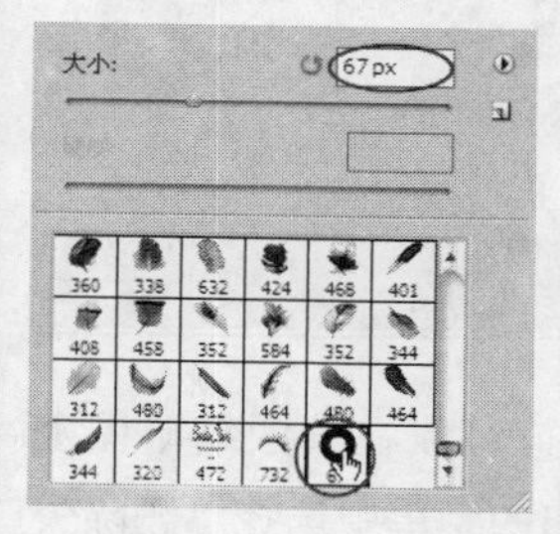

图9-168

图9-169

05 选择“花纹”图层，然后按Ctrl+J组合键将其复制一层，并将其放置在“圆环”图层的上方，接着按Alt+Ctrl+G组合键将其与“圆环”图层创建为一个剪贴蒙版，如图9-170所示，效果如图9-171所示。

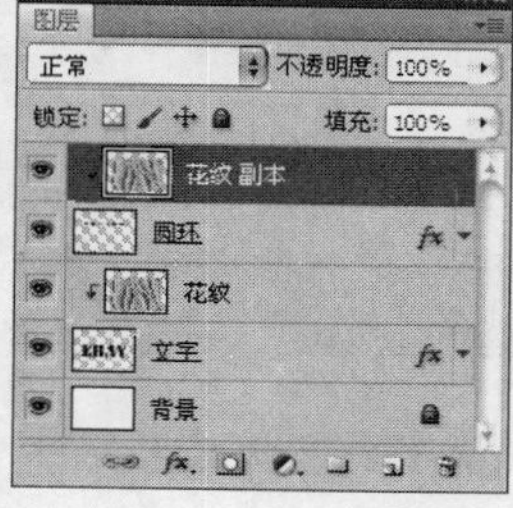

图9-170

图9-171

技巧与提示

注意，在为“花纹副本”图层和“圆环”图层创建剪贴蒙版时，同样需要花纹完全遮盖住圆环。

06 使用自由变换功能为文字制作一个比较模糊的投影，然后使用“横排文字工具”在文字ERAY的下方输入一些装饰文字，最终效果如图9-172所示。

图9-172

9.10 矢量蒙版

矢量蒙版是通过钢笔或形状工具创建出来的蒙版。与图层蒙版相同，矢量蒙版也是非破坏性的，也就是说在添加完矢量蒙版之后还可以返回并重新编辑蒙版，并且不会丢失蒙版隐藏的像素。

9.10.1 创建矢量蒙版

打开一个文档，如图9-173所示，这个文档中包含两个图层，一个“背景”图层（背景是一个相框）和一个“美女”图层，如图9-174所示。下面就以这个文档来讲解如何创建矢量蒙版。

图9-173

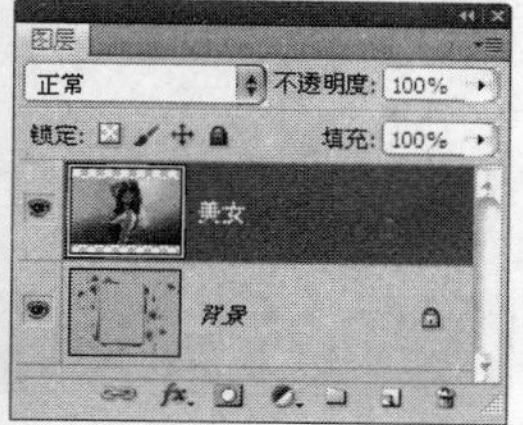

图9-174

方法1：选择“美女”图层，然后在“蒙版”面板中单击“添加矢量蒙版”按钮即可为其添加一个矢量蒙版，如图9-175所示。添加矢量蒙版以后，我们可以使用“矩形工具”（在选项栏中单击“路径”按钮）在矢量蒙版中绘制一个矩形，如图9-176所示，此时矩形外的图像将被隐藏掉，如图9-177所示。

图9-175

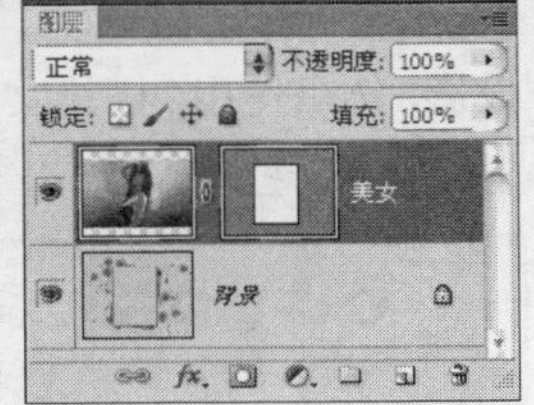

图9-176

图9-177

方法2：先使用“矩形工具”（在选项栏中单击“路径”按钮）在图像上绘制一个矩形，如图9-178所示，然后执行“图层>矢量蒙版>当前路径”菜单命令，可以基于当前路径为图层创建一个矢量蒙版，如图9-179所示。

图9-178

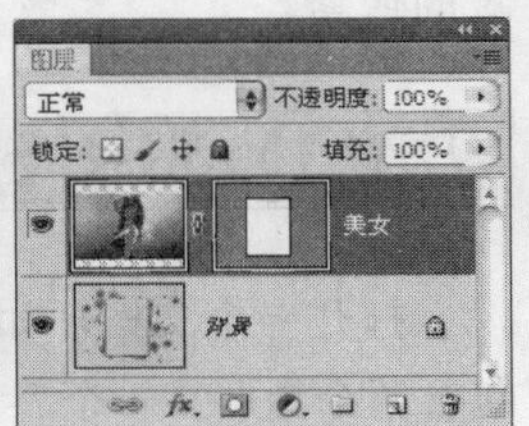

图9-179

知识点

绘制出路径以后，按住Ctrl键在“图层”面板下单击“添加图层蒙版”按钮，也可以为图层添加矢量蒙版。

9.10.2 在矢量蒙版中绘制形状

创建矢量蒙版以后，还可以继续使用钢笔、形状工具在矢量蒙版中绘制形状，如图9-180和图9-181所示。

图9-180

图9-181

9.10.3 将矢量蒙版转换为图层蒙版

如果需要将矢量蒙版转换为图层蒙版，可以在蒙版缩略图上单击鼠标右键，然后在弹出的菜单中选择“栅格化矢量蒙版”命令，如图9-182所示。栅格化矢量蒙版以后，蒙版就会转换为图层蒙版，不再有矢量形状存在，如图9-183所示。

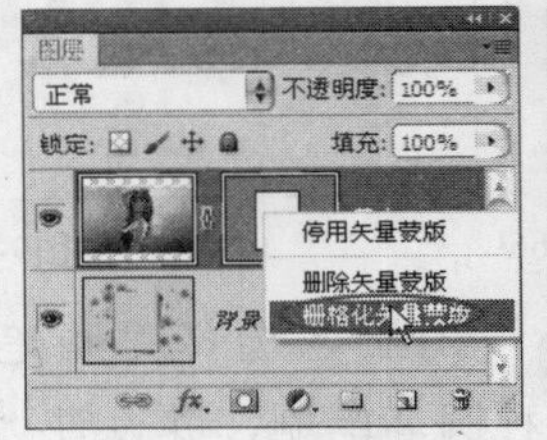

图9-182

图9-183

技巧与提示

也可以先选择图层，然后执行“图层>栅格化>矢量蒙版”菜单命令将矢量蒙版转换为图层蒙版。

9.10.4 删除矢量蒙版

如果要删除矢量蒙版，可以在蒙版缩略图上单击鼠标右键，然后在弹出的菜单中选择“删除矢量蒙版”命令，如图9-184和图9-185所示。

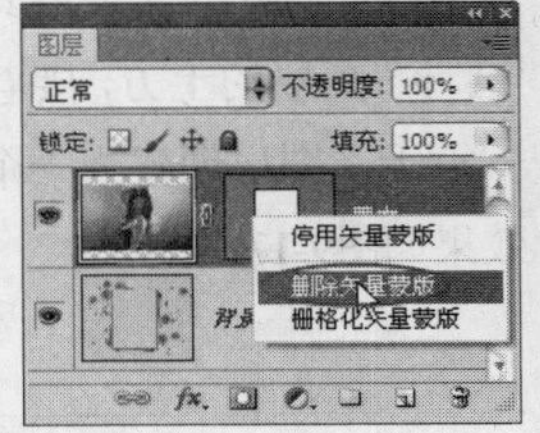

图9-184

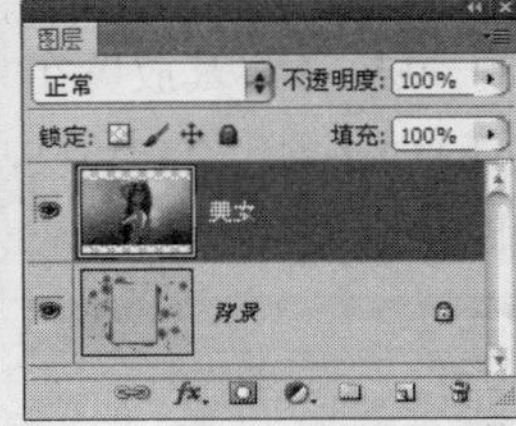

图9-185

9.10.5 编辑矢量蒙版

除了可以使用钢笔、形状工具在矢量蒙版中绘制形状以外，我们还可以像编辑路径一样在矢量蒙版上添加锚点，然后对锚点进行调整，如图9-186所示。

图9-186

另外，我们还可以像变换图像一样对矢量蒙版进行编辑，以调整蒙版的形状，如图9-187所示。

图9-187

9.10.6 链接/取消链接矢量蒙版

在默认状态下，图层与矢量蒙版是链接在一起的（链接处有一个图标），当移动、变换图层时，矢量蒙版也会跟着发生变化，如图9-188和图9-189所示。如果不想变换图层或矢量蒙版时影响对方，可以单击链接图标，取消链接，如图9-190和图9-191所示。

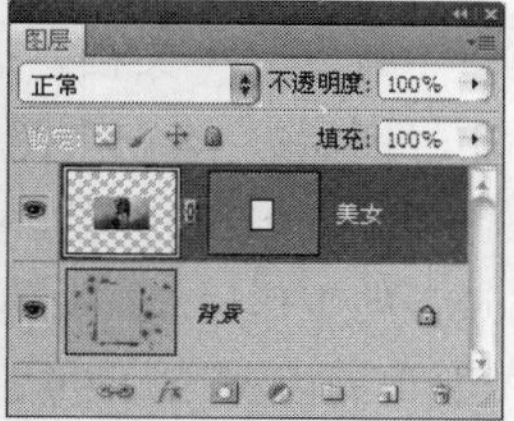

图9-188 图9-189

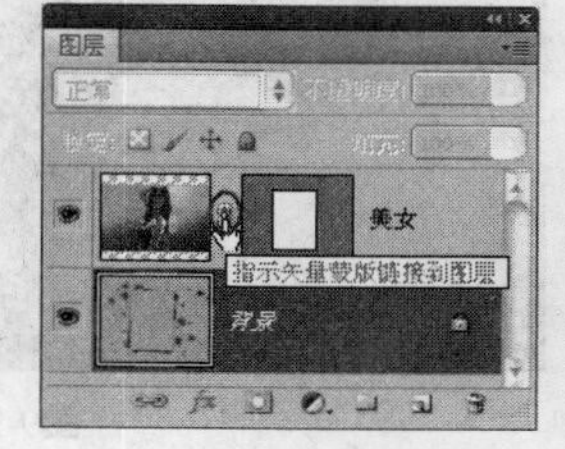

图9-190 图9-191

知识点

如果要恢复图层与矢量蒙版的链接，可以在取消链接的地方单击鼠标左键，或者执行“图层>矢量蒙版>链接”菜单命令。

9.10.7 为矢量蒙版添加效果

矢量蒙版可以像普通图层一样，可以向其添加图层样式，只不过图层样式只对矢量蒙版中的内容起作用，对隐藏的部分不会有影响，如图9-192和图9-193所示。

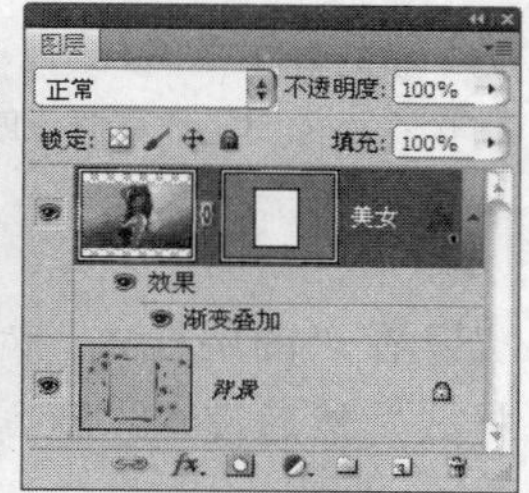

图9-192 图9-193

课堂案例

为矢量蒙版添加样式

案例位置	DVD>案例文件>CH09>课堂案例——为矢量蒙版添加样式.psd
视频位置	DVD>多媒体教学>CH09>课堂案例——为矢量蒙版添加样式.flv
难易指数	★★☆☆☆
学习目标	学习如何为矢量蒙版添加样式

为矢量蒙版添加样式的效果如图9-194所示。

图9-194

01 打开本书配套光盘中的“素材文件>CH09>素材11.psd”文件，如图9-195所示。这个文件包含两个图层，其中“图层1”中有一个矢量蒙版，如图9-196所示。

图9-195 图9-196

02 选择“图层2”，然后执行“图层>图层样式>阴影”菜单命令，打开“图层样式”对话框，接着设置“距离”为17像素、“大小”为3像素，如图9-197所示。

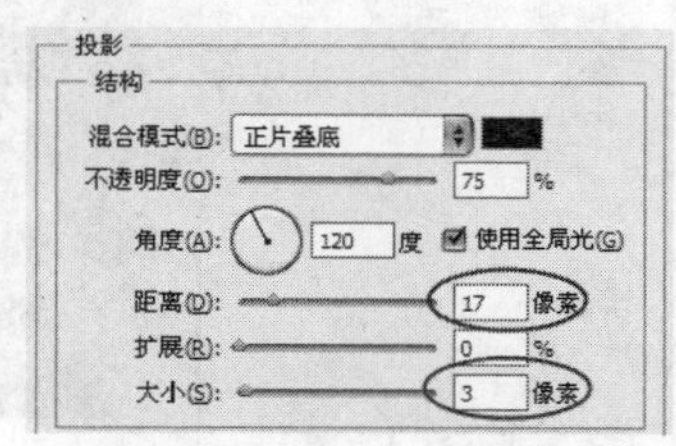

图9-197

技巧与提示
在添加图层样式时，既可以选择图层，也可以选择矢量蒙版进行添加。

03 在“图层样式”对话框左侧单击“内阴影”样式，然后设置“距离”和“大小”为4像素，如图9-198所示。

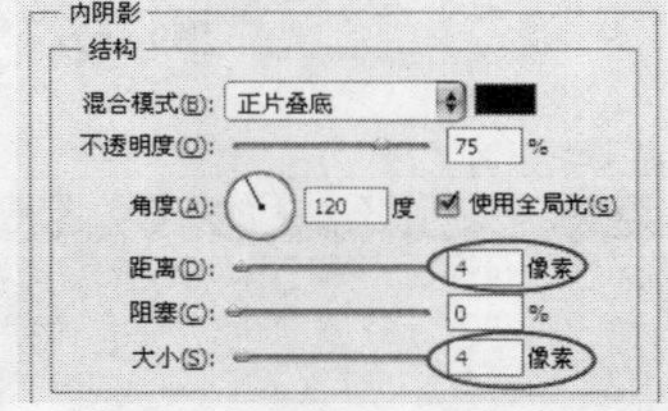

图9-198

04 在“图层样式”对话框左侧单击“外发光”样式，然后设置发光颜色为白色，接着设置“大小”为111像素，如图9-199所示。

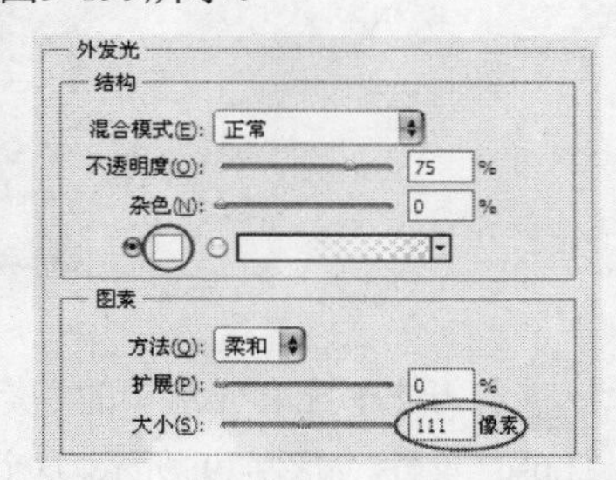

图9-199

05 在“图层样式”对话框左侧单击“描边”样式，然后设置“大小”为6像素、“颜色”为白色，如图9-200所示，最终效果如图9-201所示。

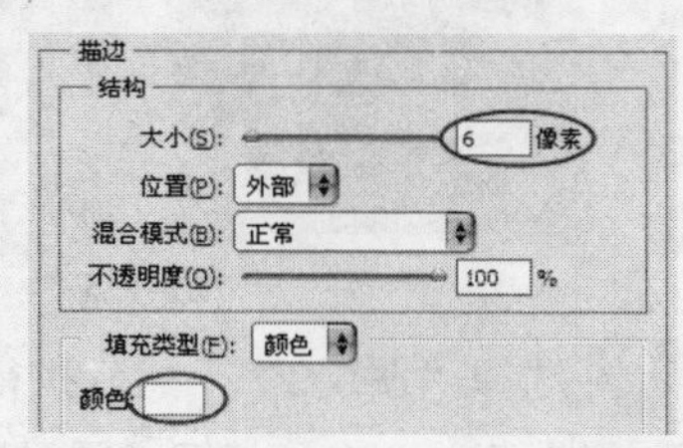

图9-200

图9-201

9.11 图层蒙版

图层蒙版是所有蒙版类型中最为重要的一种，也是实际工作中使用频率最高的工具之一，它可以用来隐藏、合成图像等。另外，在创建调整图层、填充图层以及为智能对象添加智能滤镜时，Photoshop会自动为图层添加一个图层蒙版，可以在图层蒙版中对调色范围、填充范围及滤镜应用区域进行调整。

9.11.1 图层蒙版的工作原理

图层蒙版可以理解为在当前图层上面覆盖了一层玻璃，这种玻璃片有透明的和不透明两种，前者显示全部图像，后者隐藏部分图像。在Photoshop中，图层蒙版遵循“黑透、白不透”的工作原理。

打开一个文档，该文档中包含两个图层，其中“图层1”有一个图层蒙版，并且图层蒙版为白色，如图9-202所示。按照图层蒙版“黑透、白不透”的工作原理，此时文档窗口中将完全显示“图层1”的内容，如图9-203所示。

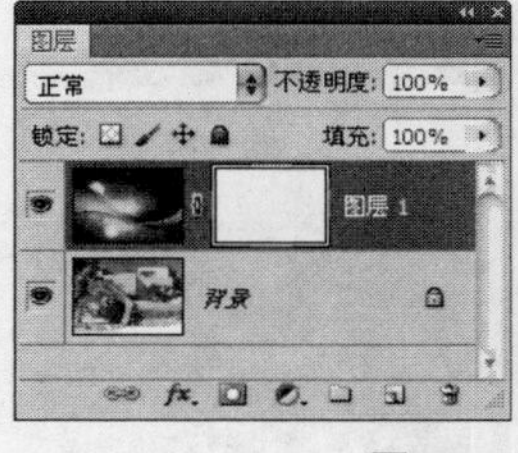

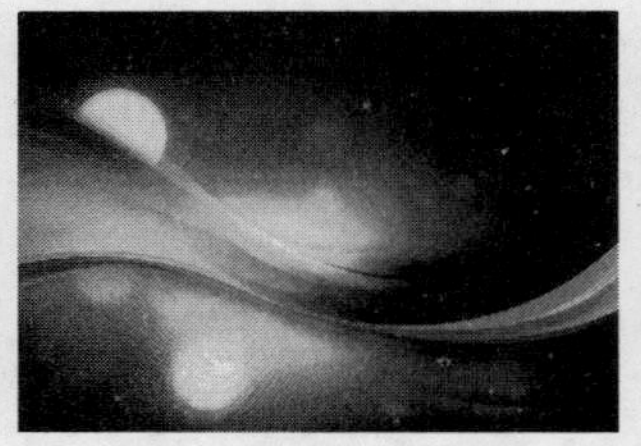

图9-202　图9-203

如果要全部显示“背景”图层的内容，可以选择“图层1”的蒙版，然后用黑色填充蒙版，如图9-204和图9-205所示。

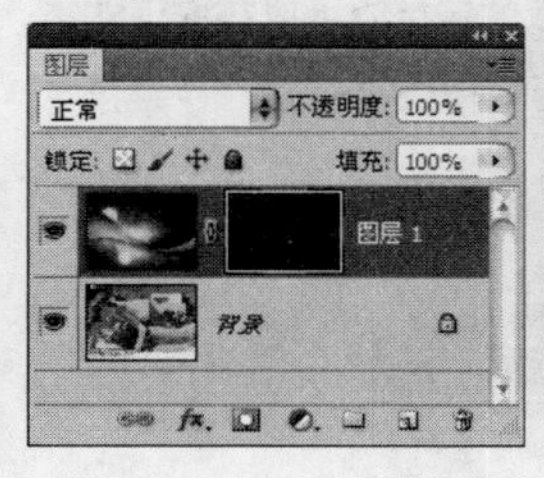

图9-204　图9-205

如果以半透明方式来显示当前图像，可以用灰色填充“图层1”的蒙版，如图9-206和图9-207所示。

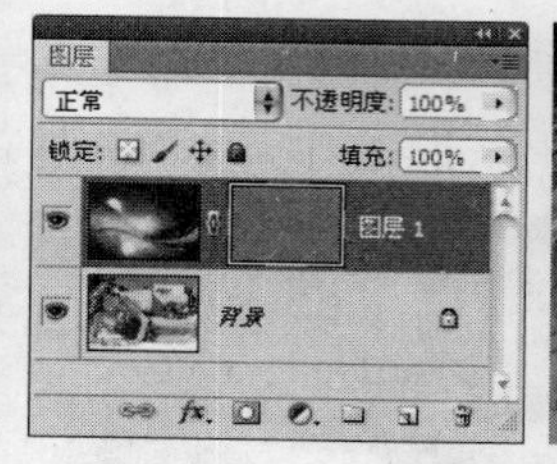

图9-206

图9-207

技巧与提示

除了可以在图层蒙版中填充颜色以外，还可以在图层蒙版中填充渐变；同时，也可以使用不同的画笔工具来编辑蒙版；此外，还可以在图层蒙版中应用各种滤镜。

9.11.2 创建图层蒙版

创建图层蒙版的方法有很多种，既可以直接在“图层”面板或“蒙版”面板中进行创建，也可以从选区或图像中生成图层蒙版。

1.在图层面板中创建图层蒙版

选择要添加图层蒙版的图层，然后在“图层”面板下单击“添加图层蒙版”按钮 ，如图9-208所示，可以为当前图层添加一个图层蒙版，如图9-209所示。

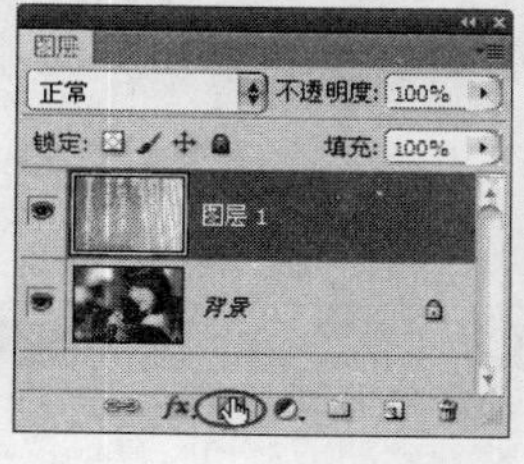

图9-208

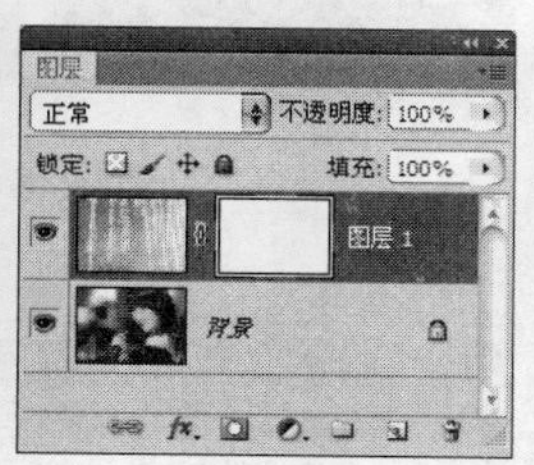

图9-209

技巧与提示

另外，在“蒙版”面板中单击“添加像素蒙版”按钮 ，也可以为当前图层添加一个图层蒙版。

2.从选区生成图层蒙版

如果当前图像中存在选区，如图9-210所示，单击“图层”面板下的“添加图层蒙版”按钮 ，可以基于当前选区为图层添加图层蒙版，选区以外的图像将被蒙版隐藏，如图9-211和图9-212所示。

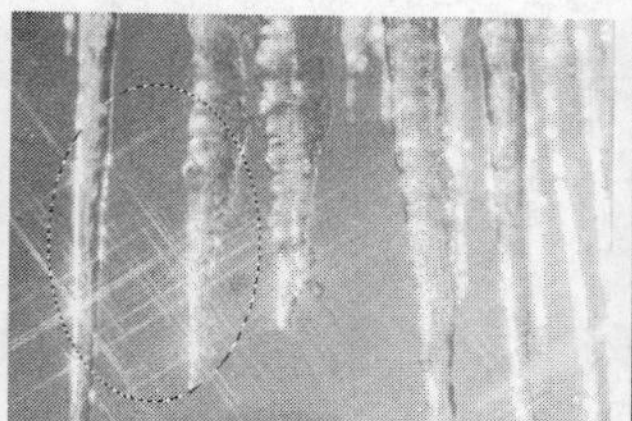

图9-210

图9-211

图9-212

技巧与提示

创建选区蒙版后，可以在“蒙版”面板中调整“羽化”数值，以模糊蒙版，制作出朦胧的效果。

3.从图像生成图层蒙版

除了以上两种创建图层蒙版的方法以外，还可以将一张图像创建为某个图层的图层蒙版。打开两张图像，如图9-213和图9-214所示，下面就来讲解如何将第2张图像创建为第1张图像的图层蒙版。

图9-213

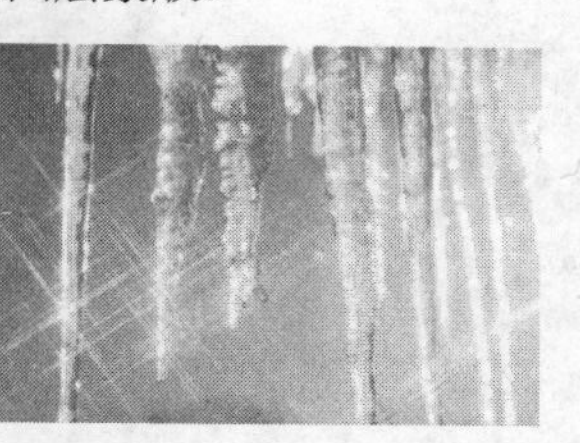

图9-214

首先为人像添加一个图层蒙版，如图9-215所示，然后按住Alt键单击蒙版缩略图，将其在文档窗口中显示出来，如图9-216所示，接着切换到第2张图像的文档窗口中，按Ctrl+A组合键全选图像，并按Ctrl+C组合键复制图像，再切换回人像文档窗口，并按Ctrl+V组合键将复制的图像粘贴到蒙版中（只能显示灰度图像），如图9-217和图9-218所示。将图像设置为图层蒙版以后，单击图层缩略图，显示图像效果，如图9-219所示。

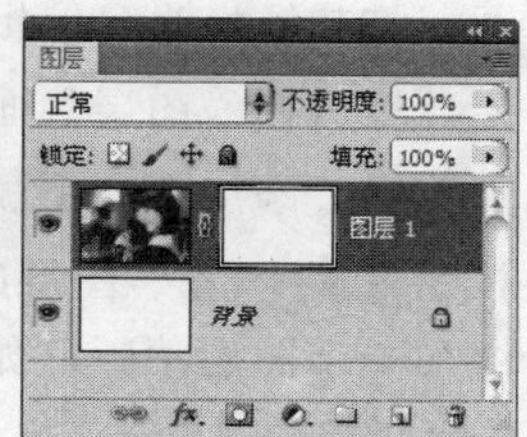

图9-215

图9-216

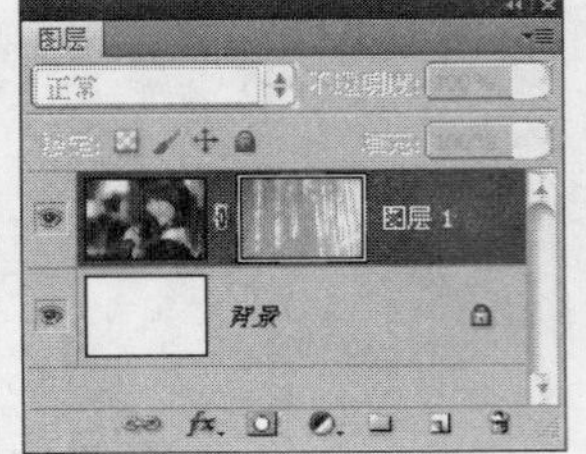

图9-217

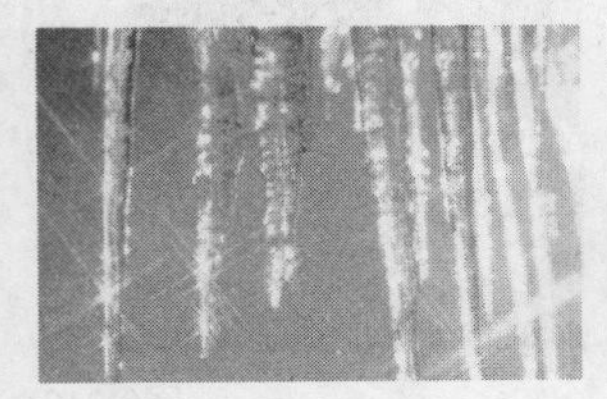

图9-218

图9-219

课堂案例

用图层蒙版合成风景照片

案例位置	DVD>案例文件>CH09>课堂案例——用图层蒙版合成风景照片.psd
视频位置	DVD>多媒体教学>CH09>课堂案例——用图层蒙版合成风景照片.flv
难易指数	★★★★☆
学习目标	学习图层蒙版的使用方法

用图层蒙版合成风景照片的效果如图9-220所示。

图9-220

01 打开本书配套光盘中的“素材文件>CH09>素材12”文件，如图9-221所示。

图9-221

02 按住Alt键的同时双击“背景”图层的缩略图，将其转换为可编辑图层，然后在“图层”面板下单击“添加图层蒙版”按钮，为“图层0”添加一个图层蒙版，如图9-222所示。

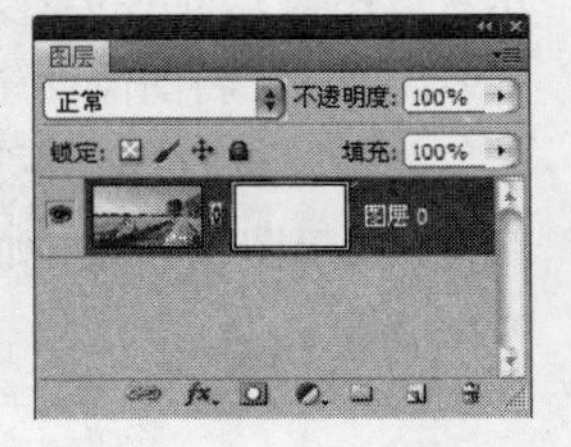

图9-222

03 选择“图层0”的蒙版，然后选择“画笔工具”，并设置前景色为黑色，接着在天空部分进行绘制，将其隐藏掉，如图9-223和图9-224所示。

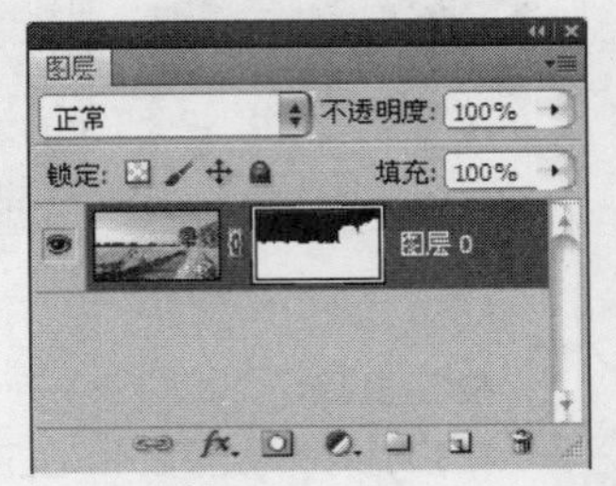

图9-223

图9-224

04 导入本书配套光盘中的“素材文件>CH09>素材13”文件，然后将其放置在“图层0”的下一层，如图9-225所示，最终效果如图9-226所示。

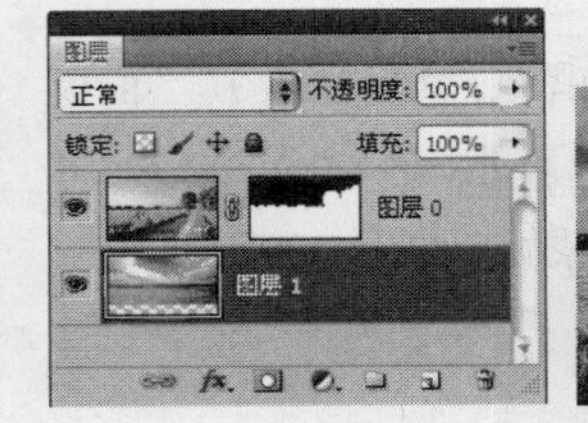

图9-225

图9-226

课堂练习

用选区蒙版合成插画

案例位置	DVD>案例文件>CH09>课堂练习——用选区蒙版合成插画.psd
视频位置	DVD>多媒体教学>CH09>课堂练习——用选区蒙版合成插画.flv
难易指数	★★★★☆
练习目标	练习如何基于选区创建蒙版

用选区蒙版合成插画的效果如图9-227所示。

图9-227

步骤分解如图9-228所示。

图9-228

9.11.3 应用图层蒙版

在图层蒙版缩略图上单击鼠标右键，在弹出的菜单中选择“应用图层蒙版”命令，如图9-229所示，可以将蒙版应用在当前图层中，如图9-230所示。应用图层蒙版以后，蒙版效果将会应用到图像上，也就是说蒙版中的黑色区域将被删除，白色区域将被保留下来，而灰色区域将呈透明效果。

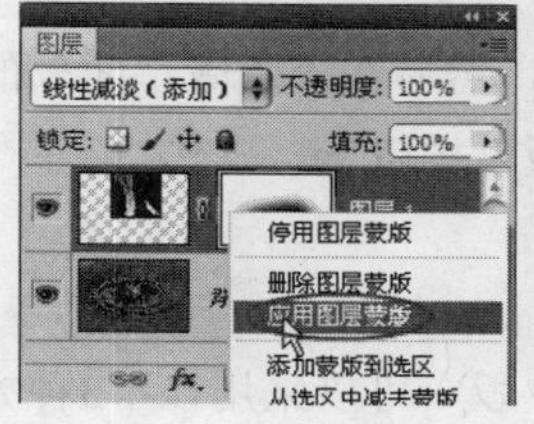

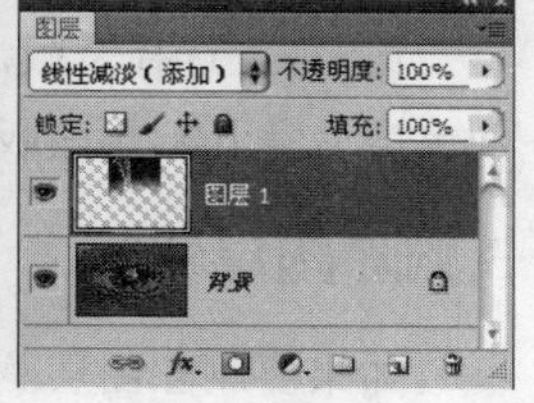

图9-229 图9-230

课堂练习

应用图层蒙版并制作撕裂照片

案例位置	DVD>案例文件>CH09>课堂案例——应用图层蒙版并制作撕裂照片.psd
视频位置	DVD>多媒体教学>CH09>课堂案例——应用图层蒙版并制作撕裂照片.flv
难易指数	★★★★☆
学习目标	学习如何将图层蒙版应用到图像中

应用图层蒙版并制作撕裂照片，效果如图9-231所示。

图9-231

01 打开本书配套光盘中的“素材文件>CH09>素材14.jpg”文件，如图9-232所示。

图9-232

02 按住Alt键的同时双击“背景”图层的缩略图，将其转换为可编辑图层，然后使用“魔棒工具”选择黑色区域，并按Shift+Ctrl+I组合键反向选择选区，接着在“图层”面板下单击“添加图层蒙版”按钮，基于当前选区为“图层0”添加一个图层蒙版，如图9-233所示，效果如图9-234所示。

图9-233 图9-234

03 选择“图层0”的蒙版，然后执行“图层>图层蒙版>应用”菜单命令，将蒙版效果应用到图层中，如图9-235所示。

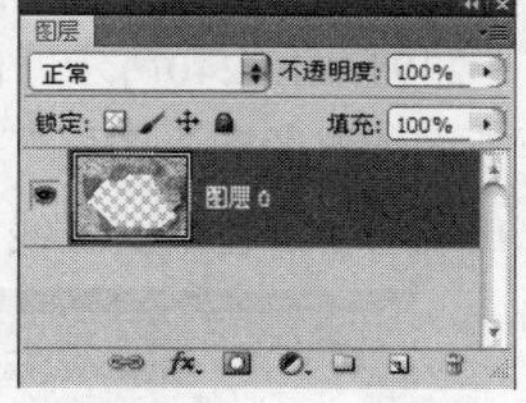

图9-235

04 执行“图层>图层样式>投影”菜单命令，打开“图层样式”对话框，然后设置“角度”为30度，接着设置“距离”和“大小”为2像素，如图9-236所示，效果如图9-237所示。

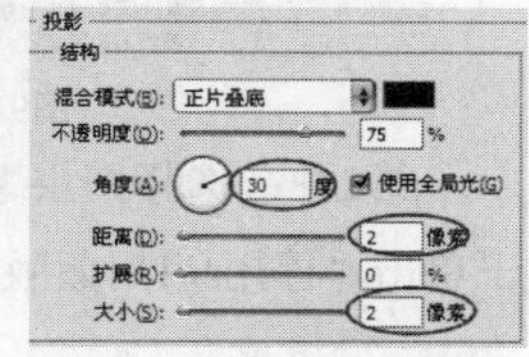

图9-236

图9-237

05 导入本书配套光盘中的“素材文件>CH09>素材15.jpg”文件，然后将其放置在“图层0”的下面，接着调整好其位置，最终效果如图9-238所示。

图9-238

9.11.4 停用/启用/删除图层蒙版

1.停用图层蒙版

如果要停用图层蒙版，可以采用以下两种方法来完成。

第1种：执行“图层>图层蒙版>停用”菜单命令，或在图层蒙版缩略图上单击鼠标右键，然后在弹出的菜单中选择“停用图层蒙版”命令，如图9-239和图9-240所示。停用蒙版后，在“蒙版”面板的缩览图和“图层”面板中的蒙版缩览图中都会出现一个红色的交叉线。

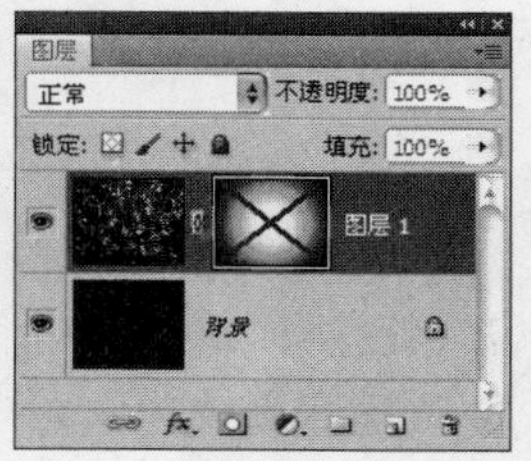

图9-239　　图9-240

第2种：选择图层蒙版，然后在“蒙版”面板下单击“停用/启用蒙版”按钮。

知识点

单击“停用/启用蒙版”按钮有时不能停用图层蒙版，是因为在对带有图层蒙版的图层进行编辑时，经常会忽略当前操作的对象是图层还是蒙版，只有选择了图层的蒙版才能使用该按钮。

2.重新启用图层蒙版

在停用图层蒙版以后，如果要重新启用图层蒙版，可以采用以下3种方法来完成。

第1种：执行“图层>图层蒙版>启用”菜单命令，或在蒙版缩略图上单击鼠标右键，然后在弹出的菜单中选择“启用图层蒙版”命令，如图9-241和图9-242所示。

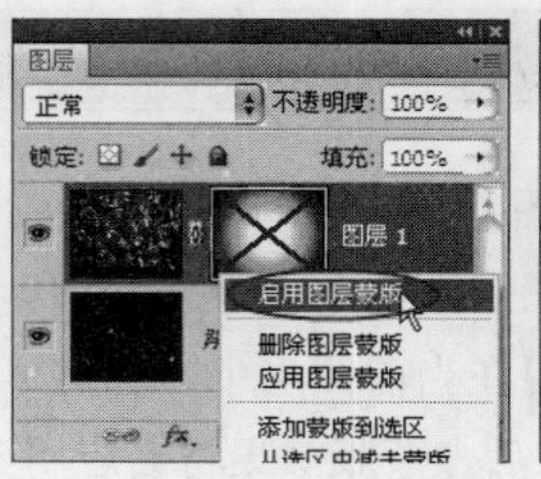

图9-241　　图9-242

第2种：在蒙版缩略图上单击鼠标左键，即可重新启用图层蒙版。

第3种：选择蒙版，然后在“蒙版”面板的下面单击“停用/启用蒙版”按钮。

3.删除图层蒙版

如果要删除图层蒙版，可以采用以下3种方法来完成。

第1种：执行“图层>图层蒙版>删除”菜单命令，或在蒙版缩略图上单击鼠标右键，然后在弹出的菜单中选择“删除图层蒙版”命令，如图9-243和图9-244所示。

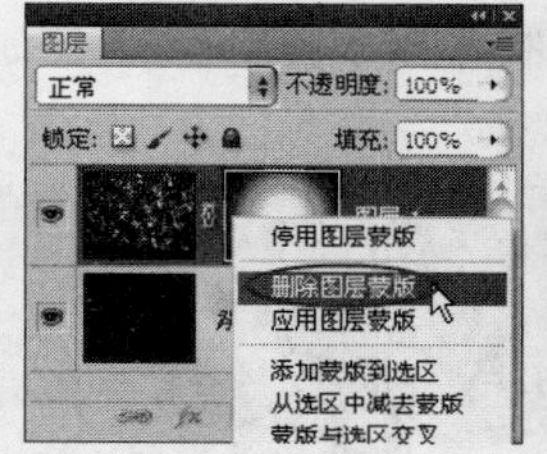

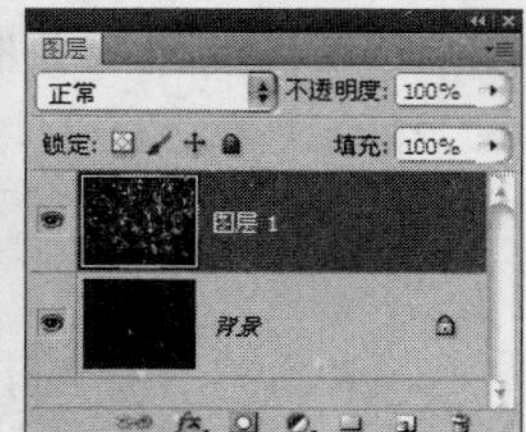

图9-243　　图9-244

第2种：将蒙版缩略图拖曳到“图层”面板下面的“删除图层”按钮上，如图9-245所示，然后在弹出的对话框中单击“删除”按钮，如图9-246所示。

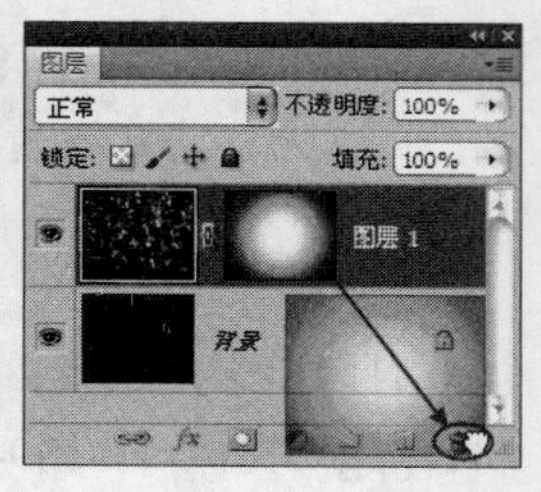

图9-245

图9-246

第3种：选择蒙版，然后直接在“蒙版”面板中单击“删除蒙版”按钮。

9.11.5 转移/替换/复制图层蒙版

1.转移图层蒙版

如果要将某个图层的蒙版转移到其他图层上，可以直接将蒙版缩略图拖曳到其他图层上，如图9-247和图9-248所示。

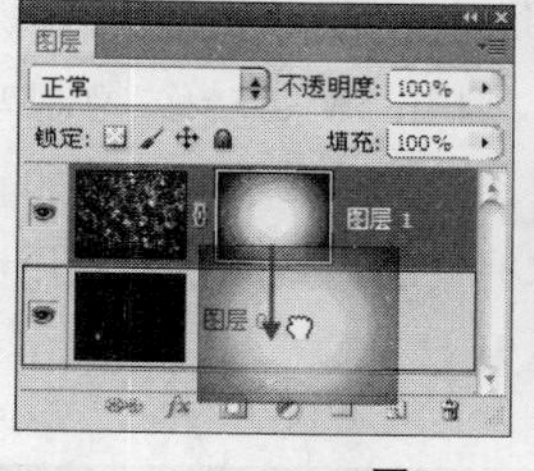

图9-247

图9-248

2.替换图层蒙版

如果要将一个图层的蒙版替换掉另外一个图层的蒙版，可以将该图层的蒙版缩略图拖曳到另外一个图层的蒙版缩略图上，如图9-249所示，然后在弹出的对话框中单击“是”按钮，如图9-250所示。替换图层蒙版以后，“图层1”的蒙版将被删除，同时“图层0”的蒙版会被换成“图层1”的蒙版，如图9-251所示。

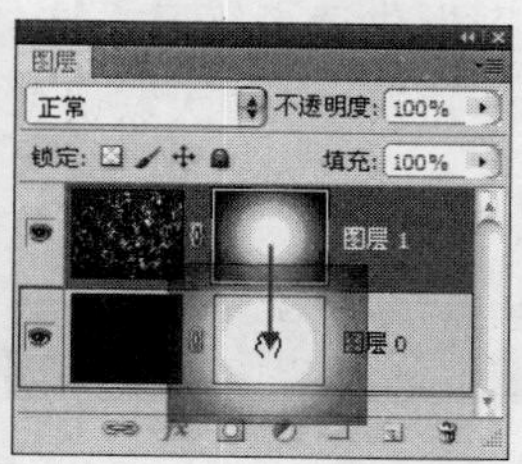

图9-249

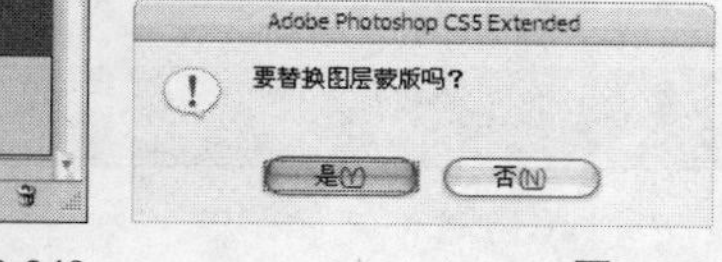

图9-250

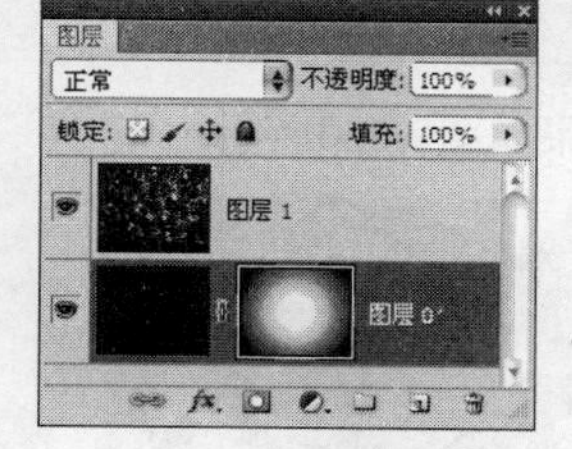

图9-251

3.复制图层蒙版

如果要将一个图层的蒙版复制到另外一个图层上，可以按住Alt键将蒙版缩略图拖曳到另外一个图层上，如图9-252和图9-253所示。

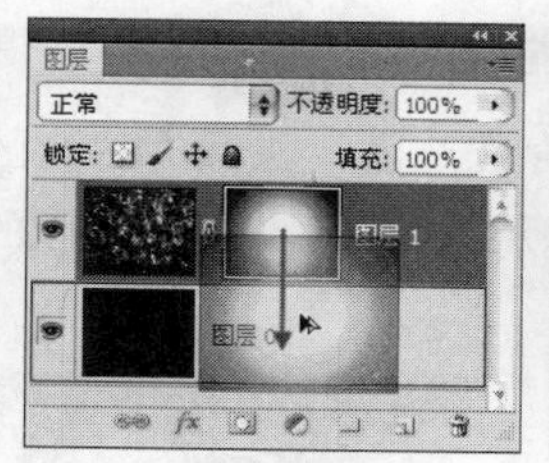

图9-252

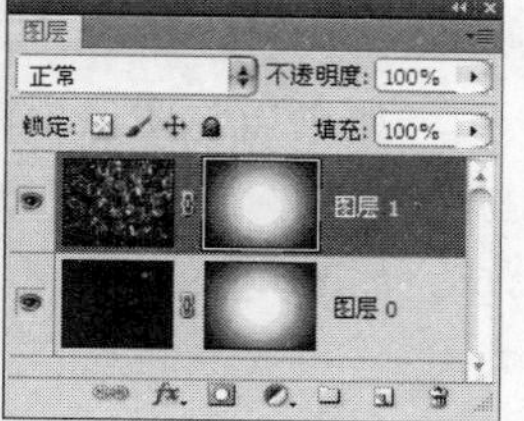

图9-253

9.11.6 蒙版与选区的运算

在图层蒙版缩略图上单击鼠标右键，在弹出的菜单中可以看到3个关于蒙版与选区运算的命令，如图9-254所示。

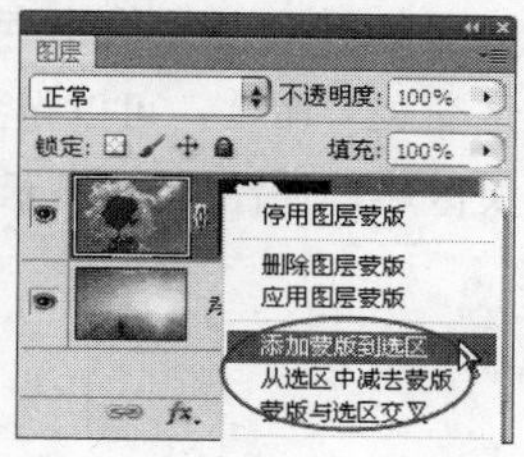

图9-254

1.添加蒙版到选区

如果当前图像中没有选区，执行“添加蒙版到选区”命令，可以载入图层蒙版的选区，如图9-255所示；如果当前图像中存在选区，如图9-256所示，执行该命令，可以将蒙版的选区添加到当前选区中，如图9-257所示。

图9-255

图9-256

图9-257

技巧与提示

按住Ctrl键单击蒙版的缩略图，也可以载入蒙版的选区。

2.从选区中减去蒙版

如果当前图像中存在选区，执行“从选区中减去蒙版”命令，可以从当前选区中减去蒙版的选区，如图9-258所示。

图9-258

3.蒙版与选区交叉

如果当前图像中存在选区，执行“蒙版与选区交叉”命令，可以得到当前选区与蒙版选区的交叉区域，如图9-259所示。

图9-259

技巧与提示

“从选区中减去蒙版”和“蒙版与选区交叉”命令只有在当前图像中存在选区时才可用。

9.12 本章小结

本章主要讲解了文字工具与蒙版。在文字工具的讲解中，详细讲解了各种文字的创建方法以及文字的修改，包括点文字、段落文字、路径文字、变形文字等。在蒙版的讲解中，首先讲解了蒙版的工作原理以及蒙版的创建方法。然后讲解了图层蒙版的应用，最后讲解了蒙版的其他操作，比如停用、启用、删除、转移、复制等。

通过本章的学习，需要熟悉各种文字的输入方法以及修改，重点掌握蒙版的生成以及应用图层蒙版去处理一些特殊效果。

9.13 课后习题

文字在设计中相当重要，在实际工作中的使用频率也相当高，而文字的制作主要体现在特效上。文字特效需要用到很多技术，如图层样式、图层混合模式、画笔工具、滤镜等，并且需要使用到大量的图像素材进行合成，从而得到复杂、优秀的特效文字作品。

图层蒙版在际工作中是使用频率最高的工具之一，它可以用来隐藏、合成图像等。

在本章将安排4个课后习题供读者练习，这4个课后习题都是针对本章所学知识，希望大家认真练习，总结经验。

9.13.1 课后习题1——制作云朵文字

案例文件	DVD>案例文件>CH09>课后习题1——制作云朵文字.psd
视频位置	DVD>多媒体教学>CH0>课后习题1——制作云朵文字.flv
难易指数	★★★☆☆
练习目标	练习文字工具、文字路径、画笔描边的运用

使用文字路径和画笔描边技术制作的云朵文字效果如图9-260所示。

图9-260

步骤分解如图9-261所示。

图9-261

9.13.2 课后习题2——制作卡通插画文字

案例文件	DVD>案例文件>VH09>课后习题2——制作卡通插画文字.psd
视频位置	DVD>多媒体教学>CH09>课后习题2——制作卡通插画文字.flv
难易指数	★★★★☆
练习目标	练习文字工具、图层样式、画笔工具的运用

使用图层样式和“画笔工具”制作的卡通插画文字效果如图9-262所示。

图9-262

步骤分解如图9-263所示。

图9-263

9.13.3 课后习题3——制作草地文字

案例文件	DVD>案例文件>CH09>课后习题3——制作草地文字.psd
视频位置	DVD>多媒体教学>CH09>课后习题3——制作草地文字.flv
难易指数	★★★★★
练习目标	练习选区蒙版的运用

使用选区蒙版技术制作的草地文字效果如图9-264所示。

图9-264

步骤分解如图9-265所示。

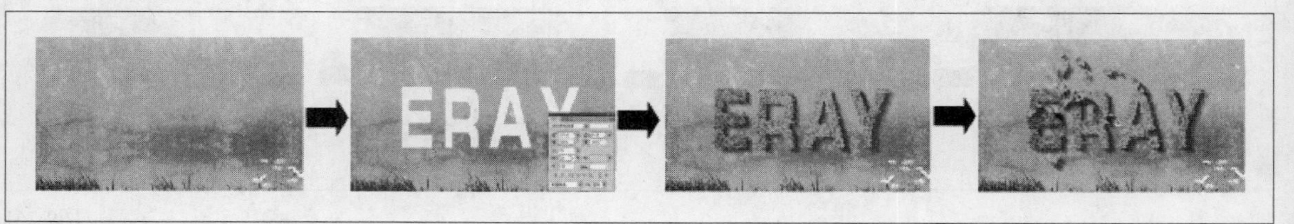

图9-265

9.13.4 课后习题4——用图层蒙版快速合成奇幻场景

案例文件	DVD>案例文件>CH09>课后习题4——用图层蒙版快速合成奇幻场景.psd
视频位置	DVD>多媒体教学>CH09>课后习题4——用图层蒙版快速合成奇幻场景.flv
难易指数	★★★★★
练习目标	练习使用图层蒙版合成图像

使用图层蒙版快速合成奇幻场景的最终效果如图9-266所示。

图9-266

步骤分解如图9-267所示。

图9-267

第10章

通道

本章主要介绍通道的使用方法。通过本章的学习，需要掌握通道的基本操作和使用方法，以便能快速、准确地创造出生动精彩的图像。

课堂学习目标

了解通道的类型及其相关用途
掌握通道的基本操作方法
掌握如何使用通道调整图像的色调
掌握如何使用通道抠取图像

10.1 了解通道的类型

Photoshop中的通道是用于存储图像颜色信息和选区信息等不同类型信息的灰度图像。一个图像最多可有 56个通道。所有的新通道都具有与原始图像相同的尺寸和像素数目。在Photoshop中，通道共分颜色通道、Alpha通道和专色通道。

10.1.1 颜色通道

颜色通道是将构成整体图像的颜色信息整理并表现为单色图像的工具。根据图像颜色模式的不同，颜色通道的数量也不同。例如，RGB模式的图像有RGB、红、绿、蓝4个通道，如图10-1所示；CMYK颜色模式的图像有CMYK、青色、洋红色、黄色、黑色5个通道，如图10-2所示；Lab颜色模式的图像有Lab、明度、a、b 4个通道，如图10-3所示；而位图和索引颜色模式的图像只有一个位图通道和一个索引通道，如图10-4和图10-5所示。

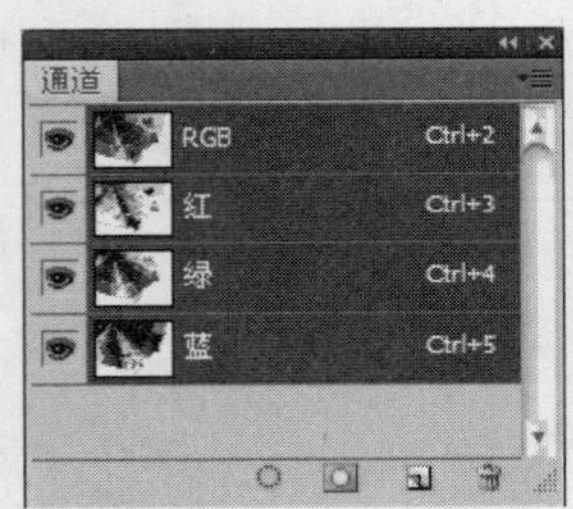

图10-1

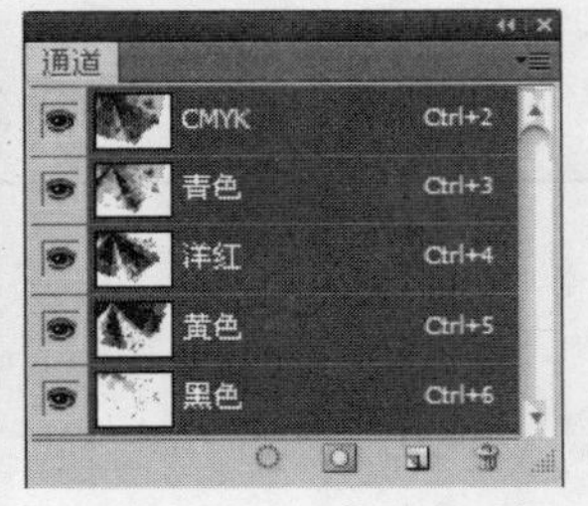

图10-2

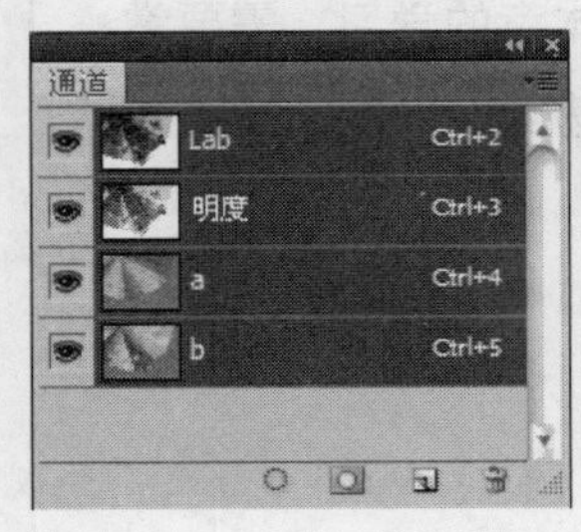

图10-3

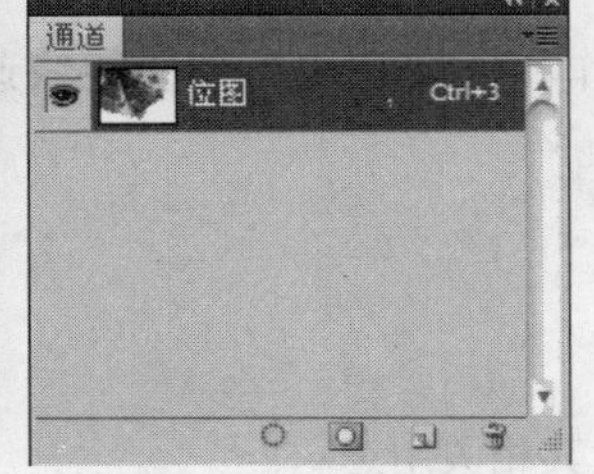

图10-4

图10-5

10.1.2 Alpha通道

在认识Alpha通道之前先打开一张图像，如图10-6所示，该图像中包含一个花朵的选区。下面就以这张图像来讲解Alpha通道的主要功能。

图10-6

功能1：在“通道”面板下单击“将选区存储为通道”按钮，可以创建一个Alpha1通道，同时选区会存储到通道中，这就是Alpha通道的第1个功能，即存储选区，如图10-7所示。

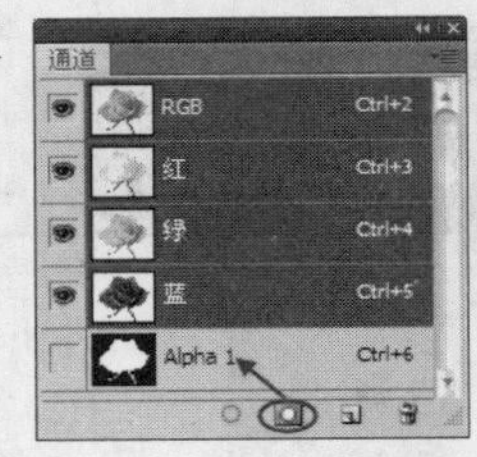

图10-7

功能2：单击Alpha1通道，将其单独选择，此时文档窗口中将显示为花朵的黑白图像，就是Alpha通道的第2个功能，即存储黑白图像，如图10-8所示。其中黑色区域表示不能被选择的区域，白色区域表示可以选区的区域（如果有灰色区域，表示可以被部分选择）。

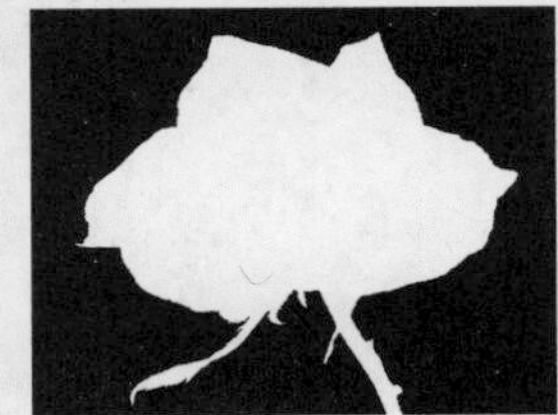

图10-8

功能3：在“通道”面板下单击“将通道作为选区载入”按钮，可以载入Alpha1通道的选区，这就是Alpha通道第3个功能，即可以从Alpha通道中载入选区，如图10-9所示。

图10-9

技巧与提示

按住Ctrl键单击通道的缩略图，也可以载入通道的选区。

10.1.3 专色通道

专色通道主要用来指定用于专色油墨印刷的附加印版。它可以保存专色信息，同时也具有Alpha通道的特点。每个专色通道只能存储一种专色信息，而且是以灰度形式来存储的。

技巧与提示

除了位图模式以外，其余所有的色彩模式图像都可以建立专色通道。

10.2 通道面板

“通道”面板与“图层”面板和“路径”面板是Photoshop中3个最重要的面板，在默认情况下都显示在视图中。在“通道”面板中（执行“窗口>通道”菜单命令，可以打开“通道”面板），可以创建、存储、编辑和管理通道。任意打开一张图像，如图10-10所示，Photoshop会自动为这张图像创建颜色信息通道，如图10-11所示，“通道”面板的菜单如图10-12所示。

图10-10

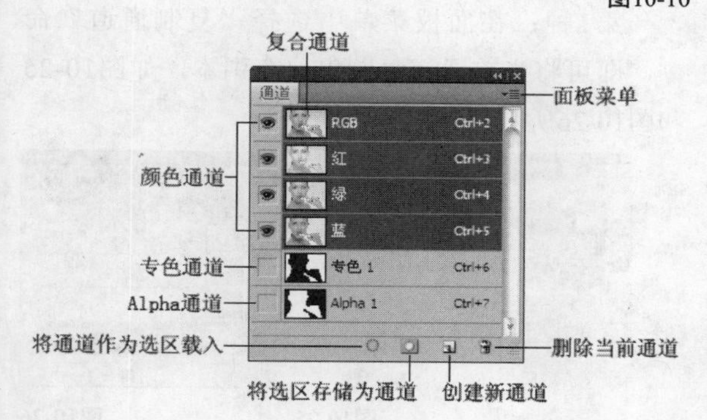

图10-11

通道面板重要参数介绍

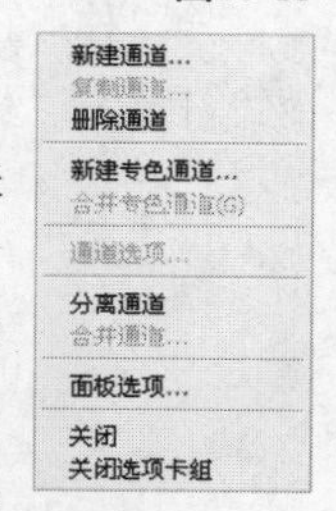

图10-12

颜色通道：这4个通道都是用来记录图像颜色信息的。

复合通道：该通道用来记录图像的所有颜色信息。

Alpha通道：用来保存选区和灰度图像的通道。

将通道作为选区载入：单击该按钮，可以载入所选通道图像的选区。

将选区存储为通道：如果图像中有选区，单击该按钮，可以将选区中的内容存储到通道中。

创建新通道：单击该按钮，可以新建一个Alpha通道。

删除当前通道：将通道拖曳到该按钮上，可以删除选择的通道。

10.3 通道的基本操作

在“通道”面板中，可以选择某个通道进行单独操作，也可以隐藏/显示已有的通道，或对其位置进行调换、删除、复制、合并等操作。

10.3.1 快速选择通道

在“通道”面板中的每个通道后面有对应的Ctrl+数字键，比如在图10-13中，“红”通道后面有Ctrl+3组合键，这就表示按Ctrl+3组合键可以单独选择“红”通道，如图10-14所示。同样道理，按Ctrl+4组合键可以单独选择“绿”通道，按Ctrl+5组合键可以单独选择“蓝”通道。

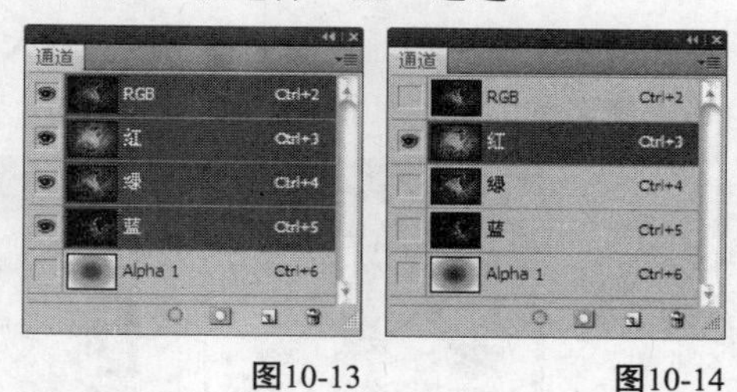

图10-13 图10-14

10.3.2 显示/隐藏通道

每个通道的左侧都有一个眼睛图标（处于隐藏状态的通道眼睛图标为状），如图10-15所示，单击该图标，可以隐藏该通道与复合通道（注意，复合通道不能被单独被隐藏），如图10-16所示。单击隐藏状态的通道左侧的图标，可以恢复该通道的显示。

图10-15

图10-16

10.3.3 排列通道

如果“通道”面板中包含多通道，可以像调整图层位置一样调整通道的排列顺序，如图10-17和图10-18所示。

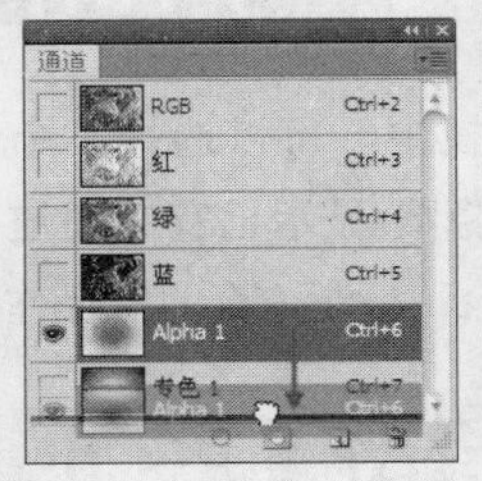

图10-17

图10-18

技巧与提示

注意，默认的颜色通道的顺序是不能进行调整的。

10.3.4 重命名通道

要重命名Alpha通道或专色通道，可以在“通道”面板中双击该通道的名称，激活输入框，然后输入新名称即可，如图10-19和图10-20所示。

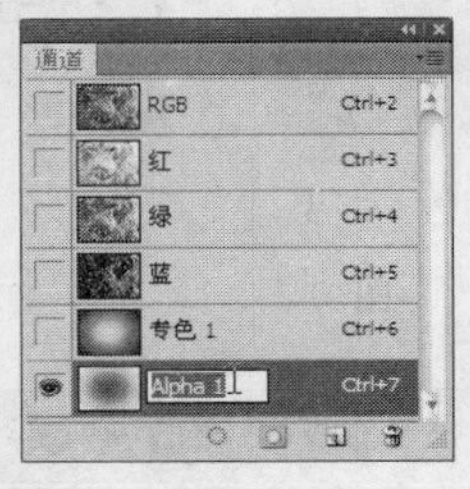

图10-19

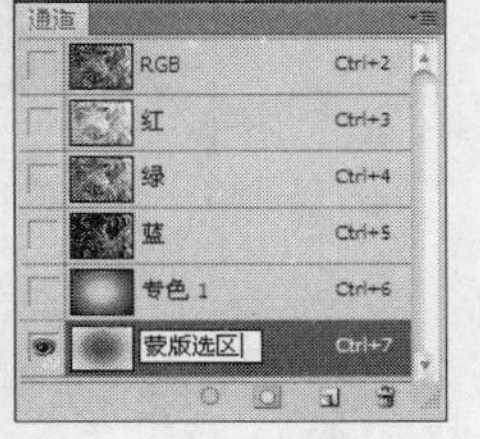

图10-20

技巧与提示

注意，默认的颜色通道的名称是不能进行重命名的。

10.3.5 新建Alpha/专色通道

1.新建Alpha通道

如果要新建Alpha通道，可以在“通道”面板下面单击“创建新通道”，如图10-21和图10-22所示。

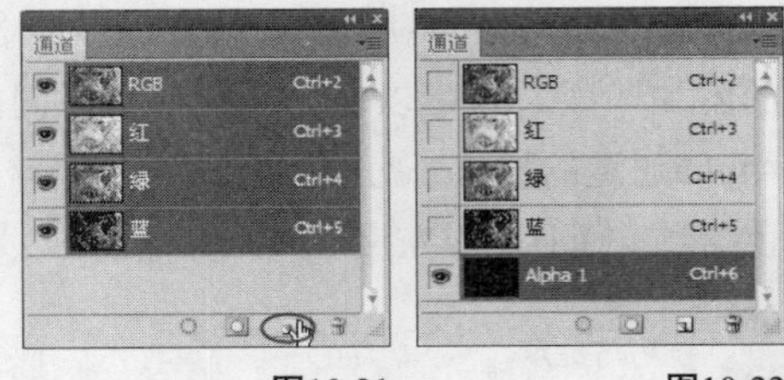

图10-21　　图10-22

2.新建专色通道

如果要新建专色通道，可以在“通道”面板的菜单中选择“新建专色通道”命令，如图10-23和图10-24所示。

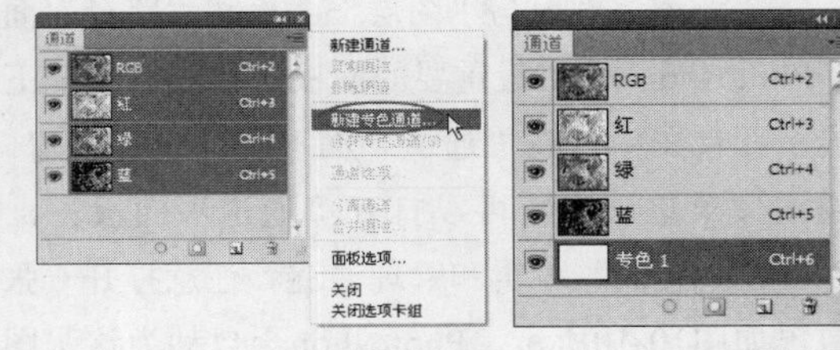

图10-23　　图10-24

10.3.6 复制通道

如果要复制通道，可以采用以下3种方法来完成（注意，不能复制复合通道）。

第1种：在面板菜单中选择“复制通道”命令，即可将当前通道复制出一个副本，如图10-25和图10-26所示。

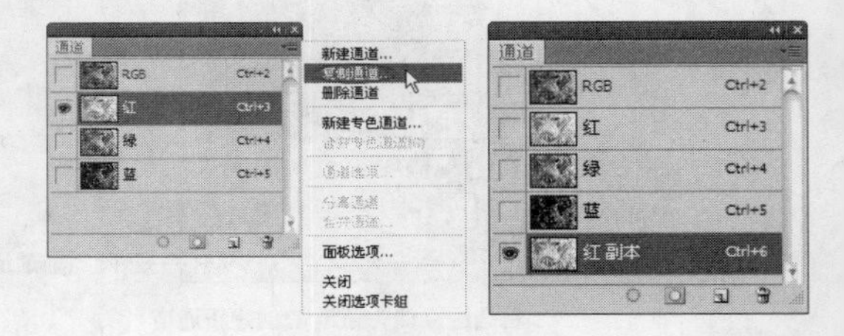

图10-25　　图10-26

第2种：在通道上单击鼠标右键，然后在弹出的菜单中选择“复制通道”命令，如图10-27所示。

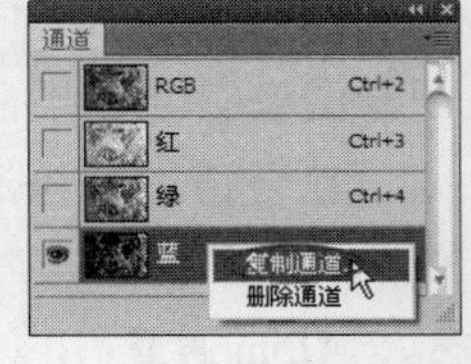

图10-27

第3种：直接将通道拖曳到“创建新通道”按钮上，如图10-28所示。

图10-28

课堂案例

将通道中的内容复制到图层中

案例位置 DVD>案例文件>CH10>课堂案例——将通道中的内容复制到图层中.psd
视频位置 DVD>多媒体教学>CH10>课堂案例——将通道中的内容复制到图层中.flv
难易指数 ★★☆☆☆
学习目标 学习如何复制通道中的图像

将通道中的内容复制到图层中的最终效果如图10-29所示。

图10-29

01 打开本书配套光盘中的“素材文件>CH10>素材01.jpg”文件，如图10-30所示。

图10-30

02 打开本书配套光盘中的“素材文件>CH10>素材02.jpg”文件，如图10-31所示，然后切换到“通道”面板，单独选择“蓝”通道，接着按Ctrl+A组合键全选通道中的图像，最后按Ctrl+C组合键复制图像，如图10-32所示。

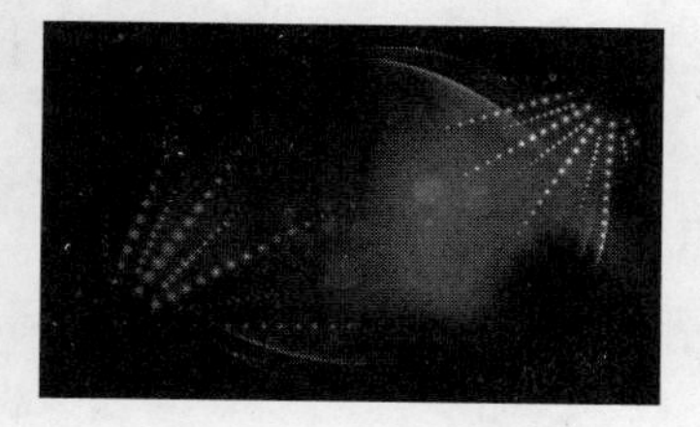

图10-31

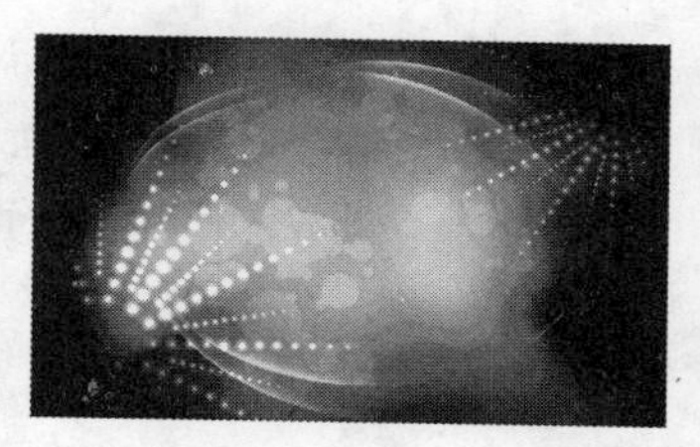

图10-32

03 切换到人像文档窗口，然后按Ctrl+V组合键将复制的图像粘贴到当前文档，此时Photoshop将生成一个新的“图层1”，效果如图10-33所示。

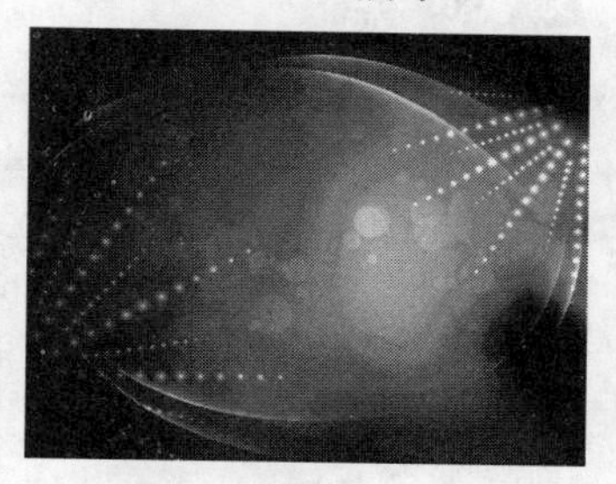

图10-33

04 设置“图层1”的“混合模式”为“滤色”、“不透明度”为66%，最终效果如图10-34所示。

图10-34

10.3.7 删除通道

复杂的Alpha通道会占用很大的磁盘空间，因此在保存图像之前，可以删除无用的Alpha通道和专色通道。如果要删除通道，可以采用以下两种方法来完成。

第1种：将通道拖曳到“通道”面板下面的“删除当前通道”按钮上，如图10-35和图10-36所示。

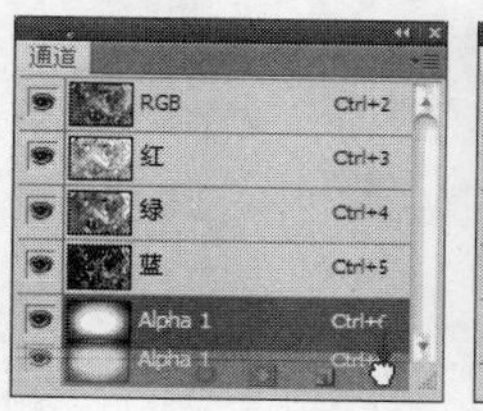

图10-35

图10-36

第2种：在通道上单击鼠标右键，然后在弹出的菜单中选择“删除通道”命令，如图10-37所示。

图10-37

知 识 点

删除颜色通道时，特别要注意，如果删除的是红、绿、蓝通道中的一个，那么RGB通道也会被删除，如图10-38和图10-39所示；如果删除的是RGB通道，那么将删除Alpha通道和专色通道以外的所有通道，如图10-40所示。

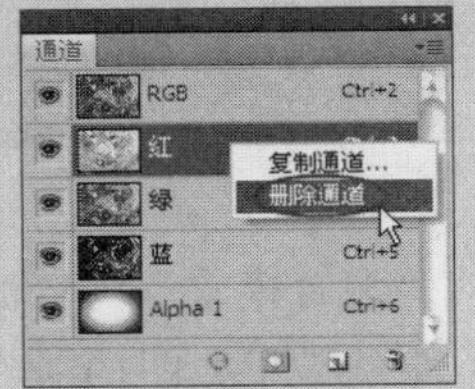

图10-38

图10-39

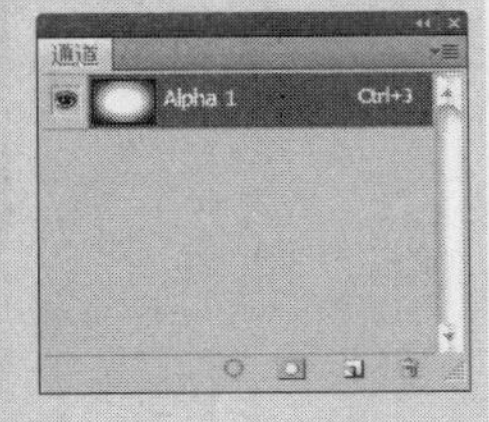

图10-40

10.3.8 合并通道

可以将多个灰度图像合并为一个图像的通道。要合并的图像必须具备3个特点，分别是图像必须为灰度模式，并且已被拼合；具有相同的像素尺寸；处于打开状态。

技巧与提示

已打开的灰度图像的数量决定了合并通道时可用的颜色模式。比如，4张图像可以合并为一个 RGB图像或CMYK图像。

课堂案例

合并通道并创建梦幻人像

案例位置　DVD>案例文件>CH10>课堂案例——合并通道并创建梦幻人像.psd

视频位置　DVD>多媒体教学>CH10>课堂案例——合并通道并创建梦幻人像.flv

难易指数　★★☆☆☆

学习目标　学习如何合并通道

合并通道并创建梦幻人像的最终效果如图10-41所示。

图10-41

01 打开本书配套光盘中的“素材文件>CH10>素材03.jpg、素材04.jpg、素材05jpg和素材06.jpg”文件，如图10-42~图10-45所示。

图10-42

图10-43

图10-44

图10-45

技巧与提示

这4张素材的大小都为1920像素×1200像素，并且都是RGB图像。

02 对4张图像都执行“图像>模式>灰度”菜单命令，将其转换为灰度图像，然后在第1张图像的“通道”面板菜单中选择“合并通道”命令，如图10-46所示，打开“合并通道”对话框，设置“模式”为“CMYK颜色”模式，如图10-47所示。

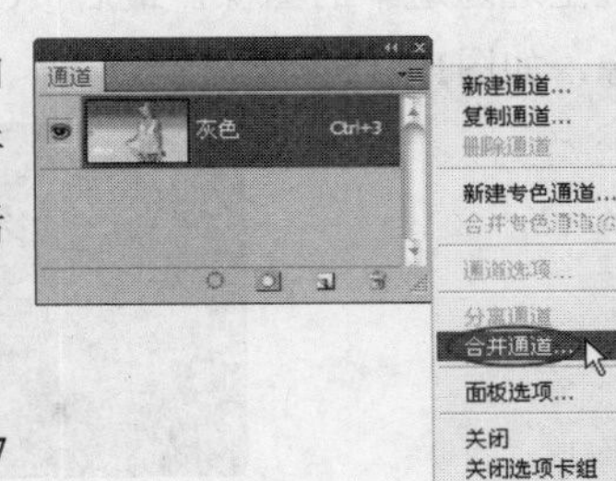

图10-46

图10-47

03 在“合并通道”对话框中单击“确定”按钮，打开“合并CMYK通道”对话框，在该对话框中可以选择以哪个图像来作为青色、洋红色、黄色和黑色通道，如图10-48所示。选择好通道图像后单击“确定”按钮，此时在“通道”面板中会出现一个CMYK颜色模式的图像，如图10-49所示，最终效果如图10-50所示。

图10-48 图10-49

图10-50

10.3.9 分离通道

打开一张图像，如图10-51所示，这是一张RGB颜色模式的图像，在“通道”面板的菜单中选择“分离”通道命令，如图10-52所示，可以将红、绿、蓝3个通道单独分离成3张灰度图像（会自动关闭彩色图像），同时每个图像的灰度都与之前的通道灰度相同，如图10-53所示。

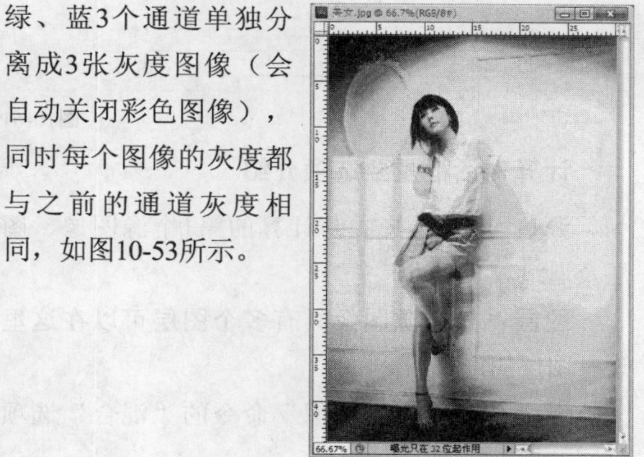

图10-51

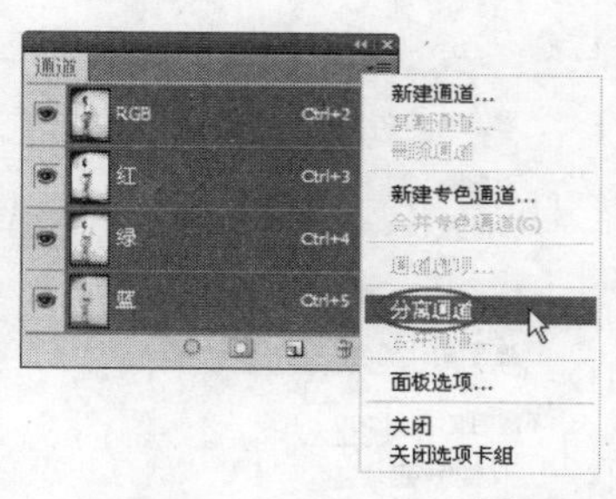

图10-52

图10-53

10.4 通道的高级操作

通道的功能非常强大，它不仅可以用来存储选区，还可以用来混合图像、制作选区、调色抠图等。

10.4.1 用应用图像命令混合通道

打开一个文档，如图10-54所示，这个文档中包含一个人像和一个光效，如图10-55所示。下面就以这个文档来讲解如何使用“应用图像”命令来混合通道。

图10-54 图10-55

选择“图层1”，然后执行“图像>应用图像”菜单命令，打开“应用图像”对话框，如图10-56所示。“应用图像”命令可以将作为“源”的图像的图层或通道与作为“目标”的图像的图层或通道进行混合。

应用图像
源(S): 美女.psd
图层(L): 背景
通道(C): RGB
反相(I)
确定
取消
预览(P)
目标：美女.psd(图层 1, RGB)
混合(B): 滤色
不透明度(O): 100 %
保留透明区域(T)
蒙版(K)...

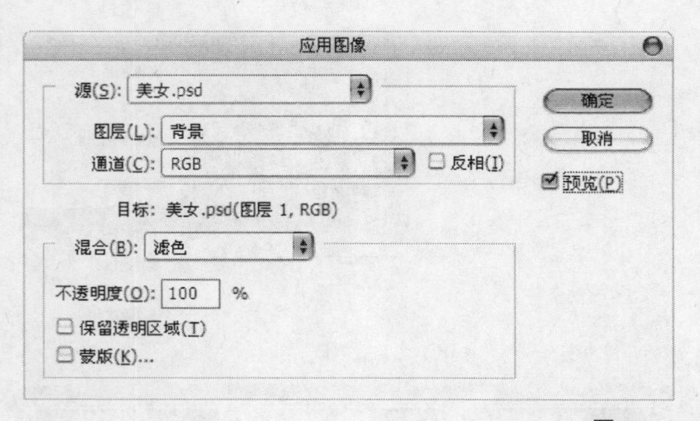

图10-56

应用图像对话框重要选项介绍

源：该选项组主要用来设置参与混合的源对象。“源”选项用来选择混合通道的文件（必须是打开的文档才能进行选择）；“图层”选项用来选择参与混合的图层；“通道”选项用来选择参与混合的通道；“反相”选项可以使通道先反相，然后再进行混合，如图10-57所示。

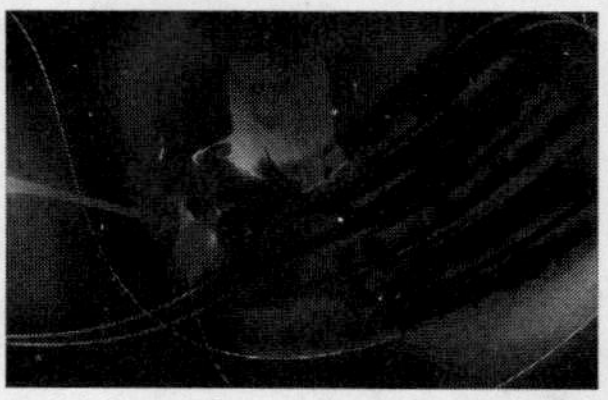

图10-57

目标：显示被混合的对象。

混合：该选项组用于控制“源”对象与“目标”对象的混合方式。“混合”选项用于设置混合模式，图10-58所示为“滤色”混合效果；“不透明度”选项用来控制混合的程度；勾选“保留透明区域”选项，可以将混合效果限定在图层的不透明区域范围内；勾选“蒙版”选项，可以显示出“蒙版”的相关选项，如图10-59所示，我们可以选择任何颜色通道和Alpha通道来作为蒙版。

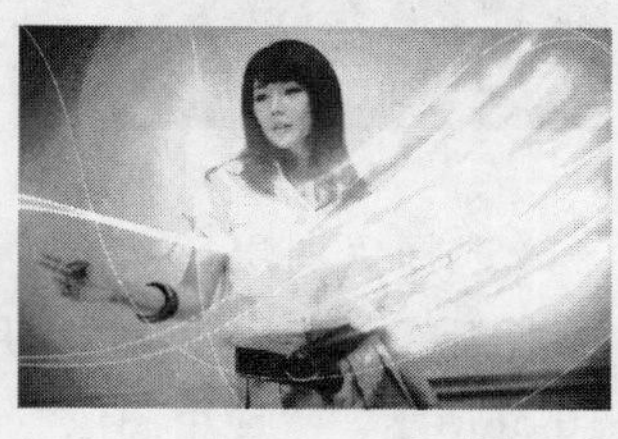

图10-58

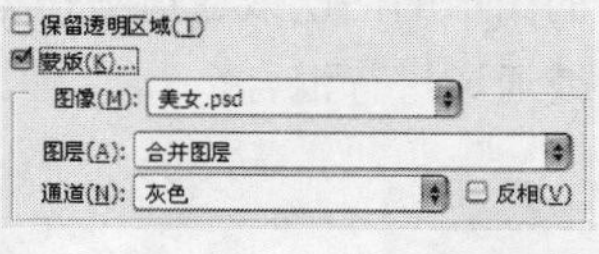

保留透明区域(T)
蒙版(K)...
图像(M): 美女.psd
图层(A): 合并图层
通道(N): 灰色
反相(V)

图10-59

技巧与提示

在“混合”选项中，有两种非常特殊的混合方式，即“相加”与“减去”模式。这两种模式是通道独特的混合模式，“图层”面板中不具备这两种混合模式。

相加：这种混合方式可以增加两个通道中的像素值。“相加”模式是在两个通道中组合非重叠图像的好方法，因为较高的像素值代表较亮的颜色，所以向通道添加重叠像素使图像变亮。

减去：这种混合方式可以从目标通道中相应的像素上减去源通道中的像素值。

10.4.2 用计算命令混合通道

“计算”命令可以混合两个来自一个源图像或多个源图像的单个通道，得到的混合结果可以是新的灰度图像或选区、通道。打开一张图像，如图10-60所示，然后执行“图像>计算”菜单命令，打开“计算”对话框，如图10-61所示。

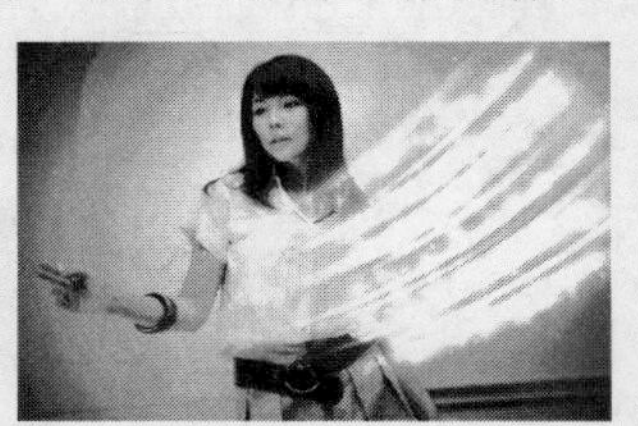

图10-60

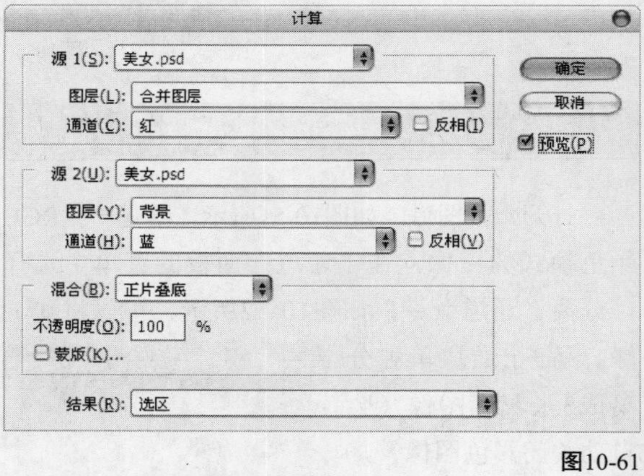

计算
源 1(S): 美女.psd
图层(L): 合并图层
通道(C): 红
反相(I)
确定
取消
预览(P)
源 2(U): 美女.psd
图层(Y): 背景
通道(H): 蓝
反相(V)
混合(B): 正片叠底
不透明度(O): 100 %
蒙版(K)...
结果(R): 选区

图10-61

计算对话框重要选项介绍

源1：用于选择参与计算的第1个源图像、图层及通道。

图层：如果源图像具有多个图层可以在这里进行图层的选择。

混合：与“应用图像”命令的“混合”选项相同。

结果：选择计算完成后生成的结果。选择“新建的文档”方式，可以得到一个灰度图像，如图10-62所示；选择“新建的通道”方式，可以将计算结果保存到一个新的通道中，如图10-63所示；选择“选区”方式，可以生成一个新的选区，如图10-64所示。

图10-62

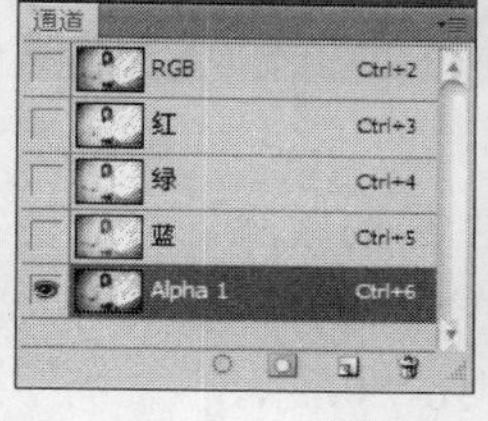

图10-63

图10-64

10.4.3 用通道调整颜色

通道调色是一种高级调色技术。我们可以对一张图像的单个通道应用各种调色命令，从而达到调整图像中单种色调的目的。打开一张图像，如图10-65所示，下面就用这张图像和“曲线”命令来介绍如何用通道调色。

图10-65

单独选择“红”通道，按Ctrl+M组合键打开“曲线”对话框，将曲线向上调节，可以增加图像中的红色数量，如图10-66所示；将曲线向下调节，则可以减少图像中的红色，如图10-67所示。

图10-66

图10-67

单独选择“绿”通道，将曲线向上调节，可以增加图像中的绿色数量，如图10-68所示；将曲线向下调节，则可以减少图像中的绿色，如图10-69所示。

图10-68

图10-69

单独选择“蓝”通道，将曲线向上调节，可以增加图像中的蓝色数量，如图10-70所示；将曲线向下调节，则可以减少图像中的蓝色，如图10-71所示。

图10-70

图10-71

课堂案例

用通道调出唯美青色调照片

案例位置　DVD>案例文件>CH10>课堂案例——用通道调出唯美青色调照片.psd
视频位置　DVD>多媒体教学>CH10>课堂案例——用通道调出唯美青色调照片.flv
难易指数　★★★★☆
学习目标　学习如何使用通道调整图像的色调

用通道调出唯美青色调照片的最终效果如图10-72所示。

图10-72

01 打开本书配套光盘中的“素材文件>CH10>素材07.jpg”文件，如图10-73所示。

02 按Ctrl+J组合键将“背景”图层复制一层，然后单独选择“绿”通道，并按Ctrl+A组合键全选图像，接着按Ctrl+C组合键复制图像，如图10-74所示。

图10-73

图10-74

03 选择“蓝”通道，然后按Ctrl+V组合键粘贴图像，可以观察到图像整体发生了明显的颜色变化，如图10-75所示。

图10-75

04 新建一个“色彩平衡”调整图层，然后在“调整”面板中设置“青色-红色”为-22、“洋红-绿色”为30、“黄色-蓝色”为13，如图10-76所示，效果如图10-77所示。

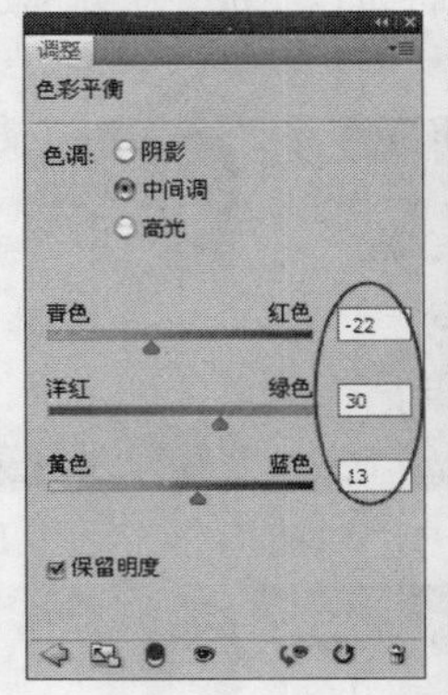

图10-76　图10-77

05 选择“色彩平衡”调整图层的蒙版，然后使用黑色“画笔工具”在人像上涂抹，取消对人像的调整，完成后的效果如图10-78所示。

图10-78

06 新建一个“曲线”调整图层，然后调节好曲线的形状，如图10-79所示，最终效果如图10-80所示。

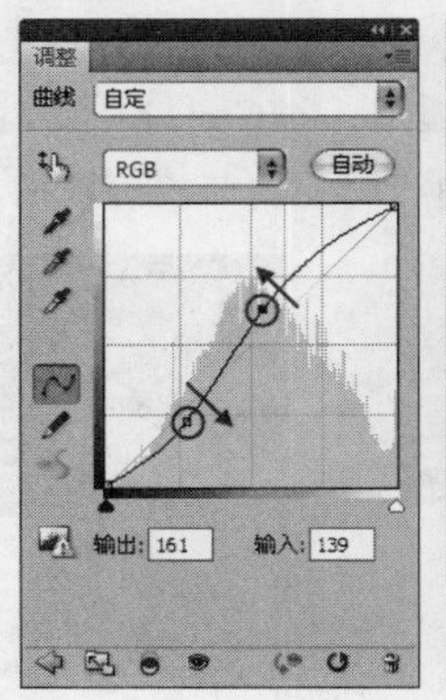

图10-79　图10-80

10.4.4 用通道抠图

使用通道抠取图像是一种非常主流的抠图方法，常用于抠选毛发、云朵、烟雾以及半透明的婚纱等。通道抠图主要是利用图像的色相差别或明度差别来创建选区，在操作过程中可以多次重复使用“亮度/对比度”、“曲线”、“色阶”等调整命令，以及画笔、加深、减淡等工具对通道进行调整，以得到最精确的选区，图10-81和图10-82所示的分别是原图和原图中将穿婚纱的人像抠选出来并更换背景后的效果。

图10-81

图10-82

课堂案例

用通道抠取毛茸茸的可爱小狗

案例位置	DVD>案例文件>CH10>课堂案例——用通道抠取毛茸茸的可爱小狗.psd
视频位置	DVD>多媒体教学>CH10>课堂案例——用通道抠取毛茸茸的可爱小狗.flv
难易指数	★★★★★
学习目标	学习如何使用通道抠取边缘很细密的对象

用通道抠取毛茸茸的可爱小狗的最终效果如图10-83所示。

图10-83

01 打开本书配套光盘中的“素材文件>CH10>素材08.jpg”文件，如图10-84所示。

图10-84

02 新建一个“色相/饱和度”调整图层，然后在“调整”面板中设置“色相”为36、“饱和度”为34，如图10-85所示，效果如图10-86所示。

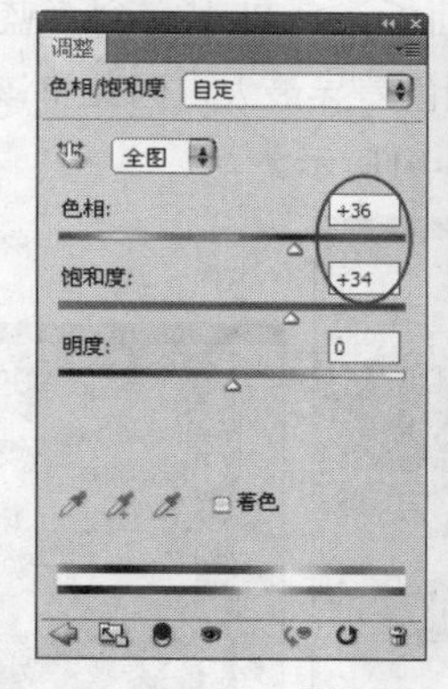

图10-85

图10-86

03 导入本书配套光盘中的“素材文件>CH10>素材09.jpg”文件，并将新生成的图层命名为“小狗背景”，然后将其放置在如图10-87所示的位置。

图10-87

04 为“小狗背景”图层添加一个图层蒙版，然后在图层蒙版中使用黑色“画笔工具”在两张图像的衔接处进行涂抹，如图10-88所示，效果如图10-89所示。

图10-88

图10-89

05 选择“背景”图层，按Ctrl+J组合键复制一个“小狗”图层，然后将其放置在“小狗背景”的上一层，如图10-90所示。

06 切换到“通道”面板，可以观察到“蓝”通道中小狗颜色与背景颜色差异最大，因此将该通道复制一个副本，如图10-91所示。

图10-90

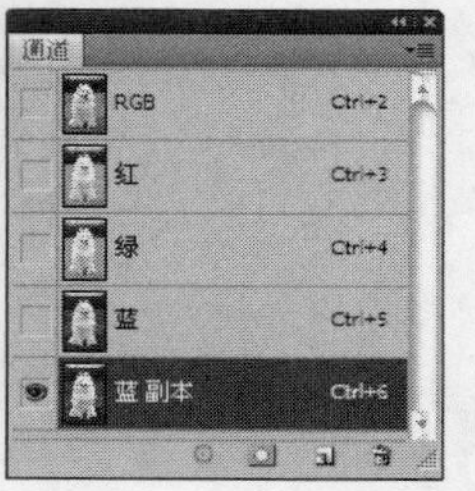

图10-91

07 按Ctrl+M组合键打开“曲线”对话框，然后将曲线调节成如图10-92所示的形状，效果如图10-93所示。

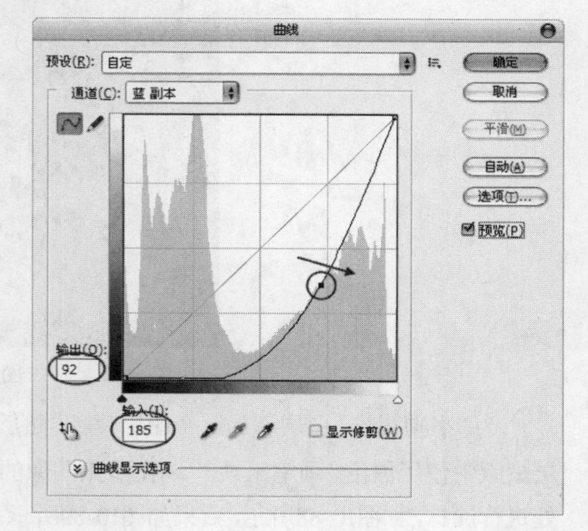

图10-92

图10-93

08 选择“减淡工具”，然后在选项栏中设置“范围”为“高光”，接着在小狗的边缘以及身体部分涂抹，使其成为白色，如图10-94所示。

图10-94

09 选择“画笔工具”，设置前景色为白色，然后在小狗身上涂抹，将小狗内部的黑色区域涂抹成白色区域，如图10-95所示；设置前景色为黑色，然后将背景区域全部涂成黑色，如图10-96所示。

图10-95

图10-96

10 按住Ctrl键的同时单击“蓝副本”通道的缩略图，载入其选区，如图10-97所示。

11 切换到“图层”面板，然后为“小狗”图层添加一个图层蒙版，这样就将小狗完整地抠选出来了，最终效果如图10-98所示。

图10-97

图10-98

10.5 本章小结

本章主要讲解了通道的类型以及操作。在基本操作中着重讲解了怎么样新建、删除、合并、分离通道。在通道的高级操作中主要讲解了怎么样利用通道调色以及抠图。

通过本章的学习，需要熟悉通道的基本操作，重点掌握利用通道对图像调色以及抠图。

10.6 课后习题

在实际工作中，通道是处理图像的最重要的工具之一。它主要用来抠图以及处理一些特殊效果。

在本章将安排两个课后习题供读者练习，这两个课后习题都是针对本章重点知识，希望大家认真练习。

10.6.1 课后习题1——使用移除通道打造炫彩效果

实例文件	DVD>案例文件>CH10>课后习题1——使用移除通道打造炫彩效果.psd
视频教学	DVD>多媒体教学>CH10>课后习题1——使用移除通道打造炫彩效果.flv
难易指数	★★☆☆☆
练习目标	练习使用“移除通道”技术调出炫彩效果

使用移除通道打造炫彩效果的最终效果如图10-99所示。

图10-99

步骤分解如图10-100所示。

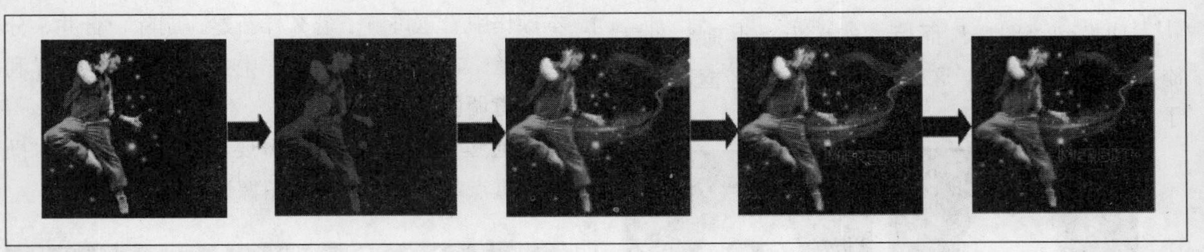

图10-100

10.6.2 课后习题2——用通道抠选头发并制作插画

实例文件	DVD>案例文件>课后习题2>用通道抠选头发并制作插画.psd
视频教学	DVD>多媒体教学>CH10>课后习题2——用通道抠选头发并制作插画.flv
难易指数	★★★★★
练习目标	练习使用通道抠选头发

用通道抠选头发并制作插画的最终效果如图10-101所示。

图10-101

步骤分解如图10-102所示。

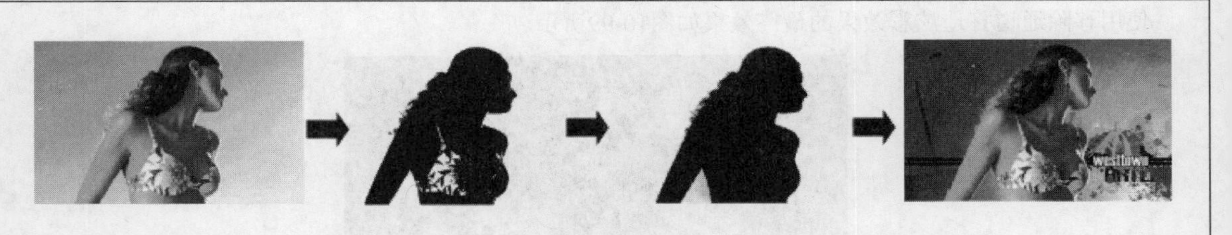

图10-102

第11章

滤镜

本章主要介绍滤镜的基本应用知识、应用技巧与各种滤镜组的艺术效果。通过本章的学习应该了解滤镜的基础知识以及使用技巧与原则，熟悉并掌握各种滤镜组的艺术效果，以便能快速、准确地创作出精彩的图像。

课堂学习目标

认识滤镜和滤镜库
掌握智能滤镜的使用方法
掌握滤镜的使用原则与相关技巧
掌握各个滤镜组的功能与特点

11.1 认识滤镜和滤镜库

滤镜是Photoshop最重要的功能之一，主要用来制作各种特殊效果。滤镜的功能非常强大，不仅可以调整照片，而且可以创作出绚丽无比的创意图像，如图11-1和图11-2所示。另外，滤镜还可以将图像转换为素描、印象派绘画等特殊艺术效果。

图11-1

图11-2

Photoshop中的滤镜可以分特殊滤镜、滤镜组和外挂滤镜。Adobe公司提供的内置滤镜显示在“滤镜”菜单中。第3方开发商开发的滤镜可以作为增效工具使用，在安装外挂滤镜后，这些增效工具滤镜将出现在“滤镜”菜单的底部。

11.1.1 Photoshop中的滤镜

Photoshop CS5中的滤镜多达100余种，其中“抽出”、“滤镜库”、“镜头校正”、“液化”和“消失点”滤镜属于特殊滤镜，“风格化”、“画笔描边”、“模糊”、“扭曲”、“锐化”、“视频”、“素描”、“纹理”、“像素化”、“渲染”、“艺术效果”、“杂色”和“其它”属于滤镜组，如果安装了外挂滤镜，在“滤镜”菜单的底部会显示出来，如图11-3所示。

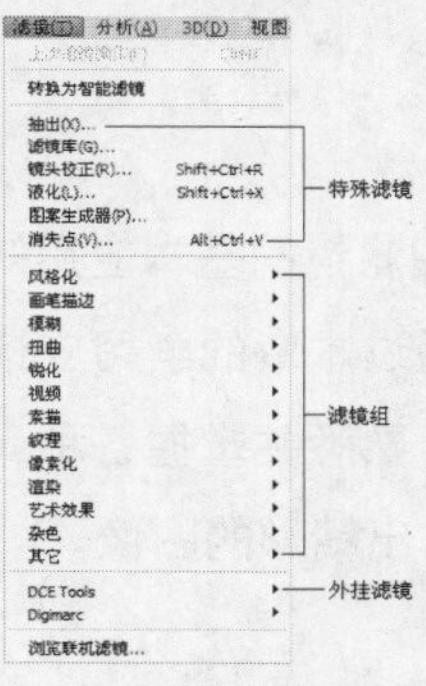

图11-3

从功能上可以将滤镜分为3大类，分别是修改类滤镜、创造类滤镜和复合类滤镜。修改类滤镜主要用于调整图像的外观，例如“画笔描边”滤镜、“扭曲”滤镜、“像素化”滤镜等；创造类滤镜可以脱离原始图像进行操作，例如“云彩”滤镜；复合滤镜与前两种差别较大，它包含自己独特的工具，例如“液化”、“抽出”滤镜等。

11.1.2 智能滤镜

应用于智能对象的任何滤镜都是智能滤镜，智能滤镜属于“非破坏性滤镜”。由于智能滤镜的参数是可以调整的，因此可以调整智能滤镜的作用范围，或将其进行移除、隐藏等操作，如图11-4所示。

要使用智能滤镜，首先需要将普通图层转换为智能对象。在普通图层的缩略图上单击鼠标右键，在弹出的菜单中选择“转换为智能对象”命令，即可将普通图层转换为智能对象，如图11-5所示。

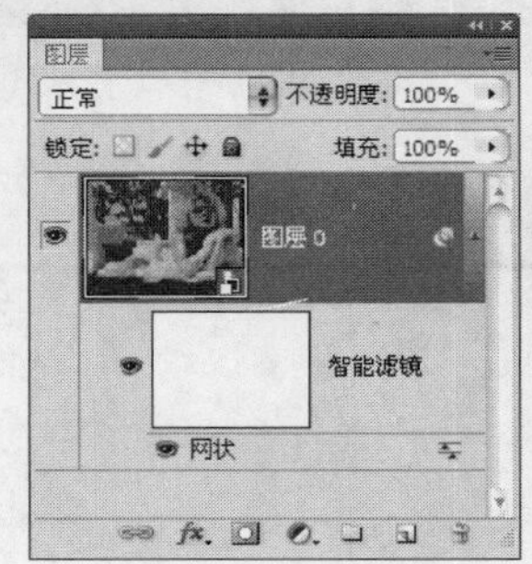

图11-4

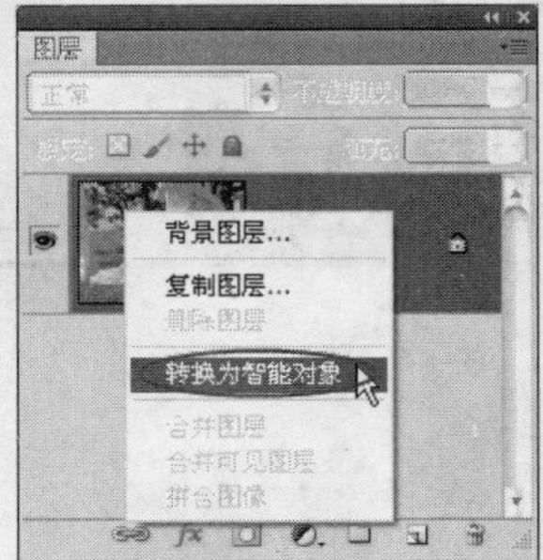

图11-5

智能滤镜包含一个类似于图层样式的列表，因此可以隐藏、停用和删除滤镜，如图11-6和图11-7所示。另外，还可以设置智能滤镜与图像的混合模式，双击滤镜名称右侧的图标，可以在弹出的“混合选项”对话框中调节滤镜的“模式”和“不透明度”，如图11-8所示。

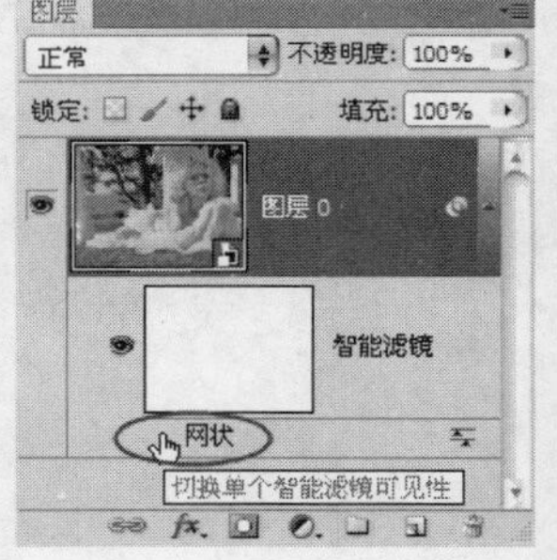

图11-6

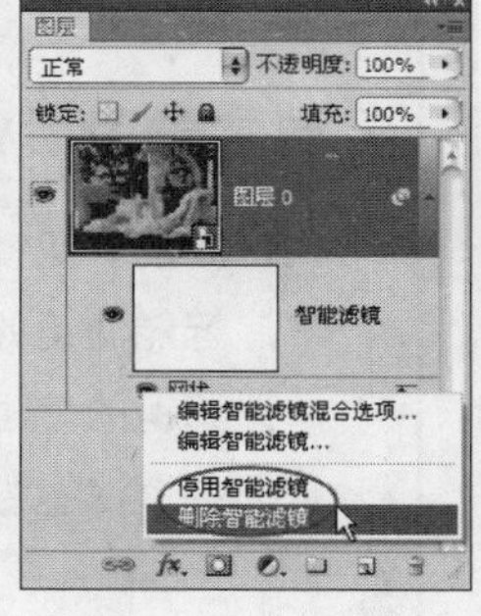

图11-7

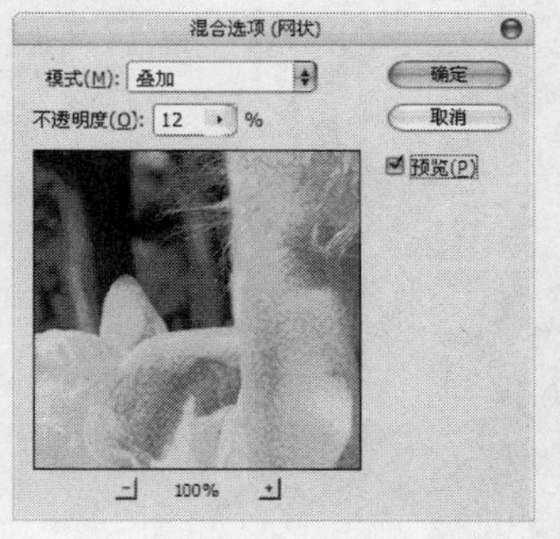

图11-8

11.1.3 滤镜库

滤镜库是一个集合了大部分常用滤镜的对话框，如图11-9所示。在滤镜库中，可以对一张图像应用一个或多个滤镜，或对同一图像多次应用同一滤镜，另外还可以使用其他滤镜替换原有的滤镜。

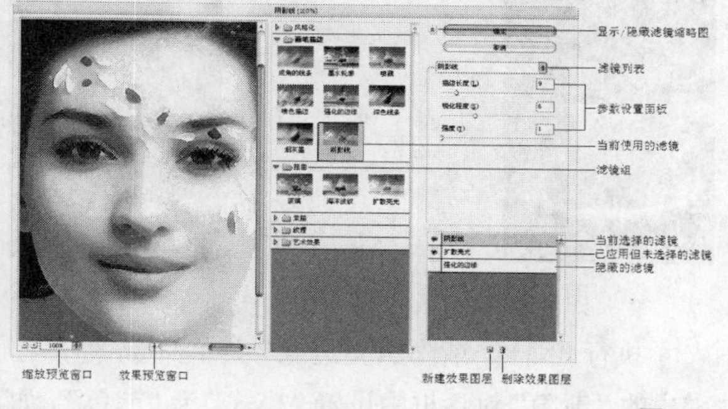

图11-9

技巧与提示

选择一个滤镜效果图层以后，使用鼠标左键可以向上或向下调整该图层的位置。效果图层的顺序对图像效果有影响。

11.1.4 滤镜使用原则与技巧

在使用滤镜时，掌握了其使用原则和使用技巧，可以大大提高工作效率。

使用滤镜处理图层中的图像时，该图层必须是可见图层。

如果图像中存在选区，则滤镜效果只应用在选区之内，如图11-10所示；如果没有选区，则滤镜效果将应用于整个图像，如图11-11所示。

图11-10　图11-11

滤镜效果以像素为单位进行计算，因此，相同参数处理不同分辨率的图像，其效果也不一样。

只有"云彩"滤镜可以应用在没有像素的区域，其余滤镜都必须应用在包含像素的区域（某些外挂滤镜除外）。

滤镜可以用来处理图层蒙版、快速蒙版和通道。

在CMYK颜色模式下，某些滤镜将不可用；在索引和位图颜色模式下，所有的滤镜都不可用。如果要对CMYK图像、索引图像和位图图像应用滤镜，可以执行"图像>模式>RGB颜色"菜单命令，将图像模式转换为RGB颜色模式后，再应用滤镜。

当应用完一个滤镜以后，"滤镜"菜单下的第1行会出现该滤镜的名称，如图11-12所示。执行该命令或按Ctrl+F组合键，可以按照上一次应用该滤镜的参数配置再次对图像应用该滤镜。另外，按Alt+Ctrl+F组合键可以打开滤镜的对话框，对滤镜参数进行重新设置。

在任何一个滤镜对话框中按住Alt键，"取消"按钮 取消 都将变成"复位"按钮 复位 ，如图11-13所示。单击"复位"按钮 复位 ，可以将滤镜参数恢复到默认设置。

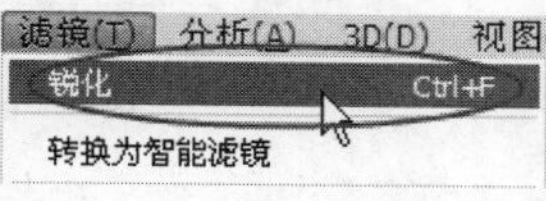

图11-12　图11-13

滤镜的顺序对滤镜的总体效果有明显的影响，比如在图11-14中，"龟裂缝"滤镜位于"水彩画纸"滤镜之上，图像效果如图11-15所示。如果将"龟裂缝"滤镜拖曳到"水彩画纸"滤镜之下，图像效果将会发生很明显的变化，如图11-16所示。

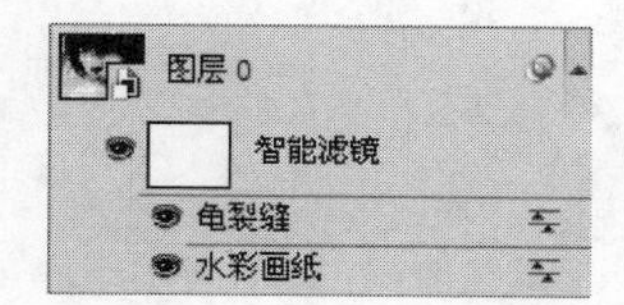

图11-14

图11-15　图11-16

在应用滤镜的过程中，如果要终止处理，可以按Esc键。

在应用滤镜时，通常会弹出该滤镜的对话框或滤镜库，在预览窗口中可以预览滤镜效果，同时可以拖曳图像，以观察其他区域的效果。单击-按钮和+按钮可以缩放图像的显示比例。另外，在图像的某个点上单击，在预览窗口中就会显示出该区域的效果。

11.1.5 渐隐滤镜效果

"渐隐"命令可以更改任何滤镜、绘画工具、橡皮擦工具或颜色调整的不透明度和混合模式，图11-17所示的是使用"渐隐"命令之前的"染色玻璃"滤镜效果，图11-18所示是使用"渐隐"命令之后的"染色玻璃"滤镜效果。

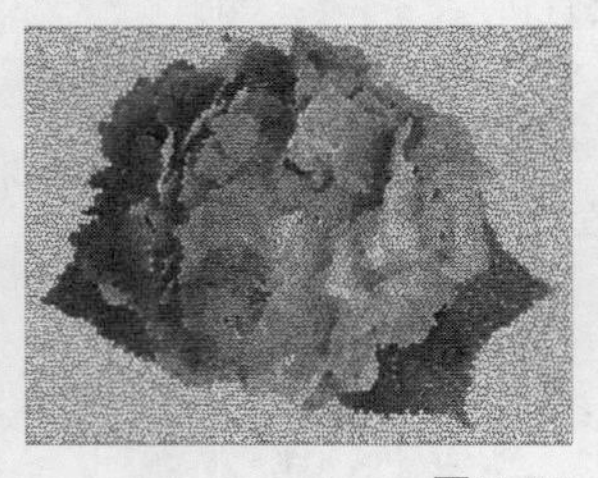

图11-17

图11-18

课堂案例

渐隐滤镜的发光效果

案例位置	DVD>案例文件>CH11>课堂案例——渐隐滤镜的发光效果.psd
视频位置	DVD>多媒体教学>CH11>课堂案例——渐隐滤镜的发光效果.flv
难易指数	★★★☆☆
学习目标	学习如何渐隐滤镜的效果

渐隐滤镜的发光效果的最终效果如图11-19所示。

图11-19

01 打开本书配套光盘中的"素材文件>CH11>素材01.jpg"文件，如图11-20所示。

02 按Ctrl+J组合键复制一个"背景副本"图层，然后执行"滤镜>风格化>照亮边缘"菜单命令，接着在弹出的"照亮边缘"对话框中设置"边缘宽度"为3、"边缘亮度"为20、"平滑度"为13，如图11-21所示，效果如图11-22所示。

图11-20

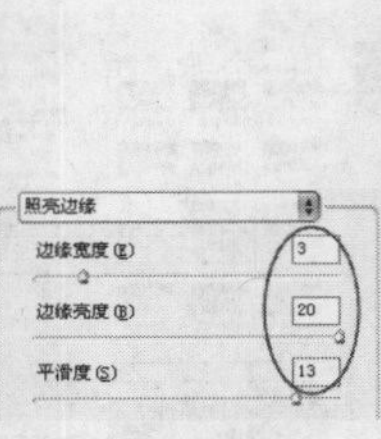

图11-21

图11-22

03 执行"编辑>渐隐照亮边缘"菜单命令，然后在弹出的"渐隐"对话框中设置"模式"为"滤色"，如图11-23所示，图像效果如图11-24所示。

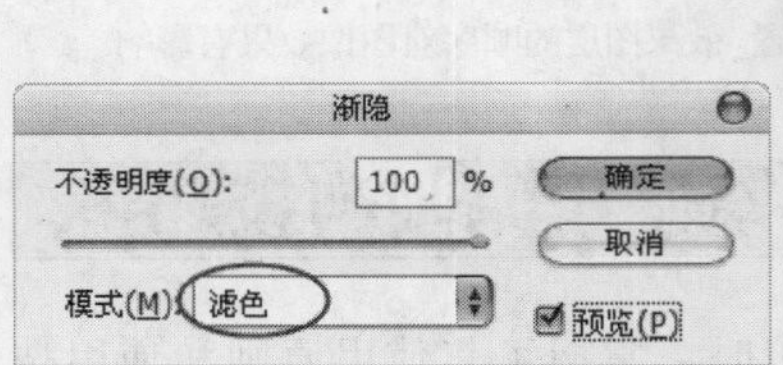

图11-23

图11-24

技巧与提示

"渐隐"命令必须在进行了编辑操作之后立即执行，如果这中间又进行其他操作，则该命令会发生相应的变化。

04 打开本书配套光盘中的"素材文件>CH11>素材02.jpg"文件，然后将其拖曳到"素材01.jpg"操作界面中，如图11-25所示。

05 设置"图层1"的混合模式为"变亮"，效果如图11-26所示，然后制作出底部的暗调效果，最终效果如图11-27所示。

图11-25

图11-26

图11-27

11.2 特殊滤镜

特殊滤镜包括“抽出”滤镜、“镜头校正”滤镜、“液化”滤镜、“图案生成器”滤镜和“消失点”滤镜。这些滤镜都拥有自己的工具，功能相当强大。

本节重要命令介绍

名称	作用	重要程度
滤镜>抽出	用于隔离前景对象来抠取图像	高
滤镜>镜头校正	用于修复常见的镜头瑕疵、图像透视错误、旋转图像	中

11.2.1 抽出

“抽出”滤镜的功能非常强大，它可以隔离前景对象，通常用来抠取图像。即使对象的边缘很复杂，甚至无法确定，都可以使用“抽出”滤镜将其抠取出来。执行“滤镜>抽出”菜单命令，打开“抽出”对话框，如图11-28示。

图11-28

抽出对话框重要工具与选项介绍

边缘高光器工具：当抽出对象时，Photoshop会将对象的背景抹除为透明，即删除背景。使用“边缘高光器工具”可以沿着对象边缘绘制出要抽取的边缘轮廓，如图11-29示。

图11-29

填充工具：使用该工具可以填充需要保留的区域，使其受保护而不被删除，如图11-30所示。

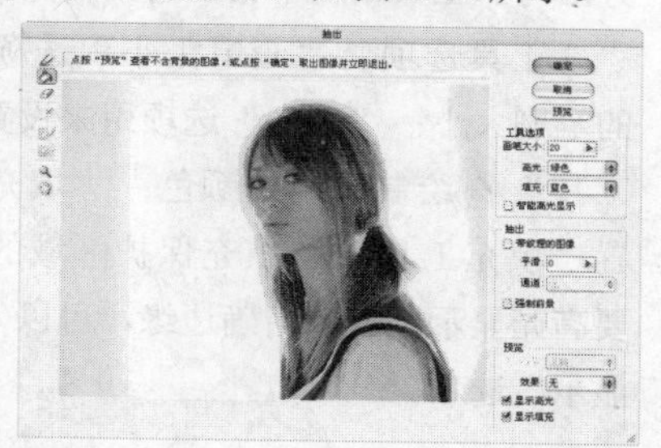

图11-30

橡皮擦工具：在使用“边缘高光器工具”绘制对象边缘时，如果绘制错误，可以使用“橡皮擦工具”将其擦除，然后重新绘制，如图11-31所示。

图11-31

吸管工具：只在参数面板中勾选“强制背景”选项后，该工具才可用，主要用来强制前景的颜色。

清除工具/边缘修饰工具：绘制出边缘高光，并填充颜色以后，单击“预览”按钮，进入预览模式，“清除工具”和“边缘修饰工具”才可用。使用“清除工具”可以清除细节区域，如图11-32所示；使用“边缘修饰工具”可以修饰图像的边缘，使其更加清晰可见，如图11-33所示。

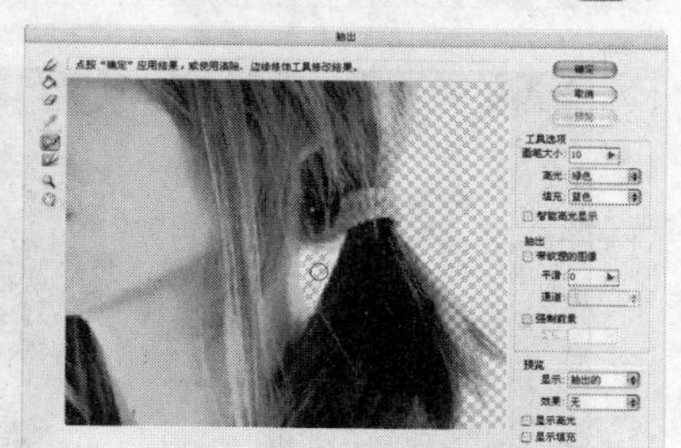

图11-32

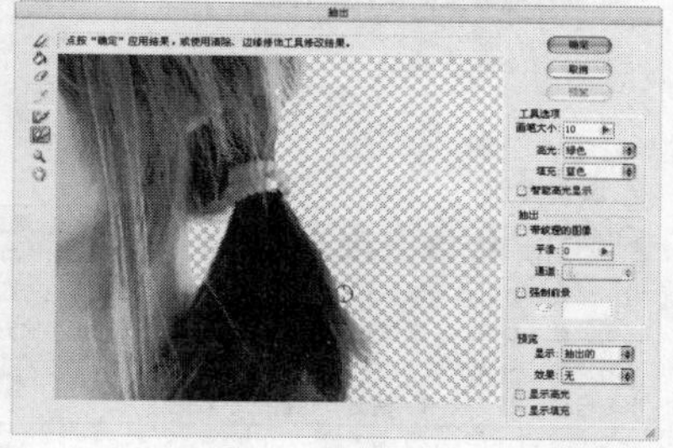

图11-33

缩放工具/抓手工具：这两个工具的使用方法与“工具箱”中相应的工具完全相同。

工具选项：“画笔大小”选项用来设置工具的笔刷大小；“高光”选项用来设置“边缘高光器工具”绘制高光的颜色；“填充”选项用来设置“填充工具”填充保护区域的颜色；如果需要高光显示定义的精确边缘，可以勾选“智能高光显示”选项。

技巧与提示

“画笔大小”选项是一个全局参数。比如设置“画笔大小”为10，那么“边缘高光器工具”、“橡皮擦工具”、“清除工具”和“边缘修饰工具”的画笔大小都为10。

抽出：如果图像的前景或背景包含大量纹理，则应该勾选“带纹理的图像”选项；“平滑”选项用来设置边缘轮廓的平滑程度；从“通道”列表中选择Alpha 通道，可以基于Alpha通道中存储的选区进行高光处理；如果对象非常复杂或者缺少清晰的内部，则应该勾选“强制前景”选项。

预览：“显示”选项用来设置预览的方式，包含“原稿”和“抽出的”两种方式；“效果”选项用来设置查看抽出对象的背景，图11-34所示的是“蒙版”效果；“显示高光”和“显示填充”选项用来设置是否在预览时显示边缘高光和填充效果。

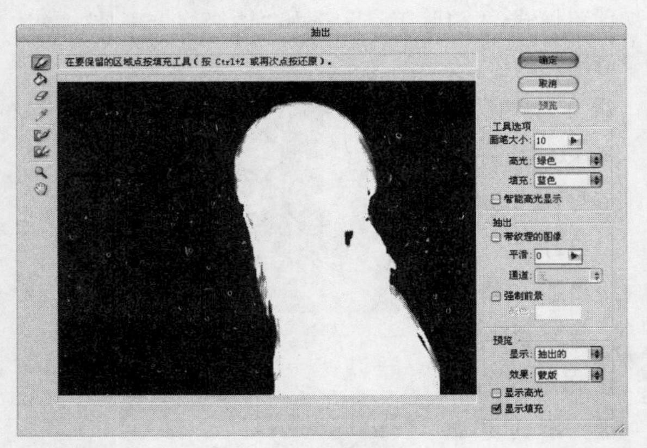

图11-34

课堂案例

利用抽出滤镜抠取猫咪

案例位置	DVD>案例文件>CH11>课堂案例——利用抽出滤镜抠取猫咪.psd
视频位置	DVD>多媒体教学>CH11>课堂案例——利用抽出滤镜抠取猫咪.flv
难易指数	★★★☆☆
学习目标	学习使用“抽出”滤镜抠取毛发

利用抽出滤镜抠取猫咪的最终效果如图11-35所示。

图11-35

01 打开本书配套光盘中的“素材文件>CH11>素材03.jpg”文件，如图11-36所示。

图11-36

02 执行“滤镜>抽出”菜单命令，打开“抽出”对话框，然后设置“画笔大小”为60，接着使用“边缘高光器工具”沿猫咪的边缘轮廓绘制出高光，如图11-37所示。

图11-37

03 使用“填充工具”在猫咪上单击鼠标左键，以填充保护区域，如图11-38所示。

图11-38

04 单击“预览”按钮，观察是否完全抽取，如图11-39所示。如果完全抽取了猫咪，单击“确定”按钮执行抽取操作。

图11-39

05 打开本书配套光盘中的“素材文件>CH11>素材04.jpg”文件，然后将其拖曳到“素材03.jpg”的操作界面中，并将其放置在猫咪的下面，最终效果如图11-40所示。

图11-40

11.2.2 镜头校正

“镜头校正”滤镜可以修复常见的镜头瑕疵，如桶形失真、枕形失真、晕影和色差等，也可以使用该滤镜来旋转图像，或修复由于相机在垂直或水平方向上倾斜而导致的图像透视错误现象（该滤镜只能处理 8位/通道和16位/通道的图像）。执行“滤镜>镜头校正”菜单命令，打开“镜头校正”对话框，如图11-41所示。

图11-41

镜头校正对话框重要工具介绍

移去扭曲工具：使用该工具可以校正镜头桶形失真或枕形失真等。

拉直工具：绘制一条直线，以将图像拉直到新的横轴或纵轴。

移动网格工具：使用该工具可以移动网格，以将其与图像对齐。

抓手工具/缩放工具：这两个工具的使用方法与“工具箱”中相应的工具完全相同。

下面讲解“自定”面板中的参数选项，如图11-42所示。

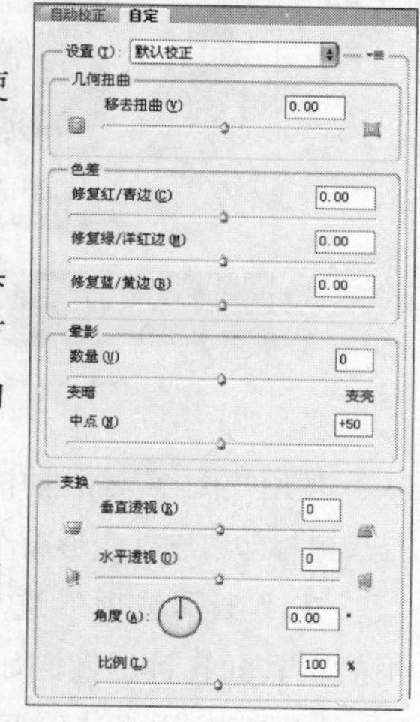

图11-42

自定面板重要参数介绍

几何扭曲：“移去扭曲”选项主要用来校正镜头桶形失真或枕形失真。数值为正时，图像将向外扭曲；数值为负时，图像将向中心扭曲。

色差：用于校正色边。在进行校正时，放大预览窗口的图像，可以清楚地查看色边校正情况。

晕影：校正由于镜头缺陷或镜头遮光处理不当而导致边缘较暗的图像。“数量”选项用于设置沿图像边缘变亮或变暗的程度；“中点”选项用来指定受“数量”数值影响的区域的宽度。

变换：“垂直透视”选项用于校正由于相机向上或向下倾斜而导致的图像透视错误；“水平透视”选项用于校正图像在水平方向上的透视效果示；“比例”选项用来控制镜头校正的比例。

11.2.3 液化

“液化”滤镜是修饰图像和创建艺术效果的强大工具，其使用方法比较简单，但功能相当强大，可以创建推、拉、旋转、扭曲和收缩等变形效果，常用来修改图像的任何区域（“液化”滤镜只能应用于8位/通道或16位/通道的图像）。执行“滤镜>液化”菜单命令，打开“液化”对话框，如图11-43所示。

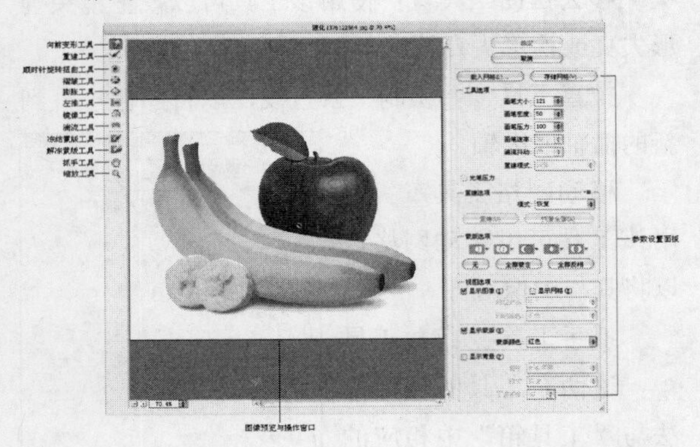

图11-43

使用“液化”对话框中的变形工具在图像上单击并拖曳鼠标即可进行变形操作，变形集中在画笔的中心。

在“工具选项”选项组下，可以设置当前使用的工具的各种属性，如图11-44所示。

“重建选项”选项组下的参数主要用来设置重建方式，以及如何撤销所执行的操作，如图11-45所示。

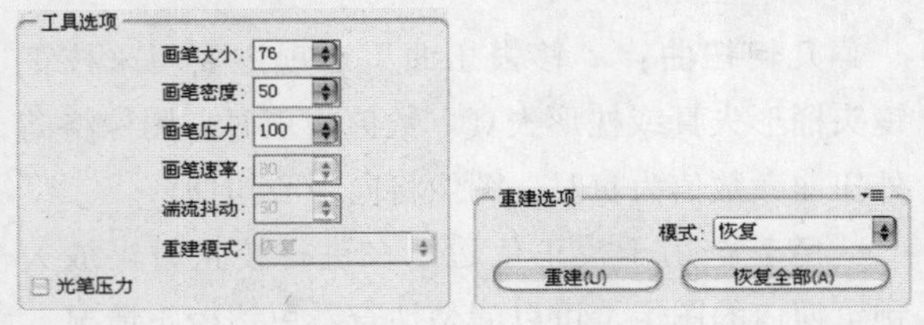

图11-44　　图11-45

如果图像中包含有选区或蒙版，可以通过“蒙版选项”选项组来设置蒙版的保留方式，如图11-46所示。

“视图选项”选项组主要用来显示或隐藏图像、网格和背景。另外，还可以设置网格大小和颜色、蒙版颜色、背景模式和不透明度，如图11-47所示。

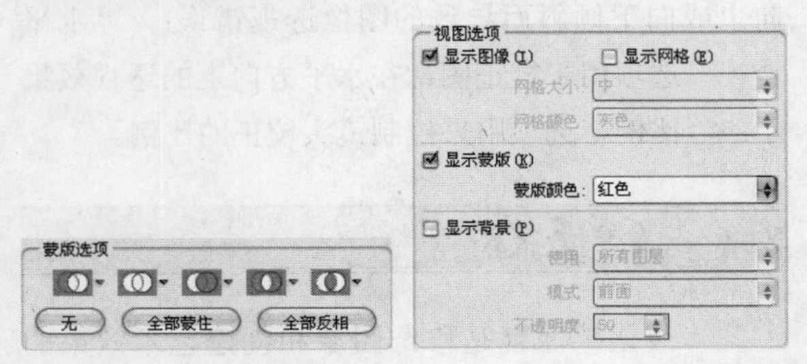

图11-46　　图11-47

11.2.4 图案生成器

“图案生成器”滤镜可以利用图像中的某一部分后剪贴板中的内容生成无数种图案效果。执行“滤镜>图案生成器”菜单命令，打开“图案生成器”对话框，如图11-48所示。

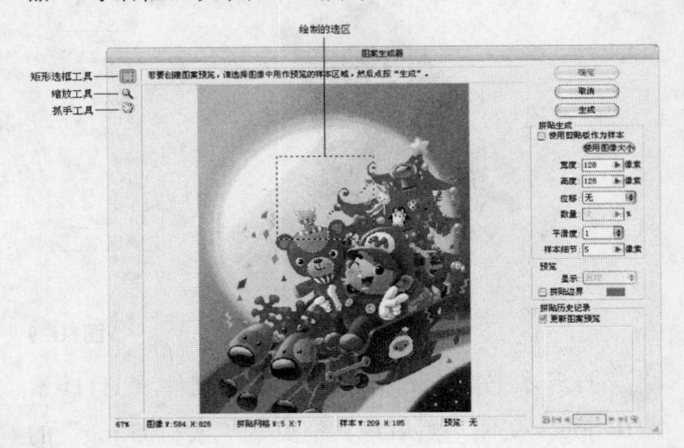

图11-48

11.2.5 消失点

“消失点”滤镜可以在包含透视平面（如建筑物的侧面、墙壁、地面或任何矩形对象）的图像中进行透视校正操作。在修饰、仿制、复制、粘贴或移去图像内容时，Photoshop可以准确确定这些操作的方向。执行“滤镜>消失点”菜单命令，打开“消失点”对话框，如图11-49所示。

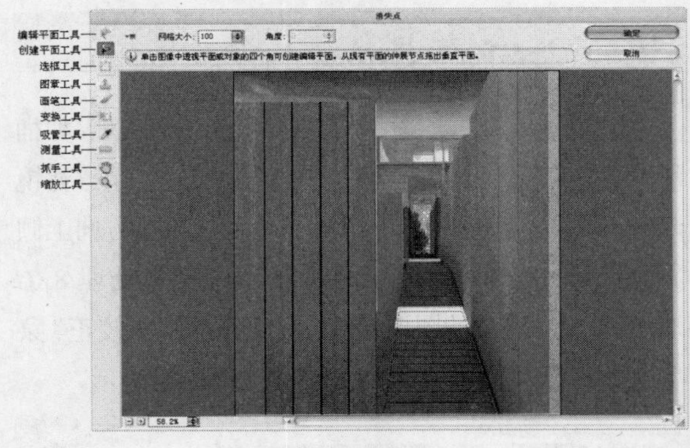

图11-49

消失点对话框重要工具介绍

编辑平面工具：用于选择、编辑、移动平面的节点以及调整平面的大小。

创建平面工具：用于定义透视平面的4个角节点。创建好4个角节点后，可以使用该工具对节点进行移动、缩放等操作。另外，如果节点的位置不正确，可以按Backspace键删除该节点。

技巧与提示

注意，如果要结束对角节点的创建，不能按Esc键，否则会直接关闭“消失点”对话框，这样所做的一切操作都将丢失。另外，删除节点也不能按Delete键（不起任何作用），只能按Backspace键。

选框工具：使用该工具可以在创建好的透视平面上绘制选区，以选中平面上的某个区域。建立选区以后，将光标放置在选区内，按住Alt键拖曳选区，可以复制图像。如果按住Ctrl键拖曳选区，则可以用源图像填充该区域。

图章工具：使用该工具时，按住Alt键在透视平面内单击，可以设置取样点，然后在其他区域拖曳鼠标即可进行仿制操作。

技巧与提示

选择“图章工具”后，在对话框的顶部可以设置该工具修复图像的“模式”。如果要绘画的区域不需要与周围的颜色、光照和阴影混合，可以选择“关”选项；如果要绘画的区域需要与周围的光照混合，同时又需要保留样本像素的颜色，可以选择“明亮度”选项；如果要绘画的区域需要保留样本像素的纹理，同时又要与周围像素的颜色、光照和阴影混合，可以选择“开”选项。

画笔工具：该工具主要用来在透视平面上绘制选定的颜色。

变换工具：该工具主要用来变换选区，其作用相当于“编辑>自由变换”菜单命令。

吸管工具：可以使用该工具在图像上拾取颜色，以用作“画笔工具”的绘画颜色。

测量工具：使用该工具可以在透视平面中测量项目的距离和角度。

抓手工具：在预览窗口中移动图像。

缩放工具：在预览窗口中放大或缩小图像的视图。

抓手工具/缩放工具：这两个工具的使用方法与“工具箱”中的相应工具完全相同。

11.3 风格化滤镜组

“风格化”滤镜组中包含9种滤镜，如图11-50所示。这些滤镜可以置换图像像素、查找并增加图像的对比度，产生绘画或印象派风格的特殊效果。

查找边缘
等高线...
风...
浮雕效果...
扩散...
拼贴...
曝光过度
凸出...
照亮边缘...

图11-50

本节重要命令介绍

名称	作用	重要程度
滤镜>风格化>查找边缘	用于在图像的边界形成清晰的轮廓	高
滤镜>风格化>等高线	用于查找主要亮度区域以获得与等高线图中的线条类似的效果	中
滤镜>风格化>风	用于在图像中放置一些细小的水平线条来模拟风吹效果	高
滤镜>风格化>浮雕效果	用于生成凹陷或凸起的浮雕效果	高
滤镜>风格化>扩散	用于类似透过磨砂玻璃观察物体时的分离模糊效果	高
滤镜>风格化>拼贴	用于产生不规则拼砖的图像效果	中
滤镜>风格化>凸出	用于将图像生成3D效果	中
滤镜>风格化>照亮边缘	用于标示图像颜色的边缘，并向其添加类似于霓虹灯的光亮效果	高

11.3.1 查找边缘

“查找边缘”滤镜可以自动查找图像像素对比度变换强烈的边界，将高反差区变亮，将低反差区变暗，而其他区域则介于两者之间，同时硬边会变成线条，柔边会变粗，从而形成一个清晰的轮廓，图11-51所示为原始图像，图11-52所示的是执行“滤镜 > 风格化 > 查找边缘”菜单命令后的效果。

图11-51

图11-52

技巧与提示

“查找边缘”滤镜没有参数选项对话框。

11.3.2 等高线

“等高线”滤镜用于查找主要亮度区域，并为每个颜色通道勾勒主要亮度区域，图11-53所示的是原始图像，图11-54所示的是应用该滤镜以后的效果。

图11-53

图11-54

执行“滤镜>风格化>等高线”菜单命令，打开“等高线”对话框，如图11-55所示。

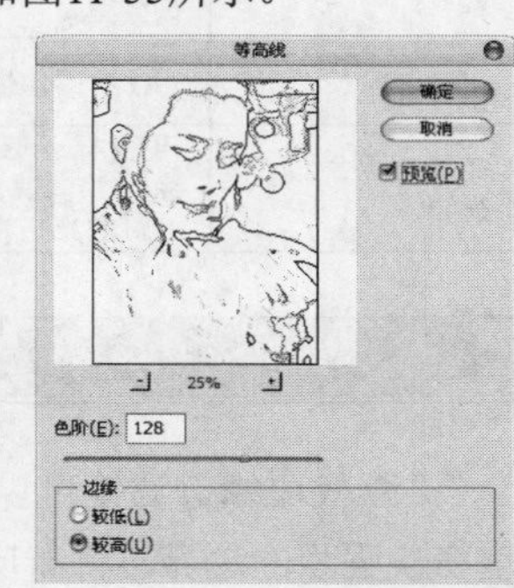

图11-55

等高线对话框重要参数介绍

色阶：用来设置区分图像边缘亮度的级别。

边缘：用来设置处理图像边缘的位置，以及便捷的产生方法。选择“较低”选项时，可以在基准亮度等级以下的轮廓上生成等高线；选项“较高”选项时，可以在基准亮度等级以上生成等高线。

11.3.3 风

“风”滤镜在图像中放置一些细小的水平线条来模拟风吹效果，图11-56所示为原始图像，图11-57所示的是应用“风”滤镜后的效果。

图11-56

图11-57

执行“滤镜>风格化>风”菜单命令，打开“风”对话框，如图11-58所示。

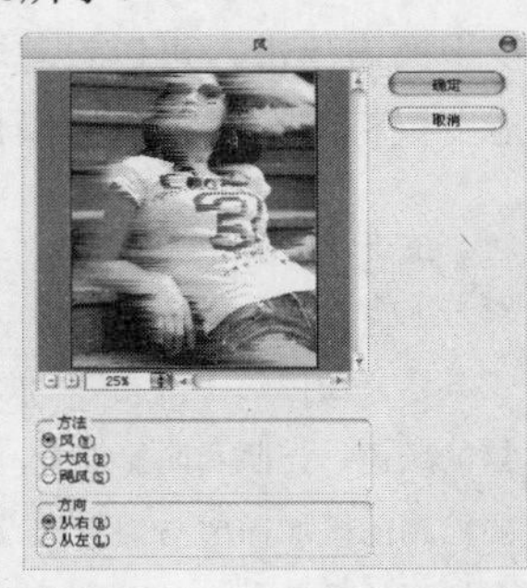

图11-58

风对话框重要选项介绍

方法：包含“风”、“大风”和“飓风”3种等级，图11-59、图11-60和图11-61所示的分别是这3种等级的效果。

图11-59

图11-60

图11-61

方向：用来设置风源的方向，包含“从右”和“从左”两种。

> **技巧与提示**
>
> 使用“风”滤镜只能制作出水平方向上的风吹效果，意思就是说，风只能向右吹或向左吹。如果要在垂直方向上制作风吹效果，就需要先旋转画布，然后再应用“风”滤镜，最后将画布旋转到原始位置即可。

11.3.4 浮雕效果

“浮雕效果”滤镜可以通过勾勒图像、选区的轮廓或降低周围颜色值来生成凹陷或凸起的浮雕效果，图11-62所示为原始图像，图11-63所示的是应用“浮雕效果”滤镜后的效果。

图11-62

图11-63

执行“滤镜>风格化>浮雕效果”菜单命令，打开“浮雕效果”对话框，如图11-64所示。

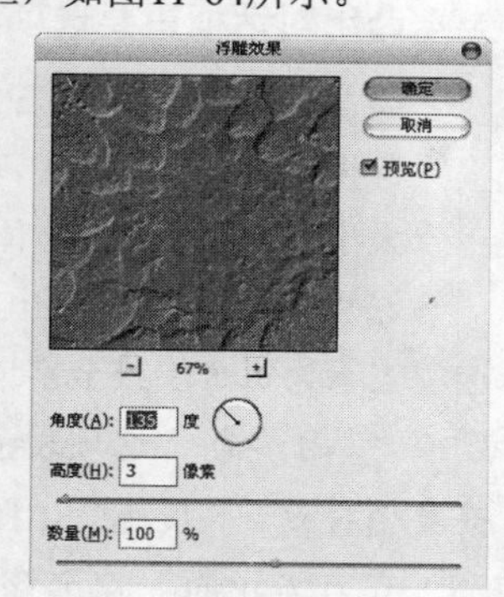

图11-64

浮雕效果对话框重要参数介绍

角度：用于设置浮雕效果的光线方向。光线方向会影响浮雕的凸起位置。

高度：用于设置浮雕效果的凸起高度。

数量：用于设置“浮雕”滤镜的作用范围。数值越高，边界越清晰（小于40%时，图像会变灰）。

11.3.5 扩散

“扩散”滤镜可以使图像中相邻的像素按指定的方式有机移动，让图像扩散，形成一种类似于透过磨砂玻璃观察物体时的分离模糊效果，图11-65所示为原始图像，图11-66所示的是应用“扩散”滤镜后的效果。

图11-65

图11-66

执行“滤镜>风格化>扩散”菜单命令，打开“扩散”对话框，如图11-67所示。

图11-67

扩散对话框重要选项介绍

正常：使图像的所有区域都进行扩散处理，与图像的颜色值没有任何关系。

变暗优先：用较暗的像素替换亮部区域的像素，并且只有暗部像素产生扩散。

变亮优先：用较亮的像素替换暗部区域的像素，并且只有亮部像素产生扩散。

各向异性：使用图像中较暗和较亮的像素产生扩散效果，即在颜色变化最小的方向上搅乱像素。

11.3.6 拼贴

“拼贴”滤镜可以将图像分解为一系列块状，并使其偏离其原来的位置，以产生不规则拼砖的图像效果，图11-68所示为原始图像，图11-69所示的是应用“拼贴”滤镜后的效果。

图11-68

图11-69

执行“滤镜>风格化>拼贴”菜单命令，打开“拼贴”对话框，如图11-70所示。

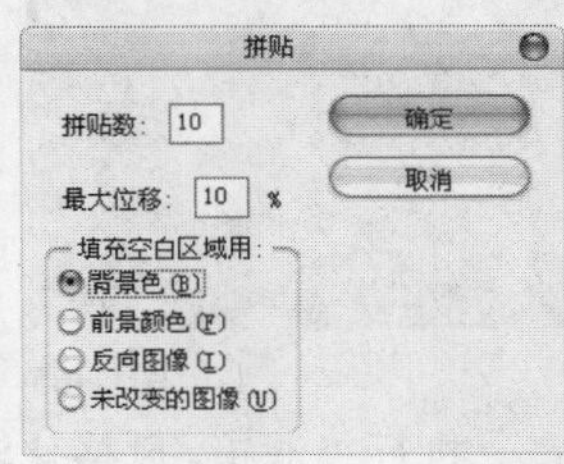

图11-70

拼贴对话框重要参数与选项介绍

拼贴数：用来设置在图像每行和每列中要显示的贴块数。

最大位移：用来设置拼贴偏移原始位置的最大距离。

填充空白区域用：用来设置填充空白区域的使用方法。

11.3.7 曝光过度

“曝光过度”滤镜可以混合负片和正片图像，类似于显影过程中将摄影照片短暂曝光的效果（该滤镜没有参数设置对话框），图11-71所示为原始图像，图11-72所示的是应用“曝光过度”滤镜以后的效果。

图11-71

图11-72

11.3.8 凸出

“凸出”滤镜可以将图像分解成一系列大小相同且有机重叠放置的立方体或椎体，以生成特殊的3D效果，图11-73所示为原始图像，图11-74所示的是应用“凸出”滤镜以后的效果。

图11-73

图11-74

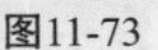

执行“滤镜>风格化>凸出”菜单命令，打开“凸出”对话框，如图11-75所示。

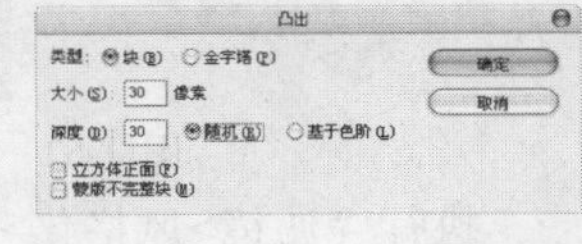

图11-75

凸出对话框重要选项与参数介绍

类型：用来设置三维方块的形状，包含“块”和“金字塔”两种。

大小：用来设置立方体或金字塔底面的大小。

深度：用来设置凸出对象的深度。“随机”选项表示为每个块或金字塔设置一个随机的任意深度；“基于色阶”选项表示使每个对象的深度与其亮度相对应，亮度越亮，图像越凸出。

立方体正面：勾选该选项以后，将失去图像的整体轮廓，生成的立方体上只显示单一的颜色。

蒙版不完整块：使所有图像都包含在凸出的范围之内。

11.3.9 照亮边缘

“照亮边缘”滤镜用于标示图像颜色的边缘，并向其添加类似于霓虹灯的光亮效果，图11-76所示为原始图像，图11-77所示的是应用“照亮边缘”滤镜以后的效果。

图11-76

图11-77

执行“滤镜>风格化>照亮边缘”菜单命令，打开“照亮边缘”对话框，如图11-78所示。

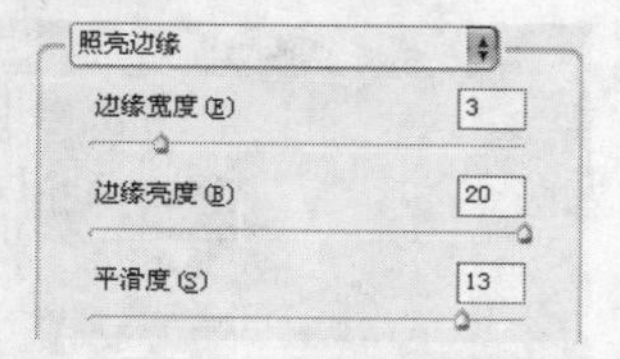

图11-78

照亮边缘对话框重要参数介绍

边缘宽度/亮度：用来设置发光边缘线条的宽度和亮度。

平滑度：用来设置边缘线条的光滑程度。

课堂案例

利用查找边缘滤镜制作速写效果

案例位置	DVD>案例文件>CH11>课堂案例——利用查找边缘滤镜制作速写效果.psd
视频位置	DVD>多媒体教学>CH11>课堂案例——利用查找边缘滤镜制作速写效果.flv
难易指数	★★★★☆
学习目标	学习“查找边缘”滤镜的使用方法

利用查找边缘滤镜制作速写效果的最终效果如图11-79所示。

图11-79

01 打开本书配套光盘中的“素材文件>CH11>素材05.jpg”文件，如图11-80所示。

02 按Ctrl+J组合键复制一个“图层1”，然后执行“滤镜>风格化>查找边缘”菜单命令，效果如图11-81所示。

图11-80

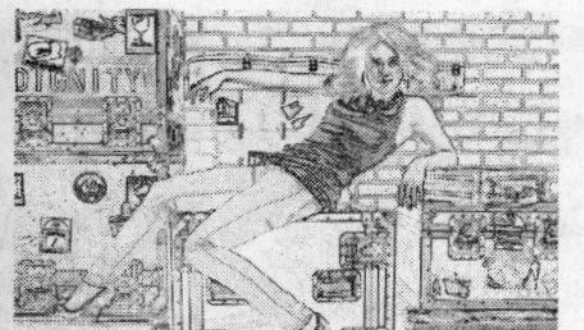

图11-81

03 再次按Ctrl+J组合键复制一个“图层1副本”图层，然后设置该图层的混合模式为“正片叠底”，效果如图11-82所示。

图11-82

04 选择“背景”图层，然后按Ctrl+J组合键复制一个“背景副本”图层，并将其放置在最上层，接着单击“添加图层蒙版”按钮，为该图层添加一个蒙版，使用黑色柔边“画笔工具”在人像周围涂抹，保留人像和小部分静物，如图11-83所示，效果如图11-84所示。

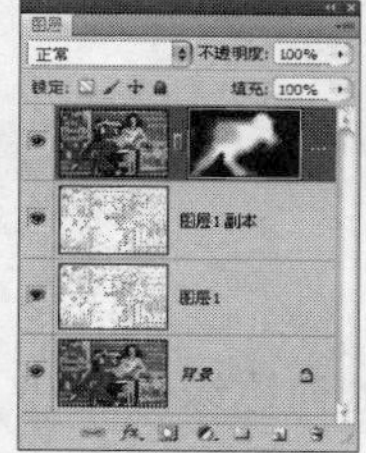

图11-83

图11-84

05 在最上层创建一个名称为“渐变”的图层，然后选择“渐变工具”，打开“渐变编辑器”对话框，并选择预设的“蓝，红，黄渐变”，如图11-85所示，接着在选项栏中单击“线性渐变”按钮，最后从右上角向左下角拉出渐变，如图11-86所示，渐变效果如图11-87所示。

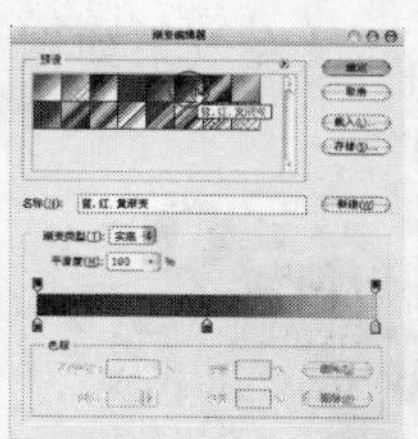

图11-85

图11-86

图11-87

06 在“图层”面板中设置“渐变”图层的混合模式为“滤色”、“不透明度”为45%，效果如图11-88所示。

图11-88

07 在最上层创建一个名称为“白边”的图层，设置前景色为白色，然后在“渐变工具”的选项栏中选择“前景色到透明渐变”，接着单击“径向渐变”按钮，并勾选“反向”选项，如图11-89所示。

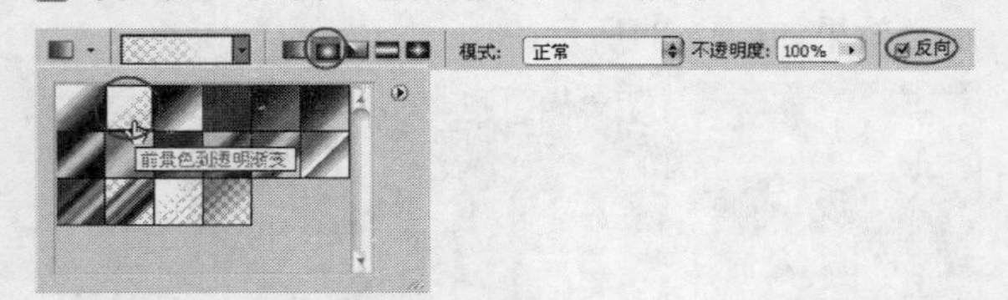

图11-89

08 使用“渐变工具”从画布中心向边缘处拉出渐变，如图11-90所示，然后设置“白边”图层的“不透明度”为77%，效果如图11-91所示。

图11-90

图11-91

09 为图像添加一个人物签名，最终效果如图11-92所示。

图11-92

课堂案例

利用拼贴滤镜制作破碎效果

案例位置	DVD>案例文件>CH12>课堂案例——利用拼贴滤镜制作破碎效果.psd
视频位置	DVD>多媒体教学>CH11>课堂案例——利用拼贴滤镜制作破碎效果.flv
难易指数	★★☆☆☆
学习目标	学习“拼贴”滤镜的使用方法

利用拼贴滤镜制作破碎效果的最终效果如图11-93所示。

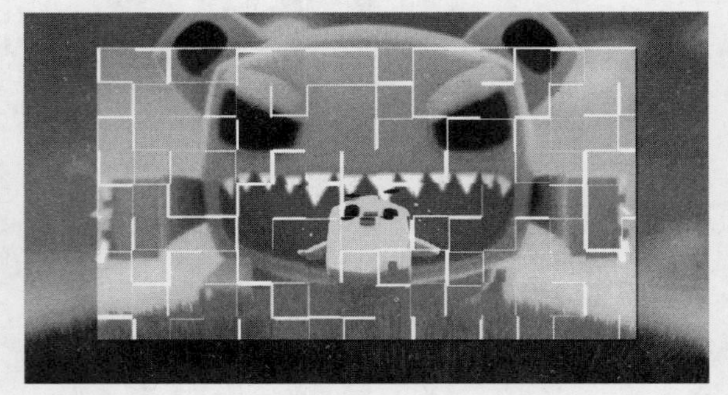

图11-93

01 打开本书配套光盘中的“素材文件>CH11>素材06jpg”文件，如图11-94所示。

图11-94

02 按Ctrl+J组合键复制一个“背景副本”图层，然后按Ctrl+M组合键打开“曲线”对话框，接着将曲线调节成如图11-95所示的样式，图像效果如图11-96所示。

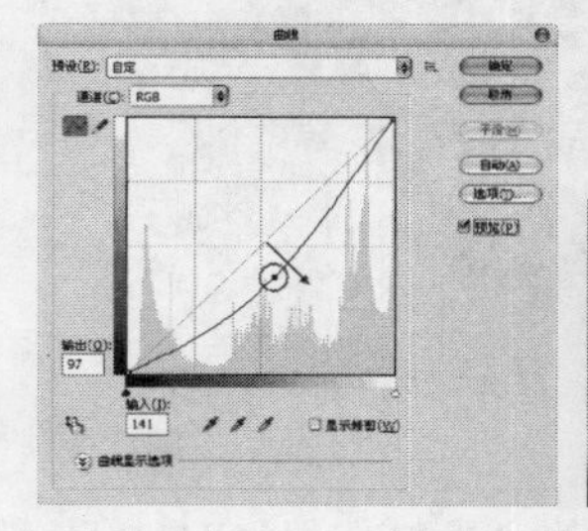

图11-95

图11-96

03 选择“背景”图层，然后使用“矩形选框工具”绘制一个如图11-97所示的矩形选区，接着按Ctrl+J组合键将选区内的图像复制到“图层1”中，最后将其调整到最上层。

图11-97

04 按D键恢复默认的前景色和背景色，然后执行“滤镜>风格化>拼贴”菜单命令，接着在弹出的“拼贴”对话框中设置“填充空白区域用”为“背景色”，如图11-98所示，效果如图11-99所示。

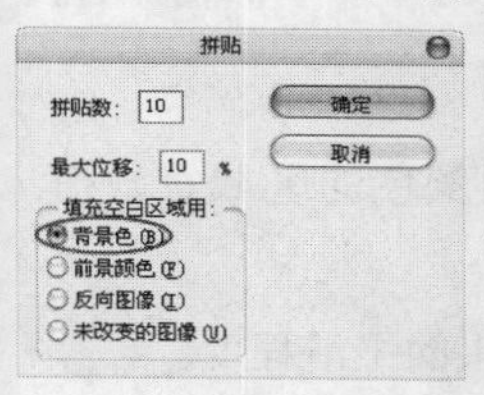

图11-98

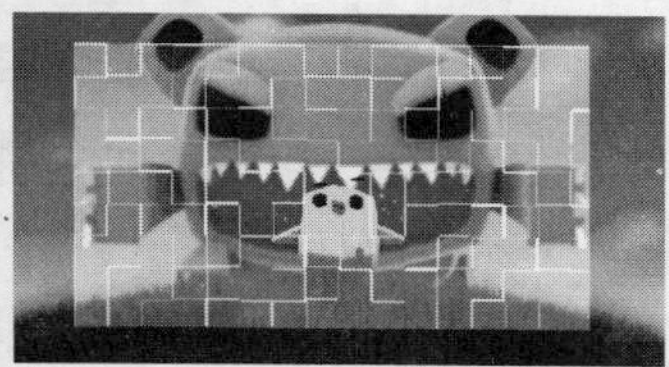

图11-99

05 执行“图层>图层样式>投影”菜单命令，在弹出的“图层样式”对话框中保持默认设置，最终效果如图11-100所示。

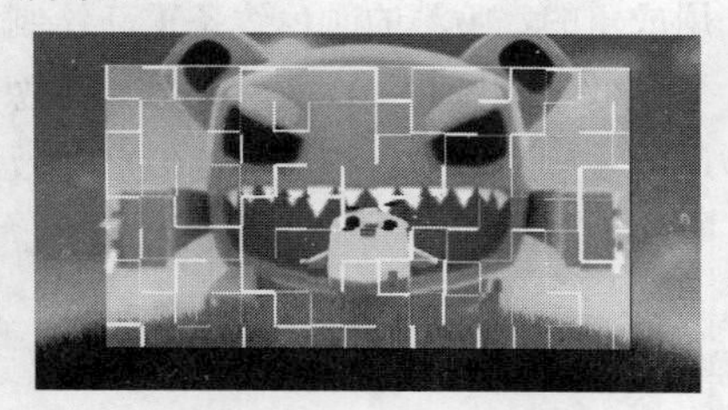

图11-100

11.4 画笔描边滤镜组

“画笔描边”滤镜组包含8种滤镜，如图11-101所示。这些滤镜中有一部分可以通过不同的油墨和画笔勾画图像并产生绘画效果，而有些滤镜可以添加杂色、边缘细节、绘画、纹理和颗粒。

成角的线条...
墨水轮廓...
喷溅...
喷色描边...
强化的边缘...
深色线条...
烟灰墨...
阴影线...

图11-101

技巧与提示

注意，“画笔描边”滤镜组中的所有滤镜都不能应用于CMYK图像和Lab图像。

本节重要命令介绍

名称	作用	重要程度
滤镜>画笔描边>成角的线条	用于使用对角描边重新绘制图像	中
滤镜>画笔描边>墨水轮廓	用于以钢笔画的风格，在原始细节上绘制图像	中
滤镜>画笔描边>喷溅	用于模拟喷枪产生墨水喷溅的艺术效果	高
滤镜>画笔描边>喷色描边	用于生成飞溅效果	中
滤镜>画笔描边>强化的边缘	用于强化图像的边缘	中
滤镜>画笔描边>深色线条	用于用短而绷紧的深色线条绘制暗区，用长而白的线条绘制亮区	中
滤镜>画笔描边>烟灰墨	用于缩放图像大小和查看特定的区域	中
滤镜>画笔描边>阴影线	用于使彩色区域的边缘变粗糙	中

11.4.1 成角的线条

“成角的线条”滤镜可以使用对角描边重新绘制图像，用一个方向上的线条绘制亮部区域，用反方向上的线条来绘制暗部区域，图11-102所示为原始图像，图11-103所示的是应用“成角的线条”滤镜后的效果。

图11-102

图11-103

执行“滤镜>画笔描边>成角的线条”菜单命令，打开“成角的线条”对话框，如图11-104所示。

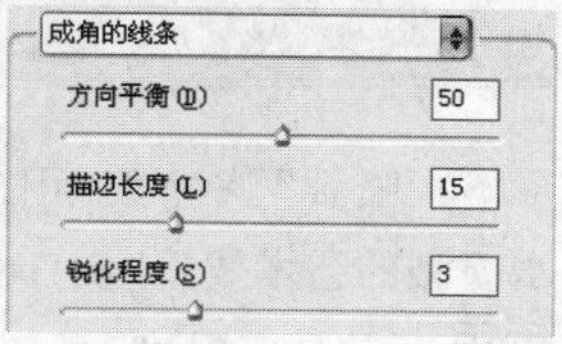

成角的线条
方向平衡(D) 50
描边长度(L) 15
锐化程度(S) 3

图11-104

成角的线条对话框重要参数介绍

方向平衡：用于设置对角线的倾斜角度，取值范围为0~100。

描边长度：用于设置对角线的长度，取值范围为3~50。

锐化程度：用于设置对角线的清晰程度，取值范围为0~10。

11.4.2 墨水轮廓

“墨水轮廓”滤镜可以以钢笔画的风格，用细细的线条在原始细节上绘制图像，图11-105所示为原始图像，图11-106所示的是应用“墨水轮廓”滤镜后的效果。

图11-105

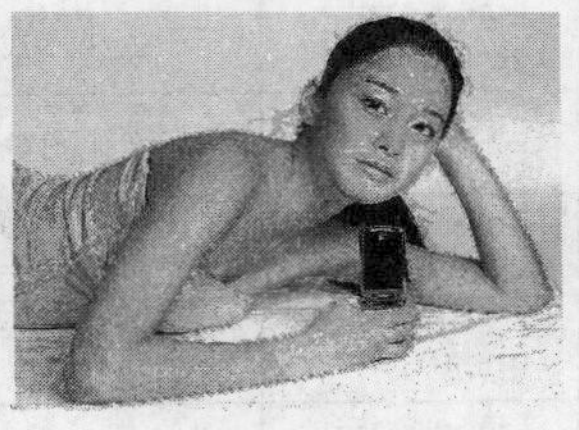

图11-106

执行“滤镜>画笔描边>墨水轮廓”菜单命令，打开“墨水轮廓”对话框，如图11-107所示。

墨水轮廓
描边长度(S) 1
深色强度(D) 0
光照强度(L) 2

图11-107

墨水轮廓对话框重要参数介绍

描边长度：用于设置图像中生成的线条的长度。

深色强度：用于设置线条阴影的强度。数值越高，图像越暗。

光照强度：用于设置线条高光的强度。数值越高，图像越亮。

11.4.3 喷溅

“喷溅”滤镜可以用来模拟喷枪，使图像产生墨水喷溅的艺术效果，图11-108所示为原始图像，图11-109所示的是应用“喷溅”滤镜后的效果。

图11-108

图11-109

执行“滤镜>画笔描边>喷溅”菜单命令，打开“喷溅”对话框，如图11-110所示。

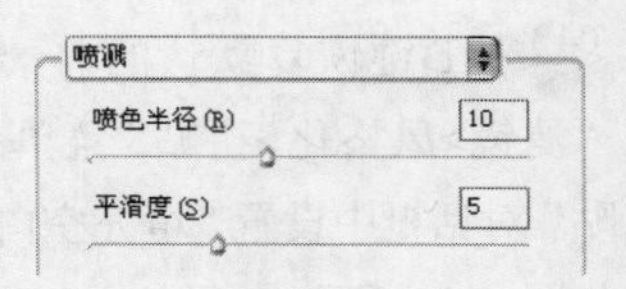

图11-110

喷溅对话框重要参数介绍

喷色半径：用于处理不同颜色的区域。数值越高，颜色越分散。

平滑度：用于设置喷射效果的平滑程度。

11.4.4 喷色描边

“喷色描边”滤镜可以使用图像中的主要是用成角的、喷溅的颜色线条重新绘制图像，以生成飞溅效果，图11-111所示为原始图像，图11-112所示的是应用“喷色描边”滤镜后的效果。

图11-111

图11-112

执行“滤镜>画笔描边>喷色描边”菜单命令，打开“喷色描边”对话框，如图11-113所示。

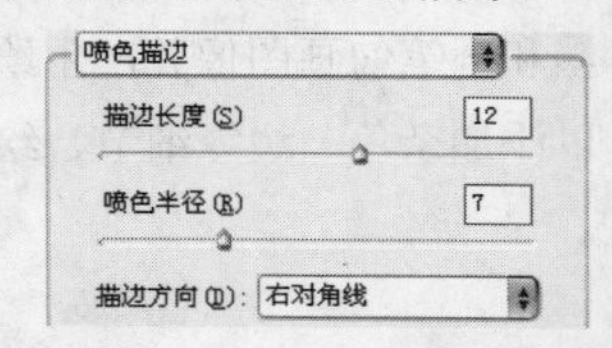

图11-113

喷色描边重要参数介绍

描边长度：用于设置笔触的长度。

喷色半径：用于控制喷色的范围。

描边方向：用于设置笔触的方向。

11.4.5 强化的边缘

“强化的边缘”滤镜可以强化图像的边缘，图11-114所示为原始图像，图11-115所示的是应用“强化的边缘”滤镜后的效果。

图11-114

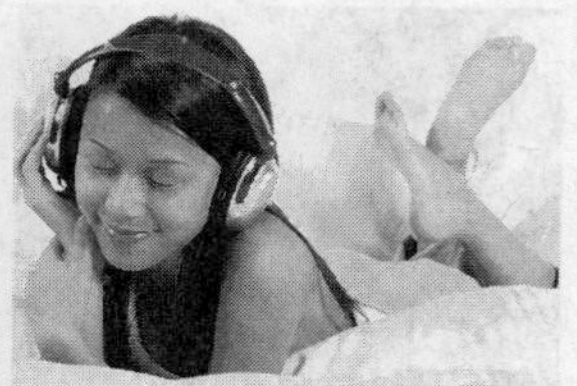

图11-115

执行“滤镜>画笔描边>强化的边缘”菜单命令，打开“强化的边缘”对话框，如图11-116所示。

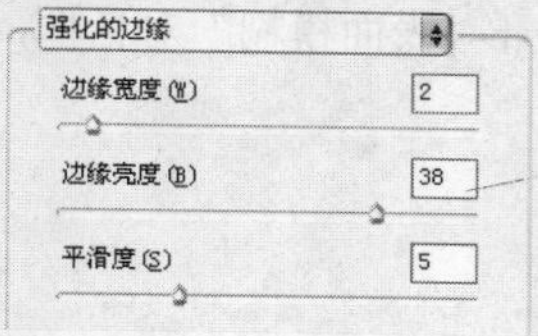

强化的边缘
边缘宽度(W) 2
边缘亮度(B) 38
平滑度(S) 5

图11-116

强化的边缘对话框重要参数介绍

边缘宽度：用来设置需要强化的边缘的宽度。

边缘亮度：用来设置需要强化的边缘的亮度。数值越高，强化效果就类似于白色粉笔；数值越低，强化效果就类似于黑色油墨。

平滑度：用于设置边缘的平滑程度。数值越高，图像效果越柔和。

11.4.6 深色线条

“深色线条”滤镜可以用短而绷紧的深色线条绘制暗区，用长而白的线条绘制亮区，图11-117所示为原始图像，图11-118所示的是应用“深色线条”滤镜后的效果。

图11-117

图11-118

执行“滤镜>画笔描边>深色线条”菜单命令，打开“深色线条”对话框，如图11-119所示。

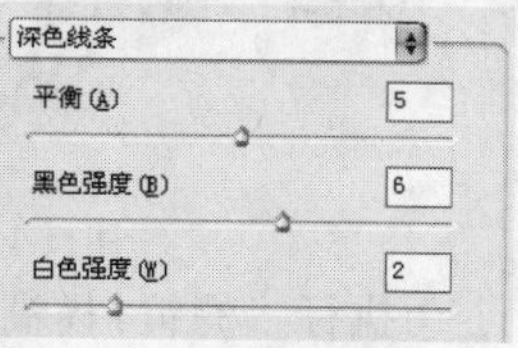

深色线条
平衡(A) 5
黑色强度(B) 6
白色强度(W) 2

图11-119

深色线条对话框重要参数介绍

平衡：用于控制绘制的黑白色调的比例。

黑色/白色强度：用于设置绘制的黑色调和白色调的强度。

11.4.7 烟灰墨

“烟灰墨”滤镜像是用蘸满油墨的画笔在宣纸上绘画，可以使用非常黑的油墨来创建柔和的模糊边缘，图11-120所示为原始图像，图11-121所示的是应用“烟灰墨”滤镜后的效果。

图11-120

图11-121

执行“滤镜>画笔描边>烟灰墨”菜单命令，打开“烟灰墨”对话框，如图11-122所示。

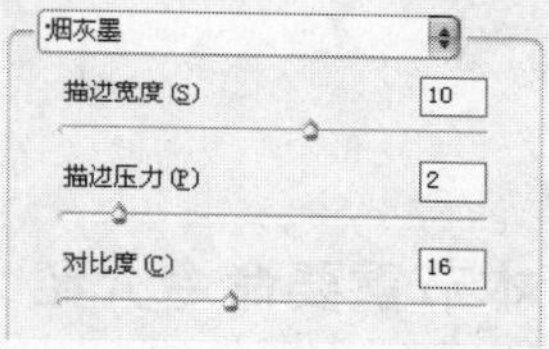

烟灰墨
描边宽度(S) 10
描边压力(P) 2
对比度(C) 16

图11-122

烟灰墨重要参数介绍

描边宽度/压力：用于设置笔触的宽度和压力。

对比度：用于设置图像效果的对比度。

11.4.8 阴影线

“阴影线”滤镜可以保留原始图像的细节和特征，同时使用模拟的铅笔阴影线在图像中添加纹理，并使彩色区域的边缘变粗糙，图 11-123 所示为原始图像，图 11-124 所示的是应用“阴影线”滤镜后的效果。

图11-123

图11-124

执行“滤镜>画笔描边>阴影线”菜单命令，打开“阴影线”对话框，如图11-125所示。

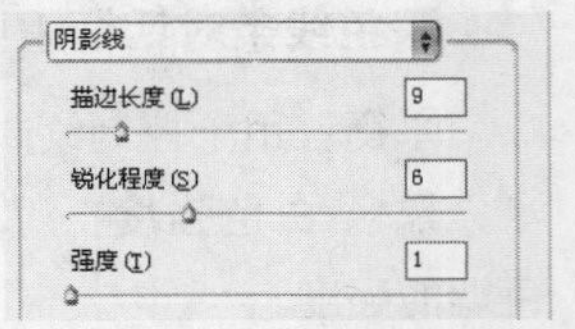

图11-125

阴影线对话框重要参数介绍

描边长度：用于设置线条的长度。

锐化程度：用于设置线条的清晰程度。

强度：用于设置线条的数量和强度。

11.5 模糊滤镜组

“模糊”滤镜组包含11种滤镜，如图11-126所示。这些滤镜可以柔化图像中的选区或整个图像，使其产生模糊效果。

表面模糊...
动感模糊...
方框模糊...
高斯模糊...
进一步模糊
径向模糊...
镜头模糊...
模糊
平均
特殊模糊...
形状模糊...

图11-126

本节重要命令介绍

名称	作用	重要程度
滤镜>模糊>表面模糊	用于在保留边缘的同时模糊图像	高
滤镜>模糊>动感模糊	用于产生类似于在固定的曝光时间拍摄一个高速运动对象的效果	高
滤镜>模糊>方框模糊	用于生成类似于方块模糊的效果	中
滤镜>模糊>高斯模糊	用于产生一种朦胧的模糊效果	高
滤镜>模糊>径向模糊	用于产生柔化的模糊效果	高
滤镜>模糊>镜头模糊	用于为特定对象创建景深效果	高
滤镜>模糊>特殊模糊	用于精确地模糊图像	中
滤镜>模糊>形状模糊	用于用设置的形状来创建特殊的模糊效果	中

11.5.1 表面模糊

“表面模糊”滤镜可以在保留边缘的同时模糊图像，可以用该滤镜创建特殊效果并消除杂色或粒度，图11-127所示为原始图像，如图11-268所示的是应用“表面模糊”滤镜后的效果。

图11-127

图11-128

执行“滤镜>模糊>表面模糊”菜单命令，打开“表面模糊”对话框，如图11-129所示。

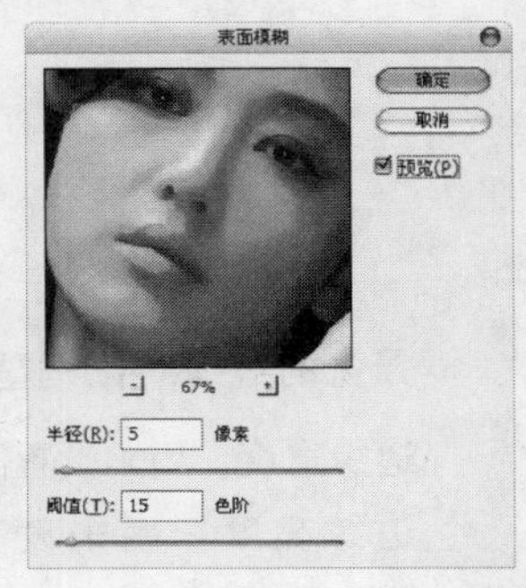

图11-129

表面模糊对话框重要参数介绍

半径：用于设置模糊取样区域的大小。

阈值：只有当相邻像素色调值与中心像素值达到设置的“阈值”数值时，才能成为模糊的一部分。该值越高，被模糊的像素越小。

11.5.2 动感模糊

“动感模糊”滤镜可以沿指定的方向（-360°~360°），以指定的距离（1~999）进行模糊，所产生的效果类似于在固定的曝光时间拍摄一个高速运动的对象，图11-130所示为原始图像，图11-131所示的是应用“动感模糊”滤镜后的效果。

图11-130

图11-131

执行“滤镜>模糊>动感模糊”菜单命令，打开“动感模糊”对话框，如图11-132所示。

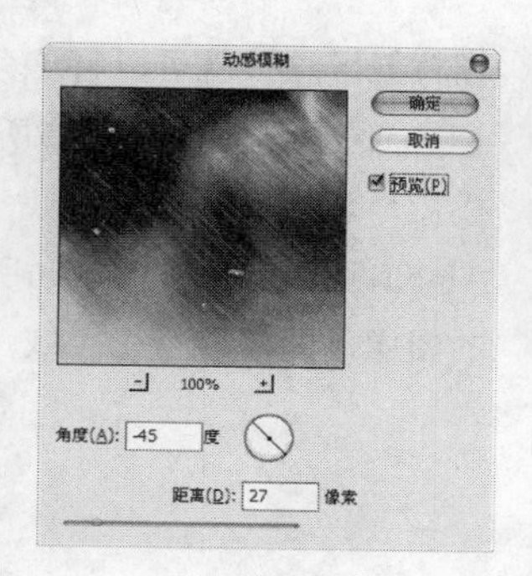

图11-132

动感模糊对话框重要参数介绍

角度：用来设置模糊的方向。

距离：用来设置像素模糊的程度。

11.5.3 方框模糊

“方框模糊”滤镜可以基于相邻像素的平均颜色值来模糊图像，生成的模糊效果类似于方块模糊，图11-133所示为原始图像，图11-134所示为应用“方框模糊”滤镜后的效果。

图11-133

图11-134

执行“滤镜>模糊>方框模糊”菜单命令，打开“方框模糊”对话框，如图11-135所示。

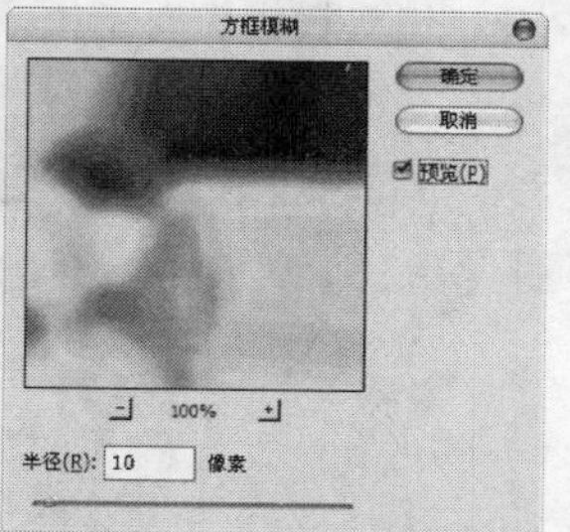

图11-135

11.5.4 高斯模糊

“高斯模糊”滤镜可以向图像中添加低频细节，使图像产生一种朦胧的模糊效果，图11-136所示为原始图像，图11-137所示的是应用“高斯模糊”滤镜后的效果。

图11-136

图11-137

执行“滤镜>模糊>高斯模糊”菜单命令，打开“高斯模糊”对话框，如图11-138所示。

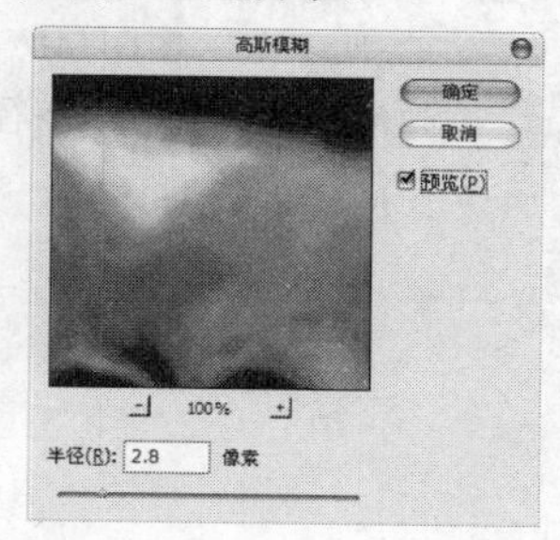

图11-138

11.5.5 进一步模糊

“进一步模糊”滤镜可以平衡已定义的线条和遮蔽区域的清晰边缘旁边的像素，使变化显得柔和（该滤镜属于轻微模糊滤镜，并且没有参数设置对话框），图11-139所示为原始图像，图11-140所示的是应用“进一步模糊”滤镜后的效果。

图11-139

图11-140

11.5.6 径向模糊

“径向模糊”滤镜用于模拟缩放或旋转相机时所产生的模糊，产生的是一种柔和的模糊效果。图11-141所示为原始图像，图11-142所示的是应用“径向模糊”滤镜后的效果。

图11-141

图11-142

执行“滤镜>模糊>径向模糊”菜单命令，打开“径向模糊”对话框，如图11-143所示。

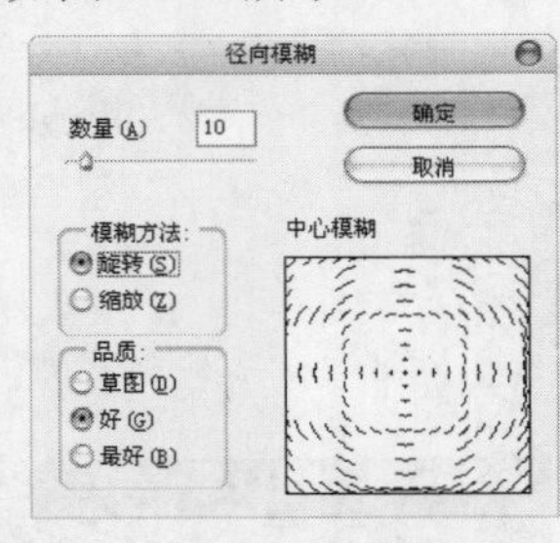

图11-143

径向模糊对话框重要参数与选项介绍

数量：用于设置模糊的强度。数值越高，模糊效果越明显。

模糊方法：勾选“旋转”选项时，图像可以沿同心圆环线产生旋转的模糊效果；勾选“缩放”选项时，可以从中心向外产生反射模糊效果。

中心模糊：将光标放置在设置框中，使用鼠标左键拖曳可以定位模糊的原点，原点位置不同，模糊中心也不同。

品质：用来设置模糊效果的质量。“草图”的处理速度较快，但会产生颗粒；“好”和“最好”的处理速度较慢，但生成的效果比较平滑。

11.5.7 镜头模糊

“镜头模糊”滤镜可以向图像中添加模糊，模糊效果取决于模糊的“源”设置。如果图像中存在Alpha通道或图层蒙版，则可以为图像中的特定对象创建景深效果，使这个对象在焦点内，而使另外的区域变得模糊。例如，图11-144所示的是一张普通人物照片，图像中没有景深效果，如果要模糊背景区域，就可以将这个区域储存为选区蒙版或Alpha通道，如图11-145所示。这样在应用“镜头模糊”滤镜时，将“源”设置为“图层蒙版”或Alpha1通道，如图11-146所示，就可以模糊选区中的图像，即模糊背景区域，如图11-147所示。

图11-144

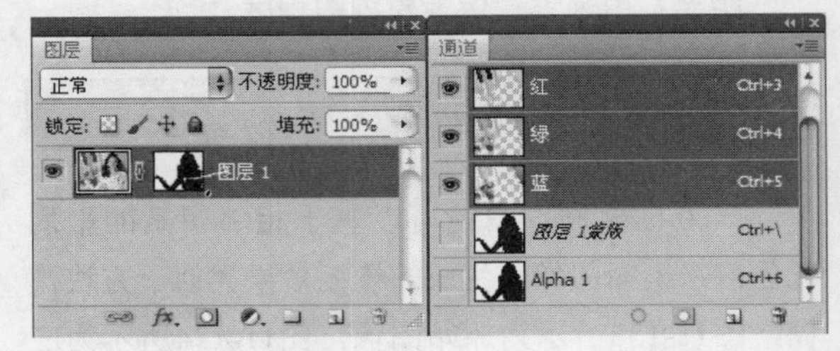

图11-145

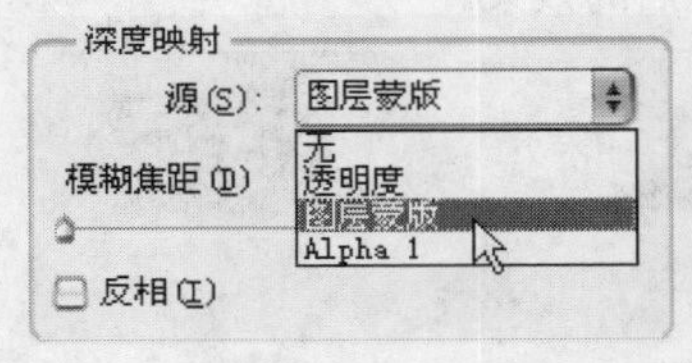

图11-146

图11-147

执行“滤镜>模糊>镜头模糊”菜单命令，打开“镜头模糊”对话框，如图11-148所示。

图11-148

镜头模糊对话框重要选项与参数介绍

预览：用来设置预览模糊效果的方式。选择“更快”选项，可以提高预览速度；选择“更加准确”选项，可以查看模糊的最终效果，但生成的预览时间更长。

深度映射：从“源”下拉列表中可以选择使用Alpha通道或图层蒙版来创建景深效果（前提是图像中存在Alpha通道或图层蒙版），其中通道或蒙版中的白色区域将被模糊，而黑色区域则保持原样；“模糊焦距”选项用来设置位于角点内的像素的深度；“反相”选项用来反转Alpha通道或图层蒙版。

光圈：该选项组用来设置模糊的显示方式。“形状”选项用来选择光圈的形状；“半径”选项用来设置模糊的数量；“叶片弯度”选项用来设置对光圈边缘进行平滑处理的程度；“旋转”选项用来旋转光圈。

镜面高光：该选项组用来设置镜面高光的范围。“亮度”选项用来设置高光的亮度；“阈值”选项用来设置亮度的停止点，比停止点值亮的所有像素都被视为镜面高光。

杂色：“数量”选项用来在图像中添加或减少杂色；“分布”选项用来设置杂色的分布方式，包含“平均分布”和“高斯分布”两种；如果勾选“单色”选项，则添加的杂色为单一颜色。

11.5.8 模糊

“模糊”滤镜用于在图像中有显著颜色变化的地方消除杂色，它可以通过平衡已定义的线条和遮蔽区域的清晰边缘旁边的像素来使图像变得柔和（该滤镜没有参数设置对话框），图11-149所示为原始图像，图11-150所示的是应用“模糊”滤镜后的效果。

图11-149

图11-150

技巧与提示

“模糊”滤镜与“进一步模糊”滤镜都属于轻微模糊滤镜。相比于“进一步模糊”滤镜，“模糊”滤镜的模糊效果要低3~4倍。

11.5.9 平均

“平均”滤镜可以查找图像或选区的平均颜色，再用该颜色填充图像或选区，以创建平滑的外观效果，图11-151所示为原始图像，图11-152所示的是应用“平均”滤镜后的效果。

图11-151

图11-152

11.5.10 特殊模糊

“特殊模糊”滤镜可以精确地模糊图像，图11-153所示为原始图像，图11-154所示的是应用“特殊模糊”滤镜后的效果。

图11-153

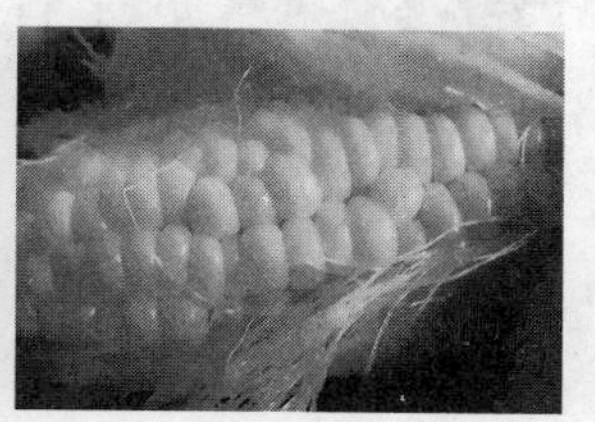

图11-154

执行“滤镜>模糊>特殊模糊”菜单命令，打开“特殊模糊”对话框，如图11-155所示。

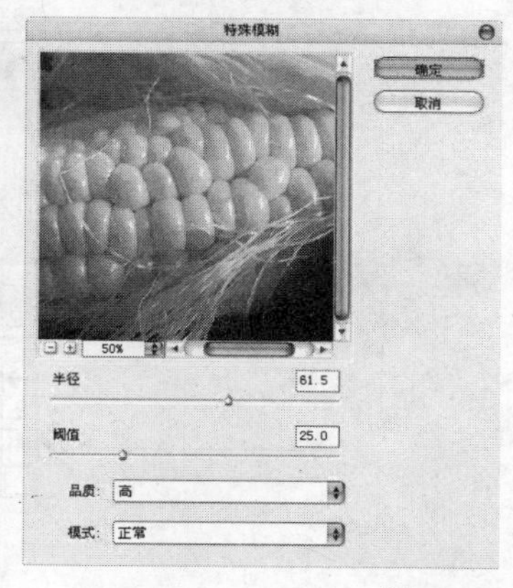

图11-155

特殊模糊对话框重要参数介绍

半径：用来设置要应用模糊的范围。

阈值：用来设置像素具有多大差异后才会被模糊处理。

品质：设置模糊效果的质量，包含“低”、“中等”和“高”3种。

模式：选择“正常”选项，不会在图像中添加任何特殊效果；选择“仅限边缘”选项，将以黑色显示图像，以白色描绘出图像边缘像素亮度值变化强烈的区域；选择“叠加边缘”选项，将以白色描绘出图像边缘像素亮度值变化强烈的区域。

11.5.11 形状模糊

“形状模糊”滤镜可以用设置的形状来创建特殊的模糊效果，图11-156所示为原始图像，图11-157所示的是应用“形状模糊”滤镜后的效果。

图11-156

图11-157

执行“滤镜>模糊>形状模糊”菜单命令，打开“形状模糊”对话框，如图11-158所示。

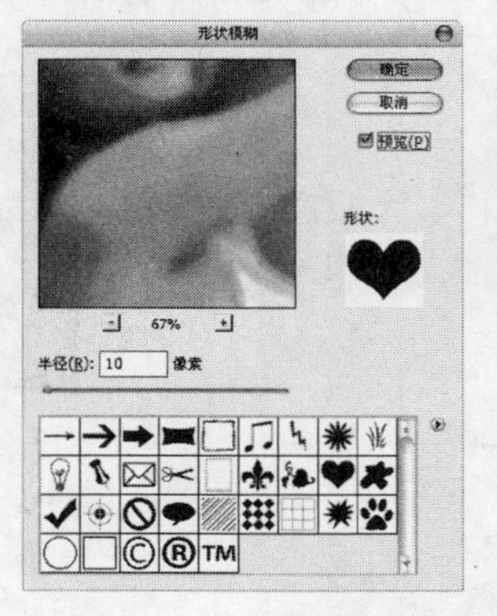

图11-158

课堂案例

利用动感模糊滤镜制作运动效果

案例位置　DVD>案例文件>CH11>课堂案例——利用动感模糊滤镜制作运动效果.psd
视频位置　DVD>多媒体教学>CH11>课堂案例——利用动感模糊滤镜制作运动效果.flv
难易指数　★★★★☆
学习目标　学习“动感模糊”滤镜的使用方法

利用动感模糊滤镜制作运动效果的最终效果如图11-159所示。

图11-159

01 打开本书配套光盘中的“素材文件>CH11>素材07.jpg”文件，如图11-160所示。

图11-160

02 按Ctrl+J组合键复制一个“图层1”，然后执行“滤镜>模糊>动感模糊”菜单命令，接着在弹出的“动感模糊”对话框中设置“角度”为-7°、“距离”为150像素，如图11-161所示，效果如图11-162所示。

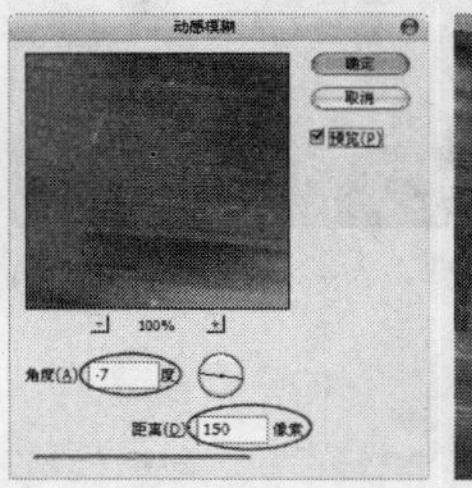

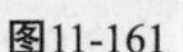

图11-161

图11-162

技巧与提示

由于只需要让背景产生运动模糊效果，而现在连前景和汽车都被模糊，因此下面还需要进行相应调整。

03 执行“窗口>历史记录”菜单命令，打开“历史记录”面板，然后标记好“动感模糊”步骤，接着选择“通过拷贝的图层”步骤，如图11-163所示。

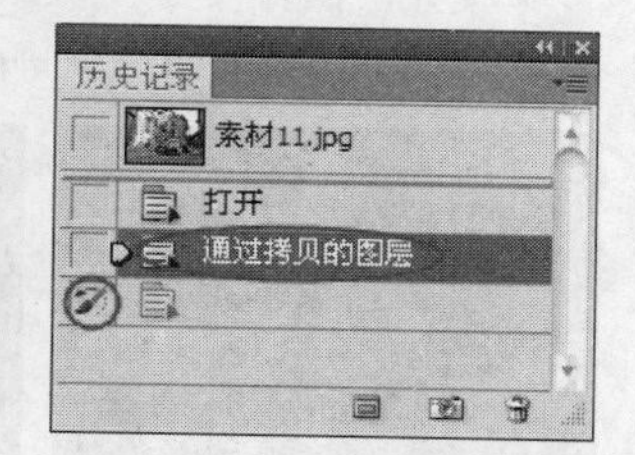

图11-163

04 选择“历史记录画笔工具”，然后在选项栏中选择一种柔边画笔，并设置并设置“大小”为165px，如图11-164所示，接着在图像的背景区域涂抹，绘制出动感模糊效果，如图11-165所示。

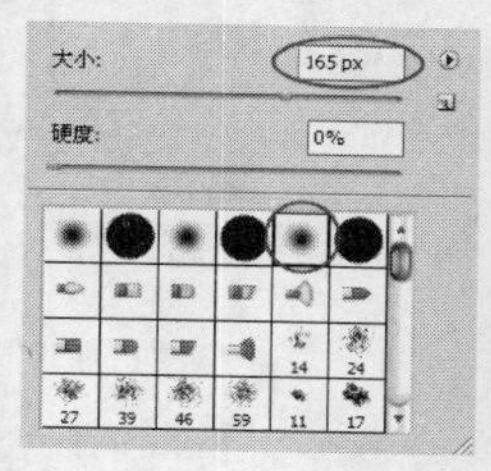

图11-164

图11-165

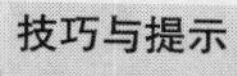

技巧与提示

“历史记录画笔工具”可以利用标记的步骤来绘画图像。

05 继续对动感模糊的细节进行绘制，最终效果如图11-166所示。

图11-166

课堂案例

利用高斯模糊滤镜美化皮肤

案例位置	DVD>案例文件>CH11>课堂案例——利用高斯模糊滤镜美化皮肤.psd
视频位置	DVD>多媒体教学>CH11>课堂案例——利用高斯模糊滤镜美化皮肤.flv
难易指数	★★★★☆
学习目标	学习“高斯模糊”滤镜的使用方法

利用高斯模糊滤镜美化皮肤的最终效果如图11-167所示。

图11-167

01 打开本书配套光盘中的“素材文件>CH11>素材08.jpg”文件，如图11-168所示。

图11-168

02 放大图像，找到脸上的污点，如图11-169所示，选择“污点修复画笔工具”，在污点上单击鼠标左键，将其修复，如图11-170所示。

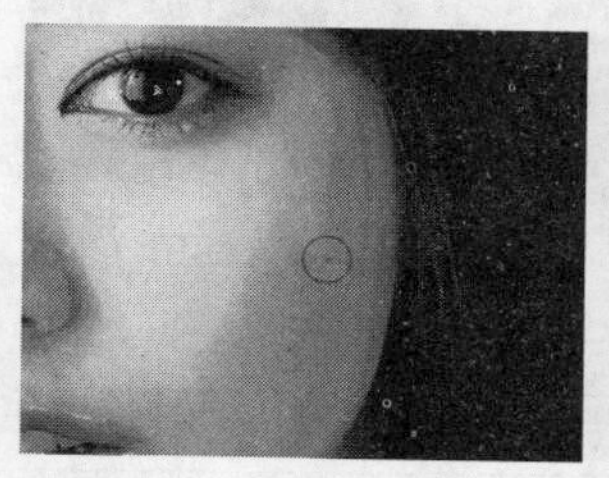

图11-169

图11-170

03 按Ctrl+J组合键复制一个“图层1”，然后按Ctrl+M组合键打开“曲线”对话框，接着将曲线调节成如图11-171所示的样式，效果如图11-172所示。

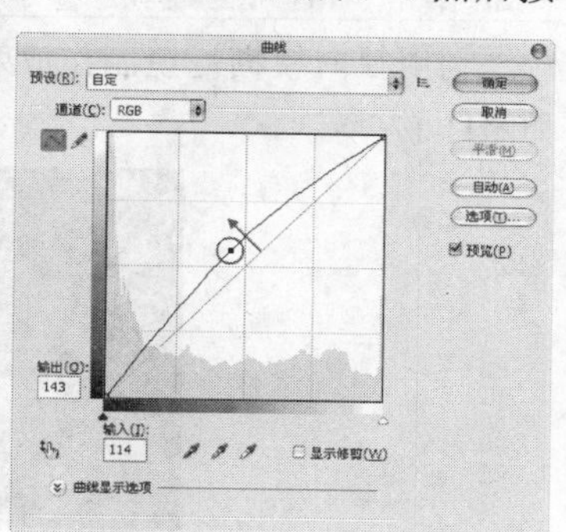

图11-171

图11-172

04 执行“滤镜>模糊>高斯模糊”菜单命令，然后在弹出的“高斯模糊”对话框中设置“半径”为5像素，如图11-173所示，效果如图11-174所示。

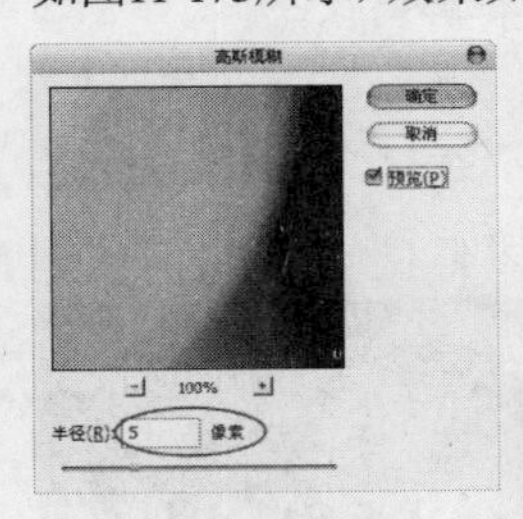

图11-173

图11-174

05 在“图层”面板中设置“图层1”的混合模式为“滤色”、“不透明度”为50%，最终效果如图11-175所示。

图11-175

课堂案例

利用径向模糊滤镜制作放射文字

案例位置	DVD>案例文件>CH11>课堂案例——利用径向模糊滤镜制作放射文字.psd
视频位置	DVD>多媒体教学>CH11>课堂案例——利用径向模糊滤镜制作放射文字.flv
难易指数	★★★★☆
学习目标	学习“径向模糊”滤镜的使用方法

利用径向模糊滤镜制作放射文字的最终效果如图11-176所示。

图11-176

01 打开本书配套光盘中的“素材文件>CH11>素材09.jpg”文件，如图11-177所示。

02 使用“横排文字工具” 在图像中输入Apple（选择一种较粗的字体），如图11-178所示。

图11-177

图11-178

03 按Ctrl+J组合键复制一个“Apple副本”图层，然后将该图层栅格化，如图11-179所示。

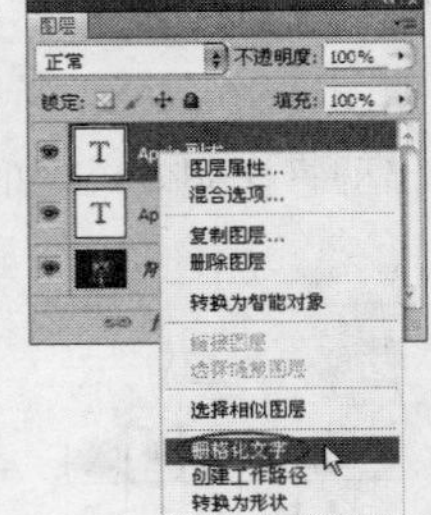

图11-179

技巧与提示

文字图层不能直接应用滤镜，必须将其栅格化转换为普通图层以后，才能对其应用滤镜。

04 执行“滤镜>模糊>径向模糊”菜单命令，然后在弹出的“径向模糊”对话框中设置“数量”为100、“模糊方法”为“缩放”、“品质”为“草图”，接着调整好模糊的中心，如图11-180所示，效果如图11-181所示。

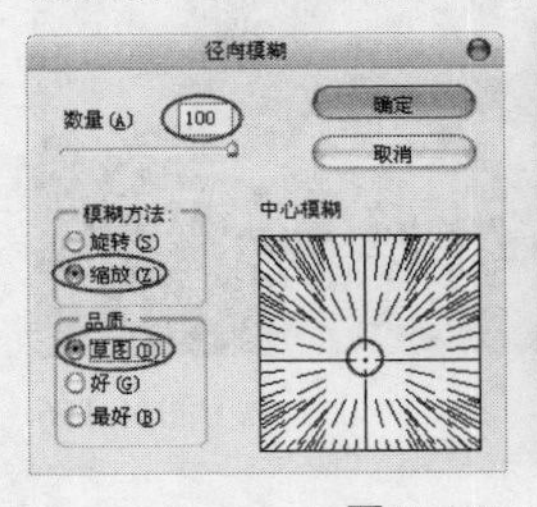

图11-180

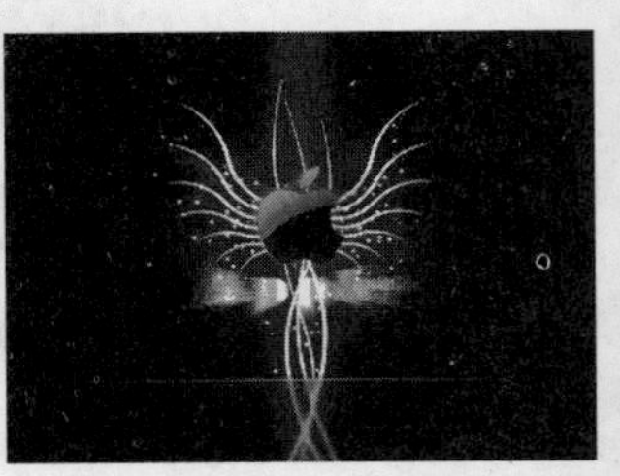

图11-181

技巧与提示

由于设置得“品质”为“草图”，所以模糊效果不是很好。可以先设置较低的“品质”来观察模糊效果，在确认最终效果后，再提高“品质”来进行处理。

05 按若干次Ctrl+F组合键重复应用“径向模糊”滤镜，直到达到图11-182所示的模糊效果为止。

图11-182

06 按Ctrl+Alt+F组合键打开“径向模糊”对话框，然后设置“品质”为“最好”，如图11-183所示，效果如图11-184所示。

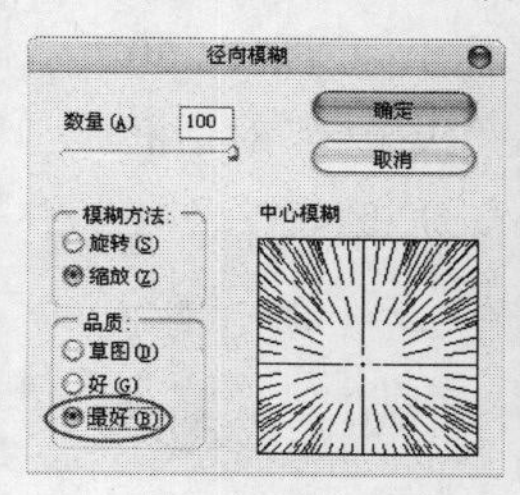

图11-183

图11-184

07 按Ctrl+J组合键复制一个“Apple副本2”图层，并设置该图层的“不透明度”为30%，然后按Ctrl+E组合键向下合并一个图层，接着将合并后的图层更名为“放射”，最后将该图层放置在Apple文字图层的下一层，效果如图11-185所示。

图11-185

08 选择“放射”图层，然后在“图层”面板下面单击“创建新的图层或调整图层”按钮，并在弹出的菜单中选择“渐变”命令，如图11-186所示，接着在弹出的“渐变填充”对话框中选择预设的“铬黄渐变”，并设置“角度”为0°，如图11-187所示，最后按Ctrl+Alt+G组合键将填充图层设置为“放射”图层的剪贴蒙版，效果如图11-188所示。

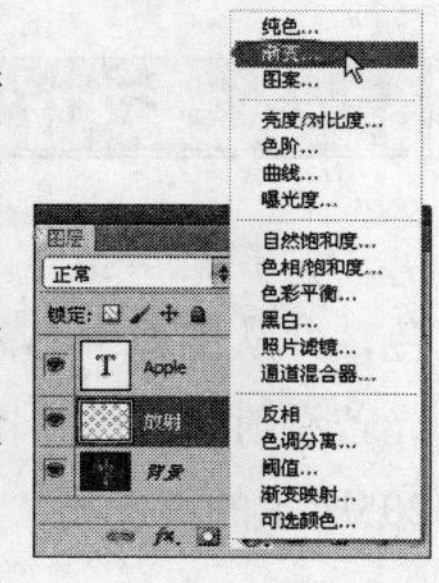

图11-186

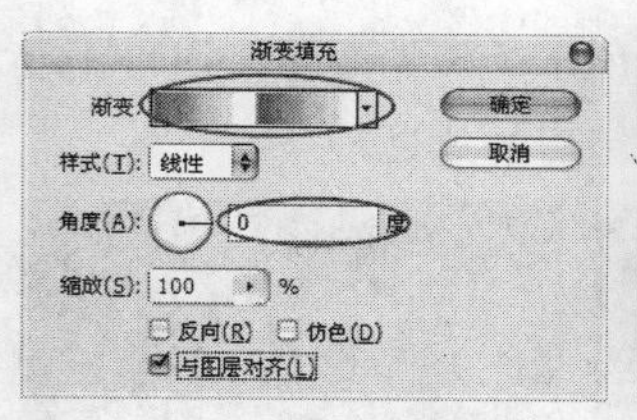

图11-187

图11-188

09 采用相同的方法为Apple文字图层也添加一个渐变填充图层，并将填充图层设置为Apple文字图层的剪贴蒙版，此时的“图层”面板如图11-189所示，最终效果如图11-190所示。

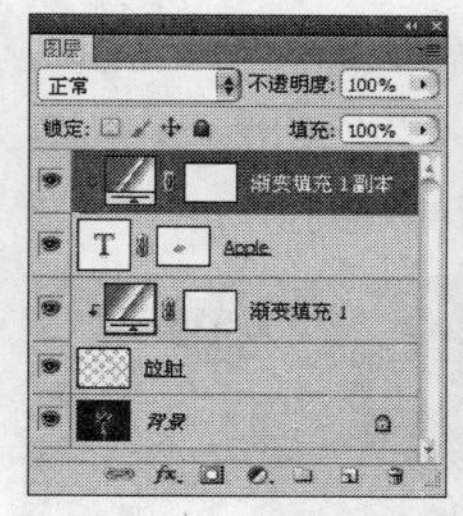

图11-189

图11-190

11.6 扭曲滤镜组

“扭曲”滤镜组包含12种滤镜，如图11-191所示。这些滤镜可以对图像进行几何扭曲，创建3D或其他整形效果。在处理图像时，这些滤镜可能会占用大量内存。

波浪...
波纹...
玻璃...
海洋波纹...
极坐标...
挤压...
扩散亮光...
切变...
球面化...
水波...
旋转扭曲...
置换...

图11-191

本节重要命令介绍

名称	作用	重要程度
滤镜>扭曲>波浪	用于创建类似于波浪起伏的效果	高
滤镜>扭曲>波纹	用于创建一定数量和大小的波浪起伏效果	中
滤镜>扭曲>海洋波纹	用于将随机分隔的波纹添加到图像表面	中

11.6.1 波浪

“波浪”滤镜可以在图像上创建类似于波浪

起伏的效果，图11-192所示为原始图像，图11-193所示是应用“波浪”滤镜后的效果。

图11-192

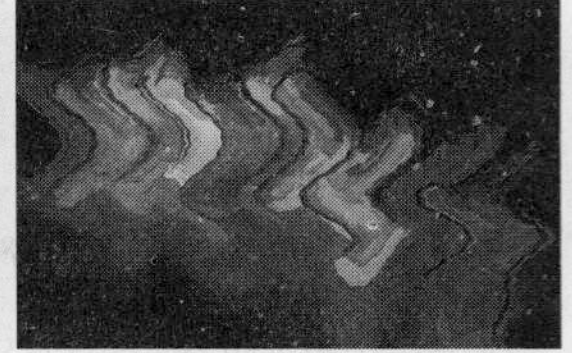

图11-193

11.6.2 波纹

“波纹”滤镜与“波浪”滤镜类似，但只能控制波纹的数量和大小，图11-194所示为原始图像，图11-195所示的是应用“波纹”滤镜后的效果。

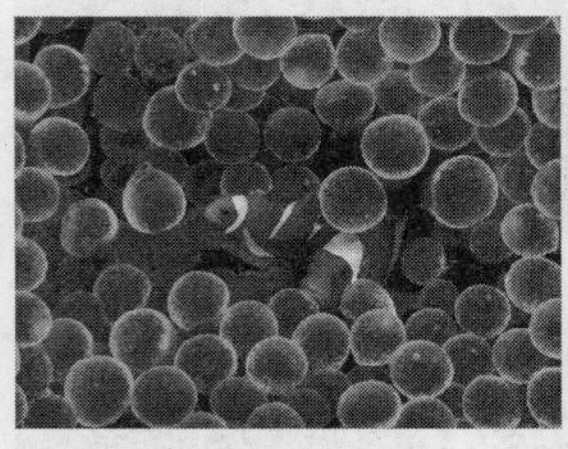

图11-194

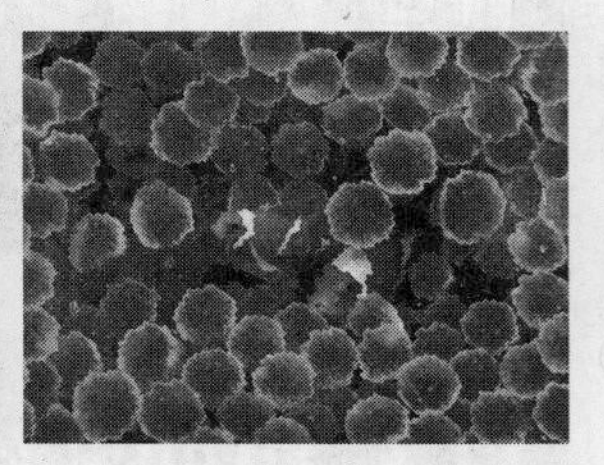

图11-195

11.6.3 玻璃

“玻璃”滤镜可以使图像像是透过不同类型的玻璃进行观看的效果，如图11-196所示为原始图像，图11-197所示的是应用“玻璃”滤镜后的效果。

图11-196

图11-197

11.6.4 海洋波纹

“海洋波纹”滤镜可以将随机分隔的波纹添加到图像表面，使图像看上去像是在水中一样，图11-198所示为原始图像，图11-199所示的是应用“海洋波纹”滤镜后的效果。

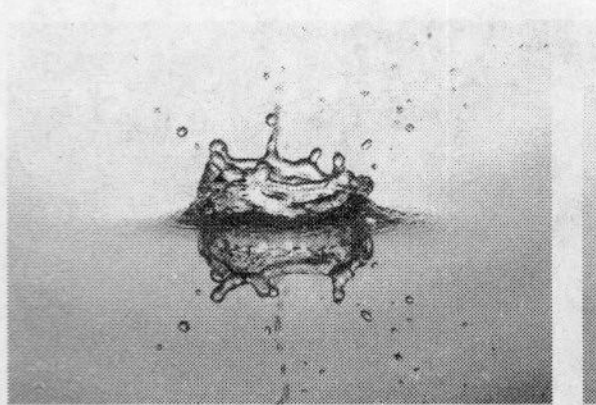

图11-198

图11-199

11.6.5 极坐标

“极坐标”滤镜可以将图像从平面坐标转换到极坐标，或从极坐标转换到平面坐标，图11-200所示为原始图像，图11-201所示的是“极坐标”对话框。

图11-200

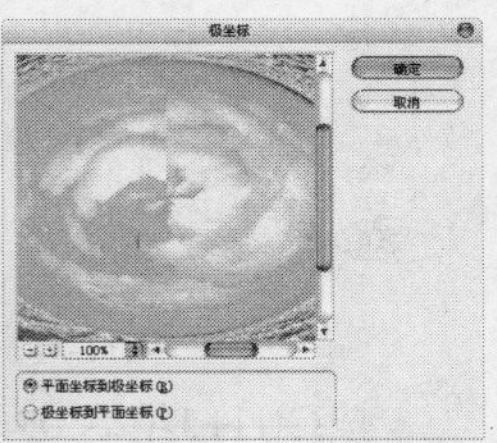

图11-201

11.6.6 挤压

“挤压”滤镜可以将选区内的图像或整个图像向外或向内挤压，图11-202所示为原始图像，图11-203所示的是“挤压”对话框。

图11-202

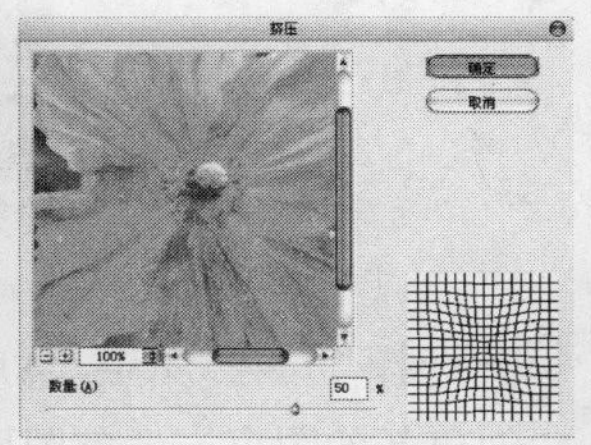

图11-203

11.6.7 扩散亮光

“扩散亮光”滤镜可以向图像中添加白色杂色，并从图像中心向外渐隐高光，使图像产生一种光芒漫射的效果，图11-204所示为原始图像，图11-205所示的是应用“扩散亮光”滤镜以后的效果。

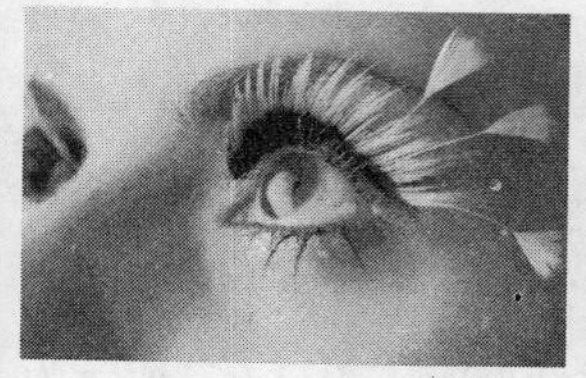

图11-204

图11-205

11.6.8 切变

“切变”滤镜可以沿一条曲线扭曲图像，通过拖曳调整框中的曲线可以应用相应的扭曲效果，图11-206所示为原始图像，图11-207所示的是“切变”对话框。

图11-206

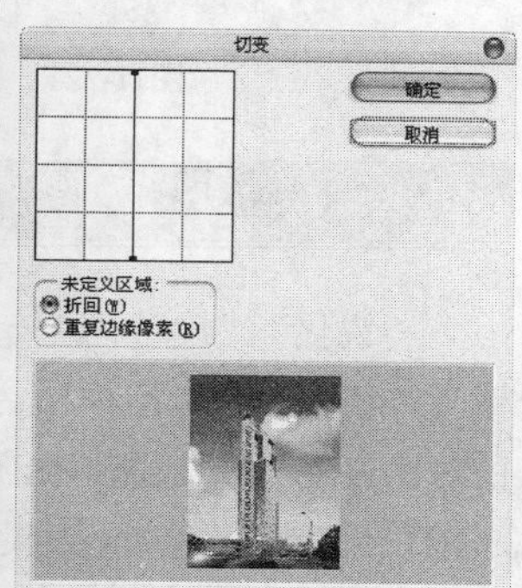

图11-207

11.6.9 球面化

“球面化”滤镜可以将选区内的图像或整个图像扭曲为球形，图11-208所示为原始图像，图11-209所示的是“球面化”对话框。

图11-208

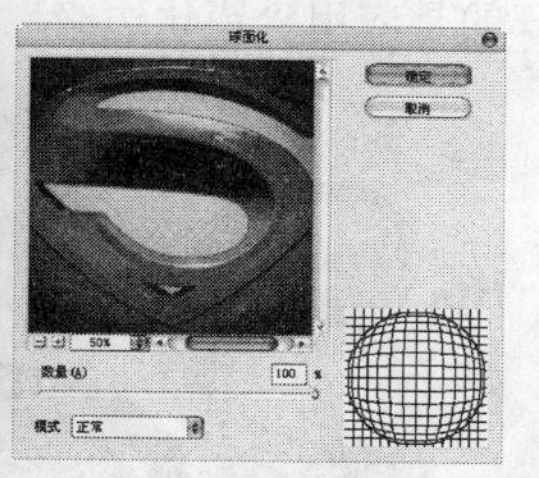

图11-209

11.6.10 水波

“水波”滤镜可以使图像产生真实的水波波纹效果，图11-210所示为原始图像（创建了一个椭圆选区），图11-211所示的是“水波”对话框。

图11-210

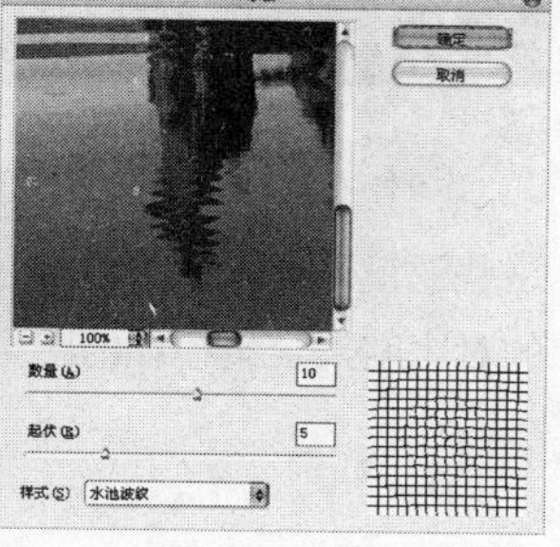

图11-211

11.6.11 旋转扭曲

“旋转扭曲”滤镜可以顺时针旋转或逆时针旋转图像，旋转会围绕图像的中心进行处理，图11-212所示为原始图像，图11-213所示的是“旋转扭曲”对话框。

图11-212

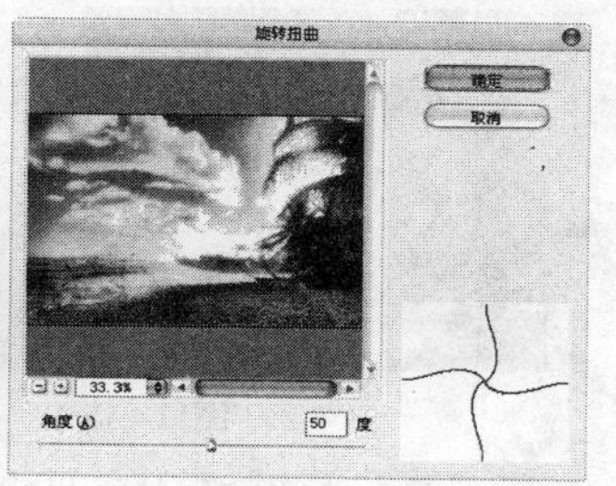

图11-213

11.6.12 置换

“置换”滤镜可以用另外一张图像（必须为PSD文件）的亮度值使当前图像的像素重新排列，并产生位移效果，图11-214所示为原始图像，图11-215所示的是一张格式为PSD、大小为200像素×200像素的图像，图11-216所示的是“置换”对话框。

图11-214

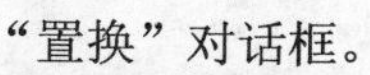

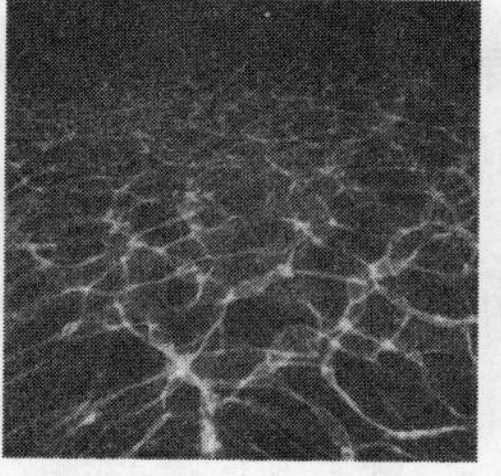

图11-215

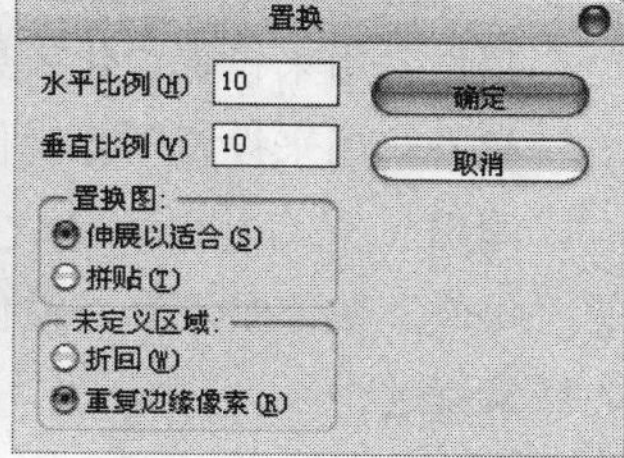

图11-216

11.7 锐化滤镜组

“锐化”滤镜组包含5种滤镜，如图11-217所示。这些滤镜可以通过增强相邻像素之间的对比度来聚集模糊的图像。

USM 锐化...
进一步锐化
锐化
锐化边缘
智能锐化...

图11-217

11.7.1 USM锐化

“USM锐化”滤镜可以查找图像颜色发生明显变化的区域，然后将其锐化，图11-218所示为原始图像，图11-219所示的是应用“USM锐化”滤镜后的效果。

图11-218

图11-219

执行“滤镜>锐化> USM锐化”菜单命令，打开“USM锐化”对话框，如图11-220所示。

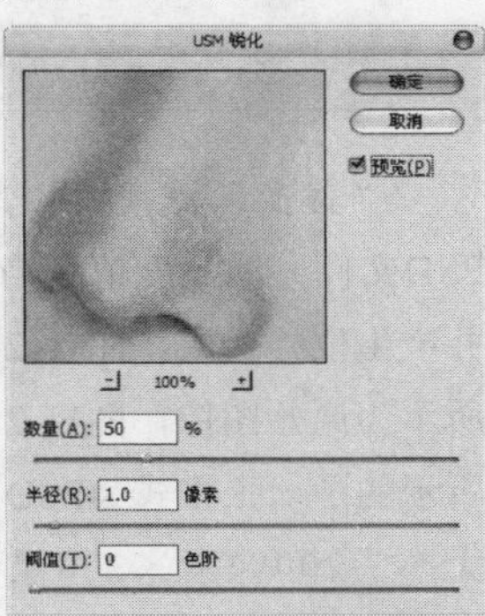

图11-220

USM对话框重要参数介绍

数量：用来设置锐化效果的精细程度。

半径：用来设置图像锐化的半径范围大小。

阈值：只有相邻像素之间的差值达到所设置的“阈值”数值时才会被锐化。该值越高，被锐化的像素就越少。

11.7.2 进一步锐化

“进一步锐化”滤镜可以通过增加像素之间的对比度使图像变得清晰，但锐化效果不是很明显（该滤镜没有参数设置对话框），图11-221所示为原始图像，图11-222所示的是应用两次“进一步锐化”滤镜后的效果。

图11-221

图11-222

11.7.3 锐化

“锐化”滤镜与“进一步锐化”滤镜一样（该滤镜没有参数设置对话框），都可以通过增加像素之间的对比度使图像变得清晰，但是其锐化效果没有“进一步锐化”滤镜的锐化效果明显，应用一次“进一步锐化”滤镜，相当于应用了3次“锐化”滤镜。

11.7.4 锐化边缘

“锐化边缘”滤镜只锐化图像的边缘，同时会保留图像整体的平滑度（该滤镜没有参数设置对话框），图11-223所示为原始图像，图11-224所示的是应用“锐化边缘”滤镜后的效果。

图11-223

图11-224

11.7.5 智能锐化

“智能锐化”滤镜的功能比较强大，它具有独特的锐化选项，可以设置锐化算法、控制阴影和高光区域的锐化量，图11-225所示为原始图像，图11-226所示的是“智能锐化”对话框。

图11-225

图11-226

1.设置基本选项

在“智能锐化”对话框中勾选“基本”选项，可以设置“智能锐化”滤镜的基本锐化功能。

智能锐化对话框重要选项与参数介绍

设置：单击“存储当前设置的拷贝”按钮，可以将当前设置的锐化参数存储为预设参数；单击“删除当前设置”按钮，可以删除当前选择的自定义锐化配置。

数量：用来设置锐化的精细程度。数值越高，越能强化边缘之间的对比度。

半径：用来设置受锐化影响的边缘像素的数量。数值越高，受影响的边缘就越宽，锐化的效果也越明显。

移去：选择锐化图像的算法。选择“高斯模糊”选项，可以使用“USM锐化”滤镜的方法锐化图像；选择“镜头模糊”选项，可以查找图像中的边缘和细节，并对细节进行更加精细的锐化，以减少锐化的光晕；选择“动感模糊”选项，可以激活下面的“角度”选项，通过设置“角度”值可以减少由于相机或对象移动而产生的模糊效果。

更加准确：勾选该选项，可以使锐化效果更加精确。

2.设置高级选项

在“智能锐化”对话框中勾选“高级”选项，可以设置“智能锐化”滤镜的高级锐化功能。高级锐化功能包含“锐化”、“阴影”和“高光”3个选项卡，如图11-227、图11-228和图11-229所示，其中“锐化”选项卡中的参数与基本锐化选项完全相同。

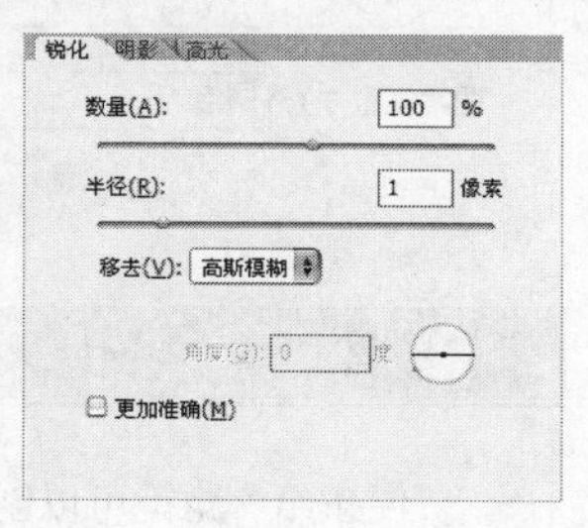

图11-227

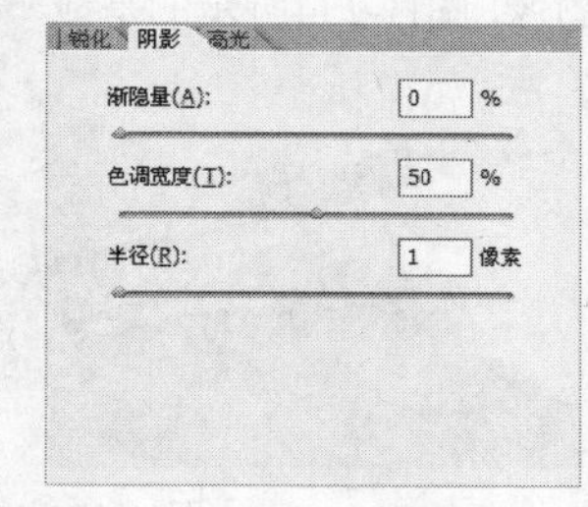

图11-228

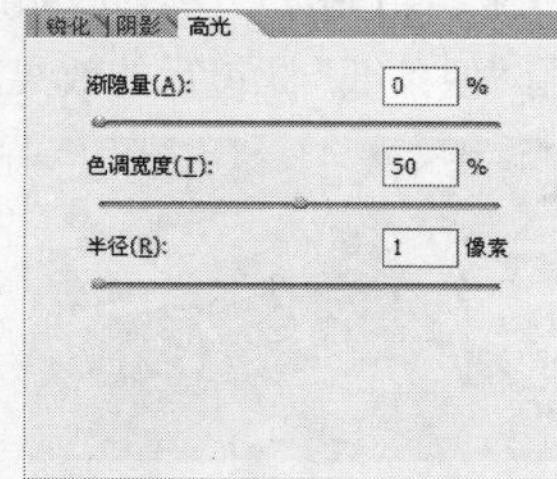

图11-229

11.8 素描滤镜组

“素描”滤镜组包含14种滤镜，如图11-230所示。这些滤镜可以将纹理添加到图像上，通常用于模拟速写和素描等艺术效果。

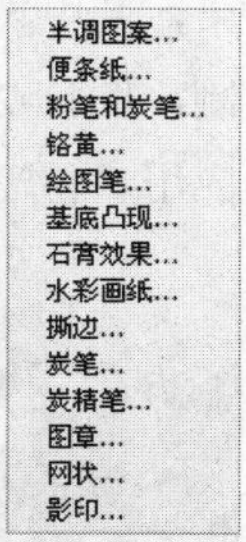

半调图案...
便条纸...
粉笔和炭笔...
铬黄...
绘图笔...
基底凸现...
石膏效果...
水彩画纸...
撕边...
炭笔...
炭精笔...
图章...
网状...
影印...

图11-230

技巧与提示

“素描”滤镜组中的大部分滤镜在绘制图像时都需要使用到前景色和背景色。因此，设置不同的前景色和背景色，可以得到不同的艺术效果。

11.8.1 半调图案

“半调图案”滤镜可以在保持连续的色调范围的同时模拟半调网屏效果，图11-231所示为原始图像，图11-232所示的是“半调图案”对话框。

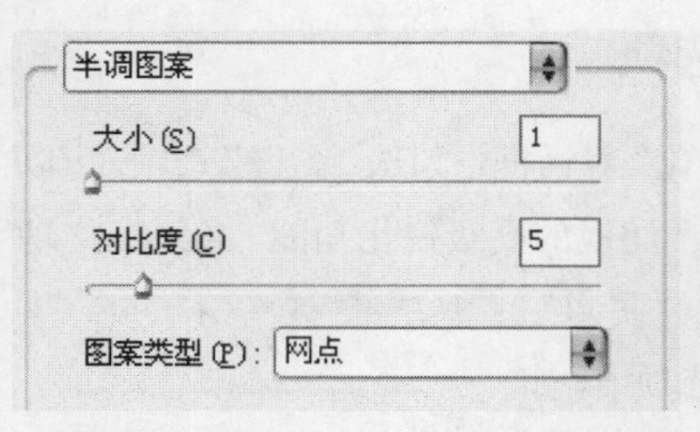

图11-231　　图11-232

11.8.2 便条纸

“便条纸”滤镜可以创建类似于手工制作的纸张效果，图11-233所示为原始图像，图11-234所示的是应用“便条纸”滤镜后的效果。

图11-233　　图11-234

11.8.3 粉笔和炭笔

“粉笔和炭笔”滤镜可以制作粉笔和炭笔效果，其中炭笔使用前景色绘制，粉笔使用背景色绘制，图11-235所示为原始图像，图11-236所示的是应用“粉笔和炭笔”滤镜后的效果。

图11-235　　图11-236

11.8.4 铬黄

“铬黄”滤镜可以用来制作具有擦亮效果的铬黄金属表面，图11-237所示为原始图像，图11-238所示的是应用“铬黄”滤镜后的效果。

图11-237　　图11-238

11.8.5 绘图笔

“绘图笔”滤镜可以使用细线状的油墨描边以捕捉原始图像中的细节，图11-239所示为原始图像，图11-240所示的是“绘图笔”对话框。

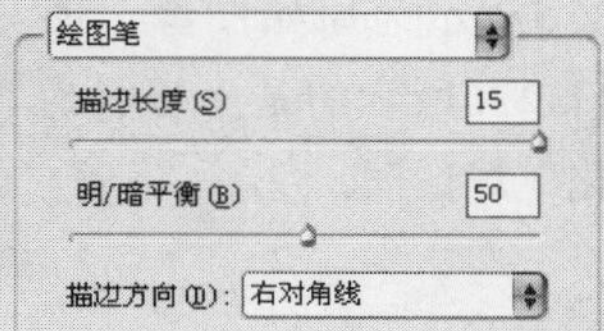

图11-239　　图11-240

11.8.6 基底凸现

“基底凸现”滤镜可以通过变换图像，使其呈现浮雕的雕刻状和突出光照下变化各异的表面，其中图像的暗部区域呈现为前景色，而浅色区域呈现为背景色，图11-241所示为原始图像，图11-242所示的是应用“基底凸现”滤镜后的效果。

图11-241　　图11-242

11.8.7 石膏效果

“石膏效果”滤镜可以模拟出类似石膏的效果，图11-243所示为原始图像，图11-244所示的是应用“石膏效果”滤镜后的效果。

图11-243　　图11-244

11.8.8 水彩画纸

“水彩画纸”滤镜可以利用有污点的画笔在潮湿的纤维纸上绘画，使颜色产生流动效果并相互混合，图11-245所示为原始图像，图11-246所示的是应用“水彩画纸”滤镜后的效果。

图11-245

图11-246

11.8.9 撕边

“撕边”滤镜可以重建图像，使之呈现由粗糙、撕破的纸片状组成，再使用前景色与背景色为图像着色，图11-247所示为原始图像，图11-248所示的是应用“撕边”滤镜后的效果。

图11-247

图11-248

11.8.10 炭笔

“炭笔”滤镜可以产生色调分离的涂抹效果，其中图像中的主要边缘以粗线条进行绘制，而中间色调则用对角描边进行素描。另外，炭笔采用前景色，背景采用纸张颜色，图11-249所示为原始图像，图11-250所示是应用“炭笔”滤镜后的效果。

图11-249

图11-250

11.8.11 炭精笔

“炭精笔”滤镜可以在图像上模拟出浓黑和纯白的炭精笔纹理，在暗部区域使用前景色，在亮部区域使用背景色，图11-251所示为原始图像，图11-252所示的是“炭精笔”对话框。

图11-251

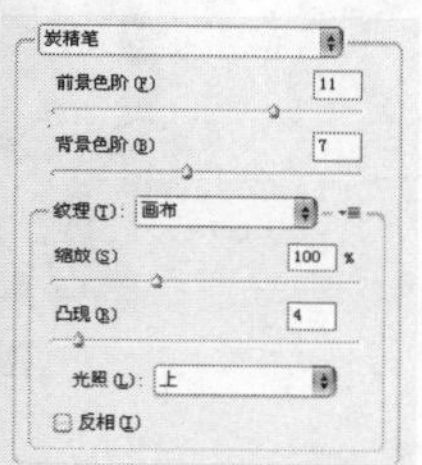

图11-252

11.8.12 图章

“图章”滤镜可以简化图像，常用于模拟橡皮或木制图章效果（该滤镜用于黑白图像时效果最佳），图11-253所示为原始图像，图11-254所示的是应用“图章”滤镜后的效果。

图11-253

图11-254

11.8.13 网状

“网状”滤镜可以用来模拟胶片乳胶的可控收缩和扭曲来创建图像，使图像在阴影区域呈现为块状，在高光区域呈现为颗粒，图11-255所示为原始图像，图11-256所示的是应用“网状”滤镜后的效果。

图11-255

图11-256

11.8.14 影印

“影印”滤镜可以模拟影印图像效果，图11-257所示为原始图像，图11-258所示的是应用“影印”滤镜后的效果。

图11-257

图11-258

11.9 纹理滤镜组

“纹理”滤镜组包含6种滤镜，如图11-259所示。这些滤镜可以向图像中添加纹理质感，常用来模拟具有深度感物体的外观。

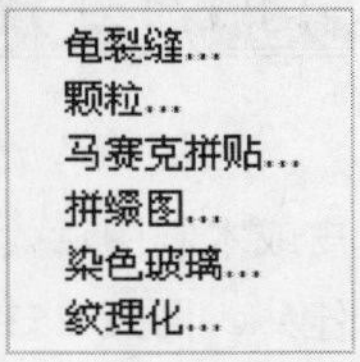

龟裂缝...
颗粒...
马赛克拼贴...
拼缀图...
染色玻璃...
纹理化...

图11-259

11.9.1 龟裂缝

“龟裂缝”滤镜可以将图像应用在一个高凸现的石膏表面上，以沿着图像等高线生成精细的网状裂缝，图11-260所示为原始图像，图11-261所示的是应用“龟裂缝”滤镜后的效果。

图11-260

图11-261

执行“滤镜>纹理>龟裂缝”菜单命令，打开“龟裂缝”对话框，如图11-262所示。

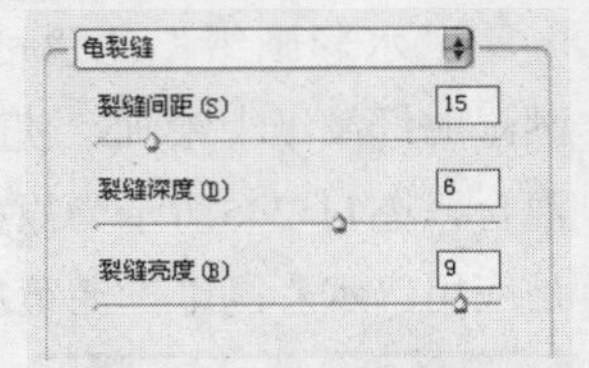

图11-262

11.9.2 颗粒

“颗粒”滤镜可以模拟多种颗粒纹理效果，图11-263所示为原始图像，图11-264所示的是“颗粒”对话框。

图11-263

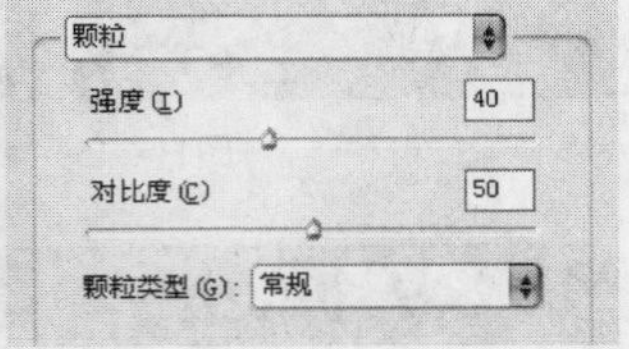

图11-264

颗粒对话框重要参数介绍

强度：用于设置颗粒的密度。数值越大，颗粒越多。

对比度：用于设置图像中的颗粒的对比度。

颗粒类型：用于选择颗粒的类型，包括“常规”、“柔和”、“喷洒”、“结块”、“强反差”、“扩大”、“点刻”、“水平”、“垂直”和“斑点”，如图11-265~图11-274所示。

图11-265

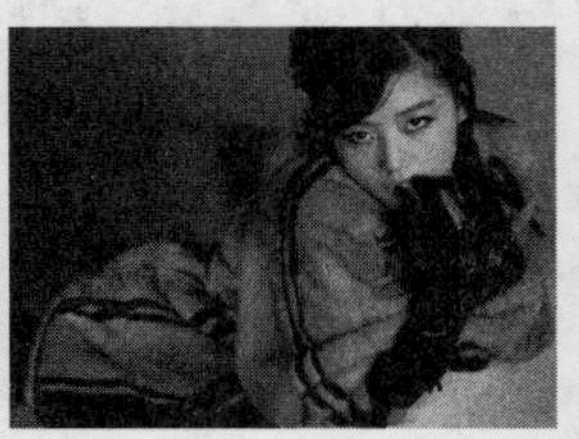
图11-266

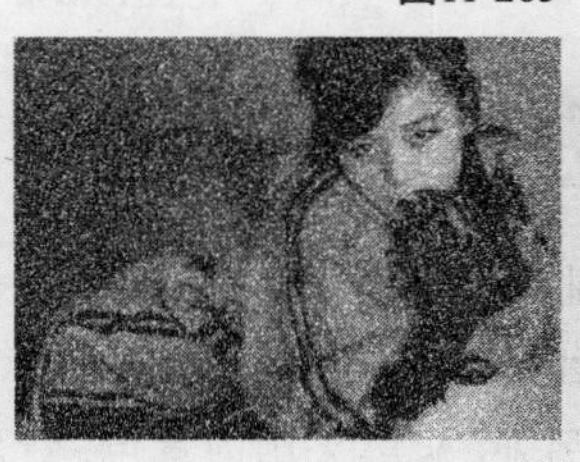
图11-267

图11-268

图11-269

图11-270

图11-271

图11-272

图11-273

图11-274

11.9.3 马赛克拼贴

“马赛克拼贴”滤镜可以将图像用马赛克碎片拼贴起来，图11-275所示为原始图像，图11-276所示的是应用“马赛克拼贴”滤镜后的效果。

图11-275

图11-276

11.9.4 拼缀图

“拼缀图”滤镜可以将图像分解为用图像中该区域的主色填充的正方形，图11-277所示为原始图像，图11-278所示的是应用“拼缀图”滤镜后的效果。

图11-277

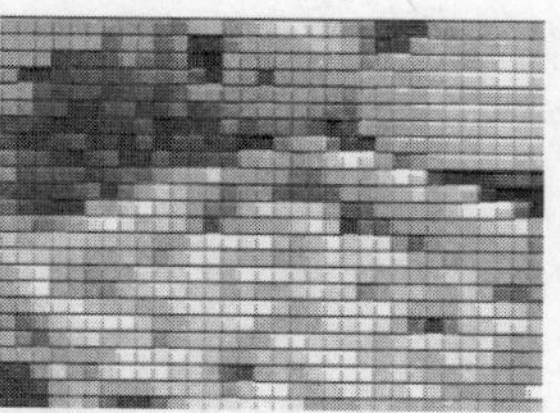

图11-278

11.9.5 染色玻璃

“染色玻璃”滤镜可以将图像重新绘制成用前景色勾勒的单色的相邻单元格色块，图11-279所示为原始图像，图11-280所示的是应用“染色玻璃”滤镜后的效果。

图11-279

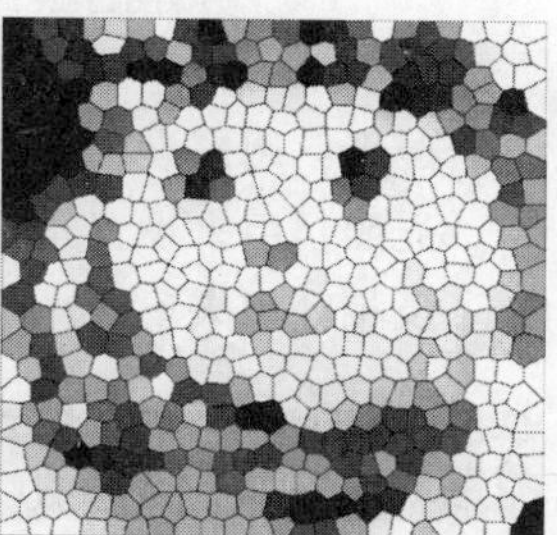

图11-280

11.9.6 纹理化

“纹理化”滤镜可以将选定或外部的纹理应用于图像，图11-281所示为原始图像，图11-282所示的是“纹理化”对话框。

图11-281

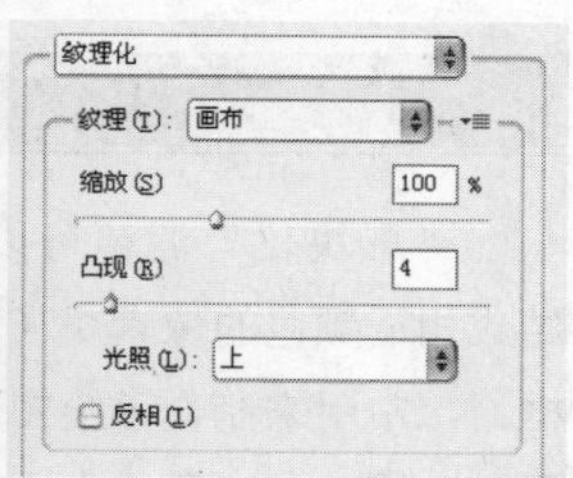

图11-282

纹理化对话框重要参数介绍

纹理：用来选择纹理的类型，包括“砖形”、“粗麻布”、“画布”和“砂岩”4种（单击右侧▾≡图标，可以载入外部的纹理），如图11-283~图11-286所示。

图11-283

图11-284

图11-285

图11-286

缩放：用来设置纹理的尺寸大小。

凸现：用来设置纹理的凹凸程度。

光照：用来设置光照的方向。

反相：用来反转光照的方向。

11.10 像素化滤镜组

“像素化”滤镜组包含7种滤镜，如图11-287所示。这些滤镜可以将图像进行分块或平面化处理。

彩块化
彩色半调...
点状化...
晶格化...
马赛克...
碎片
铜版雕刻...

图11-287

11.10.1 彩块化

“彩块化”滤镜可以将纯色或相近色的像素结成相近颜色的像素块（该滤镜没有参数设置对话框），常用来制作手绘图像、抽象派绘画等艺术效果，如图11-288所示为原始图像，图11-289所示的是应用“彩块化”滤镜以后的效果。

图11-288

图11-289

11.10.2 彩色半调

“彩色半调”滤镜可以模拟在图像的每个通道上使用放大的半调网屏的效果，图11-290所示为原始图像，图11-291所示的是应用“彩色半调”滤镜后的效果。

图11-290

图11-291

11.10.3 点状化

“点状化”滤镜可以将图像中的颜色分解成随机分布的网点，并使用背景色作为网点之间的画布区域，图11-292所示为原始图像，图11-293所示的是应用“点状化”滤镜后的效果。

图11-292

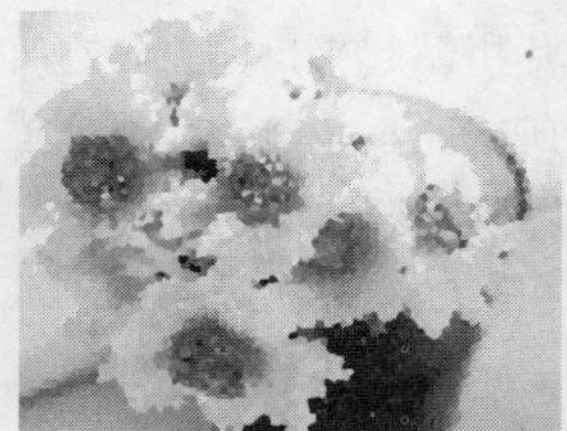
图11-293

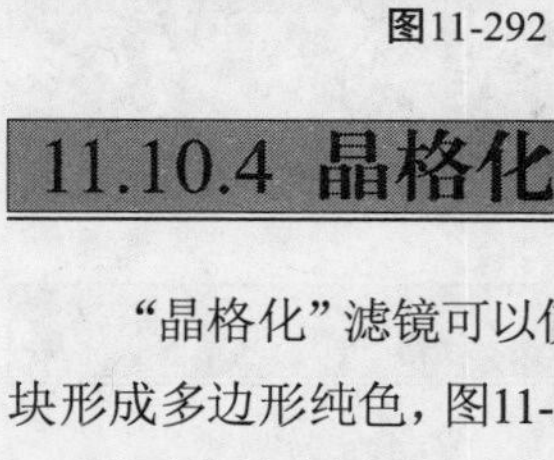

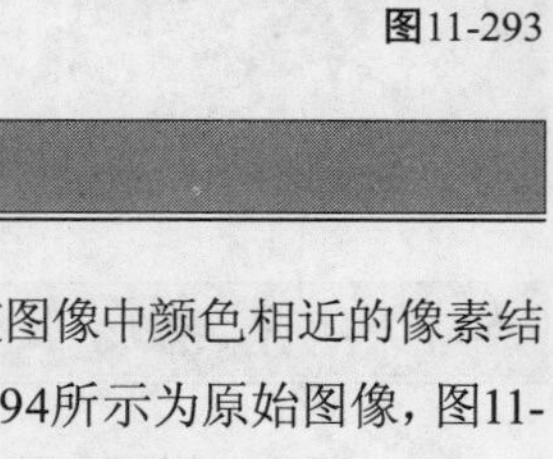

11.10.4 晶格化

“晶格化”滤镜可以使图像中颜色相近的像素结块形成多边形纯色，图11-294所示为原始图像，图11-295所示的是应用“晶格化”滤镜后的效果。

图11-294

图11-295

11.10.5 马赛克

“马赛克”滤镜可以使像素结为方形色块，创建出类似于马赛克的效果，图11-296所示为原始图像，图11-297所示的是应用“马赛克”滤镜后的效果。

图11-296

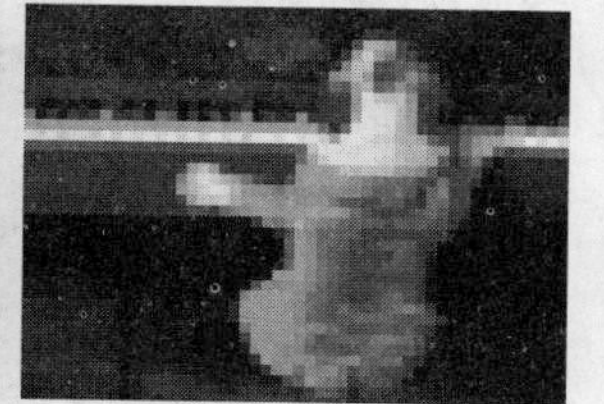

图11-297

11.10.6 碎片

“碎片”滤镜可以将图像中的像素复制4次，然后将复制的像素平均分布，并使其相互偏移（该滤镜没有参数设置对话框），图11-298所示为原始图像，图11-299所示的是应用“碎片”滤镜后的效果。

图11-298

图11-299

11.10.7 铜板雕刻

“铜板雕刻”滤镜可以将图像转换为黑白区域的随机图案或彩色图像中完全饱和颜色的随机图案，图11-300所示为原始图像，图11-301所示的是“铜板雕刻”对话框。

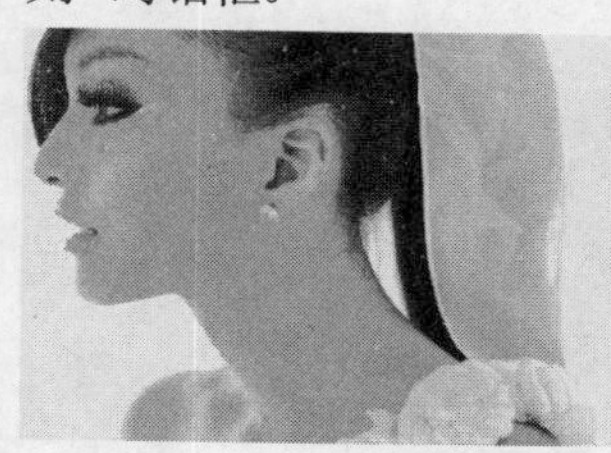

图11-300

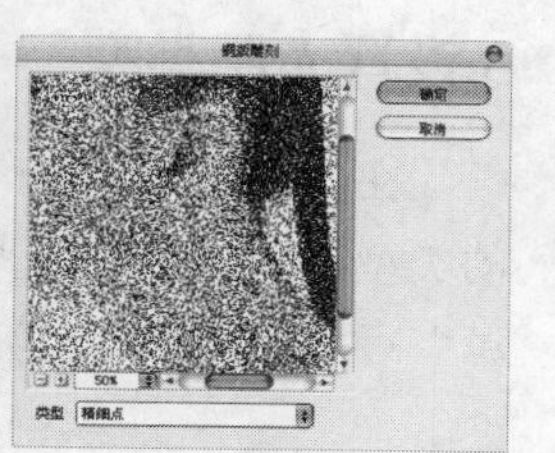

图11-301

铜版雕刻对话框重要选项介绍

类型：选择铜板雕刻的类型，包含“精细点”、“中等点”、“粒状点”、“粗网点”、“短直线”、“中长直线”、“长直线”、“短描边”、“中长描边”和“长描边”10种类型，如图11-302~图11-311所示。

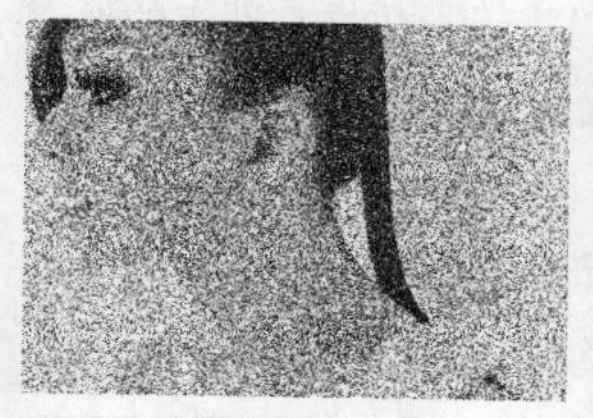

图11-302

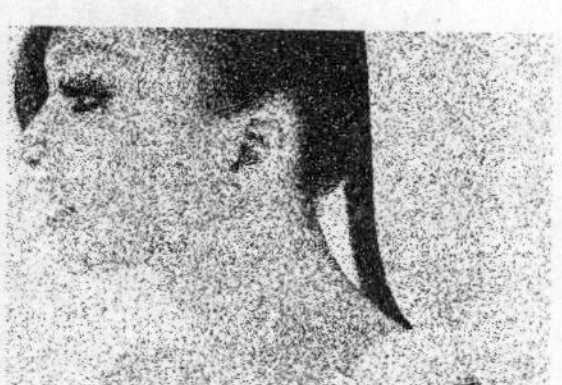

图11-303

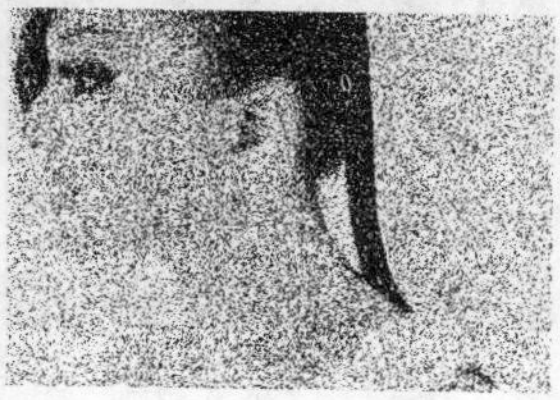

图11-304

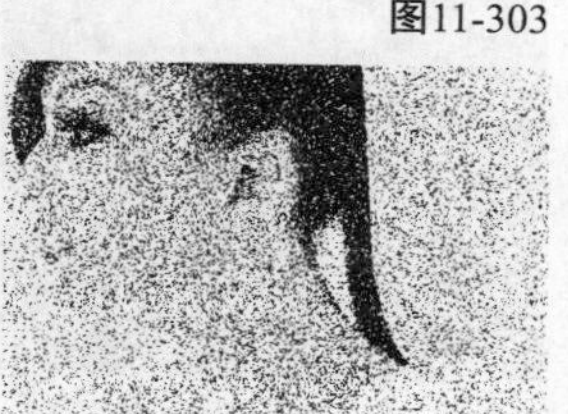

图11-305

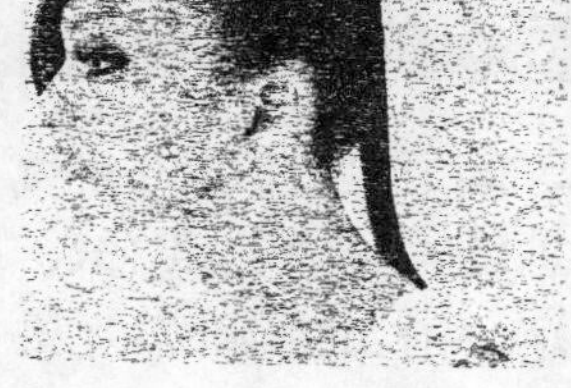

图11-306

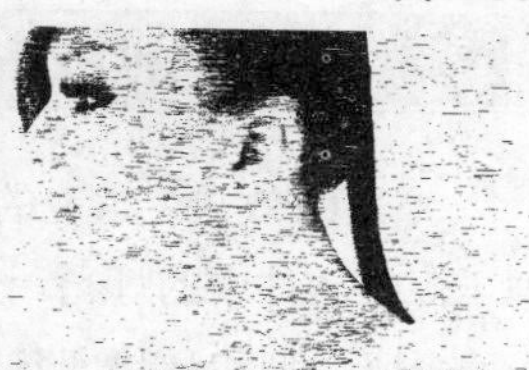

图11-307

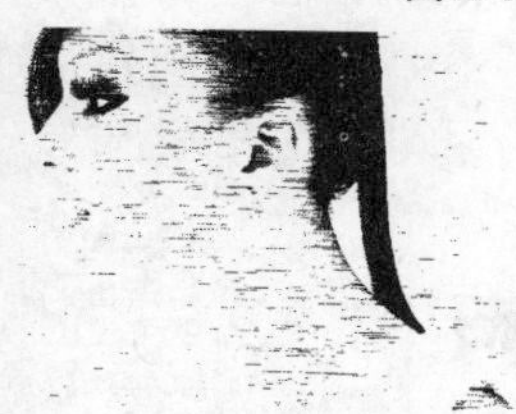

图11-308

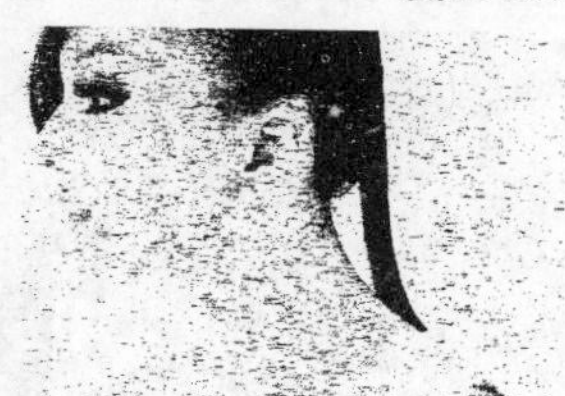

图11-309

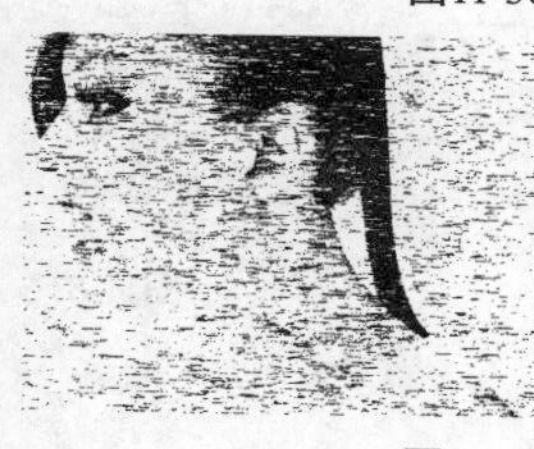

图11-310

图11-311

11.11 渲染滤镜组

“渲染”滤镜组包含5种滤镜，如图11-312所示。这些滤镜在图像中创建云彩图案、3D形状、折射图案和模拟的光反射效果。

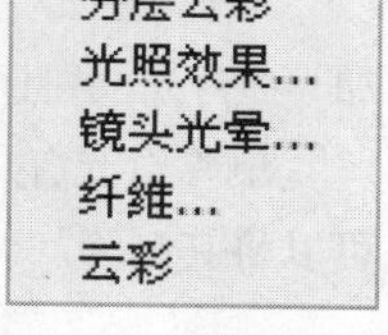

分层云彩
光照效果...
镜头光晕...
纤维...
云彩

图11-312

11.11.1 分层云彩

“分层云彩”滤镜可以将云彩数据与现有的像素以“差值”方式进行混合（该滤镜没有参数设置对话框）。首次应用该滤镜时，图像的某些部分会被反相成云彩图案，如图11-313所示，多次应用以后，就会创建出与大理石类似的絮状纹理，如图11-314所示。

图11-313

图11-314

11.11.2 光照效果

“光照效果”滤镜的功能相当强大，其作用类似于三维软件中的灯光。该滤镜包含17种光照样式、3 种光照类型和4组光照选项，图11-315所示为原始图像，图11-316所示的是“光照效果”对话框。

图11-315

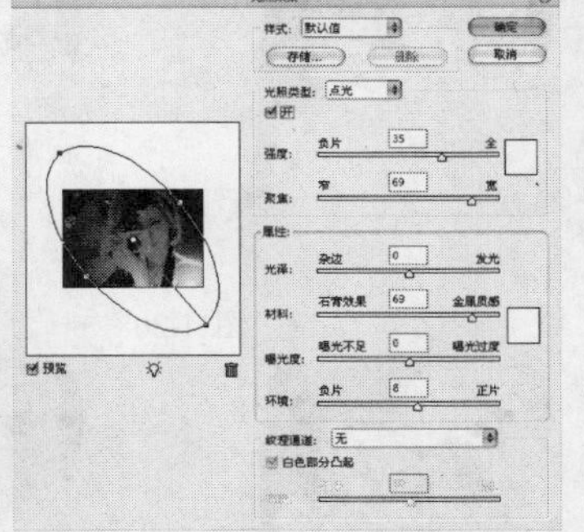

图11-316

1.预览框

在“光照效果”对话框左侧的预览框中可以预览光照的效果、调节光照范围、添加或删除灯光。

预览：勾选该选项以后，在预览框中可以观察光照效果；如果关闭该选项，将显示原始图像。

添加灯光：将该图标拖曳到预览框中，可以添加一盏灯光，并且可以调整灯光的光照范围和位置。

删除灯光：将添加的灯光拖曳到该图标上，可以将其删除。

2.设置光照样式

在“样式”下拉列表中可以选择预设的光照样式，共有17种样式，如图11-317所示。图11-318所示的是“默认值”光照效果，图11-319所示的是其他预设样式的光照效果。

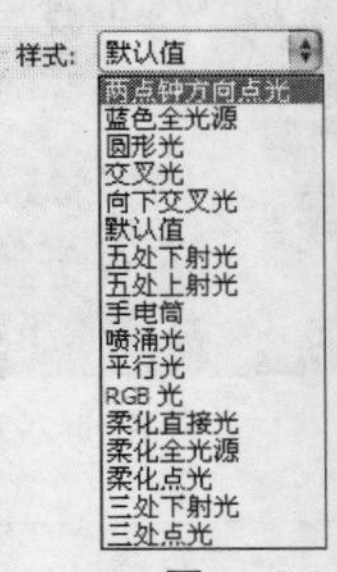

图11-317

图11-318

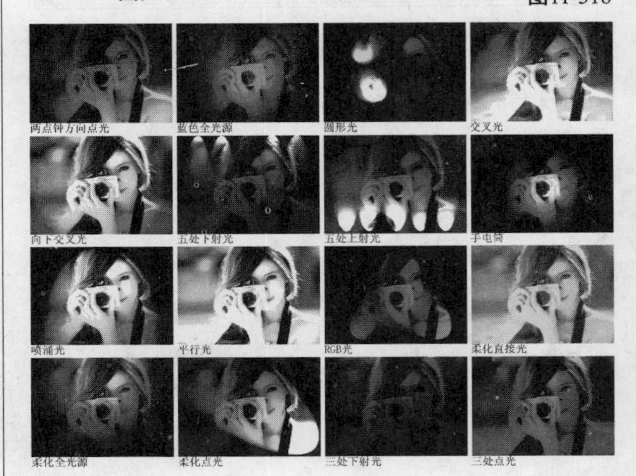

图11-319

技巧与提示

如果需要自定义光照效果，可以单击“存储”按钮 存储... 将其保存起来；如果要删除保存的光照效果，可以单击“删除”按钮 删除 。

3.设置光照类型

在“光照类型”下拉列表中可以选择灯光的类型，包含“平行光”、“全光源”和“点光源”3种，如图11-320所示。

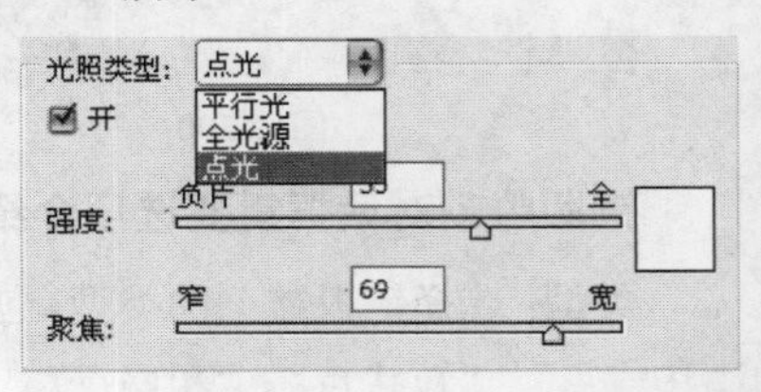

图11-320

4.设置光照属性

强度/光照颜色：“强度”选项用来设置灯光的光照大小。单击后面的颜色图标，可以在弹出的“选择光照颜色”对话框中设置灯光的颜色。

聚焦：用来控制灯光的光照范围。该选项只能用于点光。

光泽：用来设置灯光的反射强度。

材料：用来控制反射光线是设置的灯光颜色，还是图像本身的颜色。滑块越靠近“石膏效果”选项，反射光线越接近灯光颜色；滑块越靠近“金属质感”选项，反射光线越接近图像本身的颜色。

曝光度：用来控制光照的曝光效果。数值为负值时，可以减少光照；数值为正值时，可以增加光照。

环境/环境色：滑块越接近“阴片”选项，环境色越接近所取色样的互补色，反之越接近“正片”选项，环境色就越接近所设置的环境色。单击环境色图标，可以在弹出的“选择环境色”对话框中设置环境色。

5.设置纹理通道

在“纹理通道”选项组下，可以通过一个通道中的灰度图像来控制灯光在图像上的反射方式，如图11-321所示，以生成3D效果，如图11-322和图11-323所示。

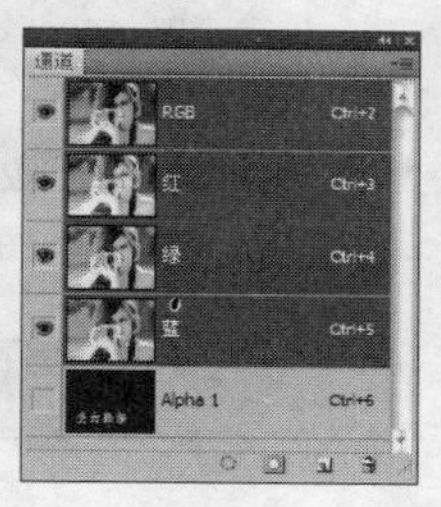

图11-321

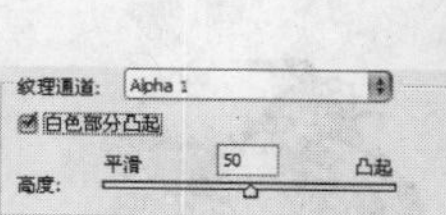

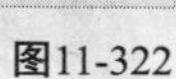

图11-322

图11-323

11.11.3 镜头光晕

“镜头光晕”滤镜可以模拟亮光照射到相机镜头所产生的折射效果，图11-324所示为原始图像，图11-325所示为“镜头光晕”对话框。

图11-324

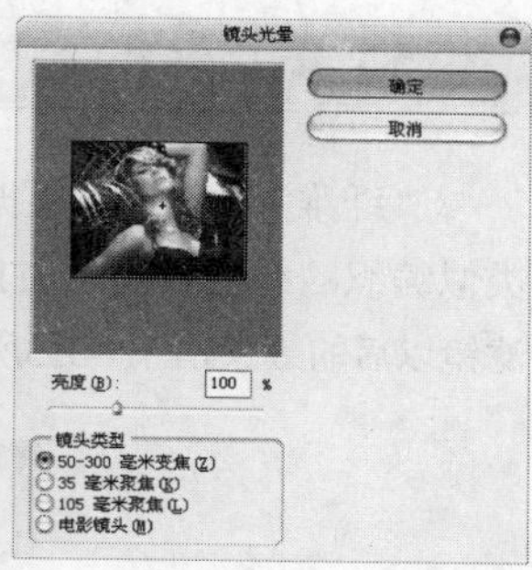

图11-325

镜头光晕对话框重要选项与参数介绍

预览窗口：在该窗口中可以通过拖曳十字线来调节光晕的位置。

亮度：用来控制镜头光晕的亮度，其取值范围为10~300%，图11-326和图11-327所示的分别是设置“亮度”值为100%和200%时的效果。

图11-326

图11-327

镜头类型：用来选择镜头光晕的类型，包括“50-300毫米变焦”、“35毫米聚焦”、“105毫米聚焦”和“电影镜头”4种类型，如图11-328~图11-331所示。

图11-328

图11-329

图11-330

图11-331

11.11.4 纤维

“纤维”滤镜可以根据前景色和背景色来创建类似编织的纤维效果，图11-332所示为应用“纤维”滤镜以后的效果，图11-333所示为“纤维”对话框。

图11-332

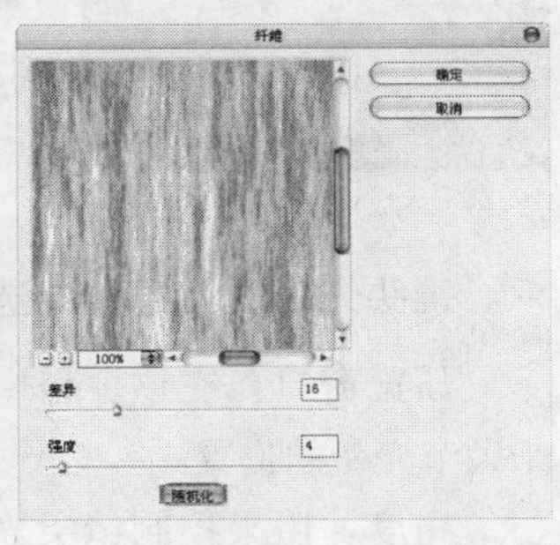

图11-333

纤维对话框重要参数介绍

差异：用来设置颜色变化的方式。较低的数值可以生成较长的颜色条纹，如图11-334所示；较高的数值可以生成较短且颜色分布变化更大的纤维，如图11-335所示。

图11-334

图11-335

强度：用来设置纤维外观的明显程度。

随机化：单击该按钮，可以随机生成新的纤维。

11.11.5 云彩

“云彩”滤镜可以根据前景色和背景色随机生成云彩图案（该滤镜没有参数设置对话框），图11-336所示为应用“云彩”滤镜后的效果。

图11-336

11.12 艺术效果滤镜组

“艺术效果”滤镜组包含15种滤镜，如图11-337所示。这些滤镜主要用于为美术或商业项目制作绘画效果或艺术效果。

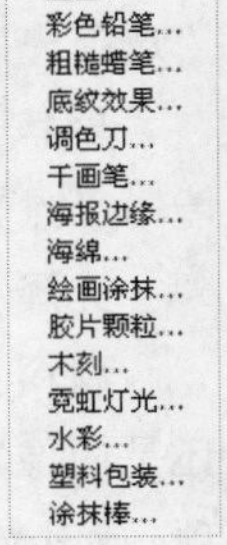

壁画...
彩色铅笔...
粗糙蜡笔...
底纹效果...
调色刀...
干画笔...
海报边缘...
海绵...
绘画涂抹...
胶片颗粒...
木刻...
霓虹灯光...
水彩...
塑料包装...
涂抹棒...

图11-337

11.12.1 壁画

“壁画”滤镜可以使用一种粗糙的绘画风格来重绘图像，图11-338所示为原始图像，图11-339所示的是应用“壁画”滤镜后的效果。

图11-338

图11-339

11.12.2 彩色铅笔

“彩色铅笔”滤镜可以使用彩色铅笔在纯色背景上绘制图像，并且可以保留图像的重要边缘，图11-340所示为原始图像，图11-341所示的是应用“彩色铅笔”滤镜后的效果。

图11-340

图11-341

11.12.3 粗糙蜡笔

“粗糙蜡笔”滤镜可以在带纹理的背景上应用粉笔描边。在亮部区域，粉笔效果比较厚，几乎观察不到纹理；在深色区域，粉笔效果比较薄，而纹理效果非常明显，图11-342所示为原始图像，图11-343所示的是“粗糙蜡笔”对话框。

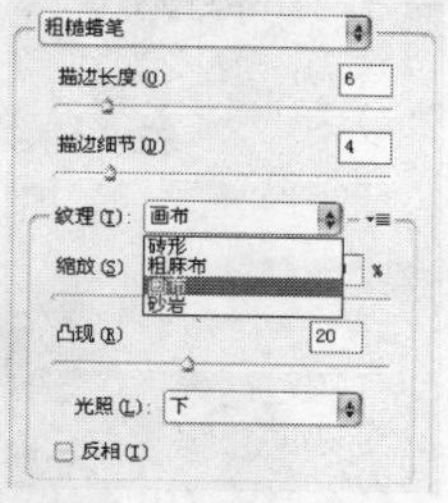

图11-342　　图11-343

粗糙蜡笔对话框重要选项与参数介绍

描边长度：用来设置蜡笔笔触的长度。

描边细节：用来设置在图像中刻画的细腻程度。

纹理：选择应用于图像中的纹理类型，包含“砖形”、“粗麻布”、“画布”和“砂岩”4种类型，如图11-344~图11-347所示。单击右侧▾≡图标，可以载入外部的纹理。

图11-344　　图11-345

图11-346　　图11-347

缩放：用来设置纹理的缩放程度。

凸现：用来设置纹理的凸起程度。

光照：用来设置光照的方向。

11.12.4 底纹效果

“底纹效果”滤镜可以在带纹理的背景上绘制底纹图像，图11-348所示为原始图像，图11-349所示的是应用“底纹效果”滤镜后的效果。

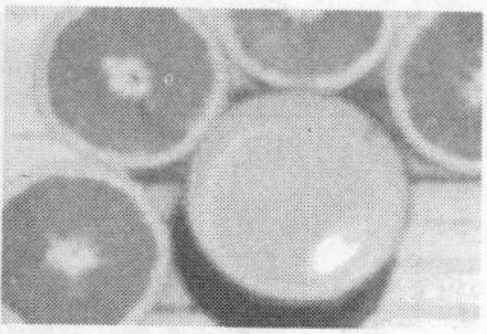

图11-348　　图11-349

11.12.5 调色刀

“调色刀”滤镜可以减少图像中的细节，以生成淡淡的描绘效果，图11-350所示为原始图像，图11-351所示的是应用“调色刀”滤镜后的效果。

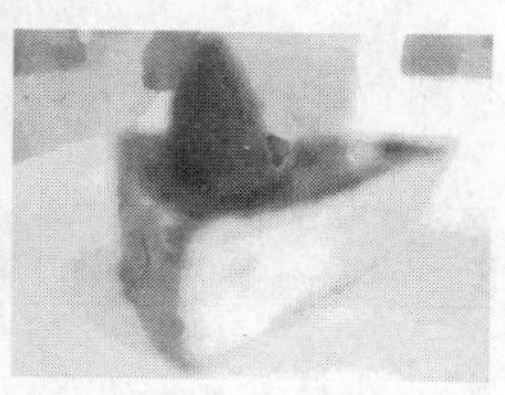

图11-350　　图11-351

11.12.6 干画笔

“干画笔”滤镜可以使用干燥的画笔来绘制图像边缘，图11-352所示为原始图像，图11-353所示的是应用“干画笔”滤镜后的效果。

图11-352　　图11-353

11.12.7 海报边缘

“海报边缘”滤镜可以减少图像中的颜色数量（对其进行色调分离），并查找图像的边缘，在边缘上绘制黑色线条，图11-354所示为原始图像，图11-355所示的是应用“海报边缘”滤镜后的效果。

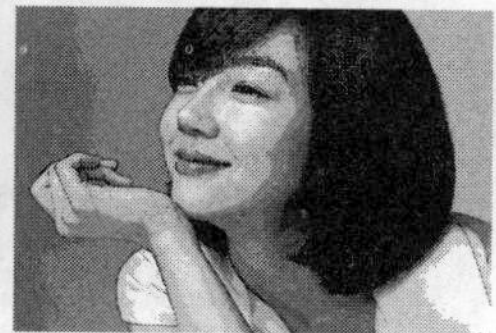

图11-354　　图11-355

11.12.8 海绵

“海绵”滤镜使用颜色对比度比较强烈、纹理较重的区域绘制图像，以模拟海绵效果，图11-356所示为原始图像，图11-357所示的是应用“海绵”滤镜后的效果。

图11-356

图11-357

11.12.9 绘画涂抹

“绘画涂抹”滤镜可以使用6种不同类型的画笔来进行绘画，图11-358所示为原始图像，图11-359所示的是“绘画涂抹”对话框。

图11-358

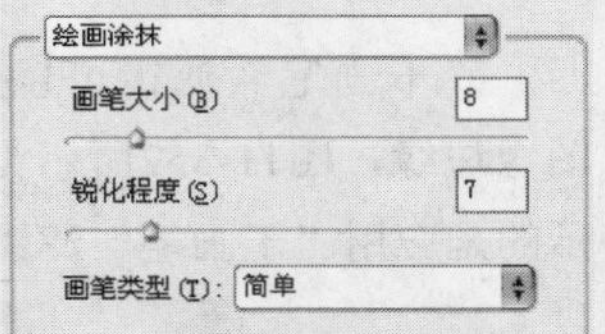

图11-359

绘画涂抹对话框重要参数介绍

锐化程度：用来设置画笔涂抹的锐化程度。数值越大，绘画效果越明显。

画笔类型：用来设置绘画涂抹的画笔类型，包含“简单”、“未处理光照”、“未处理深色”、“宽锐化”、“宽模糊”和“火花”6种类型，如图11-360~图11-365所示。

图11-360

图11-361

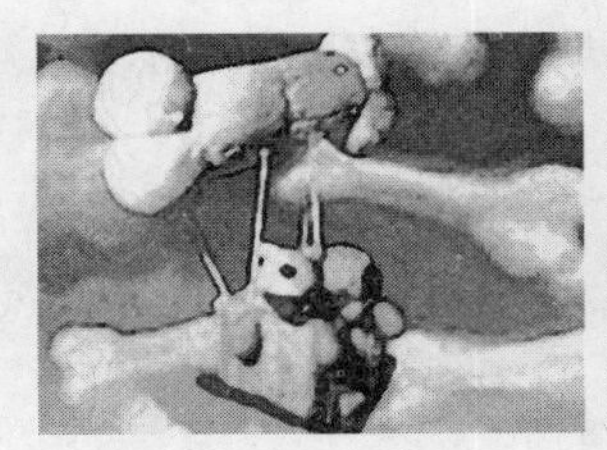

图11-362

图11-363

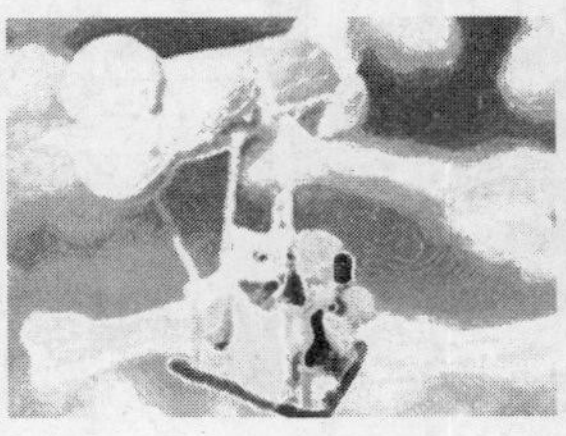

图11-364

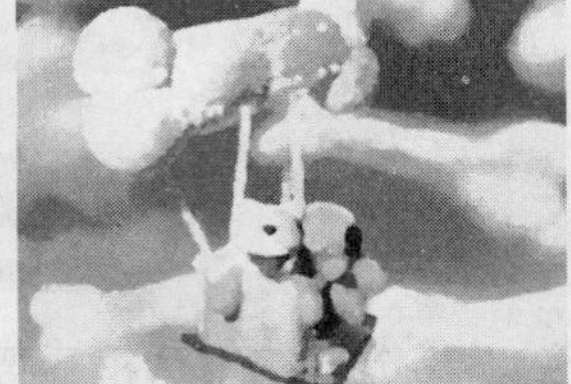

图11-365

11.12.10 胶片颗粒

“胶片颗粒”滤镜可以将平滑图案应用于阴影和中间色调上，图11-366所示为原始图像，图11-367所示的是应用“胶片颗粒”滤镜后的效果。

图11-366

图11-367

11.12.11 木刻

“木刻”滤镜可以将高对比度的图像处理成剪影效果，将彩色图像处理成由多层彩纸组成的效果，图11-368所示为原始图像，图11-369所示的是应用“木刻”滤镜后的效果。

图11-368

图11-369

11.12.12 霓虹灯光

“霓虹灯光”滤镜可以将霓虹灯光效果添加到图像上。该滤镜可以在柔化图像外观时为图像着色，图11-370所示为原始图像，图11-371所示的是应用“霓虹灯光”滤镜后的效果。

图11-370

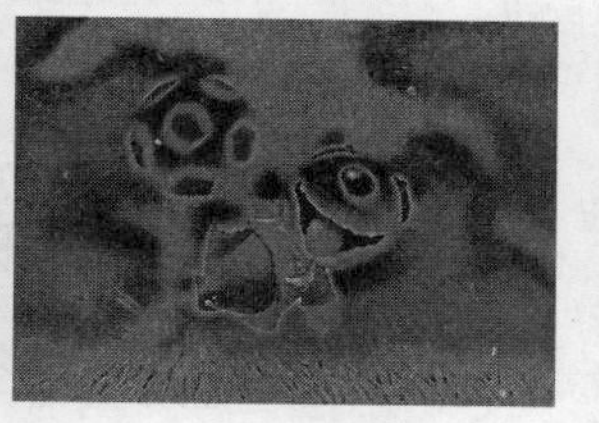

图11-371

11.12.13 水彩

“水彩”滤镜可以用水彩风格绘制图像，当边缘有明显的色调变化时，该滤镜会使颜色更加饱满，图11-372所示为原始图像，图11-373所示的是应用“水彩”滤镜后的效果。

图11-372

图11-373

11.12.14 塑料包装

“塑料包装”滤镜可以在图像上涂上一层光亮的塑料，以表现出图像表面的细节，图11-374所示为原始图像，图11-375所示的是应用“塑料包装”滤镜后的效果。

图11-374

图11-375

11.12.15 涂抹棒

“涂抹棒”滤镜可以使用较短的对角描边涂抹暗部区域，以柔化图像，图11-376所示为原始图像，图11-377所示的是应用“涂抹棒”滤镜后的效果。

图11-376

图11-377

11.13 杂色滤镜组

“杂色”滤镜组包含5种滤镜，如图11-378所示。这些滤镜可以添加或移去图像中的杂色，这样有助于将选择的像素混合到周围的像素中。

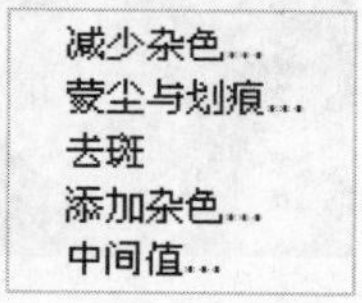

减少杂色...
蒙尘与划痕...
去斑
添加杂色...
中间值...

图11-378

11.13.1 减少杂色

“减少杂色”滤镜可以基于影响整个图像或各个通道的参数设置来保留边缘并减少图像中的杂色，图11-379所示为原始图像，图11-380所示的是应用“减少杂色”滤镜后的效果。

图11-379

图11-380

11.13.2 蒙尘与划痕

“蒙尘与划痕”滤镜可以通过修改具有差异化的像素来减少杂色，可以有效地去除图像中的杂点和划痕，图11-381所示为原始图像，图11-382所示的是应用“蒙尘与划痕”滤镜后的效果。

图11-381

图11-382

11.13.3 去斑

“去斑”滤镜可以检测图像的边缘（发生显著颜色变化的区域），并模糊那些边缘外的所有区域，同时会保留图像的细节（该滤镜没有参数设置对话框），图11-383所示为原始图像，图11-384所示的是应用“去斑”滤镜后的效果。

图11-383

图11-384

11.13.4 添加杂色

“添加杂色”滤镜可以在图像中随机添加像素，也可以用来修缮图像中经过重大编辑过的区域，图11-385所示为原始图像，图11-386所示的是应用“添加杂色”滤镜后的效果。

图11-385

图11-386

11.13.5 中间值

“中间值”滤镜可以混合选区中像素的亮度来减少图像的杂色。该滤镜会搜索像素选区的半径范围以查找亮度相近的像素，并且会扔掉与相邻像素差异太大的像素，然后用搜索到的像素的中间亮度值来替换中心像素，图11-387所示为原始图像，图11-388所示的是应用“中间值”滤镜后的效果。

图11-387

图11-388

11.14 其它滤镜组

“其它”滤镜组包含5种滤镜，如图11-389所示。这个滤镜组中的有些滤镜可以允许用户自定义滤镜效果，有些滤镜可以修改蒙版、在图像中使选区发生位移和快速调整图像颜色。

高反差保留...
位移...
自定...
最大值...
最小值...

图11-389

11.14.1 高反差保留

“高反差保留”滤镜可以在具有强烈颜色变化的地方按指定的半径来保留边缘细节，并且不显示图像的其余部分，图11-390所示为原始图像，图11-391所示的是应用“高反差保留”滤镜后的效果。

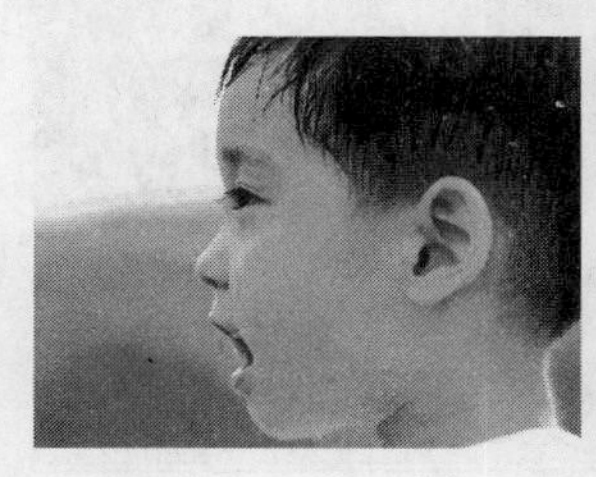
图11-390

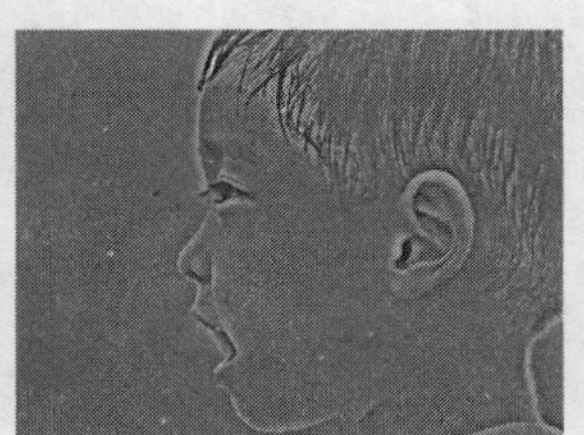
图11-391

执行“滤镜>其它>高反差保留”菜单命令，打开“高反差保留”对话框，如图11-392所示。

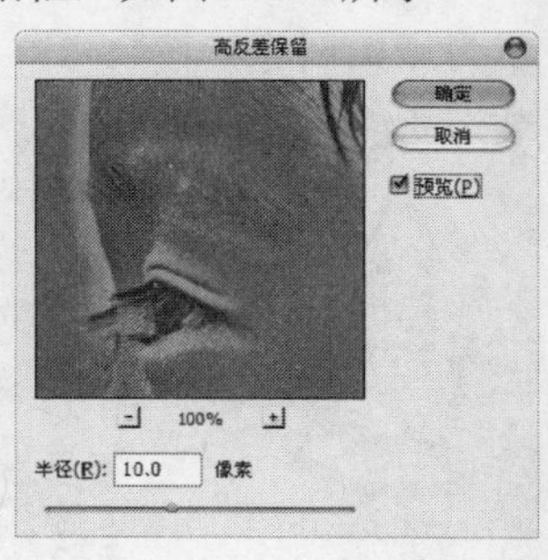

图11-392

11.14.2 位移

"位移"滤镜可以在水平或垂直方向上偏移图像，图11-393所示是"位移"对话框。

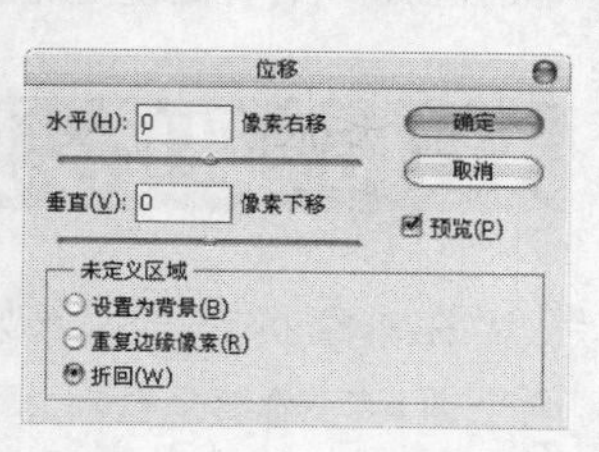

图11-393

位移对话框重要参数与选项介绍

水平：用来设置图像像素在水平方向上的偏移距离。数值为正值时，图像会向右偏移，同时左侧会出现空缺。

垂直：用来设置图像像素在垂直方向上的偏移距离。数值为正值时，图像会向下偏移，同时上方会出现空缺。

未定义区域：用来选择图像发生偏移后填充空白区域的方式。选择"设置为背景"选项时，可以用背景色填充空缺区域；选择"重复边缘像素"选项时，可以在空缺区域填充扭曲边缘的像素颜色；选择"折回"选项时，可以在空缺区域填充溢出图像之外的图像内容。

11.14.3 自定

"自定"滤镜可以设计用户自己的滤镜效果。该滤镜可以根据预定义的"卷积"数学运算来更改图像中每个像素的亮度值，如图11-394所示是"自定"对话框。

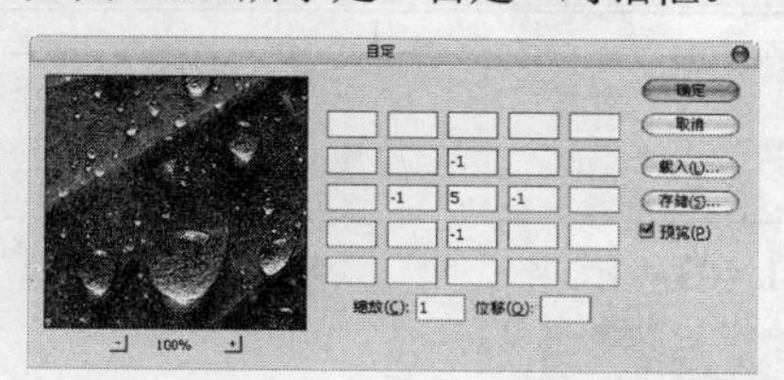

图11-394

11.14.4 最大值

"最大值"滤镜对于修改蒙版非常有用。该滤镜可以在指定的半径范围内，用周围像素的最高亮度值替换当前像素的亮度值。"最大值"滤镜具有阻塞功能，可以展开白色区域，而阻塞黑色区域，图11-395所示为原始图像，图11-396所示的是应用"最大值"滤镜后的效果。

图11-395

图11-396

执行"滤镜>其它>最大值"菜单命令，打开"最大值"对话框，如图11-397所示。

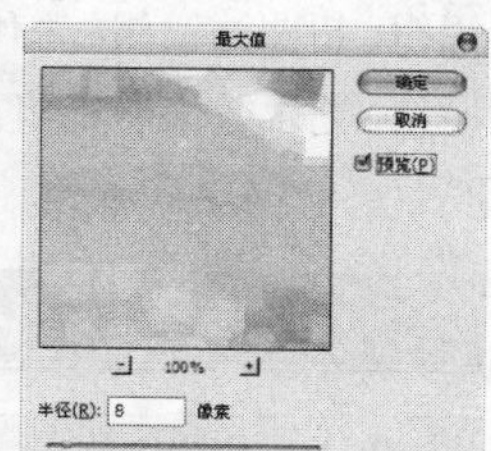

图11-397

最大值对话框重要参数介绍

半径：设置用周围像素的最高亮度值来替换当前像素的亮度值的范围。

11.14.5 最小值

"最小值"滤镜对于修改蒙版非常有用。该滤镜具有伸展功能，可以扩展黑色区域，而收缩白色区域，如图11-398所示为原始图像，图11-399所示的是应用"最小值"滤镜以后的效果。

图11-398

图11-399

执行"滤镜>其它>最小值"菜单命令，打开"最小值"对话框，如图11-400所示。

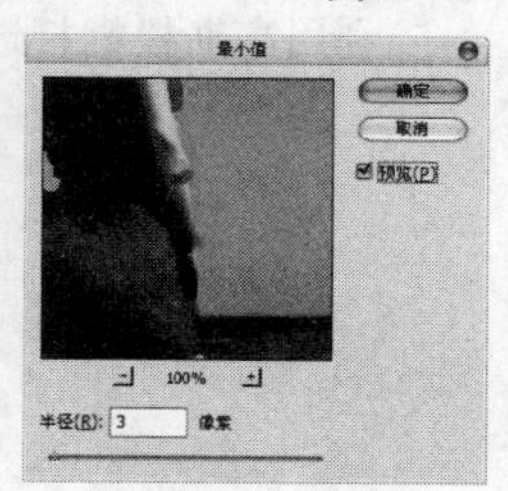

图11-400

最小值对话框重要参数介绍

半径：设置滤镜扩展黑色区域、收缩白色区域的范围。

11.15 本章小结

本章主要首先讲解了滤镜的基本知识以及使用技巧和原则。然后对各种滤镜组的不同艺术效果进行详细讲解，包括特殊滤镜、画布描边滤镜组、模糊滤镜组、扭曲滤镜组、锐化滤镜组、素描滤镜组、渲染滤镜组、艺术效果滤镜组、杂色滤镜组等。

通过本章知识的学习，我们对滤镜应该有一个整体的认识，对各种滤镜组的艺术效果应该熟悉并掌握。

11.16 课后习题

在本章将安排两个课后习题供读者练习，这两个课后习题都是针对本章重点知识，希望大家认真练习，总结经验。

11.16.1 课后习题1——利用抽出滤镜抠取人物

习题位置	DVD>案例文件>CH11>课后习题1——利用抽出滤镜抠取人物.psd
视频位置	DVD>多媒体教学>CH11>课后习题1——利用抽出滤镜抠取人物.flv
难易指数	★★★★☆
练习目标	练习使用“抽出”滤镜抠取人物

利用抽出滤镜抠取人物的最终效果如图11-401所示。

图11-401

步骤分解如图11-402所示。

图11-402

11.16.2 课后习题2——利用高斯模糊打造古典水墨效果

习题位置	DVD>案例文件>CH11>课后习题2——利用高斯模糊打造古典水墨效果.psd
视频位置	DVD>多媒体教学>CH11>课后习题2——利用高斯模糊打造古典水墨效果.flv
难易指数	★★★★☆
练习目标	练习使用“高斯模糊”技术磨皮

利用高斯模糊打造古典水墨效果的最终效果如图11-403所示。

图11-403

步骤分解如图11-404所示。

图11-404

第12章

商业案例实训

本章作为本书的一个综合章节，在回顾前面所学知识的基础上，重点讲解了人物图像与风景图像的合成。图像的合成是数码照片处理的重点也是一个难点，在合成的过程中一定要找到合成元素的切合点，合成后的图片一定要更加能够体现出照片的主体与精髓所在。善于发现，善于观察，找准定位，抓住主体，是一个成功的商业图片合成的秘诀所在。

课堂学习目标

掌握人像照片的合成方法
掌握风景照片的合成方法

12.1 课堂案例——为美女戴上美瞳与假睫毛

案例位置 DVD>案例文件>CH12>课堂案例——为美女戴上美瞳与假睫毛.psd
视频位置 DVD>多媒体教学>CH12>课堂案例——为美女戴上美瞳与假睫毛.flv
难易指数 ★★★☆☆
学习目标 学习美瞳与假睫毛的制作方法

在人像摄影中，除了普通的化妆技术以外，越来越多的化妆师会用到了一些其他元素来增加人物的美感。本例的原片很漂亮，但是人像的眼睛太大，并且眼球稍有些靠上，这就是经常所说的“下三白”（如果在拍摄前期戴彩色隐形眼镜，就可以避免“下三白”的出现），因此需要为其进行一定的后期修饰。本案例的最终效果如图12-1所示。

图12-1

12.1.1 制作美瞳

01 打开本书配套光盘中的“素材文件>CH12>素材01.jpg”文件，如图12-2所示。

图12-2

02 导入本书配套光盘中的“素材文件>CH12>素材02.png”美瞳文件，然后按Ctrl+T组合键进入自由变换状态，接着调整好其大小，并将其放置在左眼上，如图12-3所示。

图12-3

03 为“美瞳”图层添加一个图层蒙版，然后使用黑色“画笔工具”在图层蒙版中涂去多余的部分，接着设置该图层的“混合模式”为“柔光”、“不透明度”为80%，如图12-4所示。

图12-4

04 按Ctrl+J组合键复制一个美瞳到右眼上，并在图层蒙版中使用黑色“画笔工具”在头发的遮盖部分进行涂抹，如图12-5所示。

图12-5

12.1.2 绘制睫毛

01 选择“画笔工具”，在画布中单击右键，然后在弹出的“画笔预设”选择器中单击三角形图标，并在弹出的菜单中选择“载入画笔”命令，接着在弹出的对话框中选择本书配套光盘中的"素材文件>CH12>素材03.abr"文件，如图12-6所示。

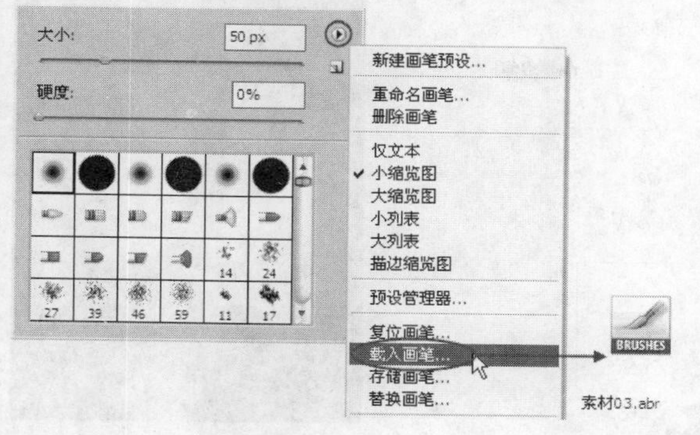

图12-6

02 设置前景色为黑色，然后选择载入的睫毛笔刷，并设置笔刷"大小"为200px，接着新建的一个"左睫毛"图层，最后绘制一个睫毛，如图12-7所示。

图12-7

技巧与提示

很多时候人像受到光或者环境颜色的影响，睫毛呈现出的颜色可能并不是完全的黑色，这样就不能够直接用黑色的睫毛画笔进行绘制。这时可以使用"吸管工具"吸取原图睫毛根部的颜色进行绘制，绘制完成后可以使用"加深工具"和"减淡工具"对睫毛局部进行调整，以达到更加立体的效果。

03 选择"左睫毛"图层，然后执行"编辑>变换>水平翻转"菜单命令，接着将睫毛的形状调整到与左眼相吻合，如图12-8所示。

图12-8

04 新建一个"右睫毛"图层，然后采用相同的方法绘制出右眼的睫毛，如图12-9所示。

图12-9

05 由于刘海遮盖到了部分睫毛，为了使睫毛更加真实，因此为"右睫毛"图层添加一个图层蒙版，接着使用黑色"画笔工具"在图层蒙版中涂掉被头发遮盖的部分，如图12-10所示。

图12-10

12.1.3 调整画面

01 新建一个"曲线"调整图层，然后调整好曲线的样式，如图12-11所示；接着使用黑色"画笔工具"在该调整图层的蒙版中涂去周围的区域，如图12-12所示。

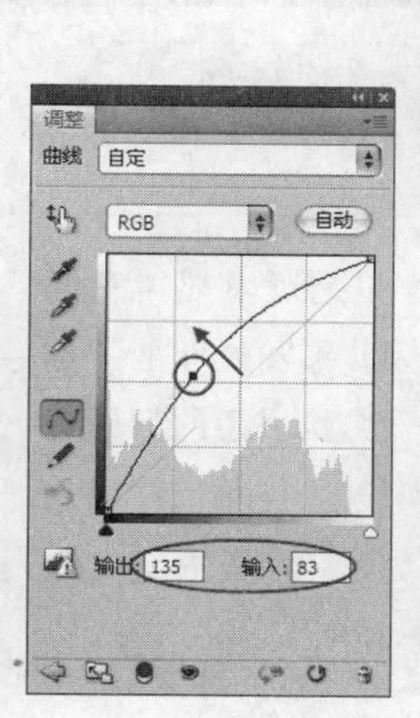

图12-11

图12-12

02 新建一个“亮度/对比度”调整图层，然后设置“亮度”为-150，如图12-13所示；接着使用黑色“画笔工具”在该调整图层的蒙版中涂去中间的区域，如图12-14所示。

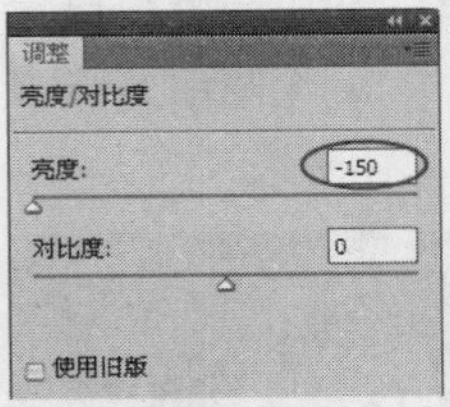

调整
亮度/对比度
亮度: -150
对比度: 0
使用旧版

图12-13

图12-14

03 继续新建一个“可选颜色”调整图层，然后调整好“红色”通道、“黄色”通道和“黑色”通道的颜色值，具体参数设置如图12-15所示；效果如图12-16所示。

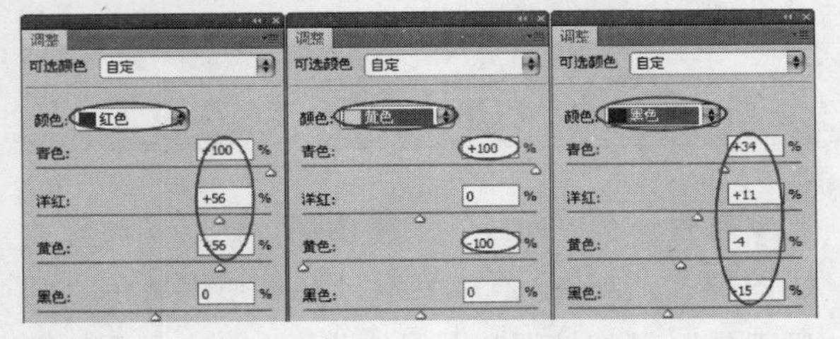

图12-15

图12-16

04 导入本书配套光盘中的“素材文件>CH12>素材04.png”文件，接着设置其“混合模式”为“线性减淡（添加）”，最终效果如图12-17所示。

图12-17

12.2 课堂案例——短发变长发

案例位置 DVD>案例文件>CH12>课堂案例——短发变长发.psd
视频位置 DVD>多媒体教学>CH12>课堂案例——短发变长发.flv
难易指数 ★★★★☆
学习目标 学习头发的画法

原片的拍摄效果很不错，只是短发显得有点呆板，在构图上缺乏延伸感，因此头发处理是作为首选部分。原片人像的服装以及装饰展现的都是清爽的夏季风情，所以在背景上可以选择颜色鲜艳、动感较强的过渡色，然后辅以文字衬托出现代效果。本案例的最终效果如图12-18所示。

图12-18

12.2.1 调整发型

01 按Ctrl+N组合键新建一个大小为5350像素×3490像素的文档，然后新建一个“人像”图层组，接着导入本书配套光盘中的“素材文件>CH12>素材05.jpg”文件，如图12-19所示。

图12-19

02 将人像向左移动一段距离，然后执行“滤镜>液化”菜单命令，打开“液化”对话框，接着使用“向前变形工具”将头顶部分补全，如图12-20所示。

图12-20

03 使用“魔棒工具”选择背景区域，然后按Shift+Ctrl+I组合键反向选择选区，接着为人像添加一个选区蒙版，将人像抠选出来，如图12-21所示。

图12-21

04 新建一个“可选颜色”调整图层，然后选择“黑色”通道，接着设置“黑色”为100%，最后使用黑色“画笔工具”在该调整图层的蒙版中涂去头发以外的区域，如图12-22所示。

图12-22

12.2.2 绘制长发

01 新建一个“图层1”，选择“画笔工具”，然后载入本书配套光盘中的“素材文件>CH12>素材06.abr”文件，接着使用该头发笔刷绘制一缕黑色长发（设置“大小”为2400px），如图12-23所示。

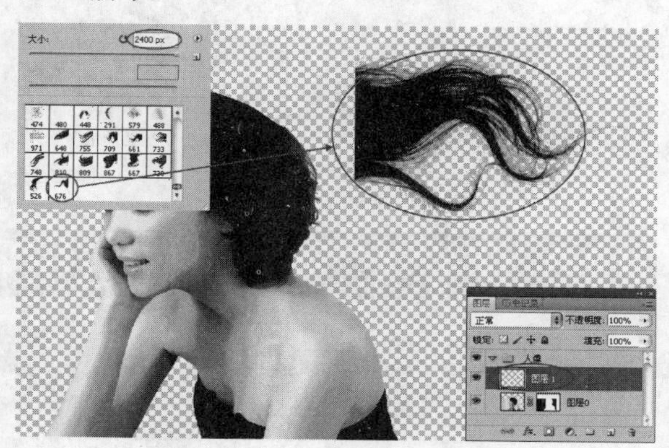

图12-23

02 使用自由变换功能调整好头发的大小和位置，然后为其添加一个图层蒙版，接着使用黑色“画笔工具”在该图层蒙版中涂去多余的部分，如图12-24所示。

图12-24

03 选择绘制完成的长发，然后复制出多个长发，接着使用自由变换功能调整好各部分长发的形状、大小和位置，最后使用黑色“画笔工具”在各个图层的蒙版中涂去多余的部分，使绘制的长发能与原来的头发衔接的更合理，如图12-25所示。

图12-25

12.2.3 合成背景

01 在“人像”图层组的上一层新建一个“人像”图层，然后按Shift+Ctrl+Alt+E组合键将可见图层盖印到该图层中，接着导入本书配套光盘中的“素材文件>CH12>素材07.jpg”文件，并将其放置在“人像”图层的下一层作为背景，如图12-26所示。

图12-26

02 导入本书配套光盘中的“素材文件>CH12>素材08.png”文件，然后将其放置在“人像”图层的上一层，并将其拖曳到左下部，最终效果如图12-27所示。

图12-27

12.3 课堂案例——打造炫彩长发

案例位置 DVD>案例文件>CH12>课堂案例——打造炫彩长发.psd
视频位置 DVD>多媒体教学>CH12>课堂案例——打造炫彩长发.flv
难易指数 ★★★★☆
学习目标 学习头发颜色的调整方法

原片是以杂志封面的风格进行拍摄的，其飘逸的长发非常吸引观众的眼球。美中不足的是长发的颜色过于单一，并且缺少装饰性的封面元素。本例在排版上选择了是时下最流行的杂志式排版，制作方法非常简单，但是需要注意文字的颜色及比例搭配。本案例的最终效果如图12-28所示。

图12-28

12.3.1 调整发色

01 打开本书配套光盘中的“素材文件>CH12>素材09.jpg”文件，如图12-29所示。

图12-29

02 新建一个“曲线”调整图层，然后调整好曲线的样式，如图12-30所示，接着使用黑色“画笔工具”在该调整图层的蒙版中涂去头发以外的部分，如图12-31所示。

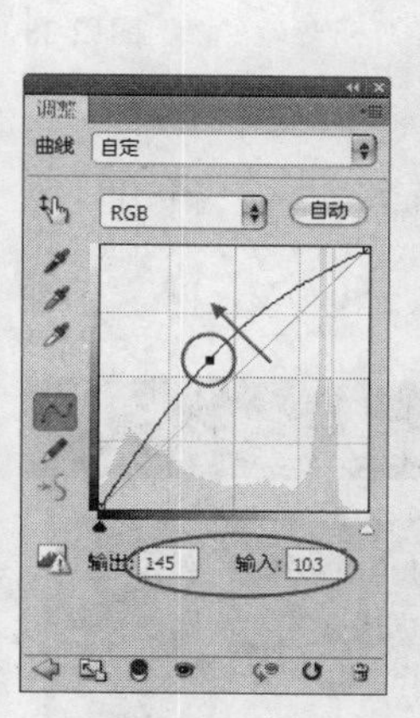

图12-30 图12-31

03 新建一个“图层1”，然后使用“渐变工具”制作一个橙黄色到红色的渐变效果，如图12-32所示。

图12-32

04 为“图层1”添加一个图层蒙版，然后用黑色填充蒙版，接着使用白色“画笔工具”在头发区域仔细涂抹（注意，发根的颜色为本来的颜色），接着设置“图层1”的“混合模式”为“柔光”，如图12-33所示。

图12-33

技巧与提示

在为图像的局部更改颜色时，可以使用纯色或者渐变颜色图层配合相应的混合模式来进行制作。

12.3.2 设计版面

01 在最上层新建一个“杂志”图层组，然后使用“横排文字工具”（选择一种较细的字体）在图像中输入STUDIO，如图12-34所示。

02 设置文字图层的“不透明度”为31%，然后为其添加一个图层蒙版，接着使用黑色“画笔工具”涂去被头发挡住的部分，如图12-35所示。

图12-34　　图12-35

03 执行“图层>图层样式>投影”菜单命令，打开“图层样式”对话框，然后设置“混合模式”为“正常”、阴影颜色为深蓝色（R:0, G:11, B:45）、“不透明度”为100%，接着设置“角度”为119度、“距离”为11像素，如图12-36所示。

图12-36

04 继续使用“横排文字工具”T在版面上输入其他的文字信息，如图12-37所示。

图12-37

05 导入本书配套光盘中的“素材文件>CH12>素材10.jpg”文件，然后将其放置在版面的左下角作为条形码，最终效果如图12-38所示。

图12-38

技巧与提示

注意，这里的条形码只作为装饰使用，不具备任何商业意义。

12.4 课堂案例——打造舞会女王

案例位置　DVD>案例文件>CH12>课堂案例——打造舞会女王.psd
视频位置　DVD>多媒体教学>CH12>课堂案例——打造舞会女王.flv
难易指数　★★★★☆
学习目标　学习磨皮技术与“混合模式”的使用方法

原片从总体上来看比较暗淡，同时眼睛缺少神韵、肤色过深、头发色调太单一，没有美感，并且画面缺乏装饰元素，影响了照片的美观。一张完美的脸、美丽的眼睛、漂亮的嘴唇，白皙的皮肤缺一不可（这里以东方人的审美观点为准）。当人像的皮肤调白后，就如同婴儿的皮肤一般，因此，人像的肤色必须要均匀，并且还需要对皮肤进行磨皮。最后再为画面添加一些时尚的背景元素，使整体设计更加完美。本案例的最终效果如图12-39所示。

图12-39

12.4.1 调整整体色调

01 打开本书配套光盘中的“素材文件>CH12>素材11.jpg”文件，如图12-40所示。

图12-40

02 按Ctrl+M组合键打开“曲线”对话框，然后调整好曲线的样式，如图12-41所示。

图12-41

03 按Ctrl+U组合键打开“色相/饱和度”对话框，然后选择“红色”通道，接着设置“色相”为15、“明度”为18，如图12-42所示；选择“黄色”通道，然后设置“色相”为-2、“明度”为28，如图12-43所示；选择“蓝色”通道，然后设置“明度”为35，如图12-44所示，效果如图12-45所示。

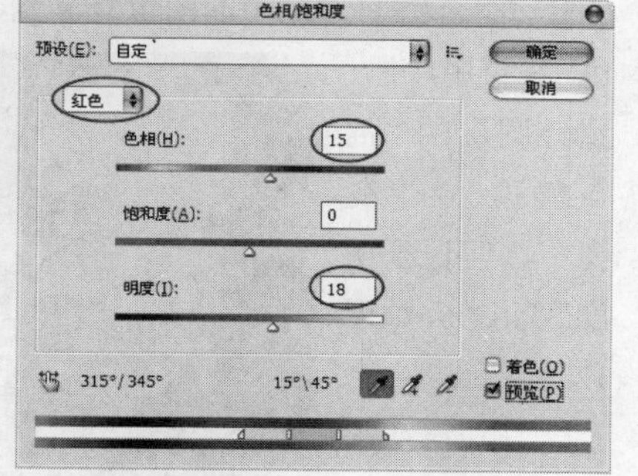

图12-42

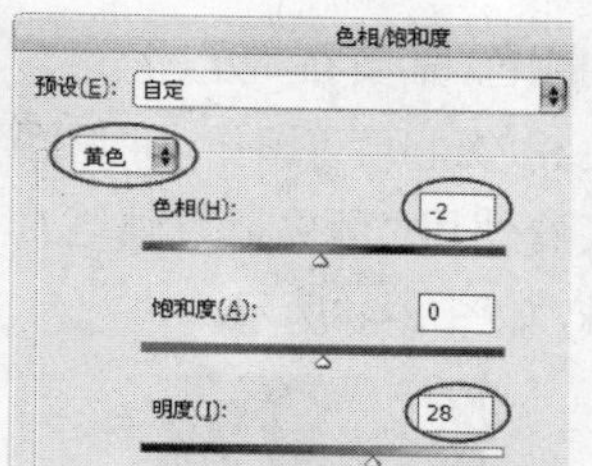

图1243

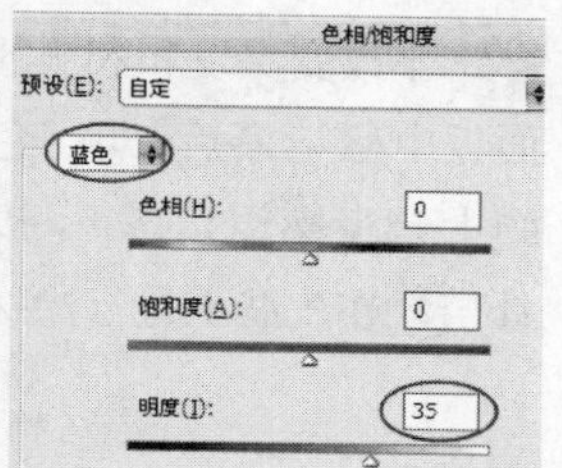

图12-44

图12-45

04 执行“窗口>历史记录”菜单命令，打开“历史记录”面板，然后标记最后一项“色相/饱和度”操作，并返回到上一步操作状态下，接着使用“历史记录画笔工具”在皮肤上进行涂抹，将皮肤颜色还原到以前的状态，如图12-46所示。

图12-46

05 下面调整图像的整体亮度。按Ctrl+M组合键打开“曲线”对话框，然后调整好曲线的形状，如图12-47所示。

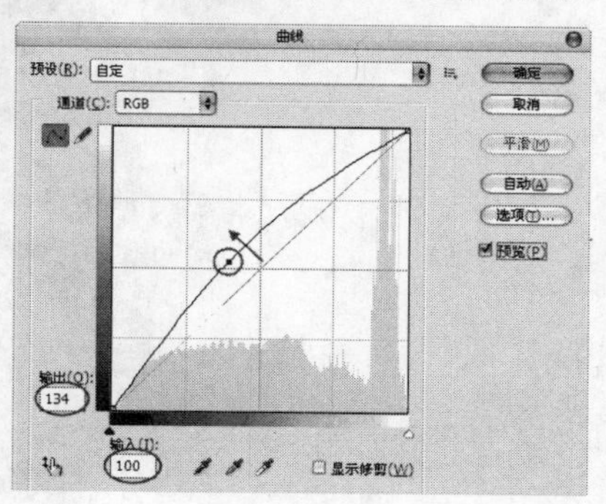

图12-47

06 不改变头发和衣服的颜色，需要在“历史记录”面板中标记最后一项“色相/饱和度”操作，并返回到上一步操作状态下，接着使用“历史记录画笔工具” 在皮肤上进行涂抹，如图12-48所示。

图12-48

07 由于人像脸部略有粗糙感，因此需要对人像进行磨皮操作，这里采用“模糊磨皮”的方法。执行“滤镜>模糊>特殊模糊”菜单命令，然后在弹出的“特殊模糊”对话框中设置“半径”为7、“阈值”为27，如图12-49所示。

图12-49

08 由于特殊模糊把头发也同样做模糊处理了，因此在“历史记录”面板中标记最后一项“特殊模糊”操作，并返回到上一步操作状态下，然后使用“历史记录画笔工具” 在皮肤和衣服上进行涂抹，如图12-50所示。

图12-50

12.4.2 为人像化妆

01 下面为嘴唇制作一种性感的唇色。新建一个“嘴唇”图层，然后设置“混合模式”为“柔光”，接着使用“钢笔工具” 绘制出嘴唇的闭合路径，如图12-51所示。

02 设置前景色为淡红色（R:249，G:124，B:95），然后按Ctrl+Enter组合键载入路径的选区，并将选区羽化，接着按Alt+Delete组合键用前景色填充选区，效果如图12-52所示。

图12-51

图12-52

03 下面调整眉毛的颜色。新建一个“眉毛”图层，并设置“混合模式”为“柔光”、“不透明度”为50%，然后设置前景色为棕色（R:177，G:129，B:99），接着使用“画笔工具” 在眉毛上绘制出眉线，如图12-53所示。

图12-53

04 下面调整人像的眼神效果。使用“矩形选框工具” 在人像的眼睛周围绘制一个选区，然后按Ctrl+J组合键将选区中的图像复制到一个新的“眼色”图层中，并设置该图层的“混合模式”为“变亮”、“不透明度”为63%，如图12-54所示。

图12-54

05 按Ctrl+U组合键打开“色相/饱和度”对话框，然后设置“色相”为-143、“饱和度”为-31、“明度”为14，如图12-55所示。

图12-55

06 为“眼色”图层添加一个图层蒙版，然后使用黑色“画笔工具”涂去多余的部分，如图12-56所示。

图12-56

07 下面调整头发的颜色。新建一个“头发”图层，然后设置前景色为橙黄色（R:255，G:159，B:22），接着使用“画笔工具”沿头发区域均匀地绘制出颜色，如图12-57所示。

图12-57

08 为了使橙黄色与头发更好地融合在一起，因此需要设置“头发”图层的“混合模式”为“柔光”，效果如图12-58所示。

09 下面调整衣服的颜色。新建一个“衣服”图层，然后使用“钢笔工具”沿衣服轮廓绘制出闭合路径，如图12-59所示。

图12-58　图12-59

10 设置前景色为红色（R:155，G:3，B:3），然后按Ctrl+Enter组合键载入路径的选区，接着按Alt+Delete组合键用前景色填充选区，最后设置“衣服”图层的“混合模式”为“线性加深”，效果如图12-60所示。

11 在最上层新建一个“人像”图层，然后按Shift+Ctrl+Alt+E组合键将可见图层盖印到该图层中，接着使用“魔棒工具”选择背景区域，最后按Shift+Ctrl+I组合键反向选区，如图12-61所示。

图12-60　图12-61

12 执行“选择>调整边缘”菜单命令，然后在弹出的“调整边缘”对话框中设置“边缘检测”的“半径”为23.2像素，如图12-62所示，接着为人像添加一个选区蒙版，将人像单独抠选出来，如图12-63所示。

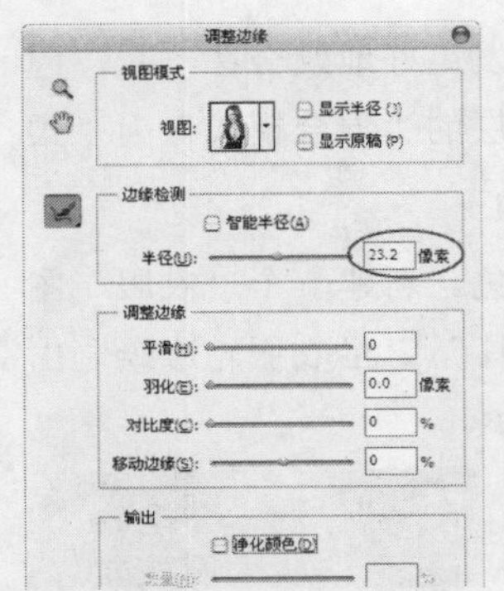

图12-62 图12-63

12.4.3 合成背景

01 导入本书配套光盘中的“素材文件>CH12>素材12.jpg”文件，然后将其放置在“人像”图层的下一层，效果如图12-64所示。

02 导入本书配套光盘中的“素材文件>CH12>素材13.png”文件，然后将其放置在“人像”图层的上一层，效果如图12-65所示。

图12-64

图12-65

03 为彩带添加一个图层蒙版，然后使用黑色“画笔工具”涂去挡住人像的部分，如图12-66所示。

04 使用“横排文字工具”（选择一种较粗的字体）在图像的顶部输入英文QUEEN，然后为其添加一个“投影”样式，如图12-67所示。

图12-66

图12-67

05 由于部分文字挡住了部分人像，因此要为文字图层添加一个图层蒙版，然后使用黑色“画笔工具”涂去挡住人像的部分，如图12-68所示。

06 导入本书配套光盘中的“素材文件>CH12>素材14.png”文件，然后将其放置在“人像”图层的上一层，并调整好其大小和角度，最终效果如图12-69所示。

图12-68

图12-69

12.5 课堂案例——再现韵味古城

案例位置 DVD>案例文件>CH12>课堂案例——再现韵味古城.psd
视频位置 DVD>多媒体教学>CH12>课堂案例——再现韵味古城.flv
难易指数 ★★★★★
学习目标 学习光影效果的制作方法与相关技巧

实际拍摄出来的风景照往往韵味不足，这时可以采用增强光影的方法来弥补拍摄的不足。本案例的最终效果如图12-70所示。

图12-70

12.5.1 制作背景

01 打开本书配套光盘中的“素材文件>CH12>素材15.jpg”文件，如图12-71所示。

图12-71

02 新建一个“图层1”，选择“渐变工具”，然后编辑出如图12-72所示的渐变色，接着从界面的左上角向右下角拉出渐变，效果如图12-73所示。

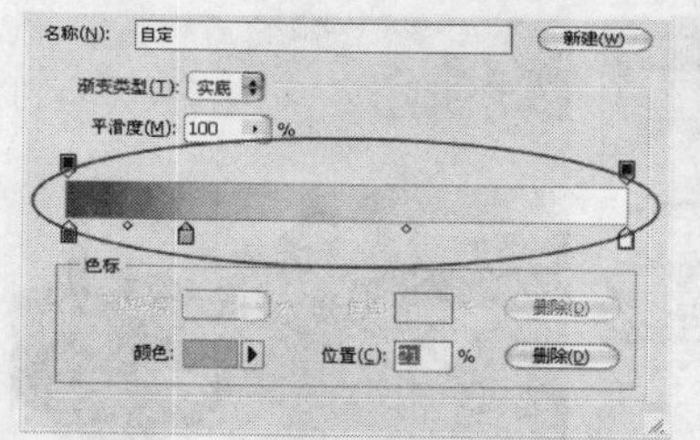

图12-72

图12-73

03 导入本书配套光盘中的“素材文件>CH12>素材16.png”文件，然后将其放置在界面的右上部，如图12-74所示，接着为其添加一个图层蒙版，最后使用黑色“画笔工具”涂去多余的部分，使云朵的过渡效果更加柔和自然，如图12-75所示。

图12-74

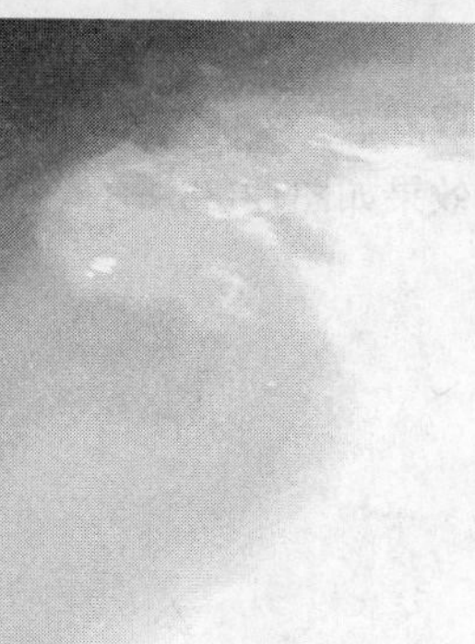

图12-75

04 将风景照原图复制到云朵的上层，然后为其添加图层蒙版，接着使用“钢笔工具”勾勒出图12-76所示的路径，再按Ctrl+Enter组合键载入路径的选区，最后用黑色填充蒙版选区，效果如图12-77所示。

图12-76

图12-77

12.5.2 调整画面的整体色调

01 新建“曲线”调整图层，然后调整好RGB通道的曲线样式，如图12-78所示，接着按Ctrl+Alt+G组合键将该调整图层设置为风景照的剪贴蒙版，效果如图12-79所示。

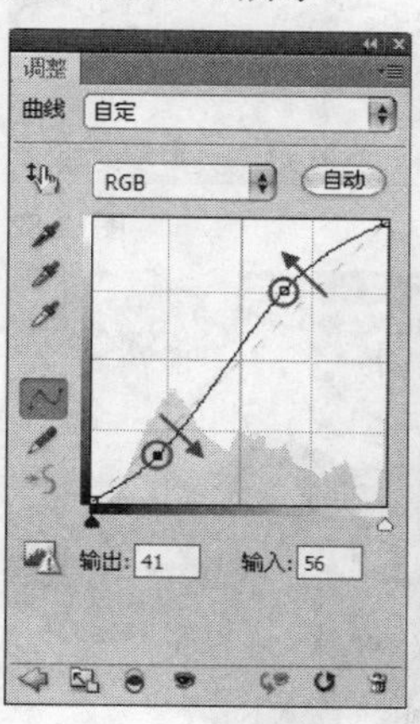

图12-78

图12-79

02 新建一个“色阶”调整图层，然后设置色阶数值（36，1，255），如图12-80所示，接着按Ctrl+Alt+G组合键将该调整图层设置为风景照的剪贴蒙版，效果如图12-81所示。

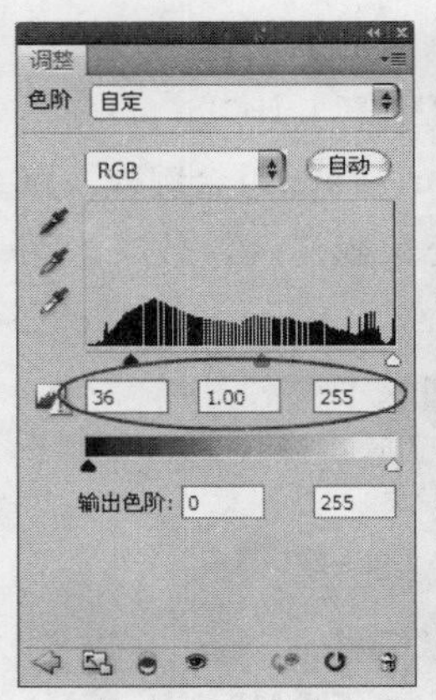

图12-80　图12-81

03 新建一个“色彩平衡”调整图层，然后按Ctrl+Alt+G组合键将该调整图层设置为风景照的剪贴蒙版，接着调整好“阴影”通道、“中间调”通道和“高光”通道的颜色值，具体参数设置如图12-82所示，效果如图12-83所示。

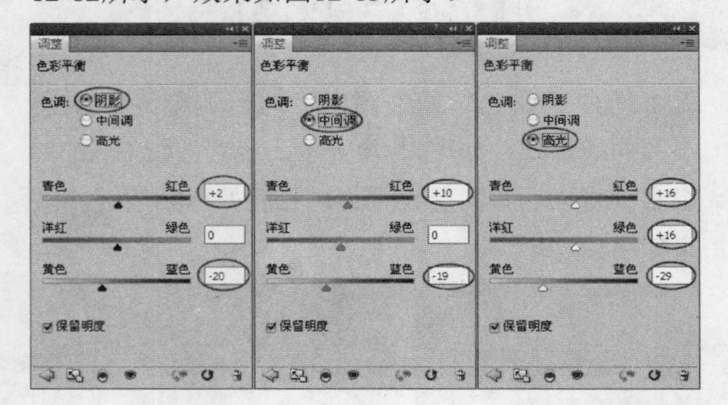

图12-82

图12-83

04 新建一个“亮度/对比度”调整图层，然后按Ctrl+Alt+G组合键将该调整图层设置为风景照的剪贴蒙版，接着设置“亮度”为15、“对比度”为23，如图12-84所示，效果如图12-85所示。

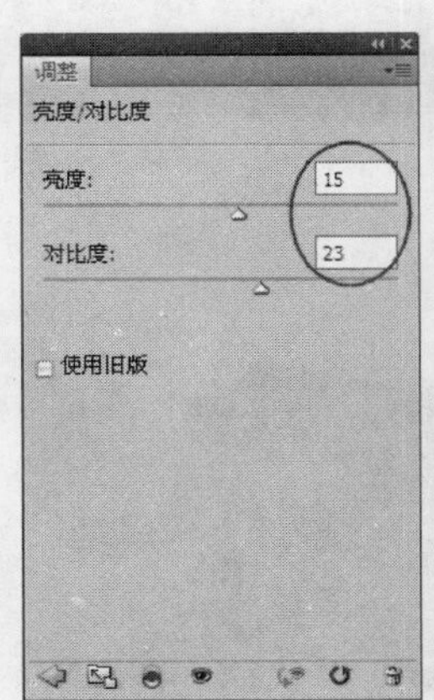

图12-84　图12-85

05 新建一个“色相/饱和度”调整图层，然后按Ctrl+Alt+G组合键将该调整图层设置为风景照的剪贴蒙版，接着设置“色相”为-13，如图12-86所示，效果如图12-87所示。

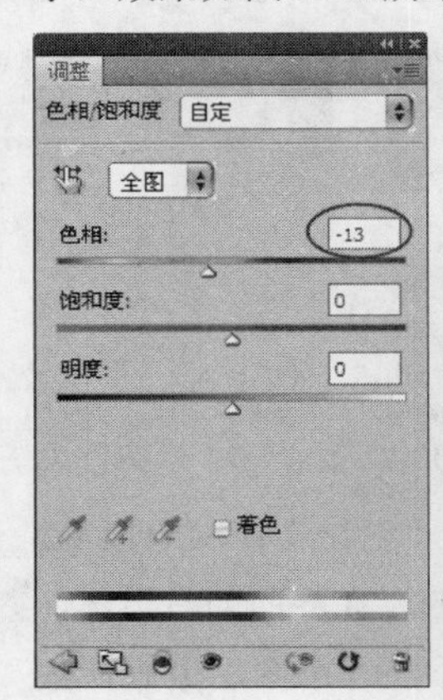

图12-86　图12-87

06 在风景照的顶部和底部各添加一个黑色边框，然后导入本书配套光盘中的“素材文件>CH12>素材17.png”文件，并将其放置在界面的右上角，最终效果如图12-88所示。

图12-88

12.6 课堂案例——打造LOMO风景照片

案例位置 DVD>案例文件>CH12>课堂案例——打造LOMO风景照片.psd
视频位置 DVD>多媒体教学>CH12>课堂案例——打造LOMO风景照片.flv
难易指数 ★★★★★
学习目标 学习LOMO风景照的制作方法与相关技巧

本例的原片比较普通，缺少美感。下面将其打造成LOMO风格的风景照。本案例的最终效果如图12-89所示。

图12-89

12.6.1 制作背景

01 按Ctrl+N组合键新建一个1323像素×1236像素的文档，然后设置前景色为灰色（R:174，G:174，B:174），接着用前景色填充“背景”图层，如图12-90所示。

图12-90

02 新建一个“图层1”，然后使用“矩形选框工具”绘制一个图12-91所示的矩形选区，并用白色填充选区，接着为其添加一个“投影”样式，设置“不透明度”为100%、“角度”为128度、“距离”为8像素、“大小”为13像素，如图12-92所示，效果如图12-93所示。

图12-91

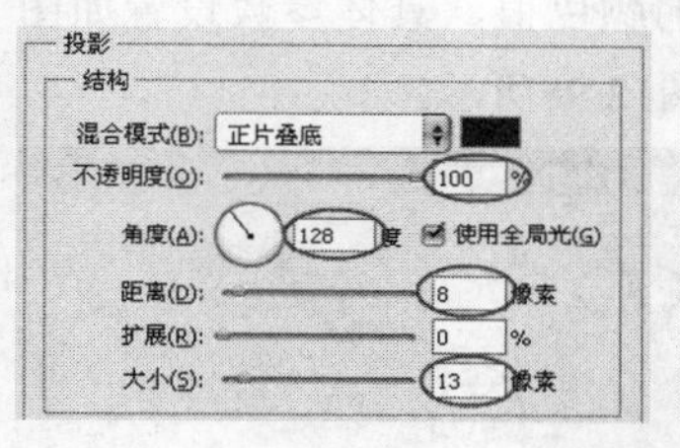

图12-92

图12-93

12.6.2 调整颜色

01 导入本书配套光盘中的“素材文件>CH12>素材18.jpg”文件，然后将其放置在白色底纹上，如图12-94所示。

图12-94

02 新建一个“亮度/对比度”调整图层，然后按Ctrl+Alt+G组合键将该调整图层设置为风景照的剪贴蒙版，接着设置“亮度”为79，如图12-95所示，效果如图12-96所示。

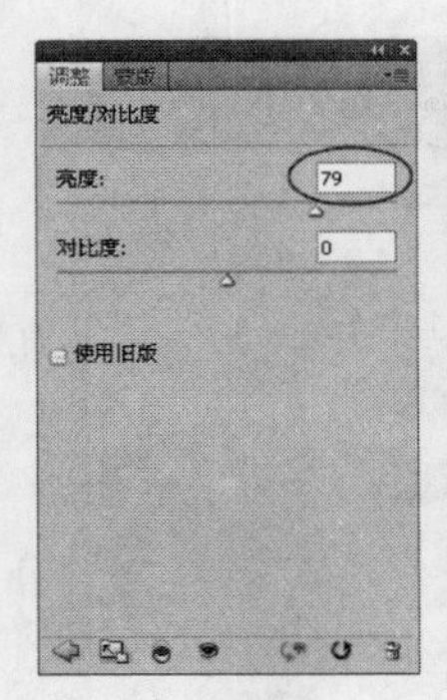

图12-95 图12-96

03 新建一个“可选颜色”调整图层，然后按Ctrl+Alt+G组合键将该调整图层设置为风景照的剪贴蒙版，接着调整好“红色”通道、“黄色”通道和“蓝色”通道的颜色值，具体参数设置如图12-97所示，效果如图12-98所示。

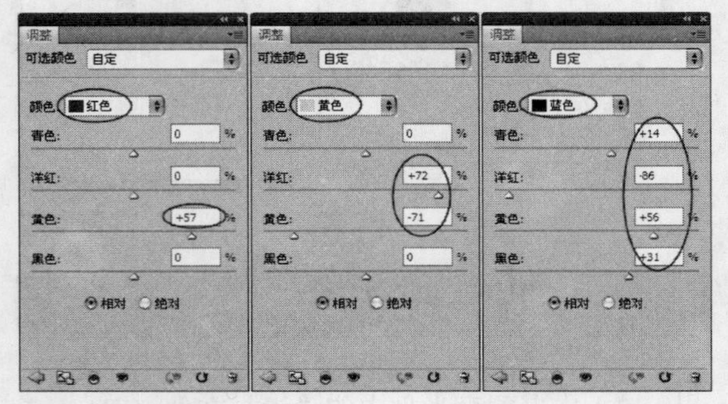

图12-97

图12-98

04 使用“横排文字工具”T在风景照的左上角输入相应的文字信息，最终效果如图12-99所示。

图12-99

12.7 课堂案例——奇幻天空之城

案例位置	DVD>案例文件>CH12>课堂案例——奇幻天空之城.psd
视频位置	DVD>多媒体教学>CH12>课堂案例——奇幻天空之城.flv
难易指数	★★★★☆
学习目标	学习奇幻风景照的合成方法与相关技巧

本例是一个合成实例，完全由素材“拼凑”而成。合成在实际工作中会经常也用到，使用到的技术无外乎就是蒙版、调色、自由变换、图层混合模式等。本案例的最终效果如图12-100所示。

图12-100

12.7.1 合成悬空岩石

01 打开本书配套光盘中的“素材文件>CH12>素材19.jpg”文件，如图12-101所示。

图12-101

02 新建一个“浮岛”图层组，然后导入本书配套光盘中的“素材文件>CH12>素材20.jpg”文件，并将新生成的图层命名为“岩石”，接着执行“编辑>变换>垂直翻转”菜单命令，效果如图12-102所示。

图12-102

03 为“岩石”图层添加一个图层蒙版，然后使用“钢笔工具”勾勒出如图12-103所示的路径，接着按Ctrl+Enter组合键载入路径的选区，并按Shift+Ctrl+I组合键反向选择选区，最后用黑色填充蒙版选区，效果如图12-104所示。

图12-103

图12-104

04 选择“岩石”图层，然后复制出一些副本图层，接着调整好各个图层的大小和位置，最后使用黑色“画笔工具”在图层蒙版中涂去多余的部分，如图12-105所示。

图12-105

技巧与提示

在调整完岩石之后，岩石效果可能不是一个整体，这时就必须使用黑色柔角“画笔工具”在各个图层的蒙版中进行相应的调整，使岩石之间的衔接处更加自然。

12.7.2 合成瀑布

01 导入本书配套光盘中的“素材文件>CH12>素材21.jpg”文件，如图12-106所示，然后为其添加一个图层蒙版，接着使用黑色“画笔工具”在图层蒙版中涂去多余的部分，如图12-107所示。

图12-106

图12-107

02 选择“浮岛”图层组，并复制出一个副本图层组，然后按Ctrl+E组合键将其合并为一个图层，接着执行“编辑>变换>变形”菜单命令，最后将其调整成图12-108所示的形状。

图12-108

03 导入本书配套光盘中的“素材文件>CH12>素材22.jpg”文件，然后为其添加一个图层蒙版，接着使用黑色“画笔工具”在图层蒙版中涂去多余的部分，如图12-109所示。

图12-109

04 为岩石副本添加一个图层蒙版，然后使用黑色“画笔工具”在图层蒙版中涂去多余的部分，效果如图12-110所示。

图12-110

05 下面对草地的颜色进行调整。新建一个“可选颜色”调整图层，然后调整好“红色”通道、“黄色”通道和“绿色”通道的颜色值，具体参数设置如图12-111所示，接着按Ctrl+Alt+G组合键将该调整图层设置为草地的剪贴蒙版，效果如图12-112所示。

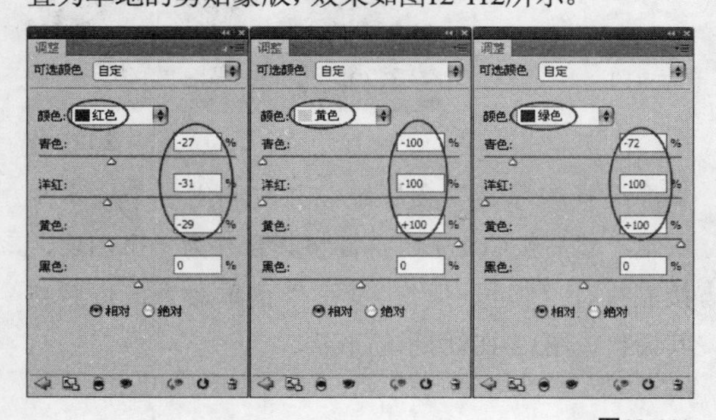

图12-111

图12-112

06 下面调整画面的整体亮度。新建一个“曲线”调整图层，然后调整好曲线的样式，如图12-113所示，效果如图12-114所示。

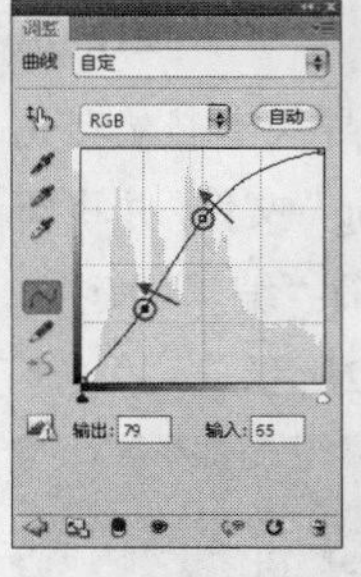

图12-113　图12-114

12.7.3 合成光效

01 导入本书配套光盘中的“素材文件>CH12>素材23.jpg”文件，然后为其添加一个图层蒙版，接着使用黑色“画笔工具”在图层蒙版中涂去多余的部分，如图12-115所示，最后设置其“混合模式”为“滤色”、“不透明度”为43%，效果如图12-116所示。

图12-115

图12-116

02 导入本书配套光盘中的“素材文件>CH12>素材24.png和素材25.png”文件，然后将其放置在合适的位置，效果如图12-117所示。

03 使用“横排文字工具”T.在风景照的右上角输入相应的文字信息，最终效果如图12-118所示。

图12-117

图12-118

12.8 本章小结

通过本章的学习，应该对人像合成与风景合成有一个初步的了解，掌握合成的步骤与关键环节，在大脑中对图片的合成形成一定的概念。当然，实践才是检验真理的唯一标准，当有了一个好的创意和想法后，一定要付诸实践，在实践中才能更快的成长，积累更多的实践经验。

12.9 课后习题

鉴于本章知识的重要性，在本章我们将有针对的性的为读者准备了5个课后习题供读者练习使用，希望大家在平时一定要勤加练习，总结经验教训，不断提高自我的能力。

12.9.1 课后习题1——打造科幻电影大片

案例位置	DVD>案例文件>CH12>课后习题1——打造科幻电影大片.psd
视频位置	DVD>多媒体教学>CH12>课后习题1——打造科幻电影大片.flv
难易指数	★★★★★
学习目标	练习科幻电影色风景照的制作方法与相关技巧

本例的原片拍摄得很普通，天空部分缺乏层次感，光线也不强。下来就来使用Photoshop将其调整成科幻电影大片效果。本案例的最终效果如图12-119所示。

图12-119

步骤分解如图7-120所示。

图12-120

12.9.2 课后习题2——打造老电影特效

案例位置　DVD>案例文件>CH12>课后习题2——打造老电影特效.psd
视频位置　DVD>多媒体教学>CH12>课后习题2——打造老电影特效.flv
难易指数　★★★★★
学习目标　练习老电影特效风景照的制作方法与相关技巧

本例的原片拍摄得有一些“脏”，画面中有很多杂点，这种风景照片非常适合于制作老电影特效。本案例的最终效果如图12-121所示。

图12-121

步骤分解如图12-122所示。

图12-122

12.9.3 课后习题3——粉嫩青春

案例位置　DVD>案例文件>CH12>课后习题3——粉嫩青春.psd
视频位置　DVD>多媒体教学>CH12>课后习题3——粉嫩青春.flv
难易指数　★★★☆☆
学习目标　练习用“色相/饱和度”调整图层制作眼影和红唇

本案例的原片背景很一般，甚至给人有点混乱的感觉，但是主体人物很不错，这类照片经过合成后往往会给人意想不到的效果。本案的最终效果如图12-123所示。

图12-123

步骤分解如图12-124所示。

图12-124

12.9.4 课后习题4——水果盛宴

案例位置	DVD>案例文件>CH12>课后习题4——水果盛宴.psd
视频位置	DVD>多媒体教学>CH12>课后习题4——水果盛宴.flv
难易指数	★★★☆☆
学习目标	练习用"添加杂色"滤镜制作亮片，用外部笔刷绘制睫毛

本案例的图片合成非常有创意，合成后的效果给人更多的想象空间，整个画面给人一种整洁、绿色、阳光的感觉。本案例的最终效果如图12-125所示。

图12-125

步骤分解如图12-126所示。

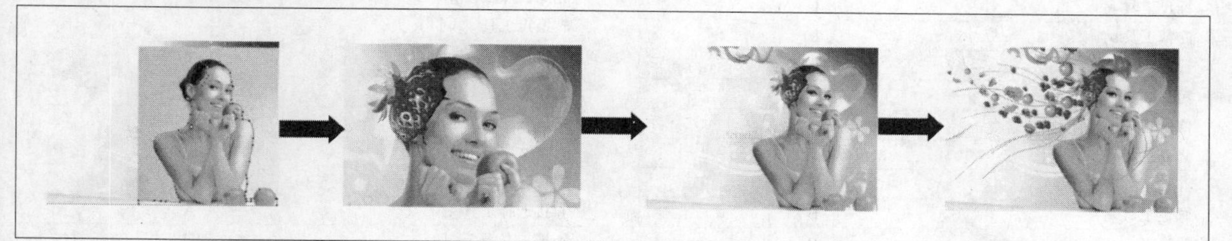

图12-126

12.9.5 课后习题5——魔幻火焰

案例位置	DVD>案例文件>CH12>课后习题5——魔幻火焰.psd
视频位置	DVD>多媒体教学>CH12>课后习题5 ——魔幻火焰.flv
难易指数	★★★☆☆
学习目标	练习用混合模式及图层蒙版合成腿部上的文字

本案例的背景颜色比较深，这样的图片与火焰、亮光等明亮的元素结合，更具吸引力，更能抓住观众的眼球。本案例的最终效果如图12-127所示。

图12-127

步骤分解如图12-128所示。

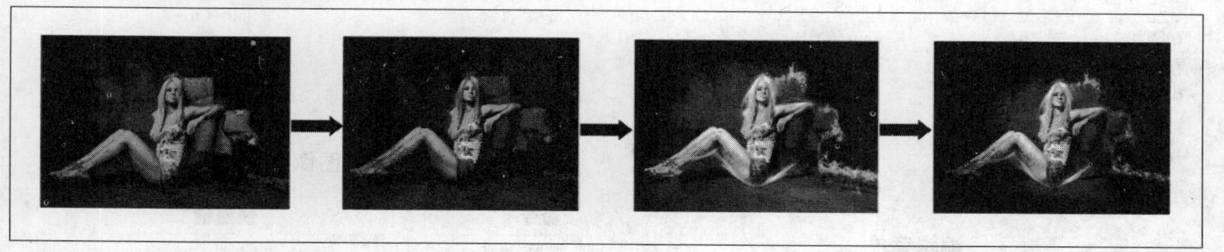

图12-128

Photoshop工具与快捷键索引

工具	快捷键
移动工具	V
矩形选框工具	M
椭圆选框工具	M
单行选框工具	
单列选框工具	
套索工具	L
多边形套索工具	L
磁性套索工具	L
快速选择工具	W
魔棒工具	W
裁剪工具	C
切片工具	C
切片选择工具	C
吸管工具	I
标尺工具	I
注释工具	I
计数工具	I
污点修复画笔工具	J
修复画笔工具	J
修补工具	J
红眼工具	J
画笔工具	B
铅笔工具	B
颜色替换工具	B
混合器画笔工具	B
仿制图章工具	S
图案图章工具	S
历史记录画笔工具	Y
历史记录艺术画笔工具	Y
橡皮擦工具	E
背景橡皮擦工具	E
魔术橡皮擦工具	E
渐变工具	G
油漆桶工具	G
模糊工具	R
锐化工具	R
涂抹工具	R
减淡工具	O
加深工具	O
海绵工具	O
钢笔工具	P
自由钢笔工具	P
添加锚点工具	
删除锚点工具	
转换点工具	
横排文字工具	T
直排文字工具	T
横排文字蒙版工具	T
直排文字蒙版工具	T
路径选择工具	A
直接选择工具	A
矩形工具	U
圆角矩形工具	U
椭圆工具	U
多边形工具	U
直线工具	U
自定形状工具	U

Photoshop命令快捷键索引

文件菜单

命令	快捷键
新建	Ctrl+N
打开	Ctrl+O
在Bridge中浏览	Alt+Ctrl+O
打开为	Alt+Shift+Ctrl+O
关闭	Ctrl+W
关闭全部	Alt+Ctrl+W
关闭并转到Bridge	Shift+Ctrl+W
存储	Ctrl+S
存储为	Shift+Ctrl+S
存储为Web和设备所用格式	Alt+Shift+Ctrl+S
恢复	F12
打印	Ctrl+P
打印一份	Alt+Shift+Ctrl+P
退出	Ctrl+Q

编辑菜单

命令	快捷键
还原/.重做	Ctrl+Z
前进一步	Shift+Ctrl+Z
后退一步	Alt+Ctrl+Z
渐隐	Shift+Ctrl+F
剪切	Ctrl+X
拷贝	Ctrl+C
合并拷贝	Shift+Ctrl+C
粘贴	Ctrl+V
填充	Shift+F6
内容识别比例	Alt+Shift+Ctrl+C
自由变换	Ctrl+T
变换>再次	Shift+Ctrl+T
键盘快捷键	Alt+Shift+Ctrl+K
菜单	Alt+Shift+Ctrl+M
首选项>常规	Ctrl+K

图像菜单

命令	快捷键
调整>色阶	Ctrl+L
调整>曲线	Ctrl+M
调整>色相/饱和度	Ctrl+U
调整>色彩平衡	Ctrl+B

调整>黑白	Alt+Shift+Ctrl+B
调整>反相	Ctrl+I
调整>去色	Shift+Ctrl+U
自动色调	Shift+Ctrl+L
自动对比度	Alt+Shift+Ctrl+L
自动颜色	Shift+Ctrl+B
图像大小	Alt+Ctrl+I
画布大小	Alt+Ctrl+C

图层菜单

命令	快捷键
新建>图层	Shift+Ctrl+N
新建>通过拷贝的图层	Ctrl+J
新建>通过剪切的图层	Shift+Ctrl+J
创建剪贴蒙版	Alt+Ctrl+G
图层编组	Ctrl+G
取消图层编组	Shift+Ctrl+G
排列>置为顶层	Shift+Ctrl+]
排列>前移一层	Ctrl+]
排列>后移一层	Ctrl+[
排列>置为底层	Shift+Ctrl+[
合并图层	Ctrl+E
合并可见图层	Shift+Ctrl+E

选择菜单

命令	快捷键
全部	Ctrl+A
取消选择	Ctrl+D
重新选择	Shift+Ctrl+D
反向	Shift+Ctrl+I
所有图层	Alt+Ctrl+A
调整边缘/蒙版	Alt+Ctrl+R
修改>羽化	Shift+F6

视图菜单

命令	快捷键
校样颜色	Ctrl+Y
色域警告	Shift+Ctrl+Y
放大	Ctrl++
缩小	Ctrl+-
按屏幕大小缩放	Ctrl+0
实际像素	Ctrl+1
显示额外内容	Ctrl+H
标尺	Ctrl+R
对齐	Shift+Ctrl+;
锁定参考线	Alt+Ctrl+;

课堂案例索引

课堂练习索引

课后习题索引